“十三五”国家重点出版物出版规划项目

可靠性新技术丛书

T-S 故障树理论及其应用

T-S Fault Tree Theory and Applications

姚成玉　陈东宁　著

国防工業出版社

·北京·

图书在版编目(CIP)数据

T-S 故障树理论及其应用/姚成玉,陈东宁著. —
北京:国防工业出版社,2020. 12
(可靠性新技术丛书)
ISBN 978-7-118-12260-2

Ⅰ. ①T… Ⅱ. ①姚… ②陈… Ⅲ. ①故障树形图分析
-研究 Ⅳ. ①TL364

中国版本图书馆 CIP 数据核字(2020)第 244012 号

※

国防工業出版社出版发行
(北京市海淀区紫竹院南路 23 号 邮政编码 100048)
北京龙世杰印刷有限公司印刷
新华书店经售

*

开本 710×1000 1/16 **印张** 27½ **字数** 480 千字
2020 年 12 月第 1 版第 1 次印刷 **印数** 1—2500 册 **定价** 168.00 元

国防书店:(010)88540777 书店传真:(010)88540776
发行业务:(010)88540717 发行传真:(010)88540762

致 读 者

本书由中央军委装备发展部**国防科技图书出版基金**资助出版。

为了促进国防科技和武器装备发展,加强社会主义物质文明和精神文明建设,培养优秀科技人才,确保国防科技优秀图书的出版,原国防科工委于1988年初决定每年拨出专款,设立国防科技图书出版基金,成立评审委员会,扶持、审定出版国防科技优秀图书。这是一项具有深远意义的创举。

国防科技图书出版基金资助的对象是:

1. 在国防科学技术领域中,学术水平高,内容有创见,在学科上居领先地位的基础科学理论图书;在工程技术理论方面有突破的应用科学专著。

2. 学术思想新颖,内容具体、实用,对国防科技和武器装备发展具有较大推动作用的专著;密切结合国防现代化和武器装备现代化需要的高新技术内容的专著。

3. 有重要发展前景和有重大开拓使用价值,密切结合国防现代化和武器装备现代化需要的新工艺、新材料内容的专著。

4. 填补目前我国科技领域空白并具有军事应用前景的薄弱学科和边缘学科的科技图书。

国防科技图书出版基金评审委员会在中央军委装备发展部的领导下开展工作,负责掌握出版基金的使用方向,评审受理的图书选题,决定资助的图书选题和资助金额,以及决定中断或取消资助等。经评审给予资助的图书,由中央军委装备发展部国防工业出版社出版发行。

国防科技和武器装备发展已经取得了举世瞩目的成就,国防科技图书承担着记载和弘扬这些成就,积累和传播科技知识的使命。开展好评审工作,使有限的基金发挥出巨大的效能,需要不断摸索、认真总结和及时改进,更需要国防科技和武器装备建设战线广大科技工作者、专家、教授,以及社会各界朋友的热情支持。

让我们携起手来,为祖国昌盛、科技腾飞、出版繁荣而共同奋斗!

国防科技图书出版基金

评审委员会

国防科技图书出版基金
2018 年度评审委员会组成人员

可靠性新技术丛书

编审委员会

丛书序

可靠性理论与技术发源于20世纪50年代,在西方工业化先进国家得到了学术界、工业界广泛持续的关注,在理论、技术和实践上均取得了显著的成就。20世纪60年代,我国开始在学术界和电子、航天等工业领域关注可靠性理论研究和技术应用,但是由于众所周知的原因,这一时期进展并不顺利。直到20世纪80年代,国内才开始系统化地研究和应用可靠性理论与技术,但在发展初期,主要以引进吸收国外的成熟理论与技术进行转化应用为主,原创性的研究成果不多,这一局面直到20世纪90年代才开始逐渐转变。1995年以来,在航空航天及国防工业领域开始设立可靠性技术的国家级专项研究计划,标志着国内可靠性理论与技术研究的起步;2005年,以国家863计划为代表,开始在非军工领域设立可靠性技术专项研究计划;2010年以来,在国家自然科学基金的资助项目中,各领域的可靠性基础研究项目数量也大幅增加。同时,进入21世纪以来,在国内若干单位先后建立了国家级、省部级的可靠性技术重点实验室。上述工作全方位地推动了国内可靠性理论与技术研究工作。当然,在这一进程中,随着中国制造业的快速发展,特别是《中国制造2025》的颁布,中国从制造大国向制造强国的目标迈进;在这一进程中,中国工业界对可靠性理论与技术的迫切需求也越来越强烈。工业界的需求与学术界的研究相互促进,使得国内可靠性理论与技术自主成果层出不穷,极大地丰富和充实了已有的可靠性理论与技术体系。

在上述背景下,我们组织撰写了这套可靠性新技术丛书,以集中展示近5年国内可靠性技术领域最新的原创性研究和应用成果。在组织撰写丛书过程中,坚持了以下几个原则:

一是**坚持原创**。丛书选题的征集,要求每一本图书反映的成果都要依托国家级科研项目或重大工程实践,确保图书内容反映理论、技术和应用创新成果,力求做到每一本图书达到专著或编著水平。

二是**体系科学**。丛书框架的设计,按照可靠性系统工程管理、可靠性设计与试验、故障诊断预测与维修决策、可靠性物理与失效分析4个板块组织丛书的选题,基本上反映了可靠性技术作为一门新兴交叉学科的主要内容,也能在一定时期内保证本套丛书的开放性。

三是**保证权威**。丛书作者的遴选，汇聚了一支由国内可靠性技术领域长江学者特聘教授、千人计划专家、国家杰出青年基金获得者、973项目首席科学家、国家级奖获得者、大型企业质量总师、首席可靠性专家等领衔的高水平作者队伍，这些高层次专家的加盟奠定了丛书的权威性地位。

四是**覆盖全面**。丛书选题内容不仅覆盖航空航天、国防军工行业，还涉及轨道交通、装备制造、通信网络等非军工行业。

丛书成功入选"十三五"国家重点出版物出版规划项目，主要著作同时获得国家科学技术学术著作出版基金、国防科技图书出版基金以及其他专项基金等的资助。为了保证这套丛书的出版质量，国防工业出版社专门成立了由总编辑挂帅的丛书出版工作领导小组和由可靠性领域权威专家组成的丛书编审委员会，从选题征集、大纲审定、初稿协调、终稿审查等若干环节设置评审点，依托领域专家逐一对入选丛书的创新性、实用性、协调性进行审查把关。

我们相信，本丛书的出版将推动我国可靠性理论与技术的学术研究跃上一个新台阶，引领我国工业界可靠性技术应用的新方向，并最终为"中国制造2025"目标的实现做出积极的贡献。

康锐

2018年5月20日

前言

故障树分析法是以系统失败、单元故障为导向，以系统失败至单元故障的倒立树状图模型为载体，以门描述故障逻辑（组合、时序及相关性等）为内涵，以揭示系统失败原因及计算系统可靠性与单元重要性为目的的故障逻辑分析方法，是业界技术人员和研究者解决问题的主要技术方法，广泛应用于可靠性安全性建模与分析预测、故障分析与诊断以及风险评估和事故调查分析。

本书内容是作者研究形成的T-S故障树分析法与T-S动态故障树分析法，由此构成了T-S故障树理论。全书共4章：前两章介绍新型静态故障树分析法——T-S故障树分析法；后两章介绍新型动态故障树分析法——T-S动态故障树分析法。本书附有T-S故障树算法及贝叶斯网络求解算法等计算程序，便于读者再现。

实际系统存在静态失效行为，1961年诞生于贝尔实验室（Bell Labs）的故障树（在本书中称为Bell故障树）用描述简单明确的组合逻辑事件关系的与或等静态门刻画静态失效行为。在Bell故障树发展历程中，研究者从定性分析、量化求解、简化计算、重要性测度、模糊故障树、多态故障树、空间故障树、算法结合及实际应用等角度进行了研究。然而，对于事件关系复杂多样的系统，Bell故障树难以刻画其全部静态失效行为，也不能描述事件关系的不确定性。

针对静态失效行为全面刻画这一问题，2005年我们在宋华首创T-S故障树的基础上开始研究T-S门描述规则的生成与构建方法及T-S故障树的可行性，揭示了T-S故障树可以刻画任意静态失效行为，2011年提出了T-S故障树的结构、概率、关键、模糊和状态重要度，2015年提出了非概率凸模型T-S故障树及重要度，2016年开始研究T-S故障树的微分、综合和F-V重要度及改善函数、风险业绩值与降低值，以及多维T-S故障树及重要度，以上内容作为第1章。进一步，我们研究了T-S故障树的综合求解与应用扩展，2012—2017年提出了基于贝叶斯网络的T-S故障树分析方法，并行研究将T-S故障树拓展应用于故障搜索和可靠性优化问题，以上内容作为第2章。

实际系统尤其复杂系统还存在动态失效行为，1990—1992年，Dugan等定义了一组描述时序逻辑事件关系的动态门来刻画动态失效行为，创立了动态故障树（在本书中称为Dugan动态故障树）。在Dugan动态故障树发展历程中，研究者从分析计算、算法结合及工程应用等角度进行了研究。但是 Dugan 动态故障树对静态失效行为的刻画受限于 Bell 故障树逻辑门，对动态失效行为的刻画局限于 Dugan 动态门，也不能描述不确定静动态事件关系。

针对动态失效行为刻画这一科学问题，2013 年我们开始探索动态故障树新方法，在课题团队系统、持续地研究下，2016—2020 年提出并创立了一种原创性的新型动态故障树分析法——T-S 动态故障树分析法。内容包括 T-S 动态故障树的 T-S 动态门描述规则及构建方法与生成程序，T-S 动态故障树分析方法与重要度算法，与基于 Markov 链、顺序二元决策图、Monte Carlo 法、贝叶斯网络求解的 Dugan 动态故障树分析方法的对比，基于贝叶斯网络的 T-S 动态故障树及重要度算法，以及多维 T-S 动态故障树及重要度算法。T-S 动态故障树有离散时间和连续时间两种处理方法，分别在第 3、4 章介绍。

历经十几年探索形成的 T-S 故障树理论，突破了 Bell 故障树、Dugan 动态故障树的模型描述与计算能力局限，是刻画复杂系统静动态失效行为的通用量化故障树新模型与新方法。所建立的 T-S 故障树理论，为故障树分析法提供了新探索和新方案，丰富了故障树理论方法与技术体系，有助于推动可靠性理论技术与实际应用的发展。

本书由燕山大学姚成玉、陈东宁著述完成。本书的完成离不开研究生的共同努力，参与本书涉及项目的研究生有王旭峰、张荧驿、党振、张瑞星、饶乐庆、王传路、许敬宇、张宏熙、魏星、侯安农、吕军、王斌、李硕、邢然、潘昊洋、张玉良、于传宇、张金戈、高新功、冯中魁、张运东、刘一丹、李男、王跃颖、徐海涛、张国峰、赵宇帅、来博文、张运鹏、李怀水、侯鑫、孙飞、刘一鸣、韩丁丁等。

2005 年研习 T-S 故障树首篇论文时作者宋华给予了细致耐心的解答与讨论，在此向北京航空航天大学宋华老师表示衷心的感谢和敬意。东北大学谢里阳教授、北京航空航天大学王少萍教授、电子科技大学黄洪钟教授、西北工业大学司书宾教授、燕山大学罗小元教授、李鑫滨教授、刘爽教授、吴忠强教授和李峰磊老师等给予了建议和帮助。本书内容研究参考了业界同行专家学者的相关论著并从中得到启示、路线和方法。本书相关内容在论文撰写及发表时评阅专家给出了有助研究的评审意见与建议。本书入选可靠性新技术丛书和“十三五”国家重点出版物出版规划项目，丛书编审委员会专家与国防工业出版社的编辑对本书给予了建议和支持。本书相关研究得到了国家自然科学基金（51675460、51975508）和中国博士后科学基金（2017M621101）的支持，本书出版得到了国防科技图书出版基金资助，在此一并表示衷心感谢。

本书是我们对故障树新探索的阶段成果总结,本书的设定是构建一种新型的故障树理论——T-S 故障树理论,难免有疏漏和不足,敬请读者批评指正,更希望从事故障树研究的专家和研究者参与到 T-S 故障树理论的研究和应用中来,使新型故障树迅速茁壮成熟。

作者

2020 年 11 月

目录

Contents

第 1 章

T-S 故障树及重要度分析方法

故障树由事件和门组成。门描述事件关系(即事件间的逻辑因果关系),是故障树的灵魂。由贝尔实验室创立的故障树(在本书中称为 Bell 故障树)是静态故障树,用与门、或门、非门等静态门来描述静态事件关系,但实际系统事件关系复杂多样,Bell 故障树逻辑门难以描述所有的静态事件关系,也不能描述事件关系的不确定性。针对这一问题,宋华等基于 T-S 模型构建用于描述静态事件关系的 T-S 门,提出了 T-S 故障树分析方法。基于此,我们分析了 T-S 故障树的缘起与技术内涵,给出了 T-S 故障树分析流程,论述了 T-S 故障树建造与事件描述,给出了 T-S 描述规则的生成与构建方法,阐发了 T-S 故障树算法,给出了 T-S 故障树分析计算过程和 T-S 故障树算法的计算程序,研究了 T-S 故障树的可行性及与 Bell 故障树的对比分析;进而,针对 T-S 故障树提出了结构重要度、概率重要度、关键重要度、模糊重要度、状态重要度、风险业绩值、风险降低值、F-V 重要度、微分重要度、改善函数、综合重要度 11 种 T-S 故障树重要度算法;进一步,在非概率可靠性和空间故障树的启示下,对 T-S 故障树进行延伸,提出凸模型 T-S 故障树及重要度和多维 T-S 故障树及重要度;最后,揭示了 T-S 故障树突破了 Bell 故障树的模型描述与计算能力局限,是刻画复杂系统糅杂静态失效行为的通用量化故障树新模型与新方法。

1.1 故障树分析概述

故障树分析(fault tree analysis,FTA)是一种用于可靠性安全性建模与分析预测、故障分析与诊断、风险评估和事故调查的主要方法,是提升系统可靠性、安全性的关键共性和基础技术之一,广泛应用于众多行业与专业领域。自发源以来,故障树分析一直是业界学者、技术人员关注的焦点,也是业界学者长期以来一直研究的课题[1-25],从文献检索可见端倪:截至 2020 年 6 月,在中国知网数据库可检索到全文包含“故障树(fault tree)”的文献 6.7 万篇,其中,博士和硕士学位论文 2.9 万篇,涉及众多学科;在 Elsevier Science Direct、IEEE Xplore 数据库可检索到全文包含“(fault tree) or FTA”的文献分别为 6.7 万、6.4 万篇。

1.1.1 可靠性基本函数与概率分布

随着装备性能要求不断提升、系统复杂性不断增加,使得可靠性问题日益突出。可靠性作为保障重大装备创新能力和核心竞争力的共性关键技术与基础性问题,已经引起广泛而深刻的关注。共性与关键技术的基础研究,不仅是解决某些关键技术领域或产业的技术升级问题,也是创新发展、科技水平核心竞争力的源头和基石[26-73]。

产品的可靠性(reliability)是指产品在规定的使用条件下,在规定的时间内,完成规定功能的能力。如何对这种能力进行度量、分析与设计是可靠性理论与实践的基本问题。可靠性是产品性能的稳定性,这种稳定性保证产品的正常工作。可靠性是产品质量的重要组成部分,产品质量的基本目标包括产品性能、可靠性、维修性、安全性、适应性、经济性、时间性等。

1. 可靠性基本函数

由于可靠性是对一定的时间而言的,可靠性中的许多指标实际是时间的函数,因此为了表征产品的可靠性,需要引入可靠性基本函数。

1) 可靠度函数 $R(t)$

可靠度函数 $R(t)$ 是指产品在规定的条件下和规定的时间内,完成规定功能的概率,即

$$R(t)=P(T>t) \tag{1-1}$$

式中:T 为产品的寿命,是一个随机变量,指产品从开始工作到发生故障的时间;t 为规定的时间。

式(1-1)表示产品的可靠度为产品的寿命大于某一规定时间 t 的概率,也就是产品在规定时间 t 内没有发生故障,完成规定功能的概率。

设系统中有 N 个元件,从开始工作到时刻 t 产品发生故障的个数为 $n(t)$,当 N 足够大时,在时刻 t,系统的可靠度为

$$R(t)=\frac{N-n(t)}{N} \tag{1-2}$$

2) 不可靠度函数 $F(t)$

不可靠度函数 $F(t)$ 是指产品在规定条件下和规定的时间内,不能完成规定功能的概率,即

$$F(t)=P(T\leqslant t) \tag{1-3}$$

式(1-3)表示在规定的条件下,产品的寿命 T 不超过规定时间 t 的概率,或者

说产品在时刻 t 之前发生故障而没有完成规定功能的概率。

设系统中有 N 个元件，从开始工作到时刻 t 产品发生故障的个数为 $n(t)$，当 N 足够大时，在时刻 t，系统的不可靠度为

$$F(t)=\frac{n(t)}{N} \tag{1-4}$$

式(1-4)表示在时刻 t，产品累积故障数占产品总数的比例，也就是产品在时刻 t 时的累积故障概率，所以不可靠度函数 $F(t)$ 又称为累积故障概率、累积故障分布函数或寿命分布函数。

可见

$$R(t)+F(t)=1$$

3）故障概率密度函数 $f(t)$

累积故障概率 $F(t)$ 表示产品故障的累积效应，不能反映产品在某一时刻发生故障的概率。为了表示产品故障的概率随时间变化的情况，引入故障概率密度函数。

故障概率密度函数 $f(t)$ 是指在时刻 t 之后的下一个单位时间内的故障概率，即

$$f(t)=\frac{1}{\Delta t}P(t<T\leqslant t+\Delta t) \tag{1-5}$$

设系统中有 N 个元件，从开始工作到时刻 t 产品发生故障的个数为 $n(t)$，到时刻 $t+\Delta t$ 时产品发生故障的个数为 $n(t+\Delta t)$，当 N 足够大时，在时刻 t 系统的故障概率密度函数为

$$f(t)=\frac{n(t+\Delta t)-n(t)}{N\Delta t} \tag{1-6}$$

即故障概率密度函数 $f(t)$ 是在时间段 Δt 内产品故障个数与产品初始总数之比，再除以时间段 Δt，它是对产品在单位时间内发生故障的个数相对于产品总数的度量。

假设 $F(t)=\dfrac{n(t)}{N}$ 是可微分的，当 $\Delta t\to 0$ 时，可得故障概率密度函数为

$$\begin{aligned}f(t)&=\lim_{\Delta t\to 0}\left[\frac{1}{N}\ \frac{n(t+\Delta t)-n(t)}{\Delta t}\right]=\frac{1}{N}\ \frac{\mathrm{d}}{\mathrm{d}t}n(t)=\frac{\mathrm{d}}{\mathrm{d}t}\left(\frac{n(t)}{N}\right)\\&=\frac{\mathrm{d}}{\mathrm{d}t}F(t)\end{aligned} \tag{1-7}$$

对式(1-7)进行积分，得

$$F(t)=\int_0^t f(t)\,\mathrm{d}t \tag{1-8}$$

又因为 $\int_0^\infty f(t)\,\mathrm{d}t = 1$，则

$$R(t) = 1 - F(t) = \int_t^\infty f(t)\,\mathrm{d}t \tag{1-9}$$

如果已知产品的故障概率密度函数 $f(t)$，则可以由式(1-8)与式(1-9)计算出时刻 t 时的累积故障分布函数 $F(t)$ 和可靠度函数 $R(t)$。$R(t)$、$F(t)$ 和 $f(t)$ 之间的关系如图 1-1 所示。

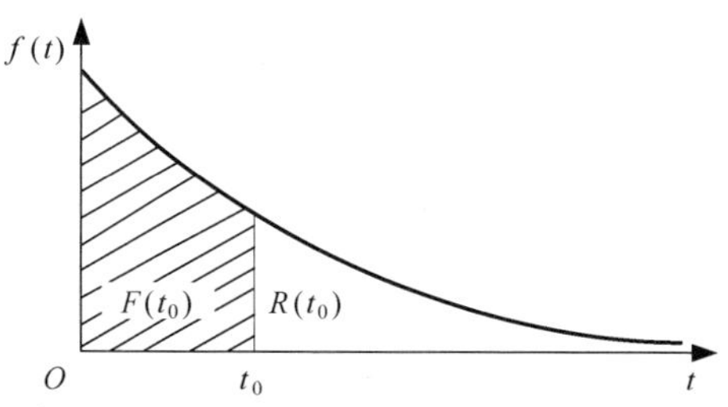

图 1-1　$R(t)$、$F(t)$ 和 $f(t)$ 之间的关系

4) 故障率函数 $\lambda(t)$

故障率(失效率)函数 $\lambda(t)$ 是指产品工作到时刻 t 尚未故障，在时刻 t 之后的下一个单位时间内的故障概率，即

$$\lambda(t) = \lim_{\Delta t\to 0}\frac{1}{\Delta t}P(t<T\leqslant t+\Delta t \mid T>t) \tag{1-10}$$

可见，故障率是一个条件概率密度，它反映了在时刻 t 时产品故障的概率，也称瞬时故障率。故障率的单位为 1/h，对于低故障率的产品，常用 10^{-6}/h 为单位。

在某一规定时间内故障率的平均值称为平均故障率。例如，在$[t_1, t_2]$时间区间内的平均故障率为

$$\overline{\lambda}(t) = \frac{1}{t_2 - t_1}\int_{t_1}^{t_2}\lambda(t)\,\mathrm{d}t$$

设系统中有 N 个元件，从开始工作到时刻 t 时产品故障个数为 $n(t)$，到时刻 $t+\Delta t$ 时产品故障个数为 $n(t+\Delta t)$，当 N 足够大时，时刻 t 的故障率函数可表示为

$$\lambda(t) = \frac{n(t+\Delta t)-n(t)}{[N-n(t)]\Delta t} \tag{1-11}$$

即故障率函数 $\lambda(t)$ 是在时刻 t 后的时间段 Δt 内故障的样本数与时间段 Δt 之前完好的产品个数之比，再除以时间段 Δt，它是对故障的瞬时速度的度量。

当 $\Delta t\to 0$ 时，故障率函数 $\lambda(t)$ 有

$$\lambda(t) = \lim_{\Delta t\to 0}\left[\frac{1}{N-n(t)}\ \frac{n(t+\Delta t)-n(t)}{\Delta t}\right] = \frac{1}{N-n(t)}\ \frac{\mathrm{d}}{\mathrm{d}t}n(t)$$

$$=\frac{Nf(t)}{N-n(t)}=\frac{f(t)}{1-n(t)/N}=\frac{f(t)}{R(t)} \tag{1-12}$$

或

$$\lambda(t)=\lim_{\Delta t\to 0}\frac{P(t<T\leqslant t+\Delta t \mid T>t)}{\Delta t}=\lim_{\Delta t\to 0}\frac{1}{\Delta t}\frac{P(t<T\leqslant t+\Delta t\cap T>t)}{P(T>t)}$$

$$=\lim_{\Delta t\to 0}\frac{1}{\Delta t}\frac{P(t<T\leqslant t+\Delta t)}{R(t)}=\frac{f(t)}{R(t)} \tag{1-13}$$

例如,某批次 100 个元件,在工作 3h 后有 60 个故障,工作 5h 后有 80 个故障,则这批元件在 $t=3$h 时的可靠度、不可靠度、故障概率密度、故障率分别为

$$R(t=3)=\frac{N-n(t)}{N}=\frac{100-60}{100}=0.4$$

$$F(t=3)=\frac{n(t)}{N}=\frac{60}{100}=0.6 \quad 或 \quad F(t=3)=1-R(t=3)=0.6$$

$$f(t=3)=\frac{n(t+\Delta t)-n(t)}{N\Delta t}=\frac{80-60}{100\times 2}=0.1/\text{h}$$

$$\lambda(t=3)=\frac{n(t+\Delta t)-n(t)}{[N-n(t)]\Delta t}=\frac{80-60}{(100-60)\times 2}=0.25/\text{h} \quad 或 \quad \lambda(t=3)=\frac{f(t=3)}{R(t=3)}=0.25/\text{h}$$

可以看出故障率与故障概率密度的区别:故障率相对的是时刻 t 完好产品的个数,反映产品每个时刻完好而在随后的一个单位时间内发生故障的概率,因此,它更直观地反映产品每个时刻的故障情况;故障概率密度是相对于整体而言的,它反映产品在每个时刻之后的一个单位时间内发生故障的概率,它主要反映产品在所有可能的工作范围内的故障情况。

掌握足够多的产品故障数据,就可以画出故障率 $\lambda(t)$ 随时间 t 变化的曲线,即故障率曲线。图 1-2 给出了典型故障率曲线,该曲线形似浴盆,所以又称浴盆曲线。从图中可以看出产品的故障率随时间的变化可以分为三个阶段:早期故障期、偶然故障期和耗损故障期。

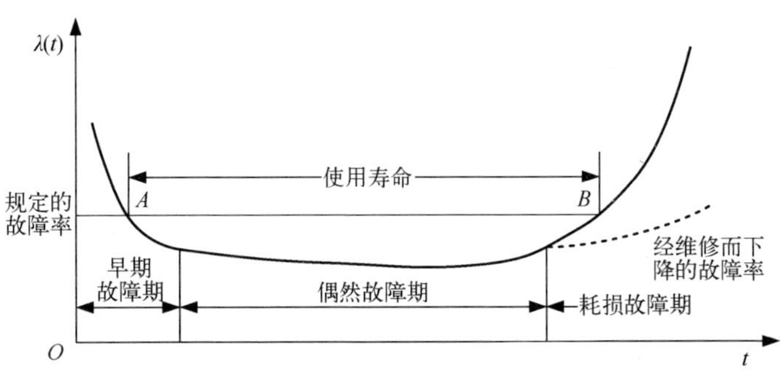

图 1-2　典型故障率曲线

分析故障率函数 $\lambda(t)$ 与可靠度函数 $R(t)$ 的关系：

$$\lambda(t)=\frac{f(t)}{R(t)}=\frac{-\frac{\mathrm{d}}{\mathrm{d}t}R(t)}{R(t)}=-\frac{\mathrm{d}}{\mathrm{d}t}\ln R(t)$$

$$\ln R(t)=-\int_0^t \lambda(u)\mathrm{d}u$$

$$R(t)=\exp\left[-\int_0^t \lambda(u)\mathrm{d}u\right]$$

$$f(t)=\lambda(t)\exp\left[-\int_0^t \lambda(u)\mathrm{d}u\right]$$

可靠度函数、不可靠度函数、故障概率密度函数和故障率函数是可靠性中最基本的 4 个度量指标，它们之间存在着密切的联系，见表 1-1。只要知道其中一个度量指标就可以求得其他所有的指标。

表 1-1 可靠性度量指标中 4 个基本函数间的关系

基本函数	$R(t)$	$F(t)$	$f(t)$	$\lambda(t)$
$R(t)$	—	$1-F(t)$	$\int_t^\infty f(t)\mathrm{d}t$	$\exp\left[-\int_0^t \lambda(t)\mathrm{d}t\right]$
$F(t)$	$1-R(t)$	—	$\int_0^t f(t)\mathrm{d}t$	$1-\exp\left[-\int_0^t \lambda(t)\mathrm{d}t\right]$
$f(t)$	$-\frac{\mathrm{d}R(t)}{\mathrm{d}t}$	$\frac{\mathrm{d}F(t)}{\mathrm{d}t}$	—	$\lambda(t)\exp\left[-\int_0^t \lambda(t)\mathrm{d}t\right]$
$\lambda(t)$	$-\frac{\mathrm{d}\ln R(t)}{\mathrm{d}t}$	$-\frac{\mathrm{d}[1-F(t)]}{\mathrm{d}t}$	$\frac{f(t)}{\int_t^\infty f(t)\mathrm{d}t}$	—

此外，由 $\lambda(t)=-\frac{\mathrm{d}\ln R(t)}{\mathrm{d}t}$，得

$$\lambda(t)=-\frac{R'(t)}{R(t)}=\frac{F'(t)}{1-F(t)}$$

以上 4 个指标都是从可靠性问题中的产品故障角度直接描述产品的可靠性。此外，有的可靠性指标从产品寿命角度描述产品的可靠性，如平均寿命（平均无故障工作时间或平均故障间隔时间）、可靠寿命、中位寿命、特征寿命等。

2. 概率分布

产品的寿命为随机变量，而随机变量最基本的概念是概率分布。由于每个产品的故障机理和故障模式不同，其寿命分布也就多种多样，可以通过产品的寿命试验来确定产品的寿命分布。

若已知产品的寿命分布，就可以直接求出产品可靠度函数、故障概率密度函

数、故障率函数,从而掌握产品的可靠性;即使不知道具体的分布函数,但只要知道寿命分布的类型,也可以通过参数估计求得寿命分布的参数估计值或数字特征的估计值,从而掌握产品的可靠性。

1) 指数分布

指数分布是可靠性工程中最常见、最重要的一种分布形式。这种分布在描述偶然故障时经常使用。对于一些较复杂的系统,也常假设其寿命分布函数为指数分布。

指数分布的密度函数为

$$f(t)=\lambda\exp(-\lambda t) \tag{1-14}$$

式中:λ 为指数分布中的参数。

分布函数为

$$F(t)=\int_0^t f(t)\,\mathrm{d}t=1-\exp(-\lambda t) \tag{1-15}$$

可靠度函数 $R(t)=1-F(t)$。故障率函数为

$$\lambda(t)=\frac{f(t)}{R(t)}=\lambda \tag{1-16}$$

2) 威布尔分布

威布尔分布是适用于机电类产品的磨损累积故障的分布形式,其概率密度函数为

$$f(t)=\frac{m}{\eta}\left(\frac{t-\gamma}{\eta}\right)^{m-1}\exp\left[-\left(\frac{t-\gamma}{\eta}\right)^{m}\right] \tag{1-17}$$

式中:m 为形状参数,表征分布曲线的形状;η 为尺度参数,表征坐标尺度;γ 为位置参数,表征分布曲线的起始位置。

分布函数为

$$F(t)=1-\exp\left[-\left(\frac{t-\gamma}{\eta}\right)^{m}\right] \tag{1-18}$$

可靠度函数 $R(t)=1-F(t)$。故障率函数为

$$\lambda(t)=\frac{f(t)}{R(t)}=\frac{m}{\eta}\left(\frac{t-\gamma}{\eta}\right)^{m-1} \tag{1-19}$$

1.1.2　故障树的技术内涵

可靠性以产品故障为核心,涉及认识产品故障发生规律和故障表现规律的基础理论,故障预防、故障控制、故障修复等基础技术,以及集成基础理论与基础技术的应用技术。正常运行和发生故障是产品的两种基本行为。产品或产品的一部分不能或将不能完成预定功能的事件或状态称为故障,对某些不可修复的产品也称

失效。故障是内因(如结构、材料、工艺等)与外因(如使用、环境、人为等)共同作用的结果。故障的表现形式称为故障模式或失效模式。形成故障的物理、化学变化等内在原因称为故障机理或失效机理。如果故障与疾病作对比,故障模式相当于病症,故障机理相当于病理。为了预防、控制和修复故障这一产品的基本行为,必须揭示产品故障的原因和机理,以及认识故障的表现规律,然后才能运用这些规律[74-79]。

可靠性科学方法主要有可靠性统计方法(如基于概率论和数理统计的方法)、可靠性物理方法(如协变量模型、故障物理模型)、可靠性逻辑方法(如功能逻辑方法、故障逻辑方法)、可靠性设计方法(如安全系数设计法、降额设计法、防护设计法、余度设计法、概率设计法)。如果把产品划分为单元和系统两个层次,则可靠性统计方法和可靠性物理方法更多关注单元层次,即如何获取单元可靠度或故障率。从单元到系统,如何分析整个产品的可靠性,则是可靠性逻辑方法的内容[80-81]。

最为著名的故障逻辑方法即为故障树分析。故障树分析是以系统失败、单元故障为导向的故障逻辑分析方法,其技术特征是以系统失败至单元故障的倒立树状图模型为载体,以门描述故障逻辑和故障时序为内涵,以系统失败原因发现及系统可靠性指标与单元重要程度求解为目的,以给出分析结论和指明改进方向为结果。故障树分析把故障逻辑关系用图形表示出来,像一棵以系统失败(顶事件)为根、以门(事件关系)为枝、以单元故障(基本事件)为叶的倒挂的树,故障树因此得名。故障树是展示系统失败与单元故障之间的逻辑关系,刻画系统失效行为的倒立树状图模型,构图的元素是事件和门。门是故障树的灵魂,用来描述事件间的逻辑因果关系,门的输入为因,输出为果。故障树分析以倒立树状图形的方式揭示系统发生故障与单元发生故障之间的逻辑关系,表明系统是怎样失败或发生故障的。故障树分析包括定性分析和定量分析。定性分析的目的是:寻找系统失败的原因和原因组合,即寻找导致顶事件发生的所有故障模式。定量分析的目的是:当给定所有基本事件发生的概率(单元的故障概率)时,求出顶事件发生的概率(系统的故障概率)和单元的重要度,前者只是给出可靠性分析结果,后者明确指明可靠性改进方向。

伴随着可靠性的发展,人们对系统失效行为的认识逐步加深,系统失效行为不仅有基于静态组合逻辑的静态失效行为,还有在时间上或功能上具有相关性的动态失效行为。刻画静态失效行为的逻辑门为静态门,刻画动态失效行为的逻辑门为动态门。静态故障树只有静态门,静态故障树用事件的组合表示系统的失效条件。动态故障树至少包含一个动态门。

故障树分析可以应用于设计、制造、使用维护与管理等产品寿命周期的各个阶段。在系统设计制造阶段,故障树分析可帮助判明潜在的故障,以便改进设计(包括维修性设计）、指导加工制造；在系统使用维修阶段，可帮助故障诊断、改进使用维修方案。故障树分析可以让分析者对系统有更深入的理解和认识，对有关系统结构、功能、故障及维修保障的知识更加系统化，从而使在设计、制造和操作过程中的可靠性改进更富有成效。

故障树分析应以 GB/T 4888《故障树名词术语和符号》、GB 7829《故障树分析程序》、GJB/Z 768A《故障树分析指南》、GJB 768.1《建造故障树的基本规则和方法》、GJB 768.2《故障树表述》、GJB 768.3《正规故障树定性分析》、NB/T 20558《核电厂故障树分析导则》等为依据，与 GJB 368B《装备维修性工作通用要求》、GJB 450A《装备可靠性工作通用要求》、GB/T 2900.13《电工术语　可靠性与服务质量》、GJB 451A《可靠性维修性保障性术语》、GJB 900A《装备安全性工作通用要求》等的工作项目相协调，与故障模式及影响分析（FMEA）、故障模式影响及危险性分析（FMECA）、初步危险分析、分系统危险分析、系统危险分析等工作项目协调配合，相辅相成，更全面地查明系统薄弱环节，更有效地改善系统可靠性。

1.1.3　事件和门

故障树由事件和门组成。

1. 事件及其符号

条件或动作的发生称为事件。在故障树分析中，各种故障状态或不正常情况皆称故障事件，各种完好状态或正常情况皆称成功事件，两者均可简称为事件。故障树的各种故障事件可包括硬件故障、软件故障、人的失误、环境影响等各种故障因素，以及能导致人员伤亡、职业病、设备损坏或财产损失、环境严重污染等事故的各种危险因素。故障树中的事件用于描述单元或系统的故障状态，其中常用的事件及其符号见表 1-2（摘自 GB/T 4888《故障树名词术语和符号》、GJB/Z 768A《故障树分析指南》）。

表 1-2　事件及其符号

事　件	符　号	意　义
基本事件		基本事件（basic event）是无须探明其发生原因的底事件。基本事件用圆形符号表示
未探明事件		未探明事件（undeveloped event，incomplete event）是原则上应进一步探明其原因但暂时不必或者暂时不能探明其原因的底事件。未探明事件用菱形符号表示
顶事件		顶事件（top event）是所有事件联合发生作用的结果事件。顶事件位于故障树的顶端，总是故障树逻辑门的输出事件而不是输入事件

（续）

事件	符号	意义
中间事件		中间事件（intermediate event）是位于底事件和顶事件之间的结果事件。中间事件既是某个逻辑门的输出事件，同时又是别的逻辑门的输入事件
开关事件		开关事件（switch event，trigger event）是在正常工作条件下必然发生或必然不发生的特殊事件。开关事件用房形符号表示
条件事件		条件事件（conditional event）是描述逻辑门起作用的具体限制的特殊事件。条件事件用椭圆形符号表示。为区分人的失误事件和其他故障事件，可采用虚线表示人的失误事件

底事件（bottom event）分为基本事件与未探明事件。结果事件（resultant event）分为顶事件与中间事件。特殊事件（special event）分为开关事件与条件事件。

2. 门及其符号

在故障树分析中，逻辑门只描述事件关系（即事件间的逻辑因果关系）。常见的故障树逻辑门有与门、或门、非门、表决门、异或门、禁门，同时也有它们的组合，如与非门、或非门等。与门、或门、非门是故障树的三个基本门，其他的门为特殊门，其符号见表 1-3（摘自 GB/T 4888《故障树名词术语和符号》）。

表 1-3　门及其符号

门	符号	意义
与门	·	与门（AND gate）表示仅当所有输入事件发生时，门的输出事件才发生
或门	+	或门（OR gate）表示只要有一个输入事件发生时，门的输出事件就发生
非门	~	非门（NOT gate）表示输出事件是输入事件的对立事件
表决门	k/n	表决门（voting gate，k out of n gate，combinatorial gate）表示仅当 n 个输入事件中有 k 个或 k 个以上的事件发生时，输出事件才发生。注：或门和与门都是表决门的特例，或门是 $k=1$ 的表决门，与门是 $k=n$ 的表决门

（续）

门	符　号	意　义
异或门	不同时发生	异或门(exclusive-OR gate)表示仅当单个输入事件发生时,输出事件才发生
禁门	禁门打开的条件	禁门(inhibit gate)表示仅当条件事件发生时,输入事件的发生方导致输出事件的发生

3. 转移符号

转移符号是为了避免画图时重复和使图形简明而设置的符号,见表 1-4(摘自 GB/T 4888《故障树名词术语和符号》、GJB/Z 768A《故障树分析指南》)。由相同转向符号和相同转此符号构成一对相同转移符号,用以指明子树的位置;由相似转向符号和相似转此符号构成一对相似转移符号,用以指明相似子树的位置。

表 1-4　转移符号

转　移	符　号	意　义
相同转向	(子树代号字母数字)	相同转向符号表示"下面转到以字母数字为代号所指的子树去"
相同转此	(子树代号字母数字)	相同转此符号表示"由具有相同字母数字的转向符号处转到这里来"
相似转向	(相似的子树代号) 不同的事件标号 ××-××	相似转向符号表示"下面转到以字母数字为代号所指结构相似而事件标号不同的子树去",不同的事件标号在三角形旁边注明
相似转此	(子树代号)	相似转此符号表示"相似转向符号所指子树与此处子树相似但事件标号不同"

将建造好的故障树中各种特殊事件与特殊门进行转换或删减,变成仅含底事件、结果事件,以及与门、或门、非门的故障树,这种故障树称为规范化(normalized)故障树。仅含故障事件以及与门、或门的故障树称为正规(regular)故障树。

如果故障树的结构函数是单调的,且所有底事件都与故障树的顶事件关联,则称该故障树为单调关联(coherent)故障树。不是单调关联故障树的则为非单调关联(non-coherent)故障树。

如果故障树的底事件刻画一种状态,而其对立事件也只刻画一种状态,则称为二状态故障树即二态故障树。如果故障树的底事件有三种以上互不相容的状态,则称为多状态故障树即多态(multi-state)故障树。

多阶段任务故障树用于多阶段任务系统(PMS)的失效行为建模。多阶段任务系统是包含要按顺序完成的多个不重叠任务的系统。以月球探测器为例,其任务过程包含发射段、地月转移段、环月段、动力下降段及月面工作段等阶段,每个任务阶段还可以划分为更为细致的多个任务动作和功能。

1.1.4 Bell 故障树的发展与不足

故障树分析法 1961 年由贝尔实验室 Watson 和 Hassl 创立,1962 年被运用到“民兵”导弹发射控制系统设计以解决导弹随机失效问题,之后波音公司研制出故障树分析软件并使飞机的设计有了重大改进,1974 年麻省理工学院 Rasmussen 等以故障树分析为基础编写了 WASH-1400 报告并由美国原子能委员会发布,成为核电站概率风险评估的里程碑,促进了故障树分析从航空航天、核能推广到电子、化工、机械等众多领域。

Bell 故障树硕果累累,已然成熟[82-128]。在定性分析方面,有结构函数、最小割集和最小路集。在定量分析方面,有顶事件发生概率的精确和近似计算公式,如利用容斥定理、不交化计算,以及部分项近似和独立近似法等;有各种重要度算法,如结构重要度、概率重要度、关键重要度、综合重要度等。同时,又与模糊集合论和可能性理论结合产生了模糊故障树,与多态系统理论结合产生了多态故障树。在 Bell 故障树发展中,研究者从定性分析、量化求解、模糊故障树、多态故障树、空间故障树及工程应用等角度进行了研究。在故障树求解方面产生了诸如基于二元决策图、贝叶斯网络、多值决策图等求解方法。发展、改进、交叉及应用,不断丰富 Bell 故障树的内涵与外延。Bell 故障树的发展概况大致可用图 1-3 表示。

Bell 故障树是静态故障树,用与门、或门、非门等静态门来描述静态事件关系,尽管 Bell 故障树可以刻画系统的与、或、非等静态失效行为,但对于实际工程中事件关系复杂多样的系统,Bell 故障树逻辑门(与门、或门、非门等)难以描述所有的静态事件关系,也不能描述静态事件关系的不确定性(不确定性模型与 Bell 故障树结合是描述单元失效即基本事件发生的不确定性,不能描述门的不确定性),Bell 故障树难以刻画系统全部的多态、组合等静态失效行为。因此,Bell 故障树存在局限性。

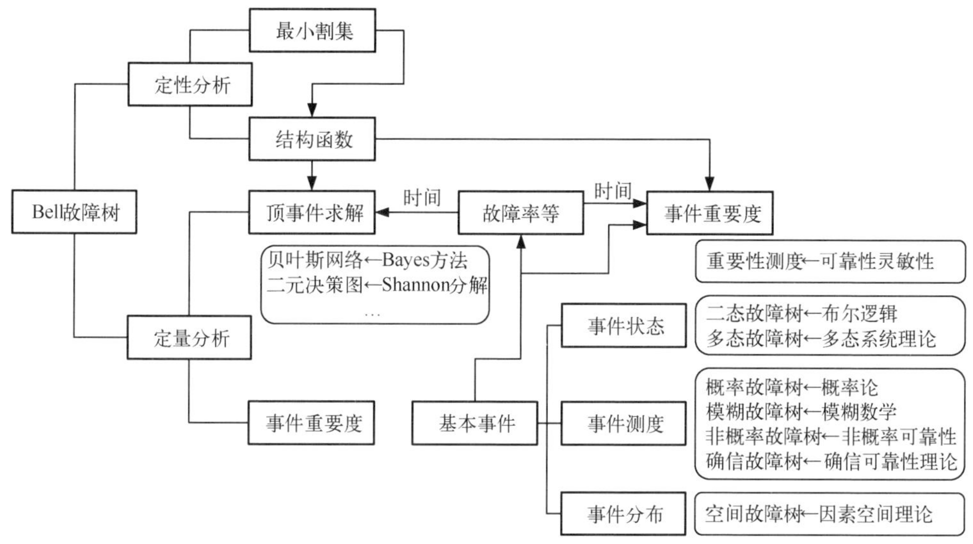

图 1-3　Bell 故障树发展概况

1.2　T-S 故障树分析方法

Bell 故障树是基于与、或等逻辑门的静态故障树，是基于与、或等逻辑门描述静态事件关系、刻画静态失效行为的一种静态故障树。

T-S 故障树是基于 T-S 模型的静态故障树，是基于 T-S 模型构造 T-S 门及其描述规则来描述静态事件关系、刻画静态失效行为的一种新型静态故障树。

在宋华等首创 T-S 故障树的基础上，我们分析了 T-S 故障树的缘起与技术内涵，给出了 T-S 故障树分析流程，阐发了 T-S 故障树建造与事件描述，给出了 T-S 描述规则的生成与构建方法，研究了 T-S 故障树算法的表述，给出了 T-S 故障树分析计算过程和 T-S 故障树算法的计算程序。

1.2.1　T-S 故障树的缘起与技术内涵

针对 Bell 故障树刻画静态失效行为的不足，为更全面地刻画静态失效行为，宋华在北京航空航天大学博士后研究工作报告《复杂动态系统的故障诊断与可靠性研究》第 5 章中提出了 T-S 模糊故障树分析方法，2005 年，宋华、张洪钺、王行仁发表了论文《T-S 模糊故障树分析方法》[129]，2009 年，宋华、张洪钺、Chan 发表了论文 *Fuzzy fault tree analysis based on T-S model with application to INS/GPS navigation system*[130]。宋华等引入 T-S 模型构造 T-S 门来描述静态事件关系，提出了一种新型故障树——T-S 故障树(时称 T-S 模糊故障树),是故障树的一次全新变革,极大地发展了故障树分析法。

可靠性科学是面向故障世界、研究和化解故障、考虑不确定性而逐渐发展起来,可靠性问题中的不确定性包括随机性、模糊性、未确知性等,新型故障树能够结合这些不确定性而不仅仅局限于模糊不确定性,为此,我们在文献[131]中将其更名为 T-S 故障树。

论文《T-S 模糊故障树分析方法》迄今已陆续被研究者引用并有相关成果发表[132-162]。我们在 2005 年研习该论文时宋华老师给予了细致耐心的解答与讨论,在 2006 年完成的博士学位论文《液压机液压系统模糊可靠性研究》中阐发了 T-S 模糊故障树分析方法,将该方法移植到液压系统,并在 2009 年发表了论文《基于 T-S 模型的液压系统模糊故障树分析方法研究》。

T-S 故障树的构思源于著名的 T-S 模型。T-S 模型即 Takagi-Sugeno 模型,是由 Takagi 和 Sugeno 在 1985 年论文 *Fuzzy identification of systems and its applications to modeling and control* 中提出的[163],给模糊控制理论研究及应用带来了深远的影响,迄今该文献被引量高达数以万计。文献[164]将原始的 T-S 模型扩展到动态模型,并用于近似非线性动态系统。自此,基于 T-S 模型的稳定性分析和控制器设计得到了广泛关注和发展。在模糊控制领域,T-S 模型前件部分的前提变量为确定的变量,可以为系统的状态、输出或是任意指定的其他变量(控制变量除外),后件部分可以表示为若干连续或离散的动态线性系统,可以表示为状态空间方程的形式[165-166]。

T-S 模型通过 IF-THEN 规则,利用一系列的局部线性子系统结合隶属度函数可精确描述非线性系统。T-S 模型的规则形如

$$R^{(l)}:\text{IF } x_1 \text{ is } F_1^{(l)} \text{ and } x_2 \text{ is } F_2^{(l)} \text{ and } \cdots \text{ and } x_n \text{ is } F_n^{(l)}$$

$$\text{THEN } y^{(l)}=f^{(l)}(x_1,x_2,\cdots,x_n) \tag{1-20}$$

$f^{(l)}(\cdot)$通常取为输入变量 $x_i(i=1,\ 2,\ \cdots,n)$的线性函数,则有

$$R^{(l)}:\text{IF } x_1 \text{ is } F_1^{(l)} \text{ and } x_2 \text{ is } F_2^{(l)} \text{ and } \cdots \text{ and } x_n \text{ is } F_n^{(l)}$$

$$\text{THEN } y^{(l)}=c_0^{(l)}+c_1^{(l)}x_1+c_2^{(l)}x_2+\cdots+c_n^{(l)}x_n=c_0^{(l)}+\sum_{i=1}^{n}c_i^{(l)}x_i \tag{1-21}$$

式中:$F_i^{(l)}(l=1,\ 2,\cdots,\ r;i=1,\ 2,\cdots,\ n)$为模糊子集;$c_i^{(l)}$ 为实数;$y^{(l)}$为系统根据此规则得出的相应输出。

故障树逻辑门恰恰正是 n 个输入、单个输出,正是基于 T-S 模型的这一特点提出了 T-S 故障树。T-S 故障树是用 T-S 门描述静态事件关系、利用 T-S 模型能够处理多态和不确定信息的特性而构造的一种新型故障树,相对于 Bell 故障树(含二态故障树、多态故障树、模糊故障树等),T-S 故障树是一种新型故障树,从这个意

义上讲，可认为 T-S 故障树是与 Bell 故障树并行的一种故障树，因此，静态故障树从逻辑门的角度可以分为两种：Bell 故障树和 T-S 故障树。T-S 故障树能够描述复杂的多态、组合等事件关系，能够描述 Bell 故障树逻辑门不能描述的静态事件关系。

1.2.2　T-S 故障树分析流程

参照 GB 7829《故障树分析程序》等文献，并结合 T-S 故障树特点给出其分析流程如图 1-4 所示，具体如下。

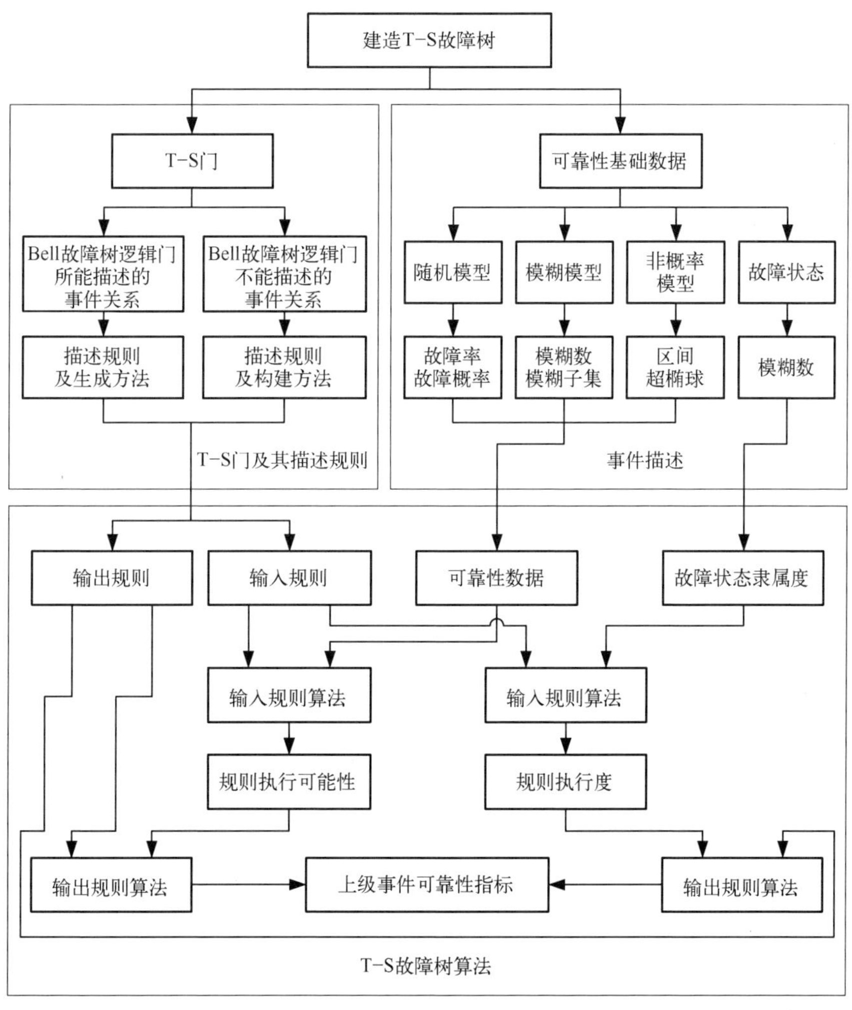

图 1-4　T-S 故障树分析流程

(1) 资料收集(系统的技术要求书、图纸和操作规程等),系统分析(系统的背景、任务、结构、功能、原理、参数和工作条件等)与故障分析(故障模式、故障判别准则和事件关系等),选择系统的顶事件,由上向下按层次逐级分解,确定基本事件(基本事件的粒度决定了故障树的复杂度),建造 T-S 故障树。

(2) 构建 T-S 门及其描述规则。对于 Bell 故障树逻辑门能够描述的静态事件关系,由描述规则生成方法直接生成 T-S 门描述规则,包括下级事件组成的输入规则和上级事件组成的输出规则;对于 Bell 故障树逻辑门不能描述的静态事件关系,则根据静态事件关系,由描述规则构建方法构建相应的 T-S 门描述规则,从而得到能更全面、准确描述系统静态事件关系的 T-S 门描述规则。

(3) 构建事件描述方法。事件描述包括随机模型、模糊模型、非概率模型、故障状态等可靠性基础数据,分别为故障率或故障概率、模糊数或模糊子集描述的故障率/故障概率/模糊可能性等、区间或超椭球描述的故障率/故障概率/模糊可能性等、模糊数描述的当前故障状态值。

(4) 利用 T-S 故障树算法求取顶事件可靠性指标。由随机或模糊或非概率可靠性数据、故障状态隶属度,分别利用输入规则算法求得规则执行可能性、规则执行度;再由规则执行可能性、规则执行度结合输出规则,分别利用输出规则算法求得上级事件可靠性指标。依次逐级向上求解,最终求得顶事件可靠性指标。

1.2.3 T-S 故障树建造与事件描述

1. T-S 门

T-S 模型由一系列 IF-THEN 规则组成,是一种万能逼近器,可用来描述静态事件关系,从而可用 T-S 模型构建 T-S 门。故障树逻辑门有 n 个输入、单个输出,恰恰与 T-S 模型的前件变量 $x_1,x_2,\cdots,x_n$ 与后件变量 y 一致。因而,可将逻辑门的输入事件(下级事件)作为 T-S 模型的前件变量,逻辑门的输出事件(上级事件)作为 T-S 模型的后件变量。

设有下级事件 $x_i(i=1,2,\cdots,n)$ 和上级事件 y,则它们之间的关系可由图 1-5 所示的 T-S 门描述,进而建造一种基于 T-S 门的新型故障树——T-S 故障树。

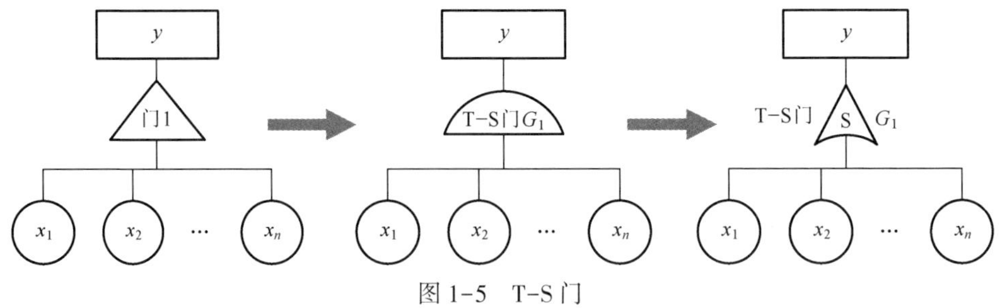

图 1-5 T-S 门

T-S 门的符号在 T-S 故障树首篇论文《T-S 模糊故障树分析方法》中采用三角形，考虑三角形与故障树的转移符号重复，与门、或门等静态门的符号中有弧线元素，2009 年，在文献[133]中将三角形两个腰换成劣弧。劣弧似拉宽的与门，与 GB/T 4888《故障树名词术语和符号》中的门符号不协调。直到 2016—2017 年 T-S 动态故障树有阶段研究结果要形成论文需区分静、动态门时，再次基于 T-S 故障树首篇论文的 T-S 门符号进行修改，将等腰三角形(宽高比设置为 16:15)的底边换成圆弧(半径为三角形的高)；同时 T-S 门是静态门且源于 Takagi-Sugeno 模型，故在图形符号内用了既是 Static(静态)首字母又是 Sugeno 首字母的大写字母 S，因而 T-S 门的符号按图 1-5 进行构造。

2. T-S 故障树

T-S 故障树由 T-S 门和事件组成，事件包括顶事件、中间事件和基本事件。图 1-6 即为一棵 T-S 故障树，其中，$G_1 \sim G_4$为 T-S 门，T-S 门由 T-S 模型进行描述，y_4为顶事件，$y_1 \sim y_3$为中间事件，$x_1 \sim x_7$为基本事件。对于 G_1门，$x_1 \sim x_3$为下级事件，y_1为上级事件；对于 G_4门，y_2、y_3、x_7为下级事件，y_4为上级事件。对于任一 T-S 门，T-S 门的输出为上级事件，T-S 门的输入为下级事件。

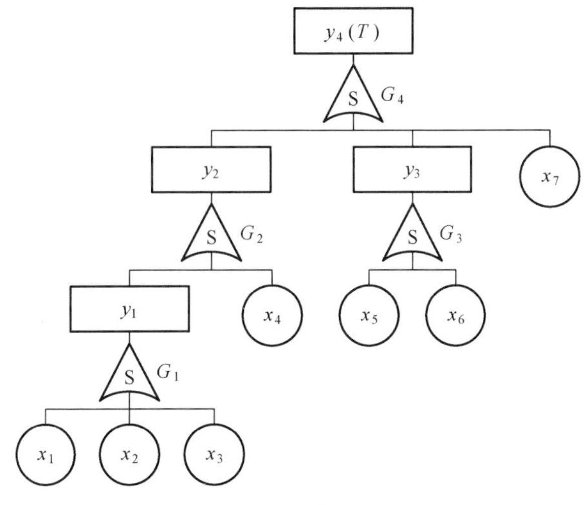

图 1-6　一棵 T-S 故障树

T-S 故障树在具有基本事件的可靠性基础数据时可进行定量分析即量化计算，如求取顶事件发生的概率、基本事件重要度等可靠性指标，顶事件的可靠性指标可由基本事件的可靠性基础数据结合 T-S 故障树算法计算得到。对于图 1-6 所示的 T-S 故障树，由下级事件 $x_1 \sim x_3$ 可求得上级事件 y_1，由下级事件 y_1、x_4 可求得上级事件 y_2，由下级事件 x_5、x_6 可求得上级事件 y_3，由下级事件 y_2、y_3、x_7 可求得

上级事件 y_4,即由基本事件 $x_1 \sim x_7$ 的可靠性基础数据可求得 y_4 即顶事件 T 的可靠性指标。

3. 事件描述

前述的“可靠性基础数据”,可以是基本事件“各故障状态”的“可靠性数据”(如故障概率<事件发生概率>、故障率、模糊可能性等),也可以是基本事件的“当前故障状态值”。

“故障状态”可用区间[0, 1]的数来描述。对于二态单元而言,有正常、失效(完全故障)两种故障状态,则可分别用 0、1 来描述。对于多态单元而言,在正常和失效之间还有轻度故障、严重故障等故障状态。例如:单元的故障状态可分为正常、半故障、失效三态,则可分别用 0、0.5、1 来描述;单元的故障状态可分为正常、轻度故障、严重故障、失效四态,则可分别用 0、1/3、2/3、1 来描述。

单元的故障状态具有不确定性,可采用模糊数来描述故障状态。将模糊数的隶属函数描述为线性隶属函数,这里采用四边形隶属函数。将四边形隶属函数 F 表示为

$$F \equiv (F_0, s_L, m_L, s_R, m_R) \tag{1-22}$$

式中:F_0 为模糊数支撑集的中心;s_L 和 s_R 分别为左、右支撑半径;m_L 和 m_R 分别为左、右模糊区。由隶属函数 F 描述的模糊数称为模糊数 F_0,其隶属函数如图 1-7 和式(1-23)所示。

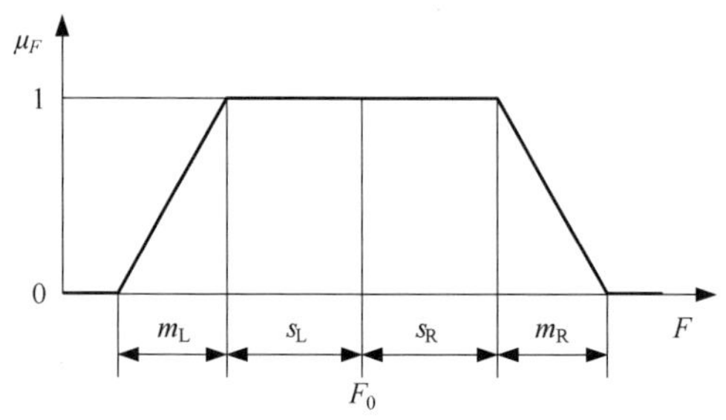

图 1-7 模糊数的隶属函数

$$\mu_F = \begin{cases} \dfrac{F-(F_0-s_L-m_L)}{m_L}, & F_0-s_L-m_L<F\leqslant F_0-s_L \\ 1, & F_0-s_L<F\leqslant F_0+s_R \\ \dfrac{F_0+s_R+m_R-F}{m_R}, & F_0+s_R<F\leqslant F_0+s_R+m_R \\ 0, & \text{其他} \end{cases} \tag{1-23}$$

用四边形隶属函数模糊数描述故障状态,方便且不失一般性。例如:当 $s_L =$

$s_R=0$ 时，四边形隶属函数变为三角形隶属函数；当 $s_L=s_R=0$ 且 $m_L=m_R=0$ 时，模糊数变为确定数。如果模糊数的隶属函数左右对称，则 $s_L=s_R$，$m_L=m_R$。左右支撑半径 s_L 和 s_R 可为定值，也可为变量[167]。

基本事件"各故障状态"的"可靠性数据"可以是故障概率（事件发生概率）、故障率、模糊可能性等。例如，图 1-6 所示的 T-S 故障树，若各单元为二态，"各故障状态"包括正常和失效两种故障状态，则已知基本事件 $x_1 \sim x_7$ 失效的故障概率（或模糊可能性等），可求得 y_3 即顶事件 T 失效的故障概率（或模糊可能性等）；若各单元为三态，"各故障状态"是正常、半故障和失效三种故障状态，则已知基本事件 $x_1 \sim x_7$ 半故障、失效的故障概率（或模糊可能性等），可求得 y_3 即顶事件 T 半故障和失效的故障概率（或模糊可能性等）。

图 1-6 所示的 T-S 故障树，可在已知各单元的"当前故障状态值"（如基本事件 $x_1 \sim x_7$ 的"当前故障状态值"分别为 0、0.8、0、0.1、0、0.3、0.2）的条件下，计算出 y_3 即顶事件 T 出现各故障状态的可能性，即 y_3 分别为 0、0.5、1 的可能性。

1.2.4　T-S 门描述规则的生成与构建

T-S 故障树用 T-S 门及其描述规则来刻画静态失效行为。T-S 门是基于 T-S 模型构建的，是一种万能逼近器，因而可用来描述任意复杂多样的静态事件关系。任意一种静态事件关系，均可以通过 T-S 门及其一组 IF-THEN 规则来描述。每一条 T-S 门描述规则均包括下级事件故障状态组成的输入规则和对应这些故障状态时上级事件发生可能性组成的输出规则，这些发生可能性相互关联，其和为 1，类似于保证加工精度和装配精度的尺寸链。例如，在表 1-5 中，第 2、3 列即下级事件 x_1、x_2 对应的规则为输入规则，第 4、5 列即上级事件 y 对应的规则为输出规则。

描述静态事件关系的 T-S 门描述规则有两种产生方法：

（1）描述规则生成方法。Bell 故障树逻辑门描述的静态事件关系，是简单、明确、有规律的，可以基于事件关系进行手工列写或利用计算程序直接生成 T-S 门描述规则，得到等价于 Bell 故障树逻辑门的 T-S 门描述规则。可见，用 T-S 故障树可以解算 Bell 故障树。

（2）描述规则构建方法。Bell 故障树逻辑门不能描述的静态事件关系，是复杂且具有不确定性的，如非 Bell 故障树逻辑门（及其组合）的静态事件关系、含有不确定性的静态事件关系等，将知识和数据总结为一组 IF-THEN 语句描述即 T-S 门描述规则。

1. T-S 门描述规则生成方法

每一种 Bell 故障树逻辑门均能够描述一种静态事件关系，均可以通过 T-S 门及其一组 IF-THEN 规则来描述。Bell 故障树中的二态和多态故障树的逻辑门都可以利用描述规则生成方法转化为相应的 T-S 门描述规则形式，其转化及描述规则生成方法如图 1-8 所示。

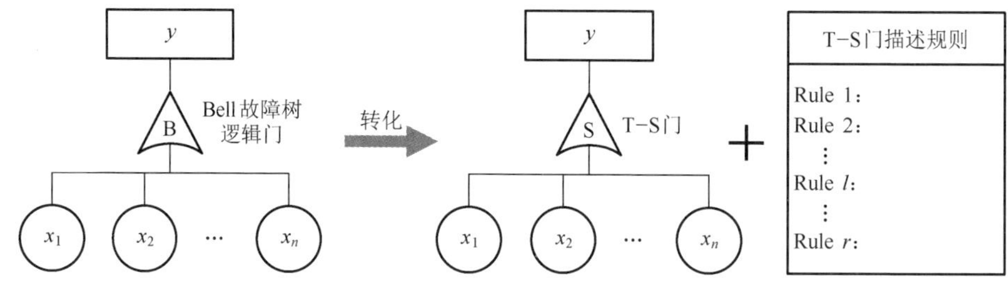

图 1-8　等价于 Bell 故障树逻辑门的 T-S 门及其描述规则

1）二态故障树逻辑门的 T-S 门描述规则

二态故障树的基本事件、中间事件和顶事件都是二态的，要么发生（用 1 表示），要么不发生（用 0 表示）。二态故障树的逻辑门可以转化为 T-S 门。

（1）二态与门的 T-S 门描述规则。

若基本事件 x_1、x_2为输入，输出为 y，则在二态与门中，当所有输入事件同时发生时（即 $x_1=1$ 且 $x_2=1$），门的输出事件才发生（$y=1$）。二态与门可以转化为相应的 T-S 门描述规则形式，其转化与生成方法如图 1-9 所示。二态与门可用 T-S 门描述规则表示，见表 1-5。

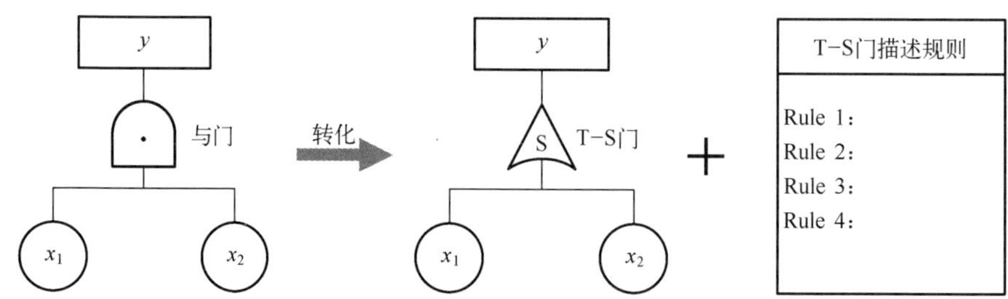

图 1-9　等价于二态与门的 T-S 门及其描述规则生成与构建方法

表 1-5　二态与门的 T-S 门描述规则

规　　则	x_1	x_2	y	
			0	1
1	0	0	1	0
2	0	1	1	0
3	1	0	1	0
4	1	1	0	1

表 1-5 中的每一行均代表一条 T-S 门描述规则，4 条 T-S 门描述规则依次是：①如果 x_1 为 0，x_2 为 0，则 y 为 0 的发生可能性为 1，y 为 1 的发生可能性为 0，即如果输入事件 x_1 和 x_2 不发生，则输出事件 y 不发生；②如果 x_1 为 0，x_2 为 1，则 y 为 0 的发生可能性为 1，y 为 1 的发生可能性为 0；③如果 x_1 为 1，x_2 为 0，则 y 为 0 的发生可能性为 1，y 为 1 的发生可能性为 0；④如果 x_1 为 1，x_2 为 1，则 y 为 0 的发生可能性为 0，y 为 1 的发生可能性为 1。

(2) 二态或门的 T-S 门描述规则。

若基本事件 x_1、x_2 为输入，输出为 y，则在二态或门中，至少有一个输入事件发生时(即 $x_1=1$ 或 $x_2=1$)，门的输出事件就发生($y=1$)。二态或门可以转化为相应的 T-S 门描述规则形式，其转化与生成方法如图 1-10 所示。二态或门可用 T-S 门描述规则表示，见表 1-6。

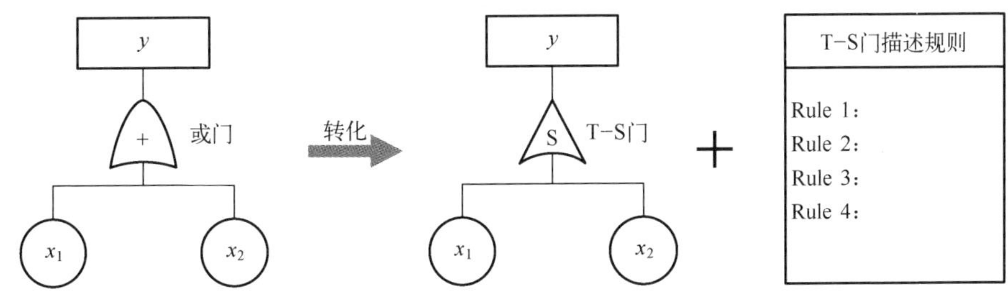

图 1-10　等价于二态或门的 T-S 门及其描述规则生成方法

表 1-6　二态或门的 T-S 门描述规则

规　则	x_1	x_2	y	
			0	1
1	0	0	1	0
2	0	1	0	1
3	1	0	0	1
4	1	1	0	1

(3) 二态非门的 T-S 门描述规则。

若基本事件 x_1 为单输入，输出为 y，则二态非门表示输出事件是输入事件的对立事件。二态非门可以转化为相应的 T-S 门描述规则形式，其转化与生成方法如图 1-11 所示。二态非门可用 T-S 门描述规则表示，见表 1-7。

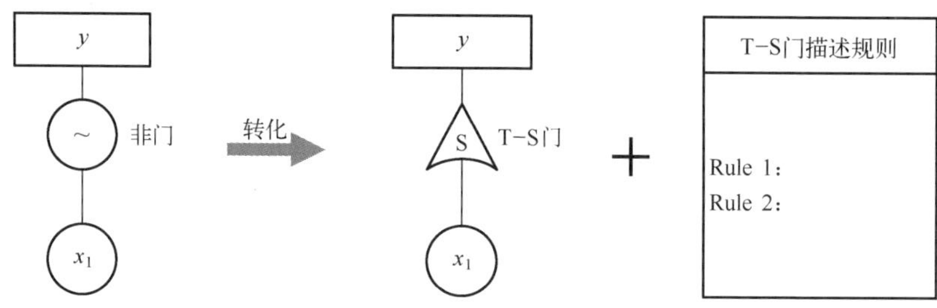

图 1-11　等价于二态非门的 T-S 门及其描述规则生成方法

表 1-7　二态非门的 T-S 门描述规则

规　　则	x_1	y	
		0	1
1	0	0	1
2	1	1	0

（4）二态表决门的 T-S 门描述规则。

表决门事实上是由与门、或门两种基本门组合而成。表决门表示仅当 n 个输入事件中有 k 个或 k 个以上的事件发生时，输出事件才发生。若基本事件 x_1、x_2、x_3 为输入（即 $n=3$），输出为 y，当 $k=2$ 时，表决门及规范化等效的或门、与门组合如图 1-12 所示。

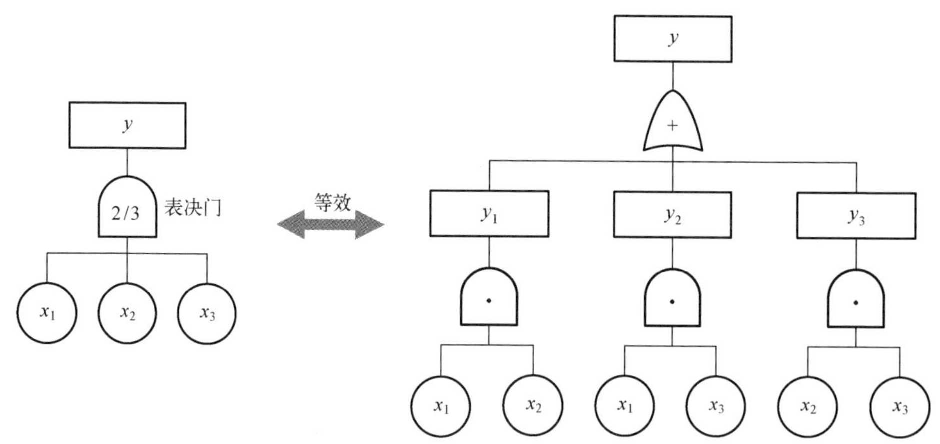

图 1-12　表决门及规范化等效的或门与门组合

表决门可以转化为相应的 T-S 门描述规则形式，其转化与生成方法如图 1-13 所示。其中，二态表决门可用 T-S 门描述规则表示，见表 1-8。可见，T-S 门不需规范化等效为基本门组合。

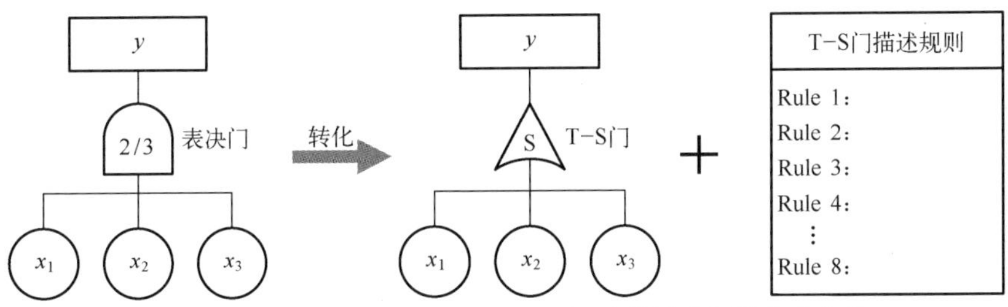

图 1-13　等价于二态表决门的 T-S 门及其描述规则生成方法

表 1-8　二态表决门的 T-S 门描述规则

规　则	x_1	x_2	x_3	y	
				0	1
1	0	0	0	1	0
2	0	0	1	1	0
3	0	1	0	1	0
4	0	1	1	0	1
5	1	0	0	1	0
6	1	0	1	0	1
7	1	1	0	0	1
8	1	1	1	0	1

(5) 二态异或门的 T-S 门描述规则。

异或门事实上是由或门、与门、非门这三种基本门组合而成。异或门表示仅当单个输入事件发生时,输出事件才发生。若基本事件 x_1、x_2为输入,输出为 y,异或门及规范化等效的或门、与门和非门组合如图 1-14 所示,可见其组合复杂,不便计算。

异或门可以转化为相应的 T-S 门描述规则形式,其转化与生成方法如图 1-15 所示。其中,二态异或门可用 T-S 门描述规则表示,见表 1-9。可见,T-S 门不需规范化等效为基本门组合。

表 1-9　二态异或门的 T-S 门描述规则

规　则	x_1	x_2	y	
			0	1
1	0	0	1	0
2	0	1	0	1
3	1	0	0	1
4	1	1	1	0

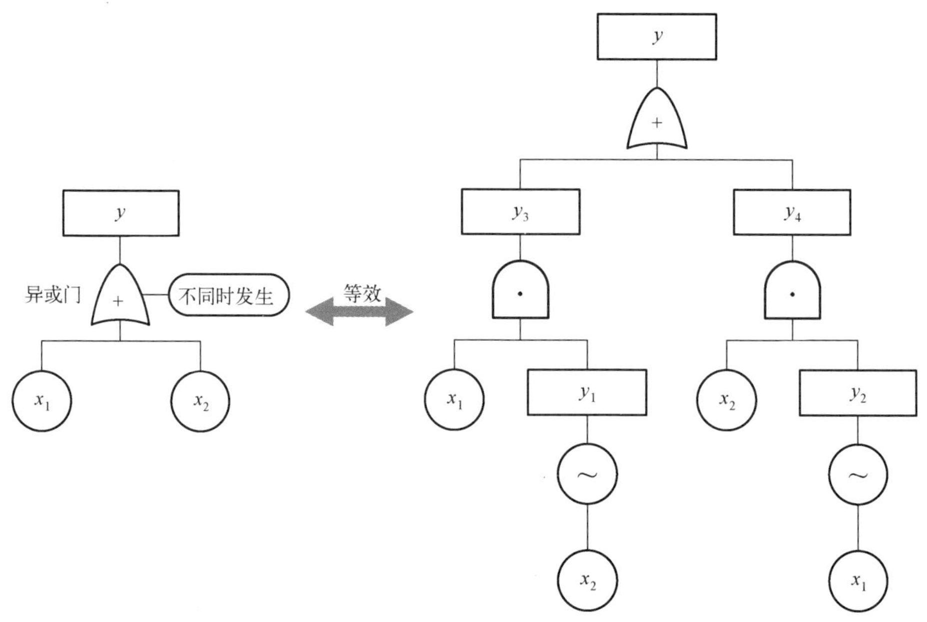

图 1-14　异或门及规范化等效的或门、与门和非门组合

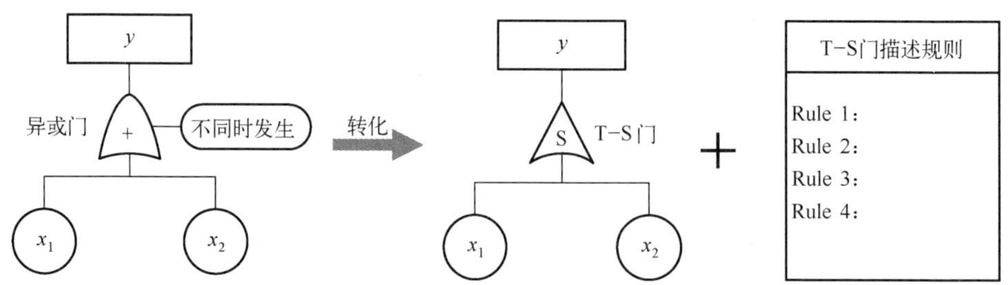

图 1-15　等价于二态异或门的 T-S 门及其描述规则生成方法

(6) 二态禁门的 T-S 门描述规则。

禁门事实上由与门这种基本门组成。禁门表示仅当二态禁门的条件事件发生时,输入事件的发生方导致输出事件的发生。若基本事件 x_1 为输入,基本事件 x_2 为禁门打开条件事件,输出为 y,禁门及规范化等效的与门如图 1-16 所示。

禁门可以转化为相应的 T-S 门描述规则形式,其转化与生成方法如图 1-17 所示。其中,二态禁门可用 T-S 门描述规则表示,见表 1-10。

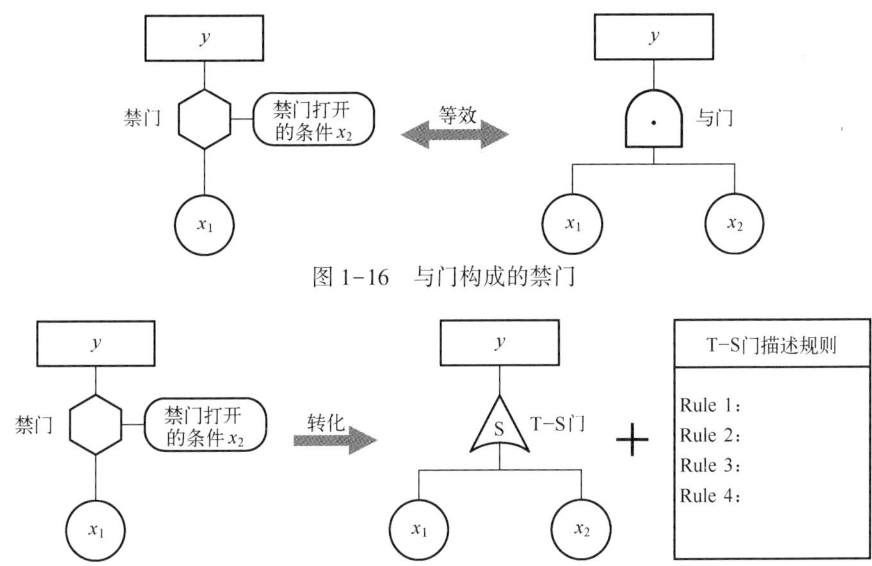

图 1-16　与门构成的禁门

图 1-17　等价于二态禁门的 T-S 门及其描述规则生成方法

表 1-10　二态禁门的 T-S 门描述规则

规　　则	x_1	x_2	y	
			0	1
1	0	0	1	0
2	0	1	1	0
3	1	0	1	0
4	1	1	0	1

除了表 1-3 所列的门可以用 T-S 门及其描述规则来描述外，表 1-3 所列的门的组合如与非门、或非门等，也可以用 T-S 门描述规则描述。

(7) 二态与非门的 T-S 门描述规则。

与非门事实上是由与门、非门两种基本门组合而成。若基本事件 x_1、x_2 为输入，输出为 y，与非门可以转化为相应的 T-S 门描述规则形式，见表 1-11。

表 1-11　二态与非门的 T-S 门描述规则

规　　则	x_1	x_2	y	
			0	1
1	0	0	0	1
2	0	1	0	1
3	1	0	0	1
4	1	1	1	0

(8) 二态或非门的 T-S 门描述规则。

或非门事实上由或门、非门两种基本门组合而成。若基本事件 x_1、x_2 为输入，输出为 y，或非门可以转化为相应的 T-S 门描述规则形式，见表 1-12。

表 1-12　二态或非门的 T-S 门描述规则

规则	x_1	x_2	y	
			0	1
1	0	0	0	1
2	0	1	1	0
3	1	0	1	0
4	1	1	1	0

可见，二态故障树的逻辑门都可以转化为相应 T-S 门形式。

2) 多态故障树逻辑门的 T-S 门描述规则

在实际工程中，系统及其单元从正常到失效状态之间往往存在多种故障状态，为此，研究者对多态(多状态)系统进行了研究。

Barlow 等定义了多态串联系统和多态并联系统，并利用最小路集和最小割集的概念给出了一般多态系统的定义[168-169]，表述如下：

多态串联系统的状态 $\Phi(x)$ 等于最坏的单元的状态，即

$$\Phi(x) = \max_{1 \leqslant i \leqslant n} x_i \tag{1-24}$$

多态并联系统的状态 $\Phi(x)$ 等于最好的单元的状态，即

$$\Phi(x) = \min_{1 \leqslant i \leqslant n} x_i \tag{1-25}$$

由上述定义可知，在多态系统中与门的输出事件的状态为所有输入单元状态中最好的单元状态；而或门的输出事件的状态为所有输入单元状态中最坏的单元状态。

(1) 多态与门的 T-S 门描述规则。

假设基本事件 x_1、x_2 为输入，输出为 y，且 x_1、x_2 和 y 有三种状态，即正常状态、半正常状态或半故障状态、失效状态，分别用 0、0.5、1 表示。生成三态与门的 T-S 门描述规则，见表 1-13。

表 1-13　三态与门的 T-S 门描述规则

规　则	x_1	x_2	y		
			0	0.5	1
1	0	0	1	0	0
2	0	0.5	1	0	0

（续）

规　则	x_1	x_2	y		
			0	0.5	1
3	0	1	1	0	0
4	0.5	0	1	0	0
5	0.5	0.5	0	1	0
6	0.5	1	0	1	0
7	1	0	1	0	0
8	1	0.5	0	1	0
9	1	1	0	0	1

（2）多态或门的 T-S 门描述规则。

假设基本事件 x_1、x_2 为输入，输出为 y，且 x_1、x_2 和 y 有三种状态，即正常、半故障、失效，分别用 0、0.5、1 表示。生成三态或门的 T-S 门描述规则，见表 1-14。

表 1-14　三态或门的 T-S 门描述规则

规　则	x_1	x_2	y		
			0	0.5	1
1	0	0	1	0	0
2	0	0.5	0	1	0
3	0	1	0	0	1
4	0.5	0	0	1	0
5	0.5	0.5	0	1	0
6	0.5	1	0	0	1
7	1	0	0	0	1
8	1	0.5	0	0	1
9	1	1	0	0	1

2. T-S 门描述规则构建方法

相对于 Bell 故障树，T-S 故障树能够解决如非 Bell 故障树逻辑门（及其组合）的静态事件关系、含有不确定性的静态事件关系等问题。T-S 故障树能够描述 Bell 故障树不能描述的静态事件关系。这类静态事件关系的 T-S 门描述规则用描述规则构建方法产生，将知识和数据总结为一组 IF-THEN 语句描述即 T-S 门描述规则。

下面以图 1-18 所示的液压动力源系统为例，说明 T-S 门描述规则构建方法。

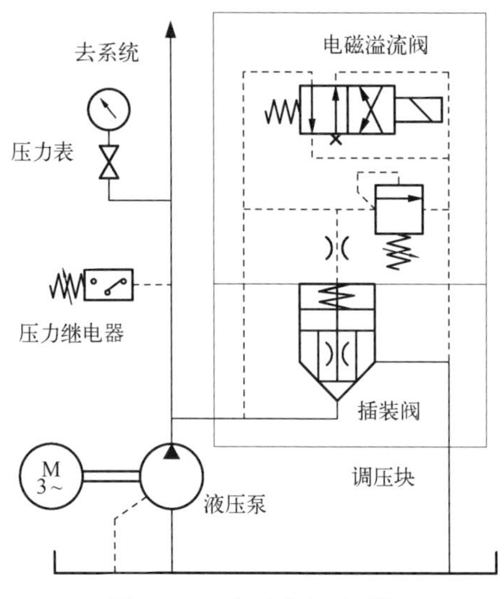

图 1-18　液压动力源系统

液压系统中的一个或多个元件发生故障时,随着各元件故障状态的不同,液压系统发生故障的可能性具有不确定性:可能发生故障也可能不发生,可能发生严重故障也可能只是发生轻度故障。针对图 1-18 所示的液压动力源系统,建造 T-S 故障树如图 1-19 所示。

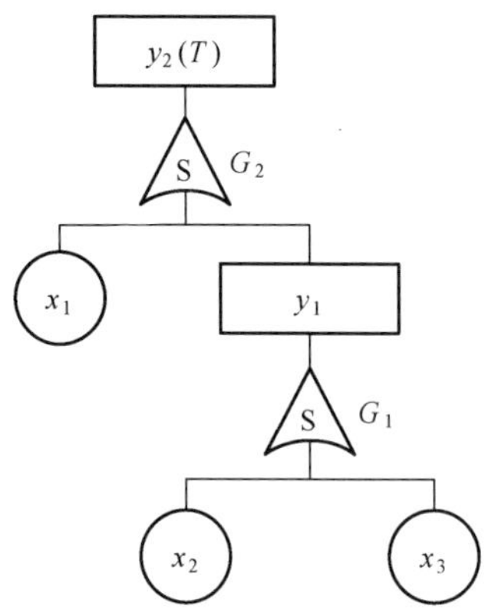

图 1-19　T-S 故障树

图 1-19 中,G_1、G_2为 T-S 门;y_2即顶事件 T 为 G_2门的输出,代表系统故障;中间事件 y_1为 G_1门的输出,代表调压故障;基本事件 x_i(i=1,2,3)分别对应液压泵、插装阀和电磁溢流阀。假设 x_i和 y_1、y_2的故障状态为(0, 0.5, 1)。其中,顶事件故障状态为 0 时表示正常,任务完成;顶事件故障状态为 0.5 时表示半故障状态,任

务降级；顶事件故障状态为 1 时表示失效状态，任务失败。由描述规则构建方法可得到 G_1、G_2门的描述规则，见表 1-15 和表 1-16。这种描述规则与二态门和多态门都不同，这种事件关系无法用 Bell 故障树逻辑门表示。

表 1-15　G_1门描述规则

规　则	x_2	x_3	y_1		
			0	0.5	1
1	0	0	1	0	0
2	0	0.5	0.2	0.3	0.5
3	0	1	0	0	1
4	0.5	0	0.2	0.4	0.4
5	0.5	0.5	0.1	0.3	0.6
6	0.5	1	0	0	1
7	1	0	0	0	1
8	1	0.5	0	0	1
9	1	1	0	0	1

表 1-16　G_2门描述规则

规　则	x_1	y_1	y_2		
			0	0.5	1
1	0	0	1	0	0
2	0	0.5	0.2	0.4	0.4
3	0	1	0	0	1
4	0.5	0	0.2	0.5	0.3
5	0.5	0.5	0.1	0.2	0.7
6	0.5	1	0	0	1
7	1	0	0	0	1
8	1	0.5	0	0	1
9	1	1	0	0	1

由表 1-5～表 1-14 可知，T-S 门可以描述 Bell 故障树逻辑门，可以描述 Bell 故障树逻辑门能够描述的静态事件关系。

由表 1-15 和表 1-16 可知，T-S 门能够描述的静态事件关系，Bell 故障树逻辑门却不能描述，因此，T-S 门可以描述 Bell 故障树逻辑门不能描述的静态事件关系，T-S 故障树提高了模型的精度，保证了故障树分析的细粒度。

综上可见，Bell 故障树逻辑门是 T-S 门的某种特例。T-S 门描述规则能更全面、准确地描述系统静态事件关系,T-S 门更具一般性和通用性。

T-S 模型在控制领域应用的优点是不完全依赖被控对象的精确数学模型,是基于规则或知识的控制;控制系统的鲁棒性强,扰动和参数摄动的影响被减弱;控制具有一定的智能水平,模拟人脑的思维方式,增强了系统的自适应能力。这对 T-S 故障树研究是很好的启示。

1.2.5 T-S 故障树算法

T-S 动态故障树(第 3、4 章)需要用到更多的变量符号,要考虑与 T-S 故障树协调,促使我们对 T-S 故障树算法重新阐发,对变量符号等重新协调。例如,故障状态 $S_i^{(a_i)}$ 的上标带有小括号,若不带小括号,其一般意义是表示幂次。

假设下级事件 $x_i(i=1,2,\cdots,n)$ 的故障状态为 $S_i^{(a_i)}(a_i=1,2,\cdots,k_i)$ 描述为 $(S_1^{(1)},S_1^{(2)},\cdots,S_1^{(k_1)})$,$(S_2^{(1)},S_2^{(2)},\cdots,S_2^{(k_2)})$,$\cdots$,$(S_n^{(1)},S_n^{(2)},\cdots,S_n^{(k_n)})$,上级事件 y 的故障状态 $S_y^{(b_y)}(b_y=1,\ 2,\cdots,k_y)$ 描述为 $(S_y^{(1)},S_y^{(2)},\cdots,S_y^{(k_y)})$,顶事件 T 的故障状态 $T_q(q=1,\ 2,\cdots,k_q)$ 描述为 $(T_1,T_2,\cdots,T_{k_q})$,且满足

$$\begin{cases}0\leqslant S_1^{(1)}<S_1^{(2)}<\cdots<S_1^{(k_1)}\leqslant 1\\0\leqslant S_2^{(1)}<S_2^{(2)}<\cdots<S_2^{(k_2)}\leqslant 1\\\qquad\vdots\\0\leqslant S_n^{(1)}<S_n^{(2)}<\cdots<S_n^{(k_n)}\leqslant 1\\0\leqslant S_y^{(1)}<S_y^{(2)}<\cdots<S_y^{(k_y)}\leqslant 1\\0\leqslant T_1<T_2<\cdots<T_{k_q}\leqslant 1\end{cases}\tag{1-26}$$

系统为二态即 $k_i=k_y=2$ 时,$S_i^{(a_i)}=0$ 和 $S_i^{(a_i)}=1(a_i=1,\ 2)$ 分别表示下级事件 x_i 为正常状态、失效状态,$S_y^{(b_y)}=0$ 和 $S_y^{(b_y)}=1(b_y=1,\ 2)$ 分别表示上级事件 y 为正常状态、失效状态。

系统为多态即 $k_i=k_y\geqslant 3$ 时,$S_i^{(a_i)}=0\sim 1(a_i=1,\ 2,\ \cdots,\ k_i)$ 分别表示下级事件 x_i 为正常状态、正常与失效之间的中间状态、失效状态,$S_y^{(b_y)}=0\sim 1(b_y=1,\ 2,\ \cdots,\ k_y)$ 分别表示上级事件 y 为正常状态、正常与失效之间的中间状态、失效状态。

如图 1-5 所示的 T-S 门,描述规则如下:

已知规则 $l(l=1,2,\cdots,r)$,如果 x_1 为 $S_1^{(a_1)}$、x_2 为 $S_2^{(a_2)}$、$\cdots$、x_n 为 $S_n^{(a_n)}$,则 y 为 $S_y^{(1)}$ 的发生可能性为 $P_{(l)}(y=S_y^{(1)})$、y 为 $S_y^{(2)}$ 的发生可能性为 $P_{(l)}(y=S_y^{(2)})$、$\cdots$、y 为 $S_y^{(k_y)}$ 的发生可能性为 $P_{(l)}(y=S_y^{(k_y)})$。其中,$a_1=1,2,\cdots,k_1$;$a_2=1,2,\cdots,k_2$;$\cdots$;$a_n=1,2,\cdots,k_n$;r 为规则总数,$r=\prod_{i=1}^{n}k_i=k_1k_2\cdots k_n$。T-S 门的描述规则见表 1-17。

表 1-17　T-S 门的描述规则

规则	x_1	x_2	…	x_n	y			
					$S_y^{(1)}$	$S_y^{(2)}$	…	$S_y^{(k_y)}$
l	$S_1^{(a_1)}$	$S_2^{(a_2)}$	…	$S_n^{(a_n)}$	$P_{(l)}(y=S_y^{(1)})$	$P_{(l)}(y=S_y^{(2)})$	…	$P_{(l)}(y=S_y^{(k_y)})$

当 $n=2, k_i=k_y=2$ 时，用 0、1 分别表示正常状态、失效状态，规则总数 $r=k_1k_2=4$。T-S 门的描述规则见表 1-18。

表 1-18　T-S 门的描述规则

规　则	x_1	x_2	y	
			0	1
1	0	0	$P_{(1)}(y=0)$	$P_{(1)}(y=1)$
2	0	1	$P_{(2)}(y=0)$	$P_{(2)}(y=1)$
3	1	0	$P_{(3)}(y=0)$	$P_{(3)}(y=1)$
4	1	1	$P_{(4)}(y=0)$	$P_{(4)}(y=1)$

表 1-18 中的每一行均代表一条规则。例如，规则 1 表示下级事件 x_1、x_2 的故障状态分别为 0、0，则 y 为 0 的发生可能性为 $P_{(1)}(y=0)$，y 为 1 的发生可能性为 $P_{(1)}(y=1)$。

当 $n=2, k_i=k_y=3$ 时，用 0、0.5、1 分别表示正常状态、半故障状态、失效状态，规则总数 $r=k_1k_2=9$。T-S 门的描述规则见表 1-19。

表 1-19　T-S 门的描述规则

规　则	x_1	x_2	y		
			0	0.5	1
1	0	0	$P_{(1)}(y=0)$	$P_{(1)}(y=0.5)$	$P_{(1)}(y=1)$
2	0	0.5	$P_{(2)}(y=0)$	$P_{(2)}(y=0.5)$	$P_{(2)}(y=1)$
3	0	1	$P_{(3)}(y=0)$	$P_{(3)}(y=0.5)$	$P_{(3)}(y=1)$
4	0.5	0	$P_{(4)}(y=0)$	$P_{(4)}(y=0.5)$	$P_{(4)}(y=1)$
⋮	⋮	⋮	⋮	⋮	⋮
l	$S_1^{(a_1)}$	$S_2^{(a_2)}$	$P_{(l)}(y=0)$	$P_{(l)}(y=0.5)$	$P_{(l)}(y=1)$
⋮	⋮	⋮	⋮	⋮	⋮
9	1	1	$P_{(9)}(y=0)$	$P_{(9)}(y=0.5)$	$P_{(9)}(y=1)$

表 1-19 中的每一行均代表一条规则。例如，规则 1 表示下级事件 x_1、x_2 的故障状态分别为 0、0，则 y 为 0 的发生可能性为 $P_{(1)}(y=0)$，y 为 0.5 的发生可能性为

$P_{(1)}(y=0.5)$,y 为 1 的发生可能性为 $P_{(1)}(y=1)$。

规则 l 中,下级事件 x_i 对应的规则为输入规则,上级事件 y 对应的规则为输出规则。例如,表 1-19 第 2、3 列为输入规则,第 4~6 列为输出规则。

在同一条规则下,上级事件 y 各故障状态 $S_y^{(b_y)}$($b_y=1, 2, \cdots, k_y$)的发生可能性 $P_{(l)}(y=S_y^{(b_y)})$之和为 1,即

$$\sum_{b_y=1}^{k_y} P_{(l)}(y=S_y^{(b_y)}) = P_{(l)}(y=S_y^{(1)}) + P_{(l)}(y=S_y^{(2)}) + \cdots + P_{(l)}(y=S_y^{(k_y)}) = 1 \tag{1-27}$$

例如,表 1-15 规则 2 的上级事件 y_1 输出规则中,$P_{(2)}(y_1=0)=0.2$,$P_{(2)}(y_1=0.5)=0.3$,$P_{(2)}(y_1=1)=0.5$,有 $P_{(2)}(y_1=0)+P_{(2)}(y_1=0.5)+P_{(2)}(y_1=1)=1$。

1. 基于下级事件各故障状态的可靠性数据计算上级事件不同故障状态的可靠性数据

假设下级事件 $x_1,x_2,\cdots,x_n$ 各故障状态的可靠性数据(如故障概率、模糊可能性等)分别为 $P(x_1=S_1^{(a_1)})$($a_1=1,2,\cdots,k_1$),$P(x_2=S_2^{(a_2)})$($a_2=1,2,\cdots,k_2$),$\cdots$,$P(x_n=S_n^{(a_n)})$($a_n=1,2,\cdots,k_n$),且满足下级事件 x_i 各故障状态 $S_i^{(a_i)}$($a_i=1, 2, \cdots,k_i$)的可靠性数据 $P(x_i=S_i^{(a_i)})$($a_i=1, 2, \cdots,k_i$)之和为 1,即

$$P(x_i=S_i^{(1)})+P(x_i=S_i^{(2)})+\cdots+P(x_i=S_i^{(k_i)})=1 \tag{1-28}$$

例如,下级事件 x_1 各故障状态有正常、半故障、失效三种故障状态,且已知下级事件 x_1 半故障、失效状态的故障概率分别为 $P(x_1=0.5)=0.01$,$P(x_1=1)=0.02$,则由下级事件 x_1 正常、半故障、失效三种故障状态的可靠性数据之和为 1,可求得下级事件 x_1 正常状态的可靠性数据为 1-0.01-0.02=0.97。如果单元 x_1 的故障率能够准确获得,可结合寿命分布函数和工作时间 t 等参数得到其故障概率 F_1 或可靠度 R_1,令 $P(x_1=1)=F_1$ 或 $P(x_1=0)=R_1$,前者的分析结果更保守。

但概率测度所需的大数定律条件在实践上往往很难满足,而且故障率(故障概率)也会随着系统使用环境的变化而变化。

考虑故障概率的不确定性,把故障概率视为模糊可能性,这种方法考量的是故障累积效应,即工作一段时间后发生故障的模糊可能性。考虑故障率的不确定性或寿命分布的不确定性,把故障率数值(去除单位 1/h)视为模糊可能性,这种方法考量的是故障瞬时效应,即某一时刻发生故障的模糊可能性。

为了系统解决可靠性理论中概率测度的不完善和不适用情况,康锐等在著作《确信可靠性理论与方法》[81]中,将不确定测度和机会测度引入可靠性理论中,重新构建了可靠性测度框架,将其统一命名为确信可靠度(belief reliability)。不确定理论是与概率论平行的一门新的数学分支,其中的不确定测度专门用于度量因为信息和知识缺乏而引起的不确定性,机会测度则是不确定测度与概率测度的一种

混合测度。在确信可靠度的理论框架中，可靠度定义为系统的状态运行在可行域中的机会，并根据系统的状态分成了两个子框架：性能裕量子框架和故障时间子框架。这样划分后，可靠性的概率测度是一种特例，只有在系统的故障时间样本数据满足大数定律的前提下才能放心使用，一旦工程实践难以满足这一理想状态，就应当使用其他测度[170-171]。

1）输入规则算法

在规则 l 中，已知下级事件 $x_1, x_2, \cdots, x_n$ 各故障状态的可靠性数据分别为 $P_{(l)}(x_1 = S_1^{(a_1)})(a_1 = 1, 2, \cdots, k_1)$，$P_{(l)}(x_2 = S_2^{(a_2)})(a_2 = 1, 2, \cdots, k_2)$，$\cdots$，$P_{(l)}(x_n = S_n^{(a_n)})(a_n = 1, 2, \cdots, k_n)$，即下级事件 $x_i(i = 1, 2, \cdots, n)$ 各故障状态的可靠性数据为 $P_{(l)}(x_i = S_i^{(a_i)})(a_i = 1, 2, \cdots, k_i)$，通过输入规则算法可求得输入规则的执行可能性。

T-S 门描述规则的输入规则 $l(l = 1, 2, \cdots, r)$ 的执行可能性为

$$P_{(l)}^* = \prod_{i=1}^{n} P_{(l)}(x_i = S_i^{(a_i)}) = P_{(l)}(x_1 = S_1^{(a_1)}) P_{(l)}(x_2 = S_2^{(a_2)}) \cdots P_{(l)}(x_n = S_n^{(a_n)}) \tag{1-29}$$

2）输出规则算法

基于输入规则算法所求得的输入规则的执行可能性，并结合式（1-30）所示的输出规则算法，可计算得到上级事件各故障状态 $S_y^{(b_y)}(b_y = 1, 2, \cdots, k_y)$ 的可靠性数据 $P(y = S_y^{(b_y)})(b_y = 1, 2, \cdots, k_y)$：

$$P(y = S_y^{(b_y)}) = \sum_{l=1}^{r} P_{(l)}^* P_{(l)}(y = S_y^{(b_y)}) \tag{1-30}$$

即 y 为 $S_y^{(1)}, S_y^{(2)}, \cdots, S_y^{(k_y)}$ 的可靠性数据分别为

$$\begin{cases} P(y = S_y^{(1)}) = \sum_{l=1}^{r} P_{(l)}^* P_{(l)}(y = S_y^{(1)}) \\ P(y = S_y^{(2)}) = \sum_{l=1}^{r} P_{(l)}^* P_{(l)}(y = S_y^{(2)}) \\ \vdots \\ P(y = S_y^{(k_y)}) = \sum_{l=1}^{r} P_{(l)}^* P_{(l)}(y = S_y^{(k_y)}) \end{cases} \tag{1-31}$$

利用式（1-30）或式（1-31），可由下级事件各故障状态的可靠性数据求得上级事件不同故障状态的可靠性数据，且满足上级事件 y 各故障状态 $S_y^{(b_y)}(b_y = 1, 2, \cdots, k_y)$ 的可靠性数据 $P(y = S_y^{(b_y)})(b_y = 1, 2, \cdots, k_y)$ 之和为 1，即

$$\sum_{b_y=1}^{k_y} P(y = S_y^{(b_y)}) = P(y = S_y^{(1)}) + P(y = S_y^{(2)}) + \cdots + P(y = S_y^{(k_y)}) = 1 \tag{1-32}$$

由下级事件各故障状态的可靠性数据,用式(1-30)或式(1-31)可得出上级事件各故障状态的可靠性数据。依次逐级向上求解,最终可求得顶事件 T 各故障状态 $T_q(q=1, 2, \cdots, k_q)$ 的可靠性数据,即 T 为 $T_1, T_2, \cdots, T_{k_q}$ 的可靠性数据 $P(T=T_1), P(T=T_2), \cdots, P(T=T_{k_q})$。

3) 含有重复基本事件 T-S 故障树的处理方法

若基本事件在故障树中出现次数多于一次,则称该类事件为重复基本事件。重复基本事件对故障树顶部的影响是逐渐叠加的,重复基本事件的存在会增加处理故障树的难度。当重复基本事件在故障树中所占比例很大时,对整个分析过程的影响是不可估量的。因此,对重复基本事件优先处理,尽早将重复基本事件分离出来,避免重复基本事件对后续计算的影响。

T-S 故障树算法在输入规则算法中就处理重复基本事件,方法是:①将基本事件 $x_1, x_2, \cdots, x_n$ 各故障状态的可靠性数据函数化,即在算法中将可靠性数据描述为函数而不是数值;②由基本事件依次逐级向上求解上级事件(中间事件、顶事件)时,每求解一个 T-S 门就在输入规则算法中对存在的重复基本事件进行早期不交化,进行相同因子的消去处理,最终所求得的顶事件 T 可靠性数据表达式不含重复基本事件。因此,输入规则算法消除对造成上级事件发生不起作用的基本事件,实现了“不产生最后消去项”的原则。

2. 基于下级事件的当前故障状态值计算上级事件出现各故障状态的可能性

1) 输入规则算法

在规则 l 中,已知下级事件 $x=(x_1, x_2, \cdots, x_n)$ 的当前故障状态值(观测值)为 $\hat{x}=(\hat{x}_1, \hat{x}_2, \cdots, \hat{x}_n)$,通过输入规则算法可求得输入规则的执行度。

T-S 门描述规则的输入规则 $l(l=1,2,\cdots,r)$ 的执行度为

$$\beta_{(l)}(\hat{x}) = \prod_{i=1}^{n} \mu_{F_{(l)}}(\hat{x}_i) \tag{1-33}$$

式中:$\mu_{F_{(l)}}(\hat{x}_i)$ 为第 l 条规则中 $\hat{x}_i$ 对应模糊集 F 的隶属度,下级事件当前故障状态值隶属于各故障状态的隶属度之和为 1。

所有输入规则执行度的权重之和应为 1,因而,需将 $\beta_{(l)}(\hat{x})$ 归一化,归一化的执行度为

$$\beta^*_{(l)}(\hat{x}) = \frac{\beta_{(l)}(\hat{x})}{\sum_{l=1}^{r} \beta_{(l)}(\hat{x})} \tag{1-34}$$

式中:$0 \leqslant \beta^*_{(l)}(\hat{x}) \leqslant 1$,且满足

$$\sum_{l=1}^{r} \beta^*_{(l)}(\hat{x}) = \beta^*_{(1)}(\hat{x}) + \beta^*_{(2)}(\hat{x}) + \cdots + \beta^*_{(r)}(\hat{x}) = 1 \tag{1-35}$$

2）输出规则算法

上级事件 y 各故障状态 $S_y^{(b_y)}(b_y=1,\ 2,\ \cdots,k_y)$ 的可能性 $P(y=S_y^{(b_y)})(b_y=1,\ 2,\ \cdots,k_y)$ 为

$$P(y=S_y^{(b_y)})=\sum_{l=1}^{r}\beta_{(l)}^{*}(\hat{x})P_{(l)}(y=S_y^{(b_y)}) \tag{1-36}$$

即 y 为 $S_y^{(1)},S_y^{(2)},\cdots,S_y^{(k_y)}$ 的可能性分别为

$$\begin{cases}P(y=S_y^{(1)})=\sum_{l=1}^{r}\beta_{(l)}^{*}(\hat{x})P_{(l)}(y=S_y^{(1)})\\P(y=S_y^{(2)})=\sum_{l=1}^{r}\beta_{(l)}^{*}(\hat{x})P_{(l)}(y=S_y^{(2)})\\\qquad\vdots\\P(y=S_y^{(k_y)})=\sum_{l=1}^{r}\beta_{(l)}^{*}(\hat{x})P_{(l)}(y=S_y^{(k_y)})\end{cases} \tag{1-37}$$

利用式(1-36)或式(1-37)，可由下级事件各故障状态的当前故障状态值求得上级事件各故障状态的可能性，且满足上级事件 y 各故障状态 $S_y^{(b_y)}(b_y=1,\ 2,\cdots,k_y)$ 的可能性 $P(y=S_y^{(b_y)})(b_y=1,\ 2,\cdots,k_y)$ 之和为 1，即

$$\sum_{b_y=1}^{k_y}P(y=S_y^{(b_y)})=P(y=S_y^{(1)})+P(y=S_y^{(2)})+\cdots+P(y=S_y^{(k_y)})=1 \tag{1-38}$$

由下级事件的当前故障状态值，用式(1-36)或式(1-37)可得出上级事件出现各故障状态的可能性。依次逐级向上求解，最终可求得顶事件 T 各故障状态 $T_q(q=1,\ 2,\ \cdots,k_q)$ 的可能性，即 T 为 $T_1,T_2,\cdots,T_{k_q}$ 的可能性 $P(T=T_1),P(T=T_2),\cdots,P(T=T_{k_q})$。

式(1-27)、式(1-28)、式(1-32)和式(1-38)、式(1-35)，分别反映了描述规则、下级事件、上级事件、规则执行度的规范性准则。这类似于可靠性度量在数学上和逻辑上是自洽的，可靠度与不可靠度之和为 1。

1.2.6　T-S 故障树分析计算过程

下面以图 1-19 所示的 T-S 故障树为例，说明 T-S 故障树分析计算过程。

根据 T-S 故障树算法，既可以由基本事件的故障概率（或模糊可能性）计算出顶事件的故障概率（或模糊可能性），也可以由基本事件的当前故障状态值计算出顶事件出现各故障状态的可能性。

1. 基于基本事件的故障概率求取顶事件的故障概率

假设基本事件 $x_i(i=1,\ 2,\ 3)$ 故障状态为 0.5 时的故障概率分别为 0.010、

0. 002、0. 005，故障状态为 1 时的故障概率分别为 0. 010、0. 002、0. 005。

根据表 1-15、表 1-16 和式(1-31)，可求得 y_1 和 y_2 故障状态分别为 0. 5 和 1 的故障概率：$P(y_1=0.5)$，$P(y_1=1)$，$P(y_2=0.5)$，$P(y_2=1)$。

1) 计算 y_1 故障状态为 0. 5 的故障概率 $P(y_1=0.5)$

由表 1-15 倒数第 2 列可知，$P(y_1=0.5)$ 只与规则 2、4、5 有关，规则 2、4、5 中 y_1 故障状态为 0. 5 的发生可能性分别为 0. 3、0. 4、0. 3，即

$$P_{(2)}(y_1=0.5)=0.3,P_{(4)}(y_1=0.5)=0.4,P_{(5)}(y_1=0.5)=0.3$$

由表 1-15 输入规则即第 2、3 列和式(1-29)，求得规则 2、4、5 的执行可能性为

$$P^*_{(2)}=P(x_2=0)P(x_3=0.5)=(1-0.002-0.002)\times 0.005=4.98\times 10^{-3}$$

$$P^*_{(4)}=P(x_2=0.5)P(x_3=0)=0.002\times(1-0.005-0.005)=1.98\times 10^{-3}$$

$$P^*_{(5)}=P(x_2=0.5)P(x_3=0.5)=0.002\times 0.005=1.00\times 10^{-5}$$

由式(1-31)求得 y_1 故障状态为 0. 5 的故障概率为

$$\begin{aligned}P(y_1=0.5)&=\sum_{l=1}^{9}P^*_{(l)}P_{(l)}(y_1=0.5)=P^*_{(2)}P_{(2)}(y_1=0.5)+P^*_{(4)}P_{(4)}(y_1=0.5)\\&\quad+P^*_{(5)}P_{(5)}(y_1=0.5)=0.3P^*_{(2)}+0.4P^*_{(4)}+0.3P^*_{(5)}=2.29\times 10^{-3}\end{aligned}$$

2) 计算 y_1 故障状态为 1 的故障概率 $P(y_1=1)$

由表 1-15 最后一列可知，$P(y_1=1)$ 只与规则 2~9 有关，规则 2~9 中 y_1 故障状态为 1 的发生可能性分别为 0. 5、1、0. 4、0. 6、1、1、1、1，即

$$P_{(2)}(y_1=1)=0.5,P_{(3)}(y_1=1)=1,P_{(4)}(y_1=1)=0.4,P_{(5)}(y_1=1)=0.6$$

$$P_{(6)}(y_1=1)=1,P_{(7)}(y_1=1)=1,P_{(8)}(y_1=1)=1,P_{(9)}(y_1=1)=1$$

由表 1-15 输入规则即第 2、3 列和式(1-29)，求得规则 2~9 的执行可能性为

$$P^*_{(2)}=P(x_2=0)P(x_3=0.5)=(1-0.002-0.002)\times 0.005=4.98\times 10^{-3}$$

$$P^*_{(3)}=P(x_2=0)P(x_3=1)=(1-0.002-0.002)\times 0.005=4.98\times 10^{-3}$$

$$P^*_{(4)}=P(x_2=0.5)P(x_3=0)=0.002\times(1-0.005-0.005)=1.98\times 10^{-3}$$

$$P^*_{(5)}=P(x_2=0.5)P(x_3=0.5)=0.002\times 0.005=1.00\times 10^{-5}$$

$$P^*_{(6)}=P(x_2=0.5)P(x_3=1)=0.002\times 0.005=1.00\times 10^{-5}$$

$$P^*_{(7)}=P(x_2=1)P(x_3=0)=0.002\times(1-0.005-0.005)=1.98\times 10^{-3}$$

$$P^*_{(8)}=P(x_2=1)P(x_3=0.5)=0.002\times 0.005=1.00\times 10^{-5}$$

$$P^*_{(9)}=P(x_2=1)P(x_3=1)=0.002\times 0.005=1.00\times 10^{-5}$$

由式(1-31)求得 y_1 故障状态为 1 的故障概率为

$$P(y_1=1)=\sum_{l=1}^{9}P^*_{(l)}P_{(l)}(y_1=1)$$

$$
\begin{aligned}
&= P^*_{(2)}P_{(2)}(y_1=1)+P^*_{(3)}P_{(3)}(y_1=1)+P^*_{(4)}P_{(4)}(y_1=1)+P^*_{(5)}P_{(5)}(y_1=1)\\
&\quad +P^*_{(6)}P_{(6)}(y_1=1)+P^*_{(7)}P_{(7)}(y_1=1)+P^*_{(8)}P_{(8)}(y_1=1)+P^*_{(9)}P_{(9)}(y_1=1)\\
&= 0.5P^*_{(2)}+P^*_{(3)}+0.4P^*_{(4)}+0.6P^*_{(5)}+P^*_{(6)}+P^*_{(7)}+P^*_{(8)}+P^*_{(9)}\\
&= 1.03\times 10^{-2}
\end{aligned}
$$

y_1故障状态为 0 的故障概率 $P(y_1=0)$，可由上面结果结合式(1-32)计算得到，即

$$P(y_1=0)=1-P(y_1=0.5)-P(y_1=1)=0.98741$$

3）计算 y_2即顶事件 T 故障状态为 0.5 的故障概率 $P(y_2=0.5)$

由表 1-16 倒数第 2 列可知，$P(y_2=0.5)$只与规则 2、4、5 有关，规则 2、4、5 中 y_2故障状态为 0.5 的发生可能性分别为 0.4、0.5、0.2，即

$$P_{(2)}(y_2=0.5)=0.4,P_{(4)}(y_2=0.5)=0.5,P_{(5)}(y_2=0.5)=0.2$$

由表 1-16 输入规则即第 2、3 列和式(1-29)，求得规则 2、4、5 的执行可能性为

$$P^*_{(2)}=P(x_1=0)P(y_1=0.5)=(1-0.010-0.010)\times P(y_1=0.5)=2.24\times 10^{-3}$$

$$P^*_{(4)}=P(x_1=0.5)P(y_1=0)=0.010\times P(y_1=0)=9.87\times 10^{-3}$$

$$P^*_{(5)}=P(x_1=0.5)P(y_1=0.5)=0.010\times P(y_1=0.5)=2.29\times 10^{-5}$$

由式(1-31)求得 y_2即顶事件 T 故障状态为 0.5 的故障概率为

$$
\begin{aligned}
P(y_2=0.5) &= \sum_{l=1}^{9}P^*_{(l)}P_{(l)}(y_2=0.5)\\
&= P^*_{(2)}P_{(2)}(y_2=0.5)+P^*_{(4)}P_{(4)}(y_2=0.5)+P^*_{(5)}P_{(5)}(y_2=0.5)\\
&= 0.4P^*_{(2)}+0.5P^*_{(4)}+0.2P^*_{(5)}\\
&= 5.84\times 10^{-3}
\end{aligned}
$$

4）计算 y_2即顶事件 T 故障状态为 1 的故障概率 $P(y_2=1)$

由表 1-16 最后一列可知，$P(y_2=1)$只与规则 2~9 有关，规则 2~9 中 y_2故障状态为 1 的发生可能性分别为 0.4、1、0.3、0.7、1、1、1、1，即

$$P_{(2)}(y_2=1)=0.4,P_{(3)}(y_2=1)=1,P_{(4)}(y_2=1)=0.3,P_{(5)}(y_2=1)=0.7$$

$$P_{(6)}(y_2=1)=1,P_{(7)}(y_2=1)=1,P_{(8)}(y_2=1)=1,P_{(9)}(y_2=1)=1$$

由表 1-16 输入规则即第 2、3 列和式(1-29)，求得规则 2~9 的执行可能性为

$$P^*_{(2)}=P(x_1=0)P(y_1=0.5)=(1-0.010-0.010)\times P(y_1=0.5)=2.24\times 10^{-3}$$

$$P^*_{(3)}=P(x_1=0)P(y_1=1)=(1-0.010-0.010)\times P(y_1=1)=1.01\times 10^{-2}$$

$$P^*_{(4)}=P(x_1=0.5)P(y_1=0)=0.010\times P(y_1=0)=9.87\times 10^{-3}$$

$$P^*_{(5)}=P(x_1=0.5)P(y_1=0.5)=0.010\times P(y_1=0.5)=2.29\times 10^{-5}$$

$$P^*_{(6)}=P(x_1=0.5)P(y_1=1)=0.010\times P(y_1=1)=1.03\times 10^{-4}$$

$$P^*_{(7)}=P(x_1=1)P(y_1=0)=0.010\times P(y_1=0)=9.87\times 10^{-3}$$

$P^*_{(8)}=P(x_1=1)P(y_1=0.5)=0.010\times P(y_1=0.5)=2.29\times10^{-5}$

$P^*_{(9)}=P(x_1=1)P(y_1=1)=0.010\times P(y_1=1)=1.03\times10^{-4}$

由式(1-31)求得 y_2 即顶事件 T 故障状态为 1 的故障概率为

$$\begin{aligned}P(y_2=1)&=\sum_{l=1}^{9}P^*_{(l)}P_{(l)}(y_2=1)\\&=P^*_{(2)}P_{(2)}(y_2=1)+P^*_{(3)}P_{(3)}(y_2=1)+P^*_{(4)}P_{(4)}(y_2=1)+P^*_{(5)}P_{(5)}(y_2=1)\\&\quad+P^*_{(6)}P_{(6)}(y_2=1)+P^*_{(7)}P_{(7)}(y_2=1)+P^*_{(8)}P_{(8)}(y_2=1)+P^*_{(9)}P_{(9)}(y_2=1)\\&=0.4P^*_{(2)}+P^*_{(3)}+0.3P^*_{(4)}+0.7P^*_{(5)}+P^*_{(6)}+P^*_{(7)}+P^*_{(8)}+P^*_{(9)}\\&=2.41\times10^{-2}\end{aligned}$$

y_2 故障状态为 0 的故障概率可由上面结果结合式(1-32)计算得到,即

$$P(y_2=0)=1-P(y_2=0.5)-P(y_2=1)=0.97006$$

2. 基于基本事件的模糊可能性求取顶事件的模糊可能性

假设基本事件 x_i 故障状态为 1 时的故障率(10^{-6}/h)分别为 10、2.4、9.4,且故障状态为 0.5 的故障率与故障状态为 1 的相同。当故障率具有不确定性时,可将故障率数值视为模糊可能性,因而基本事件 x_i 故障状态为 1 时的模糊可能性分别为 10×10^{-6}、2.4×10^{-6}、9.4×10^{-6}。

根据表 1-15、表 1-16 和式(1-31),可求得 y_1 和 y_2 故障状态分别为 0.5 和 1 的模糊可能性 $P(y_1=0.5)$、$P(y_1=1)$、$P(y_2=0.5)$、$P(y_2=1)$。

1) 计算 y_1 故障状态为 0.5 的模糊可能性 $P(y_1=0.5)$

由表 1-15 倒数第 2 列可知,$P(y_1=0.5)$ 只与规则 2、4、5 有关,规则 2、4、5 中 y_1 故障状态为 0.5 的发生可能性分别为 0.3、0.4、0.3,即

$$P_{(2)}(y_1=0.5)=0.3,\ P_{(4)}(y_1=0.5)=0.4,\ P_{(5)}(y_1=0.5)=0.3$$

由表 1-15 输入规则即第 2、3 列和式(1-29),求得规则 2、4、5 的执行可能性为

$$\begin{aligned}P^*_{(2)}&=P(x_2=0)P(x_3=0.5)\\&=[1-(2.4\times10^{-6})-(2.4\times10^{-6})]\times(9.4\times10^{-6})\\&=9.40\times10^{-6}\end{aligned}$$

$$\begin{aligned}P^*_{(4)}&=P(x_2=0.5)P(x_3=0)\\&=(2.4\times10^{-6})\times[1-(9.4\times10^{-6})-(9.4\times10^{-6})]=2.40\times10^{-6}\end{aligned}$$

$$\begin{aligned}P^*_{(5)}&=P(x_2=0.5)P(x_3=0.5)\\&=(2.4\times10^{-6})\times(9.4\times10^{-6})=2.26\times10^{-11}\end{aligned}$$

由式(1-31)求得 y_1 故障状态为 0.5 的模糊可能性为

$$\begin{aligned}P(y_1=0.5)&=\sum_{l=1}^{9}P^*_{(l)}P_{(l)}(y_1=0.5)\\&=P^*_{(2)}P_{(2)}(y_1=0.5)+P^*_{(4)}P_{(4)}(y_1=0.5)+P^*_{(5)}P_{(5)}(y_1=0.5)\end{aligned}$$

$$= 0.3P^*_{(2)} + 0.4P^*_{(4)} + 0.3P^*_{(5)}$$
$$= 3.78 \times 10^{-6}$$

2）计算 y_1 故障状态为 1 的模糊可能性 $P(y_1=1)$

由表 1-15 最后一列可知，$P(y_1=1)$ 只与规则 2~9 有关，规则 2~9 中 y_1 故障状态为 1 的发生可能性分别为 0.5、1、0.4、0.6、1、1、1、1，即

$$P_{(2)}(y_1=1)=0.5, P_{(3)}(y_1=1)=1, P_{(4)}(y_1=1)=0.4, P_{(5)}(y_1=1)=0.6$$
$$P_{(6)}(y_1=1)=1, P_{(7)}(y_1=1)=1, P_{(8)}(y_1=1)=1, P_{(9)}(y_1=1)=1$$

由表 1-15 输入规则即第 2、3 列和式（1-29），求得规则 2~9 的执行可能性为

$$P^*_{(2)}=P(x_2=0)P(x_3=0.5)=(1-2.4\times10^{-6}-2.4\times10^{-6})\times9.4\times10^{-6}=9.40\times10^{-6}$$
$$P^*_{(3)}=P(x_2=0)P(x_3=1)=(1-2.4\times10^{-6}-2.4\times10^{-6})\times9.4\times10^{-6}=9.40\times10^{-6}$$
$$P^*_{(4)}=P(x_2=0.5)P(x_3=0)=2.4\times10^{-6}\times(1-9.4\times10^{-6}-9.4\times10^{-6})=2.40\times10^{-6}$$
$$P^*_{(5)}=P(x_2=0.5)P(x_3=0.5)=2.4\times10^{-6}\times9.4\times10^{-6}=2.26\times10^{-11}$$
$$P^*_{(6)}=P(x_2=0.5)P(x_3=1)=2.4\times10^{-6}\times9.4\times10^{-6}=2.26\times10^{-11}$$
$$P^*_{(7)}=P(x_2=1)P(x_3=0)=2.4\times10^{-6}\times(1-9.4\times10^{-6}-9.4\times10^{-6})=2.40\times10^{-6}$$
$$P^*_{(8)}=P(x_2=1)P(x_3=0.5)=2.4\times10^{-6}\times9.4\times10^{-6}=2.26\times10^{-11}$$
$$P^*_{(9)}=P(x_2=1)P(x_3=1)=2.4\times10^{-6}\times9.4\times10^{-6}=2.26\times10^{-11}$$

由式（1-31）求得 y_1 故障状态为 1 的模糊可能性为

$$\begin{aligned}P(y_1=1)&=\sum_{l=1}^{9}P^*_{(l)}P_{(l)}(y_1=1)\\&=P^*_{(2)}P_{(2)}(y_1=1)+P^*_{(3)}P_{(3)}(y_1=1)+P^*_{(4)}P_{(4)}(y_1=1)+P^*_{(5)}P_{(5)}(y_1=1)\\&\quad+P^*_{(6)}P_{(6)}(y_1=1)+P^*_{(7)}P_{(7)}(y_1=1)+P^*_{(8)}P_{(8)}(y_1=1)+P^*_{(9)}P_{(9)}(y_1=1)\\&=0.5P^*_{(2)}+P^*_{(3)}+0.4P^*_{(4)}+0.6P^*_{(5)}+P^*_{(6)}+P^*_{(7)}+P^*_{(8)}+P^*_{(9)}\\&=17.46\times10^{-6}\end{aligned}$$

y_1 故障状态为 0 的模糊可能性可由上面结果结合式（1-32）计算得到，即

$$P(y_1=0)=1-P(y_1=0.5)-P(y_1=1)=0.99999447$$

3）计算 y_2 即顶事件 T 故障状态为 0.5 的模糊可能性 $P(y_2=0.5)$

由表 1-16 倒数第 2 列可知，$P(y_2=0.5)$ 只与规则 2、4、5 有关，规则 2、4、5 中 y_2 故障状态为 0.5 的发生可能性分别为 0.4、0.5、0.2，即

$$P_{(2)}(y_2=0.5)=0.4, P_{(4)}(y_2=0.5)=0.5, P_{(5)}(y_2=0.5)=0.2$$

由表 1-16 输入规则即第 2、3 列和式（1-29），求得规则 2、4、5 的执行可能性为

$$P^*_{(2)}=P(x_1=0)P(y_1=0.5)=(1-1.0\times10^{-5}-1.0\times10^{-5})\times P(y_1=0.5)=3.80\times10^{-6}$$

$P^*_{(4)}=P(x_1=0.5)P(y_1=0)=1.0\times10^{-5}\times P(y_1=0)$
$=1.0\times10^{-5}\times[1-P(y_1=0.5)-P(y_1=1)]=1.00\times10^{-5}$

$P^*_{(5)}=P(x_1=0.5)P(y_1=0.5)=1.0\times10^{-5}\times P(y_1=0.5)=3.78\times10^{-11}$

由式(1-31)求得 y_2故障状态为 0.5 的模糊可能性为

$$
\begin{aligned}
P(y_2=0.5) &= \sum_{l=1}^{9} P^*_{(l)}P_{(l)}(y_1=0.5) \\
&= P^*_{(2)}P_{(2)}(y_2=0.5)+P^*_{(4)}P_{(4)}(y_2=0.5)+P^*_{(5)}P_{(5)}(y_2=0.5) \\
&= 0.4P^*_{(2)}+0.5P^*_{(4)}+0.2P^*_{(5)} \\
&= 6.51\times10^{-6}
\end{aligned}
$$

4) 计算 y_2即顶事件 T 故障状态为 1 的模糊可能性 $P(y_2=1)$

由表 1-16 最后一列可知,$P(y_2=1)$只与规则 2~9 有关,规则 2~9 中 y_2故障状态为 1 的发生可能性分别为 0.4、1、0.3、0.7、1、1、1、1,即

$$P_{(2)}(y_2=1)=0.4, P_{(3)}(y_2=1)=1, P_{(4)}(y_2=1)=0.3, P_{(5)}(y_2=1)=0.7$$
$$P_{(6)}(y_2=1)=1, P_{(7)}(y_2=1)=1, P_{(8)}(y_2=1)=1, P_{(9)}(y_2=1)=1$$

由表 1-16 输入规则即第 2、3 列和式(1-29),求得规则 2~9 的执行可能性为

$P^*_{(2)}=P(x_1=0)P(y_1=0.5)=(1-1.0\times10^{-5}-1.0\times10^{-5})\times P(y_1=0.5)=3.80\times10^{-6}$

$P^*_{(3)}=P(x_1=0)P(y_1=1)=(1-1.0\times10^{-5}-1.0\times10^{-5})\times P(y_1=1)=1.75\times10^{-5}$

$P^*_{(4)}=P(x_1=0.5)P(y_1=0)=1.0\times10^{-5}\times P(y_1=0)=10.00\times10^{-6}$

$P^*_{(5)}=P(x_1=0.5)P(y_1=0.5)=1.0\times10^{-5}\times P(y_1=0.5)=3.78\times10^{-11}$

$P^*_{(6)}=P(x_1=0.5)P(y_1=1)=1.0\times10^{-5}\times P(y_1=1)=1.75\times10^{-10}$

$P^*_{(7)}=P(x_1=1)P(y_1=0)=1.0\times10^{-5}\times P(y_1=0)=10.00\times10^{-6}$

$P^*_{(8)}=P(x_1=1)P(y_1=0.5)=1.0\times10^{-5}\times P(y_1=0.5)=3.78\times10^{-11}$

$P^*_{(9)}=P(x_1=1)P(y_1=1)=1.0\times10^{-5}\times P(y_1=1)=1.75\times10^{-10}$

由式(1-31)求得 y_2即顶事件 T 故障状态为 1 的模糊可能性为

$$
\begin{aligned}
P(y_2=1) &= \sum_{l=1}^{9} P^*_{(l)}P_{(l)}(y_2=1) \\
&= P^*_{(2)}P_{(2)}(y_2=1)+P^*_{(3)}P_{(3)}(y_2=1)+P^*_{(4)}P_{(4)}(y_2=1)+P^*_{(5)}P_{(5)}(y_2=1) \\
&\quad +P^*_{(6)}P_{(6)}(y_2=1)+P^*_{(7)}P_{(7)}(y_2=1)+P^*_{(8)}P_{(8)}(y_2=1)+P^*_{(9)}P_{(9)}(y_2=1) \\
&= 0.4P^*_{(2)}+P^*_{(3)}+0.3P^*_{(4)}+0.7P^*_{(5)}+P^*_{(6)}+P^*_{(7)}+P^*_{(8)}+P^*_{(9)} \\
&= 3.20\times10^{-5}
\end{aligned}
$$

y_2故障状态为 0 的模糊可能性可由上面结果结合式(1-32)计算得到,即

$$P(y_2=0)=1-P(y_2=0.5)-P(y_2=1)=0.99996149$$

若不考虑故障状态的影响,则图 1-19 中的 T-S 门可用 Bell 故障树中的或门来描述,若基本事件、中间事件和顶事件为二态,那么表 1-15 只需计算规则 3、7、9,G_1门就退化为二态故障树中的或门;表 1-16 只需计算规则 9,G_2门就退化为二态故障树中的与门。如果不考虑 T-S 门输出事件的不确定性,即每条规则对应上级事件只有一种可能性,那么 G_1门退化为表 1-14 所示的多态故障树或门形式,G_2门退化为表 1-13 所示多态故障树与门形式。由此可见,Bell 故障树是 T-S 故障树的某种特例,T-S 故障树更具一般性和通用性,具有更强的静态失效行为刻画能力。

3. 基于基本事件的当前故障状态值求取顶事件的可能性

基本事件的当前故障状态值,描述为区间[0, 1]上模糊数,如图 1-7 所示。基本事件的故障状态值可根据系统压力流量等实测参数或观测确定。假设基本事件x_i的当前故障状态值分别为$\hat{x}_1=0$,$\hat{x}_2=0.2$,$\hat{x}_3=0.1$,图 1-7 所示的四边形隶属函数选为 $s_L=s_R=0.1$,$m_L=m_R=0.3$。

1）计算 y_1故障状态分别为 0、0.5、1 的可能性

计算表 1-15 各规则中基本事件故障状态的隶属度。

表 1-15 输入规则 1 中,x_2为 0 即 x_2为无故障状态,$\hat{x}_2=0.2$ 隶属于无故障状态的隶属度$\mu_{F_{(1)}}(\hat{x}_2)$由式(1-23)求得,即

$$\mu_{F_{(1)}}(\hat{x}_2)=\frac{F-(F_0-s_L-m_L)}{m_L}=\frac{0-(0.2-0.1-0.3)}{0.3}=\frac{2}{3}$$

表 1-15 输入规则 1 中,x_3为 0 即 x_3为无故障状态,$\hat{x}_3=0.1$ 隶属于无故障状态的隶属度$\mu_{F_{(1)}}(\hat{x}_3)$由式(1-23)求得,即

$$\mu_{F_{(1)}}(\hat{x}_3)=\frac{F-(F_0-s_L-m_L)}{m_L}=\frac{0-(0.1-0.1-0.3)}{0.3}=1$$

表 1-15 输入规则 4 中,x_2为 0.5 即 x_2为半故障状态,$\hat{x}_2=0.2$ 隶属于半故障状态的隶属度$\mu_{F_{(4)}}(\hat{x}_2)$由式(1-23)求得,即

$$\mu_{F_{(4)}}(\hat{x}_2)=\frac{F_0+s_R+m_R-F}{m_R}=\frac{0.2+0.1+0.3-0.5}{0.3}=\frac{1}{3}$$

表 1-15 输入规则 4 中,x_3为 0 即 x_3为无故障状态,$\hat{x}_3=0.1$ 隶属于无故障状态的隶属度$\mu_{F_{(4)}}(\hat{x}_3)$由式(1-23)求得,即

$$\mu_{F_{(4)}}(\hat{x}_3)=\frac{F-(F_0-s_L-m_L)}{m_L}=\frac{0-(0.1-0.1-0.3)}{0.3}=1$$

基本事件当前故障状态值隶属于各故障状态的隶属度之和为 1,例如,由上述计算结果可求得$\hat{x}_2=0.2$ 隶属于故障状态为 1 的隶属度为 $1-\frac{2}{3}-\frac{1}{3}=0$,也可由

式(1-23) 求得。

最终求得表1-15各规则中基本事件 x_2、x_3 故障状态的隶属度 $\mu_{F_{(l)}}(\hat{x}_2)$、$\mu_{F_{(l)}}(\hat{x}_3)$，见表1-20。

表1-20 表1-15各规则中下级事件故障状态的隶属度

规则	隶属度	
	$\mu_{F_{(l)}}(\hat{x}_2)$	$\mu_{F_{(l)}}(\hat{x}_3)$
1	2/3	1
2	2/3	0
3	2/3	0
4	1/3	1
5	1/3	0
6	1/3	0
7	0	1
8	0	0
9	0	0

由表1-20第2、3列和式(1-33)求得规则的执行度为

$$\beta_{(1)}(\hat{x})=\mu_{F_{(1)}}(\hat{x}_2)\mu_{F_{(1)}}(\hat{x}_3)=\frac{2}{3}\times1=\frac{2}{3}$$

$$\beta_{(2)}(\hat{x})=\mu_{F_{(2)}}(\hat{x}_2)\mu_{F_{(2)}}(\hat{x}_3)=\frac{2}{3}\times0=0$$

$$\beta_{(3)}(\hat{x})=\mu_{F_{(3)}}(\hat{x}_2)\mu_{F_{(3)}}(\hat{x}_3)=\frac{2}{3}\times0=0$$

$$\beta_{(4)}(\hat{x})=\mu_{F_{(4)}}(\hat{x}_2)\mu_{F_{(4)}}(\hat{x}_3)=\frac{1}{3}\times1=\frac{1}{3}$$

$$\beta_{(5)}(\hat{x})=\mu_{F_{(5)}}(\hat{x}_2)\mu_{F_{(5)}}(\hat{x}_3)=\frac{1}{3}\times0=0$$

$$\beta_{(6)}(\hat{x})=\mu_{F_{(6)}}(\hat{x}_2)\mu_{F_{(6)}}(\hat{x}_3)=\frac{1}{3}\times0=0$$

$$\beta_{(7)}(\hat{x})=\mu_{F_{(7)}}(\hat{x}_2)\mu_{F_{(7)}}(\hat{x}_3)=0\times1=0$$

$$\beta_{(8)}(\hat{x})=\mu_{F_{(8)}}(\hat{x}_2)\mu_{F_{(8)}}(\hat{x}_3)=0\times0=0$$

$$\beta_{(9)}(\hat{x})=\mu_{F_{(9)}}(\hat{x}_2)\mu_{F_{(9)}}(\hat{x}_3)=0\times0=0$$

根据式(1-34)，归一化，得

$$\beta^*_{(1)}(\hat{x})=\frac{\beta_{(1)}(\hat{x})}{\sum_{l=1}^{9}\beta_{(l)}(\hat{x})}=\frac{\beta_{(1)}(\hat{x})}{\beta_{(1)}(\hat{x})+\beta_{(4)}(\hat{x})}=\frac{\frac{2}{3}}{\frac{2}{3}+\frac{1}{3}}=\frac{2}{3}$$

$$\beta^*_{(2)}(\hat{x})=\frac{\beta_{(2)}(\hat{x})}{\sum\limits_{l=1}^{9}\beta_{(l)}(\hat{x})}=\frac{\beta_{(2)}(\hat{x})}{\beta_{(1)}(\hat{x})+\beta_{(4)}(\hat{x})}=\frac{0}{\frac{2}{3}+\frac{1}{3}}=0$$

$$\beta^*_{(3)}(\hat{x})=\frac{\beta_{(3)}(\hat{x})}{\sum\limits_{l=1}^{9}\beta_{(l)}(\hat{x})}=\frac{\beta_{(3)}(\hat{x})}{\beta_{(1)}(\hat{x})+\beta_{(4)}(\hat{x})}=\frac{0}{\frac{2}{3}+\frac{1}{3}}=0$$

$$\beta^*_{(4)}(\hat{x})=\frac{\beta_{(4)}(\hat{x})}{\sum\limits_{l=1}^{9}\beta_{(l)}(\hat{x})}=\frac{\beta_{(4)}(\hat{x})}{\beta_{(1)}(\hat{x})+\beta_{(4)}(\hat{x})}=\frac{\frac{1}{3}}{\frac{2}{3}+\frac{1}{3}}=\frac{1}{3}$$

$$\beta^*_{(5)}(\hat{x})=\frac{\beta_{(5)}(\hat{x})}{\sum\limits_{l=1}^{9}\beta_{(l)}(\hat{x})}=\frac{\beta_{(5)}(\hat{x})}{\beta_{(1)}(\hat{x})+\beta_{(4)}(\hat{x})}=\frac{0}{\frac{2}{3}+\frac{1}{3}}=0$$

$$\beta^*_{(6)}(\hat{x})=\frac{\beta_{(6)}(\hat{x})}{\sum\limits_{l=1}^{9}\beta_{(l)}(\hat{x})}=\frac{\beta_{(6)}(\hat{x})}{\beta_{(1)}(\hat{x})+\beta_{(4)}(\hat{x})}=\frac{0}{\frac{2}{3}+\frac{1}{3}}=0$$

$$\beta^*_{(7)}(\hat{x})=\frac{\beta_{(7)}(\hat{x})}{\sum\limits_{l=1}^{9}\beta_{(l)}(\hat{x})}=\frac{\beta_{(7)}(\hat{x})}{\beta_{(1)}(\hat{x})+\beta_{(4)}(\hat{x})}=\frac{0}{\frac{2}{3}+\frac{1}{3}}=0$$

$$\beta^*_{(8)}(\hat{x})=\frac{\beta_{(8)}(\hat{x})}{\sum\limits_{l=1}^{9}\beta_{(l)}(\hat{x})}=\frac{\beta_{(8)}(\hat{x})}{\beta_{(1)}(\hat{x})+\beta_{(4)}(\hat{x})}=\frac{0}{\frac{2}{3}+\frac{1}{3}}=0$$

$$\beta^*_{(9)}(\hat{x})=\frac{\beta_{(9)}(\hat{x})}{\sum\limits_{l=1}^{9}\beta_{(l)}(\hat{x})}=\frac{\beta_{(9)}(\hat{x})}{\beta_{(1)}(\hat{x})+\beta_{(4)}(\hat{x})}=\frac{0}{\frac{2}{3}+\frac{1}{3}}=0$$

由表 1-15 倒数第 3 列可知，$P(y_1=0)$ 只与规则 1、2、4、5 有关，规则 1、2、4、5 中 y_1 故障状态为 0 的发生可能性分别为 1、0.2、0.2、0.1，即

$$P_{(1)}(y_1=0)=1,P_{(2)}(y_1=0)=0.2,P_{(4)}(y_1=0.5)=0.2,P_{(5)}(y_1=0.5)=0.1$$

由表 1-15 倒数第 2 列可知，$P(y_1=0.5)$ 只与规则 2、4、5 有关，规则 2、4、5 中 y_1 故障状态为 0.5 的发生可能性分别为 0.3、0.4、0.3，即

$$P_{(2)}(y_1=0.5)=0.3,P_{(4)}(y_1=0.5)=0.4,P_{(5)}(y_1=0.5)=0.3$$

由表 1-15 最后 1 列可知，$P(y_1=1)$ 只与规则 2~9 有关，规则 2~9 中 y_1 故障状态为 1 的发生可能性分别为 0.5、1、0.4、0.6、1、1、1、1，即

$$P_{(2)}(y_1=1)=0.5,P_{(3)}(y_1=1)=1,P_{(4)}(y_1=1)=0.4,P_{(5)}(y_1=1)=0.6$$

$$P_{(6)}(y_1=1)=1, P_{(7)}(y_1=1)=1, P_{(8)}(y_1=1)=1, P_{(9)}(y_1=1)=1$$

由式(1-37)，求得 y_1 故障状态为 0、0.5、1 的可能性分别为

$$\begin{aligned}P(y_1=0)&=\sum_{l=1}^{9}\beta_{(l)}^{*}(\hat{x})P_{(l)}(y_1=0)\\&=\beta_{(1)}^{*}(\hat{x})P_{(1)}(y_1=0)+\beta_{(2)}^{*}(\hat{x})P_{(2)}(y_1=0)+\beta_{(4)}^{*}(\hat{x})P_{(4)}(y_1=0)\\&\quad+\beta_{(5)}^{*}(\hat{x})P_{(5)}(y_1=0)=\beta_{(1)}^{*}(\hat{x})+\beta_{(2)}^{*}(\hat{x})\times 0.2+\beta_{(4)}^{*}(\hat{x})\times 0.2\\&\quad+\beta_{(5)}^{*}(\hat{x})\times 0.1=0.74\end{aligned}$$

$$\begin{aligned}P(y_1=0.5)&=\sum_{l=1}^{9}\beta_{(l)}^{*}(\hat{x})P_{(l)}(y_1=0.5)\\&=\beta_{(1)}^{*}(\hat{x})P_{(1)}(y_1=0.5)+\beta_{(4)}^{*}(\hat{x})P_{(4)}(y_1=0.5)+\beta_{(5)}^{*}(\hat{x})P_{(5)}(y_1=0.5)\\&=\beta_{(1)}^{*}(\hat{x})\times 0.3+\beta_{(4)}^{*}(\hat{x})\times 0.4+\beta_{(5)}^{*}(\hat{x})\times 0.3=0.13\end{aligned}$$

$$\begin{aligned}P(y_1=1)&=\sum_{l=1}^{9}\beta_{(l)}^{*}(\hat{x})P_{(l)}(y_1=1)\\&=\beta_{(2)}^{*}(\hat{x})P_{(2)}(y_1=1)+\beta_{(3)}^{*}(\hat{x})P_{(3)}(y_1=1)+\beta_{(4)}^{*}(\hat{x})P_{(4)}(y_1=1)\\&\quad+\beta_{(5)}^{*}(\hat{x})P_{(5)}(y_1=1)+\beta_{(6)}^{*}(\hat{x})P_{(6)}(y_1=1)+\beta_{(7)}^{*}(\hat{x})P_{(7)}(y_1=1)\\&\quad+\beta_{(8)}^{*}(\hat{x})P_{(8)}(y_1=1)+\beta_{(9)}^{*}(\hat{x})P_{(9)}(y_1=1)\\&=\beta_{(2)}^{*}(\hat{x})\times 0.5+\beta_{(3)}^{*}(\hat{x})+\beta_{(4)}^{*}(\hat{x})\times 0.4+\beta_{(5)}^{*}(\hat{x})\times 0.6+\beta_{(6)}^{*}(\hat{x})\\&\quad+\beta_{(7)}^{*}(\hat{x})+\beta_{(8)}^{*}(\hat{x})+\beta_{(9)}^{*}(\hat{x})=0.13\end{aligned}$$

2）计算 y_2 即顶事件 T 故障状态分别为 0、0.5、1 的可能性

计算表 1-16 各规则中基本事件故障状态的隶属度。

表 1-16 输入规则 1 中，$\hat{x}_1=0$ 隶属于故障状态为 0 的隶属度 $\mu_{F_{(1)}}(\hat{x}_1)$ 由式(1-23)求得，即

$$\mu_{F_{(1)}}(\hat{x}_1)=\frac{F-(F_0-s_{\mathrm{L}}-m_{\mathrm{L}})}{m_{\mathrm{L}}}=\frac{0-(0-0.1-0.3)}{0.3}=1$$

表 1-16 输入规则 4 中，$\hat{x}_1=0$ 隶属于故障状态为 0.5 的隶属度 $\mu_{F_{(4)}}(\hat{x}_1)$ 由式(1-23) 求得，即

$$\mu_{F_{(4)}}(\hat{x}_1)=0$$

表 1-16 输入规则 7 中，$\hat{x}_1=0$ 隶属于故障状态为 1 的隶属度 $\mu_{F_{(7)}}(\hat{x}_1)$ 由式(1-23)求得，即

$$\mu_{F_{(7)}}(\hat{x}_1)=0$$

最终求得表 1-16 各规则中基本事件 x_1 故障状态的隶属度，用 y_1 的可能性作为其隶属度 $\mu_{F_{(l)}}(\hat{y}_1)$，即

$$\mu_{F_{(l)}}(\hat{y}_1)=\begin{cases}P(y_1=0), & y_1=0\\ P(y_1=0.5), & y_1=0.5\\ P(y_1=1), & y_1=1\end{cases}$$

得到各规则中下级事件故障状态的隶属度见表 1-21。

表 1-21　表 1-16 各规则中下级事件故障状态的隶属度

规　　则	隶　属　度	
	$\mu_{F_{(l)}}(\hat{x}_1)$	$\mu_{F_{(l)}}(\hat{y}_1)$
1	1	$P(y_1=0)$
2	1	$P(y_1=0.5)$
3	1	$P(y_1=1)$
4	0	$P(y_1=0)$
5	0	$P(y_1=0.5)$
6	0	$P(y_1=1)$
7	0	$P(y_1=0)$
8	0	$P(y_1=0.5)$
9	0	$P(y_1=1)$

由表 1-21 第 2、3 列和式(1-33)求得规则的执行度为

$$\beta_{(1)}(\hat{x})=\mu_{F_{(1)}}(\hat{x}_1)\mu_{F_{(1)}}(\hat{y}_1)=1\times P(y_1=0)=0.74$$

$$\beta_{(2)}(\hat{x})=\mu_{F_{(2)}}(\hat{x}_1)\mu_{F_{(2)}}(\hat{y}_1)=1\times P(y_1=0.5)=0.13$$

$$\beta_{(3)}(\hat{x})=\mu_{F_{(3)}}(\hat{x}_1)\mu_{F_{(3)}}(\hat{y}_1)=1\times P(y_1=1)=0.13$$

$$\beta_{(4)}(\hat{x})=\mu_{F_{(4)}}(\hat{x}_1)\mu_{F_{(4)}}(\hat{y}_1)=0\times P(y_1=0)=0$$

$$\beta_{(5)}(\hat{x})=\mu_{F_{(5)}}(\hat{x}_1)\mu_{F_{(5)}}(\hat{y}_1)=0\times P(y_1=0.5)=0$$

$$\beta_{(6)}(\hat{x})=\mu_{F_{(6)}}(\hat{x}_1)\mu_{F_{(6)}}(\hat{y}_1)=0\times P(y_1=1)=0$$

$$\beta_{(7)}(\hat{x})=\mu_{F_{(7)}}(\hat{x}_1)\mu_{F_{(7)}}(\hat{y}_1)=0\times P(y_1=0)=0$$

$$\beta_{(8)}(\hat{x})=\mu_{F_{(8)}}(\hat{x}_1)\mu_{F_{(8)}}(\hat{y}_1)=0\times P(y_1=0.5)=0$$

$$\beta_{(9)}(\hat{x})=\mu_{F_{(9)}}(\hat{x}_1)\mu_{F_{(9)}}(\hat{y}_1)=0\times P(y_1=1)=0$$

根据式(1-34),归一化,得

$$\beta^*_{(1)}(\hat{x})=\frac{\beta_{(1)}(\hat{x})}{\sum_{l=1}^{9}\beta_{(l)}(\hat{x})}=\frac{\beta_{(1)}(\hat{x})}{\beta_{(1)}(\hat{x})+\beta_{(2)}(\hat{x})+\beta_{(3)}(\hat{x})}=\frac{0.74}{0.74+0.13+0.13}=0.74$$

$$\beta_{(2)}^{*}(\hat{x})=\frac{\beta_{(2)}(\hat{x})}{\sum_{l=1}^{9}\beta_{(l)}(\hat{x})}=\frac{\beta_{(2)}(\hat{x})}{\beta_{(1)}(\hat{x})+\beta_{(2)}(\hat{x})+\beta_{(3)}(\hat{x})}=\frac{0.13}{0.74+0.13+0.13}=0.13$$

$$\beta_{(3)}^{*}(\hat{x})=\frac{\beta_{(3)}(\hat{x})}{\sum_{l=1}^{9}\beta_{(l)}(\hat{x})}=\frac{\beta_{(3)}(\hat{x})}{\beta_{(1)}(\hat{x})+\beta_{(2)}(\hat{x})+\beta_{(3)}(\hat{x})}=\frac{0.13}{0.74+0.13+0.13}=0.13$$

$$\beta_{(4)}^{*}(\hat{x})=\frac{\beta_{(4)}(\hat{x})}{\sum_{l=1}^{9}\beta_{(l)}(\hat{x})}=\frac{\beta_{(4)}(\hat{x})}{\beta_{(1)}(\hat{x})+\beta_{(2)}(\hat{x})+\beta_{(3)}(\hat{x})}=\frac{0}{0.74+0.13+0.13}=0$$

$$\beta_{(5)}^{*}(\hat{x})=\frac{\beta_{(5)}(\hat{x})}{\sum_{l=1}^{9}\beta_{(l)}(\hat{x})}=\frac{\beta_{(5)}(\hat{x})}{\beta_{(1)}(\hat{x})+\beta_{(2)}(\hat{x})+\beta_{(3)}(\hat{x})}=\frac{0}{0.74+0.13+0.13}=0$$

$$\beta_{(6)}^{*}(\hat{x})=\frac{\beta_{(6)}(\hat{x})}{\sum_{l=1}^{9}\beta_{(l)}(\hat{x})}=\frac{\beta_{(6)}(\hat{x})}{\beta_{(1)}(\hat{x})+\beta_{(2)}(\hat{x})+\beta_{(3)}(\hat{x})}=\frac{0}{0.74+0.13+0.13}=0$$

$$\beta_{(7)}^{*}(\hat{x})=\frac{\beta_{(7)}(\hat{x})}{\sum_{l=1}^{9}\beta_{(l)}(\hat{x})}=\frac{\beta_{(7)}(\hat{x})}{\beta_{(1)}(\hat{x})+\beta_{(2)}(\hat{x})+\beta_{(3)}(\hat{x})}=\frac{0}{0.74+0.13+0.13}=0$$

$$\beta_{(8)}^{*}(\hat{x})=\frac{\beta_{(8)}(\hat{x})}{\sum_{l=1}^{9}\beta_{(l)}(\hat{x})}=\frac{\beta_{(8)}(\hat{x})}{\beta_{(1)}(\hat{x})+\beta_{(2)}(\hat{x})+\beta_{(3)}(\hat{x})}=\frac{0}{0.74+0.13+0.13}=0$$

$$\beta_{(9)}^{*}(\hat{x})=\frac{\beta_{(9)}(\hat{x})}{\sum_{l=1}^{9}\beta_{(l)}(\hat{x})}=\frac{\beta_{(9)}(\hat{x})}{\beta_{(1)}(\hat{x})+\beta_{(2)}(\hat{x})+\beta_{(3)}(\hat{x})}=\frac{0}{0.74+0.13+0.13}=0$$

由表 1-16 倒数第 3 列可知，$P(y_2=0)$只与规则 1、2、4、5 有关，规则 1、2、4、5 中 y_2故障状态为 0 的发生可能性分别为 1、0.2、0.2、0.1，即

$$P_{(1)}(y_2=0)=1,P_{(2)}(y_2=0)=0.2,P_{(4)}(y_2=0)=0.2,P_{(5)}(y_2=0)=0.1$$

由表 1-16 倒数第 2 列可知，$P(y_2=0.5)$只与规则 2、4、5 有关，规则 2、4、5 中 y_2故障状态为 0.5 的发生可能性分别为 0.4、0.5、0.2，即

$$P_{(2)}(y_2=0.5)=0.4,P_{(4)}(y_2=0.5)=0.5,P_{(5)}(y_2=0.5)=0.2$$

由表 1-16 最后一列可知，$P(y_2=1)$只与规则 2~9 有关，规则 2~9 中 y_2故障状态为 1 的发生可能性分别为 0.4、1、0.3、0.7、1、1、1、1，即

$$P_{(2)}(y_2=1)=0.4,P_{(3)}(y_2=1)=1,P_{(4)}(y_2=1)=0.3,P_{(5)}(y_2=1)=0.7$$

$$P_{(6)}(y_2=1)=1,P_{(7)}(y_2=1)=1,P_{(8)}(y_2=1)=1,P_{(9)}(y_2=1)=1$$

进而由式(1-37)求得 y_2 即顶事件 T 出现各故障状态的可能性，即 y_2 为 0、0.5、1 的可能性分别为

$$
\begin{aligned}
P(y_2=0) &= \sum_{l=1}^{9}\beta_{(l)}^{*}(\hat{x})P_{(l)}(y_2=1)\\
&=\beta_{(1)}^{*}(\hat{x})P_{(1)}(y_2=0)+\beta_{(2)}^{*}(\hat{x})P_{(2)}(y_2=0)+\beta_{(4)}^{*}(\hat{x})P_{(4)}(y_2=0)\\
&\quad+\beta_{(5)}^{*}(\hat{x})P_{(5)}(y_2=0)\\
&=\beta_{(1)}^{*}(\hat{x})+\beta_{(2)}^{*}(\hat{x})\times 0.2+\beta_{(4)}^{*}(\hat{x})\times 0.2+\beta_{(5)}^{*}(\hat{x})\times 0.1=0.76
\end{aligned}
$$

$$
\begin{aligned}
P(y_2=0.5) &= \sum_{l=1}^{9}\beta_{(l)}^{*}(\hat{x})P_{(l)}(y_2=1)\\
&=\beta_{(2)}^{*}(\hat{x})P_{(2)}(y_2=0.5)+\beta_{(4)}^{*}(\hat{x})P_{(4)}(y_2=0.5)+\beta_{(5)}^{*}(\hat{x})P_{(5)}(y_2=0.5)\\
&=\beta_{(2)}^{*}(\hat{x})\times 0.4+\beta_{(4)}^{*}(\hat{x})\times 0.5+\beta_{(5)}^{*}(\hat{x})\times 0.5=0.05
\end{aligned}
$$

$$
\begin{aligned}
P(y_2=1) &= \sum_{l=1}^{9}\beta_{(l)}^{*}(\hat{x})P_{(l)}(y_2=1)\\
&=\beta_{(2)}^{*}(\hat{x})P_{(2)}(y_2=1)+\beta_{(3)}^{*}(\hat{x})P_{(3)}(y_2=1)+\beta_{(4)}^{*}(\hat{x})P_{(4)}(y_2=1)\\
&\quad+\beta_{(5)}^{*}(\hat{x})P_{(5)}(y_2=1)+\beta_{(6)}^{*}(\hat{x})P_{(6)}(y_2=1)+\beta_{(7)}^{*}(\hat{x})P_{(7)}(y_2=1)\\
&\quad+\beta_{(8)}^{*}(\hat{x})P_{(8)}(y_2=1)+\beta_{(9)}^{*}(\hat{x})P_{(9)}(y_2=1)\\
&=\beta_{(2)}^{*}(\hat{x})\times 0.4+\beta_{(3)}^{*}(\hat{x})+\beta_{(4)}^{*}(\hat{x})\times 0.3+\beta_{(5)}^{*}(\hat{x})\times 0.7+\beta_{(6)}^{*}(\hat{x})\\
&\quad+\beta_{(7)}^{*}(\hat{x})+\beta_{(8)}^{*}(\hat{x})+\beta_{(9)}^{*}(\hat{x})=0.19
\end{aligned}
$$

T-S 故障树在对故障的描述中考虑故障状态值的影响，使故障树与实际情况更加吻合。

1.2.7　T-S 故障树算法的计算程序

T-S 故障树算法计算程序的文件夹对应不同的 m 文件、Excel 文件，如图 1-20 所示。

1. 基于 T-S 门描述规则构建方法的 T-S 故障树算法计算程序

将 T-S 门描述规则事先导入或录入 Excel 文件中，再结合程序求取顶事件的可靠性指标。

基于 T-S 门描述规则构建方法的 T-S 故障树算法计算程序分为两种情况：基于基本事件的可靠性数据求取顶事件的可靠性数据、基于基本事件的当前故障状态值求取顶事件的可能性。

1）基于基本事件的可靠性数据求取顶事件的可靠性数据

基于基本事件的故障概率（或模糊可能性）求取顶事件的故障概率（或模糊可能性），即 1.2.6 节第 1、2 项，可以利用 MATLAB 编程实现，程序对应图 1-20 中的文件夹“基于基本事件的可靠性数据求取顶事件的可靠性数据”。该文件夹中有 3

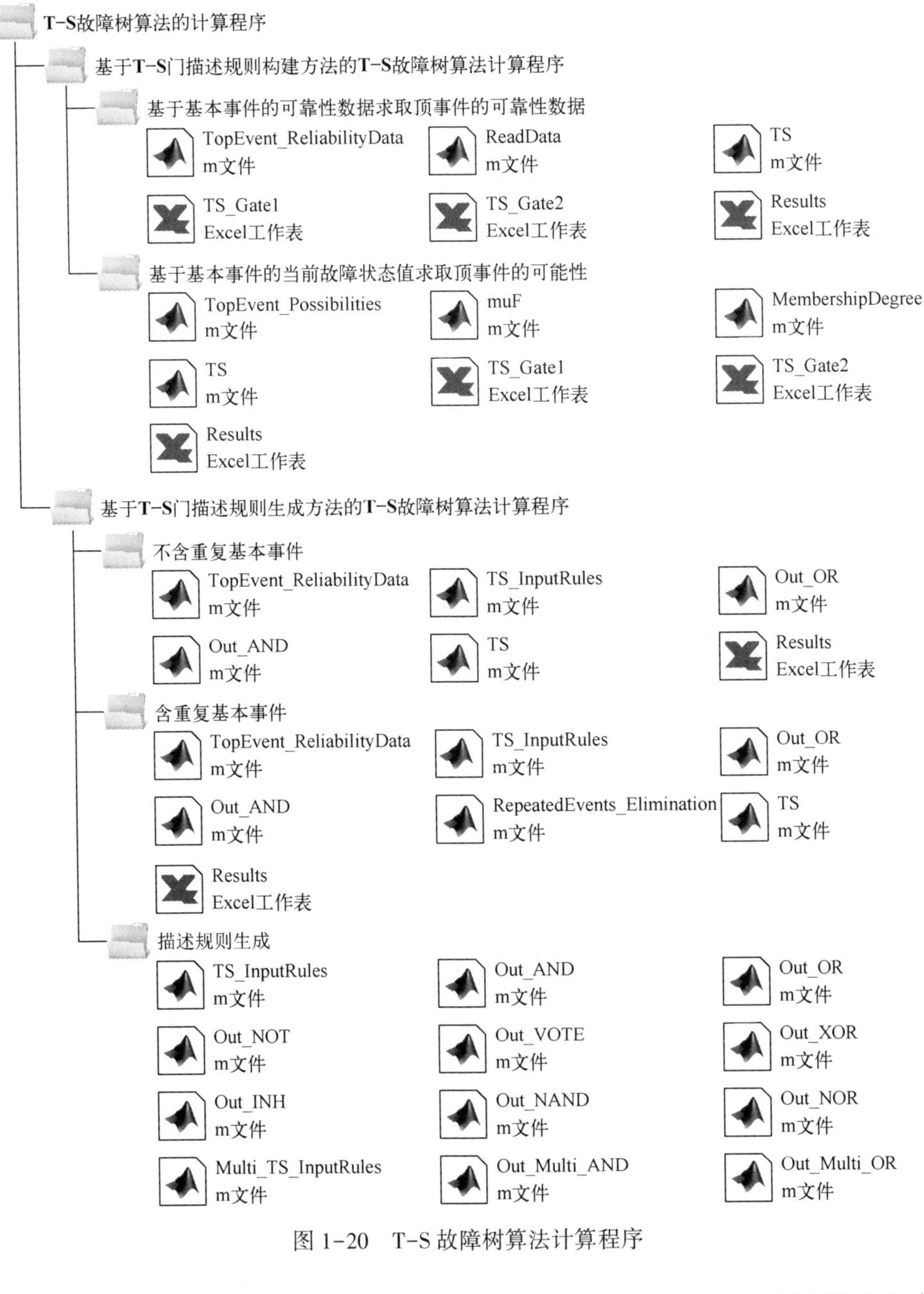

图 1-20　T-S 故障树算法计算程序

个 MATLAB 程序 m 文件和 3 个 Excel 文件。在 MATLAB 中，运行脚本文件 TopEvent_ReliabilityData. m 时调用函数文件 ReadData. m、TS. m，最终求得结果并导至 Results. xls。

程序代码及说明如下。

```
%%  读取数据函数 ReadData. m  %%
%该 MATLAB 函数文件读取基本事件的故障概率或故障率(模糊可能性)。
% ========================================
function P _ BasicEvents = ReadData ( InputString )  % 函数 ReadData 的输入变量 InputString 表示输入的字符串;输出变量 P_BasicEvents 表示各基本事件的可靠性数据。
if strcmp ( InputString , '故障概率' )  % 如果输入字符串是故障概率,则读取各基本事件故障概率数据。MATLAB 中提供了 strcmp 函数,用来比较两个字符串是否相等。
    P = [ 0.01 , 0.002 , 0.005 ] ;
    P_BasicEvents = [1 - 2 * P ; P ; P ] ;
elseif strcmp ( InputString , '故障率' )  % 如果输入字符串是故障率,则读取各基本事件故障率数据。
    P = [ 10 , 2.4 , 9.4 ] . * 10 ^ ( - 6 ) ;
    P_BasicEvents = [ 1 - 2 * P ; P ; P ] ;
end
end


%%  T-S 故障树算法函数 TS. m  %%
%该 MATLAB 函数文件计算:已知下级事件各故障状态的可靠性数据,利用式(1-29)和式(1-31)求上级事件各故障状态的可靠性数据。
% ========================================
function P = TS ( TS_InputRules , TS_OutputRules , P_InputEvents )  % 函数 TS 的 3 个输入变量 TS_InputRules、TS_OutputRules、P_InputEvents 分别表示 T-S 门的 T-S 描述规则的输入规则、输出规则、下级事件(输入事件)的可靠性数据;输出变量 P 表示上级事件的可靠性数据。
r = size ( TS_InputRules , 1 ) ;  % r 表示 T-S 门描述规则的规则总数。MATLAB 中提供了 size 函数,用来获取矩阵的行数和列数,其中 r = size(A, 1)得到矩阵 A 的行数,c = size(A, 2)得到矩阵 A 的列数。
NumsInputEvents = size ( TS_InputRules , 2 ) ;  % NumsInputEvents 表示即 T-S 门的下级事件(输入事件)个数。
FaultStates = [ 0 , 0.5 , 1 ] ;  % 定义故障状态 FaultStates 为一个 1×3 的矩阵。
NumsFaultStates = size ( FaultStates , 2 ) ;  % NumsFaultStates 表示故障状态个数。
%下边的循环是用下级事件的可靠性数据替换 T-S 描述规则的输入规则 TS_InputRules 中的下级事件故障状态。
for j = 1 : NumsInputEvents
    for i = 1 : r
        for z = 1 : NumsFaultStates
            if TS_InputRules ( i , j ) = = FaultStates ( 1 , z )  % TS_InputRules 的第 i
```

行第 j 列与矩阵 FaultStates 的第 1 行第 z 列的值进行比较。

TS_InputRules (i , j) = P_InputEvents (z , j) ; % 下级事件各故障状态的可靠性数据替换规则表中的下级事件故障状态。

```
                break ;
            end
        end
    end
end
```

P_starL = prod (TS_InputRules , 2) ; % 求解 T-S 门描述规则的输入规则 l 的执行可能性,对应式(1-29)。MATLAB 中提供了 prod 函数,用来获取矩阵行或列的乘积,其中 prod (A, 2)表示矩阵的每一行元素相乘,得到一个列向量。

P = P_starL' * TS_OutputRules ; % 求解上级事件的可靠性数据,对应式(1-31)。

end

%% 主程序 TopEvent_ReliabilityData. m %%

% 该主程序 MATLAB 脚本文件计算:已知基本事件各故障状态的可靠性数据,求取顶事件各故障状态的可靠性数据。

% ==

clc

clear

format long

%读取数据分为两种方法,第 1 种是通过读取数据函数 ReadData 读取所有基本事件的可靠性数据,该方法在下面用到"P_BasicEvents = ReadData('故障概率')""P_InputEventsG1 = P_BasicEvents(: , 2 : 3)""P_InputEventsG2 = [P_BasicEvents(: , 1), P_y1']"三种指令。

%第 2 种方法是将基本事件的可靠性数据事先置于 Excel 文件中,通过 xlsread 读取 Excel 文件中的数据。该方法在下面用到"P_InputEventsG1 = xlsread('TS_Gate1. xls', 'sheet3')""P_x1 = xlsread('TS_Gate2. xls', 'sheet3')""P_InputEventsG2=[P_input_x1, P_y1']"三种指令。当遇到基本事件多的故障树时,在函数 ReadData 中输入可靠性数据易出差错,因而可采用读取 Excel 文件的方法。

%在这里,用第 1 种方法读取数据。若要采用第 2 种方法,则把第 2 种方法的三种指令前的"%"移到第 1 种方法的三种指令前即可。

P_BasicEvents = ReadData ('故障概率') ; % 读取所有基本事件的可靠性数据(故障率、故障概率)。若求 1.2.6 节第 2 项的结果,则该指令改为"P_BasicEvents = ReadData('故障率')"。

%% ----------------求解中间事件 y_1 的可靠性数据----------------

TS_InputRulesG1 = xlsread ('TS_Gate1. xls', 'sheet1') ; % 读取 TS_Gate1. xls 的 sheet1 数据。事先在 TS_Gate1. xls 中导入或录入已知的 T-S 门描述规则表的数据。TS_Gate1. xls

共有 3 个 sheet 表，即 sheet1、sheet2、sheet3，分别为输入规则表、输出规则表、下级事件的可靠性数据，其中，sheet1、sheet2 的行列数据分别与 T-S 门描述规则的输入规则、输出规则一致。

TS_OutputRulesG1 = xlsread ('TS_Gate1. xls' , 'sheet2') ;　% 读取 TS_Gate1. xls 的 sheet2 数据。

P_InputEventsG1 = P_BasicEvents (: , 2 : 3) ;　% 读取 P_BasicEvents 中第 2、3 列的数据，P_InputEventsG1 表示 G_1门中下级事件（输入事件）x_2、x_3的可靠性数据。

%P_InputEventsG1 = xlsread('TS_Gate1. xls', 'sheet3') ;　% 读取下级事件（输入事件）x_2、x_3的可靠性数据，该数据事先置于 TS_Gate1. xls 的 sheet3。P_InputEventsG1 的列对应下级事件的数量、行对应某一下级事件故障状态由小到大的可靠性数据。例如，G_1门的下级事件为 x_2、x_3，故障状态为(0, 0.5, 1)，故障状态为 1 的可靠性数据分别为 0.002、0.005，则 sheet3 表的数据格式为[0.996, 0.990; 0.002, 0.005; 0.002, 0.005]，注意要将单元格格式里数字的小数位数设置合理，以保证没有非零数字删减，如本例可设置小数位数为 3。

P_y1 = TS (TS_InputRulesG1 , TS_OutputRulesG1 , P_InputEventsG1)　% 调用 T-S 故障树算法函数 TS 求解中间事件 y_1各故障状态的可靠性数据。

xlswrite ('Results. xls' , P_y1 , 'sheet1' , 'A1:C1') ; % 运行程序前，事先新建 1 个 Excel 文件并命名为 Results. xls。将 y_1各故障状态的可靠性数据写入 Results. xls 的 sheet1 中的 A1 ~C1。

%%　----------------求解 y_2即顶事件 T 的可靠性数据----------------

TS_InputRulesG2 = xlsread ('TS_Gate2. xls' , 'sheet1') ;

TS_OutputRulesG2 = xlsread ('TS_Gate2. xls' , 'sheet2') ;

P_InputEventsG2 = [P_BasicEvents (: , 1) , P_y1'] ;　% 因为 P_BasicEvents(: , 1)中只有基本事件 x_1的可靠性数据，还需读取 y_1的可靠性数据（该数据需要转置为列向量），P_InputEventsG2 表示 G_2门中下级事件（输入事件）x_1、y_1的可靠性数据。

% P_x1 = xlsread('TS_Gate2. xls', 'sheet3') ;　% 读取下级事件 x_1的可靠性数据，该数据事先置于 TS_Gate2. xls 的 sheet3。

% P_InputEventsG2 = [P_x1, P_y1'] ;　% 因为 TS_Gate2. xls 中只有下级事件 x_1的可靠性数据，还需读取 y_1的可靠性数据（该数据需要转置为列向量）。

P_y2 = TS (TS_InputRulesG2 , TS_OutputRulesG2 , P_InputEventsG2)　% 调用 T-S 故障树算法函数 TS 求解顶事件 y_2各故障状态的可靠性数据。

xlswrite ('Results. xls' , P_y2 , 'sheet1' , 'A2:C2') ; % 将顶事件 y_2各故障状态的可靠性数据写入 Results. xls 的 sheet1 中的 A2~C2。

2）基于基本事件的当前故障状态值求取顶事件的可能性

1.2.6 节第 3 项的计算程序，对应图 1-20 中的文件夹“基于基本事件的当前故障状态求取顶事件的可能性”。该文件夹中有：4 个 MATLAB 程序 m 文件(TopEvent_Possibilities. m、muF. m、MembershipDegree. m、TS. m)、3 个 Excel 文件(TS _ Gate1. xls、TS _ Gate2. xls、Results. xls)。在 MATLAB 中，运行脚本文件

TopEvent_Possibilities. m 时调用函数文件 muF. m、MembershipDegree. m、TS. m，最终求得结果，并导出结果到 Results. xls。

程序代码及说明如下。

```
%%  隶属度函数 muF. m  %%
%该 MATLAB 函数文件计算：根据图 1-7 和式(1-23)求解基本事件当前故障状态值的隶属度。
% ==========================================
function MembershipDegree = muF ( ValuesCurrentFaultState , FaultStates , SupportSet , FuzzyRegion) % 函数 muF 的 4 个输入变量 ValuesCurrentFaultState、FaultStates、SupportSet、FuzzyRegion 分别表示基本事件当前故障状态值、基本事件故障状态、支撑半径、模糊区；输出变量 MembershipDegree 表示基本事件的隶属度。
if ( ValuesCurrentFaultState > FaultStates - SupportSet - FuzzyRegion ) && ( ValuesCurrentFaultState <= FaultStates - SupportSet )
    MembershipDegree = ( ValuesCurrentFaultState - FaultStates + SupportSet + FuzzyRegion)/FuzzyRegion ;
elseif ( ValuesCurrentFaultState > FaultStates - SupportSet ) && ( ValuesCurrentFaultState <= FaultStates + SupportSet )
    MembershipDegree = 1 ;
elseif ( ValuesCurrentFaultState > FaultStates + SupportSet ) && ( ValuesCurrentFaultState <= FaultStates + SupportSet + FuzzyRegion )
    MembershipDegree = ( FaultStates - ValuesCurrentFaultState + SupportSet + FuzzyRegion)/FuzzyRegion ;
else
    MembershipDegree = 0 ;
end
end

%%  函数 MembershipDegree. m  %%
%该 MATLAB 函数文件计算：已知基本事件的当前故障状态值，求基本事件各故障状态的隶属度，并把结果置于 Excel 文件。
% ==========================================
function MembershipDegree ( ValuesCurrentFaultState )  % 函数 MembershipDegree 的输入变量 ValuesCurrentFaultState 表示基本事件当前故障状态值。
SupportSet =0. 1 ;  % SupportSet 为支撑半径，将其赋值为 0. 1。
FuzzyRegion =0. 3 ;  % FuzzyRegion 为模糊区，将其赋值为 0. 3。
FaultStates = [ 0 , 0. 5 , 1 ] ;  % 定义基本事件故障状态为一个 1×3 的矩阵。
NumsFaultStates =size ( FaultStates , 2 ) ;  % NumsFaultStates 表示故障状态的数目。
NumsBasicEvents =size ( ValuesCurrentFaultState , 2 ) ;  % NumsBasicEvents 表示基本事
```

件的数目。

```
%下边的循环是求解出基本事件当前故障状态值的隶属度,并将隶属度写入 MembershipDegree 矩阵中,此矩阵为 3×3 矩阵。
for i = 1 : NumsFaultStates
    for j = 1 : NumsBasicEvents
        MembershipDegree ( i , j ) = muF ( ValuesCurrentFaultState ( 1 , j ) , FaultStates ( 1 , i ) , SupportSet , FuzzyRegion ) ; % 调用隶属度函数 muF,求解基本事件当前故障状态值的隶属度。
    end
end
xlswrite ( 'TS_Gate1. xls' , MembershipDegree ( : , 2 : 3 ) , 'sheet3' , 'A1:B3' ) ; % 取 MembershipDegree 矩阵中的 2、3 列即基本事件 x2、x3 的隶属度,写入 TS_Gate1 表的 sheet3 中的 A1~B3。
xlswrite ( 'TS_Gate2. xls' , MembershipDegree ( : , 1 ) , 'sheet3' , 'A1:A3' ) ; % 取 MembershipDegree 矩阵中的第 1 列即基本事件 x1 的隶属度,写入 TS_Gate2 表的 sheet3 中的 A1~A3。
end
```

```
%% T-S 故障树算法函数 TS. m %%
%该 MATLAB 函数文件计算:已知下级事件各故障状态的隶属度,利用式(1-33)、式(1-34)、式(1-37)求上级事件各故障状态的可能性。
% =====================================
function P = TS ( TS_InputRules , TS_OutputRules , MembershipDegree ) % 函数 TS 的 3 个输入变量 TS_InputRules、TS_OutputRules、MembershipDegree 分别表示 T-S 门的 T-S 描述规则的输入规则、输出规则、下级事件的隶属度;输出变量 P 表示上级事件的可能性。
r = size ( TS_InputRules , 1 ) ; % 表示 TS_InputRules 的行数,即第 g 个 T-S 门描述规则的规则数。
NumsInputEvents = size ( TS_InputRules , 2 ) ; % NumsInputEvents 表示 T-S 门的下级事件(输入事件)个数。
FaultStates = [ 0 , 0. 5 , 1 ] ; % 定义故障状态 FaultStates 为一个 1×3 的矩阵。
NumsFaultStates = size ( FaultStates , 2 ) ; % NumsFaultStates 表示故障状态个数。
%下边的循环是用下级事件的隶属度替换 T-S 描述规则的输入规则 TS_InputRules 中的下级事件故障状态。
for j = 1 : NumsInputEvents
    for i = 1 : r
        for z = 1 : NumsFaultStates
            if TS_InputRules ( i , j ) = = FaultStates ( 1 , z ) % TS_InputRules 的第 i 行第 j 列与矩阵 FaultStates 的第 1 行第 z 列的值进行比较。
```

TS_InputRules (i , j) = MembershipDegree (z , j) ; % 下级事件各故障状态的隶属度替换规则表中的下级事件故障状态。

```
                break ;
            end
        end
    end
end
```

Beta_L = prod (TS_InputRules , 2) ; % 得到 T-S 门描述规则的输入规则 l 的执行度 Beta_L,对应式(1-33)。

%下边的循环对每个输入规则的执行度进行归一化。

for i = 1 : r

Beta_starL (i , 1) = Beta_L (i , 1) / sum (Beta_L (: , 1)) ; % 输入规则 l 的执行度归一化,得到 Beta_starL,对应式(1-34)。

end

P =Beta_starL' * TS_OutputRules ; % 求解上级事件的可能性,对应式(1-37)。

end

%% 主程序 TopEvent_Possibilities. m %%

% 该主程序 MATLAB 脚本文件计算:已知基本事件的当前故障状态值,求取顶事件各故障状态的可能性。

% ==

clc

clear

format long

ValuesCurrentFaultState = [0 , 0. 2 , 0. 1] ; % 定义基本事件 $x_1 \sim x_3$ 的当前故障状态值 ValuesCurrentFaultState 为一个 1 行 3 列的矩阵。

MembershipDegree (ValuesCurrentFaultState) ; % 调用 MembershipDegree 函数求基本事件各故障状态的隶属度,并把结果置于 Excel 文件。

%% -----------------求解中间事件 y_1 的可能性-----------------

TS_InputRulesG1 = xlsread ('TS_Gate1. xls' , 'sheet1') ; % 读取 TS_Gate1. xls 的 sheet1 中的数据。TS_Gate1. xls 共有 3 个 sheet 表,即 sheet1、sheet2、sheet3,分别为输入规则表、输出规则表、下级事件的隶属度,这些数据为事先导入或录入。

TS_OutputRulesG1 = xlsread ('TS_Gate1. xls' , 'sheet2') ; % 读取 TS_Gate1. xls 的 sheet2 中的数据。

MembershipDegree_G1 = xlsread ('TS_Gate1. xls' , 'sheet3') ; % 读取下级事件 x_2、x_3 的隶属度,该数据由 MembershipDegree 函数求出后置于 TS_Gate1. xls 的 sheet3。

P_y1 = TS (TS_InputRulesG1 , TS_OutputRulesG1 , MembershipDegree_G1) % 调用 T-S 故障树算法函数 TS 求解中间事件 y_1 各故障状态的可能性。

xlswrite ('Results. xls' , P_y1 , 'sheet1' , 'A1:C1') ; % 运行程序前,事先新建1个Excel文件并命名为Results. xls。将y_1各故障状态的可靠性数据写入Results. xls的sheet1中的A1~C1。

%% ----------------求解y_2即顶事件T的可能性----------------

TS_InputRulesG2 = xlsread ('TS_Gate2. xls' , 'sheet1') ;

TS_OutputRulesG2 = xlsread ('TS_Gate2. xls' , 'sheet2') ;

MembershipDegree_x1 = xlsread ('TS_Gate2. xls' , 'sheet3') ; % 读取下级事件x_1的隶属度,该数据由函数MembershipDegree求出后置于TS_Gate2. xls的sheet3。

MembershipDegree_G2 = [MembershipDegree_x1 , P_y1'] ; % MembershipDegree_G2表示G_2门中下级事件x_1的隶属度、y_1的可能性。因为TS_Gate2. xls的sheet3中只有基本事件x_1的隶属度,还需读取y_1的可能性(该数据需要转置为列向量)。

P_y2 = TS (TS_InputRulesG2 , TS_OutputRulesG2 , MembershipDegree_G2) % 调用T-S故障树算法函数TS求解y_2即顶事件T各故障状态的可能性。

xlswrite ('Results. xls' , P_y2 , 'sheet1' , 'A2:C2') ; % 将顶事件y_2各故障状态的可能性写入Results. xls的sheet1中的A2~C2。

2. 基于T-S门描述规则生成方法的T-S故障树算法计算程序

对于Bell故障树中二态和多态故障树的逻辑门能够描述的静态事件关系,可由描述规则生成方法,根据Bell故障树逻辑门描述的静态事件关系,利用算法软件计算程序,直接逐条生成T-S门描述规则并完成描述规则校验,最终得到等价于Bell故障树逻辑门的T-S门描述规则。

换个角度看,就是基于T-S故障树算法的Bell故障树计算程序。

1) 不含重复基本事件

1.3.1节的计算程序,对应图1-20中的文件夹“不含重复基本事件”。

该文件夹中有5个MATLAB程序m文件(TopEvent_ReliabilityData. m、TS_InputRules. m、Out_OR. m、Out_AND. m、TS. m)和1个Excel文件(Results. xls)。在MATLAB中,在运行脚本文件TopEvent_ReliabilityData. m时调用函数文件TS_InputRules. m、Out_OR. m、Out_AND. m、TS. m,最终求得结果,并导出结果到Results. xls。

程序代码及说明如下。

%% 输入规则生成函数TS_InputRules. m %%

%该MATLAB函数文件计算:已知输入事件个数,生成T-S门描述规则的输入规则。

% ======================================

function TS_InputRules = TS_InputRules (NumsInputEvents) % 函数TS_InputRules的输入变量NumsInputEvents表示T-S门对应下级事件(输入事件)的个数;输出变量TS_InputRules表示T-S门描述规则的输入规则。

r = 2 ^ NumsInputEvents ; % 当下级事件(输入事件)故障状态为二态时,可生成r条规则。
%下边的循环为生成输入规则,得到一个 r×NumsInputEvents 矩阵。当下级事件的个数为 2 个,下级事件的故障状态为二态时,得到一个 4×2 的矩阵。
for i = 1 : r
    TS_InputRules (i , :) = dec2bin (i - 1 , NumsInputEvents) - 48 ; % MATLAB 中提供 dec2bin 函数,用来把十进制数转换成二进制形式并储存在一个字符串中,“ - 48”将字符串转换为矩阵。
end
end

%% 或门的输出规则生成函数 Out_OR. m %%
%该 MATLAB 函数文件计算:由输入规则直接生成或门(OR Gate)的输出规则。
% ==
function TS_OutputRules = Out_OR (TS_InputRules) % 函数 Out_OR 的输入变量 TS_InputRules 为输入规则;输出变量 TS_OutputRules 表示 T-S 门描述规则的输出规则。
[r , NumsInputEvents] = size (TS_InputRules) ;TS_OutputRules = zeros (r , 2) ;
for i = 1 : r
    if TS_InputRules (i , :) = = zeros (1 , NumsInputEvents) % 判断 TS_InputRules 的第 i 行的元素是否全部为 0。
        TS_OutputRules (i , 1) = 1 ; % 将 TS_OutputRules 的第 i 行第 1 列的值赋为 1。
    else
        TS_OutputRules (i , 2) = 1 ; % 将 TS_OutputRules 的第 i 行第 2 列的值赋为 1。
    end
end
end

%% 与门的输出规则生成函数 Out_AND. m %%
%该 MATLAB 函数文件计算:由输入规则直接生成与门(AND Gate)的输出规则。
% ==
function TS_OutputRules = Out_AND (TS_InputRules) % 函数 Out_AND 的输入变量 TS_InputRules 表示 T-S 门的 T-S 门描述规则的输入规则;输出变量 TS_OutputRules 表示 T-S 门描述规则的输出规则。
[r , NumsInputEvents] = size (TS_InputRules) ;TS_OutputRules = zeros (r , 2) ; % 定义 T-S 门的 T-S 门描述规则的输出规则 TS_OutputRules 为一个 r 行 2 列的全 0 矩阵。MATLAB 中提供了 zeros 函数,用来生成全 0 矩阵。
for i = 1 : r

```
    if TS_InputRules ( i , : ) = = ones ( 1 , NumsInputEvents ) % 判断 TS_InputRules 的第i 行的元素是否全部为 1。
        TS_OutputRules ( i , 2 ) = 1 ;  % 将 TS_OutputRules 的第 i 行第 2 列的值赋为 1。
    else
        TS_OutputRules ( i , 1 ) = 1 ;  % 将 TS_OutputRules 的第 i 行第 1 列的值赋为 1。
    end
end
end

%%  T-S 故障树算法函数 TS. m  %%
%该 MATLAB 函数文件计算:已知下级事件各故障状态的可靠性数据,利用式(1-29)和式(1-31)求上级事件各故障状态的可靠性数据。
% ========================================
function P = TS ( TS_InputRules , TS_OutputRules , P_InputEvents )
r =size ( TS_InputRules , 1 ) ;
NumsInputEvents = size ( TS_InputRules , 2 ) ;
FaultStates = [ 0 , 1 ] ;  % 定义故障状态 FaultStates 为一个 1×2 的矩阵。
NumsFaultStates = size ( FaultStates , 2 ) ;  % NumsFaultStates 表示故障状态个数。
for j = 1 : NumsInputEvents
    for i = 1 : r
        for z = 1 : NumsFaultStates
            if TS_InputRules ( i , j ) = = FaultStates ( 1 , z )
                TS_InputRules ( i , j ) = P_InputEvents ( z , j ) ;
                break ;
            end
        end
    end
end
P_starL = prod ( TS_InputRules , 2 ) ;
P = P_starL' * TS_OutputRules ;
end

%%  主程序 TopEvent_ReliabilityData. m  %%
% 该主程序 MATLAB 脚本文件计算:已知基本事件的可靠性数据,求取顶事件各故障状态的可靠性数据。
% ========================================
```

```
clc
clear
format long
P_BasicEvents = [ 0.990 , 0.998 , 0.995 ; 0.010 , 0.002 , 0.005 ] ; % 定义基本事件x1~x3各故障状态的可靠性数据 P_BasicEvents 为一个 2×3 的矩阵。
%% ----------------求解中间事件y1的可靠性数据----------------
TS_InputRulesG1 = TS_InputRules ( 2 ) ;  % 直接生成 T-S 门描述规则的输入规则。
TS_OutputRulesG1 = Out_OR ( TS_InputRulesG1 ) ;  % 由输入规则直接生成 T-S 门描述规则的输出规则。
P_InputEventsG1 = P_BasicEvents ( : , 2 : 3 ) ;
P_y1 = TS ( TS_InputRulesG1 , TS_OutputRulesG1 , P_InputEventsG1 )  % 调用 T-S 故障树算法函数 TS 求解y1各故障状态的故障概率。
xlswrite ( 'Results.xls' , P_y1 , 'sheet1' , 'A1:B1' ) ;
%% ----------------求解y2即顶事件T的可靠性数据----------------
TS_InputRulesG2 = TS_InputRules ( 2 ) ;  % 直接生成 T-S 门描述规则的输入规则。
TS_OutputRulesG2 = Out_AND ( TS_InputRulesG2 ) ;  % 由输入规则直接生成 T-S 门描述规则的输出规则。
P_InputEventsG2 = [ P_BasicEvents ( : , 1 ) , P_y1' ] ;
P_y2 = TS ( TS_InputRulesG2 , TS_OutputRulesG2 , P_InputEventsG2 )  % 调用 T-S 故障树算法函数 TS 求解y2即顶事件T各故障状态的可靠性数据。
xlswrite ( 'Results.xls' , P_y2 , 'sheet1' , 'A2:B2' ) ;  % 将y2即顶事件T的可靠性数据写入 Results.xls 的 sheet1 中的 A2~B2。
```

2) 含重复基本事件

1.3.4 节的计算程序,对应图 1-20 中的文件夹“含重复基本事件”。

该文件夹中有 6 个 MATLAB 程序 m 文件(TopEvent_ReliabilityData.m、TS_InputRules.m、Out_OR.m、Out_AND.m、RepeatedEvents_Elimination.m、TS.m)和 1 个 Excel 文件(Results.xls),具体内容见后。在 MATLAB 中,在运行脚本文件 TopEvent_ReliabilityData.m 时调用函数文件 TS_InputRules.m、Out_OR.m、Out_AND.m、RepeatedEvents_Elimination.m、TS.m,最终求得结果,并导出结果到 Results.xls。

程序代码及说明如下。

```
%%  输入规则生成函数 TS_InputRules.m  %%
%该 MATLAB 函数文件计算:已知输入事件个数,生成 T-S 门描述规则的输入规则。
% ========================================
function TS_InputRules = TS_InputRules ( NumsInputEvents )
r = 2 ^ NumsInputEvents ;
for i = 1 : r
```

```
    TS_InputRules ( i , : ) = dec2bin ( i - 1 , NumsInputEvents ) - 48 ;
end
end

%%  或门的输出规则生成函数 Out_OR. m  %%
%该 MATLAB 函数文件计算:由输入规则直接生成或门(OR Gate)的输出规则。
% ========================================
function TS_OutputRules = Out_OR ( TS_InputRules )
[ r , NumsInputEvents ] = size ( TS_InputRules ) ;TS_OutputRules = zeros ( r , 2 ) ;
for i = 1 : r
    if TS_InputRules ( i , : ) = = zeros ( 1 , NumsInputEvents )
        TS_OutputRules ( i , 1 ) = 1 ;
    else
        TS_OutputRules ( i , 2 ) = 1 ;
    end
end
end

%%  与门的输出规则生成函数 Out_AND. m  %%
%该 MATLAB 函数文件计算:由输入规则直接生成与门(AND Gate)的输出规则。
% ========================================
function TS_OutputRules = Out_AND ( TS_InputRules )
[ r , NumsInputEvents ] = size ( TS_InputRules ) ;TS_OutputRules = zeros ( r , 2 ) ;
for i = 1 : r
    if TS_InputRules ( i , : ) = = ones ( 1 , NumsInputEvents )
        TS_OutputRules ( i , 2 ) = 1 ;
    else
        TS_OutputRules ( i , 1 ) = 1 ;
    end
end
end

%%  消去重复基本事件函数 RepeatedEvents_Elimination. m  %%
%该 MATLAB 函数文件计算:对存在的重复基本事件进行早期不交化,进行相同因子的消
去处理,得到不含重复基本事件的 T-S 门描述规则的输入规则 l 的执行可能性。
% ========================================
function P_starL_NotRepeatedEvents = RepeatedEvents_Elimination ( P_starL , P_x )
%RepeatedEvents_Elimination 的 2 个输入变量 PstarL、P_x 分别为 T-S 门描述规则的输入规
```

则执行可能性、基本事件可靠性数据；输出变量 P_starL_NotRepeatedEvents 表示不含重复基本事件的 T-S 门描述规则的输入规则 l 的执行可能性。

r = size (P_starL , 1) ; % 得到 T-S 门描述规则的规则数 l。

NumsBasicEvents = size (P_x , 2) ; % 得到基本事件的个数。

for j = 1 : r

for i = 1 : NumsBasicEvents

PolynomialCoefficient_xi = coeffs (P_starL (j) , P_x (i)) ; % 得到规则 l 执行可能性的多项式中基本事件 x_i 的多项式系数，PolynomialCoefficient _ xi 为行向量。MATLAB 中提供了 coeffs 函数，用来提取多项式的系数并存放在行向量中，得到的行向量是按多项式系数的次幂由小到大排列。假设 A = coeffs((x1 ^ 2) * x2 + x1 * x3, x1)，得到 A = [x3, x2]。

NumsPolynomialCoefficient = size (PolynomialCoefficient_xi , 2) ; % 得到多项式系数的个数。

if subs (P_starL (j) , P_x (i) , 0) = = 0 % 把 0 赋值给基本事件 x_i，得到的规则 l 的执行可能性与 0 进行比较。若得到的规则 l 的执行可能性为 0，则表示规则 l 执行可能性的多项式每一项均含有基本事件 x_i。MATLAB 中提供了 subs 函数，将符号表达式中的某些符号变量替换为指定的新的变量。

tmp = 0 ;

for z = 1 : NumsPolynomialCoefficient

tmp = tmp + PolynomialCoefficient_xi (: , z) * P_x (i) ; % 因为规则 l 执行可能性的多项式每一项均含有基本事件 x_i，所以只需令多项式系数乘上基本事件 x_i，再相加即可得到规则 l 执行可能性的多项式不含重复基本事件。

end

P_starL (j) = tmp ;

else % 若得到的第 l 条规则执行可能性不为 0，则表示第 l 条规则执行可能性的多项式不是每一项都含有基本事件 x_i。

if NumsPolynomialCoefficient = = 1 % 当多项式中系数的数量仅为 1 时，表示仅存在常数项，即多项式中不含基本事件 x_i。

P_starL (j) = PolynomialCoefficient_xi (: , 1) ;

else % 当多项式中系数的数量不为 1 时，表示多项式除常数项外还存在含基本事件 x_i 的项。

PolynomialCoeffs_NotConstantTerm = 0 ; % PolynomialCoeffs_NotConstantTerm 表示不含常数项的多项式系数，将其赋值为 0。

for z = 2 : NumsPolynomialCoefficient

PolynomialCoeffs _ NotConstantTerm = PolynomialCoeffs _ NotConstantTerm +PolynomialCoefficient_xi (: , z) * P_x (i) ; % 得到规则 l 执行可能性的多项式不含重复基本事件，这里的系数不包括常数项系数。

end

```
                P_starL ( j ) = PolynomialCoeffs_NotConstantTerm + PolynomialCoefficient
_xi ( : , 1) ;  % 将常数项加上才是完整的规则 l 执行可能性的多项式。
            end
        end
    end
end
P_starL_NotRepeatedEvents = P_starL ;
end

%%  T-S 故障树算法函数 TS. m  %%
%该 MATLAB 函数文件计算:已知下级事件各故障状态的可靠性数据,利用式(1-29)和式(1-31)求上级事件各故障状态的可靠性数据。
% ========================================
function P_Expression = TS ( TS_InputRules , TS_OutputRules , P_InputEvents , P_x )  % 函数 TS 的 4 个输入变量 TS_InputRules、TS_OutputRules、P_InputEvents , P_x 分别表示 T-S 门的 T-S 描述规则的输入规则、输出规则、下级事件的可靠性数据、基本事件的可靠性数据;输出变量 P_Expression 表示上级事件可靠性数据的表达式。
r =size ( TS_InputRules , 1) ;
NumsInputEvents = size ( TS_InputRules , 2 ) ;
FaultStates = [ 0 , 1 ] ;  % 定义故障状态 FaultStates 为一个 1 行 2 列的矩阵。
NumsFaultStates = size ( FaultStates , 2 ) ;  % NumsFaultStates 表示故障状态个数。
for j = 1 : NumsInputEvents
    for i = 1 : r
        for z = 1 : NumsFaultStates
            if TS_InputRules ( i , j ) = = FaultStates ( 1 , z )
                A ( i , j ) = P_InputEvents ( z , j ) ;  % 把下级事件各故障状态的可靠性数据放入空矩阵A 中。
                break;
            end
        end
    end
end
P_starL = prod ( A , 2 ) ;  % 求解 T-S 门描述规则的输入规则 l 的执行可能性,对应式(1-29)。
P_starL_NotRepeatedEvents = RepeatedEvents_Elimination ( P_starL , P_x ) ;  % 对存在的重复基本事件进行早期不交化,进行相同因子的消去处理,得到不含重复基本事件的 T-S 门描述规则的输入规则 l 的执行可能性。
P_Expression = P_starL_NotRepeatedEvents' * TS_OutputRules ;  % 求解上级事件的可靠
```

```
性数据,对应式(1-31)。
end

%%  主程序 TopEvent_ReliabilityData. m  %%
% 该主程序 MATLAB 脚本文件计算:已知基本事件的可靠性数据,求取顶事件各故障状态的可靠性数据。
% ========================================
clear
clc
format long
symsP_x1 P_x2 P_x3 P_x4 P_x5 real  % 创建 P_x1 P_x2 P_x3 P_x4 P_x5,将基本事件 x1~x5的可靠性数据描述为函数而不是数值。
P_x = [ P_x1 , P_x2 , P_x3 , P_x4 , P_x5 ] ;  % 定义基本事件 x1~x5故障状态为 1 的可靠性数据为一个 1 行 5 列的矩阵。
P_BasicEvents = [ 1 - P_x ; P_x ] ;  % 定义基本事件 x1~x5故障状态为 0,为 1 的可靠性数据为一个 2 行 5 列的矩阵。
P_BasicEventsData = [ 0.01 0.002 0.005 0.004 0.006 ] ;  % 基本事件 x1~x5的可靠性数据。
%%  ----------------求解中间事件 y1的可靠性数据----------------
TS_InputRulesG1 = TS_InputRules ( 2 ) ;
TS_OutputRulesG1 = Out_OR ( TS_InputRulesG1 ) ;
P_InputEventsG1 = [ P_BasicEvents ( : , 2) , P_BasicEvents ( : , 5 ) ] ;
P_Expression_y1 = TS ( TS_InputRulesG1 , TS_OutputRulesG1 , P_InputEventsG1 , P_x ) ;
P_y1 = subs ( P_Expression_y1 , P_x , P_BasicEventsData ) ;  % 得到中间事件 y1的可靠性数据。
xlswrite ( 'Results. xls' , P_y1 , 'sheet1' , 'A1:B1' ) ;
%%  ----------------求解中间事件 y2的可靠性数据----------------
TS_InputRulesG2 = TS_InputRules ( 2 ) ;
TS_OutputRulesG2 = Out_AND ( TS_InputRulesG2 ) ;
P_InputEventsG2 = [ P_BasicEvents ( : , 3 ) , P_BasicEvents ( : , 5 ) ] ;
P_Expression_y2 = TS ( TS_InputRulesG2 , TS_OutputRulesG2 , P_InputEventsG2 , P_x ) ;
P_y2 = subs ( P_Expression_y2 , P_x , P_BasicEventsData ) ;  % 得到中间事件 y2的可靠性数据。
xlswrite ( 'Results. xls' , P_y2 , 'sheet1' , 'A2:B2' ) ;
%%  ----------------求解中间事件 y3的可靠性数据----------------
TS_InputRulesG3 = TS_InputRules ( 2 ) ;
TS_OutputRulesG3 = Out_AND ( TS_InputRulesG2 ) ;
P_InputEventsG3 = [ P_Expression_y1' , P_BasicEvents ( : , 3 ) ] ;
```

```
P_Expression_y3 = TS ( TS_InputRulesG3 , TS_OutputRulesG3 , P_InputEventsG3 , P_x ) ;
P_y3 = subs ( P_Expression_y3 , P_x , P_BasicEventsData ) ;  % 得到中间事件 y3的可靠性数据。
xlswrite ( 'Results. xls' , P_y3 , 'sheet1' , 'A3:B3' ) ;
%%  -----------------求解中间事件 y4的可靠性数据-----------------
TS_InputRulesG4 = TS_InputRules ( 2 ) ;
TS_OutputRulesG4 = Out_OR ( TS_InputRulesG4 ) ;
P_InputEventsG4 = [ P_BasicEvents ( : , 1) , P_Expression_y2' ] ;
P_Expression_y4 = TS ( TS_InputRulesG4 , TS_OutputRulesG4 , P_InputEventsG4 , P_x ) ;
P_y4 = subs ( P_Expression_y4 , P_x , P_BasicEventsData ) ;  % 得到中间事件 y4的可靠性数据。
xlswrite ( 'Results. xls' , P_y4 , 'sheet1' , 'A4:B4' ) ;
%%  -----------------求解中间事件 y5的可靠性数据-----------------
TS_InputRulesG5 = TS_InputRules ( 2 ) ;
TS_OutputRulesG5 = Out_OR ( TS_InputRulesG5 ) ;
P_InputEventsG5 = [ P_Expression_y3' , P_BasicEvents ( : , 4 ) ] ;
P_Expression_y5 = TS ( TS_InputRulesG5 , TS_OutputRulesG5 , P_InputEventsG5 , P_x ) ;
P_y5 = subs ( P_Expression_y5 , P_x , P_BasicEventsData ) ;  % 得到中间事件 y5的可靠性数据。
xlswrite ( 'Results. xls' , P_y5 , 'sheet1' , 'A5:B5' ) ;
%%  -----------------求解 y6即顶事件 T 的可靠性数据-----------------
TS_InputRulesG6 = TS_InputRules ( 2 ) ;
TS_OutputRulesG6 = Out_AND ( TS_InputRulesG5 ) ;
P_InputEventsG6 = [ P_Expression_y4' , P_Expression_y5' ] ;
P_Expression_y6 = TS ( TS_InputRulesG6 , TS_OutputRulesG6 , P_InputEventsG6 , P_x ) ;
P_y6 = subs ( P_Expression_y6 , P_x , P_BasicEventsData )  % 将基本事件 x1~x5的可靠性数据代入顶事件 y6可靠性数据的表达式 P_y6_Expression 中得到顶事件 y6的可靠性数据。
xlswrite ( 'Results. xls' , P_y6 , 'sheet1' , 'A6:B6' ) ;  % 将 y6即顶事件 T 的可靠性数据写入 Results. xls 的 sheet1 中的 A6~B6。
```

3）描述规则生成

根据 Bell 故障树中的二态和多态故障树逻辑门描述的静态事件关系可直接生成 T-S 门描述规则。前面已经针对二态门给出了 T-S 门描述规则的输入规则生成程序 TS_InputRules. m 以及与门、或门的输出规则生成程序 Out_AND. m 和 Out_OR. m。

下面针对其他二态门给出 T-S 门描述规则的输出规则生成程序，针对多态门给出 T-S 门描述规则的输入和输出规则生成程序。程序对应图 1-20 中的文件夹

“描述规则生成”。

（1）其他二态门的输出规则生成程序。程序代码及说明如下。

```
%%  非门的输出规则生成函数 Out_NOT. m  %%
%该 MATLAB 函数文件计算:直接生成非门(NOT Gate)的输出规则。
function TS_OutputRules = Out_NOT ( ) % 函数 Out_NOT 的输出变量 TS_OutputRules 表示 T-S 门描述规则的输出规则。
TS_OutputRules = [ 1 ; 0 ] ;
end

%%  表决门的输出规则生成函数 Out_VOTE. m  %%
%该 MATLAB 函数文件计算:已知输入规则和表决门(k out of n Gate)的 k 值,生成表决门的输出规则。
function TS_OutputRules = Out_VOTE ( TS_InputRules , k ) % 函数 Out_VOTE 的输入变量 TS_InputRules 表示 T-S 门描述规则的输入规则,k 表示仅当输入事件中有 k 个或 k 个以上的事件发生时,输出事件才发生;输出变量 TS_OutputRules 表示 T-S 门描述规则的输出规则。
r = size ( TS_InputRules , 1 ) ;
TS_OutputRules = zeros ( r , 2 ) ;
for i = 1 : r
    if length ( find ( TS_InputRules ( i , : ) ) ) < k % 判断 TS_InputRules 的第 i 行的元素中 1 的数量是否小于 k。
        TS_OutputRules ( i , 1 ) = 1 ;
    else
        TS_OutputRules ( i , 2 ) = 1 ;
    end
end
end

%%  异或门的输出规则生成函数 Out_XOR. m  %%
%该 MATLAB 函数文件计算:由输入规则直接生成异或门(Exclusive-OR Gate)的输出规则。
function TS_OutputRules = Out_XOR ( TS_InputRules ) % 函数 Out_XOR 的输入变量 TS_InputRules 表示 T-S 门描述规则的输入规则;输出变量 TS_OutputRules 表示 T-S 门描述规则的输出规则。
r = size ( TS_InputRules , 1 ) ;
TS_OutputRules = zeros ( r , 2 ) ;
for i = 1 : r
    if length ( unique ( TS_InputRules ( i , : ) ) ) = = 1 ; % 判断 TS_InputRules 的第 i 行
```

的元素是否相同。

```
        TS_OutputRules ( i , 1 ) = 1 ;
    else
        TS_OutputRules ( i , 2 ) = 1 ;
    end
end
end
```

%%　禁门的输出规则生成函数 Out_INH. m　%%
%禁门(INHIBIT Gate)程序代码和与门相同。

%%　与非门的输出规则生成函数 Out_NAND. m　%%
%该 MATLAB 函数文件计算:由输入规则直接生成与非门(NOT-AND Gate)的输出规则。
function TS_OutputRules = Out_NAND (TS_InputRules) % 函数 Out_NAND 的输入变量 TS_InputRules 表示 T-S 门描述规则的输入规则;输出变量 TS_OutputRules 表示 T-S 门描述规则的输出规则。

```
[ r , NumsInputEvents ] = size ( TS_InputRules ) ;
TS_OutputRules = zeros ( r , 2 ) ;
for i = 1 : r
    if TS_InputRules ( i , : ) = = ones ( 1 , NumsInputEvents ) % 判断 TS_InputRules 的第 i 行的元素是否全部为 1。
        TS_OutputRules ( i , 1) = 1 ;
    else
        TS_OutputRules ( i , 2 ) = 1 ;
    end
end
end
```

%%　或非门的输出规则生成函数 Out_NOR. m　%%
%该 MATLAB 函数文件计算:由输入规则直接生成或非门(NOT-OR Gate)的输出规则。
function TS_OutputRules = Out_NOR (TS_InputRules) % 函数 Out_NOR 的输入变量 TS_InputRules 表示 T-S 门描述规则的输入规则;输出变量 TS_OutputRules 表示 T-S 门描述规则的输出规则。

```
[ r , NumsInputEvents ] = size ( TS_InputRules ) ;
TS_OutputRules = zeros ( r , 2 ) ;
for i = 1 : r
    if TS_InputRules ( i , : ) = = zeros ( 1 , NumsInputEvents ) % 判断 TS_InputRules 的第 i 行的元素是否全部为 0。
```

```
            TS_OutputRules ( i , 2 ) = 1 ;
        else
            TS_OutputRules ( i , 1 ) = 1 ;
        end
    end
end
```

(2) 多态门的输入输出规则生成程序。程序代码及说明如下。

```
%%  多态门的输入规则生成函数 Multi_TS_InputRules. m  %%
%该 MATLAB 函数文件计算:已知输入事件个数和故障状态数,生成多态 Bell 故障树的输入规则。
function TS_InputRules = Multi_TS_InputRules ( NumsInputEvents , k ) % 函数 Multi_TS_InputRules 的输入变量 NumsInputEvents 表示 T-S 门对应下级事件(输入事件)的个数,k 表示 T-S 门对应下级事件的故障状态的个数;输出变量 TS_InputRules 表示 T-S 门描述规则的输入规则。
formatrat ;
TS_InputRules = [ ] ;
for i = 1 : k ^ NumsInputEvents
    TS_InputRules ( i , : ) = ( dec2base ( i - 1 , k , NumsInputEvents ) - 48 ) / ( k - 1 ) ; % 将十进制转换为 k 进制形式并储存在一个字符串中,"- 48"将字符串转换为矩阵,"/ ( k - 1 )"将矩阵中的数值归一化。
end
end
```

```
%%  多态与门的输出规则生成函数 Out_Multi_AND. m
%该 MATLAB 函数文件计算:由输入规则直接生成多态与门的输出规则。
function TS_OutputRules = Out_Multi_AND ( TS_InputRules ) % 函数 Out_Multi_AND 的输入变量 TS_InputRules 表示 T-S 门的输入规则;输出变量 TS_OutputRules 表示 T-S 门的输出规则。
r = size ( TS_InputRules , 1 ) ;
S = unique ( TS_InputRules ); % S 记录输入规则中出现的故障状态。
TS_OutputRules = zeros ( r , length ( S ) ) ;
for i = 1 : r
    TS_OutputRules ( i , find ( S == min ( TS_InputRules ( i , : ) ) ) ) = 1 ;
end
end
```

```
%%  多态或门的输出生成规则函数 Out_Multi_OR. m
%该 MATLAB 函数文件计算:由输入规则直接生成多态或门的输出规则。
```

```
function TS_OutputRules = Out_Multi_OR ( TS_InputRules ) % 函数 Out_Multi_OR 的输入变量 TS_InputRules 表示 T-S 门的输入规则；输出变量 TS_OutputRules 表示 T-S 门的输出规则。
r = size ( TS_InputRules , 1 ) ;
S = unique ( TS_InputRules ) ; % S 记录输入规则中出现的故障状态。
TS_OutputRules = zeros ( r , length ( S ) ) ;
for i = 1 : r
    TS_OutputRules ( i , find ( S = =max ( TS_InputRules ( i , : ) ) ) ) = 1 ;
end
end
```

1.3　T-S 故障树的可行性验证

为验证 T-S 故障树的可行性，将其分别与二态故障树、模糊故障树、多态故障树进行对比。二态故障树、模糊故障树、多态故障树的逻辑门均为 Bell 故障树逻辑门，都属于 Bell 故障树。

由基本事件 x_1、x_2和 x_3组成的 T-S 故障树如图 1-19 所示，令 G_1门的规则为表 1-6 所示的二态或门，T-S 故障树的基本事件 x_2、x_3和中间事件 y_1分别对应表 1-6 中的 x_1、x_2和 y；G_2门的规则为表 1-5 所示的二态与门，T-S 故障树的基本事件 x_1、y_1和 y_2即顶事件 T 分别对应表 1-5 中的 x_1、x_2和 y；因而，图 1-19 所示的 T-S 故障树退化为与或门 Bell 故障树，如图 1-21 所示。

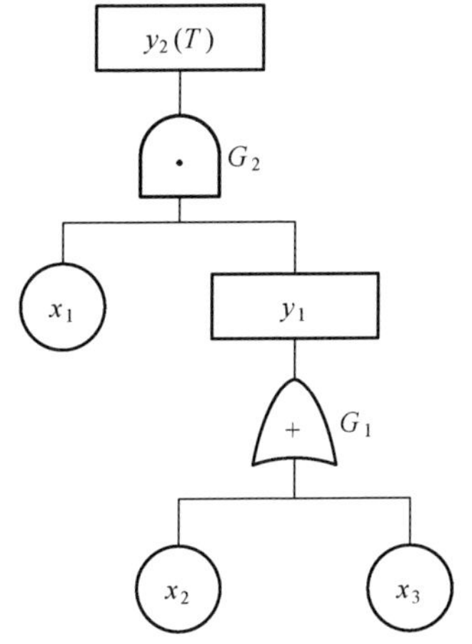

图 1-21　一棵与或门 Bell 故障树

1.3.1 与二态故障树对比

1. Bell 故障树分析方法

1）定性分析

（1）结构函数。

基本事件 $x_i(i=1, 2, \cdots, n)$ 发生时状态记为 1、不发生状态记为 0，即

$$x_i=\begin{cases}1, & \text{基本事件 } x_i \text{ 发生}\\ 0, & \text{基本事件 } x_i \text{ 不发生}\end{cases} \tag{1-39}$$

定义由基本事件 $x=(x_1, x_2, \cdots, x_n)$ 所构成的 Bell 故障树的结构函数为 $\Phi(x)$，则

$$\Phi(x)=\Phi(x_1, x_2, \cdots, x_n)=\begin{cases}1, & \text{顶事件发生}\\ 0, & \text{顶事件不发生}\end{cases} \tag{1-40}$$

（2）割集与最小割集。

割集是 Bell 故障树中一些基本事件的集合，当这些基本事件都发生时，顶事件必然发生。若将割集中所含基本事件去掉任意一个就不再成为割集，这样的割集就是最小割集。

若 Bell 故障树有 L 个最小割集，即为 $\boldsymbol{C}=(C_1, C_2, \cdots, C_L)$，则 Bell 故障树的结构函数可表示为

$$\Phi(x)=\bigcup_{j=1}^{L} C_j \tag{1-41}$$

（3）下行法。

下行法是求最小割集的一种方法。从顶事件往下逐级进行，用各门的输入事件来置换各门的输出事件，遇到与门将输入事件横向并列写出，遇到或门将输入事件竖向写出，直到全部输入事件都是基本事件，再将割集简化得到最小割集。

求解图 1-21 所示的 Bell 故障树割集和最小割集的步骤见表 1-22：顶事件 T 下的 G_2 门为与门，将与门的输入事件 x_1、y_1 排成一行，置换 T（步骤 1）；基本事件 x_1 不再分解，中间事件 y_1 下的 G_1 门为或门，将或门的输入事件 x_2、x_3 排成一列置换 y_1（步骤 2）。在最后一步得到一列全部由基本事件表示的两个割集为 $\{x_1, x_2\}$，$\{x_1, x_3\}$。

表 1-22 求解 Bell 故障树割集和最小割集的步骤

步 骤	1	2
过程	x_1, y_1	x_1, x_2 x_1, x_3

得到两个割集且相互之间无包含与被包含的关系，这两个割集即为最小割集，即 $C_1=\{x_1,x_2\}$，$C_2=\{x_1,x_3\}$。由式(1-41)，图 1-21 所示的 Bell 故障树的结构函数为

$$\Phi(x)=C_1\cup C_2$$

2) 定量分析

(1) 最小割集之间不相交。

不考虑两个或两个以上最小割集同时发生的情况，且各最小割集之间不相交(无重复出现的基本事件)，则

$$T=\Phi(x)=\bigcup_{j=1}^{L}C_j \tag{1-42}$$

$$P(C_j)=\prod_{i=1}^{n_j}P(x_i) \tag{1-43}$$

式中：n_j 为第 j 个最小割集中有 n_j 个基本事件；$P(x_i)$ 为基本事件 x_i 的可靠性数据。

因此顶事件 T 的可靠性数据为

$$P(T)=P[\Phi(x)]=\sum_{j=1}^{L}\left[\prod_{i=1}^{n_j}P(x_i)\right] \tag{1-44}$$

(2) 最小割集之间相交。

一般情况下，基本事件的重复出现，导致最小割集之间是相交的。顶事件 T 的可靠性数据可通过容斥定理和不交化计算公式进行计算求解。

① 容斥定理。利用容斥定理计算顶事件可靠性数据为

$$\begin{aligned}P(T)&=P[\Phi(x)]=P(C_1+C_2+\cdots+C_L)\\&=(-1)^{1-1}\sum_{i=1}^{L}P(C_i)+(-1)^{2-1}\sum_{i<j=2}^{L}P(C_iC_j)\\&\quad+(-1)^{3-1}\sum_{i<j<k=3}^{L}P(C_iC_jC_k)+\cdots+(-1)^{L-1}P(C_iC_j\cdots C_L)\end{aligned} \tag{1-45}$$

式(1-45)有(2^L-1)项，当 L 足够大时，存在“组合爆炸”问题。例如，最小割集数 $L=40$，则计算 $P(T)$ 的公式就有 $2^L-1\approx1.1\times10^{12}$ 项。

② 不交化计算公式。利用不交化计算公式计算顶事件可靠性数据为

$$\begin{aligned}P(T)&=P[\Phi(x)]=P(C_1+C_2+\cdots+C_L)\\&=P(C_1)+P(\overline{C}_1C_2)+P(\overline{C}_1\overline{C}_2C_3)+\cdots+P(\overline{C}_1\overline{C}_2\cdots\overline{C}_{L-1}C_L)\end{aligned} \tag{1-46}$$

式(1-46)仅有 L 项，降低了计算复杂度。本质上，割集不交化是利用布尔代数的等幂律、互补律对所有割集进行吸收运算。不交化操作的完整过程可参考相关文献。

假设图 1-21 所示 Bell 故障树的基本事件 x_1、x_2 和 x_3 的故障状态为二态即(0，1)，其中，0 表示正常状态，1 表示失效状态。基本事件 x_1、x_2 和 x_3 故障状态为 1 时

的故障概率分别为 0.010、0.002、0.005。

前面已求得 Bell 故障树的最小割集 $C_1=\{x_1,x_2\}$，$C_2=\{x_1,x_3\}$，结构函数$\Phi(x)=C_1\cup C_2$。由式(1-45)可得 y_2即顶事件 T 故障概率为

$$P(y_2)=P[\Phi(x)]=P(C_1)+P(C_2)-P(C_1C_2)=P(x_1)P(x_2)+P(x_1)P(x_3)$$
$$-P(x_1)P(x_2)P(x_3)=6.99\times10^{-5}$$

2. T-S 故障树分析方法

1) 定性分析

将基本事件 x_1、x_2、x_3故障状态为 1 的可靠性数据 $P(x_1=1)$、$P(x_2=1)$、$P(x_3=1)$分别描述为函数 $P(x_1)$、$P(x_2)$、$P(x_3)$，由式(1-29)和式(1-31)求得 y_2即顶事件 T 的表达式为

$$P(y_2)=P(x_1)P(x_2)+P(x_1)P(x_3)-P(x_1)P(x_2)P(x_3)$$

由 y_2即顶事件 T 的表达式，求出 T-S 故障树的最小割集为 $C_1=\{x_1,x_2\}$，$C_2=\{x_1,x_3\}$，从而实现 T-S 故障树的定性分析，也实现了利用 T-S 故障树算法对 Bell 故障树的定性分析。

2) 定量分析

由表 1-6 最后 1 列可知，y_1故障状态为 1 的故障概率 $P(y_1=1)$只与规则 2~4 有关，规则 2~4 中 y_1故障状态为 1 的发生可能性都为 1，即

$$P_{(2)}(y_1=1)=1,P_{(3)}(y_1=1)=1,P_{(4)}(y_1=1)=1$$

由表 1-6 输入规则即第 2、3 列和式(1-29)，求得规则 2~4 的执行可能性分别为

$$P^*_{(2)}=P(x_2=0)P(x_3=1)=(1-0.002)\times0.005=4.99\times10^{-3}$$
$$P^*_{(3)}=P(x_2=1)P(x_3=0)=0.002\times(1-0.005)=1.99\times10^{-3}$$
$$P^*_{(4)}=P(x_2=1)P(x_3=1)=0.002\times0.005=1.00\times10^{-5}$$

由式(1-31)求得 y_1故障状态为 1 的故障概率为

$$P(y_1=1)=\sum_{l=1}^{9}P^*_{(l)}P_{(l)}(y_1=1)=P^*_{(2)}P_{(2)}(y_1=1)+P^*_{(3)}P_{(3)}(y_1=1)$$
$$+P^*_{(4)}P_{(4)}(y_1=1)=P^*_{(2)}+P^*_{(3)}+P^*_{(4)}=6.99\times10^{-3}$$

由表 1-5 最后 1 列可知，y_2即顶事件 T 故障状态为 1 的故障概率 $P(y_2=1)$只与规则 4 有关，规则 4 中 y_2故障状态为 1 的发生可能性为 1，即

$$P_{(4)}(y_2=1)=1$$

由表 1-5 输入规则即第 2、3 列和式(1-29)，求得规则 4 的执行可能性为

$$P^*_{(4)}=P(x_1=1)P(y_1=1)=0.010\times6.99\times10^{-3}=6.99\times10^{-5}$$

由式(1-31)求得 y_2即顶事件 T 故障状态为 1 的故障概率为

$$P(y_2=1)=\sum_{l=1}^{4}P_{(l)}^{*}P_{(l)}(y_2=1)=P_{(4)}^{*}P_{(4)}(y_2=1)=P_{(4)}^{*}=6.99\times10^{-5}$$

T-S 故障树与二态故障树的计算结果相同。

1.3.2　与模糊故障树对比

模糊故障树产生于 20 世纪 80 年代，将模糊集合论和可能性理论引入 Bell 故障树中，故障概率（事件发生概率）描述为模糊数和模糊可能性，研究内容涉及事件模糊描述与运算，以及模糊重要度等问题[172-182]。

在 Bell 故障树中，必须确切地给出各基本事件的故障概率值，在模糊故障树中就采用故障的可能性作为边界条件，即用定义在模糊概率空间上的一个模糊子集来代替故障概率，这种基本事件故障的可能性称作模糊概率。用模糊子集表示故障可能性，本身就包含了特殊情况下的故障概率。

采用三角形隶属函数表示的基本事件 x_i 的模糊可能性等的模糊子集为

$$\widetilde{P}(x_i=S_i^{(a_i)})=\{F_0-m_L,F_0,F_0+m_R\} \tag{1-47}$$

可用图 1-22 表示，并由式（1-48）的隶属函数来定义。

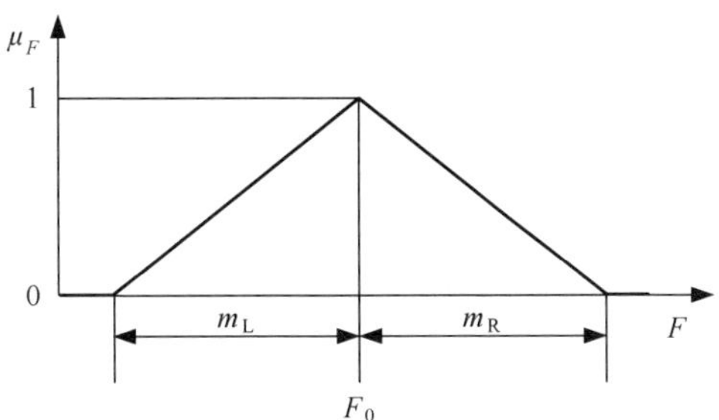

图 1-22　$\widetilde{P}(x_i=S_i^{(a_i)})$ 的隶属函数

$$\mu_F=\begin{cases}1-\dfrac{F_0-F}{m_L}, & F_0-m_L<F\leqslant F_0\\[2mm] 1-\dfrac{F-F_0}{m_R}, & F_0<F\leqslant F_0+m_R\\[2mm] 0, & \text{其他}\end{cases} \tag{1-48}$$

将基本事件 x_i 的故障概率、模糊可能性等作为模糊子集 $\widetilde{P}(x_i=S_i^{(a_i)})$ 的中心值 F_0，再确定模糊子集的定义区间端点值 F_0-m_L，F_0+m_R。

假设图 1-21 所示故障树的基本事件 x_1、x_2 和 x_3 的故障状态为二态即（0, 1），其中，0 表示正常状态，1 表示失效状态。基本事件 x_1、x_2、x_3 故障状态为 1 的模糊可能性子集分别为{0.09, 0.010, 0.011}，{0.001, 0.002, 0.003}，{0.004, 0.005,

0.006}。

用模糊故障树分析方法,求得 y_1 和 y_2 的模糊可能性子集分别为

$$P(y_1)=P(x_2)+P(x_3)-P(x_2)P(x_3)=\{4.996\times10^{-3},6.990\times10^{-3},8.982\times10^{-3}\}$$

$$P(y_2)=P(y_1)P(x_1)=\{4.4964\times10^{-4},6.990\times10^{-5},9.8802\times10^{-5}\}$$

用 T-S 故障树分析方法,由表 1-6 最后 1 列可知,y_1 故障状态为 1 的模糊可能性子集 $P(y_1=1)$ 只与规则 2~4 有关,规则 2~4 中 y_1 故障状态为 1 的发生可能性都为 1,即

$$P_{(2)}(y_1=1)=1,P_{(3)}(y_1=1)=1,P_{(4)}(y_1=1)=1$$

由表 1-6 输入规则即第 2、3 列和式(1-29)求得规则 2~4 的执行可能性分别为

$$P_{(2)}^*=P(x_2=0)P(x_3=1)=\{3.996\times10^{-3},4.99\times10^{-3},5.982\times10^{-3}\}$$

$$P_{(3)}^*=P(x_2=1)P(x_3=0)=\{9.96\times10^{-4},1.99\times10^{-3},2.982\times10^{-3}\}$$

$$P_{(4)}^*=P(x_2=1)P(x_3=1)=\{4\times10^{-6},1\times10^{-5},1.8\times10^{-5}\}$$

由式(1-31)求得 y_1 故障状态为 1 模糊可能性子集为

$$\begin{aligned}P(y_1=1)&=\sum_{l=1}^{9}P_{(l)}^*P_{(l)}(y_1=1)\\&=P_{(2)}^*P_{(2)}(y_1=1)+P_{(3)}^*P_{(3)}(y_1=1)+P_{(4)}^*P_{(4)}(y_1=1)\\&=P_{(2)}^*+P_{(3)}^*+P_{(4)}^*\\&=\{4.996\times10^{-3},6.99\times10^{-3},8.982\times10^{-3}\}\end{aligned}$$

由表 1-5 最后 1 列可知,y_2 即顶事件 T 故障状态为 1 的模糊可能性子集 $P(y_2=1)$ 只与规则 4 有关,规则 4 中 y_2 故障状态为 1 的发生可能性为 1,即

$$P_{(4)}(y_2=1)=1$$

由表 1-5 输入规则即第 2、3 列和式(1-29),求得规则 4 的执行可能性为

$$P_{(4)}^*=P(x_1=1)P(y_1=1)=\{4.4964\times10^{-4},6.99\times10^{-5},9.8802\times10^{-5}\}$$

由式(1-31)求得 y_2 即顶事件 T 故障状态为 1 的模糊可能性子集为

$$\begin{aligned}P(y_2=1)&=\sum_{l=1}^{4}P_{(l)}^*P_{(l)}(y_2=1)=P_{(4)}^*P_{(4)}(y_2=1)=P_{(4)}^*\\&=\{4.4964\times10^{-4},6.99\times10^{-5},9.8802\times10^{-5}\}\end{aligned}$$

T-S 故障树与模糊故障树的计算结果相同。

1.3.3 与多态故障树对比

系统 y 的故障状态为 $S_y^{(b_y)}(b_y=1,2,\cdots,k_y)$ 即 $S_y^{(1)}$, $S_y^{(2)}$, $\cdots$, $S_y^{(k_y)}$,且满足 $0\leqslant S_y^{(1)}<S_y^{(2)}<\cdots<S_y^{(k_y)}\leqslant1$,则有

$$P(y=S_y^{(b_y)})=P(y\geqslant S_y^{(b_y)})-P(y\geqslant S_y^{(b_y-1)})$$

假设图 1-21 所示故障树的基本事件 x_1、x_2 和 x_3 的故障状态为三态即(0, 0.5, 1)，其中，0、0.5、1 分别表示正常状态、半故障状态、失效状态。基本事件 x_1、x_2 和 x_3 故障状态为 0.5 时的故障概率分别为 0.010、0.002、0.005，故障状态为 1 时的故障概率分别为 0.010、0.002、0.005。

用多态故障树分析方法，只需由式(1-24)和式(1-25)直接计算导致系统 y 为 $S_y^{(b_y)}$ 的概率即可。因此，系统故障概率的计算如下：

$$P(y_1=0.5)=P(x_2=0)P(x_3=0.5)+P(x_2=0.5)[P(x_3=0)+P(x_3=0.5)]=6.97\times10^{-3}$$

$$P(y_1=1)=P(x_2=0)P(x_3=1)+P(x_2=0.5)P(x_3=1)+P(x_2=1)=6.99\times10^{-3}$$

$$P(y_2=0.5)=P(x_1=0.5)[P(y_1=0.5)+P(y_1=1)]+P(x_1=1)P(y_1=0.5)=2.09\times10^{-4}$$

$$P(y_2=1)=P(x_1=1)P(y_1=1)=6.99\times10^{-5}$$

若图 1-21 中的 G_1 门为表 1-14 所示的三态或门，且 T-S 故障树的基本事件 x_2、x_3 和中间事件 y_1 分别对应表 1-14 中的 x_1、x_2 和 y；G_2 门为表 1-13 所示的三态与门，且 T-S 故障树的基本事件 x_1、y_1 和 y_2 即顶事件 T 分别对应表 1-13 中的 x_1、x_2 和 y。

用 T-S 故障树分析方法，由表 1-14 倒数第 2 列可知，y_1 故障状态为 0.5 的故障概率 $P(y_1=0.5)$ 只与规则 2、4、5 有关，规则 2、4、5 中 y_1 故障状态为 0.5 的发生可能性都为 1，即

$$P_{(2)}(y_1=0.5)=1,P_{(4)}(y_1=0.5)=1,P_{(5)}(y_1=0.5)=1$$

由表 1-14 输入规则即第 2、3 列和式(1-29)，求得规则 2、4、5 的执行可能性分别为

$$P_{(2)}^*=P(x_2=0)P(x_3=0.5)=(1-2\times0.002)\times0.005=4.98\times10^{-3}$$

$$P_{(4)}^*=P(x_2=0.5)P(x_3=0)=0.002\times(1-2\times0.005)=1.98\times10^{-3}$$

$$P_{(5)}^*=P(x_2=0.5)P(x_3=0.5)=0.002\times0.005=1.00\times10^{-5}$$

由式(1-31)求得 y_1 故障状态为 0.5 的故障概率为

$$\begin{aligned}P(y_1=0.5)&=\sum_{l=1}^{9}P_{(l)}^*P_{(l)}(y_1=0.5)\\&=P_{(2)}^*P_{(2)}(y_1=0.5)+P_{(4)}^*P_{(4)}(y_1=0.5)+P_{(5)}^*P_{(5)}(y_1=0.5)\\&=P_{(2)}^*+P_{(4)}^*+P_{(5)}^*=6.97\times10^{-3}\end{aligned}$$

由表 1-14 最后 1 列可知，y_1 故障状态为 1 的故障概率 $P(y_1=1)$ 只与规则 3、6、7、8、9 有关，规则 3、6、7、8、9 中 y_1 故障状态为 1 的发生可能性都为 1，即

$$P_{(3)}(y_1=1)=1,P_{(6)}(y_1=1)=1,P_{(7)}(y_1=1)=1,P_{(8)}(y_1=1)=1,P_{(9)}(y_1=1)=1$$

由表 1-14 输入规则即第 2、3 列和式(1-29)，求得规则 3、6、7、8、9 的执行可能性分别为

$$P_{(3)}^*=P(x_2=0)P(x_3=1)=(1-2\times0.002)\times0.005=4.98\times10^{-3}$$

$$P_{(6)}^*=P(x_2=0.5)P(x_3=1)=0.002\times0.005=1.00\times10^{-5}$$

$$P^*_{(7)}=P(x_2=1)P(x_3=0)=0.002\times(1-2\times0.005)=1.98\times10^{-3}$$
$$P^*_{(8)}=P(x_2=1)P(x_3=0.5)=0.002\times0.005=1.00\times10^{-5}$$
$$P^*_{(9)}=P(x_2=1)P(x_3=1)=0.002\times0.005=1.00\times10^{-5}$$

由式(1-31)求得 y_1故障状态为 1 的故障概率为

$$\begin{aligned}P(y_1=1)&=\sum_{l=1}^{9}P^*_{(l)}P_{(l)}(y_1=1)\\&=P^*_{(3)}P_{(3)}(y_1=1)+P^*_{(6)}P_{(6)}(y_1=1)+P^*_{(7)}P_{(7)}(y_1=1)\\&\quad+P^*_{(8)}P_{(8)}(y_1=1)+P^*_{(9)}P_{(9)}(y_1=1)\\&=P^*_{(3)}+P^*_{(6)}+P^*_{(7)}+P^*_{(8)}+P^*_{(9)}=6.99\times10^{-3}\end{aligned}$$

由表 1-13 倒数第 2 列可知，y_2即顶事件 T 故障状态为 0.5 的故障概率 $P(y_2=0.5)$只与规则 5、6、8 有关，规则 5、6、8 中 y_2故障状态为 0.5 的发生可能性为 1，即

$$P_{(5)}(y_2=0.5)=1,P_{(6)}(y_2=0.5)=1,P_{(8)}(y_2=0.5)=1$$

由表 1-13 输入规则即第 1、2 列和式(1-29)求得规则执行可能性分别为

$$P^*_{(5)}=P(x_1=0.5)P(y_1=0.5)=0.010\times6.97\times10^{-3}=6.97\times10^{-5}$$
$$P^*_{(6)}=P(x_1=0.5)P(y_1=1)=0.010\times6.99\times10^{-3}=6.99\times10^{-5}$$
$$P^*_{(8)}=P(x_1=1)P(y_1=0.5)=0.010\times6.97\times10^{-3}=6.97\times10^{-5}$$

由式(1-31)求得 y_2即顶事件 T 故障状态为 0.5 的故障概率为

$$\begin{aligned}P(y_2=0.5)&=\sum_{l=1}^{9}P^*_{(l)}P_{(l)}(y_2=0.5)\\&=P^*_{(5)}P_{(5)}(y_2=0.5)+P^*_{(6)}P_{(6)}(y_2=0.5)+P^*_{(8)}P_{(8)}(y_2=0.5)\\&=P^*_{(5)}+P^*_{(6)}+P^*_{(8)}=2.09\times10^{-4}\end{aligned}$$

由表 1-13 最后 1 列可知，y_2即顶事件 T 故障状态为 1 的故障概率 $P(y_2=1)$只与规则 9 有关，规则 9 中 y_2故障状态为 1 的发生可能性为 1，即

$$P_{(9)}(y_2=1)=1$$

由表 1-13 输入规则即第 1、2 列和式(1-29)求得规则执行可能性为

$$P^*_{(9)}=P(x_1=1)P(y_1=1)=0.010\times6.99\times10^{-3}=6.99\times10^{-5}$$

由式(1-31)求得 y_2即顶事件 T 故障状态为 1 的故障概率为

$$P(y_2=1)=\sum_{l=1}^{9}P^*_{(l)}P_{(l)}(y_2=1)=P^*_{(9)}P_{(9)}(y_2=1)=6.99\times10^{-5}$$

T-S 故障树与多态故障树的计算结果相同。

1.3.4 与含有重复基本事件的 Bell 故障树对比

含有重复基本事件的 Bell 故障树如图 1-23 所示，假设基本事件 $x_1\sim x_5$的故障状态为二态，故障状态为 1 时的故障概率分别为 0.010、0.002、0.005、

0.004、0.006。

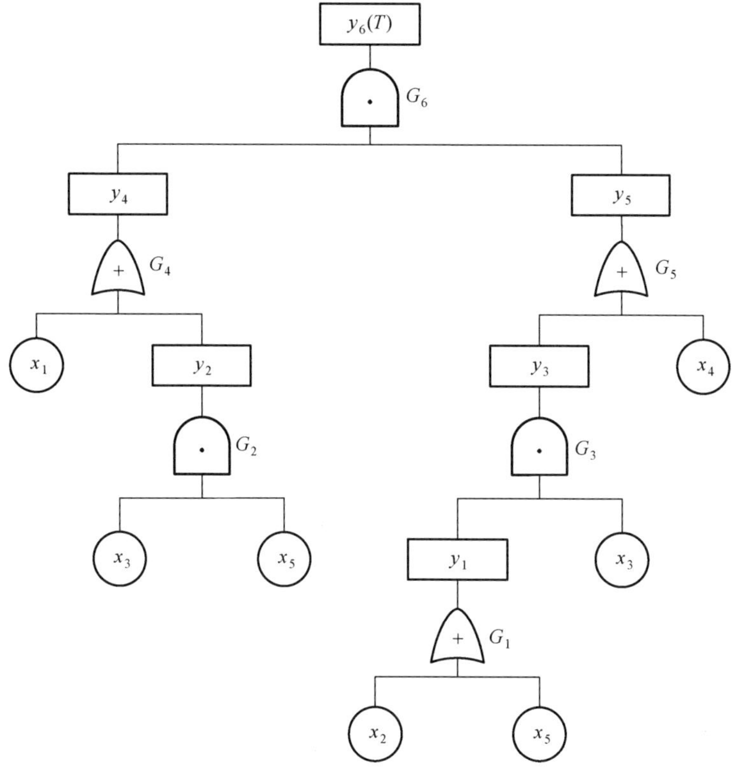

图 1-23　Bell 故障树

用 Bell 故障树分析方法，通过定性分析求得 Bell 故障树最小割集为 $C_1=\{x_1,x_4\}$，$C_2=\{x_3,x_5\}$，$C_3=\{x_1,x_2,x_3\}$；由式(1-41)，求得 Bell 故障树的结构函数为 $\Phi(x)=C_1\cup C_2\cup C_3$。

由式(1-45)，求得 y_6 即顶事件 T 的故障概率为

$$\begin{aligned}P(y_6)&=P(C_1)+P(C_2)+P(C_3)-P(C_1C_2)-P(C_1C_3)-P(C_2C_3)+P(C_1C_2C_3)\\&=P(x_1)P(x_4)+P(x_3)P(x_5)+P(x_1)P(x_2)P(x_3)\\&\quad-P(x_1)P(x_3)P(x_4)P(x_5)-P(x_1)P(x_2)P(x_3)P(x_4)\\&\quad-P(x_1)P(x_2)P(x_3)P(x_5)+P(x_1)P(x_2)P(x_3)P(x_4)P(x_5)\\&=7.010\times10^{-5}\end{aligned}$$

用 T-S 故障树分析方法，将图 1-23 转化为如图 1-24 所示的 T-S 故障树，$G_1\sim G_6$ 为 T-S 门，G_1、G_4、G_5 门的描述规则见表 1-6，G_2、G_3、G_6 门的描述规则见表 1-5。

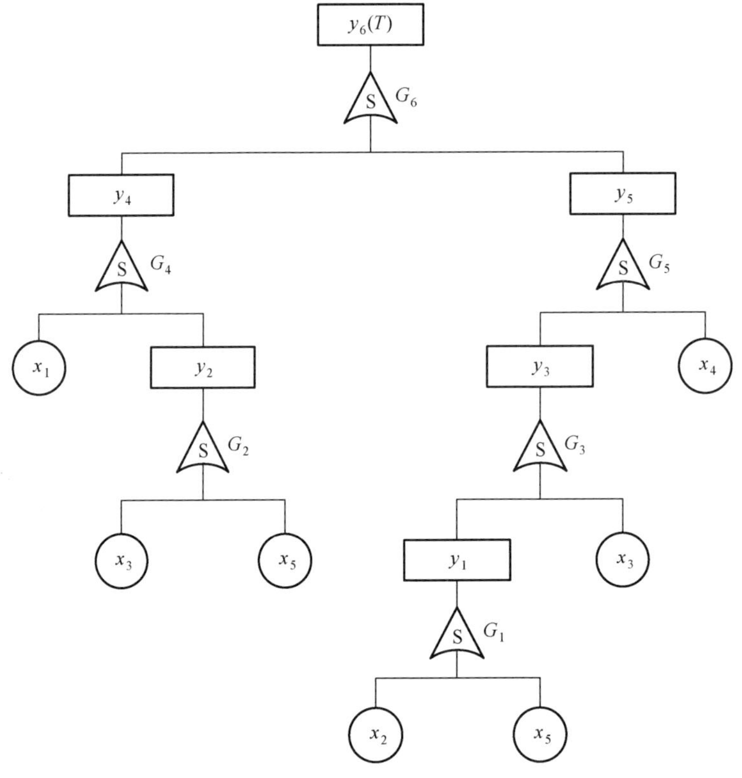

图 1-24　T-S 故障树

将基本事件 $x_1 \sim x_5$ 的可靠性数据 $P(x_1=1) \sim P(x_5=1)$ 分别描述为函数 $P(x_1) \sim P(x_5)$。由 T-S 故障树算法的式(1-29)和式(1-31),求得 y_6 即顶事件 T 的表达式为

$$
\begin{aligned}
P(y_6)= & P(x_1)P(x_4)+P(x_3)P(x_5)+P(x_1)P(x_2)P(x_3)-P(x_1)P(x_3)P(x_4)P(x_5) \\
& -P(x_1)P(x_2)P(x_3)P(x_4)-P(x_1)P(x_2)P(x_3)P(x_5) \\
& +P(x_1)P(x_2)P(x_3)P(x_4)P(x_5)
\end{aligned}
$$

进而,求出最小割集 $C_1=\{x_1,x_4\}$, $C_2=\{x_3,x_5\}$, $C_3=\{x_1,x_2,x_3\}$。

由式(1-29)和式(1-31),代入可靠性数据数值,求得 $y_1 \sim y_5$ 故障状态为 1 的故障概率分别为

$$
P(y_1=1)=7.988\times10^{-3}, P(y_2=1)=3.000\times10^{-5}, P(y_3=1)=3.994\times10^{-5},
$$
$$
P(y_4=1)=1.003\times10^{-2}, P(y_5=1)=4.040\times10^{-3}
$$

由式(1-29)和式(1-31),求得 y_6 即顶事件 T 故障状态为 1 的故障概率为

$$
P(y_6=1)=7.010\times10^{-5}
$$

通过与二态、模糊和多态故障树对比,可以发现,T-S 故障树既能定性分析也

能定量分析，分析结果与 Bell 故障树相同，T-S 故障树可行。用 T-S 故障树能够解算 Bell 故障树。

二态故障树（1961 年，Watson 和 Hassl）是基于布尔代数和概率论的 Bell 故障树，有三个显著特征：①基于概率测度，认为故障率能够准确获得；②基于二态假设，认为系统及单元具有二态性；③有限且确定的事件关系，系统及单元的故障关系明确如与门、或门等。上述三点在实际应用中往往不能满足，概率测度不适用，系统及单元常呈现出多种故障状态，系统的机理有时并不清楚，单元间的故障关系具有不确定性。可知，二态故障树是理想状态下简单的故障事理分析模型，是一种简单范型。

模糊故障树（1981—1983 年，Noma 和 Tanaka 等）和多态故障树（1983 年，Huang）都产生于 20 世纪 80 年代。模糊故障树是在二态故障树的基础上，用模糊测度来代替概率测度，但模糊测度也需要大样本数据信息。基于多态系统理论（20 世纪 70 年代）把二态故障树延伸到多态（三种以上互不相容的故障状态），就形成了多态故障树。可见，模糊故障树和多态故障树是基于与、或等门且确定性事件关系条件下的故障事理分析模型，是一种较简单的范型。

Bell 故障树是一种简单范型，T-S 故障树则是更一般、更通用的范型。

1.4　T-S 故障树重要度

重要度即重要性测度或重要性度量（importance measure），是可靠性工程中非常重要的概念，也是可靠性领域的重要研究方向[183-218]。从宏观角度看，重要度用于定量分析单元对系统性能的影响。早期的重要度是对一个概率系统的灵敏度分析。系统的复杂性使得对重要度的研究趋于多元化，各种类型的重要度相继涌现。重要度广泛应用于许多领域，以评估各种对象（如系统中各单元）的相对重要性，例如，重要度将会提供最有效的方法来识别系统失效中的瓶颈问题，为相关技术人员提供确定维修方案的理念和指导方针；在重要度的帮助下，元件分配问题能通过将某些元件配置到系统最佳位置而最大化系统可靠性；在铁路行业中，为有效减少延迟，重要度被用来区分铁路段的优先次序。重要度的绝对值通常没有它们的相对等级重要。

故障树定量分析包括顶事件求解和重要度计算。重要度用来表示基本事件发生时对顶事件的“贡献”，是时间、基本事件可靠性参数以及系统结构的函数。基本事件的重要度越大，表示该基本事件所处的环节越薄弱。重要度不仅能够用于系统的可靠性分析，发现系统的薄弱环节，还可用于系统的改进设计、可靠性优化、可靠性分配和指导系统运行、维修与诊断。

1.4.1 T-S 故障树重要度

借鉴 Bell 故障树的结构重要度、概率重要度、关键重要度、模糊重要度等重要度的思想，结合 T-S 门及其描述规则提出了 T-S 故障树的结构重要度、概率重要度、关键重要度、模糊重要度、状态重要度、风险业绩值、风险降低值、F-V 重要度、微分重要度、改善函数、综合重要度 11 种重要度算法，进一步发展了 T-S 故障树分析方法[219-220]。T-S 故障树重要度物理意义直观明确，从不同角度反映基本事件对顶事件的贡献，为不同条件下的可靠性工程应用提供依据。

1. T-S 故障树结构重要度

结构重要度(structural importance measure)描述了单元在系统中所处位置的重要程度，从系统的拓扑结构来分析各基本事件在整个系统中的作用。一棵故障树往往包含多个基本事件，各个基本事件在故障树中的重要性必然因为它们所代表的单元在系统中的位置(或作用)的不同而不同，这种重要度即为结构重要度。其物理意义是指不考虑基本事件自身的发生概率，仅从结构上分析各个基本事件对顶事件发生所产生的影响程度。基本事件的结构重要度与其自身的故障概率大小没有关系，只考虑基本事件在故障树中的位置。基于结构重要度的物理含义，提出 T-S 故障树结构重要度算法。

根据 T-S 门的输入、输出规则表来计算基本事件的 T-S 故障树结构重要度，T-S 故障树结构重要度反映出基本事件在 T-S 故障树逻辑结构中位置的重要程度。令 $S_i^{(a_i)}(a_i=1,\ 2,\ \cdots,k_i)$ 表示基本事件 x_i 的故障状态，则基本事件 x_i 故障状态为 $S_i^{(a_i)}$ 对顶事件 T 故障状态为 $T_q(q=1,\ 2,\cdots,k_q)$ 的 T-S 故障树结构重要度为

$$I_{\mathrm{St}}^{(T_q)}(x_i=S_i^{(a_i)})=\frac{1}{\prod_{i=1}^{n-1}k_i}\left[r_i(T_q,P(S_i^{(a_i)}=1))-r_i(T_q,P(S_i^{(a_i)}=0))\right] \tag{1-49}$$

式中：n 为基本事件个数；k_i 为基本事件 x_i 所有故障状态的个数，若故障状态为 0、0.5、1，则 $k_i=3$；$r_i(T_q,P(S_i^{(a_i)}=1))$ 为基本事件 x_i 故障状态为 $S_i^{(a_i)}$ 时，顶事件 T 为 T_q 对应规则表中规则的个数；$r_i(T_q,P(S_i^{(a_i)}=0))$ 为基本事件 x_i 故障状态为 0 时，顶事件 T 为 T_q 对应规则表中规则的个数。

2. T-S 故障树概率重要度

概率重要度(probability importance measure)描述了单元可靠性变化对系统可靠性变化的影响。从可靠性的角度来看，单元在系统中的重要性不仅依赖于其结构，还依赖于单元本身的可靠度。概率重要度是指基本事件故障状态取 1 值时顶事件概率值与基本事件故障状态取 0 值时顶事件概率值之差，表示基本事件 x_i 的变化使顶事件概率发生变化的变化率。Birnbaum 首次提出重要度的概念，并给出了结构重要度和概率重要度[221-223]。

T-S 故障树概率重要度是指基本事件 x_i 故障状态 $S_i^{(a_i)}$ 的可靠性数据(如故障概率、模糊可能性等)$P(x_i=S_i^{(a_i)})$ 为 1 时引起顶事件 T 为 T_q 的概率与 $P(x_i=S_i^{(a_i)})$ 为 0 时引起顶事件 T 为 T_q 的概率的差值。

基本事件 x_i 故障状态为 $S_i^{(a_i)}$ 对顶事件 T 故障状态为 T_q 的 T-S 故障树概率重要度为

$$I_{\mathrm{Pr}}^{(T_q)}(x_i=S_i^{(a_i)})=P(T_q,P(x_i=S_i^{(a_i)})=1)-P(T_q,P(x_i=S_i^{(a_i)})=0) \tag{1-50}$$

式中:$P(T_q,P(x_i=S_i^{(a_i)})=1)$ 表示 $P(x_i=S_i^{(a_i)})$ 为 1 时引起顶事件 T 为 T_q 的概率;$P(T_q,P(x_i=S_i^{(a_i)})=0)$ 表示 $P(x_i=S_i^{(a_i)})$ 为 0 时引起顶事件 T 为 T_q 的概率。

基本事件 x_i 对顶事件 T 故障状态为 T_q 的 T-S 故障树概率重要度为

$$I_{\mathrm{Pr}}^{(T_q)}(x_i)=\frac{\sum_{a_i=2}^{k_i} I_{\mathrm{Pr}}^{(T_q)}(x_i=S_i^{(a_i)})}{k_i-1} \tag{1-51}$$

由式(1-51)看出,对于多态系统,具有 k_i 个故障状态的基本事件 x_i 的 T-S 故障树概率重要度是顶事件 T 处于故障状态 T_q 时,基本事件 x_i 除故障状态为 0 外的其他故障状态的 T-S 故障树概率重要度的均值。

3. T-S 故障树关键重要度

关键重要度(criticality importance measure)又称相对概率重要度,是单元故障概率的变化率引起系统故障概率的变化率。因为关键重要度把“改善一个较可靠的单元比改善一个尚不太可靠的单元难”这一性质考虑进去,因此关键重要度比概率重要度更合理。概率重要度没有考虑各单元原有故障概率的不同以及它们变化一个单位的难易程度的不同这两个因素。关键重要度不仅体现了单元在系统中的地位,而且还体现了单元本身的故障概率,所以更客观地体现单元对系统故障的影响。关键重要度是由 Lambert 在文献[224]中提出的[225-228]。

T-S 故障树关键重要度是指基本事件 x_i 故障状态为 $S_i^{(a_i)}$ 时的可靠性数据 $P(x_i=S_i^{(a_i)})$ 变化率与引起顶事件 T 为 T_q 发生概率变化的比值。

基本事件 x_i 故障状态为 $S_i^{(a_i)}$ 对顶事件 T 故障状态为 T_q 的 T-S 故障树关键重要度为

$$I_{\mathrm{Cr}}^{(T_q)}(x_i=S_i^{(a_i)})=\frac{P(x_i=S_i^{(a_i)})}{P(T=T_q)}I_{\mathrm{Pr}}^{(T_q)}(x_i=S_i^{(a_i)}) \tag{1-52}$$

式中:$P(T=T_q)$ 表示顶事件 T 为 T_q 的可靠性数据。

基本事件 x_i 对顶事件 T 故障状态为 T_q 的 T-S 故障树关键重要度为

$$I_{\mathrm{Cr}}^{(T_q)}(x_i)=\frac{\sum_{a_i=2}^{k_i} I_{\mathrm{Cr}}^{(T_q)}(x_i=S_i^{(a_i)})}{k_i-1} \tag{1-53}$$

由式(1-53)看出,对于多态系统,具有 k_i 个故障状态的基本事件 x_i 的 T-S 故障树关键重要度是顶事件 T 处于故障状态 T_q 时,基本事件 x_i 除故障状态为 0 外的其他故障状态的 T-S 故障树关键重要度的均值。

4. T-S 故障树模糊重要度

模糊重要度(fuzzy importance measure)是基本事件故障状态为 1 时顶事件模糊概率和基本事件故障状态为 0 时顶事件模糊概率之差的数学期望值。由于基本事件发生导致顶事件模糊概率上升,因此模糊重要度反映基本事件对整个故障树可靠性的影响程度[229-233]。

用模糊子集描述基本事件 x_i 故障状态为 $S_i^{(a_i)}$ 的可靠性数据为 $\widetilde{P}(x_i=S_i^{(a_i)})$,顶事件 T 为 T_q 的模糊子集为 $\widetilde{P}(T=T_q)$。

基本事件 x_i 故障状态为 $S_i^{(a_i)}$ 的模糊子集为 $\widetilde{P}(x_i=S_i^{(a_i)})$ 对顶事件 T 故障状态为 T_q 的 T-S 故障树模糊重要度为

$$I_{\mathrm{Fu}}^{(T_q)}(x_i=S_i^{(a_i)})=E[P(T_q,\widetilde{P}(x_i=S_i^{(a_i)})=1)-P(T_q,\widetilde{P}(x_i=S_i^{(a_i)})=0)] \tag{1-54}$$

式中:$P(T_q,\widetilde{P}(x_i=S_i^{(a_i)})=1)$ 表示基本事件 x_i 为 $S_i^{(a_i)}$ 的模糊子集 $\widetilde{P}(x_i=S_i^{(a_i)})$ 为 1 时引起顶事件 T 为 T_q 的概率的模糊子集;$P(T_q,\widetilde{P}(x_i=S_i^{(a_i)})=0)$ 表示基本事件 x_i 为 $S_i^{(a_i)}$ 的模糊子集 $\widetilde{P}(x_i=S_i^{(a_i)})$ 为 0 时引起顶事件 T 为 T_q 的概率的模糊子集。

基本事件 x_i 对顶事件 T 故障状态为 T_q 的 T-S 故障树模糊重要度为

$$I_{\mathrm{Fu}}^{(T_q)}(x_i)=\frac{\sum\limits_{a_i=2}^{k_i} I_{\mathrm{Fu}}^{(T_q)}(x_i=S_i^{(a_i)})}{k_i-1} \tag{1-55}$$

由式(1-55)看出,对于多态系统,具有 k_i 个故障状态的基本事件 x_i 的 T-S 故障树模糊重要度是顶事件 T 处于故障状态 T_q 时,基本事件 x_i 除故障状态为 0 外的其他故障状态的 T-S 故障树模糊重要度的均值。

5. T-S 故障树状态重要度

状态重要度(state imporance measure)描述基本事件各故障状态的变化对顶事件各故障状态变化的影响程度。结构重要度仅取决于基本事件状态对应的 T-S 门描述规则,而与基本事件的可靠性数据无关;状态重要度在未知基本事件故障状态的可靠性数据,仅仅已知基本事件故障状态的情况下,可作为一种评价基本事件故障状态对顶事件故障状态影响的简单、有效的方法。

基本事件 x_i 故障状态为 $\hat{x}_i$ 对顶事件 T 故障状态为 T_q 的 T-S 故障树状态重要度为

$$I_{\mathrm{Sta}}^{(T_q)}(\hat{x}_i)=\max\{[P(T_q,x_i=\hat{x}_i)-P(T_q,x_i=0),0]\} \tag{1-56}$$

式中:$P(T_q,x_i=\hat{x}_i)$ 表示基本事件 x_i 当前故障状态值为 $\hat{x}_i$ 时对顶事件 T 为 T_q 的可能

性；$P(T_q, x_i = 0)$ 表示基本事件 x_i 当前故障状态值为 0 时对顶事件 T 为 T_q 的可能性。

6. T-S 故障树风险业绩值

风险业绩值(risk achievement worth)是衡量基本事件对实现系统现有风险水平的“当量”，用于衡量单元的基本失效事件对维持现有可靠性水平的重要性。风险业绩值是指基本事件处于失效状态时顶事件的不可靠度与顶事件不可靠度的比值。它很适合用于评估与一个单元工作时短时故障的影响，但如果用于评估永久变化的情况，那么风险业绩值只能作为一种边界的方法，因为它只考虑单元完全不可用的情况。Vesely、Davis 在文献[234]中提出了风险业绩值和风险降低值[235-236]。

基本事件 x_i 故障状态为 $S_i^{(a_i)}$ 的可靠性数据 $P(x_i = S_i^{(a_i)})$ 对顶事件 T 故障状态为 T_q 的 T-S 故障树风险业绩值为

$$I_{\mathrm{RAW}}^{(T_q)}(x_i = S_i^{(a_i)}) = \frac{P(T_q, P(x_i = S_i^{(a_i)}) = 1)}{P(T = T_q)} \tag{1-57}$$

基本事件 x_i 对顶事件 T 故障状态为 T_q 的 T-S 故障树风险业绩值为

$$I_{\mathrm{RAW}}^{(T_q)}(x_i) = \frac{\sum_{a_i=2}^{k_i} I_{\mathrm{RAW}}^{(T_q)}(x_i = S_i^{(a_i)})}{k_i - 1} \tag{1-58}$$

由式(1-58)看出，对于多态系统，具有 k_i 个故障状态的基本事件 x_i 的 T-S 故障树风险业绩值是顶事件 T 处于故障状态 T_q 时，基本事件 x_i 除故障状态为 0 外的其他故障状态的 T-S 故障树风险业绩值的均值。

7. T-S 故障树风险降低值

风险降低值(risk reduction worth)是指顶事件的不可靠度与基本事件处于正常状态时顶事件不可靠度的比值，通过考虑当单元总是在理想条件下正常工作时风险增加的最大降低值，来评估由单元引起的对系统的潜在破坏。风险降低值与风险业绩值是相对的概念，风险降低值在最大程度地降低风险的识别和改进方面是十分有用的，可以找到使得顶事件风险降低最大的基本事件。

基本事件 x_i 故障状态为 $S_i^{(a_i)}$ 的可靠性数据 $P(x_i = S_i^{(a_i)})$ 对顶事件 T 故障状态为 T_q 的 T-S 故障树风险降低值为

$$I_{\mathrm{RRW}}^{(T_q)}(x_i = S_i^{(a_i)}) = \frac{P(T = T_q)}{P(T_q, P(x_i = S_i^{(a_i)}) = 0)} \tag{1-59}$$

基本事件 x_i 对顶事件 T 故障状态为 T_q 的 T-S 故障树风险降低值为

$$I_{\mathrm{RRW}}^{(T_q)}(x_i) = \frac{\sum_{a_i=2}^{k_i} I_{\mathrm{RRW}}^{(T_q)}(x_i = S_i^{(a_i)})}{k_i - 1} \tag{1-60}$$

由式(1-60)看出,对于多态系统,具有 k_i 个故障状态的基本事件 x_i 的 T-S 故障树风险降低值是顶事件 T 处于故障状态 T_q 时,基本事件 x_i 除故障状态为 0 外的其他故障状态的 T-S 故障树风险降低值的均值。

8. T-S 故障树 F-V 重要度

对于一个系统来说,当系统出现故障时,找出引起故障的单元,求出这个单元引起该故障的概率,对系统的故障诊断及维修分析很重要,F-V 重要度恰是描述这种影响程度的重要度。Fussell 和 Vesely 提出了 F-V 重要度[237-239]。

考虑到一个基本事件没到临界状态时就可能会导致顶事件失效,引入基本事件 x_i 的 F-V 重要度(Fussell-Vesely importance measure)。定义基本事件 $x_i(i=1,2,\cdots,n)$ 的 F-V 重要度为

$$I_i^{\mathrm{FV}}=\frac{P(D_i)}{P(T)} \tag{1-61}$$

式中:$P(T)$ 为顶事件的可靠性数据;D_i 为至少有一个最小割集包含基本事件 x_i,即

$$D_i=\bigcup_{h=1}^{m_j} M_{ih}=M_{i1}\cup M_{i2}\cup\cdots\cup M_{im_j}$$

式中:M_{ih} 为基本事件 x_i 的第 $h(h=1,2,\cdots,m_j)$ 个最小割集。

假设基本事件 $x_i(i=1,2,\cdots,n)$ 相互独立,$P(M_{ih})$ 可由式(1-43)求得。然而即使所有的基本事件都是独立的,但包含基本事件 x_i 最小割集 M_{ih} 仍然是相关的。假设 M_{ih} 是独立的,则

$$P(D_i)\cong 1-\prod_{h=1}^{m_j}[1-P(M_{ih})] \tag{1-62}$$

将式(1-62)代入式(1-61),则 F-V 重要度可以写成

$$I_i^{\mathrm{FV}}\cong\frac{1-\prod_{h=1}^{m_j}[1-P(M_{ih})]}{P(T)} \tag{1-63}$$

当采用小概率事件近似法,忽略两个或更多同时包含基本事件 x_i 的最小割集的情况时,式(1-63)可以写成

$$I_i^{\mathrm{FV}}\cong\frac{\sum_{h=1}^{m_j}P(M_{ih})}{P(T)} \tag{1-64}$$

由式(1-64)可以看出 I_i^{FV} 的分子可以理解为风险方程中包含基本事件 x_i 的项之和,即基本事件 x_i 的风险部分。那么,F-V 重要度还可以写成

$$I_i^{\mathrm{FV}}\cong\frac{P(T)-P_i^-(T)}{P(T)} \tag{1-65}$$

式中：$P_i^-(T)$ 为当基本事件 x_i 处于正常工作状态时系统的不可靠度。此时，I_i^{FV} 的分析实际上趋近于 $P(T)$ 中包含基本事件 x_i 的部分。

基于式（1-65），提出 T-S 故障树 F-V 重要度算法。基本事件 x_i 故障状态为 $S_i^{(a_i)}$ 的可靠性数据 $P(x_i=S_i^{(a_i)})$ 对顶事件 T 故障状态为 T_q 的 T-S 故障树 F-V 重要度为

$$I_{FV}^{(T_q)}(x_i=S_i^{(a_i)})=\frac{P(T=T_q)-P(T_q,P(x_i=S_i^{(a_i)})=0)}{P(T=T_q)}=1-\frac{P(T_q,P(x_i=S_i^{(a_i)})=0)}{P(T=T_q)} \tag{1-66}$$

基本事件 x_i 在顶事件 T 故障状态为 T_q 的 T-S 故障树 F-V 重要度为

$$I_{FV}^{(T_q)}(x_i)=\frac{\sum_{a_i=2}^{k_i} I_{FV}^{(T_q)}(x_i=S_i^{(a_i)})}{k_i-1} \tag{1-67}$$

由式（1-67）看出，对于多态系统，具有 k_i 个故障状态的基本事件 x_i 的 T-S 故障树 F-V 重要度是顶事件 T 处于故障状态 T_q 时，基本事件 x_i 除故障状态为 0 外的其他故障状态的 T-S 故障树 F-V 重要度的均值。

9. T-S 故障树微分重要度

微分重要度（differential importance measure）根据基本事件可靠性改变引起系统可靠性的改变来定义，是指基本事件可靠性变化引起系统可靠性变化与所有基本事件可靠性变化引起系统可靠性变化之和的比值。微分重要度反映了基本事件可靠性数据变化的重要性，是 Borgonovo、Apostolakis 在文献［240］中提出的，在核电站概率安全风险评价和航空事故分析中得到了应用。基于此，提出 T-S 故障树微分重要度算法。

基本事件 x_i 故障状态为 $S_i^{(a_i)}$ 的可靠性数据 $P(x_i=S_i^{(a_i)})$ 对顶事件 T 故障状态为 T_q 的 T-S 故障树微分重要度为

$$I_{DIM}^{(T_q)}(x_i=S_i^{(a_i)})=\frac{\dfrac{\partial P(T=T_q)}{\partial P(x_i=S_i^{(a_i)})}P(x_i=S_i^{(a_i)})}{\sum_{j=1}^{n}\dfrac{\partial P(T=T_q)}{\partial P(x_j=S_j^{(a_i)})}P(x_j=S_j^{(a_i)})} \tag{1-68}$$

基本事件 x_i 对顶事件 T 故障状态为 T_q 的 T-S 故障树微分重要度为

$$I_{DIM}^{(T_q)}(x_i)=\frac{\sum_{a_i=2}^{k_i} I_{DIM}^{(T_q)}(x_i=S_i^{(a_i)})}{k_i-1} \tag{1-69}$$

由式（1-69）看出，对于多态系统，具有 k_i 个故障状态的基本事件 x_i 的 T-S 故障树微分重要度是顶事件 T 处于故障状态 T_q 时，基本事件 x_i 除故障状态为 0 外的

其他故障状态的 T-S 故障树微分重要度的均值。

10. T-S 故障树改善函数

改善函数(upgrading function)反映单元故障率变化时系统可靠性的变化。通过对单元的改善函数进行排序来识别系统的薄弱环节。提高改善函数数值大的单元的可靠性,能够更有效地对系统可靠性进行改善[241]。

基本事件 x_i 对顶事件 T 故障状态为 T_q 的 T-S 故障树改善函数为

$$I_{\mathrm{UF}}^{(T_q)}(x_i)=\frac{\lambda_i}{P(T=T_q)}\frac{\partial P(T=T_q)}{\partial \lambda_i} \tag{1-70}$$

式中:λ_i 为基本事件 x_i 的故障率。

11. T-S 故障树综合重要度

综合重要度(integrated importance measure)是用来衡量单元对系统性能的贡献,即提升哪个单元的可靠性能够给系统性能带来最大的改进。综合重要度是指基于单元的可靠性和故障率,单元可靠性的变化导致的系统可靠性变化的数学期望[242-249]。

基本事件 x_i 故障状态为 $S_i^{(a_i)}$ 的可靠性数据 $P(x_i=S_i^{(a_i)})$ 对顶事件 T 故障状态为 T_q 的 T-S 故障树综合重要度为

$$I_{\mathrm{IM}}^{(T_q)}(x_i=S_i^{(a_i)})=\lambda_i(1-P(x_i=S_i^{(a_i)}))[P(T_q,P(x_i=S_i^{(a_i)})=1)-P(T_q,P(x_i=S_i^{(a_i)})=0)] \tag{1-71}$$

基本事件 x_i 对顶事件 T 故障状态为 T_q 的 T-S 故障树综合重要度为

$$I_{\mathrm{IM}}^{(T_q)}(x_i)=\frac{\sum_{a_i=2}^{k_i} I_{\mathrm{IM}}^{(T_q)}(x_i=S_i^{(a_i)})}{k_i-1} \tag{1-72}$$

由式(1-72)看出,对于多态系统,具有 k_i 个故障状态的基本事件 x_i 的 T-S 故障树综合重要度是顶事件 T 处于故障状态 T_q 时,基本事件 x_i 除故障状态为 0 外的其他故障状态的 T-S 故障树综合重要度的均值。

12. 其他重要度

(1) Barlow-Proschan 重要度,是指基本事件 x_i 在过去一段时间里发生故障对顶事件发生的贡献。

(2) 序贯贡献重要度,是考虑每次有两个基本事件 x_i 和 x_j 先后发生故障,而 x_i 和 x_j 必须至少在同一个最小割集中,用序贯贡献重要度表示基本事件 x_i 发生故障对顶事件发生的贡献。

(3) Fussell-Vesely 最小割集重要度,是指最小割集发生时对顶事件发生的贡献。

(4) Barlow-Proschan 最小割集重要度，是指第 i 个最小割集中除了一个基本事件 x_i 不发生之外其余基本事件都发生时，该割集对顶事件发生的贡献。

1.4.2 T-S 故障树重要度计算过程

以如图 1-19 所示的 T-S 故障树为例，假设基本事件 x_i 故障状态为 0.5 时的故障概率分别为 0.010、0.002、0.005，故障状态为 1 时的故障概率分别为 0.010、0.002、0.005，T-S 门描述规则见表 1-15 和表 1-16。

1. T-S 故障树结构重要度

由表 1-15 和表 1-16 可得到当基本事件 x_1 故障状态为 0.5 时顶事件 T 为 0.5 时对应的规则表中规则个数 $r_1(0.5,P(S_1^{(0.5)}=1))=7$；当基本事件 x_1 故障状态为 0 时顶事件 T 为 0.5 对应的规则表中规则的个数 $r_1(0.5,P(S_1^{(0.5)}=0))=3$。由式(1-49)求出基本事件 x_1 故障状态为 0.5 对顶事件 T 故障状态为 0.5 的 T-S 故障树结构重要度为

$$I_{\mathrm{St}}^{(0.5)}(x_1=0.5)=\frac{1}{9}[r_1(0.5,P(S_1^{(0.5)}=1))-r_1(0.5,P(S_1^{(0.5)}=0))]=\frac{1}{9}\times(7-3)=\frac{4}{9}$$

同理，可得各基本事件故障状态为 0.5 和 1 对顶事件 T 故障状态为 0.5 的 T-S 故障树结构重要度，见表 1-23。

表 1-23 基本事件故障状态为 0.5 和 1 对顶事件故障状态为 0.5 的 T-S 故障树结构重要度

基本事件故障状态	$I_{\mathrm{St}}^{(0.5)}(x_1=S_1^{(a_1)})$	基本事件故障状态	$I_{\mathrm{St}}^{(0.5)}(x_2=S_2^{(a_2)})$	基本事件故障状态	$I_{\mathrm{St}}^{(0.5)}(x_3=S_3^{(a_3)})$
$x_1=0.5$	4/9	$x_2=0.5$	2/9	$x_3=0.5$	2/9
$x_1=1$	1/3	$x_2=1$	4/9	$x_3=1$	4/9

同理，可得各基本事件故障状态为 0.5 和 1 对顶事件 T 故障状态为 1 的 T-S 故障树概率重要度，见表 1-24。

表 1-24 基本事件故障状态为 0.5 和 1 对顶事件故障状态为 1 的 T-S 故障树结构重要度

基本事件故障状态	$I_{\mathrm{St}}^{(1)}(x_1=S_1^{(a_1)})$	基本事件故障状态	$I_{\mathrm{St}}^{(1)}(x_2=S_2^{(a_2)})$	基本事件故障状态	$I_{\mathrm{St}}^{(1)}(x_3=S_3^{(a_3)})$
$x_1=0.5$	4/9	$x_2=0.5$	2/3	$x_3=0.5$	2/3
$x_1=1$	4/9	$x_2=1$	4/9	$x_3=1$	4/9

2. T-S 故障树概率重要度

将基本事件 x_1 故障状态为 0.5 的故障概率 $P(x_1=0.5)$ 用 1 替换，结合式(1-29)~式(1-32)求得 $P(x_1=0.5)$ 为 1 时引起顶事件 T 为 0.5 的概率 $P(0.5,P(x_1=0.5)=1)=0.495$；将基本事件 x_1 故障状态为 0.5 的故障概率 $P(x_1=0.5)$ 用 0 替换，结合式(1-29)~式(1-32)求得 $P(x_1=0.5)$ 为 0 时引起顶事件 T 为 0.5 的概率 $P(0.5,P(x_1=0.5)=0)=8.972\times10^{-4}$。由式(1-50)，求得基本事件 x_1 故障状态为 0.5 对顶事件 T 故障状态为 0.5 的 T-S 故障树概率重要度为

$$\begin{aligned}I_{\mathrm{Pr}}^{(0.5)}(x_1=0.5)&=P(0.5,P(x_1=0.5)=1)-P(0.5,P(x_1=0.5)=0)\\&=0.495-8.972\times10^{-4}=0.494\end{aligned}$$

同理，可得各基本事件故障状态为 0.5 和 1 对顶事件 T 故障状态为 0.5 的 T-S 故障树概率重要度，见表 1-25。

表 1-25　基本事件故障状态为 0.5 和 1 对顶事件故障状态为 0.5 的 T-S 故障树概率重要度

基本事件故障状态	$I_{\mathrm{Pr}}^{(0.5)}(x_1=S_1^{(a_1)})$	基本事件故障状态	$I_{\mathrm{Pr}}^{(0.5)}(x_2=S_2^{(a_2)})$	基本事件故障状态	$I_{\mathrm{Pr}}^{(0.5)}(x_3=S_3^{(a_3)})$
$x_1=0.5$	0.494	$x_2=0.5$	0.158	$x_3=0.5$	0.119
$x_1=1$	0	$x_2=1$	0	$x_3=1$	0

同理，可得各基本事件故障状态为 0.5 和 1 对顶事件 T 故障状态为 1 的 T-S 故障树概率重要度，见表 1-26。

表 1-26　基本事件故障状态为 0.5 和 1 对顶事件故障状态为 1 的 T-S 故障树概率重要度

基本事件故障状态	$I_{\mathrm{Pr}}^{(1)}(x_1=S_1^{(a_1)})$	基本事件故障状态	$I_{\mathrm{Pr}}^{(1)}(x_2=S_2^{(a_2)})$	基本事件故障状态	$I_{\mathrm{Pr}}^{(1)}(x_3=S_3^{(a_3)})$
$x_1=0.5$	0.308	$x_2=0.5$	0.569	$x_3=0.5$	0.626
$x_1=1$	1.000	$x_2=1$	1.000	$x_3=1$	1.000

由式(1-51)，综合基本事件 x_1 故障状态为 0.5 和 1 对顶事件 T 故障状态为 0.5 的 T-S 故障树概率重要度，得到基本事件 x_1 对顶事件 T 故障状态为 0.5 的 T-S 故障树概率重要度为

$$I_{\mathrm{Pr}}^{(0.5)}(x_1)=\frac{I_{\mathrm{Pr}}^{(0.5)}(x_1=0.5)+I_{\mathrm{Pr}}^{(0.5)}(x_1=1)}{2}=0.247$$

同理，可得各基本事件对顶事件 T 故障状态为 0.5 和 1 的 T-S 故障树概率重要度，见表 1-27。

表 1-27　基本事件的 T-S 故障树概率重要度

基本事件	$I_{Pr}^{(0.5)}(x_1)$	$I_{Pr}^{(1)}(x_1)$	基本事件	$I_{Pr}^{(0.5)}(x_2)$	$I_{Pr}^{(1)}(x_2)$	基本事件	$I_{Pr}^{(0.5)}(x_3)$	$I_{Pr}^{(1)}(x_3)$
x_1	0.247	0.654	x_2	0.079	0.785	x_3	0.059	0.813

3. T-S 故障树关键重要度

在 1.2.6 节第 1 项中已求得顶事件 T 故障状态为 0.5 的故障概率 $P(T=0.5)=5.84\times10^{-3}$，前面已求得基本事件 x_1 故障状态为 0.5 对顶事件 T 故障状态为 0.5 的 T-S 故障树概率重要度 $I_{Pr}^{(0.5)}(x_1=0.5)=0.494$，进而由式(1-52)，求得基本事件 x_1 故障状态为 0.5 对顶事件 T 故障状态为 0.5 的 T-S 故障树关键重要度为

$$I_{Cr}^{(0.5)}(x_1=0.5)=\frac{P(x_1=0.5)}{P(T=0.5)}I_{Pr}^{(0.5)}(x_1=S_1^{(0.5)})=\frac{0.010}{5.84\times10^{-3}}\times0.494=0.846$$

同理，可得各基本事件故障状态为 0.5 和 1 对顶事件 T 故障状态为 0.5 的 T-S 故障树关键重要度，见表 1-28。

表 1-28　基本事件故障状态为 0.5 和 1 对顶事件故障状态为 0.5 的 T-S 故障树关键重要度

基本事件故障状态	$I_{Cr}^{(0.5)}(x_1=S_1^{(a_1)})$	基本事件故障状态	$I_{Cr}^{(0.5)}(x_2=S_2^{(a_2)})$	基本事件故障状态	$I_{Cr}^{(0.5)}(x_3=S_3^{(a_3)})$
$x_1=0.5$	0.846	$x_2=0.5$	0.054	$x_3=0.5$	0.102
$x_1=1$	0	$x_2=1$	0	$x_3=1$	0

同理，可得各基本事件故障状态为 0.5 和 1 对顶事件 T 故障状态为 1 的 T-S 故障树关键重要度，见表 1-29。

表 1-29　基本事件故障状态为 0.5 和 1 对顶事件故障状态为 1 的 T-S 故障树关键重要度

基本事件故障状态	$I_{Cr}^{(1)}(x_1=S_1^{(a_1)})$	基本事件故障状态	$I_{Cr}^{(1)}(x_2=S_2^{(a_2)})$	基本事件故障状态	$I_{Cr}^{(1)}(x_3=S_3^{(a_3)})$
$x_1=0.5$	0.128	$x_2=0.5$	0.047	$x_3=0.5$	0.130
$x_1=1$	0.416	$x_2=1$	0.083	$x_3=1$	0.208

由式(1-53)，综合基本事件 x_1 故障状态为 0.5 和 1 对顶事件 T 故障状态为 0.5 的 T-S 故障树关键重要度，得到基本事件 x_1 对顶事件 T 故障状态为 0.5 的 T-S 故障树关键重要度为

$$I_{Cr}^{(0.5)}(x_1)=\frac{I_{Cr}^{(0.5)}(x_1=0.5)+I_{Cr}^{(0.5)}(x_1=1)}{2}=0.423$$

同理，可得各基本事件对顶事件 T 故障状态为 0.5 和 1 的 T-S 故障树关键重要度，见表 1-30。

表 1-30　基本事件的 T-S 故障树关键重要度

基本事件	$I_{\text{Cr}}^{(0.5)}(x_1)$	$I_{\text{Cr}}^{(1)}(x_1)$	基本事件	$I_{\text{Cr}}^{(0.5)}(x_2)$	$I_{\text{Cr}}^{(1)}(x_2)$	基本事件	$I_{\text{Cr}}^{(0.5)}(x_3)$	$I_{\text{Cr}}^{(1)}(x_3)$
x_1	0.423	0.272	x_2	0.027	0.065	x_3	0.051	0.169

4. T-S 故障树模糊重要度

将基本事件 x_1 故障状态为 0.5 的故障概率 $\widetilde{P}(x_1=0.5)$ 用 1 替换，结合式（1-29）~式（1-32）求得 $\widetilde{P}(x_1=0.5)$ 为 1 时引起顶事件 T 为 0.5 的概率 $P(0.5,\widetilde{P}(x_1=0.5)=1)=0.495$；将基本事件 x_1 故障状态为 0.5 的故障概率 $\widetilde{P}(x_1=0.5)$ 用 0 替换，结合式（1-29）~式（1-32）求得 $\widetilde{P}(x_1=0.5)$ 为 0 时引起顶事件 T 为 0.5 的概率 $P(0.5,\widetilde{P}(x_1=0.5)=0)=8.972\times10^{-4}$。由式（1-54），求得基本事件 x_1 故障状态为 0.5 对顶事件 T 故障状态为 0.5 的 T-S 故障树模糊重要度为

$$I_{\text{Fu}}^{(0.5)}(x_1=0.5)=E[P(0.5,\widetilde{P}(x_1=0.5)=1)-P(0.5,\widetilde{P}(x_1=0.5)=0)]$$
$$=0.495-8.972\times10^{-4}=0.494$$

同理，可得各基本事件故障状态为 0.5 和 1 对顶事件 T 故障状态为 0.5 的 T-S 故障树模糊重要度，见表 1-31。

表 1-31　基本事件故障状态为 0.5 和 1 对顶事件故障状态为 0.5 的 T-S 故障树模糊重要度

基本事件故障状态	$I_{\text{Fu}}^{(0.5)}(x_1=S_1^{(a_1)})$	基本事件故障状态	$I_{\text{Fu}}^{(0.5)}(x_2=S_2^{(a_2)})$	基本事件故障状态	$I_{\text{Fu}}^{(0.5)}(x_3=S_3^{(a_3)})$
$x_1=0.5$	0.494	$x_2=0.5$	0.158	$x_3=0.5$	0.119
$x_1=1$	0	$x_2=1$	0	$x_3=1$	0

同理，可得各基本事件故障状态为 0.5 和 1 对顶事件 T 故障状态为 1 的 T-S 故障树模糊重要度，见表 1-32。

表 1-32　基本事件故障状态为 0.5 和 1 对顶事件故障状态为 1 的 T-S 故障树模糊重要度

基本事件故障状态	$I_{\text{Fu}}^{(1)}(x_1=S_1^{(a_1)})$	基本事件故障状态	$I_{\text{Fu}}^{(1)}(x_2=S_2^{(a_2)})$	基本事件故障状态	$I_{\text{Fu}}^{(1)}(x_3=S_3^{(a_3)})$
$x_1=0.5$	0.308	$x_2=0.5$	0.569	$x_3=0.5$	0.626
$x_1=1$	1.000	$x_2=1$	1.000	$x_3=1$	1.000

综合基本事件 x_1 故障状态为 0.5 和 1 对顶事件 T 故障状态为 0.5 的 T-S 故障树模糊重要度，得到基本事件 x_1 对顶事件 T 故障状态为 0.5 的 T-S 故障树模糊重要度为

$$I_{\text{Fu}}^{(0.5)}(x_1)=\frac{I_{\text{Fu}}^{(0.5)}(x_1=S_1^{(0.5)})+I_{\text{Fu}}^{(0.5)}(x_1=S_1^{(1)})}{2}=0.247$$

同理，可得各基本事件对顶事件 T 故障状态为 0.5 和 1 的 T-S 故障树模糊重要度，见表 1-33。

表 1-33　基本事件的 T-S 故障树模糊重要度

基本事件	$I_{\text{Fu}}^{(0.5)}(x_1)$	$I_{\text{Fu}}^{(1)}(x_1)$	基本事件	$I_{\text{Fu}}^{(0.5)}(x_2)$	$I_{\text{Fu}}^{(1)}(x_2)$	基本事件	$I_{\text{Fu}}^{(0.5)}(x_3)$	$I_{\text{Fu}}^{(1)}(x_3)$
x_1	0.247	0.654	x_2	0.079	0.785	x_3	0.059	0.813

5. T-S 故障树状态重要度

假设基本事件 x_i 的当前故障状态值分别为 $\hat{x}_1=0,\hat{x}_2=0.2,\hat{x}_3=0.1$。

当基本事件 x_1、x_2、x_3 当前状态值分别为 $\hat{x}_1=0,\hat{x}_2=0.2,\hat{x}_3=0.1$。由式(1-33)～式(1-37)计算求得 y_2 即顶事件 T 出现各故障状态的可能性，即

$$P(T=0)=0.761,P(T=0.5)=0.053,P(T=1)=0.186$$

当基本事件 x_1、x_2、x_3 当前状态值分别为 $\hat{x}_1=0,\hat{x}_2=0,\hat{x}_3=0.1$。由式(1-33)～式(1-37)计算求得 y_2 即顶事件 T 出现各故障状态的可能性，即

$$P(T=0)=1,P(T=0.5)=0,P(T=1)=0$$

当基本事件 x_1、x_2、x_3 当前状态值分别为 $\hat{x}_1=0,\hat{x}_2=0.2,\hat{x}_3=0$。由式(1-33)～式(1-37)计算求得 y_2 即顶事件 T 出现各故障状态的可能性，即

$$P(T=0)=0.761,P(T=0.5)=0.053,P(T=1)=0.186$$

由此可得基本事件 x_2 当前故障状态值为 0.2 时对顶事件 T 为 0.5 的可能性 $P(0.5,x_2=0.2)=0.053$；基本事件 x_2 当前故障状态值为 0 时对顶事件 T 为 0.5 的可能性 $P(0.5,x_2=0)=0$，则由式(1-56)，得到基本事件 x_2 对顶事件 T 故障状态为 0.5 的 T-S 故障树状态重要度为

$$I_{\text{Sta}}^{(0.5)}(\hat{x}_2)=\max\{P(0.5,x_2=0.2)-P(0.5,x_2=0),0\}=0.053$$

同理，可得各基本事件对顶事件 T 故障状态为 0.5 和 1 的 T-S 故障树状态重要度，见表 1-34。

表 1-34　基本事件的 T-S 故障树状态重要度

基本事件	$I_{\text{Sta}}^{(0.5)}(\hat{x}_i)$	$I_{\text{Sta}}^{(1)}(\hat{x}_i)$
x_1	0	0
x_2	0.053	0.186
x_3	0	0

1.5　T-S 故障树重要度的可行性验证

为验证 T-S 故障树重要度算法的可行性，将其分别与二态故障树重要度、模糊故障树重要度、多态故障树重要度进行对比，二态故障树、模糊故障树、多态故障树的逻辑门均为 Bell 故障树逻辑门，都属于 Bell 故障树的重要度算法。

以图 1-21 所示的与或门故障树为例，分别利用 Bell 故障树的重要度算法、T-S 故障树重要度算法，计算图 1-21 所示的与或门故障树的重要度，验证 T-S 故障树重要度算法的可行性。假设基本事件 x_1、x_2 和 x_3 的故障概率分别为 0.010、0.002、0.005。

1.5.1　与二态故障树重要度对比

1. 二态故障树重要度

1）概率重要度

利用二态系统故障树概率重要度方法计算基本事件 x_1 对顶事件 T 故障状态为 1 的概率重要度为

$$I_{\mathrm{Pr}}^{(1)}(x_1)=\frac{\partial P(T)}{\partial P(x_1)}=P(x_2)+P(x_3)-P(x_2)P(x_3)=6.99\times10^{-3}$$

同理，可得基本事件 x_2、x_3 对顶事件 T 为 1 的概率重要度分别为

$$I_{\mathrm{Pr}}^{(1)}(x_2)=9.95\times10^{-3},I_{\mathrm{Pr}}^{(1)}(x_3)=9.98\times10^{-3}$$

2）结构重要度

理论上已经证明，当所有基本事件的故障概率均为 0.5 时，可算得各基本事件的概率重要度等于结构重要度，因此基本事件 x_1 对顶事件 T 故障状态为 1 的结构重要度为

$$I_{\mathrm{St}}^{(1)}(x_1)=P(x_2)+P(x_3)-P(x_2)P(x_3)=0.5+0.5-0.5\times0.5=0.75$$

同理，可得基本事件 x_2、x_3 对顶事件 T 故障状态为 1 的结构重要度分别为

$$I_{\mathrm{St}}^{(1)}(x_2)=0.25,I_{\mathrm{St}}^{(1)}(x_3)=0.25$$

3）关键重要度

利用二态系统故障树关键重要度方法，由求得的顶事件概率，计算基本事件 x_1 对顶事件 T 故障状态为 1 的关键重要度为

$$I_{\mathrm{Cr}}^{(1)}(x_1)=\frac{P(x_1)}{P(T)}I_{\mathrm{Pr}}^{(1)}(x_1)=1$$

同理，可得基本事件 x_2、x_3 对顶事件 T 故障状态为 1 的关键重要度分别为

$$I_{\mathrm{Cr}}^{(1)}(x_2)=0.285,I_{\mathrm{Cr}}^{(1)}(x_3)=0.714$$

2. T-S 故障树重要度

1) T-S 故障树概率重要度

利用式(1-50)和式(1-51),得到基本事件 x_1 对顶事件 T 故障状态为 1 的 T-S 故障树概率重要度为

$$I_{\mathrm{Pr}}^{(1)}(x_1)=I_{\mathrm{Pr}}^{(1)}(x_1=1)=P(1,P(x_1=1)=1)-P(1,P(x_1=1)=0)$$
$$=6.99\times10^{-3}-0=6.99\times10^{-3}$$

同理,可得基本事件 x_2、x_3 对顶事件 T 故障状态为 1 的 T-S 故障树概率重要度分别为

$$I_{\mathrm{Pr}}^{(1)}(x_2)=9.95\times10^{-3},I_{\mathrm{Pr}}^{(1)}(x_3)=9.98\times10^{-3}$$

2) T-S 故障树结构重要度

利用式(1-49)得出基本事件 x_1 对顶事件 T 故障状态为 1 的 T-S 故障树结构重要度为

$$I_{\mathrm{St}}^{(1)}(x_1)=\frac{1}{4}[r_1(1,P(S_1^{(1)}=1))-r_1(1,P(S_1^{(1)}=0))]=\frac{1}{4}\times(3-0)=0.75$$

同理,可得基本事件 x_2、x_3 对顶事件 T 故障状态为 1 的 T-S 故障树结构重要度分别为

$$I_{\mathrm{St}}^{(1)}(x_2)=0.25,I_{\mathrm{St}}^{(1)}(x_3)=0.25$$

3) T-S 故障树关键重要度

利用式(1-52)和式(1-53),由求得的顶事件概率,得出基本事件 x_1 对顶事件 T 为 1 的 T-S 故障树关键重要度为

$$I_{\mathrm{Cr}}^{(1)}(x_1)=I_{\mathrm{Cr}}^{(1)}(x_1=1)=\frac{P(x_1=1)I_{\mathrm{Pr}}^{(1)}(x_1=1)}{P(T=1)}=1$$

同理,可得基本事件 x_2、x_3 对顶事件 T 故障状态为 1 的 T-S 故障树关键重要度分别为

$$I_{\mathrm{Cr}}^{(1)}(x_2)=0.285,I_{\mathrm{Cr}}^{(1)}(x_3)=0.714$$

可见,二态故障树重要度分析方法与 T-S 故障树重要度分析方法的计算结果相同,表明 T-S 故障树重要度分析方法可以用来计算二态故障树重要度。

1.5.2　与模糊故障树重要度对比

1. 模糊故障树模糊重要度

利用二态系统故障树模糊重要度的重心法计算基本事件 x_1 对顶事件 T 故障状态为 1 的模糊重要度为

$$I_{\mathrm{Fu}}^{(1)}(x_1)=E[\widetilde{P}_{T_{11}}-\widetilde{P}_{T_{10}}]=\frac{\int_0^1 x\mu_{\tilde{P}_{T_{11}}}\mathrm{d}x}{\int_0^1 \mu_{\tilde{P}_{T_{11}}}\mathrm{d}x}-\frac{\int_0^1 x\mu_{\tilde{P}_{T_{10}}}\mathrm{d}x}{\int_0^1 \mu_{\tilde{P}_{T_{10}}}\mathrm{d}x}$$

$$=6.99\times10^{-3}-0=6.99\times10^{-3}$$

同理,可得基本事件 x_2、x_3对顶事件 T 故障状态为 1 的模糊重要度分别为

$$I_{\mathrm{Fu}}^{(1)}(x_2)=9.95\times10^{-3},I_{\mathrm{Fu}}^{(1)}(x_3)=9.98\times10^{-3}$$

2. T-S 故障树模糊重要度

利用 T-S 故障树模糊重要度算法计算各基本事件的模糊重要度,求得基本事件 x_1对顶事件 T 故障状态为 1 的 T-S 故障树模糊重要度为

$$I_{\mathrm{Fu}}^{(1)}(x_1)=E[P(1,\widetilde{P}_{x_1^{(1)}}=1)-P(1,\widetilde{P}_{x_1^{(1)}}=0)]=\frac{\int_0^1 x\mu_{\tilde{P}_{x_1^{(1)},1}}\mathrm{d}x}{\int_0^1 \mu_{\tilde{P}_{x_1^{(1)},1}}\mathrm{d}x}-\frac{\int_0^1 x\mu_{\tilde{P}_{x_1^{(1)},0}}\mathrm{d}x}{\int_0^1 \mu_{\tilde{P}_{x_1^{(1)},0}}\mathrm{d}x}$$

$$=6.99\times10^{-3}-0=6.99\times10^{-3}$$

同理,可得基本事件 x_2、x_3对顶事件 T 故障状态为 1 的 T-S 故障树模糊重要度分别为

$$I_{\mathrm{Fu}}^{(1)}(x_2)=9.95\times10^{-3},I_{\mathrm{Fu}}^{(1)}(x_3)=9.98\times10^{-3}$$

可见,模糊故障树的模糊重要度的重心法与 T-S 故障树模糊重要度算法的计算结果相同,表明 T-S 故障树模糊重要度可以用来计算二态系统故障树模糊重要度。

1.5.3 与多态故障树重要度对比

假设图 1-21 所示故障树的基本事件 x_1、x_2和 x_3的故障状态为正常、半故障和失效三态即(0,0.5,1),基本事件 x_1、x_2和 x_3故障状态为 0.5 时的故障概率分别为 0.010、0.002、0.005,故障状态为 1 时的故障概率分别为 0.010、0.002、0.005。

1. 多态故障树重要度

1) 结构重要度

利用多态系统故障树结构重要度方法可求得各基本事件故障状态为 0.5 和 1 对顶事件 T 故障状态为 0.5 的结构重要度分别为

$$I_{\mathrm{St}}^{(0.5)}(x_1=0.5)=\frac{8}{9},I_{\mathrm{St}}^{(1)}(x_1=0.5)=0$$

$$I_{\mathrm{St}}^{(0.5)}(x_2=0.5)=\frac{2}{9},I_{\mathrm{St}}^{(1)}(x_2=0.5)=0$$

$$I_{\mathrm{St}}^{(0.5)}(x_3=0.5)=\frac{2}{9},I_{\mathrm{St}}^{(1)}(x_3=0.5)=0$$

同理,可得各基本事件故障状态为 0.5 和 1 对顶事件 T 故障状态为 1 的结构重要度分别为

$$I_{\mathrm{St}}^{(0.5)}(x_1=1)=\frac{8}{9},I_{\mathrm{St}}^{(1)}(x_1=1)=\frac{5}{9}$$

$$I_{\mathrm{St}}^{(0.5)}(x_2=1)=\frac{2}{9},I_{\mathrm{St}}^{(1)}(x_2=1)=\frac{2}{9}$$

$$I_{\mathrm{St}}^{(0.5)}(x_3=1)=\frac{2}{9},I_{\mathrm{St}}^{(1)}(x_3=1)=\frac{2}{9}$$

2) 概率重要度

由 1.3.3 节可得顶事件 T 故障状态为 0.5 和 1 的故障概率分别为

$$P(T=0.5)=P(x_1=0.5)[P(y_1=0.5)+P(y_1=1)]+P(x_1=1)P(y_1=0.5)=2.09\times10^{-4}$$

$$P(T=1)=P(x_1=1)P(y_1=1)=6.99\times10^{-5}$$

利用多态系统故障树概率重要度方法计算基本事件 x_1故障状态为 0.5 对顶事件 T 故障状态为 0.5 的概率重要度为

$$I_{\mathrm{Pr}}^{(0.5)}(x_1=0.5)=\frac{\partial P(T=0.5)}{\partial P(x_1=0.5)}=P(y_1=0.5)+P(y_1=1)=1.396\times10^{-2}$$

同理,可得各基本事件故障状态为 0.5 和 1 对顶事件 T 故障状态为 0.5 的概率重要度分别为

$$I_{\mathrm{Pr}}^{(0.5)}(x_1=0.5)=1.396\times10^{-2},I_{\mathrm{Pr}}^{(0.5)}(x_1=1)=6.970\times10^{-3}$$

$$I_{\mathrm{Pr}}^{(0.5)}(x_2=0.5)=1.995\times10^{-2},I_{\mathrm{Pr}}^{(0.5)}(x_2=1)=1.000\times10^{-2}$$

$$I_{\mathrm{Pr}}^{(0.5)}(x_3=0.5)=1.998\times10^{-2},I_{\mathrm{Pr}}^{(0.5)}(x_3=1)=1.000\times10^{-2}$$

同理,可得各基本事件故障状态为 0.5 和 1 对顶事件 T 故障状态为 1 的概率重要度分别为

$$I_{\mathrm{Pr}}^{(1)}(x_1=0.5)=0,I_{\mathrm{Pr}}^{(1)}(x_1=1)=6.990\times10^{-3}$$

$$I_{\mathrm{Pr}}^{(1)}(x_2=0.5)=5.000\times10^{-5},I_{\mathrm{Pr}}^{(1)}(x_2=1)=1.000\times10^{-2}$$

$$I_{\mathrm{Pr}}^{(1)}(x_3=0.5)=2.000\times10^{-5},I_{\mathrm{Pr}}^{(1)}(x_3=1)=1.000\times10^{-2}$$

综合基本事件 x_1故障状态为 0.5 和 1 对顶事件 T 故障状态为 0.5 的概率重要度,得到基本事件 x_1对顶事件 T 故障状态为 0.5 的概率重要度为

$$I_{\mathrm{Pr}}^{(0.5)}(x_1)=\frac{I_{\mathrm{Pr}}^{(0.5)}(x_1=0.5)+I_{\mathrm{Pr}}^{(0.5)}(x_1=1)}{2}=1.047\times10^{-2}$$

同理,可得各基本事件对顶事件 T 故障状态为 0.5 和 1 的 T-S 故障树概率重要度分别为

$$I_{\mathrm{Pr}}^{(0.5)}(x_1)=1.047\times10^{-2},I_{\mathrm{Pr}}^{(1)}(x_1)=3.495\times10^{-3}$$

$$I_{\mathrm{Pr}}^{(0.5)}(x_2)=1.498\times10^{-2},I_{\mathrm{Pr}}^{(1)}(x_2)=5.025\times10^{-3}$$

$$I_{\mathrm{Pr}}^{(0.5)}(x_3)=1.499\times10^{-2},I_{\mathrm{Pr}}^{(1)}(x_3)=5.010\times10^{-3}$$

3) 关键重要度

由 1.3.3 节求得顶事件 T 故障状态为 0.5 和 1 的故障概率分别为 $P(T=0.5)=2.09\times10^{-4}$，$P(T=1)=6.99\times10^{-5}$。利用多态系统故障树关键重要度方法，基本事件 x_1 故障状态为 0.5 对顶事件 T 故障状态为 0.5 的关键重要度为

$$I_{\mathrm{Cr}}^{(0.5)}(x_1=0.5)=\frac{P(x_1=0.5)I_{\mathrm{Pr}}^{(0.5)}(x_1=0.5)}{P(T=0.5)}=0.667$$

同理，可得各基本事件故障状态为 0.5 和 1 对顶事件 T 故障状态为 0.5 的关键重要度分别为

$$I_{\mathrm{Cr}}^{(0.5)}(x_1=0.5)=0.667,I_{\mathrm{Cr}}^{(0.5)}(x_1=1)=0.333$$
$$I_{\mathrm{Cr}}^{(0.5)}(x_2=0.5)=0.191,I_{\mathrm{Cr}}^{(0.5)}(x_2=1)=0.096$$
$$I_{\mathrm{Cr}}^{(0.5)}(x_3=0.5)=0.477,I_{\mathrm{Cr}}^{(0.5)}(x_3=1)=0.239$$

同理，可得各基本事件故障状态为 0.5 和 1 对顶事件 T 故障状态为 1 的关键重要度分别为

$$I_{\mathrm{Cr}}^{(1)}(x_1=0.5)=0,I_{\mathrm{Cr}}^{(1)}(x_1=1)=1$$
$$I_{\mathrm{Cr}}^{(1)}(x_2=0.5)=1.431\times10^{-3},I_{\mathrm{Cr}}^{(1)}(x_2=1)=0.286$$
$$I_{\mathrm{Cr}}^{(1)}(x_3=0.5)=1.431\times10^{-3},I_{\mathrm{Cr}}^{(1)}(x_3=1)=0.715$$

综合基本事件 x_1 故障状态为 0.5 和 1 对顶事件 T 故障状态为 0.5 的关键重要度，得到基本事件 x_1 对顶事件 T 故障状态为 0.5 的关键重要度为

$$I_{\mathrm{Cr}}^{(0.5)}(x_1)=\frac{I_{\mathrm{Cr}}^{(0.5)}(x_1=0.5)+I_{\mathrm{Cr}}^{(0.5)}(x_1=1)}{2}=0.500$$

同理，可得各基本事件对顶事件 T 故障状态为 0.5 和 1 的关键重要度分别为

$$I_{\mathrm{Cr}}^{(0.5)}(x_1)=0.500,I_{\mathrm{Cr}}^{(1)}(x_1)=0.500$$
$$I_{\mathrm{Cr}}^{(0.5)}(x_2)=0.143,I_{\mathrm{Cr}}^{(1)}(x_2)=0.144$$
$$I_{\mathrm{Cr}}^{(0.5)}(x_3)=0.358,I_{\mathrm{Cr}}^{(1)}(x_3)=0.358$$

2. T-S 故障树重要度

若图 1-21 中的 G_1 门为表 1-14 所示的三态或门，且 T-S 故障树的基本事件 x_2、x_3 和中间事件 y_1 分别对应表 1-14 中的 x_1、x_2 和 y；G_2 门为表 1-13 所示的三态与门，且 T-S 故障树的基本事件 x_1、y_1 和 y_2 即顶事件 T 分别对应表 1-13 中的 x_1、x_2 和 y。

1) T-S 故障树结构重要度

利用式(1-49)，求得基本事件 x_1 故障状态为 0.5 对顶事件 T 故障状态为 0.5 的 T-S 故障树结构重要度为

$$I_{\mathrm{St}}^{(0.5)}(x_1=0.5)=\frac{1}{9}[r_1(0.5,P(x_1^{0.5}=1))-r_1(0.5,P(x_1^{0.5}=0))]=\frac{1}{9}\times(8-0)=\frac{8}{9}$$

同理,可得各基本事件故障状态为 0.5 对顶事件 T 故障状态为 0.5 和 1 的 T-S 故障树结构重要度分别为

$$I_{\mathrm{St}}^{(0.5)}(x_1=0.5)=\frac{8}{9},\ I_{\mathrm{St}}^{(1)}(x_1=0.5)=0$$

$$I_{\mathrm{St}}^{(0.5)}(x_2=0.5)=\frac{2}{9},\ I_{\mathrm{St}}^{(1)}(x_2=0.5)=0$$

$$I_{\mathrm{St}}^{(0.5)}(x_3=0.5)=\frac{2}{9},\ I_{\mathrm{St}}^{(1)}(x_3=0.5)=0$$

同理,可得各基本事件故障状态为 1 对顶事件 T 故障状态为 0.5 和 1 的 T-S 故障树结构重要度分别为

$$I_{\mathrm{St}}^{(0.5)}(x_1=1)=\frac{8}{9},\ I_{\mathrm{St}}^{(1)}(x_1=1)=\frac{5}{9}$$

$$I_{\mathrm{St}}^{(0.5)}(x_2=1)=\frac{2}{9},\ I_{\mathrm{St}}^{(1)}(x_2=1)=\frac{2}{9}$$

$$I_{\mathrm{St}}^{(0.5)}(x_3=1)=\frac{2}{9},\ I_{\mathrm{St}}^{(1)}(x_3=1)=\frac{2}{9}$$

2) T-S 故障树概率重要度

利用式(1-50),求得基本事件 x_1 故障状态为 0.5 对顶事件 T 故障状态为 0.5 的 T-S 故障树概率重要度为

$$\begin{aligned}I_{\mathrm{Pr}}^{(0.5)}(x_1=0.5)&=P(0.5,P(x_1=0.5)=1)-P(0.5,P(x_1=0.5)=0)\\&=1.403\times10^{-2}-6.970\times10^{-5}=1.396\times10^{-2}\end{aligned}$$

同理,可得各基本事件故障状态为 0.5 和 1 对顶事件 T 故障状态为 0.5 的 T-S 故障树概率重要度分别为

$$I_{\mathrm{Pr}}^{(0.5)}(x_1=0.5)=1.396\times10^{-2},\ I_{\mathrm{Pr}}^{(0.5)}(x_1=1)=6.970\times10^{-3}$$

$$I_{\mathrm{Pr}}^{(0.5)}(x_2=0.5)=1.995\times10^{-2},\ I_{\mathrm{Pr}}^{(0.5)}(x_2=1)=1.000\times10^{-2}$$

$$I_{\mathrm{Pr}}^{(0.5)}(x_3=0.5)=1.998\times10^{-2},\ I_{\mathrm{Pr}}^{(0.5)}(x_3=1)=1.000\times10^{-2}$$

同理,可得各基本事件故障状态为 0.5 和 1 对顶事件 T 故障状态为 1 的 T-S 故障树概率重要度分别为

$$I_{\mathrm{Pr}}^{(1)}(x_1=0.5)=0,\ I_{\mathrm{Pr}}^{(1)}(x_1=1)=6.990\times10^{-3}$$

$$I_{\mathrm{Pr}}^{(1)}(x_2=0.5)=5.000\times10^{-5},\ I_{\mathrm{Pr}}^{(1)}(x_2=1)=1.000\times10^{-2}$$

$$I_{\mathrm{Pr}}^{(1)}(x_3=0.5)=2.000\times10^{-5},\ I_{\mathrm{Pr}}^{(1)}(x_3=1)=1.000\times10^{-2}$$

利用式(1-51),综合基本事件 x_1 故障状态为 0.5 和 1 对顶事件 T 故障状态为

0. 5 的 T-S 故障树概率重要度，得到基本事件 x_1 对顶事件 T 故障状态为 0. 5 的 T-S 故障树概率重要度为

$$I_{\mathrm{Pr}}^{(0.5)}(x_1)=\frac{I_{\mathrm{Pr}}^{(0.5)}(x_1=0.5)+I_{\mathrm{Pr}}^{(0.5)}(x_1=1)}{2}=1.047\times10^{-2}$$

同理，可得各基本事件对顶事件 T 故障状态为 0. 5 和 1 的 T-S 故障树概率重要度分别为

$$I_{\mathrm{Pr}}^{(0.5)}(x_1)=1.047\times10^{-2},\ I_{\mathrm{Pr}}^{(1)}(x_1)=3.495\times10^{-3}$$
$$I_{\mathrm{Pr}}^{(0.5)}(x_2)=1.498\times10^{-2},\ I_{\mathrm{Pr}}^{(1)}(x_2)=5.025\times10^{-3}$$
$$I_{\mathrm{Pr}}^{(0.5)}(x_3)=1.499\times10^{-2},\ I_{\mathrm{Pr}}^{(1)}(x_3)=5.010\times10^{-3}$$

3）T-S 故障树关键重要度

利用式（1-52），求得基本事件 x_1 故障状态为 0. 5 对顶事件 T 故障状态为 0. 5 的 T-S 故障树关键重要度为

$$I_{\mathrm{Cr}}^{(0.5)}(x_1=0.5)=\frac{P(x_1=0.5)I_{\mathrm{Pr}}^{(0.5)}(x_1=0.5)}{P(T=0.5)}=0.667$$

同理，可得各基本事件故障状态为 0. 5 和 1 对顶事件 T 故障状态为 0. 5 的 T-S 故障树概率重要度分别为

$$I_{\mathrm{Cr}}^{(0.5)}(x_1=0.5)=0.667,\ I_{\mathrm{Cr}}^{(0.5)}(x_1=1)=0.333$$
$$I_{\mathrm{Cr}}^{(0.5)}(x_2=0.5)=0.191,\ I_{\mathrm{Cr}}^{(0.5)}(x_2=1)=0.096$$
$$I_{\mathrm{Cr}}^{(0.5)}(x_3=0.5)=0.477,\ I_{\mathrm{Cr}}^{(0.5)}(x_3=1)=0.239$$

同理，可得各基本事件故障状态为 0. 5 和 1 对顶事件 T 故障状态为 1 的 T-S 故障树概率重要度分别为

$$I_{\mathrm{Cr}}^{(1)}(x_1=0.5)=0,\ I_{\mathrm{Cr}}^{(1)}(x_1=1)=1$$
$$I_{\mathrm{Cr}}^{(1)}(x_2=0.5)=1.431\times10^{-3},\ I_{\mathrm{Cr}}^{(1)}(x_2=1)=0.286$$
$$I_{\mathrm{Cr}}^{(1)}(x_3=0.5)=1.431\times10^{-3},\ I_{\mathrm{Cr}}^{(1)}(x_3=1)=0.715$$

利用式（1-53），综合基本事件 x_1 故障状态为 0. 5 和 1 对顶事件 T 故障状态为 0. 5 的 T-S 故障树关键重要度，得到基本事件 x_1 对顶事件 T 故障状态为 0. 5 的 T-S 故障树关键重要度为

$$I_{\mathrm{Cr}}^{(0.5)}(x_1)=\frac{I_{\mathrm{Cr}}^{(0.5)}(x_1=0.5)+I_{\mathrm{Cr}}^{(0.5)}(x_1=1)}{2}=0.5$$

同理，可得各基本事件对顶事件 T 故障状态为 0. 5 和 1 的 T-S 故障树关键重要度分别为

$$I_{\mathrm{Cr}}^{(0.5)}(x_1)=0.500,\ I_{\mathrm{Cr}}^{(1)}(x_1)=0.500$$
$$I_{\mathrm{Cr}}^{(0.5)}(x_2)=0.143,\ I_{\mathrm{Cr}}^{(1)}(x_2)=0.144$$
$$I_{\mathrm{Cr}}^{(0.5)}(x_3)=0.358,\ I_{\mathrm{Cr}}^{(1)}(x_3)=0.358$$

可见,多态故障树重要度分析方法与 T-S 故障树重要度分析方法的计算结果相同,表明 T-S 故障树重要度分析方法可以用来计算多态故障树基本事件重要度。

通过与二态故障树重要度、模糊故障树重要度、多态故障树重要度的对比可知,T-S 故障树重要度能够替代 Bell 故障树重要度计算,且有以下优点:

(1) T-S 故障树重要度是对 Bell 故障树重要度的继承与发展,Bell 故障树重要度只是 T-S 故障树重要度的某种特例,T-S 故障树重要度更具一般性和通用性。

(2) T-S 故障树重要度分析方法是基于 T-S 故障树的重要度分析方法,T-S 故障树建造基于规则和知识,T-S 门描述规则更接近实际系统。

(3) Bell 故障树模糊重要度假设单元和系统的状态是二值,而 T-S 故障树模糊重要度综合了单元所有故障状态的模糊可能性子集情况下对系统的重要程度的影响。

(4) T-S 故障树状态重要度考虑各单元的当前故障状态值对系统故障状态的影响,在未知单元的故障概率或模糊可能性,仅仅已知单元当前故障状态值的情况下,不失为一种评价单元对系统故障状态影响的简单、可靠的方法。

1.6　T-S 故障树分析算例

卷扬系统由机械系统、液压系统和控制系统组成,其原理如图 1-25 所示。

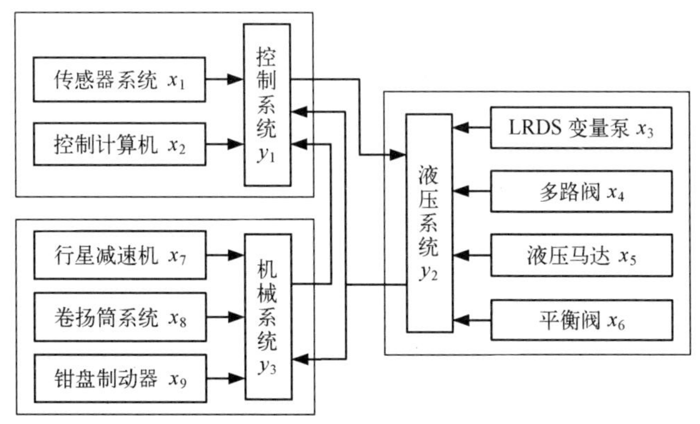

图 1-25　卷扬系统原理

1. T-S 故障树建造及 T-S 门描述规则构建

建造如图 1-26 所示的 T-S 故障树。其中,$G_1 \sim G_4$为 T-S 门,y_4(即顶事件 T)代表卷扬系统;中间事件 $y_1 \sim y_3$及基本事件 $x_1 \sim x_9$与图 1-25 中的各单元一一对应。

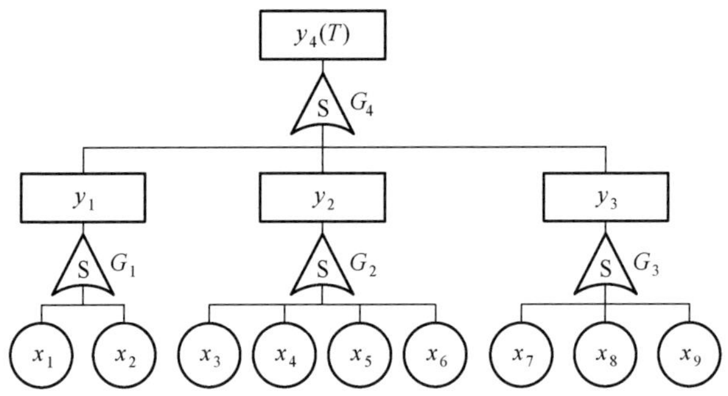

图 1-26　卷扬系统 T-S 故障树

假设 $x_1 \sim x_9$ 和 $y_1 \sim y_4$ 的故障状态为(0,0.5,1),其中,0 表示正常状态,0.5 表示半故障状态,1 表示失效状态。结合图 1-7 所示的梯形隶属函数,参数选为 $s_L=s_R=0.1$,$m_L=m_R=0.3$。T-S 门描述规则见表 1-35~表 1-38。

表 1-35　G_1 门的描述规则

规　则	x_1	x_2	y_1		
			0	0.5	1
1	0	0	1	0	0
2	0	0.5	0.2	0.3	0.5
3	0	1	0	0	1
4	0.5	0	0.2	0.4	0.4
5	0.5	0.5	0.1	0.3	0.6
6	0.5	1	0	0	1
7	1	0	0	0	1
8	1	0.5	0	0	1
9	1	1	0	0	1

表 1-36　G_2 门的描述规则

规　则	x_3	x_4	x_5	x_6	y_2		
					0	0.5	1
1	0	0	0	0	1	0	0
2	0	0	0	0.5	0.2	0.5	0.3
3	0	0	0	1	0.2	0.3	0.5
4	0	0	0.5	0	0.4	0.3	0.3
5	0	0	0.5	0.5	0.2	0.3	0.5

（续）

规　则	x_3	x_4	x_5	x_6	y_2		
					0	0.5	1
6	0	0	0.5	1	0.2	0.1	0.7
7	0	0	1	0	0.2	0.2	0.6
8	0	0	1	0.5	0.1	0.1	0.8
9	0	0	1	1	0	0	1
10	0	0.5	0	0	0.3	0.5	0.2
11	0	0.5	0	0.5	0.2	0.4	0.4
12	0	0.5	0	1	0.2	0.2	0.6
13	0	0.5	0.5	0	0.3	0.4	0.3
14	0	0.5	0.5	0.5	0.1	0.3	0.6
15	0	0.5	0.5	1	0.1	0.2	0.7
16	0	0.5	1	0	0.1	0.3	0.6
17	0	0.5	1	0.5	0.1	0.1	0.8
18	0	0.5	1	1	0	0	1
19	0	1	0	0	0.2	0.5	0.3
20	0	1	0	0.5	0.2	0.3	0.5
21	0	1	0	1	0.1	0.2	0.7
22	0	1	0.5	0	0.2	0.4	0.4
23	0	1	0.5	0.5	0.2	0.2	0.6
24	0	1	0.5	1	0.1	0.1	0.8
25	0	1	1	0	0.1	0.2	0.7
26	0	1	1	0.5	0	0	1
27	0	1	1	1	0	0	1
28	0.5	0	0	0	0.3	0.4	0.3
29	0.5	0	0	0.5	0.2	0.5	0.3
30	0.5	0	0	1	0.2	0.2	0.6
31	0.5	0	0.5	0	0.3	0.5	0.2
32	0.5	0	0.5	0.5	0.1	0.3	0.6
33	0.5	0	0.5	1	0.1	0.1	0.8
34	0.5	0	1	0	0.1	0.2	0.7
35	0.5	0	1	0.5	0	0	1

（续）

规　则	x_3	x_4	x_5	x_6	y_2		
					0	0.5	1
36	0.5	0	1	1	0	0	1
37	0.5	0.5	0	0	0.2	0.6	0.2
38	0.5	0.5	0	0.5	0.2	0.3	0.5
39	0.5	0.5	0	1	0.2	0.2	0.6
40	0.5	0.5	0.5	0	0.2	0.5	0.3
41	0.5	0.5	0.5	0.5	0.1	0.2	0.7
42	0.5	0.5	0.5	1	0.1	0.1	0.8
43	0.5	0.5	1	0	0.1	0.2	0.7
44	0.5	0.5	1	0.5	0	0	1
45	0.5	0.5	1	1	0	0	1
46	0.5	1	0	0	0.1	0.5	0.4
47	0.5	1	0	0.5	0.2	0.2	0.6
48	0.5	1	0	1	0.1	0.1	0.8
49	0.5	1	0.5	0	0.1	0.4	0.5
50	0.5	1	0.5	0.5	0.1	0.2	0.7
51	0.5	1	0.5	1	0	0	1
52	0.5	1	1	0	0.1	0.1	0.8
53	0.5	1	1	0.5	0	0	1
54	0.5	1	1	1	0	0	1
55	1	0	0	0	0.4	0.4	0.2
56	1	0	0	0.5	0.2	0.4	0.4
57	1	0	0	1	0.1	0.3	0.6
58	1	0	0.5	0	0.2	0.5	0.3
59	1	0	0.5	0.5	0.1	0.4	0.5
60	1	0	0.5	1	0.1	0.2	0.7
61	1	0	1	0	0.1	0.3	0.6
62	1	0	1	0.5	0	0	1
63	1	0	1	1	0	0	1
64	1	0.5	0	0	0.2	0.3	0.5
65	1	0.5	0	0.5	0.2	0.2	0.6

（续）

规　则	x_3	x_4	x_5	x_6	y_2		
					0	0.5	1
66	1	0.5	0	1	0.1	0.2	0.7
67	1	0.5	0.5	0	0.3	0.2	0.5
68	1	0.5	0.5	0.5	0.1	0.1	0.8
69	1	0.5	0.5	1	0	0	1
70	1	0.5	1	0	0	0	1
71	1	0.5	1	0.5	0	0	1
72	1	0.5	1	1	0	0	1
73	1	1	0	0	0	0	1
74	1	1	0	0.5	0	0	1
75	1	1	0	1	0	0	1
76	1	1	0.5	0	0	0	1
77	1	1	0.5	0.5	0	0	1
78	1	1	0.5	1	0	0	1
79	1	1	1	0	0	0	1
80	1	1	1	0.5	0	0	1
81	1	1	1	1	0	0	1

表 1-37　G_3门的描述规则

规　则	x_7	x_8	x_9	y_3		
				0	0.5	1
1	0	0	0	1	0	0
2	0	0	0.5	0.3	0.5	0.2
3	0	0	1	0	0	1
4	0	0.5	0	0.4	0.5	0.1
5	0	0.5	0.5	0.1	0.3	0.6
6	0	0.5	1	0	0	1
7	0	1	0	0.2	0.2	0.6
8	0	1	0.5	0.1	0.2	0.7
9	0	1	1	0	0	1
10	0.5	0	0	0.4	0.4	0.2
11	0.5	0	0.5	0.1	0.4	0.5

（续）

规　则	x_7	x_8	x_9	y_3		
				0	0.5	1
12	0.5	0	1	0.1	0.2	0.7
13	0.5	0.5	0	0.2	0.3	0.5
14	0.5	0.5	0.5	0.1	0.1	0.8
15	0.5	0.5	1	0	0	1
16	0.5	1	0	0.1	0.1	0.8
17	0.5	1	0.5	0	0	1
18	0.5	1	1	0	0	1
19	1	0	0	0	0	1
20	1	0	0.5	0	0	1
21	1	0	1	0	0	1
22	1	0.5	0	0	0	1
23	1	0.5	0.5	0	0	1
24	1	0.5	1	0	0	1
25	1	1	0	0	0	1
26	1	1	0.5	0	0	1
27	1	1	1	0	0	1

表 1-38　G_4门的描述规则

规则	y_1	y_2	y_3	y_4		
				0	0.5	1
1	0	0	0	1	0	0
2	0	0	0.5	0.3	0.4	0.3
3	0	0	1	0	0	1
4	0	0.5	0	0.2	0.3	0.5
5	0	0.5	0.5	0.1	0.2	0.7
6	0	0.5	1	0	0	1
7	0	1	0	0	0	1
8	0	1	0.5	0	0	1
9	0	1	1	0	0	1
10	0.5	0	0	0.5	0.3	0.2
11	0.5	0	0.5	0.1	0.4	0.5

（续）

规则	y_1	y_2	y_3	y_4		
				0	0.5	1
12	0.5	0	1	0	0	1
13	0.5	0.5	0	0.2	0.2	0.6
14	0.5	0.5	0.5	0.1	0.1	0.8
15	0.5	0.5	1	0	0	1
16	0.5	1	0	0	0	1
17	0.5	1	0.5	0	0	1
18	0.5	1	1	0	0	1
19	1	0	0	0	0	1
20	1	0	0.5	0	0	1
21	1	0	1	0	0	1
22	1	0.5	0	0	0	1
23	1	0.5	0.5	0	0	1
24	1	0.5	1	0	0	1
25	1	1	0	0	0	1
26	1	1	0.5	0	0	1
27	1	1	1	0	0	1

2. 中间事件和顶事件计算

假设基本事件 $x_1 \sim x_9$ 故障状态为 1 时的模糊可能性（10^{-6}）分别为 13.5、7.5、10、25、0.008、2.14、1.7、9.4、0.05，且故障状态为 0.5 的模糊可能性与故障状态为 1 的相同。

根据表 1-35～表 1-38 和式（1-31），求得中间事件 $y_1 \sim y_3$ 和 y_4 即顶事件 T 故障状态为 0.5 和 1 的模糊可能性分别为

$$P(y_1=0.5)=7.65\times10^{-6},\ P(y_1=1)=30.15\times10^{-6}$$
$$P(y_2=0.5)=34.72\times10^{-6},\ P(y_2=1)=19.22\times10^{-6}$$
$$P(y_3=0.5)=7.285\times10^{-6},\ P(y_3=1)=8.68\times10^{-6}$$
$$P(y_4=0.5)=15.62\times10^{-6},\ P(y_4=1)=79.3\times10^{-6}$$

假设基本事件 $x_1 \sim x_9$ 故障状态为 1 时的模糊可能性子集见表 1-39，且故障状态为 0.5 的模糊可能性子集与为 1 的相同。

表 1-39　基本事件故障状态为 1 时的模糊可能性子集

基本事件 x_i	模糊可能性子集	基本事件 x_i	模糊可能性子集
x_1	$\{12.5\times10^{-6}, 13.5\times10^{-6}, 14.5\times10^{-6}\}$	x_6	$\{1.14\times10^{-6}, 2.14\times10^{-6}, 3.14\times10^{-6}\}$
x_2	$\{6.5\times10^{-6}, 7.5\times10^{-6}, 8.5\times10^{-6}\}$	x_7	$\{0.7\times10^{-6}, 1.7\times10^{-6}, 2.7\times10^{-6}\}$
x_3	$\{9\times10^{-6}, 10\times10^{-6}, 11\times10^{-6}\}$	x_8	$\{8.4\times10^{-6}, 9.4\times10^{-6}, 10.4\times10^{-6}\}$
x_4	$\{24\times10^{-6}, 25\times10^{-6}, 26\times10^{-6}\}$	x_9	$\{0.04\times10^{-6}, 0.05\times10^{-6}, 0.06\times10^{-6}\}$
x_5	$\{0.007\times10^{-6}, 0.008\times10^{-6}, 0.009\times10^{-6}\}$		

根据表 1-35~表 1-38 和式(1-31)，求得中间事件 $y_1 \sim y_3$ 和 y_4 即顶事件 T 故障状态为 0.5 和 1 的模糊可能性子集分别为

$$P(y_1=0.5)=\{6.95\times10^{-6}, 7.65\times10^{-6}, 8.35\times10^{-6}\}$$
$$P(y_1=1)=\{27.25\times10^{-6}, 30.15\times10^{-6}, 33.05\times10^{-6}\}$$
$$P(y_2=0.5)=\{32.12\times10^{-6}, 34.72\times10^{-6}, 37.32\times10^{-6}\}$$
$$P(y_2=1)=\{17.42\times10^{-6}, 19.22\times10^{-6}, 21.02\times10^{-6}\}$$
$$P(y_3=0.5)=\{6.18\times10^{-6}, 7.285\times10^{-6}, 8.39\times10^{-6}\}$$
$$P(y_3=1)=\{6.77\times10^{-6}, 8.68\times10^{-6}, 10.6\times10^{-6}\}$$
$$P(y_4=0.5)=\{14.19\times10^{-6}, 15.62\times10^{-6}, 17.06\times10^{-6}\}$$
$$P(y_4=1)=\{70.7\times10^{-6}, 79.3\times10^{-6}, 87.5\times10^{-6}\}$$

假设基本事件 $x_1 \sim x_9$ 的当前故障状态值为 $\hat{x}_1=0.2$，$\hat{x}_2=0.1$，$\hat{x}_3=0.2$，$\hat{x}_4=0.8$，$\hat{x}_5=0.4$，$\hat{x}_6=0.2$，$\hat{x}_7=0.4$，$\hat{x}_8=0.2$，$\hat{x}_9=0.8$，求得表 1-35 各规则中基本事件 x_1、x_2 故障状态的隶属度及规则执行度，见表 1-40。

表 1-40　表 1-35 中基本事件故障状态的隶属度及执行度

规则	隶属度		执行度
	$\mu_{F_{(l)}}(\hat{x}_2)$	$\mu_{F_{(l)}}(\hat{x}_3)$	
1	2/3	1	2/3
2	2/3	0	0
3	2/3	0	0
4	1/3	1	1/3
5	1/3	0	0
6	1/3	0	0
7	0	1	0
8	0	0	0
9	0	0	0

由式(1-37)求得中间事件 $y_1 \sim y_3$ 故障状态分别为 0、0.5、1 时的可能性分别为

$$P(y_1=0)=0.733, P(y_1=0.5)=0.133, P(y_1=1)=0.133$$

$$P(y_2=0)=0.181, P(y_2=0.5)=0.348, P(y_2=1)=0.470$$

$$P(y_3=0)=0.078, P(y_3=0.5)=0.189, P(y_3=1)=0.733$$

用中间事件 $y_1 \sim y_3$ 的可能性作为其隶属度,由式(1-37)求得 y_4 即顶事件 T 各故障状态的可能性分别为

$$P(y_4=0)=0.030, P(y_4=0.5)=0.030, P(y_4=1)=0.939$$

3. T-S 故障树重要度计算

1) T-S 故障树结构重要度

由式(1-49)求得基本事件 x_1 故障状态为 0.5 对顶事件 T 故障状态为 0.5 的 T-S 故障树结构重要度为

$$I_{\mathrm{St}}^{(0.5)}(x_1=0.5)=\frac{1}{3^8}[r_1(0.5, P(S_1^{(0.5)}=1))-r_1(0.5, P(S_1^{(0.5)}=0))]=\frac{4}{6561}$$

同理,可得各基本事件故障状态为 0.5 和 1 对顶事件 T 故障状态为 0.5 的 T-S 故障树结构重要度,见表 1-41。

表 1-41　基本事件故障状态为 0.5 和 1 对顶事件 T 故障状态为 0.5 的 T-S 故障树结构重要度

基本事件故障状态	$I_{\mathrm{St}}^{(0.5)}(x_i=S_i^{(a_i)})$	基本事件故障状态	$I_{\mathrm{St}}^{(0.5)}(x_i=S_i^{(a_i)})$	基本事件故障状态	$I_{\mathrm{St}}^{(0.5)}(x_i=S_i^{(a_i)})$
$x_1=0.5$	4/6561	$x_4=0.5$	0	$x_7=0.5$	0
$x_1=1$	0	$x_4=1$	0	$x_7=1$	0
$x_2=0.5$	4/6561	$x_5=0.5$	0	$x_8=0.5$	0
$x_2=1$	0	$x_5=1$	0	$x_8=1$	0
$x_3=0.5$	0	$x_6=0.5$	0	$x_9=0.5$	0
$x_3=1$	0	$x_6=1$	0	$x_9=1$	0

同理,可得各基本事件故障状态为 0.5 和 1 对顶事件 T 故障状态为 1 的 T-S 故障树结构重要度,见表 1-42。

表 1-42 基本事件故障状态为 0.5 和 1 对顶事件 T 故障状态为 1 的 T-S 故障树结构重要度

基本事件故障状态	$I_{\mathrm{St}}^{(1)}(x_i=S_i^{(a_i)})$	基本事件故障状态	$I_{\mathrm{St}}^{(1)}(x_i=S_i^{(a_i)})$	基本事件故障状态	$I_{\mathrm{St}}^{(1)}(x_i=S_i^{(a_i)})$
$x_1=0.5$	4/2187	$x_4=0.5$	1/729	$x_7=0.5$	1/729
$x_1=1$	2/2187	$x_4=1$	1/729	$x_7=1$	1/729
$x_2=0.5$	4/2187	$x_5=0.5$	1/729	$x_8=0.5$	1/729
$x_2=1$	2/2187	$x_5=1$	1/729	$x_8=1$	1/729
$x_3=0.5$	1/729	$x_6=0.5$	1/729	$x_9=0.5$	1/729
$x_3=1$	1/729	$x_6=1$	1/729	$x_9=1$	1/729

2) T-S 故障树概率重要度

由式(1-50),求得基本事件 x_1故障状态为 0.5 对顶事件 T 为 0.5 的 T-S 故障树概率重要度为

$$I_{\mathrm{Pr}}^{(0.5)}(x_1=0.5)=P(0.5,P(x_1=0.5)=1)-P(0.5,P(x_1=0.5)=0)=0.12$$

同理,可得各基本事件故障状态为 0.5 和 1 对顶事件 T 故障状态为 0.5 的 T-S 故障树概率重要度,见表 1-43。

表 1-43 基本事件故障状态为 0.5 和 1 对顶事件 T 故障状态为 0.5 的 T-S 故障树概率重要度

基本事件故障状态	$I_{\mathrm{Pr}}^{(0.5)}(x_i=S_i^{(a_i)})$	基本事件故障状态	$I_{\mathrm{Pr}}^{(0.5)}(x_i=S_i^{(a_i)})$	基本事件故障状态	$I_{\mathrm{Pr}}^{(0.5)}(x_i=S_i^{(a_i)})$
$x_1=0.5$	0.12	$x_4=0.5$	0.15	$x_7=0.5$	0.16
$x_1=1$	0	$x_4=1$	0.143	$x_7=1$	0
$x_2=0.5$	0.09	$x_5=0.5$	0.09	$x_8=0.5$	0.2
$x_2=1$	0	$x_5=1$	0.054	$x_8=1$	0.104
$x_3=0.5$	0.12	$x_6=0.5$	0.15	$x_9=0.5$	0.2
$x_3=1$	0.116	$x_6=1$	0.087	$x_9=1$	0

同理,可得各基本事件故障状态为 0.5 和 1 对顶事件 T 故障状态为 1 的 T-S 故障树概率重要度,见表 1-44。

表 1-44　基本事件故障状态为 0.5 和 1 对顶事件 T 故障状态为 1 的 T-S 故障树概率重要度

基本事件故障状态	$I_{\text{Pr}}^{(1)}(x_i=S_i^{(a_i)})$	基本事件故障状态	$I_{\text{Pr}}^{(1)}(x_i=S_i^{(a_i)})$	基本事件故障状态	$I_{\text{Pr}}^{(1)}(x_i=S_i^{(a_i)})$
$x_1=0.5$	0.48	$x_4=0.5$	0.45	$x_7=0.5$	0.42
$x_1=1$	1	$x_4=1$	0.777	$x_7=1$	0.9
$x_2=0.5$	0.56	$x_5=0.5$	0.45	$x_8=0.5$	0.25
$x_2=1$	1	$x_5=1$	0.762	$x_8=1$	0.456
$x_3=0.5$	0.50	$x_6=0.5$	0.55	$x_9=0.5$	0.35
$x_3=1$	0.66	$x_6=1$	0.813	$x_9=1$	0.6

由式(1-51)，综合基本事件 x_1 故障状态为 0.5 和 1 对顶事件 T 故障状态为 0.5 的 T-S 故障树概率重要度，得到基本事件 x_1 对顶事件 T 故障状态为 0.5 的 T-S 故障树概率重要度为

$$I_{\text{Pr}}^{(0.5)}(x_1)=\frac{I_{\text{Pr}}^{(0.5)}(x_1=0.5)+I_{\text{Pr}}^{(0.5)}(x_1=1)}{2}=0.06$$

同理，可得各基本事件对顶事件 T 故障状态为 0.5 和 1 的 T-S 故障树概率重要度，见表 1-45。

表 1-45　基本事件的 T-S 故障树概率重要度

基本事件	$I_{\text{Pr}}^{(0.5)}(x_i)$	$I_{\text{Pr}}^{(1)}(x_i)$	基本事件	$I_{\text{Pr}}^{(0.5)}(x_i)$	$I_{\text{Pr}}^{(1)}(x_i)$	基本事件	$I_{\text{Pr}}^{(0.5)}(x_i)$	$I_{\text{Pr}}^{(1)}(x_i)$
x_1	0.06	0.74	x_4	0.147	0.614	x_7	0.08	0.66
x_2	0.045	0.78	x_5	0.072	0.606	x_8	0.152	0.353
x_3	0.118	0.58	x_6	0.119	0.682	x_9	0.1	0.475

3）T-S 故障树关键重要度

由式(1-52)，求得基本事件 x_1 故障状态为 0.5 对顶事件 T 故障状态为 0.5 的 T-S 故障树关键重要度为

$$I_{\text{Cr}}^{(0.5)}(x_1=0.5)=\frac{P(x_1=0.5)}{P(T=0.5)}I_{\text{Pr}}^{(0.5)}(x_1=S_1^{(0.5)})=0.104$$

同理，可得各基本事件故障状态为 0.5 和 1 对顶事件 T 故障状态为 0.5 的 T-S 故障树关键重要度，见表 1-46。

表 1-46　基本事件故障状态为 0.5 和 1 对顶事件 T 故障状态为 0.5 的 T-S 故障树关键重要度

基本事件故障状态	$I_{\mathrm{Cr}}^{(0.5)}(x_i=S_i^{(a_i)})$	基本事件故障状态	$I_{\mathrm{Cr}}^{(0.5)}(x_i=S_i^{(a_i)})$	基本事件故障状态	$I_{\mathrm{Cr}}^{(0.5)}(x_i=S_i^{(a_i)})$
$x_1=0.5$	0.104	$x_4=0.5$	0.24	$x_7=0.5$	0.017
$x_1=1$	0	$x_4=1$	0.229	$x_7=1$	0
$x_2=0.5$	0.043	$x_5=0.5$	4.607×10^{-5}	$x_8=0.5$	0.12
$x_2=1$	0	$x_5=1$	2.764×10^{-5}	$x_8=1$	0.063
$x_3=0.5$	0.077	$x_6=0.5$	0.021	$x_9=0.5$	6.398×10^{-4}
$x_3=1$	0.074	$x_6=1$	0.012	$x_9=1$	0

同理,可得各基本事件故障状态为 0.5 和 1 对顶事件 T 故障状态为 1 的 T-S 故障树关键重要度,见表 1-47。

表 1-47　基本事件故障状态为 0.5 和 1 对顶事件 T 故障状态为 1 的 T-S 故障树关键重要度

基本事件故障状态	$I_{\mathrm{Cr}}^{(1)}(x_i=S_i^{(a_i)})$	基本事件故障状态	$I_{\mathrm{Cr}}^{(1)}(x_i=S_i^{(a_i)})$	基本事件故障状态	$I_{\mathrm{Cr}}^{(1)}(x_i=S_i^{(a_i)})$
$x_1=0.5$	0.082	$x_4=0.5$	0.142	$x_7=0.5$	0.009
$x_1=1$	0.17	$x_4=1$	0.245	$x_7=1$	0.019
$x_2=0.5$	0.053	$x_5=0.5$	4.54×10^{-5}	$x_8=0.5$	0.03
$x_2=1$	0.095	$x_5=1$	7.687×10^{-5}	$x_8=1$	0.054
$x_3=0.5$	0.063	$x_6=0.5$	0.015	$x_9=0.5$	2.207×10^{-4}
$x_3=1$	0.083	$x_6=1$	0.022	$x_9=1$	3.783×10^{-4}

由式(1-53),综合基本事件 x_1 故障状态为 0.5 和 1 对顶事件 T 故障状态为 0.5 的 T-S 故障树关键重要度,得到基本事件 x_1 对顶事件 T 故障状态为 0.5 的 T-S 故障树关键重要度为

$$I_{\mathrm{Cr}}^{(0.5)}(x_1)=\frac{I_{\mathrm{Cr}}^{(0.5)}(x_1=0.5)+I_{\mathrm{Cr}}^{(0.5)}(x_1=1)}{2}=0.052$$

同理,可得各基本事件对顶事件 T 故障状态为 0.5 和 1 的 T-S 故障树关键重要度,见表 1-48。

表 1-48　基本事件的 T-S 故障树关键重要度

基本事件	$I_{\mathrm{Cr}}^{(0.5)}(x_i)$	$I_{\mathrm{Cr}}^{(1)}(x_i)$	基本事件	$I_{\mathrm{Cr}}^{(0.5)}(x_i)$	$I_{\mathrm{Cr}}^{(1)}(x_i)$	基本事件	$I_{\mathrm{Cr}}^{(0.5)}(x_i)$	$I_{\mathrm{Cr}}^{(1)}(x_i)$
x_1	0.052	0.126	x_4	0.2345	0.1935	x_7	0.0085	0.014
x_2	0.0215	0.074	x_5	3.6855×10^{-5}	6.1135×10^{-5}	x_8	0.0915	0.042
x_3	0.0755	0.073	x_6	0.0165	0.0185	x_9	3.199×10^{-4}	2.995×10^{-4}

4) T-S 故障树模糊重要度

由式(1-54),求得基本事件 x_1 故障状态为 0.5 对顶事件 T 故障状态为 0.5 的 T-S 故障树模糊重要度为

$$I_{\mathrm{Fu}}^{(0.5)}(x_1=0.5)=E[P(0.5,\widetilde{P}(x_i=S_i^{(a_i)})=1)-P(0.5,\widetilde{P}(x_i=S_i^{(a_i)})=0)]=0.12$$

同理,可得各基本事件故障状态为 0.5 和 1 对顶事件 T 故障状态为 0.5 的 T-S 故障树模糊重要度,见表 1-49。

表 1-49　基本事件故障状态为 0.5 和 1 对顶事件 T 故障状态为 0.5 的 T-S 故障树模糊重要度

基本事件故障状态	$I_{\mathrm{Fu}}^{(0.5)}(x_i=S_i^{(a_i)})$	基本事件故障状态	$I_{\mathrm{Fu}}^{(0.5)}(x_i=S_i^{(a_i)})$	基本事件故障状态	$I_{\mathrm{Fu}}^{(0.5)}(x_i=S_i^{(a_i)})$
$x_1=0.5$	0.12	$x_4=0.5$	0.15	$x_7=0.5$	0.16
$x_1=1$	0	$x_4=1$	0.143	$x_7=1$	0
$x_2=0.5$	0.09	$x_5=0.5$	0.09	$x_8=0.5$	0.2
$x_2=1$	0	$x_5=1$	0.054	$x_8=1$	0.104
$x_3=0.5$	0.12	$x_6=0.5$	0.15	$x_9=0.5$	0.2
$x_3=1$	0.116	$x_6=1$	0.087	$x_9=1$	0

同理,可得各基本事件故障状态为 0.5 和 1 对顶事件 T 故障状态为 1 的 T-S 故障树模糊重要度,见表 1-50。

表 1-50　基本事件故障状态为 0.5 和 1 对顶事件 T 故障状态为 1 的 T-S 故障树模糊重要度

基本事件故障状态	$I_{\mathrm{Fu}}^{(1)}(x_i=S_i^{(a_i)})$	基本事件故障状态	$I_{\mathrm{Fu}}^{(1)}(x_i=S_i^{(a_i)})$	基本事件故障状态	$I_{\mathrm{Fu}}^{(1)}(x_i=S_i^{(a_i)})$
$x_1=0.5$	0.48	$x_4=0.5$	0.45	$x_7=0.5$	0.42
$x_1=1$	1	$x_4=1$	0.777	$x_7=1$	0.9
$x_2=0.5$	0.56	$x_5=0.5$	0.45	$x_8=0.5$	0.25
$x_2=1$	1	$x_5=1$	0.762	$x_8=1$	0.456
$x_3=0.5$	0.50	$x_6=0.5$	0.55	$x_9=0.5$	0.35
$x_3=1$	0.66	$x_6=1$	0.813	$x_9=1$	0.6

综合基本事件 x_1 故障状态为 0.5 和 1 对顶事件 T 故障状态为 0.5 的 T-S 故障树模糊重要度，得到基本事件 x_1 对顶事件 T 故障状态为 0.5 的 T-S 故障树模糊重要度为

$$I_{\mathrm{Fu}}^{(0.5)}(x_1)=\frac{I_{\mathrm{Fu}}^{(0.5)}(x_1=0.5)+I_{\mathrm{Fu}}^{(0.5)}(x_1=1)}{2}=0.06$$

同理，可得各基本事件对顶事件 T 故障状态为 0.5 和 1 的 T-S 故障树模糊重要度，见表 1-51。

表 1-51　基本事件的 T-S 故障树模糊重要度

基本事件	$I_{\mathrm{Fu}}^{(0.5)}(x_i)$	$I_{\mathrm{Fu}}^{(1)}(x_i)$	基本事件	$I_{\mathrm{Fu}}^{(0.5)}(x_i)$	$I_{\mathrm{Fu}}^{(1)}(x_i)$	基本事件	$I_{\mathrm{Fu}}^{(0.5)}(x_i)$	$I_{\mathrm{Fu}}^{(1)}(x_i)$
x_1	0.06	0.74	x_4	0.147	0.614	x_7	0.08	0.66
x_2	0.045	0.78	x_5	0.072	0.606	x_8	0.152	0.353
x_3	0.118	0.58	x_6	0.119	0.682	x_9	0.1	0.475

5) T-S 故障树状态重要度

通过隶属函数和式(1-23)计算得到基本事件 x_1、x_2 当前故障状态值分别为 0 时表 1-35 各规则中基本事件故障状态的执行度，再根据式(1-37)，得到上述情况下 y_1 的可能性，见表 1-52。

表 1-52　x_1、x_2 当前故障状态值分别为 0 时 y_1 的可能性

$\hat{x}_1$	$\hat{x}_2$	$P(y_1,\hat{x}_i=0)$		
		0	0.5	1
0	0.1	1	0	0
0.2	0	0.733	0.133	0.133

同理，可得基本事件 x_3 ~ x_6 当前故障状态值分别为 0 时 y_2 的可能性和 x_7 ~ x_9 状态分别为 0 时 y_3 的可能性，见表 1-53、表 1-54。

表 1-53　x_3 ~ x_6 当前故障状态值分别为 0 时 y_2 的可能性

$\hat{x}_3$	$\hat{x}_4$	$\hat{x}_5$	$\hat{x}_6$	$P(y_2,\hat{x}_i=0)$		
				0	0.5	1
0	0.8	0.4	0.2	0.211	0.344	0.444
0.2	0	0.4	0.2	0.3	0.344	0.356
0.2	0.8	0	0.2	0.2	0.441	0.359
0.2	0.8	0.4	0	0.2	0.411	0.389

表 1-54　$x_7 \sim x_9$ 当前故障状态值分别为 0 时 y_3 的可能性

$\hat{x}_7$	$\hat{x}_8$	$\hat{x}_9$	$P(y_3, \hat{x}_i=0)$		
			0	0.5	1
0	0.2	0.8	0.078	0.144	0.778
0.4	0	0.8	0.1	0.267	0.633
0.4	0.2	0	0.333	0.367	0.3

基本事件 $x_1 \sim x_9$ 当前故障状态值分别为 0 时有 9 种情况，用 $y_1 \sim y_3$ 的可能性分别代替其隶属度，同理可得基本事件 $x_1 \sim x_9$ 当前故障状态值分别为 0 时 y_4 的可能性，见表 1-55。

表 1-55　$x_1 \sim x_9$ 当前故障状态值分别为 0 时 y_4 的可能性

情　况	$P(y_4, \hat{x}_i=0)$		
	0	0.5	1
1	0.036	0.035	0.928
2	0.030	0.030	0.939
3	0.033	0.031	0.934
4	0.042	0.038	0.919
5	0.034	0.036	0.929
6	0.034	0.034	0.931
7	0.026	0.024	0.947
8	0.039	0.041	0.917
9	0.095	0.074	0.829

由式(1-56)，得到基本事件 x_1 对 y_4 顶事件 T 故障状态为 0.5 的 T-S 故障树状态重要度为

$$I_{\mathrm{Sta}}^{(0.5)}(\hat{x}_1) = \max\{P(0.5, x_1=0.2) - P(0.5, x_1=0), 0\} = 0$$

同理，可得各基本事件对顶事件 T 故障状态为 0.5 和 1 的 T-S 故障树状态重要度，见表 1-56。

表 1-56　基本事件的 T-S 故障树状态重要度

基本事件	$I_{\mathrm{Sta}}^{(0.5)}(\hat{x}_i)$	$I_{\mathrm{Sta}}^{(1)}(\hat{x}_i)$	基本事件	$I_{\mathrm{Sta}}^{(0.5)}(\hat{x}_i)$	$I_{\mathrm{Sta}}^{(1)}(\hat{x}_i)$	基本事件	$I_{\mathrm{Sta}}^{(0.5)}(\hat{x}_i)$	$I_{\mathrm{Sta}}^{(1)}(\hat{x}_i)$
x_1	0	0.011	x_4	0	0.02	x_7	0.006	0
x_2	0	0	x_5	0	0.01	x_8	0	0.022
x_3	0	0.005	x_6	0	0.008	x_9	0	0.11

通过重要度分析,可以发现系统的薄弱环节,还可用于系统的改进设计和指导系统运行维护。

1.7 非概率凸模型 T-S 故障树及重要度

实际工程问题中存在着大量的不确定性,可靠性正是考虑不确定性而逐渐发展起来的。随着对不确定性的认识加深,人们发现可靠性问题中的不确定性不仅有随机性,也存在主观认识上的模糊性,还有由于信息不足而引起的客观和主观认识上的未确知性[250-256]。

随机性是由于事件发生的条件不充分所导致的因果关系不明确而形成的试验结果的不确定性,也即由于条件的不充分,使得事件与条件之间不能出现必然的因果关系,而导致的结果的离散性。模糊性是由于概念本身没有明确的外延,从而不可能给某些事物以明确的定义和评定标准所产生的一种不确定性,这种不确定性普遍存在于可靠性工程领域,如故障率低、寿命长、可靠高等就具有模糊性,又如部件在从正常到失效之间的中间过程,类属不明确、不清晰,部件状态具有模糊性。在实际工程中,由于样本数据缺乏而不满足随机性或模糊性假设的要求,但不确定信息的界限易于确定,这类不确定性就归为有界不确定性,即未确知性或不完善性。未确知性包括两个方面:一是客观信息的不完善性;二是主观知识的不完善性。

定义随机性或模糊性模型都需要大样本数据信息,失效是一个稀有事件,要收集足够的数据不仅困难,而且时间费用成本都很高。当缺乏足够数据时,可靠性计算结果可能出现较大偏差,但不确定性的幅度或界限却易于确定,这类不确定性就归为有界不确性,所对应的即是非概率模型。2009 年,Zio 在文献[257]中深刻洞察分析了可靠性这一老问题所面临的新挑战,其中就有不确定性。Ben-Haim 等提出在掌握数据信息较少时,不适宜采用不确定性的随机性或模糊性模型,此时建立在非概率模型描述不确定性基础上的非概率可靠性可以作为系统可靠性的有益补充。非概率可靠性可描述为,当系统能够承受较大的不确定性时,认为系统是可靠的,否则认为系统不可靠。对于传统可靠性,系统不可接受行为的概率越小,系统越可靠;对于非概率可靠性,系统性能波动的范围越小,系统越可靠。非概率可靠性的优点是对所掌握的原始样本数据需求很低,不需要其具体的分布形式及其概率密度函数或者隶属函数,因此,非概率可靠性引起了很多国内外研究者的关注及工程领域的重视。在结构可靠性领域,非概率可靠性得到了成功的应用与发展。

描述具有随机性、模糊性和未确知性的不确定性信息,概率模型、模糊模型和凸集模型是不确定性建模的三种主要方法。有研究者将可靠性模型用带一个“重心”的可靠性三角形来概括,顶点为三种可靠性模型,重心则为混合可靠性模型,如图 1-27 所示。

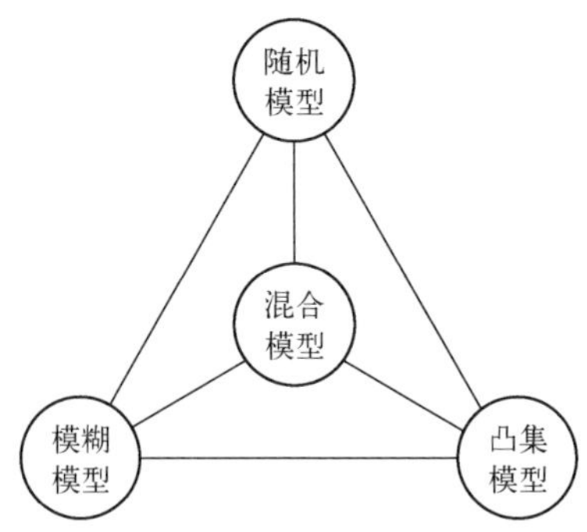

图 1-27　不确定性模型三角形

概率模型和模糊模型应用的前提是存在大量样本或事件具有可重复性。在实际工程中,不确定性参量的故障数据及模糊隶属度函数虽不易获知,但其边界或范围却易于获知,即未知但有界。凸模型可以界定不确定参量的边界或范围,而对其分布则不做人为假定。有研究者将区间模型或超椭球模型引入 Bell 故障树中,解决数据缺乏等不确定性因素对可靠性分析结果的影响[258-259]。

我们在非概率可靠性研究的启示下对 T-S 故障树进行延伸。针对可靠性数据缺乏、事件关系复杂多样等问题,提出凸模型 T-S 故障树及重要度分析方法[260]:将区间模型引入 T-S 故障树分析方法,利用区间模型描述基本事件的可靠性数据,提出区间 T-S 故障树分析方法;引入超椭球模型来界定不确定性参量的取值范围,提出超椭球 T-S 故障树分析方法,解决区间 T-S 故障树分析结果相对保守的问题;进而,定义凸模型 T-S 故障树的重要度指标;通过与凸模型 Bell 故障树、T-S 故障树进行对比,验证方法的可行性。

1.7.1　凸模型 T-S 故障树

1. 区间 T-S 故障树

1) 事件的区间模型描述

假设下级事件 x_i 各故障状态的区间可靠性数据为

$$P^{\mathrm{i}}(x_i=S_i^{(a_i)})=[P^{\mathrm{L}}(x_i=S_i^{(a_i)}),\ P^{\mathrm{U}}(x_i=S_i^{(a_i)})] \tag{1-73}$$

式中:$P^{\mathrm{L}}(x_i=S_i^{(a_i)})$、$P^{\mathrm{U}}(x_i=S_i^{(a_i)})$ 分别为基本事件 x_i 故障状态为 $S_i^{(a_i)}$ 的区间可靠性数据(如故障概率、模糊可能性等)$P^{\mathrm{i}}(x_i=S_i^{(a_i)})$ 的下限和上限边界值。

取下级事件 x_1、x_2 区间变量 $P^{\mathrm{i}}(x_1=S_1^{(a_1)})$、$P^{\mathrm{i}}(x_2=S_2^{(a_2)})$ 组成一个二维区间模型,如图 1-28 所示。

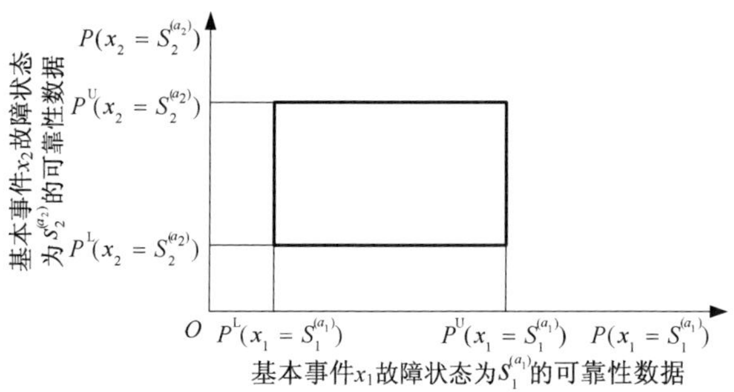

图 1-28　二维区间模型

区间变量 $P^{\mathrm{i}}(x_1=S_1^{(a_1)}),P^{\mathrm{i}}(x_2=S_2^{(a_2)})\in\mathbf{R}^+$，满足四则运算为

$$P^{\mathrm{i}}(x_1=S_1^{(a_1)})+P^{\mathrm{i}}(x_2=S_2^{(a_2)})=[P^{\mathrm{L}}(x_1=S_1^{(a_1)})+P^{\mathrm{L}}(x_2=S_2^{(a_2)}),\ P^{\mathrm{U}}(x_1=S_1^{(a_1)})+P^{\mathrm{U}}(x_2=S_2^{(a_2)})] \tag{1-74}$$

$$P^{\mathrm{i}}(x_1=S_1^{(a_1)})-P^{\mathrm{i}}(x_2=S_2^{(a_2)})=[P^{\mathrm{L}}(x_1=S_1^{(a_1)})-P^{\mathrm{U}}(x_2=S_2^{(a_2)}),\ P^{\mathrm{U}}(x_1=S_1^{(a_1)})-P^{\mathrm{L}}(x_2=S_2^{(a_2)})] \tag{1-75}$$

$$P^{\mathrm{i}}(x_1=S_1^{(a_1)})P^{\mathrm{i}}(x_2=S_2^{(a_2)})=[P^{\mathrm{L}}(x_1=S_1^{(a_1)})P^{\mathrm{L}}(x_2=S_2^{(a_2)}),\ P^{\mathrm{U}}(x_1=S_1^{(a_1)})P^{\mathrm{U}}(x_2=S_2^{(a_2)})] \tag{1-76}$$

$$\frac{P^{\mathrm{i}}(x_1=S_1^{(a_1)})}{P^{\mathrm{i}}(x_2=S_2^{(a_2)})}=\left[\frac{P^{\mathrm{L}}(x_1=S_1^{(a_1)})}{P^{\mathrm{U}}(x_2=S_2^{(a_2)})},\frac{P^{\mathrm{U}}(x_1=S_1^{(a_1)})}{P^{\mathrm{L}}(x_2=S_2^{(a_2)})}\right] \tag{1-77}$$

由图 1-28 和式(1-74)~式(1-77)可以看出，基本事件区间可靠性数据必须同时取边界值的情况下，才能得到上级事件区间可靠性数据的边界值。在实际工程中，基本事件区间可靠性数据同时取边界值的极端情况很难发生，因而，区间 T-S 故障树分析方法的计算结果偏于保守。

假设下级事件和上级事件之间的关系构成了 T-S 门，下级事件 $x_i(i=1,2,\cdots,n)$ 的故障状态为 $S_i^{(a_i)}(a_i=1,2,\cdots,k_i)$，上级事件 y 的故障状态 $S_y^{(b_y)}(b_y=1,2,\cdots,k_y)$ 和顶事件 T 的故障状态 $T_q(q=1,2,\cdots,k_q)$ 分别描述为 $(S_1^{(1)},S_1^{(2)},\cdots,S_1^{(k_1)})$，$(S_2^{(1)},S_2^{(2)},\cdots,S_2^{(k_2)})$，…，$(S_n^{(1)},S_n^{(2)},\cdots,S_n^{(k_n)})$，$(S_y^{(1)},S_y^{(2)},\cdots,S_y^{(k_y)})$ 和 $(T_1,T_2,\cdots,T_{k_q})$，其中

$$\begin{cases}0\leqslant S_1^{(1)}<S_1^{(2)}<\cdots<S_1^{(k_1)}\leqslant 1\\ 0\leqslant S_2^{(1)}<S_2^{(2)}<\cdots<S_2^{(k_2)}\leqslant 1\\ \qquad\vdots\\ 0\leqslant S_n^{(1)}<S_n^{(2)}<\cdots<S_n^{(k_n)}\leqslant 1\\ 0\leqslant S_y^{(1)}<S_y^{(2)}<\cdots<S_y^{(k_y)}\leqslant 1\\ 0\leqslant T_1<T_2<\cdots<T_{k_q}\leqslant 1\end{cases} \tag{1-78}$$

T-S 门可表示为下列描述规则：

已知规则 $l(l=1,2,\cdots,r)$，如果 x_1 为 $S_1^{(a_1)}$、x_2 为 $S_2^{(a_2)}$、…、x_n 为 $S_n^{(a_n)}$，则 y 为 $S_y^{(1)}$ 的发生可能性为 $P_{(l)}(y=S_y^{(1)})$，y 为 $S_y^{(2)}$ 的发生可能性为 $P_{(l)}(y=S_y^{(2)})$，…，y 为 $S_y^{(k_y)}$ 的发生可能性为 $P_{(l)}(y=S_y^{(k_y)})$。其中，$a_1=1,2,\cdots,k_1$；$a_2=1,2,\cdots,k_2$；…；$a_n=1,2,\cdots,k_n$，r 为规则总数，$r=k_1k_2\cdots k_n=\prod_{i=1}^{n}k_i$，$P_{(l)}^{\mathrm{i}}(y=S_y^{(b_y)})$ 采用区间模型描述，即

$$P_{(l)}^{\mathrm{i}}(y=S_y^{(b_y)})=[P_{(l)}^{\mathrm{L}}(y=S_y^{(b_y)}),P_{(l)}^{\mathrm{U}}(y=S_y^{(b_y)})] \tag{1-79}$$

式中：$P_{(l)}^{\mathrm{L}}(y=S_y^{(b_y)})$、$P_{(l)}^{\mathrm{U}}(y=S_y^{(b_y)})$ 分别为上级事件 y 故障状态为 $S_y^{(b_y)}$ 的发生可能性 $P_{(l)}(y=S_y^{(b_y)})$ 的下限和上限边界值。

2）输入规则算法

已知下级事件 $x_1,x_2,\cdots,x_n$ 各故障状态的区间可靠性数据分别为 $P^{\mathrm{i}}(x_1=S_1^{(a_1)})(a_1=1,2,\cdots,k_1)$，$P^{\mathrm{i}}(x_2=S_2^{(a_2)})(a_2=1,2,\cdots,k_2)$，…，$P^{\mathrm{i}}(x_n=S_n^{(a_n)})(a_n=1,2,\cdots,k_n)$，通过输入规则算法可求得输入规则的执行可能性。

区间 T-S 故障树的 T-S 门描述规则的输入规则 $l(l=1,2,\cdots,r)$ 的执行可能性为

$$P_{(l)}^{\mathrm{i}}=\prod_{i=1}^{n}P^{\mathrm{i}}(x_i=S_i^{(a_i)})=\prod_{i=1}^{n}[P^{\mathrm{L}}(x_i=S_i^{(a_i)}),P^{\mathrm{U}}(x_i=S_i^{(a_i)})] \tag{1-80}$$

3）输出规则算法

基于输入规则算法所求得的输入规则的执行可能性，并结合输出规则算法，可计算得到上级事件各故障状态的可靠性数据，即 y 为 $S_y^{(1)},S_y^{(2)},\cdots,S_y^{(k_y)}$ 的区间可靠性数据分别为

$$\begin{cases} P^{\mathrm{i}}(y=S_y^{(1)})=\sum_{l=1}^{r}P_{(l)}^{\mathrm{i}}P_{(l)}(y=S_y^{(1)}) \\ P^{\mathrm{i}}(y=S_y^{(2)})=\sum_{l=1}^{r}P_{(l)}^{\mathrm{i}}P_{(l)}(y=S_y^{(2)}) \\ \qquad\vdots \\ P^{\mathrm{i}}(y=S_y^{(k_y)})=\sum_{l=1}^{r}P_{(l)}^{\mathrm{i}}P_{(l)}(y=S_y^{(k_y)}) \end{cases} \tag{1-81}$$

利用式(1-81)，可由下级事件各故障状态的区间可靠性数据(如故障概率、模糊可能性等)求得上级事件不同故障状态的区间可靠性数据，且满足上级事件 y 各故障状态 $S_y^{(b_y)}$ 的区间可靠性数据 $P^{\mathrm{i}}(y=S_y^{(b_y)})$ 之和为 1，即

$$P^{\mathrm{i}}(y=S_y^{(1)})+P^{\mathrm{i}}(y=S_y^{(2)})+\cdots+P^{\mathrm{i}}(y=S_y^{(k_y)})=1 \tag{1-82}$$

由下级事件各故障状态的区间可靠性数据，用式(1-81)可得出上级事件各故障状态的可靠性数据。依次逐级向上求解，最终可求得顶事件 T 各故障状态

$T_q(q=1,2,\cdots,k_q)$的可靠性数据,即 T 为 $T_1,T_2,\cdots,T_{k_q}$ 的可靠性数据 $P^{\mathrm{i}}(T=T_1)$, $P^{\mathrm{i}}(T=T_2),\cdots,P^{\mathrm{i}}(T=T_{k_q})$。

2. 超椭球 T-S 故障树

1) 事件的超椭球模型描述

针对区间模型在描述事件中的不足,用超椭球模型对事件区间加以约束。假设经超椭球约束后的基本事件 x_i 的区间可靠性数据为 $P^{\mathrm{h}}(x_i=S_i^{(a_i)})$,以二维超椭球模型为例,与二维区间模型对比如图 1-29 所示。

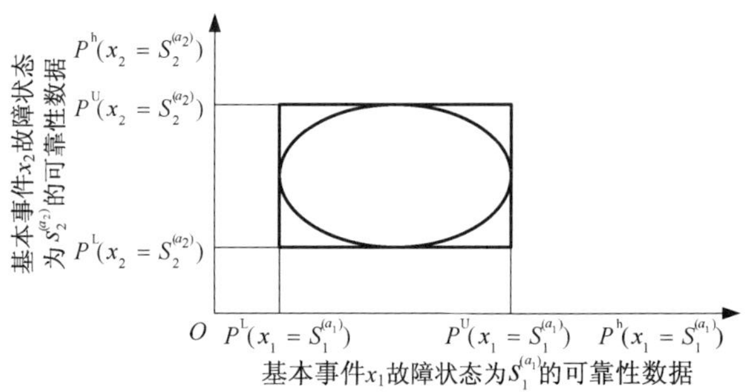

图 1-29 二维区间模型与二维超椭球模型

相比于区间模型,超椭球模型排除了一部分区间变量的可能取值区域。对于区间模型,当所有区间变量同时取区间的边界值时,得到上级事件区间可靠性数据的边界值。而在工程实际中,各基本事件同时出现最差或最好情形的可能性非常低,并且基本事件数目越多,这种可能性越小。因此,与区间模型相比,采用超椭球模型对基本事件加以约束更加符合工程实际。

基本事件 $x_i(i=1,2,\cdots,n)$ 各故障状态的区间可靠性数据,用超椭球模型描述为

$$\left(\frac{P^{\mathrm{h}}(x_1=S_1^{(a_1)})-P^{\mathrm{m}}(x_1=S_1^{(a_1)})}{P^{\mathrm{r}}(x_1=S_1^{(a_1)})},\frac{P^{\mathrm{h}}(x_2=S_2^{(a_2)})-P^{\mathrm{m}}(x_2=S_2^{(a_2)})}{P^{\mathrm{r}}(x_2^{(a_2)})},\cdots,\frac{P^{\mathrm{h}}(x_n=S_n^{(a_n)})-P^{\mathrm{m}}(x_n=S_n^{(a_n)})}{P^{\mathrm{r}}(x_n=S_n^{(a_n)})}\right)\cdot\left(\frac{P^{\mathrm{h}}(x_1=S_1^{(a_1)})-P^{\mathrm{m}}(x_1=S_1^{(a_1)})}{P^{\mathrm{r}}(x_1=S_1^{(a_1)})},\frac{P^{\mathrm{h}}(x_2=S_2^{(a_2)})-P^{\mathrm{m}}(x_2=S_2^{(a_2)})}{P^{\mathrm{r}}(x_2=S_2^{(a_2)})},\cdots,\frac{P^{\mathrm{h}}(x_n=S_n^{(a_n)})-P^{\mathrm{m}}(x_n=S_n^{(a_n)})}{P^{\mathrm{r}}(x_n=S_n^{(a_n)})}\right)^{\mathrm{T}}\leqslant 1 \tag{1-83}$$

式中:$P^{\mathrm{m}}(x_i=S_i^{(a_i)})$、$P^{\mathrm{r}}(x_i=S_i^{(a_i)})$分别为基本事件 x_i 的区间可靠性数据 $P^{\mathrm{h}}(x_i=S_i^{(a_i)})$的名义值和离差,即

$$P^{\mathrm{m}}(x_i=S_i^{(a_i)})=\frac{P^{\mathrm{L}}(x_i=S_i^{(a_i)})+P^{\mathrm{U}}(x_i=S_i^{(a_i)})}{2},$$

$$P^{\mathrm{r}}(x_i=S_i^{(a_i)})=\frac{P^{\mathrm{L}}(x_i=S_i^{(a_i)})-P^{\mathrm{U}}(x_i=S_i^{(a_i)})}{2}$$

各基本事件的可靠性数据取值范围应该为满足式(1-83)的超椭球区域内部。为此引入矢量

$$\boldsymbol{z}=\boldsymbol{D}^{-1}\boldsymbol{P} \tag{1-84}$$

$$\boldsymbol{z}=(z_1,z_2,\cdots,z_n)^{\mathrm{T}} \tag{1-85}$$

$$\boldsymbol{D}=\mathrm{diag}(P^{\mathrm{r}}(x_1=S_1^{(a_1)}),P^{\mathrm{r}}(x_2=S_2^{(a_2)}),\cdots,P^{\mathrm{r}}(x_n=S_n^{(a_n)})) \tag{1-86}$$

$$\boldsymbol{P}=(P^{\mathrm{h}}(x_1=S_1^{(a_1)}),P^{\mathrm{h}}(x_2=S_2^{(a_2)}),\cdots,P^{\mathrm{h}}(x_n=S_n^{(a_n)}))^{\mathrm{T}} \tag{1-87}$$

可将式(1-83)转化为新的超椭球模型

$$(\boldsymbol{z}-\boldsymbol{z}_0)^{\mathrm{T}}(\boldsymbol{z}-\boldsymbol{z}_0)\leqslant 1 \tag{1-88}$$

式中

$$\boldsymbol{z}_0=\left(\frac{P^{\mathrm{m}}(x_1=S_1^{(a_1)})}{P^{\mathrm{r}}(x_1=S_1^{(a_1)})},\frac{P^{\mathrm{m}}(x_2=S_2^{(a_2)})}{P^{\mathrm{r}}(x_2=S_2^{(a_2)})},\cdots,\frac{P^{\mathrm{m}}(x_n=S_n^{(a_n)})}{P^{\mathrm{r}}(x_n=S_n^{(a_n)})}\right)^{\mathrm{T}} \tag{1-89}$$

各基本事件可靠性数据取值范围在满足式(1-88)的超椭球区域内部，相当于在 $\Delta\boldsymbol{z}=\boldsymbol{z}-\boldsymbol{z}_0$ 空间超椭球内随机均匀取值，因 $\Delta\boldsymbol{z}$ 维数为 n，设单位超椭球的球坐标为$(r,\theta_1,\theta_2,\cdots,\theta_{n-1})$，其中，$r\in[0,1]$，$\theta_i\in[0,2\pi]$，$i=1,2,\cdots,n-1$。则两者之间的转换关系为

$$\Delta\boldsymbol{z}=\begin{pmatrix} r\cos\theta_1 \\ r\sin\theta_1\cos\theta_2 \\ \vdots \\ r\sin\theta_1\sin\theta_2\cdots\sin\theta_{n-3}\cos\theta_{n-2} \\ r\sin\theta_1\sin\theta_2\cdots\sin\theta_{n-2}\cos\theta_{n-1} \\ r\sin\theta_1\sin\theta_2\cdots\sin\theta_{n-2}\sin\theta_{n-1} \end{pmatrix} \tag{1-90}$$

由式(1-84)~式(1-90)可得，超椭球 T-S 故障树基本事件的区间可靠性数据为

$$\begin{cases} P^{\mathrm{h}}(x_1=S_1^{(a_1)})=P_{\mathrm{r}}(x_1^{(a_1)})r\cos\theta_1+P_{\mathrm{m}}(x_1^{(a_1)}) \\ P^{\mathrm{h}}(x_2=S_2^{(a_2)})=P_{\mathrm{r}}(x_2^{(a_2)})r\sin\theta_1\cos\theta_2+P_{\mathrm{m}}(x_2^{(a_2)}) \\ \vdots \\ P^{\mathrm{h}}(x_{n-2}=S_{n-2}^{(a_{n-2})})=P_{\mathrm{r}}(x_{n-2}^{(a_{n-2})})r\sin\theta_1\cdots\sin\theta_{n-3}\cos\theta_{n-2}+P_{\mathrm{m}}(x_{n-2}^{(a_{n-2})}) \\ P^{\mathrm{h}}(x_{n-1}=S_{n-1}^{(a_{n-1})})=P_{\mathrm{r}}(x_{n-1}^{(a_{n-1})})r\sin\theta_1\cdots\sin\theta_{n-2}\cos\theta_{n-1}+P_{\mathrm{m}}(x_{n-1}^{(a_{n-1})}) \\ P^{\mathrm{h}}(x_n=S_n^{(a_n)})=P_{\mathrm{r}}(x_n^{(a_n)})r\sin\theta_1\cdots\sin\theta_{n-2}\sin\theta_{n-1}+P_{\mathrm{m}}(x_n^{(a_n)}) \end{cases} \tag{1-91}$$

2）输入规则算法

已知经超椭球约束后的下级事件 $x_1, x_2, \cdots, x_n$ 各故障状态的区间可靠性数据分别为 $P^{\mathrm{h}}(x_1 = S_1^{(a_1)})(a_1 = 1,2,\cdots,k_1)$，$P^{\mathrm{h}}(x_2 = S_2^{(a_2)})(a_2 = 1,2,\cdots,k_2)$，$\cdots$，$P^{\mathrm{h}}(x_n = S_n^{(a_n)})(a_n = 1,2,\cdots,k_n)$，通过输入规则算法可求得输入规则的执行可能性。

超椭球 T-S 故障树的 T-S 门描述规则的输入规则 $l(l=1,2,\cdots,r)$ 的执行可能性为

$$P_{(l)}^{\mathrm{h}} = P^{\mathrm{h}}(x_1 = S_1^{(a_1)})P^{\mathrm{h}}(x_2 = S_2^{(a_2)})\cdots P^{\mathrm{h}}(x_n = S_n^{(a_n)}) = \prod_{i=1}^{n} P^{\mathrm{h}}(x_i = S_i^{(a_i)}) \tag{1-92}$$

3）输出规则算法

基于输入规则算法所求得的输入规则的执行可能性，并结合输出规则算法，可计算得到上级事件各故障状态的可靠性数据，即 y 为 $S_y^{(1)}, S_y^{(2)}, \cdots, S_y^{(k_y)}$ 的区间可靠性数据分别为

$$\begin{cases} P^{\mathrm{h}}(y = S_y^{(1)}) = \sum\limits_{l=1}^{r} P_{(l)}^{*} P_{(l)}^{\mathrm{h}}(y = S_y^{(1)}) \\ P^{\mathrm{h}}(y = S_y^{(2)}) = \sum\limits_{l=1}^{r} P_{(l)}^{*} P_{(l)}^{\mathrm{h}}(y = S_y^{(2)}) \\ \vdots \\ P^{\mathrm{h}}(y = S_y^{(k_y)}) = \sum\limits_{l=1}^{r} P_{(l)}^{*} P_{(l)}^{\mathrm{h}}(y = S_y^{(k_y)}) \end{cases} \tag{1-93}$$

利用式(1-31)，可由经超椭球约束后的下级事件各故障状态的区间可靠性数据求得上级事件不同故障状态的区间可靠性数据，且满足上级事件 y 各故障状态 $S_y^{(b_y)}$ 的区间可靠性数据 $P^{\mathrm{h}}(y=S_y^{(b_y)})$ 之和为 1，即

$$P^{\mathrm{h}}(y=S_y^{(1)}) + P^{\mathrm{h}}(y=S_y^{(2)}) + \cdots + P^{\mathrm{h}}(y=S_y^{(k_y)}) = 1 \tag{1-94}$$

由经超椭球约束后的下级事件各故障状态的区间可靠性数据，用式(1-93)可得出上级事件各故障状态的可靠性数据。依次逐级向上求解，最终可求得顶事件 T 各故障状态 $T_q(q=1,2,\cdots,k_q)$ 的区间可靠性数据，即 T 为 $T_1, T_2, \cdots, T_{k_q}$ 的可靠性数据 $P^{\mathrm{h}}(T=T_1)$，$P^{\mathrm{h}}(T=T_2)$，$\cdots$，$P^{\mathrm{h}}(T=T_{k_q})$。

3. 算法验证

1）与凸模型 Bell 故障树对比

与文献[258]进行对比，验证所提算法。以图 1-30 所示的 Bell 故障树为例，采用凸模型 T-S 故障树分析方法对其进行对比分析。

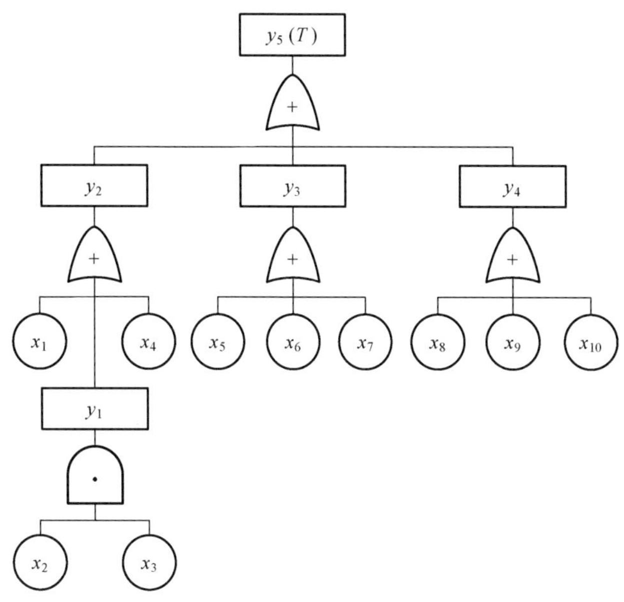

图 1-30　某系统 Bell 故障树

基本事件的区间故障概率见表 1-57。

表 1-57　基本事件区间故障概率

基本事件	区间故障概率	基本事件	区间故障概率
x_1	[0.015,0.02]	x_6	[0.003,0.005]
x_2	[0.07,0.08]	x_7	[0.0009,0.001]
x_3	[0.015,0.02]	x_8	[0.015,0.02]
x_4	[0.009,0.01]	x_9	[0.009,0.01]
x_5	[0.0009,0.001]	x_{10}	[0.009,0.01]

Bell 故障树是 T-S 故障树的某种特例,通过给出 Bell 故障树逻辑门的 T-S 门描述规则,将其转换为如图 1-31 所示的 T-S 故障树,T-S 门描述规则见表 1-58~表 1-62。

表 1-58　G_1 门的描述规则

规　则	x_2	x_3	y_1	
			0	1
1	0	0	1	0
2	0	1	1	0
3	1	0	1	0
4	1	1	0	1

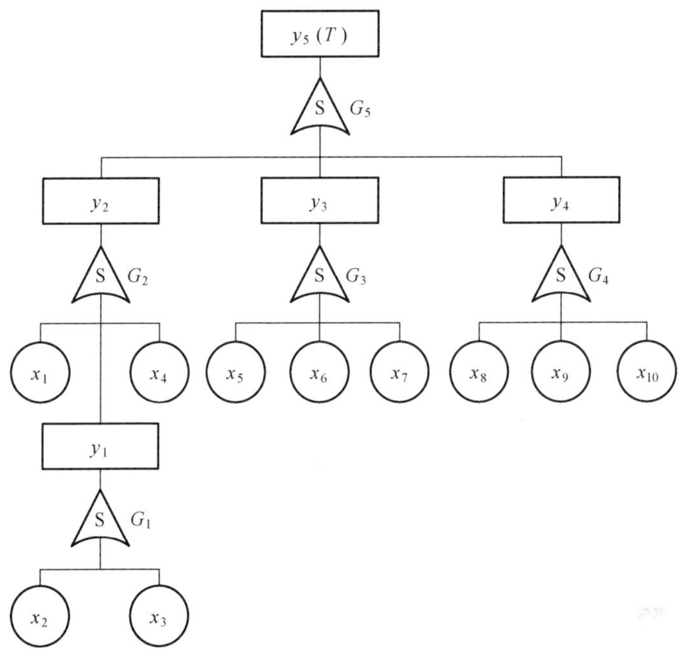

图 1-31　图 1-30 对应的 T-S 故障树

表 1-59　G_2门的描述规则

规　　则	x_1	x_4	y_1	y_2	
				0	1
1	0	0	0	1	0
2	0	0	1	0	1
3	0	1	0	0	1
4	0	1	1	0	1
5	1	0	0	0	1
6	1	0	1	0	1
7	1	1	0	0	1
8	1	1	1	0	1

表 1-60　G_3门的描述规则

规　　则	x_5	x_6	x_7	y_3	
				0	1
1	0	0	0	1	0
2	0	0	1	0	1

（续）

规　则	x_5	x_6	x_7	y_3	
				0	1
3	0	1	0	0	1
4	0	1	1	0	1
5	1	0	0	0	1
6	1	0	1	0	1
7	1	1	0	0	1
8	1	1	1	0	1

表 1-61　G_4 门的描述规则

规　则	x_8	x_9	x_{10}	y_4	
				0	1
1	0	0	0	1	0
2	0	0	1	0	1
3	0	1	0	0	1
4	0	1	1	0	1
5	1	0	0	0	1
6	1	0	1	0	1
7	1	1	0	0	1
8	1	1	1	0	1

表 1-62　G_5 门的描述规则

规　则	y_2	y_3	y_4	$y_5(T)$	
				0	1
1	0	0	0	1	0
2	0	0	1	0	1
3	0	1	0	0	1
4	0	1	1	0	1
5	1	0	0	0	1
6	1	0	1	0	1
7	1	1	0	0	1
8	1	1	1	0	1

利用区间、超椭球 T-S 故障树分析方法求得 y_5 即顶事件 T 的区间故障概率分别为

$$P^{\mathrm{i}}(y_5=1)=[0.0612,0.0762],P^{\mathrm{h}}(y_5=1)=[0.0651,0.0722]$$

可见,计算结果与凸模型 Bell 故障树相同,验证凸模型 T-S 故障树分析方法的可行性。同时,相对于 Bell 故障树,T-S 故障树的刻画能力和计算能力更具优势,因此,凸模型 T-S 故障树更具一般性和通用性。

2) 与 T-S 故障树对比

以图 1-19 所示的 T-S 故障树为例,基本事件 x_1、x_2 和 x_3 的故障状态为三态即(0,0.5,1)。假设基本事件 x_1、x_2 和 x_3 故障状态为 1 时的区间故障概率分别为[0.0098,0.0103]、[0.0018,0.0023]、[0.0047,0.0052],且故障状态为 0.5 的区间故障概率与故障状态为 1 的相同。采用凸模型 T-S 故障树分析方法求解上级事件的故障概率,并与 1.3.3 节结果进行对比,见表 1-63。

表 1-63　上级事件的故障概率

故　障　树	$P(y_1=0.5)$	$P(y_1=1)$	$P(y_2=0.5)$	$P(y_2=1)$
T-S 故障树	6.97×10^{-3}	6.99×10^{-3}	2.09×10^{-4}	6.99×10^{-5}
区间 T-S 故障树	$[6.47\times10^{-3}, 7.46\times10^{-3}]$	$[6.49\times10^{-3}, 7.49\times10^{-3}]$	$[1.91\times10^{-4}, 2.31\times10^{-3}]$	$[6.36\times10^{-5}, 7.71\times10^{-3}]$
超椭球 T-S 故障树	$[6.64\times10^{-3}, 7.35\times10^{-3}]$	$[6.64\times10^{-3}, 7.35\times10^{-3}]$	$[2.01\times10^{-4}, 2.20\times10^{-4}]$	$[6.64\times10^{-5}, 7.43\times10^{-5}]$

由表 1-63 可见,凸模型 T-S 故障树得到的结果包含了 T-S 故障树的结果,超椭球 T-S 故障树比区间 T-S 故障树得到的区间宽度小,避免了基本事件失效可能性区间同时取边界值这一极端情况的发生,结果更为合理。

1.7.2　重要度

将区间模型和超椭球模型引入 T-S 故障树重要度中,提出基于凸模型的 T-S 故障树概率重要度和 T-S 故障树关键重要度。

1. T-S 故障树概率重要度

基本事件 x_i 故障状态为 $S_i^{(a_i)}$ 对顶事件 T 故障状态为 T_q 的 T-S 故障树概率重要度为

$$I_{\mathrm{Pr}}^{(T_q)}(x_i=S_i^{(a_i)})=P(T_q,P(x_i=S_i^{(a_i)})=1)-P(T_q,P(x_i=S_i^{(a_i)})=0) \quad (1-95)$$

式中:$P(x_i=S_i^{(a_i)})$ 表示基本事件 x_i 故障状态为 $S_i^{(a_i)}$ 的区间可靠性数据 $P^{\mathrm{i}}(x_i=S_i^{(a_i)})$ 和 $P^{\mathrm{h}}(x_i=S_i^{(a_i)})$;$P(T_q,P(x_i=S_i^{(a_i)})=1)$ 表示基本事件 x_i 故障状态为 $S_i^{(a_i)}$ 的区间可靠性数据 $P(x_i=S_i^{(a_i)})$ 为 1 时引起顶事件 T 为 T_q 的概率;$P(T_q,P(x_i=S_i^{(a_i)})$

$=0$)表示 $P(x_i=S_i^{(a_i)})$ 为 0 时引起顶事件 T 为 T_q 的概率。

基本事件 x_i 对顶事件 T 故障状态为 T_q 的 T-S 故障树概率重要度为

$$I_{\mathrm{Pr}}^{(T_q)}(x_i)=\frac{1}{k_i-1}\sum_{a_i=2}^{k_i}I_{\mathrm{Pr}}^{(T_q)}(x_i=S_i^{(a_i)}) \tag{1-96}$$

式中：k_i 为基本事件 x_i 所有故障状态的个数。

2. T-S 故障树关键重要度

基本事件 x_i 故障状态为 $S_i^{(a_i)}$ 对顶事件 T 故障状态为 T_q 的 T-S 故障树关键重要度为

$$I_{\mathrm{Cr}}^{(T_q)}(x_i=S_i^{(a_i)})=\frac{P(x_i=S_i^{(a_i)})}{P(T=T_q)}I_{\mathrm{Pr}}^{(T_q)}(x_i=S_i^{(a_i)}) \tag{1-97}$$

式中：$P(T=T_q)$ 为顶事件 T 故障状态为 T_{k_q} 的区间可靠性数据 $P^{\mathrm{i}}(x_i=S_i^{(a_i)})$ 和 $P^{\mathrm{h}}(T=T_{k_q})$。

基本事件 x_i 对顶事件 T 故障状态为 T_q 的 T-S 故障树关键重要度为

$$I_{\mathrm{Cr}}^{(T_q)}(x_i)=\frac{1}{k_i-1}\sum_{a_i=2}^{k_i}I_{\mathrm{Cr}}^{(T_q)}(x_i=S_i^{(a_i)}) \tag{1-98}$$

式(1-95)~式(1-98)既适用于区间 T-S 故障树的重要度计算，也适用于超椭球 T-S 故障树的重要度计算。

3. 算法验证

用 T-S 故障树的重要度算法，计算出图 1-19 所示的 T-S 故障树顶事件故障状态分别为 0.5 和 1 时的 T-S 故障树概率重要度 $I_{\mathrm{Pr}}^{(0.5)}(x_i)$、$I_{\mathrm{Pr}}^{(1)}(x_i)$，T-S 故障树关键重要度 $I_{\mathrm{Cr}}^{(0.5)}(x_i)$、$I_{\mathrm{Cr}}^{(1)}(x_i)$，分别与基于凸模型的 T-S 故障树概率重要度 $I_{\mathrm{Pr}}^{(0.5)}(x_i)$、$I_{\mathrm{Pr}}^{(1)}(x_i)$ 以及 T-S 故障树关键重要度 $I_{\mathrm{Cr}}^{(0.5)}(x_i)$、$I_{\mathrm{Cr}}^{(1)}(x_i)$ 进行对比，见表 1-64、表 1-65。

表 1-64　基本事件的 T-S 故障树概率重要度　　($\times10^{-6}$)

基本事件	$I_{\mathrm{Pr}}^{(0.5)}(x_i)$			$I_{\mathrm{Pr}}^{(1)}(x_i)$		
	T-S 故障树	区间 T-S 故障树	超椭球 T-S 故障树	T-S 故障树	区间 T-S 故障树	超椭球 T-S 故障树
x_1	10.49997	[9.27667, 11.82394]	[9.76014, 11.28721]	3.499995	[3.092229, 3.941320]	[3.22446, 3.79319]
x_2	14.99998	[11.50417, 19.74149]	[11.77182, 19.31628]	5.000025	[3.834747, 6.580544]	[3.92468, 6.43883]
x_3	14.99997	[13.28646, 17.09355]	[14.20209, 16.85257]	5.000010	[4.428830, 5.697868]	[4.73404, 5.61755]

表 1-65 基本事件的 T-S 故障树关键重要度

基本事件	$I_{Cr}^{(0.5)}(x_i)$			$I_{Cr}^{(1)}(x_i)$		
	T-S 故障树	区间 T-S 故障树	超椭球 T-S 故障树	T-S 故障树	区间 T-S 故障树	超椭球 T-S 故障树
x_1	0.5	[0.39,0.64]	[0.43,0.58]	0.5	[0.39,0.64]	[0.43,0.59]
x_2	0.143	[0.089,0.238]	[0.096,0.220]	0.143	[0.089,0.238]	[0.095,0.223]
x_3	0.357	[0.269,0.465]	[0.302,0.435]	0.357	[0.269,0.465]	[0.299,0.440]

1.7.3 算例

组合导航系统是将两种或两种以上的导航设备(或传感器)组合起来,借助计算机把多种导航信息进行综合处理,输出导航所需的各种参数。由于组合了多种导航设备,使系统的导航定位精度提高,并且具有冗余的导航信息,因此可用于提高系统的可靠性。组合导航系统根据不同的导航需要可有不同的组合方案,INS/GPS 组合导航系统就是其中的一种。INS/GPS 组合导航系统原理如图 1-32 所示[129]。

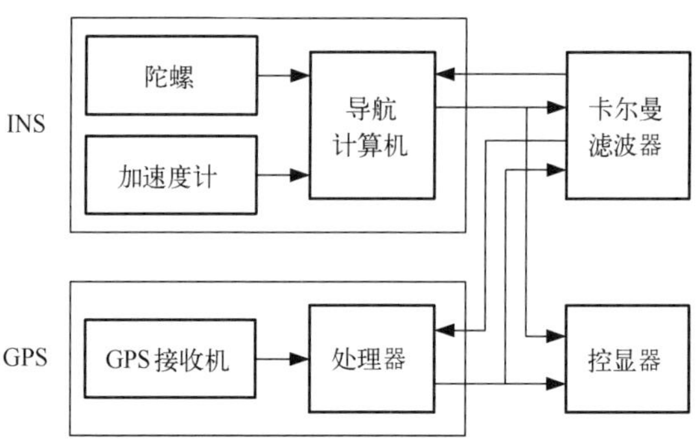

图 1-32 INS/GPS 组合导航系统原理

组合导航系统由 4 部分组成:电源、组合传感器、卡尔曼滤波器、控显器。其中组合传感器由 INS 和 GPS 组成,INS 由陀螺、加速度计和导航计算机组成,GPS 由 GPS 接收机和处理器组成。INS/GPS 组合导航系统中的一个或多个单元发生故障时,随着各个单元的故障状态的不同,组合导航系统发生故障的可能性具有不确定性(可能发生故障也可能不发生,可能发生严重故障也可能只是发生轻微故障),难以用 Bell 故障树进行分析,因此,采用 T-S 故障树。建造如图 1-33 所示的 INS/GPS 组合导航系统 T-S 故障树。其中,$G_1 \sim G_4$为 T-S 门,y_4即顶事件 T 代表组合导航系统,中间事件 $y_1 \sim y_3$分别代表 INS、GPS 和组合传感器,基本事件 $x_1 \sim x_8$分别对应系统中的电源、滤波器、控显器、加速度计、陀螺、INS 计算机、GPS 接收机和 GPS

处理器，基本事件 $x_1 \sim x_8$ 的模糊可能性区间见表 1-66。假设 x_2、$x_4 \sim x_8$ 和 $y_1 \sim y_4$ 的常见故障状态为(0,0.5,1)，隶属函数选为 $s_L = s_R = 0.1$，$m_L = m_R = 0.3$；x_1 和 x_3 的常见故障状态为(0,1)，隶属函数选为 $s_L = s_R = 0.25$，$m_L = m_R = 0.5$。

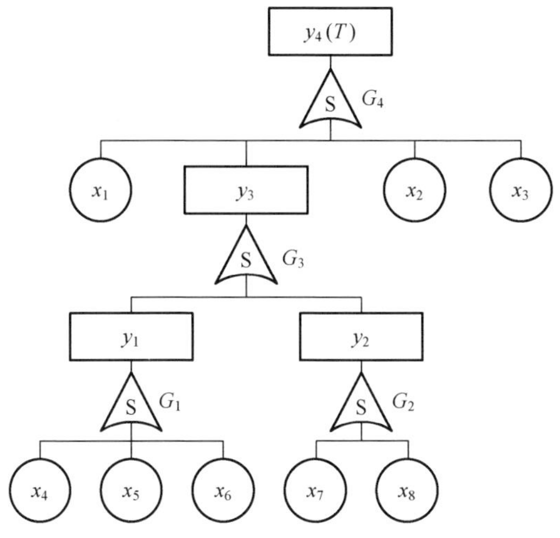

图 1-33　INS/GPS 组合导航系统 T-S 故障树

表 1-66　基本事件的模糊可能性区间

基本事件	单元名称	模糊可能性区间	基本事件	单元名称	模糊可能性区间
x_1	电源	$[1.8\times10^{-6}, 2.0\times10^{-6}]$	x_5	陀螺	$[4.0\times10^{-6}, 4.3\times10^{-6}]$
x_2	滤波器	$[0.9\times10^{-6}, 1.1\times10^{-6}]$	x_6	INS 计算机	$[3.1\times10^{-6}, 3.3\times10^{-6}]$
x_3	控显器	$[1.8\times10^{-6}, 2.1\times10^{-6}]$	x_7	GPS 接收机	$[66.5\times10^{-6}, 66.8\times10^{-6}]$
x_4	加速度计	$[2.5\times10^{-6}, 2.7\times10^{-6}]$	x_8	GPS 处理器	$[7.8\times10^{-6}, 8.2\times10^{-6}]$

假设基本事件 x_1、x_3 有正常和失效两种状态，分别用 0、1 表示；其余基本事件和中间事件 $y_1 \sim y_3$ 以及 y_4 即顶事件 T 有正常、半故障和失效三种状态，分别用 0、0.5、1 表示。基于宋华的博士后研究工作报告《复杂动态系统的故障诊断与可靠性研究》和论文《T-S 模糊故障树分析方法》，得到含有区间模型描述的 T-S 门描述规则，其中，G_1 门的描述规则见表 1-67。

表 1-67　G_1 门的描述规则

规则	x_4	x_5	x_6	y_1		
				0	0.5	1
1	0	0	0	[1,1]	[0,0]	[0,0]
2	0	0	0.5	[0.29,0.31]	[0.38,0.41]	[0.28,0.31]

(续)

规则	x_4	x_5	x_6	y_1		
				0	0.5	1
3	0	0	1	[0,0]	[0,0]	[1,1]
4	0	0.5	0	[0.09,0.11]	[0.48,0.51]	[0.38,0.41]
5	0	0.5	0.5	[0.09,0.12]	[0.38,0.41]	[0.48,0.51]
6	0	0.5	1	[0,0]	[0,0]	[1,1]
7	0	1	0	[0,0]	[0,0]	[1,1]
8	0	1	0.5	[0,0]	[0,0]	[1,1]
9	0	1	1	[0,0]	[0,0]	[1,1]
⋮	⋮	⋮	⋮	⋮	⋮	⋮
27	1	1	1	[0,0]	[0,0]	[1,1]

1. 中间事件和顶事件求解

假设基本事件故障状态为 0.5 的模糊可能性区间与故障状态为 1 的模糊可能性区间相同。故障状态为 0、0.5、1 的模糊可能性区间之和为[1,1],利用区间变量四则运算即可求得故障状态为 0 的模糊可能性区间。采用凸模型 T-S 故障树分析方法求得上级事件的模糊可能性区间,并与 T-S 故障树结果比较,见表 1-68。

表 1-68　上级事件的模糊可能性区间

模糊可能性	T-S 故障树	区间 T-S 故障树	超椭球 T-S 故障树
$P(y_1=0.5)$	4.680013×10^{-6}	$[4.297958\times10^{-6}$, $4.949948\times10^{-6}]$	$[4.362493\times10^{-6}$, $4.881109\times10^{-6}]$
$P(y_1=1)$	13.680114×10^{-6}	$[12.937943\times10^{-6}$, $14.192931\times10^{-6}]$	$[13.134014\times10^{-6}$, $14.005096\times10^{-6}]$
$P(y_2=0.5)$	30.680160×10^{-6}	$[29.013258\times10^{-6}$, $31.569162\times10^{-6}]$	$[29.167000\times10^{-6}$, $31.523962\times10^{-6}]$
$P(y_2=1)$	103.781921×10^{-6}	$[101.753098\times10^{-6}$, $104.928998\times10^{-6}]$	$[101.899321\times10^{-6}$, $104.791236\times10^{-6}]$
$P(y_3=0.5)$	405.238595×10^{-12}	$[344.989248\times10^{-12}$, $445.097682\times10^{-12}]$	$[363.871431\times10^{-12}$, $425.033614\times10^{-12}]$
$P(y_3=1)$	$1810.628750\times10^{-12}$	$[1647.748221\times10^{-12}$, $1918.721114\times10^{-12}]$	$[1712.425445\times10^{-12}$, $1852.964799\times10^{-12}]$
$P(T=0.5)$	1.300122×10^{-6}	$[1.116089\times10^{-6}$, $1.412137\times10^{-6}]$	$[1.140945\times10^{-6}$, $1.387056\times10^{-6}]$
$P(T=1)$	4.001902×10^{-6}	$[3.637690\times10^{-6}$, $4.304017\times10^{-6}]$	$[3.758215\times10^{-6}$, $4.184948\times10^{-6}]$

由表 1-68 可知,采用凸模型 T-S 故障树得到的结果包含了 T-S 故障树中的结果。

2. T-S 故障树概率重要度

利用式(1-95)、式(1-96)可求得在顶事件 T 故障状态分别为 0.5 和 1 的情况下,基本事件的 T-S 故障树概率重要度,见表 1-69。

表 1-69 基本事件的 T-S 故障树概率重要度

基本事件	$I_{\mathrm{Pr}}^{(0.5)}(x_i)$		$I_{\mathrm{Pr}}^{(1)}(x_i)$	
	区间 T-S 故障树	超椭球 T-S 故障树	区间 T-S 故障树	超椭球 T-S 故障树
x_1	$[1.1161\times10^{-6}, 1.4121\times10^{-6}]$	$[1.1409\times10^{-6}, 1.3871\times10^{-6}]$	[0.8999,1.1112]	[0.9000,1.1111]
x_2	[0.1145,0.1895]	[0.1146,0.1894]	[0.5236,0.8006]	[0.5237,0.8005]
x_3	[0.4114,0.5950]	[0.4115,0.5949]	[0.3257,0.4783]	[0.3258,0.4783]
x_4	$[4.4969\times10^{-6}, 8.0910\times10^{-6}]$	$[4.9158\times10^{-6}, 7.6390\times10^{-6}]$	$[83.9357\times10^{-6}, 109.9749\times10^{-6}]$	$[87.6415\times10^{-6}, 106.2618\times10^{-6}]$
x_5	$[4.5244\times10^{-6}, 7.9528\times10^{-6}]$	$[4.9056\times10^{-6}, 7.5093\times10^{-6}]$	$[84.3464\times10^{-6}, 109.0996\times10^{-6}]$	$[87.6525\times10^{-6}, 105.4879\times10^{-6}]$
x_6	$[3.8187\times10^{-6}, 6.7795\times10^{-6}]$	$[4.2535\times10^{-6}, 6.4060\times10^{-6}]$	$[77.3695\times10^{-6}, 98.3487\times10^{-6}]$	$[81.0603\times10^{-6}, 95.3983\times10^{-6}]$
x_7	$[0.3117\times10^{-6}, 1.2386\times10^{-6}]$	$[0.4549\times10^{-6}, 1.0882\times10^{-6}]$	$[10.7239\times10^{-6}, 14.2706\times10^{-6}]$	$[11.7071\times10^{-6}, 13.3800\times10^{-6}]$
x_8	$[0.2952\times10^{-6}, 1.4349\times10^{-6}]$	$[0.5194\times10^{-6}, 1.2514\times10^{-6}]$	$[9.6705\times10^{-6}, 14.6699\times10^{-6}]$	$[11.0879\times10^{-6}, 13.5879\times10^{-6}]$

3. T-S 故障树关键重要度

由式(1-97)、式(1-98)可求得在顶事件 T 故障状态分别为 0.5 和 1 的情况下,基本事件的 T-S 故障树关键重要度,见表 1-70。

表 1-70 基本事件的 T-S 故障树关键重要度

基本事件	$I_{\mathrm{Cr}}^{(0.5)}(x_i)$		$I_{\mathrm{Cr}}^{(1)}(x_i)$	
	区间 T-S 故障树	超椭球 T-S 故障树	区间 T-S 故障树	超椭球 T-S 故障树
x_1	$[1.8000\times10^{-6}, 2.0001\times10^{-6}]$	$[1.8001\times10^{-6}, 2.0000\times10^{-6}]$	[0.3764,0.6109]	[0.3871,0.5913]
x_2	[0.0730,0.1867]	[0.0743,0.1867]	[0.1095,0.2421]	[0.1126,0.2421]
x_3	[0.5244,1.1195]	[0.5340,1.1195]	[0.1362,0.2761]	[0.1401,0.2761]

（续）

基本事件	$I_{Cr}^{(0.5)}(x_i)$		$I_{Cr}^{(1)}(x_i)$	
	区间 T-S 故障树	超椭球 T-S 故障树	区间 T-S 故障树	超椭球 T-S 故障树
x_4	$[7.9612\times10^{-6}, 19.5735\times10^{-6}]$	$[8.8601\times10^{-6}, 18.4801\times10^{-6}]$	$[48.7543\times10^{-6}, 81.6266\times10^{-6}]$	$[52.3552\times10^{-6}, 78.8706\times10^{-6}]$
x_5	$[12.8159\times10^{-6}, 30.6402\times10^{-6}]$	$[14.1468\times10^{-6}, 28.9315\times10^{-6}]$	$[78.3885\times10^{-6}, 128.9632\times10^{-6}]$	$[83.7789\times10^{-6}, 124.6939\times10^{-6}]$
x_6	$[8.3831\times10^{-6}, 20.0454\times10^{-6}]$	$[9.5064\times10^{-6}, 18.9409\times10^{-6}]$	$[55.7259\times10^{-6}, 89.2189\times10^{-6}]$	$[60.0454\times10^{-6}, 86.5423\times10^{-6}]$
x_7	$[14.6780\times10^{-6}, 74.1312\times10^{-6}]$	$[21.8091\times10^{-6}, 65.1326\times10^{-6}]$	$[165.6919\times10^{-6}, 262.0554\times10^{-6}]$	$[186.0289\times10^{-6}, 245.7017\times10^{-6}]$
x_8	$[1.6305\times10^{-6}, 10.5420\times10^{-6}]$	$[2.9210\times10^{-6}, 9.1944\times10^{-6}]$	$[17.5255\times10^{-6}, 33.0686\times10^{-6}]$	$[20.6658\times10^{-6}, 30.6296\times10^{-6}]$

由表 1-68～表 1-70 可以看出，超椭球 T-S 故障树得到的区间宽度比区间 T-S 故障树得到的区间宽度要小，可以解决区间 T-S 故障树求解结果相对保守的不足。表 1-69、表 1-70 给出了 T-S 故障树概率重要度和关键重要度，可根据重要度的大小确定系统薄弱环节，指导系统改进、预防维修或故障诊断。T-S 故障树关键重要度考虑了各基本事件失效可能性的不同以及它们变化一个单位的难易程度的不同，因此比 T-S 故障树概率重要度更合理。

1.8 多维 T-S 故障树及重要度

产品的可靠性往往受工作时间、应力冲击、工作温度等多种因素的影响，仅考虑单一因素的 T-S 故障树分析方法存在一定的局限性，为此，提出考虑多因素影响下的多维（multi-dimensional）T-S 故障树分析方法[261]。首先，构建考虑多因素影响的下级事件故障概率分布函数，根据下级事件的输入规则和多维输入规则算法求得规则执行可能性；然后，由规则执行可能性结合上级事件的输出规则和多维输出规则算法求得上级事件的故障概率分布函数。多维 T-S 故障树不仅能通过 T-S 门及其描述规则刻画静态失效行为事件间的静态失效行为，还能对多因素影响下的系统可靠性进行分析。

1.8.1 多维 T-S 故障树

多维 T-S 故障树的研究是受空间故障树的启发。空间故障树（space fault tree）前期称为多维空间故障树，是崔铁军、马云东在 2013 年提出的，已经取得了有特色、成体系的研究成果，发表了一系列论著[261-264]。空间故障树中所述空间是将系统工作环境因素作为维度所形成的空间。空间故障树有连续型和离散型空间故障树两种构型,前者是基于分析的建模,是由 Bell 故障树发展而来的;后者是数据驱动建模,数据一般都是非连续的,如安全检查、设备维护记录、事故调查等。空间故障树的基本理论认为部件的故障概率受到工作环境下的多种因素影响,如二极管的故障概率受工作时间、工作温度、通过电流及电压等因素影响。空间故障树针对上述问题,将 Bell 故障树扩展为多维空间故障树,基本事件的故障概率在单一影响因素下定义为故障概率特征函数,基本事件在多因素影响下的故障概率定义为故障概率空间分布,顶事件的故障概率定义为顶事件故障概率空间分布。

1. 输入规则算法

当仅受工作时间 t 影响时,下级事件 $x_i(i=1,2,\cdots,n)$ 故障概率分布函数为 $F_i(t)$,已知下级事件 x_i 各故障状态 $S_i^{(a_i)}$ 的故障率为 $\lambda_i(x_i=S_i^{(a_i)})$,则下级事件 x_i 故障状态为 $S_i^{(a_i)}$ 的故障概率分布函数为

$$F_i^{(S_i^{(a_i)})}(t)=\int_0^t f_i^{(S_i^{(a_i)})}(t)\,\mathrm{d}t \tag{1-99}$$

式中:$f_i^{(S_i^{(a_i)})}(t)$ 为下级事件 x_i 故障状态为 $S_i^{(a_i)}$ 的故障概率密度函数

当下级事件受工作时间和除工作时间外 k 个相互独立影响因素影响时,其故障概率分布函数为

$$F_i^{(S_i^{(a_i)})}(t,h_1,h_2,\cdots,h_k)=1-(1-F_i^{(S_i^{(a_i)})}(t))\prod_{\rho=1}^{k}(1-F_i^{(S_i^{(a_i)})}(h_\rho)) \tag{1-100}$$

式中:$F_i^{(S_i^{(a_i)})}(h_\rho)$ 为在 h_ρ 因素影响下的下级事件 x_i 故障状态为 $S_i^{(a_i)}$ 的故障概率分布函数。

规则 l 中,已知下级事件 $x_1,x_2,\cdots,x_n$ 各故障状态故障概率分布函数分别为 $F_{(l)}^{(S_1^{(a_1)})}(t,h_1,h_2,\cdots,h_k)(a_1=1,2,\cdots,k_1)$,$F_{(l)}^{(S_2^{(a_2)})}(t,h_1,h_2,\cdots,h_k)(a_2=1,2,\cdots,k_2)$,$\cdots$,$F_{(l)}^{(S_n^{(a_n)})}(t,h_1,h_2,\cdots,h_k)(a_n=1,2,\cdots,k_n)$,即下级事件 x_i 各故障状态的故障概率分布函数为 $F_{(l)}^{(S_i^{(a_i)})}(t,h_1,h_2,\cdots,h_k)(a_i=1,2,\cdots,k_i)$,通过输入规则算法可求得输入规则的执行可能性。

T-S 门描述规则中输入规则 l 的执行可能性为

$$P_{(l)}^{*}=\prod_{i=1}^{n}F_{(l)}^{(S_i^{(a_i)})}(t,h_1,h_2,\cdots,h_k) \tag{1-101}$$

2. 输出规则算法

在多因素影响下上级事件 y 各故障状态 $S_y^{(b_y)}(b_y=1,2,\cdots,k_y)$ 的故障分布函数为

$$F(y=S_y^{(b_y)})=\sum_{l=1}^{r}P_{(l)}^{*}P_{(l)}(y=S_y^{(b_y)}) \tag{1-102}$$

根据下级事件各故障状态的故障概率分布函数，由式(1-102)可得出上级事件在多因素影响下各故障状态的故障概率分布函数。

1.8.2 重要度

1. 多维 T-S 故障树概率重要度

多维 T-S 故障树概率重要度是指基本事件 $x_i(i=1,2,\cdots,n)$ 故障状态 $S_i^{(a_i)}$ 为 1 时的故障概率分布函数 $F_i^{(S_i^{(a_i)})}(t,h_1,h_2,\cdots,h_k)$ 引起顶事件 T 故障状态为 $T_q(q=1,2,\cdots,k_q)$ 时的故障概率分布函数 $F(T=T_q)$ 与基本事件 x_i 故障状态 $S_i^{(a_i)}$ 为 0 时的故障概率分布函数 $F_i^{(S_i^{(a_i)})}(t,h_1,h_2,\cdots,h_k)$ 引起顶事件 T 故障状态为 T_q 时的故障概率分布函数 $F(T=T_q)$ 间的差值，表示基本事件 x_i 的变化使顶事件概率发生变化的变化率。

基本事件 x_i 故障状态为 $S_i^{(a_i)}$ 对顶事件 T 故障状态为 T_q 的多维 T-S 故障树概率重要度为

$$\begin{aligned}I_{\mathrm{Pr}}^{(T_q)}(x_i=S_i^{(a_i)})=&F(T_q,F_i^{(S_i^{(a_i)})}(t,h_1,h_2,\cdots,h_k)=1)\\&-F(T_q,F_i^{(S_i^{(a_i)})}(t,h_1,h_2,\cdots,h_k)=0)\end{aligned} \tag{1-103}$$

式中：$F(T_q,F_i^{(S_i^{(a_i)})}(t,h_1,h_2,\cdots,h_k)=1)$ 表示基本事件 x_i 故障状态 $S_i^{(a_i)}$ 为 1 时的故障概率分布函数 $F_i^{(S_i^{(a_i)})}(t,h_1,h_2,\cdots,h_k)$ 引起顶事件 T 故障状态为 T_q 时的故障概率分布函数；$F(T_q,F_i^{(S_i^{(a_i)})}(t,h_1,h_2,\cdots,h_k)$ 表示基本事件 x_i 故障状态 $S_i^{(a_i)}$ 为 0 时的故障概率分布函数 $F_i^{(S_i^{(a_i)})}(t,h_1,h_2,\cdots,h_k)$ 引起顶事件 T 故障状态为 T_q 时的故障概率分布函数。

基本事件 x_i 对顶事件 T 故障状态为 T_q 的多维 T-S 故障树概率重要度为

$$I_{\mathrm{Pr}}^{(T_q)}(x_i)=\frac{\sum\limits_{a_i=2}^{k_i}I_{\mathrm{Pr}}^{(T_q)}(x_i=S_i^{(a_i)})}{k_i-1} \tag{1-104}$$

对于多态系统，具有 k_i 个故障状态的基本事件 x_i 的多维 T-S 故障树概率重要度是顶事件 T 处于故障状态 T_q 时，基本事件 x_i 除故障状态为 0 外的其他故障状态的多维 T-S 故障树概率重要度的均值。

2. 多维 T-S 故障树关键重要度

多维 T-S 故障树关键重要度是指基本事件 x_i 故障状态为 $S_i^{(a_i)}$ 时故障概率分布函数 $F_i^{(S_i^{(a_i)})}(t,h_1,h_2,\cdots,h_k)$ 的变化率所引起顶事件 T 故障状态为 T_q 发生概率变化比值的大小。

基本事件 x_i 故障状态为 $S_i^{(a_i)}$ 对顶事件 T 故障状态为 T_q 的多维 T-S 故障树关键重要度为

$$I_{\mathrm{Cr}}^{(T_q)}(x_i=S_i^{(a_i)})=\frac{F_i^{(S_i^{(a_i)})}(t,h_1,h_2,\cdots,h_k)}{F(T=T_q)}I_{\mathrm{Pr}}^{(T_q)}(x_i=S_i^{(a_i)}) \tag{1-105}$$

基本事件 x_i 对顶事件 T 故障状态为 T_q 的多维 T-S 故障树关键重要度为

$$I_{\mathrm{Cr}}^{(T_q)}(x_i)=\frac{\sum\limits_{a_i=2}^{k_i}I_{\mathrm{Cr}}^{(T_q)}(x_i=S_i^{(a_i)})}{k_i-1} \tag{1-106}$$

对于多态系统,具有 k_i 个故障状态的基本事件 x_i 的多维 T-S 故障树关键重要度是顶事件 T 故障状态为 T_q 时,基本事件 x_i 除故障状态为 0 外的其他故障状态的多维 T-S 故障树关键重要度的均值。

3. 多维 T-S 故障树综合重要度

多维 T-S 故障树综合重要度表示基本事件可靠性的改变所导致上级事件可靠性变化的数学期望。

基本事件 x_i 故障状态为 $S_i^{(a_i)}$ 的故障概率分布函数 $F_i^{(S_i^{(a_i)})}(t,h_1,h_2,\cdots,h_k)$ 对顶事件 T 故障状态为 T_q 的多维 T-S 故障树综合重要度为

$$\begin{aligned}I_{\mathrm{IM}}^{(T_q)}(x_i=S_i^{(a_i)})=&\lambda_i(1-F_i^{(S_i^{(a_i)})}(t,h_1,h_2,\cdots,h_k))(F(T_q,F_i^{(S_i^{(a_i)})}(t,h_1,h_2,\cdots,h_k)=1)\\&-F(T_q,F_i^{(S_i^{(a_i)})}(t,h_1,h_2,\cdots,h_k)=0))\end{aligned} \tag{1-107}$$

基本事件 x_i 对顶事件 T 故障状态为 T_q 的多维 T-S 故障树关键重要度综合重要度为

$$I_{\mathrm{IM}}^{(T_q)}(x_i)=\frac{\sum\limits_{a_i=2}^{k_i}I_{\mathrm{IM}}^{(T_q)}(x_i=S_i^{(a_i)})}{k_i-1} \tag{1-108}$$

对于多态系统,具有 k_i 个故障状态的基本事件 x_i 的多维 T-S 故障树综合重要度是顶事件 T 故障状态为 T_q 时,基本事件 x_i 除故障状态为 0 外的其他故障状态的多维 T-S 故障树综合重要度的均值。

1.8.3 算例

文献[265]在 Bell 故障树的基础上,将基本事件影响因素由一维(工作时间)扩展到二维(工作时间、工作温度),充分考虑多因素影响下的系统可靠性及其相关性质,提出了空间故障树分析方法。针对该文献算例,将多维 T-S 动态故障树与空间故障树进行对比。

电气系统 Bell 故障树见图 1-23,基本事件 $x_i(i=1,2,\cdots,5)$ 在工作时间 t(0~

800h)影响下故障概率分布函数为 $F_i(t)=1-\exp(-\lambda_i t)$,故障率 λ_i(1/h)分别为 0.1842、0.1316、0.2632、0.1535、0.2047;基本事件 x_i 在工作温度 w(0~40℃)影响下的故障概率分布函数为 $F_i(w)=\dfrac{\cos(2\pi w/T)+1}{2}$。

1. 空间故障树

在 1.3.4 节已求得 Bell 故障树顶事件 y_6 的故障概率 $P(y_6)$。工作时间 t 和工作温度 w 的影响下,基本事件 x_i 的故障概率分布函数为

$$F_i(t,w)=1-(1-F_i(t))(1-F_i(w))=1-\exp(-\lambda_i t)\frac{1-\cos(2\pi w/T)}{2}$$

令 $P(x_i)=F_i(t,w)$,代入 $P(y_6)$,求得在工作时间 t 和工作温度 w 影响下的顶事件 y_6 故障概率分布函数为

$$\begin{aligned}F_{y_6}(t,w)=&F_1(t,w)F_4(t,w)+F_3(t,w)F_5(t,w)+F_1(t,w)F_2(t,w)F_3(t,w)\\&-F_1(t,w)F_2(t,w)F_3(t,w)F_4(t,w)-F_1(t,w)F_3(t,w)F_4(t,w)F_5(t,w)\\&-F_1(t,w)F_2(t,w)F_3(t,w)F_5(t,w)+F_1(t,w)F_2(t,w)F_3(t,w)F_4(t,w)F_5(t,w)\end{aligned}$$

由此,得到顶事件 y_6 的故障概率分布(图 1-34)。

2. 多维 T-S 故障树

将图 1-23 中的电气系统 Bell 故障树转化为如图 1-24 所示的 T-S 故障树,见 1.3.4 节。利用多维 T-S 故障树分析方法,求得顶事件 y_6 的故障概率分布如图 1-34 所示。由多维 T-S 故障树求解的顶事件故障概率分布与空间故障树完全相同。

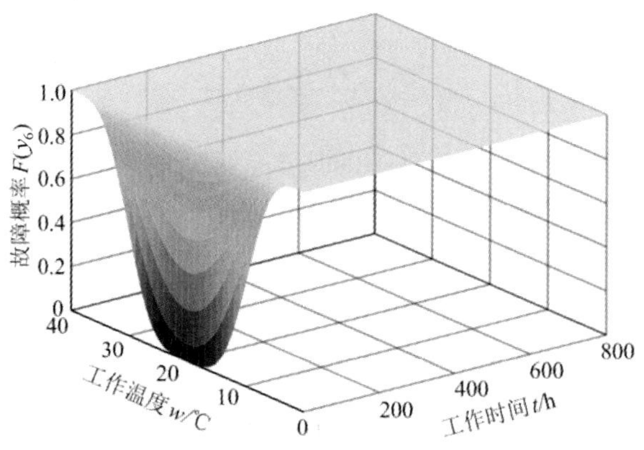

图 1-34 顶事件 y_6 的故障概率分布

1.9　T-S 故障树的优势

T-S 故障树是由一系列具有 IF-THEN 规则的 T-S 门构成的故障树，T-S 故障树本质上是用 T-S 模型来描述静态事件关系。从门的角度讲，T-S 故障树是与 Bell 故障树并列的一种故障树，是一种全新的故障树，由此，静态故障树可分为 Bell 故障树和 T-S 故障树。

T-S 故障树分析法可以解决复杂系统可靠性分析中的多态（多故障状态、多性能水平）、事件发生的不确定性（如故障率难以精确得知）、事件发生受到工作环境影响（如故障率受时间、应力等因素影响）和事件关系不确定性问题。

图 1-35 为两个液压差动系统，其工况与任务均相同，按工步“快进→工进→快退→停止”循环运行。元件 1～6 分别为液压泵、电磁溢流阀、三位四通电磁换向阀、压力继电器、二位三通电磁换向阀和液压缸，均采用同一厂家相同通径同批次的产品。

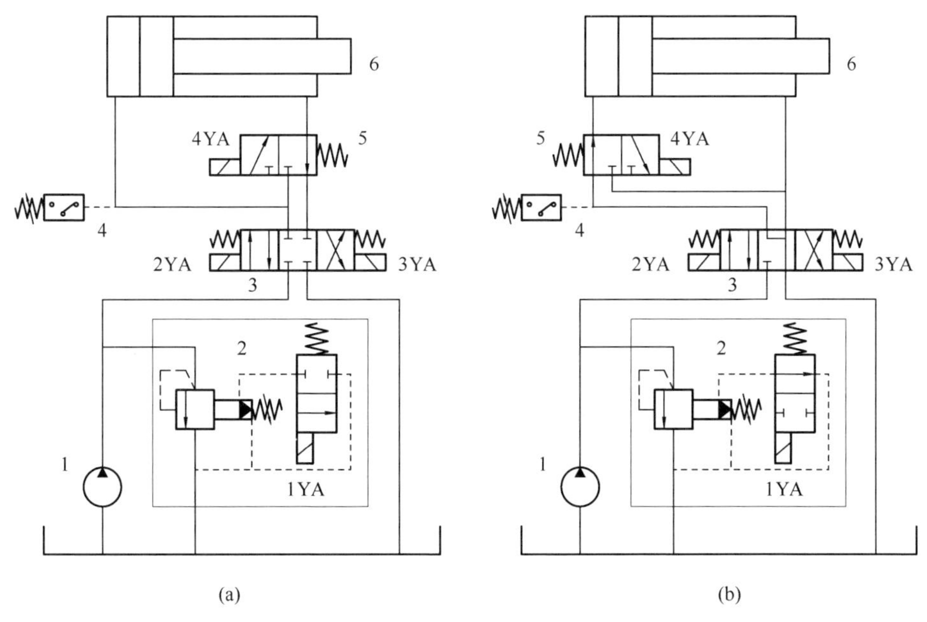

图 1-35　液压差动系统

图 1-35 所示的两个系统，虽略有差异（元件 2 和 3 的机能、元件 4 的位置等），但在故障树分析时通常会得到相同的结果。事实上，图 1-35（a）由快进转为工进

时,更平稳、冲击更小,图 1-35(b)由快退到停止时,更平稳、冲击更小;两个系统在电磁铁 1YA 失效时阶段任务的完成情况不同,有任务完成、任务降级、任务失败,因而两个系统的可靠性是有差异的。液压元件和系统有多种工作状态和多种故障状态,例如,电磁溢流阀阻尼孔堵塞、调压弹簧失效都会导致电磁溢流阀失效,前者是压力超调失效,负载无穷大时压力无穷大,会使薄弱环节破坏;后者是不能调压失效,压力始终为零。这些问题糅杂出现,使得 Bell 故障树模型难以准确地代表和反映系统,分析结果偏离了具体实际系统,面向系统原理和工程经验、基于规则和知识的 T-S 故障树为这些问题的解决提供了有力支持。

由于面临故障率不足或不适用、故障树建造不准确两个难题,Bell 故障树的分析结果在实际应用中有时难以令人满意。在 T-S 故障树中,故障率虽不可得但故障状态却能观测估计到,各单元不同故障状态对系统的影响可由系统信息(包括系统及其组成单元的原理、结构、参数及任务等)、经验信息(如工程人员对同类和类似系统的先验信息等)以及状态信息(如压力、流量、效率等)测试(如故障注入、仿真等)分析获得,进而构建面向系统信息、经验信息和状态信息的 T-S 门描述规则。这是 T-S 故障树面向实际应用的优势。随着现代工程系统向综合化、集成化、智能化方向发展,其功能逻辑、架构设计以及容错设计越来越复杂,T-S 故障树将有力地指导系统的原理设计、详细设计、加工制造、安装调试、故障定位和运行维护。

相对于 Bell 故障树,T-S 故障树的优势体现在刻画描述能力和求解计算能力两个方面。

(1) 刻画描述能力。Bell 故障树用与门、或门等静态门来刻画静态失效行为,Bell 故障树逻辑门难以描述系统全部的静态事件关系,也不能描述静态事件关系的不确定性。故障树分析本质上是对系统失败进行事理逻辑的分析,反映了人们对系统失败过程的一种认知,存在认知不确定性等问题。T-S 模型是一种万能逼近器,因而 T-S 故障树能够刻画任意形式的多态、组合等静态失效行为,既能刻画 Bell 故障树逻辑门描述的静态事件关系,也能刻画 Bell 故障树逻辑门不能描述的静态事件关系,如非 Bell 故障树逻辑门(及其组合)的静态事件关系、含有不确定性的静态事件关系等。Bell 故障树能够描述的静态事件关系 T-S 故障树均能描述,而 T-S 故障树能够描述的静态事件关系 Bell 故障树未必能够描述,例如,表 1-15 的 T-S 门描述规则,就不能用 Bell 故障树逻辑门来描述。Bell 故障树是 T-S 故障树的某种特例,Bell 故障树完全可以用 T-S 故障树代替,T-S 故障树更具一般性和通用性,具有更强的失效行为刻画能力。

(2) 求解计算能力。Bell 故障树在定量分析计算方面,有顶事件发生概率的精确和近似计算公式,如利用容斥定理、不交化计算以及部分项近似和独立近似法等;在故障树综合求解方法方面,又涉及模块分解,与二元决策图、贝叶斯网络等方法结合。T-S 故障树是 Bell 故障树的继承与发展,用 T-S 故障树可以解算 Bell 故障树,即基于 T-S 故障树求解的 Bell 故障树定量分析方法;对于 Bell 故障树不能刻画的失效行为,T-S 故障树也能刻画并求解计算。

T-S 故障树是对静态故障树的重大变革与跨越,突破了 Bell 故障树的模型描述与计算能力局限,是刻画复杂系统任意形式的糅杂静态失效行为的通用量化故障树新模型与新方法。

第 2 章

T-S 故障树的综合求解与应用扩展

第 1 章建立了 T-S 故障树及重要度分析方法。本章研究 T-S 故障树的综合求解与应用扩展。在综合求解方面，将 T-S 故障树与贝叶斯网络（Bayesian network，BN）综合求解，充分发挥两者在故障分析建模与推理计算求解方面的优势，能够在模型分析求解方面带来显著的计算效率，提出了基于 T-S 故障树构造贝叶斯网络、基于贝叶斯网络的 T-S 故障树及重要度求解算法，进一步提出了基于贝叶斯网络的超椭球 T-S 故障树求解算法，突破了基于 Bell 故障树构造贝叶斯网络的局限。在应用扩展方面，研究将 T-S 故障树分析方法拓展应用于故障搜索和可靠性优化问题，提出了基于 T-S 故障树和逼近理想解排序法、基于 T-S 故障树和灰色模糊多属性决策的故障搜索方法，基于 T-S 故障树构造可靠性优化模型，进而提出了基于 T-S 故障树建模和微粒群优化的可靠性优化方法。

2.1 基于贝叶斯网络的 T-S 故障树分析方法

贝叶斯网络在不确定性的表达、量化和推理方面具有较强的处理能力，在可靠性建模和分析方面显示出巨大的优势。贝叶斯网络最先应用于不确定性推理和人工智能领域，其在可靠性分析领域的应用至少可以追溯到 Barlow 在 20 世纪 80 年代的工作。Boudali 等将贝叶斯网络与其他一些基于图形的可靠性模型进行比较，结果表明：贝叶斯网络模型能够高效地处理某些状态空间模型难以应对的情况。贝叶斯网络受到广泛关注的一个重要原因是它能够将各种信息源进行融合，并提供一个全局的可靠性、安全性分析评估。Langseth、Portinale 总结了近年来贝叶斯网络在可靠性分析中的研究成果，讨论了贝叶斯网络应用于可靠性分析领域的独特优势，其中包括解决多态变量、不完全故障覆盖（imperfect fault coverage）、参数不确定性、重要度分析等问题的能力[266-274]。

贝叶斯网络是一种优良的模型框架，作为变量关系的图形化表示，贝叶斯网络很自然地成为一种理想的描述模型，用于刻画系统复杂的变量关系。同时，利用贝叶斯网络所特有的推理优势，能够在模型的定量求解方面带来显著的计算效率[275-294]。一些学者将 Bell 故障树与贝叶斯网络结合，从理论方法、算法结合和实际应用等方面进行研究。受此启发，提出了基于贝叶斯网络的 T-S 故障树分析方法。将 T-S 故障树与贝叶斯网络结合，可以综合两者的优势，同时可为 T-S 故障树提供一种新的分析计算方法[131,295-300]。

2.1.1　基于 T-S 故障树映射为贝叶斯网络的方法

贝叶斯网络是用来表示变量间连接概率的图形模式，是由节点、有向边和条件概率分布组成的有向无环图（directed acyclic graph）。其中，节点表示问题域的随机变量，它可以是任何问题的抽象，如系统及单元状态、观测值、人员操作等；有向边表示节点（变量）间的条件（因果）依赖关系。每个节点都附有概率分布，根节点所附的是它的边缘分布（marginal distribution）或称先验分布（prior distribution），而非根节点所附的是条件概率分布。

贝叶斯网络的特征是：①每个节点对应一个变量；②节点之间通过有向边进行连接，由父节点指向子节点；③每个节点都有相应的条件概率表（用来表示子节点在其父节点集合的所有取值组合的情况下，子节点处于不同状态的条件概率），若节点为根节点则其条件概率表为其先验概率表。图 2-1 为一个贝叶斯网络有向无环图及其条件概率表，其中，节点 x_2、x_3为 y_1的父节点，节点 x_1、y_1为 T 的父节点，节点 y_1为 x_2、x_3的子节点，节点 T 为 x_1、y_1的子节点。不具备父节点的节点 T 称为叶节点，不具备子节点的节点 x_1、x_2、x_3称为根节点，节点 y_1则为中间节点。

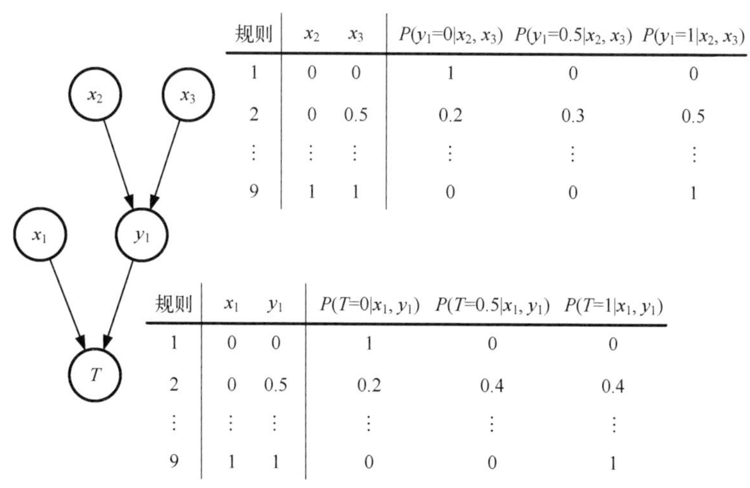

规则	x_2	x_3	$P(y_1=0\|x_2,x_3)$	$P(y_1=0.5\|x_2,x_3)$	$P(y_1=1\|x_2,x_3)$
1	0	0	1	0	0
2	0	0.5	0.2	0.3	0.5
⋮	⋮	⋮	⋮	⋮	⋮
9	1	1	0	0	1

规则	x_1	y_1	$P(T=0\|x_1,y_1)$	$P(T=0.5\|x_1,y_1)$	$P(T=1\|x_1,y_1)$
1	0	0	1	0	0
2	0	0.5	0.2	0.4	0.4
⋮	⋮	⋮	⋮	⋮	⋮
9	1	1	0	0	1

图 2-1　贝叶斯网络有向无环图及其条件概率表

基于 T-S 故障树映射为贝叶斯网络的方法如图 2-2 所示,主要分为两个步骤:

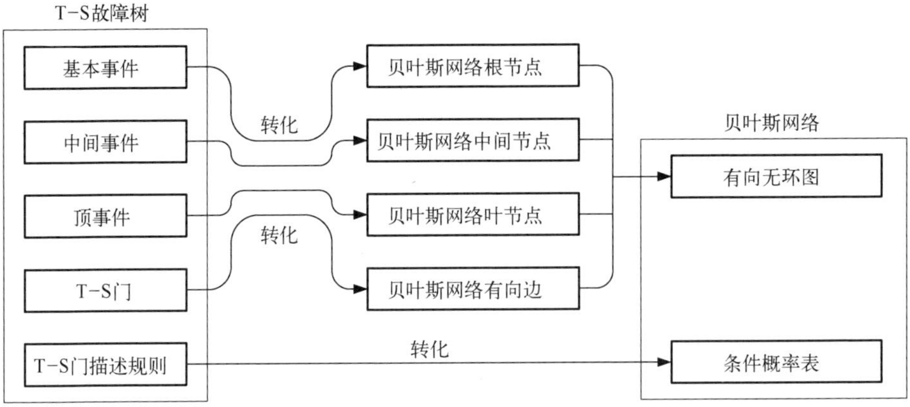

T-S故障树
基本事件
中间事件
顶事件
T-S门
T-S门描述规则
转化
贝叶斯网络根节点
贝叶斯网络中间节点
贝叶斯网络叶节点
贝叶斯网络有向边
贝叶斯网络
有向无环图
条件概率表

图 2-2　基于 T-S 故障树映射为贝叶斯网络的方法

(1) T-S 故障树转化为贝叶斯网络有向无环图。首先,将 T-S 故障树的事件和 T-S 门分别转化为贝叶斯网络有向无环图的节点和有向边,即基本事件转化为贝叶斯网络根节点,中间事件转化为贝叶斯网络中间节点,顶事件转化为贝叶斯网络叶节点,T-S 门转化为贝叶斯网络有向边。然后,根据 T-S 门表示的静态事件关系连接相应的节点,即根据下级事件(父节点)与上级事件(子节点)间的静态事件关系,用有向边连接贝叶斯网络中的父节点和子节点。

(2) T-S 门描述规则转化为贝叶斯网络条件概率表。例如,将表 1-15 和表 1-16 的T-S 门描述规则转化为如图 2-1 所示贝叶斯网络条件概率表。

通过上述方法,将 T-S 故障树转化为贝叶斯网络有向无环图和贝叶斯网络条件概率表,如图 2-3 所示。

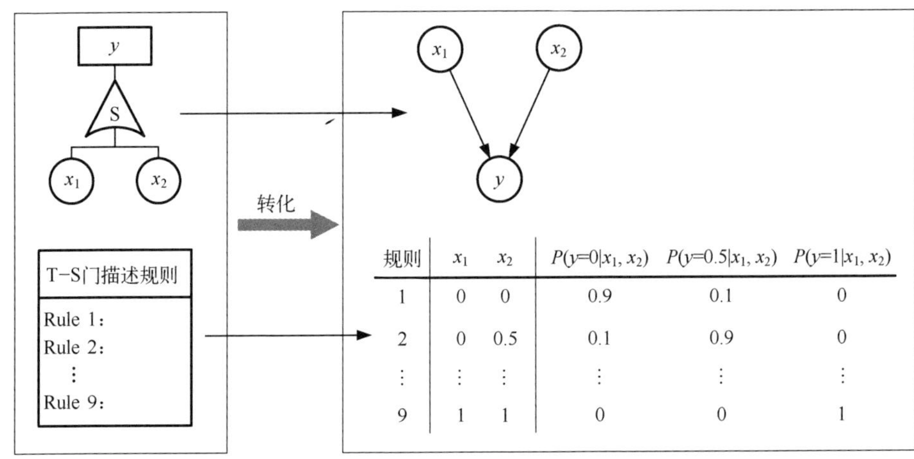

图 2-3　T-S 故障树向贝叶斯网络的转化

Bell 故障树作为 T-S 故障树的某种特例，同样适用于上述方法转化为贝叶斯网络，先将 Bell 故障树转化为 T-S 故障树，再将 T-S 故障树转化为贝叶斯网络；也可以先将 Bell 故障树直接转化为贝叶斯网络有向无环图，Bell 故障树逻辑门描述的静态事件关系直接由 T-S 门描述规则生成方法，生成 T-S 门描述规则并转化为贝叶斯网络条件概率表。

以二态与门、或门、非门向贝叶斯网络的转化为例，分别如图 2-4～图 2-6 所示，其中，x_1 和 x_2 为下级事件，y 为上级事件。

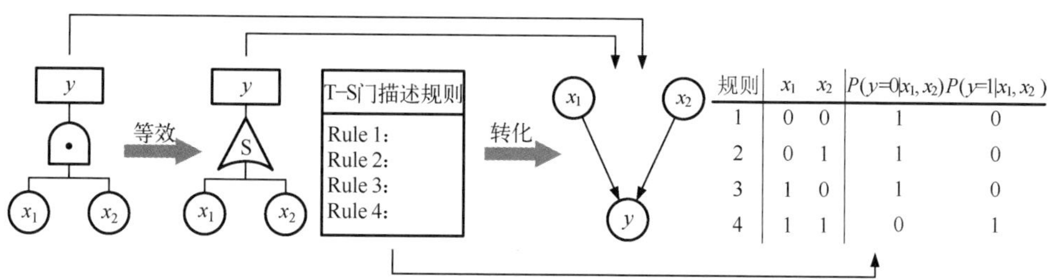

图 2-4　二态与门向贝叶斯网络的转化

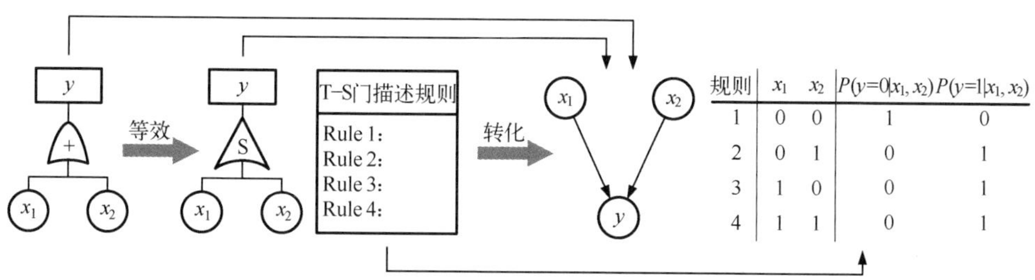

图 2-5　二态或门向贝叶斯网络的转化

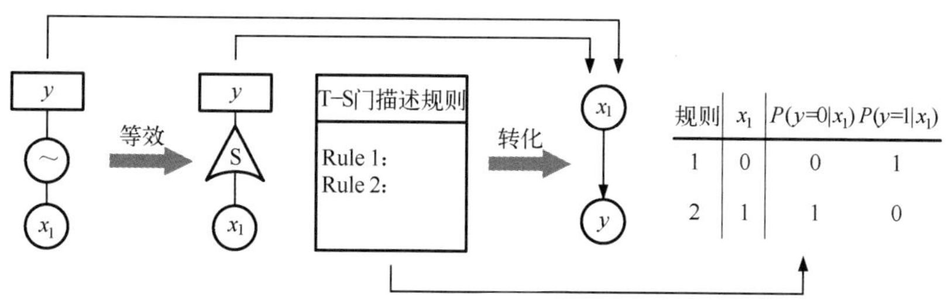

图 2-6　二态非门向贝叶斯网络的转化

若事件 x_1、x_2 和 y 分别用 0、0.5、1 表示正常、半故障和失效三种状态，则三态与门、三态或门转化的贝叶斯网络如图 2-7 和图 2-8 所示。

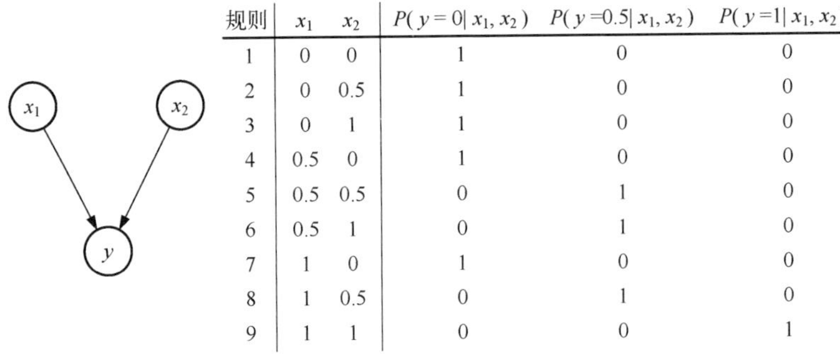

规则	x_1	x_2	$P(y=0\|x_1,x_2)$	$P(y=0.5\|x_1,x_2)$	$P(y=1\|x_1,x_2)$
1	0	0	1	0	0
2	0	0.5	1	0	0
3	0	1	1	0	0
4	0.5	0	1	0	0
5	0.5	0.5	0	1	0
6	0.5	1	0	1	0
7	1	0	1	0	0
8	1	0.5	0	1	0
9	1	1	0	0	1

图 2-7　三态与门转化的贝叶斯网络

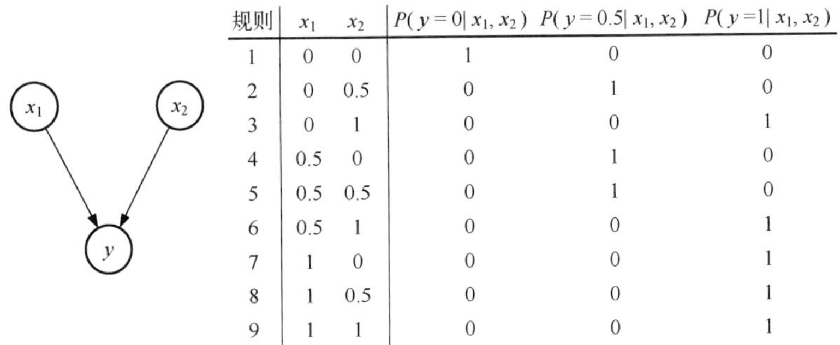

规则	x_1	x_2	$P(y=0\|x_1,x_2)$	$P(y=0.5\|x_1,x_2)$	$P(y=1\|x_1,x_2)$
1	0	0	1	0	0
2	0	0.5	0	1	0
3	0	1	0	0	1
4	0.5	0	0	1	0
5	0.5	0.5	0	1	0
6	0.5	1	0	0	1
7	1	0	0	0	1
8	1	0.5	0	0	1
9	1	1	0	0	1

图 2-8　三态或门转化的贝叶斯网络

2.1.2　基于贝叶斯网络的 T-S 故障树分析计算方法

基于贝叶斯网络的 T-S 故障树分析流程如图 2-9 所示。

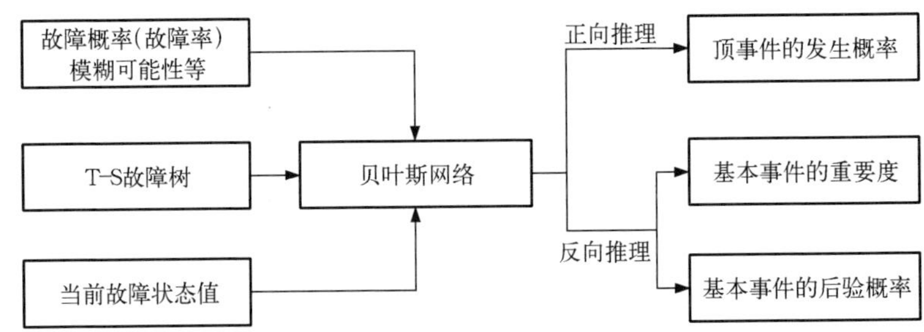

图 2-9　基于贝叶斯网络的 T-S 故障树分析流程

贝叶斯网络推理就是在给定某些节点的概率信息后，根据贝叶斯网络的结构及贝叶斯算法计算其他节点的概率信息。

(1) 自顶向下的正向推理，是由原因推出结果，即根据一定的原因，计算结果发生的概率。正向推理用在系统的可靠性分析中，则是在已知单元故障的情况下，推出系统发生故障的概率,即给定基本事件(即根节点)先验概率的情况下计算顶事件(即叶节点)的发生概率。

(2) 自底向上的反向推理,是由结果推出原因,即根据产生的结果,利用贝叶斯网络推理算法,得出导致该结果的原因的发生概率。反向推理用在系统的可靠性分析中,则是在已知系统故障的情况下,推出组成系统的单元发生故障的概率,即已知顶事件(即叶节点)发生概率的情况下计算基本事件(即根节点)的重要度和后验概率。

1. 顶事件求解

假设由T-S故障树转化而来的贝叶斯网络的基本事件 $x_i(i=1,2,\cdots,n)$ 的故障状态 $S_i^{(a_i)}(a_i=1,2,\cdots,k_i)$ 描述为 $(S_1^{(1)},S_1^{(2)},\cdots,S_1^{(k_1)}),(S_2^{(1)},S_2^{(2)},\cdots,S_2^{(k_2)}),\cdots,(S_n^{(1)},S_n^{(2)},\cdots,S_n^{(k_n)})$,中间事件 $y_j(j=1,2,\cdots,N)$ 的故障状态 $S_{y_j}^{(b_j)}(b_j=1,2,\cdots,e_j)$ 描述为 $(S_{y_1}^{(1)},S_{y_1}^{(2)},\cdots,S_{y_1}^{(e_1)}),(S_{y_2}^{(1)},S_{y_2}^{(2)},\cdots,S_{y_2}^{(e_2)}),\cdots,(S_{y_N}^{(1)},S_{y_N}^{(2)},\cdots,S_{y_N}^{(e_N)})$,顶事件 T 的故障状态 $T_q(q=1,2,\cdots,k_q)$ 描述为 $(T_1,T_2,\cdots,T_{k_q})$。其中,k_i、e_j 和 k_q 分别为对应事件故障状态的个数。

将表1-17中的T-S门描述规则转化为表2-1所示的贝叶斯网络条件概率表。

已知规则 $l(l=1,2,\cdots,r)$,如果下级事件(即父节点)x_1、x_2、…、x_n 故障状态分别为 $S_1^{(a_1)}$、$S_2^{(a_2)}$、…、$S_n^{(a_n)}$,则上级事件(即子节点)y 故障状态为 $S_y^{(1)}$、$S_y^{(2)}$、…、$S_y^{(k_y)}$ 的条件概率分别为 $P_{(l)}(y=S_y^{(1)})$、$P_{(l)}(y=S_y^{(2)})$、…、$P_{(l)}(y=S_y^{(k_y)})$。

表2-1　上级事件 y 的条件概率表

规则	x_1	x_2	…	x_n	$P(y=S_y^{(1)}\mid x_1,\cdots,x_n)$	$P(y=S_y^{(2)}\mid x_1,\cdots,x_n)$	…	$P(y=S_y^{(k_y)}\mid x_1,\cdots,x_n)$
l	$S_1^{(a_1)}$	$S_2^{(a_2)}$	…	$S_n^{(a_n)}$	$P_{(l)}(y=S_y^{(1)})$	$P_{(l)}(y=S_y^{(2)})$	…	$P_{(l)}(y=S_y^{(k_y)})$

1) 基于基本事件各故障状态的可靠性数据计算顶事件不同故障状态的可靠性数据

假设基本事件 x_i 故障状态 $S_i^{(a_i)}$ 的可靠性数据(如故障概率、模糊可能性等)为 $P(x_i=S_i^{(a_i)})$,可求得顶事件 T 故障状态为 T_q 的可靠性数据为

$$\begin{aligned}P(T=T_q) &= \sum_{\substack{x_1,\cdots,x_i,\cdots,x_n,\\ y_1,\cdots,y_j,\cdots,y_N}} P(x_1,\cdots,x_i,\cdots,x_n,y_1,\cdots,y_j,\cdots,y_N,T=T_q)\\ &= \sum_{\pi(T)} P(T=T_q\mid\pi(T))\sum_{\pi(y_1)}P(y_1\mid\pi(y_1))\cdots\sum_{\pi(y_j)}P(y_j\mid\pi(y_j))\cdots\\ &\quad \sum_{\pi(y_N)}P(y_N\mid\pi(y_N))P(x_1=S_1^{(a_1)})\cdots P(x_i=S_i^{(a_i)})\cdots P(x_n=S_n^{(a_n)}) \quad (2-1)\end{aligned}$$

式中:$P(x_1,\cdots,x_i,\cdots,x_n,y_1,\cdots,y_j,\cdots,y_N,T=T_q)$ 为所有基本事件 x_i、所有中间事件 y_j 和顶事件 T 的联合概率;$\pi(T)$ 为顶事件 T 的下级事件;$\pi(y_j)(j=1,2,\cdots,N)$ 为中

间事件 $y_j(j=1,2,\cdots,N)$ 的下级事件;$P(T=T_q \mid \pi(T))$ 为在顶事件 T 的下级事件 $\pi(T)$ 发生的条件下,顶事件 T 故障状态为 T_q 的条件概率。基本事件 x_i 故障状态 $S_i^{(a_i)}$ 的可靠性数据 $P(x_i=S_i^{(a_i)})$ 是根据已有数据的分析或者根据先验知识估计得到的,所以也称先验概率。

利用式(2-1),可由基本事件 x_i 各故障状态 $S_i^{(a_i)}$ 的可靠性数据(故障概率、模糊可能性等)$P(x_i=S_i^{(a_i)})$ 求得顶事件 T 各故障状态 T_q 的可靠性数据(故障概率、模糊可能性等)$P(T=T_q)$,且满足顶事件 T 各故障状态 T_q 的可靠性数据 $P(T=T_q)$ 之和为 1,即

$$P(T=T_1)+P(T=T_2)+\cdots+P(T=T_{k_q})=1 \tag{2-2}$$

区间三角模糊子集描述方法,见文献[301];同时考虑不确定性和共因失效的方法,见文献[302]。

2) 基于基本事件的当前故障状态值计算顶事件出现不同故障状态的可能性

假设各基本事件的当前故障状态值分别为$\hat{x}_1,\hat{x}_2,\cdots,\hat{x}_i,\cdots,\hat{x}_n$,可求得顶事件 T 故障状态为 T_q的可能性为

$$\begin{aligned}P(T=T_q) &= \sum_{x_1,\cdots,x_n,y_1,\cdots,y_m} P(\hat{x}_1,\cdots,\hat{x}_n,y_1,\cdots,y_m,T=T_q) \\ &= \sum_{\pi(T)} P(T=T_q \mid \pi(T)) \sum_{\pi(y_1)} P(y_1 \mid \pi(y_1))\cdots \\ &\quad \sum_{\pi(y_m)} P(y_m \mid \pi(y_m))\mu_F(\hat{x}_1)\cdots\mu_F(\hat{x}_i)\cdots\mu_F(\hat{x}_n)\end{aligned} \tag{2-3}$$

式中:$\mu_F(\hat{x}_i)$ 为$\hat{x}_i$ 对应模糊集 F 的隶属度。

利用式(2-3),可由基本事件的当前故障状态值求得顶事件 T 各故障状态的可能性,且满足顶事件 T 各故障状态的可能性之和为 1,即

$$P(T=T_1)+P(T=T_2)+\cdots+P(T=T_{k_q})=1 \tag{2-4}$$

2. 基本事件的重要度

借鉴 T-S 故障树重要度算法,给出基于贝叶斯网络的 T-S 故障树的概率重要度、关键重要度、模糊重要度、状态重要度、风险业绩值、风险降低值、F-V 重要度、微分重要度、改善函数、综合重要度的算法。

1) T-S 故障树概率重要度

基本事件 x_i故障状态为 $S_i^{(a_i)}$ 对顶事件 T 故障状态为 T_q的 T-S 故障树概率重要度为

$$I_{\mathrm{Pr}}^{(T_q)}(x_i=S_i^{(a_i)})=P(T=T_q \mid x_i=S_i^{(a_i)})-P(T=T_q \mid x_i=0) \tag{2-5}$$

式中:$P(T=T_q \mid x_i=S_i^{(a_i)})$ 表示当基本事件 x_i 故障状态为 $S_i^{(a_i)}$ 时顶事件 T 故障状态为 T_q的条件概率;$P(T=T_q \mid x_i=0)$ 表示当基本事件 x_i 故障状态为 0 时顶事件 T 故

障状态为 T_q 的条件概率。

基本事件 x_i 故障状态为 $S_i^{(a_i)}$ 的条件下顶事件 T 故障状态为 T_q 的条件概率为

$$P(T=T_q \mid x_i=S_i^{(a_i)})=\frac{P(x_i=S_i^{(a_i)},T=T_q)}{P(x_i=S_i^{(a_i)})}$$

$$=\frac{\sum_{x_1,x_2,\cdots,x_n} P(x_1,\cdots,x_i=S_i^{(a_i)},\cdots,x_n,T=T_q)}{P(x_i=S_i^{(a_i)})} \tag{2-6}$$

式中：$P(x_i=S_i^{(a_i)},T=T_q)$ 为基本事件 x_i 故障状态为 $S_i^{(a_i)}$ 与顶事件 T 故障状态为 T_q 的联合概率。

基本事件 x_i 对顶事件 T 故障状态为 T_q 的 T-S 故障树概率重要度为

$$I_{\mathrm{Pr}}^{(T_q)}(x_i)=\frac{1}{k_i-1}\sum_{a_i=2}^{k_i} I_{\mathrm{Pr}}^{(T_q)}(x_i=S_i^{(a_i)}) \tag{2-7}$$

式中：k_i 为基本事件 x_i 所有故障状态的个数。

2）T-S 故障树关键重要度

基本事件 x_i 故障状态为 $S_i^{(a_i)}$ 时对顶事件 T 故障状态为 T_q 的 T-S 故障树关键重要度为

$$I_{\mathrm{Cr}}^{(T_q)}(x_i=S_i^{(a_i)})=\frac{P(x_i=S_i^{(a_i)})I_{\mathrm{Pr}}^{(T_q)}(x_i=S_i^{(a_i)})}{P(T=T_q)} \tag{2-8}$$

基本事件 x_i 关于顶事件 T 故障状态为 T_q 的 T-S 故障树关键重要度为

$$I_{\mathrm{Cr}}^{(T_q)}(x_i)=\frac{1}{k_i-1}\sum_{a_i=2}^{k_i} I_{\mathrm{Cr}}^{(T_q)}(x_i=S_i^{(a_i)}) \tag{2-9}$$

3）T-S 故障树模糊重要度

基本事件 x_i 故障状态为 $S_i^{(a_i)}$ 时对顶事件 T 故障状态为 T_q 的 T-S 故障树模糊重要度为

$$I_{\mathrm{Fu}}^{(T_q)}(x_i=S_i^{(a_i)})=E[\widetilde{P}(T=T_q \mid x_i=S_i^{(a_i)})-\widetilde{P}(T=T_q \mid x_i=0)] \tag{2-10}$$

式中：$\widetilde{P}(T=T_q \mid x_i=S_i^{(a_i)})$ 表示在基本事件 x_i 故障状态为 $S_i^{(a_i)}$ 的条件下顶事件 T 故障状态为 T_q 的条件概率，即由其他基本事件引起顶事件 T 故障状态为 T_q 的模糊可能性；$\widetilde{P}(T=T_q \mid x_i=0)$ 表示在基本事件 x_i 故障状态为 0 的条件下顶事件 T 故障状态为 T_q 的条件概率，即由其他基本事件引起顶事件 T 故障状态为 T_q 的模糊可能性。

基本事件 x_i 对顶事件 T 故障状态为 T_q 的 T-S 故障树模糊重要度为

$$I_{\mathrm{Fu}}^{(T_q)}(x_i)=\frac{\sum_{a_i=2}^{k_i} I_{\mathrm{Fu}}^{(T_q)}(x_i=S_i^{(a_i)})}{k_i-1} \tag{2-11}$$

由上述定义可知，对于多态系统，基本事件的重要度是顶事件处于指定故障状态时基本事件处于不同故障状态情况下重要度的综合评价。此外，模糊重要度可在基本事件发生概率为模糊情形下反映基本事件对顶事件的影响，拓宽了重要度的适用范围。

4) T-S 故障树状态重要度

基本事件 x_i故障状态为$\hat{x}_i$ 时对顶事件 T 故障状态为 T_q的 T-S 故障树状态重要度为

$$I_{\mathrm{Sta}}^{(T_q)}(x_i)=\max\{[P(T=T_q \mid x_i=\hat{x}_i)-P(T=T_q \mid x_i=0)],0\} \tag{2-12}$$

式中：$P(T=T_q \mid x_i=\hat{x}_i)$表示当基本事件 x_i当前故障状态值为$\hat{x}_i$ 时顶事件 T 故障状态为 T_q的条件概率；$P(T=T_q \mid x_i=0)$表示当基本事件 x_i当前故障状态值为 0 时顶事件 T 为 T_q的条件概率。

5) T-S 故障树风险业绩值

基本事件 x_i故障状态为 $S_i^{(a_i)}$ 时对顶事件 T 故障状态为 T_q的 T-S 故障树风险业绩值为

$$I_{\mathrm{RAW}}^{(T_q)}(x_i=S_i^{(a_i)})=\frac{P(T=T_q \mid x_i=S_i^{(a_i)})}{P(T=T_q)} \tag{2-13}$$

基本事件 x_i对顶事件 T 故障状态为 T_q的 T-S 故障树风险业绩值为

$$I_{\mathrm{RAW}}^{(T_q)}(x_i)=\frac{\sum_{a_i=2}^{k_i} I_{\mathrm{RAW}}^{(T_q)}(x_i=S_i^{(a_i)})}{k_i-1} \tag{2-14}$$

6) T-S 故障树风险降低值

基本事件 x_i故障状态为 $S_i^{(a_i)}$ 时对顶事件 T 故障状态为 T_q的 T-S 故障树风险降低值为

$$I_{\mathrm{RRW}}^{(T_q)}(x_i=S_i^{(a_i)})=\frac{P(T=T_q)}{P(T=T_q \mid x_i=0)} \tag{2-15}$$

基本事件 x_i对顶事件 T 故障状态为 T_q的 T-S 故障树风险降低值为

$$I_{\mathrm{RRW}}^{(T_q)}(x_i)=\frac{\sum_{a_i=2}^{k_i} I_{\mathrm{RRW}}^{(T_q)}(x_i=S_i^{(a_i)})}{k_i-1} \tag{2-16}$$

7) T-S 故障树 F-V 重要度

基本事件 x_i故障状态为 $S_i^{(a_i)}$ 时对顶事件 T 故障状态为 T_q的 T-S 故障树 F-V 重要度为

$$I_{\mathrm{FV}}^{(T_q)}(x_i=S_i^{(a_i)})=\frac{P(T=T_q)-P(T=T_q \mid x_i=0)}{P(T=T_q)}=1-\frac{P(T=T_q \mid x_i=0)}{P(T=T_q)} \tag{2-17}$$

基本事件 x_i 在顶事件 T 故障状态为 T_q 的 T-S 故障树 F-V 重要度为

$$I_{\mathrm{FV}}^{(T_q)}(x_i)=\frac{\sum_{a_i=2}^{k_i} I_{\mathrm{FV}}^{(T_q)}(x_i=S_i^{(a_i)})}{k_i-1} \tag{2-18}$$

8) T-S 故障树微分重要度

基本事件 x_i 故障状态为 $S_i^{(a_i)}$ 时对顶事件 T 故障状态为 T_q 的 T-S 故障树微分重要度为

$$I_{\mathrm{DIM}}^{(T_q)}(x_i=S_i^{(a_i)})=\frac{\dfrac{\partial P(T=T_q)}{\partial P(x_i=S_i^{(a_i)})}P(x_i=S_i^{(a_i)})}{\sum_{j=1}^{n}\dfrac{\partial P(T=T_q)}{\partial P(x_j=S_j^{(a_i)})}P(x_j=S_j^{(a_i)})} \tag{2-19}$$

基本事件 x_i 对顶事件 T 故障状态为 T_q 的 T-S 故障树微分重要度为

$$I_{\mathrm{DIM}}^{(T_q)}(x_i)=\frac{\sum_{a_i=2}^{k_i} I_{\mathrm{DIM}}^{(T_q)}(x_i=S_i^{(a_i)})}{k_i-1} \tag{2-20}$$

9) T-S 故障树改善函数

基本事件 x_i 对顶事件 T 故障状态为 T_q 的 T-S 故障树改善函数为

$$I_{\mathrm{UF}}^{(T_q)}(x_i)=\frac{\lambda_i}{P(T=T_q)}\,\frac{\partial P(T=T_q)}{\partial \lambda_i} \tag{2-21}$$

式中：λ_i 为基本事件 x_i 的故障率。

10) T-S 故障树综合重要度

基本事件 x_i 故障状态为 $S_i^{(a_i)}$ 时对顶事件 T 故障状态为 T_q 的 T-S 故障树综合重要度为

$$I_{\mathrm{IM}}^{(T_q)}(x_i=S_i^{(a_i)})=\lambda_i(1-P(x_i=S_i^{(a_i)}))[P(T=T_q\mid x_i=S_i^{(a_i)})-P(T=T_q\mid x_i=0)] \tag{2-22}$$

基本事件 x_i 对顶事件 T 故障状态为 T_q 的 T-S 故障树综合重要度为

$$I_{\mathrm{IM}}^{(T_q)}(x_i)=\frac{\sum_{a_i=2}^{k_i} I_{\mathrm{IM}}^{(T_q)}(x_i=S_i^{(a_i)})}{k_i-1} \tag{2-23}$$

3. 基本事件的灵敏度

灵敏度分析是研究改变参数的值及其传播过程，考察参数变化对于目标对象所产生的影响，从而对系统参数和结构的重要性进行量化分析，在系统的特性分析和异常特征发现方面有着广泛的应用。通过可靠性灵敏度分析，可以发现系统可靠性的脆弱性演化机制,可以将设计变量对可靠度的影响程度进行排序,进而指导可靠性评估。基本事件的灵敏度是指基本事件可靠性数据引起顶事件可靠性数据的变化率,灵敏度的大小反映了基本事件随顶事件故障状态变化的快慢程度,即对设计变量的敏感程度。

基本事件 x_i 故障状态为 $S_i^{(a_i)}$ 时对顶事件 T 故障状态为 T_q 的灵敏度为

$$I_{\mathrm{Se}}^{(T_q)}(x_i=S_i^{(a_i)})=\frac{P(T=T_q \mid x_i=S_i^{(a_i)})-P(T=T_q \mid x_i=0)}{P(T=T_q \mid x_i=0)} \tag{2-24}$$

由式(2-24)看出,基本事件状态的灵敏度的含义是在基本事件 x_i 的故障状态为 $S_i^{(a_i)}$ 的条件下,引起顶事件 T 故障状态为 T_q 的故障概率的变化率。可见,基本事件状态的灵敏度反映了基本事件某一故障状态的可靠性数据引起顶事件可靠性数据的变化率。

基本事件 x_i 对顶事件 T 故障状态为 T_q 的灵敏度为

$$I_{\mathrm{Se}}^{(T_q)}(x_i)=\frac{1}{k_i-1}\sum_{a_i=2}^{k_i} I_{\mathrm{Se}}^{(T_q)}(x_i=S_i^{(a_i)}) \tag{2-25}$$

4. 基本事件的后验概率

在已知系统故障的情况下,计算组成系统的单元发生故障的概率,即已知顶事件发生的情况下计算基本事件的后验概率。在顶事件 T 故障状态为 T_q 的条件下基本事件 x_i 故障状态为 $S_i^{(a_i)}$ 的后验概率为

$$\begin{aligned}P(x_i=S_i^{(a_i)} \mid T=T_q)&=\frac{P(x_i=S_i^{(a_i)},T=T_q)}{P(T=T_q)}\\&=\frac{\sum\limits_{x_1,x_2,\cdots,x_n} P(x_1,\cdots,x_i=S_i^{(a_i)},\cdots,x_n,T=T_q)}{P(T=T_q)}\end{aligned} \tag{2-26}$$

2.1.3 基于贝叶斯网络的超椭球 T-S 故障树分析方法

凸模型能够弥补概率模型和模糊模型的不足,而且,超椭球模型比区间模型更为合理。因此,将超椭球 T-S 故障树与贝叶斯网络结合,提出基于贝叶斯的超椭球 T-S 故障树分析方法并给出推理计算公式。事件的超椭球模型描述见第 1 章中的超椭球 T-S 故障树。

1. 顶事件求解

已知经超椭球约束后的下级事件 $x_1,x_2,\cdots,x_n$ 各故障状态的区间可靠性数据(如故障概率、模糊可能性等)分别为 $P^{\mathrm{h}}(x_1=S_1^{(a_1)})(a_1=1,2,\cdots,k_1)$, $P^{\mathrm{h}}(x_2=S_2^{(a_2)})(a_2=1,2,\cdots,k_2)$, $\cdots$, $P^{\mathrm{h}}(x_n=S_n^{(a_n)})(a_n=1,2,\cdots,k_n)$,经超椭球约束后的顶事件 T 故障状态为 $T_q(q=1,2,\cdots,k_q)$ 的区间可靠性数据为 $P^{\mathrm{h}}(T=T_q)$。

由超椭球 T-S 故障树转化而来的贝叶斯网络的顶事件 T 故障状态为 T_q 的区间可靠性数据为

$$P^{\mathrm{h}}(T=T_q)=\sum_{x_1,\cdots,x_i,\cdots,x_n,y_1,\cdots,y_j,\cdots,y_N} P^{\mathrm{h}}(x_1,\cdots,x_i,\cdots,x_n,y_1,\cdots,y_j,\cdots,y_N,T=T_q)$$
$$=\sum_{\pi(T)} P^{\mathrm{h}}(T=T_q \mid \pi(T))\sum_{\pi(y_1)} P^{\mathrm{h}}(y_1 \mid \pi(y_1))\cdots\sum_{\pi(y_j)} P^{\mathrm{h}}(y_j \mid \pi(y_j))\cdots$$
$$\sum_{\pi(y_N)} P^{\mathrm{h}}(y_N \mid \pi(y_N))P^{\mathrm{h}}(x_1=S_1^{(a_1)})\cdots P^{\mathrm{h}}(x_i=S_i^{(a_i)})\cdots P^{\mathrm{h}}(x_n=S_n^{(a_n)}) \quad (2-27)$$

式中：$P^{\mathrm{h}}(x_1,x_2,\cdots,x_n,T=T_q)$ 为基本事件 $x_1,x_2,\cdots,x_n$ 的所有故障状态与顶事件 T 故障状态为 T_q 的联合概率；$P^{\mathrm{h}}(T=T_q \mid x_1,x_2,\cdots,x_n)$ 为条件概率，其含义为考虑基本事件 $x_1,x_2,\cdots,x_n$ 所有故障状态的条件下，顶事件 T 为 T_q 的可能性。

2. 基本事件后验概率

在顶事件 T 故障状态为 T_q 的条件下基本事件 x_i 故障状态为 $S_i^{(a_i)}$ 的后验概率为

$$P^{\mathrm{h}}(x_i=S_i^{(a_i)} \mid T=T_q)=\frac{P^{\mathrm{h}}(x_i=S_i^{(a_i)},T=T_q)}{P^{\mathrm{h}}(T=T_q)}$$
$$=\frac{\sum_{x_1,x_2,\cdots,x_n} P^{\mathrm{h}}(x_1,\cdots,x_i=S_i^{(a_i)},\cdots,x_n,T=T_q)}{P^{\mathrm{h}}(T=T_q)} \quad (2-28)$$

式中：$P^{\mathrm{h}}(x_i=S_i^{(a_i)},T=T_q)$ 为基本事件 x_i 故障状态为 $S_i^{(a_i)}$ 与顶事件 T 故障状态为 T_q 的联合概率。

2.1.4　可行性验证

下面用贝叶斯网络求解图 1-19 所示的 T-S 故障树，并与第 1 章方法的结果进行对比，见 1.2.4 节第 2 项、1.2.6 节、1.3.1 节、1.4.2 节、1.7.2 节第 3 项。

将图 1-19 中的 T-S 故障树转换为贝叶斯网络有向无环图，G_1、G_2 门的描述规则转化为中间事件 y_1、顶事件 T 的条件概率表，见图 2-1。

1. 顶事件求解

(1) 基于基本事件的故障概率求取顶事件的故障概率。由式(2-1)求得顶事件 T 故障状态为 0.5 和 1 的故障概率分别为

$$P(T=0.5)=\sum_{x_1,x_2,x_3,y_1} P(x_1,x_2,x_3,y_1,T=0.5)$$
$$=\sum_{x_1,y_1} P(T=0.5 \mid x_1,y_1)P(x_1)\sum_{x_2,x_3} P(y_1 \mid x_2,x_3)P(x_2)P(x_3)=5.84\times10^{-3}$$

$$P(T=1)=\sum_{x_1,x_2,x_3,y_1} P(x_1,x_2,x_3,y_1,T=1)$$
$$=\sum_{x_1,y_1} P(T=1 \mid x_1,y_1)P(x_1)\sum_{x_2,x_3} P(y_1 \mid x_2,x_3)P(x_2)P(x_3)=2.41\times10^{-2}$$

由式(2-2)求得顶事件 T 故障状态为 0 的故障概率为

$$P(T=0)=1-P(T=0.5)-P(T=1)=0.97006$$

(2) 基于基本事件的模糊可能性求取顶事件的模糊可能性。由式(2-1)求得顶事件 T 故障状态为 0.5 和 1 的模糊可能性分别为

$$\begin{aligned}P(T=0.5)&=\sum_{x_1,x_2,x_3,y_1}P(x_1,x_2,x_3,y_1,T=0.5)\\&=\sum_{x_1,y_1}P(T=0.5\mid x_1,y_1)P(x_1)\sum_{x_2,x_3}P(y_1\mid x_2,x_3)P(x_2)P(x_3)=6.51\times10^{-6}\end{aligned}$$

$$\begin{aligned}P(T=1)&=\sum_{x_1,x_2,x_3,y_1}P(x_1,x_2,x_3,y_1,T=1)\\&=\sum_{x_1,y_1}P(T=1\mid x_1,y_1)P(x_1)\sum_{x_2,x_3}P(y_1\mid x_2,x_3)P(x_2)P(x_3)=3.20\times10^{-5}\end{aligned}$$

由式(2-2)求得顶事件 T 故障状态为 0 的模糊可能性为

$$P(T=0)=1-P(T=0.5)-P(T=1)=0.99996149$$

(3) 基于基本事件的当前故障状态值求取顶事件的可能性。隶属函数选为 $s_L=s_R=0.1$, $m_L=m_R=0.3$,则由式(2-3)求得顶事件 T 故障状态为 0.5 和 1 的可能性分别为

$$\begin{aligned}P(T=0.5)&=\sum_{\hat{x}_1,\hat{x}_2,\hat{x}_3,y_1}P(\hat{x}_1,\hat{x}_2,\hat{x}_3,y_1,T=0.5)\\&=\sum_{\hat{x}_1,y_1}P(T=0.5\mid \hat{x}_1,y_1)P(\hat{x}_1)\sum_{\hat{x}_2,\hat{x}_3}P(y_1\mid \hat{x}_2,\hat{x}_3)P(\hat{x}_2)P(\hat{x}_3)=0.05\end{aligned}$$

$$\begin{aligned}P(T=1)&=\sum_{\hat{x}_1,\hat{x}_2,\hat{x}_3,y_1}P(\hat{x}_1,\hat{x}_2,\hat{x}_3,y_1,T=1)\\&=\sum_{\hat{x}_1,y_1}P(T=1\mid \hat{x}_1,y_1)P(\hat{x}_1)\sum_{\hat{x}_2,\hat{x}_3}P(y_1\mid \hat{x}_2,\hat{x}_3)P(\hat{x}_2)P(\hat{x}_3)=0.19\end{aligned}$$

由式(2-4)求得顶事件 T 故障状态为 0 的可能性为

$$P(T=0)=1-P(T=0.5)-P(T=1)=0.76$$

上述结果与 1.2.6 节相同。

2. 基本事件的重要度

(1) T-S 故障树概率重要度。由式(2-5)求得基本事件 x_1 故障状态为 0.5 时对顶事件 T 故障状态为 0.5 的 T-S 故障树概率重要度为

$$\begin{aligned}I_{\mathrm{Pr}}^{(0.5)}(x_1=0.5)&=P(T=0.5\mid x_1=0.5)-P(T=0.5\mid x_1=0)\\&=\frac{P(T=0.5,x_1=0.5)}{P(x_1=0.5)}-\frac{P(T=0.5,x_1=0)}{P(x_1=0)}=0.494\end{aligned}$$

同理可得各基本事件故障状态为0.5和1时，顶事件T故障状态为0.5的T-S故障树概率重要度（见表1-25）和顶事件T故障状态为1的T-S故障树概率重要度（见表1-26）。

由式（2-7），综合基本事件x_1故障状态为0.5和1对顶事件T故障状态为0.5的T-S故障树概率重要度，得到基本事件x_1对顶事件T故障状态为0.5的T-S故障树概率重要度为

$$I_{\mathrm{Pr}}^{(0.5)}(x_1)=\frac{\sum_{a_1=2}^{k_1} I_{\mathrm{Pr}}^{(0.5)}(x_1=S_1^{(a_1)})}{k_1-1}=\frac{I_{\mathrm{Pr}}^{(0.5)}(x_1=0.5)+I_{\mathrm{Pr}}^{(0.5)}(x_1=1)}{2}=0.247$$

同理可得各基本事件对顶事件T故障状态为0.5和1的T-S故障树概率重要度，见表1-27。

（2）T-S故障树关键重要度。由式（2-8）求得基本事件x_1故障状态为0.5对顶事件T故障状态为0.5的T-S故障树关键重要度为

$$I_{\mathrm{Cr}}^{(0.5)}(x_1=0.5)=\frac{P(x_1=0.5)I_{\mathrm{Pr}}^{(0.5)}(x_1=0.5)}{P(T=0.5)}=0.846$$

同理可得各基本事件故障状态为0.5和1时，顶事件T故障状态为0.5的T-S故障树关键重要度（见表1-28）和顶事件T故障状态为1的T-S故障树关键重要度（见表1-29）。

由式（2-9），综合基本事件x_1故障状态为0.5和1对顶事件T故障状态为0.5的T-S故障树关键重要度，得到基本事件x_1对顶事件T故障状态为0.5的T-S故障树关键重要度为

$$I_{\mathrm{Cr}}^{(0.5)}(x_1)=\frac{\sum_{a_1=2}^{k_1} I_{\mathrm{Cr}}^{(0.5)}(x_1=S_1^{(a_1)})}{k_1-1}=\frac{I_{\mathrm{Cr}}^{(0.5)}(x_1=0.5)+I_{\mathrm{Cr}}^{(0.5)}(x_1=1)}{2}=0.423$$

同理，可得各基本事件对顶事件T故障状态为0.5和1的T-S故障树关键重要度，见表1-30。

（3）T-S故障树模糊重要度。由式（2-10）求得基本事件x_1故障状态为0.5时关于顶事件T故障状态为0.5的T-S故障树模糊重要度为

$$I_{\mathrm{Fu}}^{(0.5)}(x_1=0.5)=E[\widetilde{P}(T=0.5\mid x_1=0.5)-\widetilde{P}(T=0.5\mid x_1=0)]=0.494$$

同理，可得各基本事件故障状态为0.5和1时，分别对顶事件T故障状态为0.5的T-S故障树模糊重要度见表1-31、为1的T-S故障树模糊重要度，见表1-32。

由式（2-11），综合基本事件x_1故障状态为0.5和1对顶事件T故障状态为0.5的T-S故障树模糊重要度，得到基本事件x_1对顶事件T故障状态为0.5的T-S故障树模糊重要度为

$$I_{\mathrm{Fu}}^{(0.5)}(x_1)=\frac{\sum_{a_1=2}^{k_1} I_{\mathrm{Fu}}^{(0.5)}(x_1=S_1^{(a_1)})}{k_1-1}=\frac{I_{\mathrm{Fu}}^{(0.5)}(x_1=0.5)+I_{\mathrm{Fu}}^{(0.5)}(x_1=1)}{2}=0.247$$

同理,可得各基本事件对顶事件 T 故障状态为 0.5 和 1 的 T-S 故障树模糊重要度,见表 1-33。

(4) T-S 故障树状态重要度。由式(2-12),求得基本事件 x_2 当前故障状态为 0.2 时关于顶事件 T 故障状态为 0.5 的 T-S 故障树状态重要度为

$$\begin{aligned}I_{\mathrm{Sta}}^{(0.5)}(x_2)&=\max\{[P(T=0.5\mid x_2=0.2)-P(T=0.5\mid x_2=0)],0\}\\&=\max\{(0.053-0),0\}=0.053\end{aligned}$$

同理,可得各基本事件对顶事件 T 故障状态为 0.5 和 1 的 T-S 故障树状态重要度,见表 1-34。

上述结果与 1.4.2 节相同。

3. 基本事件的灵敏度

由式(2-24)求得基本事件 x_1 故障状态为 0.5 时对顶事件 T 故障状态为 0.5 的灵敏度为

$$I_{\mathrm{Se}}^{(0.5)}(x_1=0.5)=\frac{P(T=0.5\mid x_1=0.5)-P(T=0.5\mid x_1=0)}{P(T=0.5\mid x_1=0)}=549.111$$

同理,可得各基本事件故障状态为 0.5 和 1 对顶事件 T 故障状态为 0.5 的灵敏度,见表 2-2。

表 2-2 基本事件故障状态为 0.5 和 1 对顶事件 T 故障状态为 0.5 的灵敏度

基本事件故障状态	$I_{\mathrm{Se}}^{(0.5)}(x_1=S_1^{(a_1)})$	基本事件故障状态	$I_{\mathrm{Se}}^{(0.5)}(x_2=S_2^{(a_1)})$	基本事件故障状态	$I_{\mathrm{Se}}^{(0.5)}(x_3=S_3^{(a_1)})$
$x_1=0.5$	549.111	$x_2=0.5$	28.655	$x_3=0.5$	20.517
$x_1=1$	0	$x_2=1$	0	$x_3=1$	0

同理,可得各基本事件故障状态为 0.5 和 1 对顶事件 T 故障状态为 1 的灵敏度,见表 2-3。

表 2-3 基本事件故障状态为 0.5 和 1 对顶事件 T 故障状态为 1 的灵敏度

基本事件故障状态	$I_{\mathrm{Se}}^{(1)}(x_1=S_1^{(a_1)})$	基本事件故障状态	$I_{\mathrm{Se}}^{(1)}(x_2=S_2^{(a_1)})$	基本事件故障状态	$I_{\mathrm{Se}}^{(1)}(x_3=S_3^{(a_1)})$
$x_1=0.5$	14.671	$x_2=0.5$	24.856	$x_3=0.5$	29.962
$x_1=1$	70.922	$x_2=1$	45.249	$x_3=1$	52.357

由式(2-25),综合基本事件 x_1 故障状态为 0.5 和 1 对顶事件 T 故障状态为 0.5 的灵敏度,得到基本事件 x_1 对顶事件 T 故障状态为 0.5 的灵敏度为

$$I_{\mathrm{Se}}^{(0.5)}(x_1)=\frac{I_{\mathrm{Se}}^{(0.5)}(x_1=0.5)+I_{\mathrm{Se}}^{(0.5)}(x_1=1)}{2}=274.556$$

同理,可得各基本事件对顶事件 T 故障状态为 0.5 和 1 的灵敏度,见表 2-4。

表 2-4　基本事件的灵敏度

基本事件	$I_{\mathrm{Se}}^{(0.5)}(x_1)$	$I_{\mathrm{Se}}^{(1)}(x_1)$	基本事件	$I_{\mathrm{Se}}^{(0.5)}(x_2)$	$I_{\mathrm{Se}}^{(1)}(x_2)$	基本事件	$I_{\mathrm{Se}}^{(0.5)}(x_3)$	$I_{\mathrm{Se}}^{(1)}(x_3)$
x_1	274.556	85.593	x_2	14.328	35.053	x_3	10.259	41.160

4. 基本事件的后验概率

由式(2-26)求得在顶事件 T 故障状态为 0.5 的条件下基本事件 x_1 故障状态为 0.5 的后验概率为

$$P(x_1=0.5\mid T=0.5)=\frac{P(x_1=0.5,T=0.5)}{P(T=0.5)}$$

$$=\frac{\sum\limits_{x_1=0.5,y_1}P(T=0.5\mid x_1,y_1)P(x_1=0.5)\sum\limits_{x_2,x_3}P(y_1\mid x_2,x_3)P(x_2)P(x_3)}{P(T=0.5)}=0.163$$

同理,可得在顶事件 T 故障状态为 0.5 和 1 的条件下,各基本事件故障状态为 0.5 和 1 的后验概率,见表 2-5。

表 2-5　基本事件的后验概率

基本事件 x_i	$P(x_i=0.5\mid T=0.5)$	$P(x_i=1\mid T=0.5)$	$P(x_i=0.5\mid T=1)$	$P(x_i=1\mid T=1)$
x_1	0.846	0	0.128	0.416
x_2	0.054	0	0.047	0.083
x_3	0.102	0	0.130	0.208

5. 基于 Bell 故障树的贝叶斯网络分析算例

若图 1-19 的 T-S 故障树中的 G_1 门退化为二态故障树中的或门,G_2 门退化为二态故障树中的与门。假设基本事件 x_1、x_2 和 x_3 的故障状态为二态即(0,1),其中,0 表示正常状态;1 表示失效状态。中间事件 y_1 的条件概率表见图 2-5,顶事件 T 的条件概率表见图 2-4。

由式(2-1)求得顶事件 T 故障状态为 1 的故障概率为

$$P(T=1)=\sum_{x_1,x_2,x_3,y_1}P(x_1,x_2,x_3,y_1,T=1)$$

$$= \sum_{x_1,y_1} P(T=1 \mid x_1,y_1)P(x_1)\sum_{x_2,x_3} P(y_1 \mid x_2,x_3)P(x_2)P(x_3) = 6.99 \times 10^{-5}$$

由式(2-2)求得顶事件 T 故障状态为 0 的故障概率为

$$P(T=0)=1-P(T=1)=0.993$$

由式(2-26)求得在顶事件 T 故障状态为 1 的条件下各基本事件故障状态为 1 的后验概率,见表 2-6。

表 2-6 基本事件的后验概率

基本事件	$P(x_1=1 \mid T=1)$	基本事件	$P(x_2=1 \mid T=1)$	基本事件	$P(x_3=1 \mid T=1)$
x_1	1.000	x_2	0.286	x_3	0.715

上述结果与 1.3.1 节相同。

6. 基于贝叶斯网络的超椭球 T-S 故障树分析方法

由式(2-27)求得下级事件经超椭球约束的顶事件 T 故障状态为 0.5 和 1 的区间故障概率分别为

$$P^{h}(T=0.5)=\sum_{x_1,x_2,x_3,y_1} P^{h}(x_1,x_2,x_3,y_1,T=0.5)$$

$$=\sum_{x_1,y_1} P^{h}(T=0.5 \mid x_1,y_1)P(x_1)\sum_{x_2,x_3} P^{h}(y_1 \mid x_2,x_3)P^{h}(x_2)P^{h}(x_3)$$

$$=[2.01 \times 10^{-4}, 2.20 \times 10^{-4}]$$

$$P^{h}(T=1)=\sum_{x_1,x_2,x_3,y_1} P^{h}(x_1,x_2,x_3,y_1,T=1)$$

$$=\sum_{x_1,y_1} P^{h}(T=1 \mid x_1,y_1)P(x_1)\sum_{x_2,x_3} P^{h}(y_1 \mid x_2,x_3)P^{h}(x_2)P^{h}(x_3)$$

$$=[6.64 \times 10^{-5}, 7.43 \times 10^{-5}]$$

上述结果与 1.7.2 节第 2 项超椭球 T-S 故障树所求结果相同。

综上,基于贝叶斯网络的 T-S 故障树分析方法与 T-S 故障树分析方法计算结果相同,表明基于贝叶斯网络的 T-S 故障树分析方法的可行性。

2.1.5 贝叶斯网络算法的计算程序

贝叶斯网络算法计算程序的文件夹对应不同的 m 文件、Excel 文件,如图 2-10 所示。

1. 基于贝叶斯网络的 T-S 故障树算法计算程序

1) 基于基本事件的可靠性数据求取顶事件的可靠性数据

基于基本事件的故障概率求取顶事件的故障概率(见 2.1.4 节第 1 项)和基于基本事件的模糊可能性求取顶事件的模糊可能性(见 2.1.4 节第 1 项),可以利用

MATLAB 编程实现,程序对应图 2-10 中的文件夹"基于基本事件的可靠性数据求取顶事件的可靠性数据"。该文件夹中有 2 个 m 文件和 3 个 Excel 文件。在 MATLAB 中,运行 TopEvent_ReliabilityIndices. m 时调用函数文件 BN. m,最终求得结果并导至 Results. xls。

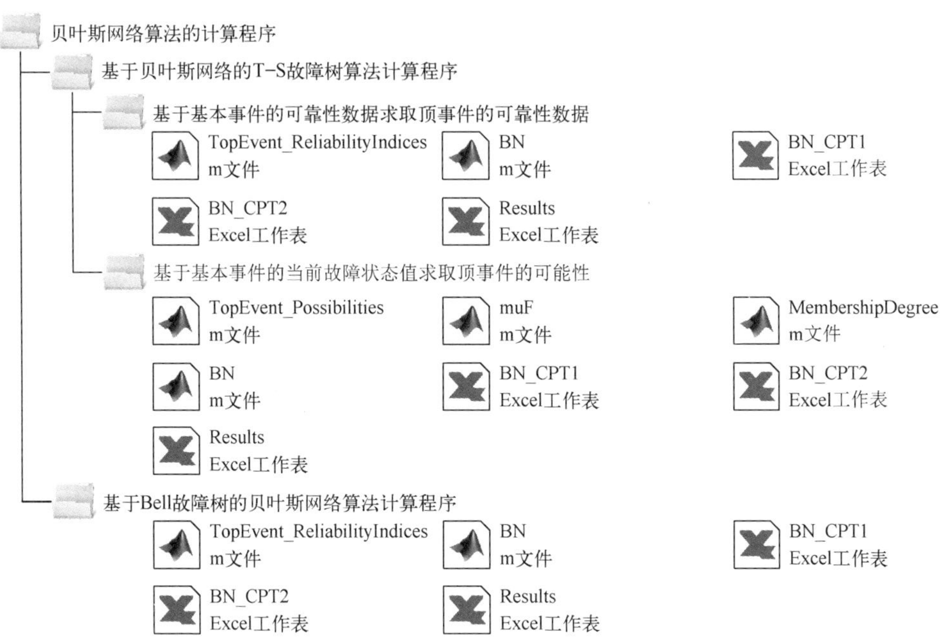

图 2-10　贝叶斯网络算法的计算程序

程序代码及说明如下。

```
%%　贝叶斯网络算法函数 BN. m　%%
% 该 MATLAB 函数文件计算:已知下级事件各故障状态的可靠性数据,求上级事件各故障状态的可靠性数据。
% =====================================
function P = BN (BN_CPT, P_InputEvents)　% 函数 BN 的 2 个输入变量 BN_CPT、P_InputEvents 分别表示贝叶斯网络条件概率表、下级事件(输入事件)的可靠性数据;输出变量 P 表示上级事件(输出事件)的可靠性数据。
FaultStates= [ 0, 0.5, 1 ];　% 定义上级事件、下级事件各故障状态 FaultStates 为一个 1×3 的矩阵。
NumsFaultStates = size (FaultStates, 2);　% NumsFaultStates 表示故障状态个数。
Colimns_CPT = size (BN_CPT, 2);　% Colimns_CPT 表示贝叶斯网络条件概率表的列数。
L = size (BN_CPT, 1);　% 表示 BN_CPT 的行数,即贝叶斯网络条件概率表的规则数;因
```

在程序里小写字母 l 宜与数字 1 混淆，故用大写字母 L。

NumsInputEvents = Colimns_CPT - NumsFaultStates; % 表示 BN_CPT 的列数减去上级事件故障状态个数，即贝叶斯网络条件概率表的下级事件数目。

BN_ValuesFaultStates = BN_CPT (:, 1 : NumsInputEvents); % 取 BN_CPT 的第 1 ~ NumsInputEvents 列，BN_ValuesFaultStates 表示下级事件故障状态值。

BN_ConditionProbability = BN_CPT (:, NumsInputEvents + 1 : Colimns_CPT); % 取 BN_CPT 的第 NumsInputEvents+1 ~ Colimns_CPT 列，BN_ConditionProbability 表示上级事件条件概率。

% 下边的循环是用可靠性数据替换 BN_ValuesFaultStates 中的下级事件故障状态值。

```
for j = 1 : NumsInputEvents
    for i = 1 : L
        for z = 1 : NumsFaultStates
                if BN _ ValuesFaultStates ( i, j ) = = FaultStates ( 1, z )  % BN _ValuesFaultStates 的第 i 行第 j 列与矩阵 FaultStates 的第 1 行第 z 列的值进行比较。
                BN_ValuesFaultStates(i, j) = P_InputEvents(z, j);  % 下级事件各故障状态的可靠性数据替换规则表中的下级事件故障状态值。
                break;
            end
        end
    end
end
P = BN_ConditionProbability' * prod (BN_ValuesFaultStates, 2);  % 求解上级事件的可靠性数据。
end
```

式(2-1)是基于所有基本事件 $x_i(i=1,2,\cdots,n)$ 的可靠性数据和所有中间事件 $y_j(j=1,2,\cdots,N)$ 的条件概率表，求解顶事件 T 各故障状态的可靠性数据。利用式(2-1)求解时，MATLAB 主程序需调用 $N+1$ 次贝叶斯网络函数 BN，贝叶斯网络函数 BN 是求解贝叶斯有向无环图的一个上级事件各故障状态的可靠性数据。例如，上述程序算例有 3 个基本事件和 1 个中间事件，在 MATLAB 主程序中需调用 $N+1=2$ 次贝叶斯网络函数 BN。

```
%%  主程序 TopEvent_ReliabilityIndices. m  %%
% 该主程序 MATLAB 脚本文件计算：已知基本事件(根节点)各故障状态的可靠性数据，求取顶事件(叶节点)各故障状态的可靠性数据和基本事件的后验概率。
% ========================================
clc
clear
format long
```

%%　-----------------求解中间事件 y_1 的可靠性数据-----------------

BN_CPT_y1 = xlsread ('BN_CPT1. xls', 'sheet1', 'A1:E9')；　% 读取 BN_CPT1. xls 的 sheet1 中的 A1～E9 的数据。BN_CPT1. xls 的 sheet1、sheet2 分别为上级事件 y_1 的贝叶斯网络条件概率表、下级事件的可靠性数据。

P_InputEvents_y1 = xlsread ('BN_CPT1. xls', 'sheet2')；　% 读取 BN_CPT1. xls 的 sheet2 中的数据，sheet2 的列对应下级事件（输入事件）、sheet2 的行对应某一下级事件故障状态由小到大的可靠性数据，例如，图 2-1 中上边的贝叶斯网络条件概率表下级事件有 2 个，即 x_2、x_3，故障状态为（0, 0.5, 1），故障状态为 1 的可靠性数据分别为 0.002、0.005，则 sheet2 表的数据格式为[0.996, 0.990; 0.002, 0.005; 0.002, 0.005]，注意要将单元格格式里的数字的小数位数设置合理，以保证没有非零数字删减，如本例可设置小数位数为 3 位。P_InputEvents_y1 表示中间事件 y_1 的条件概率表中下级事件的可靠性数据。

P_y1 = BN (BN_CPT_y1, P_InputEvents_y1)'　% 调用贝叶斯网络算法函数 BN 求解中间事件 y_1 各故障状态的可靠性数据。

xlswrite ('Results. xls', P_y1, 'sheet1', 'A1:C1')；% 运行程序前，事先新建 1 个 Excel 文件并命名为 Results. xls。将 y_1 各故障状态的可靠性数据写入 Results. xls 的 sheet1 中的 A1～C1。

%%　-----------------求解 y_2 即顶事件 T 的可靠性数据-----------------

BN_CPT_T = xlsread ('BN_CPT2. xls', 'sheet1', 'A1:E9')；

P_x1 = xlsread ('BN_CPT2. xls', 'sheet2')；% 读取下级事件 x_1 的可靠性数据，该数据事先置于 BN_CPT2. xls 的 sheet2。

P_InputEvents_T = [P_x1, P_y1']；　% 因为 BN_CPT2. xls 中只有下级事件 x_1 的可靠性数据，还需读取 y_1 的可靠性数据（该数据需要转置为列向量）。

P_T = BN (BN_CPT_T, P_InputEvents_T)'

xlswrite ('Results. xls', P_T, 'sheet1', 'A2:C2')；% 将顶事件 T 各故障状态的可靠性数据写入 Results. xls 的 sheet1 中的 A2～C2。

%%　-----------------求解基本事件的后验概率-----------------

P_BasicEvents = [P_x1, P_InputEvents_y1]；　% 读取基本事件 x_1～x_3 的可靠性数据并构成一个矩阵，此矩阵为一个 3×3 的矩阵。

[NumsFaultStates, NumsBasicEvents] = size (P_BasicEvents)；　% NumsFaultStates 表示基本事件故障状态个数，NumsBasicEvents 表示基本事件的个数。MATLAB 中提供了 size 函数，用来获取矩阵的行数和列数，其中[r, c] = size(A)得到矩阵 $\boldsymbol{A}$ 的行数 r 和矩阵 $\boldsymbol{A}$ 的列数 c。

JointProbability = [ ]；% 定义一个空矩阵，准备写入联合概率。

JointProbability_CurrentRows = 0；% 定义联合概率当前行数。

% 下面的循环是求解顶事件和基本事件的联合概率，并将结果写入矩阵 JointProbability，此矩阵为一个 6×3 的矩阵。

```
for i = 1 : NumsBasicEvents
    for j = 2 : NumsFaultStates
```

JointProbability_CurrentRows = JointProbability_CurrentRows + 1； % 联合概率当前行数加 1。

P_CurrentBasicEvents = P_BasicEvents； % 将基本事件 $x_1 \sim x_3$的可靠性数据写入矩阵 P_CurrentBasicEvents。

tmp = zeros (NumsFaultStates, 1)；

tmp(j, :) = P_CurrentBasicEvents(j, i)；

P_CurrentBasicEvents (:, i) = tmp;

P_Current_y1 = BN (BN_CPT_y1, P_CurrentBasicEvents (:, 2 : 3))； % 将当前基本事件可靠性数据代入贝叶斯网络算法函数 BN。

JointProbability(JointProbability_CurrentRows, :) = BN(BN_CPT_T, [P_Current-BasicEvents (:, 1), P_Current_y1])'； % 得到顶事件和基本事件的联合概率 JointProbability。

end

end

PosteriorProbability = [ ]; % 定义后验概率 PosteriorProbability 为空矩阵。

PosteriorProbability (:, 1) = JointProbability (:, 2) / P_T (1, 2)； % 求解在顶事件 T 故障状态为 0.5 的条件下分别对各基本事件故障状态为 0.5 和 1 的后验概率，对应式(2-26)。

PosteriorProbability (:, 2) = JointProbability (:, 3) / P_T(1, 3)； % 求解在顶事件 T 故障状态为 1 的条件下分别对各基本事件故障状态为 0.5 和 1 的后验概率。

xlswrite('Results.xls', PosteriorProbability, 'sheet2', 'A1:B6')； % 将后验概率写入 Results.xls 的 sheet2 中的 A1～B6。

下面以 2.1.4 节第 1 项中的“基于基本事件的故障概率求取顶事件的故障概率”为例，说明程序计算过程。

(1) 计算中间事件 y_1各故障状态的故障概率。

下级事件 x_2各故障状态的故障概率为 $P(x_2 = S_2^{(a_2)})(a_2 = 1,2,3)$，下级事件 x_3各故障状态的故障概率为 $P(x_3 = S_3^{(a_3)})(a_3 = 1,2,3)$。当下级事件 x_2、x_3故障状态分别为 $S_2^{(a_2)}$、$S_3^{(a_3)}$ 时，对应上级事件 y_1故障状态为 $S_{y_1}^{(b_1)}$ 的条件概率为 $P(y_1 = S_{y_1}^{(b_1)} \mid x_2 = S_2^{(a_2)}, x_3 = S_3^{(a_3)})$。由图 2-1 可得，下级事件 x_2、x_3故障状态分别为 $S_2^{(a_2)} = 0$、0.5、1，$S_3^{(a_3)} = 0$、0.5、1 时，中间事件 y_1故障状态为 1 的条件概率分别为

$$P(y_1 = 1 \mid x_2 = 0, x_3 = 0) = 0, P(y_1 = 1 \mid x_2 = 0, x_3 = 0.5) = 0.5,$$
$$P(y_1 = 1 \mid x_2 = 0, x_3 = 1) = 1$$
$$P(y_1 = 1 \mid x_2 = 0.5, x_3 = 0) = 0.4, P(y_1 = 1 \mid x_2 = 0.5, x_3 = 0.5) = 0.6,$$
$$P(y_1 = 1 \mid x_2 = 0.5, x_3 = 1) = 1$$
$$P(y_1 = 1 \mid x_2 = 1, x_3 = 0) = 1, P(y_1 = 1 \mid x_2 = 1, x_3 = 0.5) = 1,$$
$$P(y_1 = 1 \mid x_2 = 1, x_3 = 1) = 1$$

求得中间事件 y_1 故障状态为 1 的故障概率为

$$
\begin{aligned}
P(y_1=1) &= \sum_{x_2,x_3} P(y_1=1 \mid x_2,x_3)P(x_2)P(x_3) \\
&= P(y_1=1 \mid x_2=0,x_3=0)P(x_2=0)P(x_3=0) \\
&\quad + P(y_1=1 \mid x_2=0,x_3=0.5)P(x_2=0)P(x_3=0.5) \\
&\quad + P(y_1=1 \mid x_2=0,x_3=1)P(x_2=0)P(x_3=1) \\
&\quad + P(y_1=1 \mid x_2=0.5,x_3=0)P(x_2=0.5)P(x_3=0) \\
&\quad + P(y_1=1 \mid x_2=0.5,x_3=0.5)P(x_2=0.5)P(x_3=0.5) \\
&\quad + P(y_1=1 \mid x_2=0.5,x_3=1)P(x_2=0.5)P(x_3=1) \\
&\quad + P(y_1=1 \mid x_2=1,x_3=0)P(x_2=1)P(x_3=0) \\
&\quad + P(y_1=1 \mid x_2=1,x_3=0.5)P(x_2=1)P(x_3=0.5) \\
&\quad + P(y_1=1 \mid x_2=1,x_3=1)P(x_2=1)P(x_3=1) \\
&= 1.03 \times 10^{-2}
\end{aligned}
$$

同理,求得中间事件 y_1 故障状态为 0 和 0.5 的故障概率分别为

$$P(y_1=0)=0.98741, P(y_1=0.5)=2.29\times10^{-3}$$

上述计算,第 1 次调用贝叶斯网络算法函数 BN。将 BN_CPT1.xls 的 sheet1 中的条件概率表赋值给函数 BN 中的“BN_CPT”,再从“BN_CPT”取出第 3~5 列赋值给函数 BN 中的“BN_ConditionProbability”(即中间事件 y_1 各故障状态的条件概率)。函数 BN 的“prod(BN_ValuesFaultStates, 2)”得到的列向量为下级事件 x_2、x_3 各故障状态的故障概率之积 $P(x_2=S_2^{(a_2)})P(x_3=S_3^{(a_3)})$ 组成的列向量。通过指令“P = BN_ConditionProbability' * prod(BN_ValuesFaultStates, 2)”,即可求出中间事件 y_1 各故障状态的故障概率。

(2) 计算顶事件 T 各故障状态的故障概率。

由图 2-1 可得,下级事件 x_1、y_1 故障状态分别为 $S_1^{(a_1)}=0$、0.5、1,$S_{y_1}^{(b_1)}=0$、0.5、1,顶事件 T 故障状态为 1 的条件概率分别为

$$P(T=1 \mid x_1=0,y_1=0)=0, P(T=1 \mid x_1=0,y_1=0.5)=0.4,$$
$$P(T=1 \mid x_1=0,y_1=1)=1$$
$$P(y_1=1 \mid T=1 \mid x_1=0.5,y_1=0)=0.3, P(T=1 \mid x_1=0.5,y_1=0.5)=0.7,$$
$$P(T=1 \mid x_1=0.5,y_1=1)=1$$
$$P(T=1 \mid x_1=1,y_1=0)=1, P(T=1 \mid x_1=1,y_1=0.5)=1,$$
$$P(T=1 \mid x_1=1,y_1=1)=1$$

求得顶事件 T 故障状态为 1 的故障概率为

$$
\begin{aligned}
P(T=1) &= \sum_{x_1,x_2,x_3,y_1} P(x_1,x_2,x_3,y_1,T=1) \\
&= \sum_{x_1,y_1} P(T=1\mid x_1,y_1)P(x_1)\sum_{x_2,x_3} P(y_1\mid x_2,x_3)P(x_2)P(x_3) \\
&= \sum_{x_1,y_1} P(T=1\mid x_1,y_1)P(x_1)P(y_1) \\
&= P(T=1\mid x_1=0,y_1=0)P(x_1=0)P(y_1=0) \\
&\quad + P(T=1\mid x_1=0,y_1=0.5)P(x_1=0)P(y_1=0.5) \\
&\quad + P(T=1\mid x_1=0,y_1=1)P(x_1=0)P(y_1=1) \\
&\quad + P(T=1\mid x_1=0.5,y_1=0)P(x_1=0.5)P(y_1=0) \\
&\quad + P(T=1\mid x_1=0.5,y_1=0.5)P(x_1=0.5)P(y_1=0.5) \\
&\quad + P(T=1\mid x_1=0.5,y_1=1)P(x_1=0.5)P(y_1=1) \\
&\quad + P(T=1\mid x_1=1,y_1=0)P(x_1=1)P(y_1=0) \\
&\quad + P(T=1\mid x_1=1,y_1=0.5)P(x_1=1)P(y_1=0.5) \\
&\quad + P(T=1\mid x_1=1,y_1=0.5)P(x_1=1)P(y_1=0.5) \\
&= 2.41\times 10^{-2}
\end{aligned}
$$

同理,求得顶事件 T 故障状态为 0 和 0.5 的故障概率分别为

$$P(T=0)=0.97006,\ P(T=0.5)=5.84\times10^{-3}$$

上述计算,第 2 次调用贝叶斯网络函数 BN,将 BN_CPT2. xls 的 sheet1 中的条件概率表赋值给函数 BN 中的“BN_CPT”,再从“BN_CPT”取出第 3~5 列赋值给函数 BN 的“BN_ConditionProbability”(即顶事件 T 各故障状态的条件概率)。函数 BN 的“prod(BN_ValuesFaultStates, 2)”得到的列向量为下级事件 x_1、y_1 各故障状态的故障概率之积 $P(x_1=S_1^{(a_1)})P(y_1=S_{y_1}^{(b_1)})$ 组成的列向量。通过指令“P = BN_ConditionProbability' * prod(BN_ValuesFaultStates, 2)”,即可求出顶事件 T 各故障状态的故障概率。

2) 基于基本事件的当前故障状态值求取顶事件的可能性

基于基本事件的当前故障状态值求取顶事件的可能性(见 2.1.4 节第 1 项),可以利用 MATLAB 编程实现,程序对应图 2-10 中的文件夹“基于基本事件的当前故障状态值求取顶事件的可能性”。

该文件夹中有 4 个 MATLAB 程序 m 文件(TopEvent_Possibilities. m、muF. m、MembershipDegree. m、BN. m)和 3 个 Excel 文件(BN_CPT1. xls、BN_CPT2. xls、Results. xls)。在 MATLAB 中,运行脚本文件 TopEvent_Possibilities. m 时调用函数文件 muF. m、MembershipDegree. m、BN. m,最终求得结果,并导出结果到 Results. xls。

程序代码及说明如下。

```
%%　隶属度函数 muF. m　%%
% 该 MATLAB 函数文件根据图 1-7 和式(1-23)求解隶属度,即求解基本事件当前故障状态值的隶属度。
% ========================================
function MembershipDegree = muF (ValuesCurrentFaultState, FaultStates, SupportSet, FuzzyRegion) % function MembershipDegree 的 4 个变量 ValuesCurrentFaultState、FaultStates、SupportSet、FuzzyRegion 分别表示基本事件当前故障状态值、基本事件故障状态、支撑半径、模糊区;输出变量 MembershipDegree 表示基本事件的隶属度。
if (ValuesCurrentFaultState > FaultStates - SupportSet - FuzzyRegion) && (ValuesCurrentFaultState <= FaultStates - SupportSet)
    MembershipDegree = (ValuesCurrentFaultState - FaultStates + SupportSet + FuzzyRegion) / FuzzyRegion;
elseif (ValuesCurrentFaultState > FaultStates - SupportSet) && (ValuesCurrentFaultState <= FaultStates + SupportSet)
    MembershipDegree = 1;
elseif (ValuesCurrentFaultState > FaultStates + SupportSet) && (ValuesCurrentFaultState <= FaultStates + SupportSet + FuzzyRegion)
    MembershipDegree = (FaultStates - ValuesCurrentFaultState + SupportSet + FuzzyRegion) / FuzzyRegion;
else
    MembershipDegree = 0;
end
end
```

```
%%　函数 MembershipDegree. m　%%
% 该 MATLAB 函数文件计算:已知基本事件的当前故障状态值,求基本事件各故障状态的隶属度,并把结果置于 Excel 文件。
% ========================================
function MembershipDegree (ValuesCurrentFaultState)　% 函数的输入变量 ValuesCurrentFaultState 表示基本事件当前故障状态值。
SupportSet =0. 1;　% SupportSet 为支撑半径,将其赋值为 0. 1。
FuzzyRegion =0. 3;　% FuzzyRegion 为模糊区,将其赋值为 0. 3。
FaultStates = [0, 0. 5, 1];　% 定义基本事件故障状态 fault_state,为一个 1×3 矩阵。
NumsFaultStates =size (FaultStates, 2);　% NumsFaultStates 表示故障状态的数目。
NumsBasicEvents =size (ValuesCurrentFaultState, 2);　% NumsBasicEvents 表示基本事件的数目。
%下边的循环是求解出基本事件当前故障状态值的隶属度,并将隶属度写入 MembershipDegree 矩阵中,此矩阵为一个 3×3 矩阵。
```

```
for i = 1 : NumsFaultStates
    for j = 1 : NumsBasicEvents
        MembershipDegree (i, j) = muF (ValuesCurrentFaultState (1, j), FaultStates(1, i), SupportSet, FuzzyRegion);  % 调用隶属度函数 muF,求解基本事件当前故障状态值的隶属度。
    end
end
xlswrite ('BN_CPT1. xls', MembershipDegree (:, 2 : 3), 'sheet2', 'A1:B3');  % 取 MembershipDegree 矩阵中的 2、3 列即基本事件 x2、x3的隶属度,写入 BN_CPT1 表的 sheet2 中的 A1~B3。
MembershipDegree_x1 = MembershipDegree (:, 1);  % 取 MembershipDegree 矩阵中的第 1 列放入 MembershipDegree_x1 中成为一个新的矩阵,为 x1的隶属度。
xlswrite ('BN_CPT2. xls', MembershipDegree_x1, 'sheet2', 'A1:A3');  % 将矩阵 MembershipDegree_x1
写入 BN_CPT2 表的 sheet2 中的 A1~A3。
end

%%  贝叶斯网络算法函数 BN. m  %%
% 该 MATLAB 函数文件计算:已知下级事件各故障状态的隶属度,求上级事件各故障状态的可能性。
% ========================================
function P = BN ( BN_CPT , MembershipDegree )  % 输入变量 BN_CPT、MembershipDegree 分别表示贝叶斯网络条件概率表、下级事件(输入事件)的隶属度;输出变量 P 表示上级事件(输出事件)的可能性。
FaultStates= [ 0 , 0. 5 , 1 ] ;
NumsFaultStates = size ( FaultStates , 2 ) ;
Colimns_CPT = size( BN_CPT , 2 ) ;
L = size ( BN_CPT , 1 ) ;
NumsInputEvents = Colimns_CPT - NumsFaultStates ;
BN_ValuesFaultStates = BN_CPT ( : , 1 : NumsInputEvents ) ;
BN_ConditionProbability = BN_CPT ( : , NumsInputEvents + 1 : Colimns_CPT ) ;
% 下边的循环是用下级事件的隶属度替换 BN_ValuesFaultStates 中的下级事件故障状态值。
for j = 1 : NumsInputEvents
    for i = 1 : L
        for z = 1 : 3
            if BN_ValuesFaultStates ( i , j ) = = FaultStates ( 1 , z )  % BN_ValuesFault-
```

```
States 的第 i 行第 j 列与矩阵 FaultStates 的第 1 行第 z 列的值进行比较。
                BN_ValuesFaultStates ( i , j ) = MembershipDegree ( z , j ) ;  % 下级
事件的隶属度替换贝叶斯网络条件概率表中下级事件故障状态值。
                break ;
            end
        end
    end
end
P = BN_ConditionProbability' * prod ( BN_ValuesFaultStates , 2 ) ;  % 求解上级事件各故
障状态的可能性。
end
```

式(2-3)是基于所有基本事件 $x_i(i=1,2,\cdots,n)$ 的当前故障状态值和所有中间事件 $y_j(j=1,2,\cdots,N)$ 的条件概率表，求解顶事件 T 各故障状态的可能性。利用式(2-3)求解时，MATLAB 主程序需调用 $N+1$ 次贝叶斯网络函数 BN，贝叶斯网络函数 BN 是求解贝叶斯有向无环图的一个上级事件各故障状态的可能性。例如，上述程序算例有 3 个基本事件和 1 个中间事件，在 MATLAB 主程序中需调用 $N+1=2$ 次贝叶斯网络函数 BN。

```
%%  主程序 TopEvent_Possibilities. m  %%
% 该主程序 MATLAB 脚本文件计算：已知基本事件的当前故障状态值，求顶事件各故障状
态的可能性。
% ========================================
clc
clear
format long
ValuesCurrentFaultState = [ 0 , 0.2 , 0.1 ] ;  % 定义 3 个基本事件的当前故障状态值为
一个 1×3 的矩阵。
MembershipDegree ( ValuesCurrentFaultState ) ;  % 调用 MembershipDegree 函数求基本事
件各故障状态的隶属度，并把结果置于 Excel 文件。
%%  ----------------求解中间事件 y1 的可能性----------------
BN_CPT_y1 = xlsread ( 'BN_CPT1. xls' , 'sheet1' , 'A1:E9' ) ;  % 读取 BN_CPT1. xls 的
sheet1 中的 A1~E9 数据。BN_CPT1. xls 共有 2 个 sheet 表，即 sheet1、sheet2，分别为贝叶斯
网络条件概率表、下级事件（输入事件）的隶属度，这些数据为事先导入或录入。
MembershipDegree_1 = xlsread ( 'BN_CPT1. xls' , 'sheet2' ) ;  % 读取下级事件 x2、x3 的隶
属度，该数据由函数 MembershipDegree 求出后置于 BN_CPT1. xls 的 sheet2。
P_y1 = BN ( BN_CPT_y1 , MembershipDegree_1 )'  % 调用贝叶斯网络算法函数 BN 求解
中间事件 y1 各故障状态的可能性。
xlswrite ( 'Results. xls' , P_y1 , 'sheet1' , 'A1:C1' ) ;  % 运行程序前，事先新建 1 个 Excel
```

文件并命名为 Results. xls。将中间事件 y_1 各故障状态的可能性写入 Results. xls 的 sheet1 中的 A1~C1。

```
%%  ----------------求解顶事件 T 的可靠性数据----------------
BN_CPT_T = xlsread ( 'BN_CPT2. xls' , 'sheet1' , 'A1:E9' ) ;
P_x1 = xlsread ( 'BN_CPT2. xls' , 'sheet2' ) ;  % 读取下级事件 x1 的隶属度,该数据由函数 MembershipDegree 求出后置于 BN_CPT2. xls 的 sheet2。
MembershipDegree_2 = [ P_x1 , P_y1' ] ;  % MembershipDegree_2 表示下级事件 x1 的隶属度、下级事件 y1 的可能性。因为 BN_CPT2. xls 中只有下级事件 x1 的隶属度,还需读取 y1 的可能性(该数据需要转置为列向量)。
P_T = BN ( BN_CPT_T , MembershipDegree_2 )'  % 调用贝叶斯网络算法函数 BN 求解 T 各故障状态的可能性。
xlswrite ( 'Results. xls' , P_T , 'sheet1' , 'A2:C2' ) ;  % 将顶事件 T 各故障状态的可能性写入 Results. xls 的 sheet1 中的 A2~C2。
```

2. 基于 Bell 故障树的贝叶斯网络算法计算程序

基于 Bell 故障树的贝叶斯网络分析算例(即 2.1.4 节第 5 项),可用 MATLAB 编程实现,程序对应图 2-10 中的文件夹“基于 Bell 故障树的贝叶斯网络算法计算程序”。该文件夹中有 2 个 MATLAB 程序 m 文件(TopEvent_ReliabilityIndices. m、BN. m)和 3 个 Excel 文件(BN_CPT1. xls、BN_CPT2. xls、Results. xls)。在 MATLAB 中,运行脚本文件 TopEvent_ReliabilityIndices. m 时调用函数文件 BN. m,最终可求得结果,并导出结果到 Results. xls。

程序代码及说明如下。

```
%%  贝叶斯网络算法函数 BN. m  %%
% 该 MATLAB 函数文件计算:已知下级事件各故障状态的可靠性数据,求上级事件各故障状态的可靠性数据。
% =========================================
function P = BN ( BN_CPT , P_InputEvents )
FaultStates= [ 0 , 1 ] ;
NumsFaultStates = size ( FaultStates , 2 ) ;
Colimns_CPT = size( BN_CPT , 2 ) ;
L = size ( BN_CPT , 1 ) ;
NumsInputEvents = Colimns_CPT - NumsFaultStates ;
BN_ValuesFaultStates = BN_CPT ( : , 1 : NumsInputEvents ) ;
BN_ConditionProbability = BN_CPT ( : , NumsInputEvents + 1 : Colimns_CPT ) ;
for j = 1 : NumsInputEvents
    for i = 1 : L
        for z = 1 : NumsFaultStates
            if BN_ValuesFaultStates (i , j ) = = FaultStates ( 1 , z )
```

```
                BN_ValuesFaultStates ( i , j ) = P_InputEvents( z , j ) ;
                break ;
            end
        end
    end
end
P = BN_ConditionProbability' * prod ( BN_ValuesFaultStates , 2 ) ;
end
```

式(2-1)是基于所有基本事件 $x_i(i=1,2,\cdots,n)$ 的可靠性数据和所有中间事件 $y_j(j=1,2,\cdots,N)$ 的条件概率表,求解顶事件 T 各故障状态的可靠性数据。利用式(2-1)求解时,MATLAB 主程序需调用 $N+1$ 次贝叶斯网络函数 BN,贝叶斯网络函数 BN 是求解贝叶斯有向无环图的一个上级事件各故障状态的可靠性数据。例如,上述程序算例有 3 个基本事件和 1 个中间事件,在 MATLAB 主程序中需调用 $N+1=2$ 次贝叶斯网络函数 BN。

```
%%   主程序 TopEvent_ReliabilityIndices. m   %%
% 该主程序 MATLAB 脚本文件计算:已知基本事件(根节点)各故障状态的可靠性数据,求取顶事件(叶节点)各故障状态的可靠性数据和基本事件的后验概率。
% ========================================
clc
clear
format long
%%   -----------------求解中间事件 y1 的可靠性数据-----------------
BN_CPT_y1 = xlsread ( 'BN_CPT1. xls' , 'sheet1' , 'A1:D4' ) ; % 读取 BN_CPT1. xls 的 sheet1 中的 A1~B4 数据。BN_CPT1. xls 其中 2 个 sheet 表,即 sheet1、sheet2,分别为贝叶斯条件概率表、下级事件(输入事件)的可靠性数据,这些数据为事先导入或录入。
P_InputEvents_y1 = xlsread ( 'BN_CPT1. xls' , 'sheet2' , 'A1:B2' ) ;  % 读取 BN_CPT1. xls 的 sheet2 中 A1~B2 的数据。
P_y1 = BN ( BN_CPT_y1 , P_InputEvents_y1 )'
%%   -----------------求解顶事件 T 的可靠性数据-----------------
BN_CPT_T = xlsread ( 'BN_CPT2. xls' , 'sheet1' , 'A1:D4' ) ;
P_x1 = xlsread ( 'BN_CPT2. xls' , 'sheet2' , 'A1:B2' ) ;
P_InputEvents_T = [ P_x1 , P_y1' ] ;
P_T = BN ( BN_CPT_T , P_InputEvents_T )'
xlswrite ( 'Results. xls' , P_T , 'sheet1' , 'A1:B1' ) ;
%%   -----------------求解基本事件的后验概率-----------------
P_BasicEvents = [ P_x1 , P_InputEvents_y1 ] ;  % 读取 x1、x2、x3 的故障概率并构成一个
```

矩阵,此矩阵为一个 3×2 的矩阵。

```
[ NumsFaultStates , NumsBasicEvents ] = size ( P_BasicEvents ) ;
JointProbability = [ ] ;                % 定义一个空矩阵,准备写入联合概率。
JointProbability_CurrentRows = 0 ;      % 定义联合概率当前行数。
% 下面的循环是求解顶事件和基本事件的联合概率,并将结果写入矩阵 J_P,此矩阵为一个 3×2 的矩阵。
for i = 1 : NumsBasicEvents
    for j = 2 : NumsFaultStates
        JointProbability_CurrentRows = JointProbability_CurrentRows + 1 ;  % 联合概率当前行数加 1。
        P_CurrentBasicEvents = P_BasicEvents ;
        tmp = zeros ( NumsFaultStates , 1 ) ;
        tmp ( j , : ) = P_CurrentBasicEvents ( j , i ) ;
        P_CurrentBasicEvents ( : , i ) = tmp ;
        P_Current_y1 = BN ( BN_CPT_y1 , P_CurrentBasicEvents ( : , 2 : 3 ) ) ;  % 为求取联合概率,将处理过基本事件的可靠性数据代入 BN 算法。
        JointProbability ( JointProbability_CurrentRows , : ) = BN ( BN_CPT_T , [ P_CurrentBasicEvents ( : , 1 ), P_Current_y1 ] )' ;
    end
end
PosteriorProbability = [ ] ;
PosteriorProbability ( : , 1 ) = JointProbability ( : , 2) / P_T (1 , 2 ) ;  % 求解在顶事件T故障状态为 1 的条件下各基本事件故障状态为 1 的后验概率,对应式(2-26)。
xlswrite ('Results. xls', PosteriorProbability, 'sheet2', 'A1:C1' ) ;  % 将后验概率写入 Results. xls 的 sheet2 中的 A1~C1。
```

2.1.6 算例

1. 建造 T-S 故障树及贝叶斯网络

考虑到事件(节点)故障状态的不同,液压系统发生的故障具有不确定性,可能是正常状态,也可能是半故障状态或是失效状态,建造液压系统 T-S 故障树(图略),并按照基于 T-S 故障树映射为贝叶斯网络的方法,将 T-S 故障树转化为如图 2-11 所示的贝叶斯网络。图中,基本事件(即根节点)上方数值为基本事件的个数,例如,基本事件 x_3上方"×4",表示有 4 个相同的基本事件。顶事件(即叶节点)T 表示运载车辆液压系统,中间事件(即中间节点)y_1 ~ y_{12}所对应的子系统,见表 2-7。

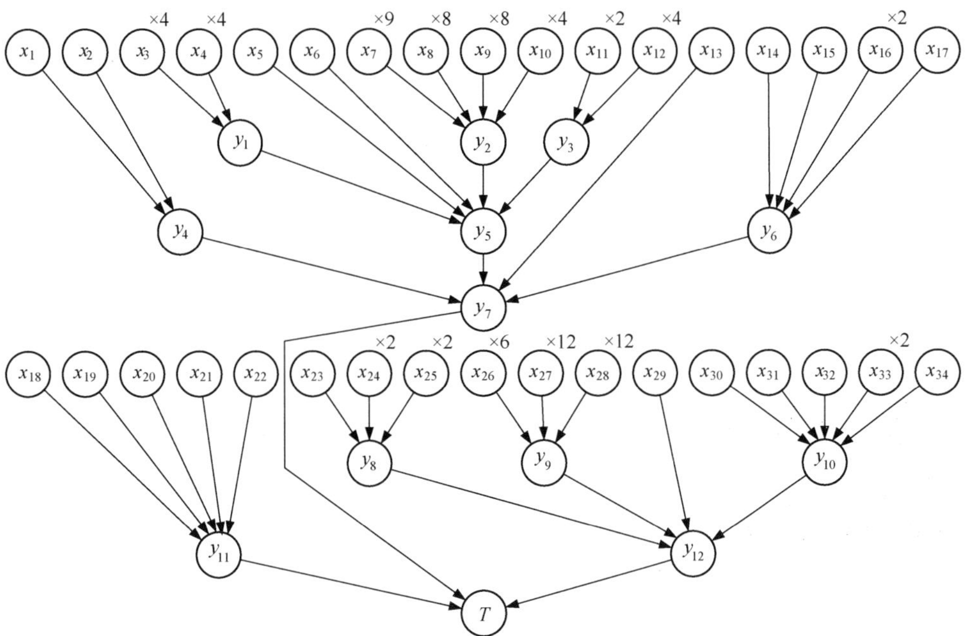

图 2-11 液压系统贝叶斯网络

表 2-7 中间事件对应的子系统

中间事件 y_i	子系统名称	中间事件 y_i	子系统名称
y_1	支腿系统	y_7	液压工作系统
y_2	悬挂系统	y_8	动力源车液压行走系统
y_3	转向系统	y_9	运输车液压行走系统
y_4	动力源车液压工作系统	y_{10}	闭式泵站
y_5	运输车液压工作系统	y_{11}	液压油源
y_6	开式泵站	y_{12}	液压行走系统

中间事件 y_1 的条件概率表见表 2-8,其他条件概率表略。

表 2-8 中间事件 y_1 条件概率表

规　则	x_3	x_4	$P(y_1=0 \mid x_3,x_4)$	$P(y_1=1 \mid x_3,x_4)$
1	0	0	1	0
2	0	1	0.1	0.9
3	1	0	0.1	0.9
4	1	1	0	1

2. 顶事件 T 求解

1）顶事件各故障状态的模糊可能性子集

假设基本事件 $x_3 \sim x_5$、$x_7 \sim x_{10}$、x_{13}、x_{14}、$x_{16} \sim x_{22}$、x_{25}、$x_{28} \sim x_{30}$、x_{32}、x_{34} 和中间事件 y_1、y_2、y_{12} 故障状态为(0,1)，隶属函数选为如图 1-7 所示的四边形隶属函数：左右支撑半径 $s_L = s_R = 0.3$、左右模糊区 $m_L = m_R = 0.4$；其他中间事件故障状态表现为(0,0.5,1)，隶属函数选为四边形隶属函数：左右支撑半径 $s_L = s_R = 0.1$、左右模糊区 $m_L = m_R = 0.3$。基本事件 $x_1 \sim x_{34}$ 所表示的部件名称及故障状态为 1 的模糊可能性子集 $\widetilde{P}(x_i = 1)$，见表 2-9，并假设基本事件故障状态为 0.5 和 1 的模糊可能性子集相同。

表 2-9 基本事件的模糊可能性子集

基本事件 x_i	部件名称	模糊可能性子集 $\widetilde{P}(x_i=1)/(\times 10^{-6})$	基本事件 x_i	部件名称	模糊可能性子集 $\widetilde{P}(x_i=1)/(\times 10^{-6})$
x_1	多路阀	{23,25,27}	x_{18}	液压油箱	{0.14,0.15,0.16}
x_2	转向油缸	{4.7,5.2,5.7}	x_{19}	放油球阀	{0.01,0.02,0.03}
x_3	支腿油缸	{1.9,2.1,2.3}	x_{20}	液位液温计	{0.01,0.02,0.03}
x_4	液压锁	{1.0,1.1,1.2}	x_{21}	空气滤清器	{0.1,0.3,0.5}
x_5	电磁换向阀	{6.1,7.1,8.1}	x_{22}	液压油	{0.02,0.03,0.04}
x_6	多路阀	{22,25,28}	x_{23}	电磁换向阀	{6.1,7.1,8.1}
x_7	二通球阀	{0.01,0.02,0.03}	x_{24}	液压马达	{11.2,12.4,13.6}
x_8	管路防爆阀	{2.1,2.3,2.5}	x_{25}	轮边减速机	{1.5,1.7,1.9}
x_9	悬挂油缸	{3.2,3.5,3.8}	x_{26}	电磁换向阀	{6.1,7.1,8.1}
x_{10}	液控单向阀	{1.9,2.1,2.3}	x_{27}	液压马达	{11.2,12.4,13.6}
x_{11}	斜行油缸	{4.7,5.2,5.7}	x_{28}	轮边减速机	{1.5,1.7,1.9}
x_{12}	直行油缸	{4.7,5.2,5.7}	x_{29}	管路接头	{0.7,0.8,0.9}
x_{13}	管路接头	{0.7,0.8,0.9}	x_{30}	回油过滤器	{0.2,0.3,0.4}
x_{14}	吸油过滤器	{0.4,0.5,0.6}	x_{31}	叶片泵	{11,12,13}
x_{15}	负载敏感泵	{21,24,27}	x_{32}	阀组件	{4,5,6}
x_{16}	快速接头	{2.2,2.4,2.6}	x_{33}	驱动泵	{12.1,13.5,14.9}
x_{17}	梭阀	{3.3,3.7,4.1}	x_{34}	冲洗阀	{2.7,3.9,5.1}

根据式(2-1)计算顶事件 T 故障状态为 0.5 和 1 的模糊可能性子集分别为

$$\widetilde{P}(T=0.5) = \{80.17\times 10^{-6}, 91.52\times 10^{-6}, 102.34\times 10^{-6}\}$$

$$\widetilde{P}(T=1) = \{203.12\times 10^{-6}, 398.27\times 10^{-6}, 433.81\times 10^{-6}\}$$

2）顶事件各故障状态的可能性

假设每个基本事件的当前故障状态值用 $\hat{x}_i$ 表示，见表 2-10。

表 2-10　基本事件的当前故障状态值

基本事件 x_i	当前故障状态值 $\hat{x}_i$	基本事件 x_i	当前故障状态值 $\hat{x}_i$	基本事件 x_i	当前故障状态值 $\hat{x}_i$
x_{23}	0.3	x_{26}	0.3	x_{31}	0.3
x_{24}	0.3	x_{27}	0.3	x_{33}	0.5
x_{25}	0.5	x_{28}	0.5	其他	0

根据式(2-3)、式(2-4)求得顶事件 T 各故障状态的可能性，即 T 为 0、0.5、1 的可能性分别为

$$P(T=0)=0.056,\quad P(T=0.5)=0.324,\quad P(T=1)=0.620$$

3. 基本事件 x_i 的状态重要度及模糊重要度

根据式(2-10)~式(2-12)，分别求得基本事件 x_i 对顶事件 T 故障状态为 0.5 和 1 的状态重要度和模糊重要度，见表 2-11。

表 2-11　基本事件状态重要度和模糊重要度

基本事件 x_i	状态重要度		模糊重要度		基本事件 x_i	状态重要度		模糊重要度	
	$I_{\text{Sta}}^{(0.5)}(\hat{x}_i)$	$I_{\text{Sta}}^{(1)}(\hat{x}_i)$	$I_{\text{Fu}}^{(0.5)}(x_i)$	$I_{\text{Fu}}^{(1)}(x_i)$		$I_{\text{Sta}}^{(0.5)}(\hat{x}_i)$	$I_{\text{Sta}}^{(1)}(\hat{x}_i)$	$I_{\text{Fu}}^{(0.5)}(x_i)$	$I_{\text{Fu}}^{(1)}(x_i)$
x_1	0	0	0.1872	0.5566	x_{18}	0	0	0.4001	0.6007
x_2	0	0	0.1872	0.3757	x_{19}	0	0	0.4158	0.6153
x_3	0	0	0.0002	0.0004	x_{20}	0	0	0.4051	0.6021
x_4	0	0	0.0002	0.0004	x_{21}	0	0	0.4002	0.6009
x_5	0	0	0.1740	0.3603	x_{22}	0	0	0.4021	0.6012
x_6	0	0	0.4399	0.9504	x_{23}	0.0016	0.0189	0.2312	0.3787
x_7	0	0	0.0001	0.0003	x_{24}	0.0016	0.0189	0.2492	0.5126
x_8	0	0	0.0002	0.0004	x_{25}	0	0.0199	0.2642	0.4327
x_9	0	0	0.0003	0.0004	x_{26}	0.0025	0.0204	0.2312	0.3786
x_{10}	0	0	0.0002	0.0004	x_{27}	0.0025	0.0204	0.2492	0.4324
x_{11}	0	0	0.1994	0.4287	x_{28}	0	0.0209	0.2641	0.4324
x_{12}	0	0	0.2198	0.4717	x_{29}	0	0	0.2902	0.3787
x_{13}	0	0	0.1852	0.3568	x_{30}	0	0	0.2442	0.3017
x_{14}	0	0	0.1473	0.2518	x_{31}	0.0024	0.0046	0.2867	0.3817
x_{15}	0	0	0.2681	0.5646	x_{32}	0	0	0.1823	0.2338
x_{16}	0	0	0.1773	0.3217	x_{33}	0.0024	0.0046	0.2816	0.3817
x_{17}	0	0	0.2512	0.5566	x_{34}	0	0	0.2532	0.3227

4. 基本事件 x_i 的后验概率

根据式(2-26)求得在顶事件 T 故障状态为 0.5 和 1 发生条件下，基本事件 x_i 的后验概率，见表 2-12。

表 2-12 基本事件的后验概率

基本事件 x_i	$P(x_i=S_i^{(a_i)} \mid T=0.5)$		$P(x_i=S_i^{(a_i)} \mid T=1)$		基本事件 x_i	$P(x_i=S_i^{(a_i)} \mid T=0.5)$		$P(x_i=S_i^{(a_i)} \mid T=1)$	
	0.5	1	0.5	1		0.5	1	0.5	1
x_1	0.0224	0.0332	0.0234	0.0400	x_{18}	-	0.0003	-	0.0002
x_2	0.0049	0.0047	0.0040	0.0040	x_{19}	-	3.54×10^{-5}	-	2.74×10^{-5}
x_3	-	8.93×10^{-8}	-	1.07×10^{-7}	x_{20}	-	3.54×10^{-5}	-	2.74×10^{-5}
x_4	-	8.93×10^{-8}	-	1.07×10^{-7}	x_{21}	-	0.0005	-	0.0004
x_5	-	0.0078	-	0.0083	x_{22}	-	5.31×10^{-5}	-	4.11×10^{-5}
x_6	0	0.0332	0	0.0400	x_{23}	0.0089	0.0118	0.0074	0.0010
x_7	-	0.0131	-	0.012	x_{24}	0.0218	0.0330	0.0184	0.0400
x_8	-	0.0032	-	0.0032	x_{25}	-	0.0040	-	0.0034
x_9	-	0.0411	-	0.0502	x_{26}	0.0532	0.0532	0.0449	0.0449
x_{10}	-	0.0017	-	0.0023	x_{27}	0.0709	0.0709	0.0598	0.0598
x_{11}	0.0006	0.0122	0.0007	0.0135	x_{28}	-	0.0239	-	0.0201
x_{12}	0.0162	0.0243	0.0177	0.0271	x_{29}	-	0.001	-	0.0007
x_{13}	-	0.0008	-	0.0008	x_{30}	-	0.0003	-	0.0002
x_{14}	-	0.0003	-	0.0003	x_{31}	0	0.0092	0	0.0058
x_{15}	0.0501	0.0064	0.0470	0.0768	x_{32}	-	0.0040	-	0.0027
x_{16}	-	0.0019	-	0.0018	x_{33}	0.0479	0.0207	0.0339	0.0131
x_{17}	-	0.0033	-	0.0033	x_{34}	-	0.0021	-	0.0014

2.2 基于 T-S 故障树的故障搜索方法

T-S 故障树不仅可以应用于系统的可靠性分析,还可以应用于故障诊断。故障诊断包括两个方面的内容:一为发现系统的故障存在,如液压系统压力不足、振动与噪声异常、执行机构运动速度不正常等;二为故障的定位,这是故障诊断的一个核心问题。不管是简单的系统还是复杂的系统,如何在最短的时间内将故障定位到具体的单元上,以便准确地完成诊断和修复工作,不至于使系统处于诊断—修理—诊断的反复过程,是故障诊断的重要课题[303-328]。T-S 故障树在处理多态信息、模糊信息和事件关系不确定性等方面具有显著的优点,因此,将 T-S 故障树分析方法应用于故障搜索决策,考虑单元的 T-S 故障树重要度与搜索成本等多种属性,寻求包含的各个属性都是最理想方案的决策问题,也就是多属性决策寻求最优解的问题[329-335]。

2.2.1 基于 T-S 故障树和逼近理想解排序法的故障搜索方法

故障搜索实质上是多属性决策寻优过程,逼近理想解排序方法(technique for

order preference by similarity to ideal solution,TOPSIS)是处理多属性决策问题的有效方法,它通过计算待搜索方案与正、负理想方案的相对贴近度对故障单元进行排序寻优,并找出与正理想方案距离最近且与负理想方案距离最远的方案,作为最优方案。将 T-S 故障树与 TOPSIS 结合,采用 TOPSIS 确定故障搜索顺序。

1. 故障搜索决策流程

基于 T-S 故障树和 TOPSIS 的故障搜索流程如图 2-12 所示。

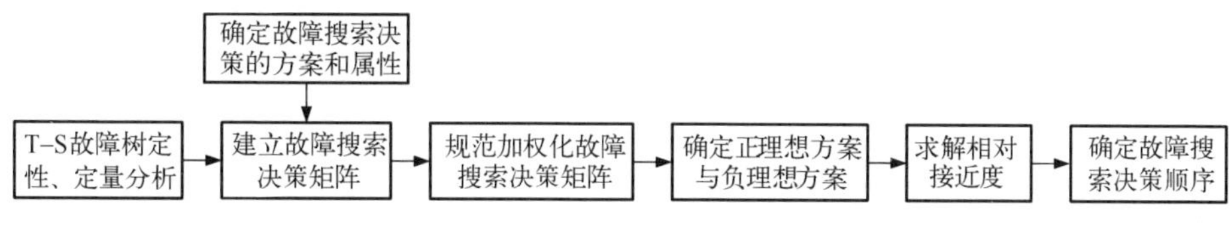

图 2-12　基于 T-S 故障树和 TOPSIS 的故障搜索流程

首先采用 T-S 故障树分析确定各单元为故障搜索候选方案,考虑将 T-S 故障树关键重要度和故障搜索费用等作为故障方案的评估属性,建立故障搜索决策矩阵;其次采用信息熵法求取属性的权值从而得出故障搜索的规范加权决策矩阵;最后根据 TOPSIS 计算出故障方案的搜索顺序。

2. 故障搜索决策矩阵的建立

根据故障搜索决策问题提供的基本信息可构造故障搜索决策矩阵。假设 T-S 故障树有 n 个基本事件在发生故障后可以实施故障寻因,则故障搜索决策矩阵的方案集由 n 个故障方案组成,用 $X=\{x_1,x_2,\cdots,x_n\}$ 表示;每个方案需要考虑 m 个属性,包括基本事件的重要度和搜索费用等,则属性集用 $Y=\{y_1,y_2,\cdots,y_m\}$ 表示,用 $A_i=(a_{i1},a_{i2},\cdots,a_{im})$ 表示第 i 个方案的属性值的集,其中 a_{ij} 是第 i 个故障关于第 j 个评估属性的评估值,每个属性的权值为 $W=\{w_1,w_2,\cdots,w_m\}$,$w_1+w_2+\cdots+w_m=1$。由此可得到故障搜索的决策矩阵

$$
\begin{array}{cc} & \begin{array}{cccc} y_1 & y_2 & \cdots & y_m \end{array} \\ \boldsymbol{A}=\begin{array}{c} x_1 \\ x_2 \\ \vdots \\ x_n \end{array} & \begin{bmatrix} a_{11} & a_{12} & \cdots & a_{1m} \\ a_{21} & a_{22} & \cdots & a_{2m} \\ \vdots & \vdots & & \vdots \\ a_{n1} & a_{n2} & \cdots & a_{nm} \end{bmatrix} \end{array} \tag{2-29}
$$

3. 故障搜索决策矩阵的规范加权化

故障搜索决策矩阵的属性评估值往往具有不同的量纲和数量级,并且有的评估属性是正向属性即越大越好的效益型属性,有的是逆向属性即越小越好的成本型属性,因此需要对原始数据进行规范化处理,使各方案的属性评估值都统一变换到区间[0,1]内,且都为效益型属性。

当 a_{ij} 为效益型属性时，则

$$b_{ij} = a_{ij} \Big/ \sqrt{\sum_{i=1}^{n} a_{ij}^2} \tag{2-30}$$

当 a_{ij} 为成本型属性时，则

$$b_{ij} = \left(\frac{1}{a_{ij}}\right) \Big/ \sqrt{\sum_{i=1}^{n} \left(\frac{1}{a_{ij}}\right)^2} \tag{2-31}$$

接着利用熵权法的方法确定属性的权值。熵权法以方案的属性值所提供信息量的大小来确定权重，即属性 j 的信息熵为

$$E_j = -\frac{1}{\ln n} \sum_{i=1}^{n} b_{ij} \ln b_{ij} \tag{2-32}$$

当 $b_{ij}=0$ 时，$0\ln 0=0$。

属性 j 的权值为

$$w_j = \frac{1 - E_j}{\sum_{j=1}^{m} (1 - E_j)} \tag{2-33}$$

则规范加权决策矩阵为

$$\boldsymbol{R} = [r_{ij}]_{n\times m} = [w_j b_{ij}]_{n\times m} \tag{2-34}$$

4. 故障搜索决策顺序的确定

1）正理想方案和负理想方案的求解

运用 TOPSIS 首先确定一个正理想解和一个负理想解，然后找出与正理想解距离最近且与负理想解距离最远方案，作为最优方案。TOPSIS 中的距离是指（加权）欧氏距离。理想解是设想的最好解 $\boldsymbol{X}^+$，它的各个属性值都达到各候选方案中最好的值；负理想解是设想的最差解 $\boldsymbol{X}^-$，它的各属性的值都达到各候选方案中最差的值。将现有方案中每个实际方案与正理想方案和负理想方案进行比较，如果其中有一个方案最靠近正理想方案，同时又最远离负理想方案，那么这个方案就是现有方案中最好的方案，用这种方法可对所有的方案进行排队。正理想方案 $\boldsymbol{X}^+$ 和负理想方案 $\boldsymbol{X}^-$ 分别被定义为

$$\begin{cases} \boldsymbol{X}^+ = \{(\max\limits_i b_{ij} \mid j \in J), (\min\limits_i b_{ij} \mid j \in J') \mid i=1,2,\cdots,n\} = \{b_1^+, b_2^+, \cdots, b_m^+\} \\ \boldsymbol{X}^- = \{(\min\limits_i b_{ij} \mid j \in J), (\max\limits_i b_{ij} \mid j \in J') \mid i=1,2,\cdots,n\} = \{b_1^-, b_2^-, \cdots, b_m^-\} \end{cases} \tag{2-35}$$

式中：J、J' 分别为效益型、成本型属性集。

每个方案到正、负理想方案的距离 $\boldsymbol{Z}^+$、$\boldsymbol{Z}^-$ 分别为

$$\boldsymbol{Z}^+ = [z_i^+]_{1\times n} = \left[\sqrt{\sum_{j=1}^{m} (b_{ij} - b_j^+)^2}\right]_{1\times n}, \quad \boldsymbol{Z}^- = [z_i^-]_{1\times n} = \left[\sqrt{\sum_{j=1}^{m} (b_{ij} - b_j^-)^2}\right]_{1\times n} \tag{2-36}$$

2）相对贴近度的求解

一般来说，要找到一个距离正理想方案最近而且又距离负理想方案最远的方案是比较困难的。为此，引入相对贴近度来权衡两种距离的大小，判断解的优劣。定义每个方案到理想方案的相对贴近度为

$$\boldsymbol{C}=[c_i]_{1\times n}=\left[\frac{z_i^-}{(z_i^+ + z_i^-)}\right]_{1\times n} \tag{2-37}$$

c_i的值越接近 1（或越大），对应的方案越重要，应排在前面优先搜索。因此，故障方案的搜索顺序应根据 c_i的值由大到小排序。

5. 故障搜索决策算例

支腿液压系统 T-S 故障树如图 2-13 所示，其中，$G_1 \sim G_4$为 T-S 门，y_4为顶事件 T，中间事件 y_1、y_2、y_3分别代表油源、液压缸、多路阀，基本事件 $x_1 \sim x_7$分别为液压泵故障、油量不足、活塞杆故障、密封圈故障、液压缸内泄漏、换向阀故障、溢流阀故障。

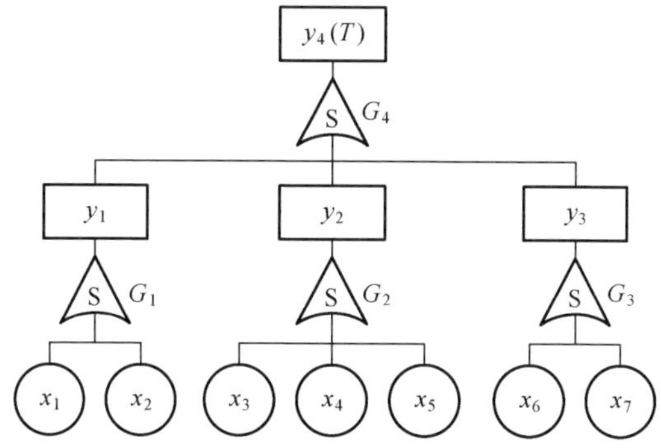

图 2-13　支腿液压系统 T-S 故障树

假设 $x_1 \sim x_7$、$y_1 \sim y_4$的故障状态为（0,0.5,1）。其中，0 表示正常状态，0.5 表示半故障状态，1 表示失效状态。结合图 1-7 所示的四边形隶属函数，隶属函数选为 $s_L=s_R=0.1$，$m_L=m_R=0.3$，T-S 门描述规则见表 2-13～表 2-16。

表 2-13　G_1门的描述规则

规则	x_1	x_2	y_1		
			0	0.5	1
1	0	0	1	0	0
2	0	0.5	0.3	0.4	0.3
3	0	1	0	0	1
4	0.5	0	0.2	0.5	0.3
5	0.5	0.5	0.1	0.2	0.7

（续）

规则	x_1	x_2	y_1		
			0	0.5	1
6	0.5	1	0	0	1
7	1	0	0	0	1
8	1	0.5	0	0	1
9	1	1	0	0	1

表 2-14　G_2门的描述规则

规则	x_3	x_4	x_5	y_2		
				0	0.5	1
1	0	0	0	1	0	0
2	0	0	0.5	0.1	0.5	0.4
⋮	⋮	⋮	⋮	⋮	⋮	⋮
27	1	1	1	0	0	1

表 2-15　G_3门的描述规则

规则	x_6	x_7	y_3		
			0	0.5	1
1	0	0	1	0	0
2	0	0.5	0.3	0.5	0.2
3	0	1	0	0	1
4	0.5	0	0.3	0.4	0.3
5	0.5	0.5	0.1	0.3	0.6
6	0.5	1	0	0	1
7	1	0	0	0	1
8	1	0.5	0	0	1
9	1	1	0	0	1

表 2-16　G_4门的描述规则

规则	y_1	y_2	y_3	y_4		
				0	0.5	1
1	0	0	0	1	0	0
2	0	0	0.5	0.4	0.5	0.1
⋮	⋮	⋮	⋮	⋮	⋮	⋮
27	1	1	1	0	0	1

已知基本事件故障状态为 1 时的模糊可能性（10^{-6}）分别为 13.5、22.5、6.2、3.7、7.3、11.5、5.7，假设基本事件故障状态为 0.5 的模糊可能性与故障状态为 1

的模糊可能性相同。

求得顶事件 T 故障状态为 0.5 和 1 的模糊可能性分别为

$$P(T=0.5)=1.90\times10^{-5},\quad P(T=1)=9.02\times10^{-5}$$

得到基本事件 x_1 故障状态为 0.5 时对 y_4 即顶事件 T 故障状态为 0.5 的 T-S 故障树概率重要度为

$$I_{\mathrm{Pr}}^{(0.5)}(x_1=0.5)=P(0.5,P(x_1=0.5)=1)-P(0.5,P(x_1=0.5)=0)=0.19$$

同理可得基本事件 x_1 故障状态为 1 时对 y_4 即顶事件 T 故障状态为 0.5 的 T-S 故障树概率重要度为 0。

得出基本事件 x_1 故障状态为 0.5 时对 y_4 即顶事件 T 故障状态为 0.5 的 T-S 故障树关键重要度为

$$I_{\mathrm{Cr}}^{(0.5)}(x_1=0.5)=\frac{P(x_1=0.5)I_{\mathrm{Pr}}^{(0.5)}(x_1=0.5)}{P(T=0.5)}=0.14$$

同理可得基本事件 x_1 故障状态为 1 时对 y_4 即顶事件 T 故障状态为 0.5 的 T-S 故障树关键重要度为 0。

综合基本事件 x_1 故障状态为 0.5 和 1 时对 y_4 即顶事件 T 故障状态为 0.5 的 T-S 故障树关键重要度,得到基本事件 x_1 对 y_4 即顶事件 T 故障状态为 0.5 的 T-S 故障树关键重要度为

$$I_{\mathrm{Cr}}^{(0.5)}(x_1)=\frac{I_{\mathrm{Cr}}^{(0.5)}(x_1=0.5)+I_{\mathrm{Cr}}^{(0.5)}(x_1=1)}{2}=0.07$$

同理可得各基本事件对 y_4 即顶事件 T 故障状态为 0.5 的 T-S 故障树关键重要度,见表 2-17。

表 2-17　基本事件对 y_4 即顶事件 T 故障状态为 0.5 的 T-S 故障树关键重要度

基本事件	x_1	x_2	x_3	x_4	x_5	x_6	x_7
$I_{\mathrm{Cr}}^{(0.5)}(x_j)$	0.07	0.09	0.09	0.05	0.10	0.11	0.04

选取基本事件 $x_1\sim x_7$ 作为故障候选方案,考虑 T-S 故障树关键重要度和故障搜索费用作为故障方案的评估属性,搜索费用可根据表 2-18 评出具体分数。

表 2-18　搜索费用的评价标准

搜索费用	很高	高	一般	低	很低
分数	80~100	60~80	40~60	20~60	0~20

基本事件关于顶事件的不同故障状态有不同的重要度,因此对于顶事件的不同故障状态有不同的决策结果。以顶事件故障状态为 0.5 为例,基本事件的 T-S

故障树对顶事件故障状态为 0.5 的关键重要度和具体搜索费用的数据见表 2-19。

表 2-19 基本事件的 T-S 故障树关键重要度和搜索费用

基本事件	x_1	x_2	x_3	x_4	x_5	x_6	x_7
T-S 故障树关键重要度	0.07	0.09	0.09	0.05	0.10	0.11	0.04
搜索费用	70	30	55	50	40	60	65

由表 2-19 可得故障搜索决策矩阵 $\boldsymbol{A}$，并得到规范化故障搜索决策矩阵 $\boldsymbol{B}$：

$$\boldsymbol{A}=\begin{bmatrix}0.07 & 70\\0.09 & 30\\0.09 & 55\\0.05 & 50\\0.10 & 40\\0.11 & 60\\0.04 & 65\end{bmatrix},\quad \boldsymbol{B}=\begin{bmatrix}0.32 & 0.25\\0.41 & 0.59\\0.41 & 0.32\\0.23 & 0.35\\0.46 & 0.44\\0.51 & 0.30\\0.18 & 0.27\end{bmatrix}$$

由于 T-S 故障树关键重要度是效益型属性，根据(2-30)进行规范化；搜索费用是成本型属性，根据式(2-31)进行规范化。

根据式(2-32)和式(2-33)得到权值向量为 $\boldsymbol{w}=[0.5\quad 0.5]$，根据式(2-34)得到规范加权决策矩阵为

$$\boldsymbol{R}=\begin{bmatrix}0.16 & 0.13\\0.21 & 0.30\\0.21 & 0.16\\0.11 & 0.18\\0.23 & 0.22\\0.25 & 0.15\\0.09 & 0.14\end{bmatrix}$$

进行规范化处理后，各方案的属性评估值都变为效益型属性，即越大越好型属性，因此，根据规范加权决策矩阵 $\boldsymbol{R}$ 得到正理想方案和负理想方案分别为

$$\boldsymbol{X}^{+}=[0.25\quad 0.30],\quad \boldsymbol{X}^{-}=[0.09\quad 0.13]$$

根据式(2-36)得各方案到正理想方案和负理想方案的距离分别为

$$\boldsymbol{Z}^{+}=[0.19\quad 0.05\quad 0.14\quad 0.18\quad 0.08\quad 0.15\quad 0.23]$$

$$\boldsymbol{Z}^{-}=[0.07\quad 0.20\quad 0.12\quad 0.06\quad 0.17\quad 0.16\quad 0.01]$$

由式(2-37)可得各方案的相对贴近度为

$$\boldsymbol{C}=[0.27\quad 0.80\quad 0.46\quad 0.25\quad 0.68\quad 0.52\quad 0.04]$$

进而，可得到故障方案的搜索顺序为 x_2、x_5、x_6、x_3、x_1、x_4、x_7。由上述结果可以

看出，针对顶事件故障状态不同的情况，应该采取不同的故障搜索顺序。在支腿液压系统中，由于基本事件在顶事件不同故障状态时的重要度不同，故有不同的故障搜索顺序更为合理。

采用基于 T-S 故障树和理想解法的故障搜索决策方法，综合考虑基本事件的 T-S 故障树关键重要度和搜索费用等因素作为故障搜索决策模型的属性指标，并利用 TOPSIS 计算出故障方案的搜索顺序。该方法克服了 Bell 故障树分析方法在故障搜索中二态假设的局限，能够分析在顶事件不同故障状态的条件下的故障搜索策略。

2.2.2　基于 T-S 故障树和灰色模糊多属性决策的故障搜索方法

由于搜索方案属性信息具有不确定性，因此仅用逼近于理想解的排序方法有时不能满足要求。实际工程中决策对象往往既有模糊性，又有灰色性，此类问题就是灰色模糊多属性决策问题。为此，提出基于 T-S 故障树和灰色模糊多属性决策的故障搜索决策方法。

1. 故障搜索决策流程

基于 T-S 故障树和灰色模糊多属性决策的故障搜索决策流程如图 2-14 所示。

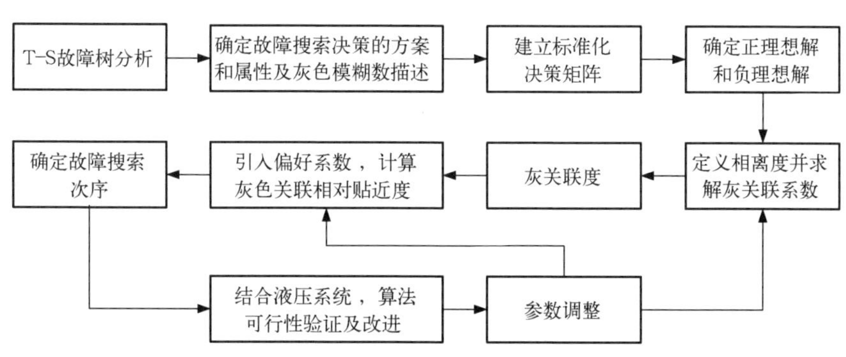

图 2-14　故障搜索决策流程图

2. 方案和属性的选择及描述

假设由 T-S 故障树分析确定相关单元 n 个作为故障搜索的候选方案；有 m 个影响搜索方案的属性需要考虑，这些属性包括搜索代价和 T-S 故障树重要度。设故障搜索决策矩阵的方案集为 $x=\{x_1,x_2,\cdots,x_n\}$，属性集为 $s=\{s_1,s_2,\cdots,s_m\}$，各属性的权重集为 $w=\{w_1,w_2,\cdots,w_m\}$。权重越大，属性的重要度程度越大。

设第 i 个方案 j 个属性值为灰色模糊数 $b_{ij}=(\tilde{a}_{ij},v_{ij})$。其中，三角模糊数 $\tilde{a}_{ij}=(a_{ij}^{L},a_{ij}^{M},a_{ij}^{R})$，表示第 i 个方案 j 个属性值；v_{ij} 表示属性值的可信度，是灰数灰程度的

测度，用来刻画属性值的不完全性，通常分为五类：最高，$v_{ij}=0\sim0.2$；高，$v_{ij}=0.3\sim0.4$；一般，$v_{ij}=0.5\sim0.6$；低，$v_{ij}=0.7\sim0.8$；最低，$v_{ij}=0.9\sim1.0$。其中，$i=1,2,\cdots,n$；$j=1,2,\cdots,m$。

一般三角模糊数为 $F=\tilde{a}=(a^{\mathrm{L}},a^{\mathrm{M}},a^{\mathrm{R}})$，其隶属函数如图 2-15 和式(2-38)所示。

$$\mu_F=\begin{cases}\dfrac{F-a^{\mathrm{L}}}{a^{\mathrm{M}}-a^{\mathrm{L}}}, & a^{\mathrm{L}}<F\leqslant a^{\mathrm{M}}\\ \dfrac{a^{\mathrm{R}}-F}{a^{\mathrm{R}}-a^{\mathrm{M}}}, & a^{\mathrm{M}}<F\leqslant a^{\mathrm{R}}\\ 0, & \text{其他}\end{cases} \tag{2-38}$$

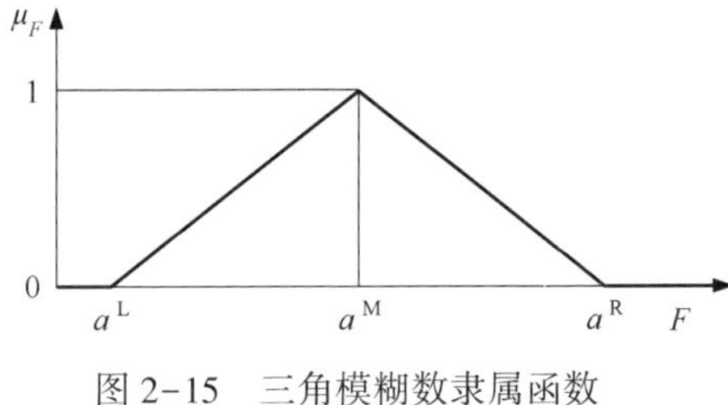

图 2-15　三角模糊数隶属函数

3. 故障搜索决策矩阵的标准化

由于不同的属性通常具有不同的量纲，会带来计算不便，故在故障搜索的决策中首先将各属性值进行标准化处理。

如果搜索决策矩阵中既包含精确值的属性又包含模糊数的属性，则将精确值的属性转化为三角模糊数。若 a 为实数，则其三角模糊数$\tilde{a}$的形式为$\tilde{a}=(a,a,a)$。

给定模糊数$\tilde{a}_1=(a_1^{\mathrm{L}},a_1^{\mathrm{M}},a_1^{\mathrm{R}})$，$\tilde{a}_2=(a_2^{\mathrm{L}},a_2^{\mathrm{M}},a_2^{\mathrm{R}})$，则称$\tilde{a}_1\otimes\tilde{a}_2=\dfrac{1}{3}(a_1^{\mathrm{L}}a_2^{\mathrm{L}}+a_1^{\mathrm{M}}a_2^{\mathrm{M}}+a_1^{\mathrm{R}}a_2^{\mathrm{R}})$为$\tilde{a}_1$ 与$\tilde{a}_2$ 的积，当$\tilde{a}_1=\tilde{a}_2$ 时，称$\sqrt{\tilde{a}_1\otimes\tilde{a}_1}=\sqrt{\dfrac{1}{3}[(a_1^{\mathrm{L}})^2+(a_1^{\mathrm{M}})^2+(a_1^{\mathrm{R}})^2]}=\|\tilde{a}_1\|$为$\tilde{a}$的模。

各搜索方案的属性可用灰色模糊决策矩阵表示，得到故障搜索的决策矩阵$\underset{\otimes}{\tilde{\boldsymbol{A}}}$，即

$$\underset{\otimes}{\tilde{\boldsymbol{A}}}=\begin{bmatrix}((a_{11}^{\mathrm{L}},a_{11}^{\mathrm{M}},a_{11}^{\mathrm{R}}),v_{11}) & ((a_{12}^{\mathrm{L}},a_{12}^{\mathrm{M}},a_{12}^{\mathrm{R}}),v_{12}) & \cdots & ((a_{1m}^{\mathrm{L}},a_{1m}^{\mathrm{M}},a_{1m}^{\mathrm{R}}),v_{1m})\\ ((a_{21}^{\mathrm{L}},a_{21}^{\mathrm{M}},a_{21}^{\mathrm{R}}),v_{21}) & ((a_{22}^{\mathrm{L}},a_{22}^{\mathrm{M}},a_{22}^{\mathrm{R}}),v_{22}) & \cdots & ((a_{2m}^{\mathrm{L}},a_{2m}^{\mathrm{M}},a_{2m}^{\mathrm{R}}),v_{2m})\\ \vdots & \vdots & & \vdots\\ ((a_{n1}^{\mathrm{L}},a_{n1}^{\mathrm{M}},a_{n1}^{\mathrm{R}}),v_{n1}) & ((a_{n2}^{\mathrm{L}},a_{n2}^{\mathrm{M}},a_{n2}^{\mathrm{R}}),v_{n2}) & \cdots & ((a_{nm}^{\mathrm{L}},a_{nm}^{\mathrm{M}},a_{nm}^{\mathrm{R}}),v_{nm})\end{bmatrix}$$

$$=[b_{ij}]_{n\times m}=[(\tilde{a}_{ij},v_{ij})]_{n\times m} \tag{2-39}$$

按归一化理论将属性值$\tilde{a}_{ij}$标准化，得到标准化矩阵 $\boldsymbol{R}$ 为

$$\boldsymbol{R}=[r_{ij}]_{n\times m}=[(\tilde{r}_{ij},v_{ij})]_{n\times m}=[(r_{ij}^{\mathrm{L}},r_{ij}^{\mathrm{M}},r_{ij}^{\mathrm{R}}),v_{ij}] \tag{2-40}$$

式中：$r_{ij}^{\mathrm{L}}=\dfrac{a_{ij}^{\mathrm{L}}}{\sqrt{\sum\limits_{i=1}^{n}\|\tilde{a}_{ij}\|^2}}$，$r_{ij}^{\mathrm{M}}=\dfrac{a_{ij}^{\mathrm{M}}}{\sqrt{\sum\limits_{i=1}^{n}\|\tilde{a}_{ij}\|^2}}$，$r_{ij}^{\mathrm{R}}=\dfrac{a_{ij}^{\mathrm{R}}}{\sqrt{\sum\limits_{i=1}^{n}\|\tilde{a}_{ij}\|^2}}$。

若三角模糊数$\widetilde{a}_{ij}$为精确数，则$\|\widetilde{a}_{ij}\|=a_{ij}$，可以得到$\widetilde{a}_{ij}$为精确数时的归一化计算公式为

$$r_{ij}=\frac{a_{ij}}{\sqrt{\sum_{i=1}^{n}a_{ij}^{2}}} \tag{2-41}$$

4. 确定正理想解和负理想解

假设$\boldsymbol{U}_0^+$为正理想解，即方案属性为各个候选方案最好值，具体为T-S故障树模糊重要度或者T-S故障树关键重要度最大的，搜索代价最低，信息可信度最高；$\boldsymbol{U}_0^-$为负理想解，即方案属性为各个候选方案最差值，具体为T-S故障树模糊重要度或者T-S故障树关键重要度最小的，搜索代价最高，信息可信度最低。其中，信息可信度v_{ij}为越小越好型。则理想解表示为

$$\boldsymbol{U}_0^+=\boldsymbol{r}_0^+=[\widetilde{r}_{0j}^+,v_{0j}^+]_{1\times m}=[\widetilde{r}_{0j}^+,\min_{1\leqslant i\leqslant n}v_{ij}]_{1\times m} \tag{2-42}$$

$$\boldsymbol{U}_0^-=\boldsymbol{r}_0^-=[\widetilde{r}_{0j}^-,v_{0j}^-]_{1\times m}=[\widetilde{r}_{0j}^-,\max_{1\leqslant i\leqslant n}v_{ij}]_{1\times m} \tag{2-43}$$

式中：若第j个属性为越大越好型属性，则有$\widetilde{r}_{0j}^+=((r_{0j}^{\mathrm{L}})^+,(r_{0j}^{\mathrm{M}})^+,(r_{0j}^{\mathrm{R}})^+)=(\max\limits_{1\leqslant i\leqslant n}r_{ij}^{\mathrm{L}},\max\limits_{1\leqslant i\leqslant n}r_{ij}^{\mathrm{M}},\max\limits_{1\leqslant i\leqslant n}r_{ij}^{\mathrm{R}})$，$\widetilde{r}_{0j}^-=((r_{0j}^{\mathrm{L}})^-,(r_{0j}^{\mathrm{M}})^-,(r_{0j}^{\mathrm{R}})^-)=(\min\limits_{1\leqslant i\leqslant n}r_{ij}^{\mathrm{L}},\min\limits_{1\leqslant i\leqslant n}r_{ij}^{\mathrm{M}},\min\limits_{1\leqslant i\leqslant n}r_{ij}^{\mathrm{R}})$；若第$j$个属性为越小越好型属性，则有$\widetilde{r}_{0j}^+=((r_{0j}^{\mathrm{L}})^+,(r_{0j}^{\mathrm{M}})^+,(r_{0j}^{\mathrm{R}})^+)=(\min\limits_{1\leqslant i\leqslant n}r_{ij}^{\mathrm{L}},\min\limits_{1\leqslant i\leqslant n}r_{ij}^{\mathrm{M}},\min\limits_{1\leqslant i\leqslant n}r_{ij}^{\mathrm{R}})$，$\widetilde{r}_{0j}^-=((r_{0j}^{\mathrm{L}})^-,(r_{0j}^{\mathrm{M}})^-,(r_{0j}^{\mathrm{R}})^-)=(\max\limits_{1\leqslant i\leqslant n}r_{ij}^{\mathrm{L}},\max\limits_{1\leqslant i\leqslant n}r_{ij}^{\mathrm{M}},\max\limits_{1\leqslant i\leqslant n}r_{ij}^{\mathrm{R}})$。

模糊数通过清晰化处理后进行比较，选取最大和最小模糊数，清晰化方法为

$$M=\frac{r_{ij}^{\mathrm{L}}+2r_{ij}^{\mathrm{M}}+r_{ij}^{\mathrm{R}}}{4} \tag{2-44}$$

当$\widetilde{r}_{0j}^+$和$\widetilde{r}_{0j}^-$为精确数时，则有以下简化形式

$$\boldsymbol{U}_0^+=\boldsymbol{r}_0^+=[r_{0j}^+,v_{0j}^+]_{1\times m}=[r_{0j}^+,\min_{1\leqslant i\leqslant n}v_{ij}]_{1\times m} \tag{2-45}$$

$$\boldsymbol{U}_0^-=\boldsymbol{r}_0^-=[r_{0j}^-,v_{0j}^-]_{1\times m}=[r_{0j}^-,\max_{1\leqslant i\leqslant n}v_{ij}]_{1\times m} \tag{2-46}$$

式(2-45)和式(2-46)中：若第j个属性值为越大越好型属性，则有$r_{0j}^+=\max\limits_{1\leqslant i\leqslant n}r_{ij}$，$r_{0j}^-=\min\limits_{1\leqslant i\leqslant n}r_{ij}$；若第$j$个属性值为越小越好型属性，则有$r_{0j}^+=\min\limits_{1\leqslant i\leqslant n}r_{ij}$，$r_{0j}^-=\max\limits_{1\leqslant i\leqslant n}r_{ij}$。

5. 灰色关联系数及灰色关联度

给定两个灰色模糊数$b_1=(\widetilde{a}_1,v_1)=((a_1^{\mathrm{L}},a_1^{\mathrm{M}},a_1^{\mathrm{R}}),v_1)$，$b_2=(\widetilde{a}_2,v_2)=((a_2^{\mathrm{L}},a_2^{\mathrm{M}},a_2^{\mathrm{R}}),v_2)$，则$b_1$与$b_2$的相离度为

$$|b_1-b_2|=d(b_1,b_2)=d(\widetilde{a}_1,\widetilde{a}_2)+|v_1-v_2| \tag{2-47}$$

式中：$d(\widetilde{a}_1,\widetilde{a}_2)=|\widetilde{a}_1-\widetilde{a}_2|=\sqrt{\frac{1}{3}[(a_1^{\mathrm{L}}-a_2^{\mathrm{L}})^2+(a_1^{\mathrm{M}}-a_2^{\mathrm{M}})^2+(a_1^{\mathrm{R}}-a_2^{\mathrm{R}})^2]}$为三角模糊数距离。相离度实际上就是两个灰色模糊数的距离。

将正理想解和负理想解作为参考方案,各个候选方案作为比较方案,第 i 个候选方案表示如下:

$$r_i=[(\tilde{r}_{i1},v_{i1}),(\tilde{r}_{i2},v_{i2}),\cdots,(\tilde{r}_{im},v_{im})] \tag{2-48}$$

方案 r_i 分别与正理想解 $\boldsymbol{U}_0^+$ 和负理想解 $\boldsymbol{U}_0^-$ 的关于第 j 个属性的灰色关联度系数 $\xi_{i0}^+(j)$ 和 $\xi_{i0}^-(j)$ 为

$$\begin{cases}\xi_{i0}^+(j)=\dfrac{\min\limits_i \min\limits_j \Delta_{ij}^+ +\rho\max\limits_i \max\limits_j \Delta_{ij}^+}{\Delta_{ij}^+ +\rho\max\limits_i \max\limits_j \Delta_{ij}^+}\\ \xi_{i0}^-(j)=\dfrac{\min\limits_i \min\limits_j \Delta_{ij}^- +\rho\max\limits_i \max\limits_j \Delta_{ij}^-}{\Delta_{ij}^- +\rho\max\limits_i \max\limits_j \Delta_{ij}^-}\end{cases} \tag{2-49}$$

其中

$$\Delta_{ij}^+=w_j d_{ij}^+=w_j(d(\tilde{r}_{0j}^+,\tilde{r}_{ij})+|v_{0j}^+-v_{ij}|) \tag{2-50}$$

$$d(\tilde{r}_{0j}^+,\tilde{r}_{ij})=\sqrt{\frac{1}{3}[((r_{0j}^{\mathrm{L}})^+-r_{ij}^{\mathrm{L}})^2+((r_{0j}^{\mathrm{M}})^+-r_{ij}^{\mathrm{M}})^2+((r_{0j}^{\mathrm{R}})^+-r_{ij}^{\mathrm{R}})^2]} \tag{2-51}$$

$$\Delta_{ij}^-=w_j d_{ij}^-=w_j(d((r_{0j}^-,\tilde{r}_{ij})+|v_{0j}^--v_{ij}|) \tag{2-52}$$

$$d(\tilde{r}_{0j}^-,\tilde{r}_{ij})=\sqrt{\frac{1}{3}[((r_{0j}^{\mathrm{L}})^--r_{ij}^{\mathrm{L}})^2+((r_{0j}^{\mathrm{M}})^--r_{ij}^{\mathrm{M}})^2+((r_{0j}^{\mathrm{R}})^--r_{ij}^{\mathrm{R}})^2]} \tag{2-53}$$

式(2-49)、式(2-50)和式(2-52)中:ρ 为分辨系数,在 0~1 之间,一般取 0.5;d_{ij}^+ 为 (r_{ij},v_{ij}) 与 (r_{0j}^+,v_{0j}^+) 的相离度;d_{ij}^- 为 (r_{ij},v_{ij}) 与 (r_{0j}^-,v_{0j}^-) 的相离度;w_j 为第 j 个属性的权重;Δ_{ij}^+ 为 (r_{ij},v_{ij}) 与 (r_{0j}^+,v_{0j}^+) 的加权相离度;Δ_{ij}^- 为 (r_{ij},v_{ij}) 与 (r_{0j}^-,v_{0j}^-) 的加权相离度。

由此可以得到 (r_{ij},v_{ij}) 分别与 (r_{0j}^+,v_{0j}^+) 和 (r_{0j}^-,v_{0j}^-) 相离度矩阵 $\boldsymbol{d}^+=[d_{ij}^+]_{n\times m}$ 和 $\boldsymbol{d}^-=[d_{ij}^-]_{n\times m}$,以及加权相离度矩阵 $\boldsymbol{\Delta}^+=[\Delta_{ij}^+]_{n\times m}$ 和 $\boldsymbol{\Delta}^-=[\Delta_{ij}^-]_{n\times m}$。得到各候选方案与正理想方案和负理想方案的灰关联系数矩阵为

$$\boldsymbol{r}^+=\begin{bmatrix}\xi_{10}^+(1) & \xi_{10}^+(2) & \cdots & \xi_{10}^+(m)\\ \xi_{20}^+(1) & \xi_{20}^+(2) & \cdots & \xi_{20}^+(m)\\ \vdots & \vdots & & \vdots\\ \xi_{n0}^+(1) & \xi_{n0}^+(2) & \cdots & \xi_{n0}^+(m)\end{bmatrix},\quad \boldsymbol{r}^-=\begin{bmatrix}\xi_{10}^-(1) & \xi_{10}^-(2) & \cdots & \xi_{10}^-(m)\\ \xi_{20}^-(1) & \xi_{20}^-(2) & \cdots & \xi_{20}^-(m)\\ \vdots & \vdots & & \vdots\\ \xi_{n0}^-(1) & \xi_{n0}^-(2) & \cdots & \xi_{n0}^-(m)\end{bmatrix} \tag{2-54}$$

若 $\tilde{r}_{0j}$ 和 $\tilde{r}_{ij}$ 为精确数,则有 $d((r_{0j}^+,\tilde{r}_{ij})=|r_{0j}^+-r_{ij}|$,$d(\tilde{r}_{0j}^-,\tilde{r}_{ij})=|r_{0j}^--r_{ij}|$,分别结合式(2-49)得到 $\tilde{r}_{0j}$ 和 $\tilde{r}_{ij}$ 为精确数时的灰色关联系数。

第 i 个方案跟理想解和负理想解的灰关联度 γ_{i0}^+ 和 γ_{i0}^- 分别为

$$\gamma_{i0}^+=\frac{\sum\limits_{j=1}^m \xi_{i0}^+(j)}{m},\quad \gamma_{i0}^-=\frac{\sum\limits_{j=1}^m \xi_{i0}^-(j)}{m} \tag{2-55}$$

6. 灰色关联相对贴近度及最优搜索次序的确定

在灰色关联度理论中,当某方案与正理想方案的关联度较大时,一般可认为该方案接近于理想方案。但为了全面评价方案的优劣,必须同时考虑该方案与负理想方案的关联度。因此,引入带有偏好系数的灰色关联相对贴近度为

$$C_i=\frac{\theta^+\gamma_{i0}^+}{\theta^-\gamma_{i0}^-+\theta^+\gamma_{i0}^+} \tag{2-56}$$

式中:$0<\theta^+\leqslant 1, 0\leqslant\theta^-<1, \theta^++\theta^-=1$,一般 $\theta^+\geqslant\theta^-$。$\theta^+$ 和 θ^- 分别表示决策者对各方案跟正理想方案和负理想方案的灰色关联相对贴近度的偏好程度。

如果 $\theta^+=\theta^-=0.5$,则有以下形式:

$$C_i=\frac{\gamma_{i0}^+}{\gamma_{i0}^-+\gamma_{i0}^+} \tag{2-57}$$

最后,对灰色关联度的相对贴近度进行排序,故障搜索的次序按 C_i 由大到小的顺序排列,排在前面的搜索方案应优先搜索、检测。

7. 故障搜索决策算例

以图 1-19 所示 T-S 故障树为例,假设单元 x_1、x_2 和 x_3 作为候选方案,搜索成本 $\tilde{a}_c$ 和各单元的 T-S 故障树模糊重要度或者 T-S 故障树关键重要度 a_I,作为故障搜索决策矩阵的属性,属性值的可信度分别用 v_c 和 v_I 表示。为了简要说明故障搜索决策算法,以引起系统完全故障的各单元 T-S 故障树关键重要度作为属性为例,假设单元的 T-S 故障树关键重要度从大到小排序为 x_1、x_2、x_3,并用 1、2、3 描述这个次序;成本 $\tilde{a}_c$ 以百元为单位并且用三角模糊数描述;重要度排序和搜索代价及两者的可信度见表 2-20。表 2-20 中 a_I 为 1 说明该单元重要度最大;v_I 为 0 可信度最高,信息最完全;$\tilde{a}_c=(4.5,5.0,5.5)$ 表示单元故障检测、维修的综合代价。ρ 取 0.5;决策者对正负理想解偏好相同,即 $\theta^+=\theta^-=0.5$;$\boldsymbol{w}=[2/3,1/3]^{\mathrm{T}}$。

表 2-20　重要度和搜索代价及两者的可信度

单　元	(a_I,v_I)	$(\tilde{a}_c,v_c)$
x_1	(1,0.2)	((4.5,5.0,5.5),0.1)
x_2	(2,0)	((5.0,5.5,6.0),0)
x_3	(3,0.1)	((4.0,4.5,5.0),0.2)

用式(2-40)归一化所有属性,为了表示方便,将模糊化和归一化后的搜索矩阵以表的形式表示,见表 2-21。

表 2-21　表 2-20 归一化后的数据

单　元	$(\tilde{a}_I, v_I)$	$(\tilde{a}_c, v_c)$
x_1	((0.27,0.27,0.27),0.2)	((0.52,0.57,0.63),0.1)
x_2	(0.54,0.54,0.54),0)	((0.57,0.63,0.69),0)
x_3	((0.80,0.80,0.80),0.1)	((0.46,0.52,0.57),0.2)

$\tilde{a}_c$ 是越小越好型属性，而属性$\tilde{a}_I$ 用次序表示后，越接近 1 说明重要度越大，所以变为越小越好型。正理想解表示重要度最大，成本最低，信息可信度最高；负理想解表示重要度最小，成本最高，信息可信度最低。求得正、负理想解分别为

$$U_0^+ = [((0.27,0.27,0.27),0),((0.46,0.52,0.57),0)]$$

$$U_0^- = [((0.80,0.80,0.80),0.2),((0.57,0.63,0.69),0.2)]$$

得到各方案属性分别与正理想解和负理想解的相离度矩阵分别为

$$\boldsymbol{d}^+ = \begin{bmatrix} 0.2 & 0.16 \\ 0.27 & 0.11 \\ 0.63 & 0.2 \end{bmatrix}, \quad \boldsymbol{d}^- = \begin{bmatrix} 0.53 & 0.16 \\ 0.46 & 0.11 \\ 0.1 & 0.2 \end{bmatrix}$$

求得加权相离度矩阵 $\boldsymbol{\Delta}^+$ 和 $\boldsymbol{\Delta}^-$ 分别为

$$\boldsymbol{\Delta}^+ = \begin{bmatrix} 0.13 & 0.05 \\ 0.18 & 0.04 \\ 0.42 & 0.07 \end{bmatrix}, \quad \boldsymbol{\Delta}^- = \begin{bmatrix} 0.35 & 0.05 \\ 0.31 & 0.07 \\ 0.07 & 0.04 \end{bmatrix}$$

计算出各方案分别与正理想解和负理想解的灰关联系数矩阵 $\boldsymbol{r}^+$ 和 $\boldsymbol{r}^-$ 分别为

$$\boldsymbol{r}^+ = \begin{bmatrix} 0.74 & 0.96 \\ 0.64 & 1 \\ 0.40 & 0.89 \end{bmatrix}, \quad \boldsymbol{r}^- = \begin{bmatrix} 0.41 & 0.96 \\ 0.44 & 0.88 \\ 0.88 & 1 \end{bmatrix}$$

计算出各参考方案与正理想解和负理想解的灰色关联度 γ_{i0}^+ 和 γ_{i0}^- 分别为

$$\gamma_{10}^+ = 0.85, \quad \gamma_{20}^+ = 0.82, \quad \gamma_{30}^+ = 0.65$$

$$\gamma_{10}^- = 0.69, \quad \gamma_{20}^- = 0.66, \quad \gamma_{30}^- = 0.94$$

得到方案 x_1、x_2、x_3 与理想解的相对贴近度分别为

$$C_1 = 0.551, \quad C_2 = 0.554, \quad C_3 = 0.41$$

所以按 C_i 大小顺序确定搜索次序，排在前的方案应优先搜索、检测和诊断。

2.2.3　基于贝叶斯网络及状态信号的故障诊断方法

为考虑多属性信息和验证故障分析结果，提出基于贝叶斯网络和 AMESim 仿真的液压系统故障诊断方法。建造 T-S 故障树并求得基本事件的 T-S 故障树关键重要度，建造故障搜索决策的贝叶斯网络拓扑结构，考虑基本事件的搜索成本、维修综合代价和 T-S 故障树关键重要度等属性，根据求得的综合评价值进行故障

诊断排序;按故障诊断的顺序利用 AMESim 进行故障仿真,将仿真得到的压力流量特性与实际故障征兆对比,指导完成故障诊断。此外,还研究了基于贝叶斯网络和灰关联法的多态液压系统故障诊断方法。

为综合利用多属性信息和历次故障搜索结果反馈信息进行故障诊断,提出了基于贝叶斯网络和理想解动态群决策的故障诊断方法,诊断流程如图 2-16 所示,利用贝叶斯网络对系统进行分析并求解基本事件的后验概率和关键重要度;根据本次诊断成功与否对下次最优搜索决策影响程度的大小,定义出启发函数求解启发式信息价值;考虑后验概率、关键重要度和启发式信息价值等因素,利用基于熵权的理想解法求取搜索方案的群体理想解和逆理想解,求出故障搜索最佳方案;考虑历次故障搜索最佳方案对当前搜索方案的影响,最终求得故障搜索的最佳方案序列。该方法克服了单属性决策和群决策的不足,提高了故障诊断的可行性和诊断效率。

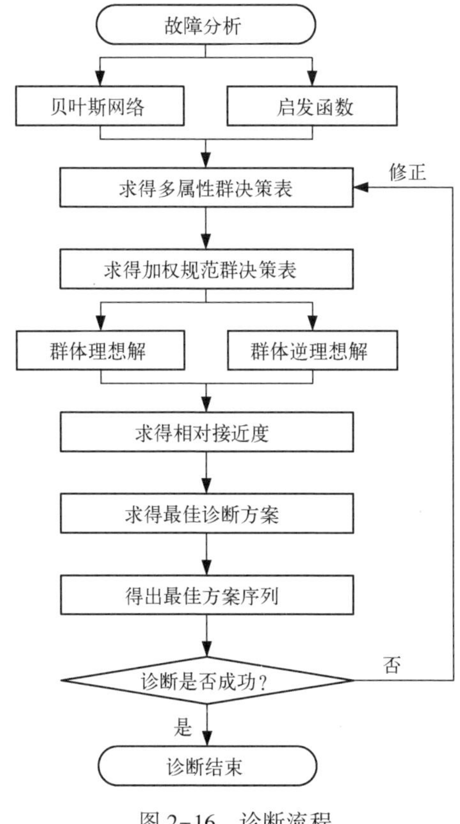

图 2-16　诊断流程

利用状态信号如振动信号等进行故障诊断是许多学者的研究课题。基于状态信号的故障诊断主要包括信号预处理、特征提取和模式识别等步骤。我们进行了以下研究[336-341]：

(1) 提出了基于粗糙集属性约简和贝叶斯分类器的故障诊断方法，利用改进小波包对收集的信号进行特征提取，解决小波包分解的频率混叠问题；针对故障信息中的冗余属性问题，提出了基于类差别矩阵改进属性重要度的粗糙集属性约简算法，根据各条件属性在类差别矩阵中出现 1 的频次定义新的属性重要度，提高属性约简的效率；通过考虑条件属性与类属性间的关联性，提出了基于熵权法的属性加权朴素贝叶斯分类器算法，提高故障分类精度。

(2) 为精确提取振动信号的故障特征，提出了一种基于参数优化多尺度排列熵与模糊 C 均值聚类的故障诊断方法。首先，针对多尺度排列熵算法的参数确定问题，综合考虑参数之间的交互影响，基于遗传算法与微粒群算法对参数进行优化；然后，利用参数优化多尺度排列熵对部件振动信号进行特征提取，并通过模糊 C 均值聚类确定标准聚类中心；最后，采用欧几里得贴近度对故障样本进行分类。通过分类系数与平均模糊熵检验聚类效果，证明了多尺度排列熵参数优化的有效性；与单一尺度排列熵、样本熵结合模糊 C 均值聚类方法的对比分析表明，基于参数优化多尺度排列熵与模糊 C 均值聚类的故障诊断方法具有更高的故障识别率和更广的适用范围。

(3) 提出了一种基于最小熵解卷积和变分模态分解以及模糊近似熵的故障特征提取方法，并采用优化支持向量机对故障进行识别分类。首先利用最小熵解卷积方法降低噪声干扰并增强故障信号中的故障特征信息，进而对降噪后的信号进行变分模态分解，并利用模糊近似熵量化变分模态分解后包含故障特征信息的模态分量以构建特征向量，之后通过采用扩展微粒群(EPSO)算法优化惩罚因子和核函数参数的支持向量机对故障样本训练并完成故障识别分类。将所提方法应用于部件不同损伤程度、不同故障部位的实验数据，验证了该方法的有效性。与基于局部均值分解的特征提取方法相对比表明，所提方法可以更精确地提取出部件故障特征，并能够更准确地完成不同故障的识别；与基于网格寻优算法优化的支持向量机方法和基于扩展微粒群优化的最小二乘支持向量机方法相对比表明，所提方法具有更好的分类性能，能达到更好的诊断效果。

(4) 针对设备故障信号的非线性、非平稳特征，从故障特征提取、模式识别两个关键环节进行研究，提出了基于快速变分模态分解、参数优化多尺度排列熵和特征加权 GK(Gustafson-Kessel)模糊聚类的故障诊断方法，研究思路与内容如图 2-17 所示。

首先，在变分模态分解(variational mode decomposition，VMD)的基础上，引入快速迭代的思想，提出快速变分模态分解(fast VMD，FVMD)方法，以减少算法运行时间与迭代次数。

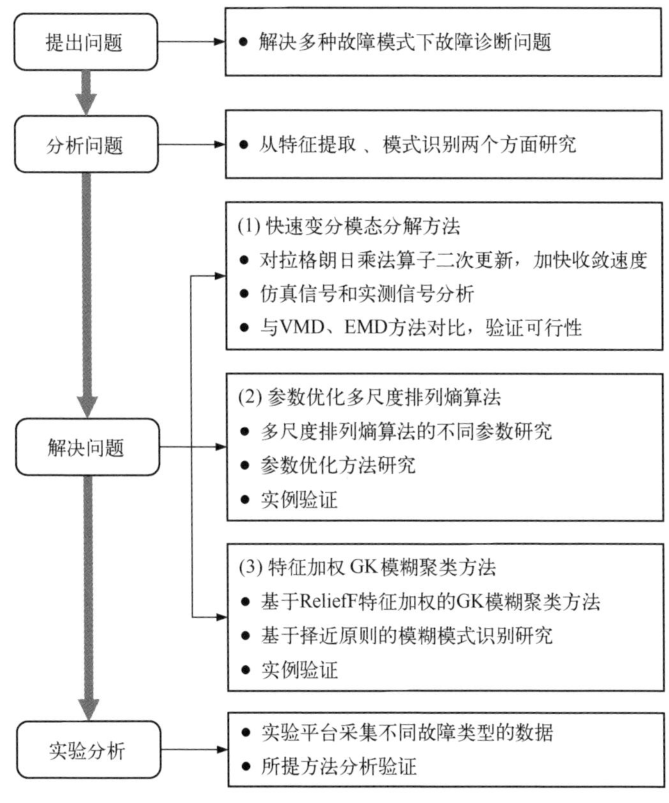

图 2-17 研究思路与内容

对故障原始信号包络解调,得到包络谱如图 2-18 所示。

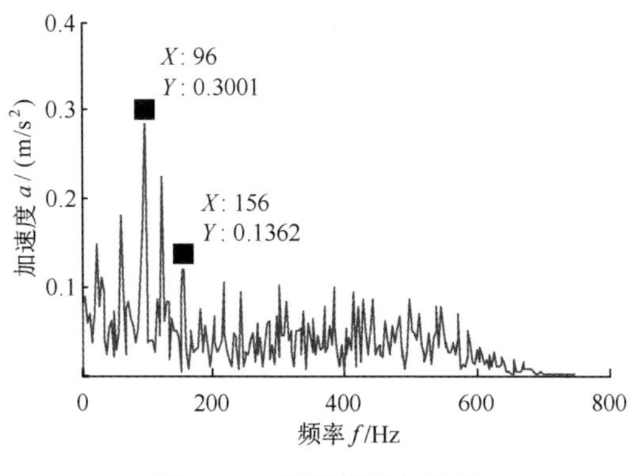

图 2-18 故障信号包络谱

对不同故障状态的信号进行 FVMD 分解,得到 5 个模态分量。各模态分量的时域图如图 2-19 所示。

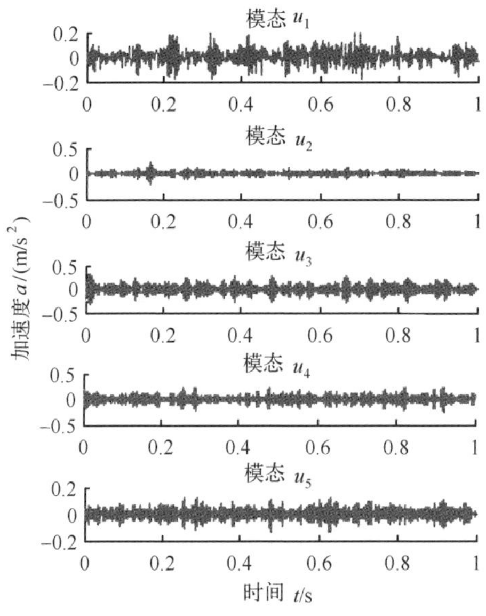

图 2-19　故障信号 FVMD 分解时域图

其次,针对多尺度排列熵算法的参数确定问题,综合考虑参数之间的交互影响,提出一种基于多作用力微粒群算法的参数优化方法,并通过快速变分模态分解和参数优化多尺度排列熵算法提取故障特征;再次,考虑到样本特征矢量中各维特征在聚类过程中的贡献不同,提出基于 ReliefF 特征加权的 GK 模糊聚类方法,由特征加权 GK 模糊聚类确定标准聚类中心,通过择近原则实现故障模式的分类识别;最后,以在机械故障实验平台上采集到的部件不同故障类型的振动信号为研究对象,应用所提方法进行分析。结果表明,相对于改进前的变分模态分解、多尺度排列熵和 GK 模糊聚类方法,所提方法不仅能够有效提取故障特征,还能准确实现故障模式的分类识别,而且故障识别率得到提高。

基于 T-S 故障树、贝叶斯网络模型故障诊断的特点是利用系统信息对系统故障诊断提出搜索建议,基于状态信号故障诊断的特点是利用状态信号对系统中的故障单元进行针对性地诊断,如何将基于 T-S 故障树模型和基于状态信号的故障诊断方法结合,有待进一步考量、研究。

2.3　基于 T-S 故障树建模的可靠性优化方法

系统结构、资源以及可靠性设计改进方案的多样性,使得可靠性优化问题得到了广泛关注。在提高系统可靠性的同时,经常受到技术、费用、体积和重量等的限制。为此,设计人员需要根据产品的性能、可靠度、费用、重量和体积等参数进行权衡。可靠性优化是在一定资源约束条件下寻求一种最佳设计方案,使系统获得最高的可靠度;或在满足一定可靠性指标要求的条件下,以最少的投资与资源消耗,获得最大的经济效益。可靠性优化是可靠性工程的重要内容,是可靠性设计与最优化技术结合的产物,它是利用可靠性分析将工程问题转化为具体的可靠性优化模型,利用优化算法寻求最佳的可靠性设计、可靠度和冗余数分配[342]。可靠性优化包括可靠性优化建模、优化算法两个方面。将 T-S 故障树拓展应用到可靠性优化中,提出了基于 T-S 故障树算法构造系统故障概率函数,并结合可靠性费用函数构造可靠性优化模型的方法,降低了构造复杂系统可靠性优化模型的难度,进而对可靠性微粒群优化算法从引斥力(作用力)规则、种群拓扑等方面进行改进。

2.3.1　基于 T-S 故障树的可靠性优化模型

可靠性优化模型由目标函数、约束条件等构成。目标函数为衡量可靠性设计方案优劣的一项或多项指标,例如,系统故障概率最低、费用最低等;约束条件为可靠性优化过程中需要满足的条件,例如,重量、体积等约束指标需控制在一定范围内。

1. 故障函数

可靠性优化模型的关键在于构造出系统故障与单元故障之间的函数关系,即故障函数。故障函数是利用可靠性分析方法通过建立系统可靠性模型来构造的。可靠性模型可以用可靠性框图、贝叶斯网络、故障树、通用生成函数等来构造。考虑 T-S 故障树相对于 Bell 故障树的优势,提出基于 T-S 故障树构造故障函数。

2. 费用函数

费用函数是提高每个单元可靠性所花费的人力、物力、财力的总和,可表述为系统可靠性和费用的函数关系,为此,构造费用函数为

$$C = \sum_{i=1}^{n} \alpha_i \left[-\mu_i \Big/ \ln\left(1 - \sum_{a_i=2}^{k_i} P(x_i = S_i^{(a_i)})\right)\right]^{\beta_i} \left[n_i + \exp\left(\frac{n_i}{4}\right)\right] \tag{2-58}$$

式中:α_i、β_i为常数;μ_i为单元 i 的无故障运行时间;n 为系统中单元的数目;n_i为单元 i 的冗余数。

3. 重量函数

系统的重量是各个单元重量的总和,考虑到冗余单元的重量,可得到重量函数为

$$W = \sum_{i=1}^{n} W_i n_i \exp\left(\frac{n_i}{4}\right) \tag{2-59}$$

式中:W_i为单元 i 的重量。

4. 体积函数

系统的体积也是各组成单元体积的总和,考虑到冗余单元的体积,则系统体积

函数为

$$V = \sum_{i=1}^{n} V_i n_i^2 \tag{2-60}$$

式中：V_i为单元 i 的体积。

5. 可靠性优化模型

根据目标函数的个数，可将可靠性优化模型分为单目标可靠性优化模型和多目标可靠性优化模型。

考虑到系统低故障概率是保障其稳定工作的前提，故构造以系统故障概率最低为目标，同时考虑系统费用、重量、体积为约束的单目标可靠性优化模型

$$\begin{aligned} &\min \sum_{q=2}^{m} P(T = T_q) = \sum_{q=2}^{m} \sum_{l=1}^{r} P_{(l)}^{*} P_{(l)}(T = T_q) \\ &\text{s.t.} \sum_{i=1}^{n} \alpha_i \left[-\mu_i \Big/ \ln \left(1 - \sum_{a_i=2}^{k_i} P(x_i = S_i^{(a_i)}) \right) \right]^{\beta_i} \left[n_i + \exp\left(\frac{n_i}{4} \right) \right] \leqslant C_0 \\ &\quad\ \sum_{i=1}^{n} W_i n_i \exp\left(\frac{n_i}{4} \right) \leqslant W_0 \\ &\quad\ \sum_{i=1}^{n} V_i n_i^2 \leqslant V_0 \end{aligned} \tag{2-61}$$

式中：C_0为系统费用的约束值；W_0为系统重量的约束值；V_0为系统体积的约束值。

在工程实际中，人们追求的是既能保障系统低故障概率又能降低花费的最优设计方案，为此，构造以系统故障概率最低、费用最少为目标，重量、体积为约束的多目标可靠性优化模型

$$\begin{aligned} &\min \sum_{q=2}^{m} P(T = T_q) = \sum_{q=2}^{m} \sum_{l=1}^{r} P_{(l)}^{*} P_{(l)}(T = T_q) \\ &\min C = \sum_{i=1}^{n} \alpha_i \left[-\mu_i \Big/ \ln \left(1 - \sum_{a_i=2}^{k_i} P(x_i = S_i^{(a_i)}) \right) \right]^{\beta_i} \left[n_i + \exp\left(\frac{n_i}{4} \right) \right] \\ &\text{s.t.} \sum_{i=1}^{n} W_i n_i \exp\left(\frac{n_i}{4} \right) \leqslant W_0 \\ &\quad\ \sum_{i=1}^{n} V_i n_i^2 \leqslant V_0 \end{aligned} \tag{2-62}$$

2.3.2 可靠性微粒群优化算法及算例

为了使系统达到最优目标而提出的各种求解方法称为优化算法，优化算法分为经典算法和智能算法。

经典算法按求解机理可分为基于数学规划和基于梯度的优化算法两大类：①基于数学规划的优化算法主要有等分配法、最小二乘法、拉格朗日乘数法、美国国防部电子设备可靠性咨询小组（advisory group on reliability of electronic equipment，AGREE）分配法等。等分配法是在不考虑各个单元的重要度前提下，认为各单元的可靠性水平相同，进而把可靠性指标平均分给每个单元的优化方法。AGREE 分配法是根据单元的重要度、相对复杂程度以及工作时间对系统可靠性进行分配，以达到系统可靠性指标的方法。②基于梯度的优化算法主要有共轭梯度法、鲍威尔法、最速下降法、牛顿法、变尺度法等。

智能算法是受自然规律及生物群体智能行为的启发，借鉴和模拟自然规律、生物智能行为、生物进化过程等，构造各种计算模型，用于求解复杂优化问题。智能算法可分为以下几类：①基于生物群体行为的优化算法，如微粒群、蚁群、蝙蝠、鱼群、萤火虫、人工蜂群算法。②借鉴生物种群中的优胜劣汰进化思想的优化算法，如差分进化、遗传算法。③模拟人类记忆、思维方式及社会群体行为的优化算法，如禁忌搜索、神经网络、视觉扫描优化算法。④源于自然物理规律的优化算法，如模拟退火、中心力、类电磁机制、拟态物理学优化算法等。相对于经典算法，智能算法有一些共同特点：可以处理复杂的目标函数，无可微性要求；所求变量可以是连续的，也可以是离散的；多数算法引入了随机因素，具有自适应的能力；算法的寻优过程是种群进化的过程[343-352]。

可靠性优化设计直接影响系统的可靠性，高效的优化技术的研究与应用是实现节能、降成本和提高可靠性的关键。可靠性优化往往具有大规模、复杂性、非线性、强约束、不确定和多目标等求解特点，导致经典算法难以满足要求，智能算法具有更好的优化性能和更强的适用性，是可靠性优化的一种新的有效途径。微粒群（particle swarm optimization，PSO）算法即粒子群算法，起源于对简单社会系统的模拟，最初是模拟鸟群觅食的过程，微粒群算法在优化问题中具有明显的优势，例如，函数优化、约束优化、极大值极小值问题、多目标优化等问题。

在标准 PSO 算法中，每个优化问题的潜在解是搜索空间中的一个微粒。每个微粒都有一个由被目标函数决定的适应度；每个微粒还有一个速度决定其飞行的方向和距离，微粒们追随当前的最优微粒在解空间中搜索。假设在 n 维搜索空间中，由 m 个微粒组成一个微粒群，即 $\boldsymbol{X}=[\boldsymbol{X}_1,\boldsymbol{X}_2,\cdots,\boldsymbol{X}_m]$，其中 $\boldsymbol{X}_i(i=1,2,\cdots,m)$ 为第 i 个微粒的位置向量，$\boldsymbol{X}_i=\{x_{i1},x_{i2},\cdots,x_{in}\}$，代表优化问题的一个可行解；每个微粒还有一个速度，第 i 个微粒的速度可表示为 $\boldsymbol{v}_i=\{v_{i1},v_{i2},\cdots,v_{in}\}$，它决定了微粒运动的方向和距离。所有微粒都追随当前的个体最优微粒、全局最优微粒进行搜索，以寻求最优解。每个微粒在 n 维搜索空间中通过迭代更新寻找最优解。微粒 i 自身经历过的最好位置可表示为 $\boldsymbol{P}_i=\{p_{i1},p_{i2},\cdots,p_{in}\}$，称为个体最优位置，其对应的可行解称为个体最优解。

假设$f(\boldsymbol{X}_i)$为最小化问题的目标函数，对于最小化问题，目标函数值越小其位置越优，则微粒i的个体最优位置的迭代更新公式为

$$\boldsymbol{P}_i(t+1)=\begin{cases}\boldsymbol{X}_i(t+1), & f(\boldsymbol{X}_i(t+1))<f(\boldsymbol{P}_i(t))\\ \boldsymbol{P}_i(t), & f(\boldsymbol{X}_i(t+1))\geqslant f(\boldsymbol{P}_i(t))\end{cases} \tag{2-63}$$

式中：$\boldsymbol{P}_i(t)$、$\boldsymbol{P}_i(t+1)$分别为第t、$t+1$代第i个微粒的个体最优位置；$\boldsymbol{X}_i(t+1)$为第$t+1$代第i个微粒的位置。

微粒群中全部微粒所经历过的最优位置可表示为$\boldsymbol{P}_g=\{p_{g1},p_{g2},\cdots,p_{gn}\}$，称为全局最优位置。全局最优位置为个体最优位置中最好的位置，即在全部个体最优位置更新完毕之后，选取之中的最优位置即为微粒群的全局最优位置，其对应的可行解称为全局最优解。对于最小化问题，微粒群的全局最优位置为

$$\boldsymbol{P}_g(t)=\min\{\boldsymbol{P}_1(t),\boldsymbol{P}_2(t),\cdots,\boldsymbol{P}_m(t)\} \tag{2-64}$$

在个体最优位置和全局最优位置更新的基础之上，微粒群算法进行速度和位置两方面的更新，更新过程为

$$v_{id}(t+1)=wv_{id}(t)+c_1r_1[p_{id}(t)-x_{id}(t)]+c_2r_2[p_{gd}(t)-x_{id}(t)] \tag{2-65}$$

$$x_{id}(t+1)=x_{id}(t)+v_{id}(t+1) \tag{2-66}$$

式中：$v_{id}(t)$、$v_{id}(t+1)$分别为第t、$t+1$代第i个微粒的第d维的速度；$x_{id}(t)$、$x_{id}(t+1)$分别为第t、$t+1$代第i个微粒的第d维的位置；$p_{id}(t)$、$p_{gd}(t)$分别为第t代个体、全局最优微粒的第d维的位置；r_1、r_2为区间(0,1)内的两个互相独立的随机数；w为惯性权重；c_1、c_2为加速常数。

微粒群算法具有结构简单、鲁棒性好、调整参数少等优点，在优化问题中得到成功应用，但该算法存在易陷入局部最优、出现早熟等不足，需对其进行改进。作为模拟生物个体交互关系的群智能算法，微粒间的交互关系是决定算法性能的内在因素，微粒交互关系体现在引斥力规则、种群拓扑结构两个方面[353-359]。

1. 引斥力规则

标准 PSO 算法的引斥力规则中仅考虑个体最优微粒和全局最优微粒对当前微粒的引力作用，易陷入局部最优，因此，学者对标准 PSO 算法的引斥力规则进行了改进。

(1) 调整标准 PSO 算法的引力大小。例如，采用线性递减的惯性权重，搜索初期利用较大的权重值产生较大的引力，从而增强全局搜索能力，随着搜索的进行，权重值越来越小产生的引力也随之减小，继而提高局部搜索能力；将自适应理论与微粒群算法结合，自适应地调整个体惯性权重或学习因子，以调整个体最优微粒和全局最优微粒对当前微粒的引力大小；引入收缩因子的概念，根据微粒适应度动态改变收缩因子的大小，从而改变当前微粒所受引力的大小。

（2）在标准 PSO 算法的引斥力规则中增添引力作用。例如，同时考虑个体最优微粒和具有寿命周期的全局最优微粒对当前微粒的引力，避免算法陷入局部最优；通过添加当代最优微粒对当前微粒的引力，提高算法的局部搜索能力，引入中间适应度微粒对当前微粒的引力增强算法的全局搜索能力；考虑距离当前微粒最近的微粒的引力，指导微粒进行搜索；将标准 PSO 算法中个别微粒对当前微粒的引力扩展为所有微粒的引力，以保持种群多样性。

（3）在标准 PSO 算法的引斥力规则中增添斥力作用。例如，引入种群多样性函数，当种群多样性值小于其临界值时，微粒受个体最优微粒和全局最优微粒的斥力作用而向四周扩散，以提高种群多样性；根据种群多样性自适应改变全局最优微粒的引力和斥力，并结合梯度信息使微粒沿梯度下降的方向进行搜索，增强局部搜索能力；考虑适应度变差的微粒对当前微粒斥力的 μPSO（micro-PSO）算法，利用排斥项来计算黑名单微粒的斥力，增强种群多样性，以避免早熟收敛。

（4）在标准 PSO 算法的引斥力规则中增添引力、斥力作用。例如，同时扩展微粒间的引、斥力的扩展微粒群（extended PSO，EPSO）算法，将个体最优微粒和全局最优微粒对当前微粒的引力作用扩展为所有微粒对当前微粒的引斥力作用，改善算法的最优解搜索能力。

1）采用单一引斥力规则的改进微粒群算法

μPSO 算法是在标准 PSO 算法基础上借鉴微遗传算法的进化思想，重新构造微粒速度的更新方式，算法具有很少的种群规模，将微粒分为一般微粒和当代最优微粒进行速度、位置的更新，其特有的黑名单机制，可将适应度差的微粒吸收，并通过排斥项避免微粒再次落入，因此具有较好的收敛机制，其微粒更新过程表示为

$$v_{jd}(t+1)=wv_{jd}(t)+c_1r_1[p_{jd}(t)-x_{jd}(t)]+c_2r_2[p_{gd}(t)-x_{jd}(t)]+\lambda_{jd}(t) \tag{2-67}$$

$$v_{kd}(t+1)=wv_{kd}(t)+p_{gd}(t)-x_{kd}(t)+\rho(t)(1-2r_3)+\lambda_{kd}(t) \tag{2-68}$$

$$x_{jd}(t+1)=x_{jd}(t)+v_{jd}(t+1) \tag{2-69}$$

$$x_{kd}(t+1)=x_{kd}(t)+v_{kd}(t+1) \tag{2-70}$$

式中：$v_{jd}(t)$ 和 $x_{jd}(t)$、$v_{jd}(t+1)$ 和 $x_{jd}(t+1)$ 分别为第 t 代、第 $t+1$ 代第 j 个一般粒子第 d 维的速度和位置；$v_{kd}(t)$ 和 $x_{kd}(t)$、$v_{kd}(t+1)$ 和 $x_{kd}(t+1)$ 分别为第 t 代、第 $t+1$ 代第 k 个当代最优粒子第 d 维的速度和位置；r_3 为 $(0,1]$ 区间内的随机数；$\rho(t)$ 第 t 代缩放因子；$\lambda_{jd}(t)$ 和 $\lambda_{kd}(t)$ 分别为第 t 代第 j 个一般粒子和第 k 个当代最优粒子第 d 维的排斥项。

线性递减的惯性权重为

$$w=w_{\max}-\frac{t}{t_{\max}}(w_{\max}-w_{\min}),\quad 0\leqslant w\leqslant 1,0\leqslant w_{\min}\leqslant w_{\max}\leqslant 1 \tag{2-71}$$

式中：$w_{\max}$、$w_{\min}$ 分别为惯性权重的最大、最小值。

当全局最优解不发生变化时，如果微粒落入到比之前差的位置时，则将该位置

列入黑名单,并用斥力项来抵制微粒再次落入黑名单,以提高算法的局部搜索能力。将搜索空间的微粒视为单位电荷量的同种点电荷,借鉴静电学库仑定理中点电荷之间距离与库仑力的关系,给出第 m 个微粒与黑名单中 F 个微粒的斥力项 $\boldsymbol{\lambda}_m$ 为

$$\boldsymbol{\lambda}_m = \delta \sum_{f=1}^{F} \frac{\boldsymbol{d}_{fm}}{\|\boldsymbol{d}_{fm}\|_2^{\sigma}} \tag{2-72}$$

式中:δ 为斥力系数;$\boldsymbol{d}_{fm}$ 为黑名单中第 f 个微粒到第 m 个微粒的距离向量,$\boldsymbol{d}_{fm}=\boldsymbol{x}_m-\boldsymbol{x}_f$,$\boldsymbol{x}_f$ 和 $\boldsymbol{x}_m$ 分别为第 f 个微粒和第 m 个微粒的位置向量;$\|\boldsymbol{d}_{fm}\|_2$ 为 $\boldsymbol{d}_{fm}$ 的 2 范数;σ 为斥力强度参数。

由此可见,斥力与 $\|\boldsymbol{d}_{fm}\|_2^{\sigma}$ 成反比,当微粒间距离不变时,可通过调整斥力强度参数 σ 改变斥力的大小。

$\rho(t)$ 可由第 $t-1$ 代缩放因子 $\rho(t-1)$ 求得

$$\rho(t)=\begin{cases}2\rho(t-1), & \text{suc}>s_c\\ 0.5\rho(t-1), & \text{fail}>f_c\\ \rho(t-1), & \text{其他}\end{cases} \tag{2-73}$$

式中:suc 为成功计数器;s_c 为成功计数器上限值;fail 为失败计数器;f_c 为失败计数器上限值。

EPSO 算法是在标准 PSO 算法的基础上引入拟态物理学引斥力规则,将微粒只受个体最优微粒和全局最优微粒的作用方式扩展为受所有个体最优微粒的影响,当前微粒不仅受比自身适应度好的个体最优微粒的吸引作用,同时还受到比自身适应度差的个体最优微粒的排斥作用,在所有微粒的引斥力作用下完成微粒速度和位置的更新。EPSO 算法中微粒之间的引斥力规则定义如下。

微粒 i 受微粒 j 的吸引,即

$$p_{jk}(t)-x_{ik}(t), \quad j\in B(i) \tag{2-74}$$

微粒 i 受微粒 z 的排斥,即

$$-[p_{zk}(t)-x_{ik}(t)], \quad z\in W(i) \tag{2-75}$$

式中:$p_{jk}(t)$、$p_{zk}(t)$ 分别为个体最优微粒 j 和 z 的第 k 维位置;$B(i)$、$W(i)$ 分别为比微粒 i 适应度好和差的个体最优微粒集合。

EPSO 算法的速度和位置更新公式为

$$v_{ik}(t+1)=wv_{ik}(t)+\sum_{j\in B(i)} c_j r_{jk}[p_{jk}(t)-x_{ik}(t)]-\sum_{z\in W(i)} c_z r_{zk}[p_{zk}(t)-x_{ik}(t)] \tag{2-76}$$

$$x_{ik}(t+1)=x_{ik}(t)+v_{ik}(t+1) \tag{2-77}$$

式中:$v_{ik}(t)$ 和 $v_{ik}(t+1)$ 分别为第 t、$t+1$ 代第 i 个微粒的第 k 维速度;$x_{ik}(t)$ 和 $x_{ik}(t+$

1）分别为第 t、$t+1$ 代第 i 个微粒的第 k 维位置；c_j、c_z 为学习因子；r_{jk}、r_{zk} 为随机因子，介于 0~1 之间；w 为惯性权重。

2）引斥力规则构造

（1）若个体 j 的个体最优解的适应度比个体 i 的当前适应度好，则个体 j 的个体最优解对个体 i 的引力为 $p_{jd}(t)-x_{id}(t)$；若个体 j 的个体最优解的适应度比个体 i 的当前适应度差，则个体 j 的个体最优解对个体 i 的斥力为 $x_{id}(t)-p_{jd}(t)$。因而，平衡引斥力规则为

$$\sum_{j\in B(i)} c_j r(p_{jd}(t) - x_{id}(t)) + \sum_{j\in W(i)} c_j r(x_{id}(t) - p_{jd}(t)) \tag{2-78}$$

式中：$x_{id}(t)$、$p_{jd}(t)$ 分别为第 t 代个体 i 和个体 j 的个体最优解的第 d 维位置；$B(i)=\{j\,|\,f(\boldsymbol{P}_j)<f(\boldsymbol{X}_i),j=1,2,\cdots,N\}$，$W(i)=\{j\,|\,f(\boldsymbol{P}_j)\geqslant f(\boldsymbol{X}_i),j=1,2,\cdots,N\}$ 分别为比个体 i 适应度好和差的个体最优解的集合；c_j 为加速系数；r 为（0,1）区间的随机数；N 为种群规模；$f(\cdot)$ 为适应度函数。

（2）当前个体 i 受到其他个体 j 的斥力作用，斥力规则为

$$\sum_{j\in N} c_j r[x_{jd}(t) - x_{id}(t)] \tag{2-79}$$

式中：$x_{jd}(t)$ 为第 t 代个体 j 的第 d 维位置。

（3）个体 i 受到比自身适应度好的个体最优解的平均值的引力作用，同时个体 i 受到全局最优解的引力作用。因而，双位置引力规则为

$$c_j r[p_{\text{avg}}(t)-x_{id}(t)]+c_j r[p_{gd}(t)-x_{id}(t)] \tag{2-80}$$

式中：$p_{gd}(t)$ 为第 t 代全局最优解 g 的第 d 维位置；$p_{\text{avg}}(t)$ 为第 t 代比个体 i 适应度好的个体最优解平均值，具体为

$$p_{\text{avg}}(t)=\frac{\sum_{k=1}^{K} p_{kd}(t)}{K},\quad k\in N(i) \tag{2-81}$$

式中：k 为个体 i 邻居个体的序号；K 为比个体 i 适应度好的个体个数；$p_{kd}(t)$ 为个体 i 邻居个体中序号 k 的个体最优解的第 d 维位置；$N(i)$ 为除个体 i 本身其他所有个体的集合。

（4）双加速度引力规则为动力加速度与中值导向加速度。

个体最优解与全局最优解的引力作为动力加速度，即

$$a_{id}(t)=r(p_{id}(t)-x_{id}(t))+r(p_{gd}(t)-x_{id}(t)) \tag{2-82}$$

中间适应度个体的引力作为个体 i 第 d 维的中值导向加速度，即

$$m_{id}(t)=b_i(t)[r(p_{id}(t)-p_{md}(t)-x_{id}(t))+r(p_{gd}(t)-p_{md}(t)-x_{id}(t))] \tag{2-83}$$

式中：$p_{md}(t)$ 为第 t 代中间适应度个体 m 的第 d 维位置；$b_i(t)$ 为第 t 代个体 i 的加速因子，由下式计算得到，即

$$b_i(t)=\frac{E_i(t)}{\sum_{j=1}^{N}E_j(t)} \tag{2-84}$$

$$E_i(t)=\frac{f(x_i)-f_{max}}{f_{med}-f_{max}} \tag{2-85}$$

式中：$f(x_i)$为第 t 代个体 i 的适应度；f_{max}和f_{med}分别为第 t 代种群中所有个体的最大适应度和中间适应度。

（5）设置种群多样性 $D(t)$、种群多样性阈值 $d(t)$、个体的运动方向 $\gamma(t)$，比较 $D(t)$和 $d(t)$，若 $D(t)\geqslant d(t)$，则个体的运动方向 $\gamma(t)=1$，个体 i 受到种群的个体最优解及全局最优解的引力；若 $D(t)<d(t)$，则个体的运动方向 $\gamma(t)=-1$，个体 i 受到种群的个体最优解及种群的全局最优解的斥力。因此，自适应引斥力规则为

$$\gamma(t)c_jr[p_{id}(t)-x_{id}(t)]+\gamma(t)c_jr[p_{gd}(t)-x_{id}(t)] \tag{2-86}$$

第 t 代的种群多样性为

$$D(t)=\frac{\sum_{i=1}^{N}\sqrt{\sum_{d=1}^{n}(p_{id}(t)-\bar{p}_d(t))^2}}{N|L|} \tag{2-87}$$

式中：n 为种群维数；$\bar{p}_d(t)$为种群中第 t 代所有个体位置在第 d 维的平均值；$|L|$为个体间的最大距离，$|L|$由下式求得，即

$$|L|=\max_{1\leqslant i,j\leqslant N}\left(\sqrt{\sum_{d=1}^{n}(p_{id}(t)-p_{jd}(t))^2}\right) \tag{2-88}$$

第 t 代种群多样性阈值为

$$d(t)=d_{max}-\frac{t}{t_{max}}(d_{max}-d_{min}) \tag{2-89}$$

式中：d_{max}、d_{min}分别为种群多样性阈值的上限和下限；t_{max}为最大迭代次数。

（6）个体 i 受到全局最优解 g 的引力。因而，单一引力规则为

$$p_{gd}(t)-x_{id}(t) \tag{2-90}$$

3）采用多种引斥力规则的改进微粒群算法

采用单一的引斥力规则，微粒间的作用机制相对单一，影响算法的性能。为此，考虑在不同搜索阶段采用不同的引斥力规则，丰富微粒间的引斥力作用，平衡算法全局探索性搜索和局部趋化性搜索能力，在一种引斥力规则作用下，当算法进化停滞时，宜变换不同的引斥力规则来打破这种平衡，直至尝试完所有的引斥力规则为止。根据这一思想，提出采用多种引斥力规则的改进微粒群算法：混合 μPSO、LRPSO、LAPSO 算法。

混合 μPSO（μPSO-PSO）算法的基本思想：搜索前期采用 μPSO 算法，使微粒

在黑名单微粒的斥力作用下进行全局搜索，避免微粒陷入局部最优位置；当全局最优解不发生变化时，只考虑全局最优微粒和个体最优解对微粒的影响，采用标准 PSO 算法进行快速局部搜索，以提高收敛速度。其微粒更新过程表示为

$$v_{jk}(t+1)=wv_{jk}(t)+c_1r_1[p_{jk}(t)-x_{jk}(t)]+c_2r_2[p_{gk}(t)-x_{jk}(t)]+\eta\lambda_{jk}(t) \tag{2-91}$$

$$\begin{aligned}v_{mk}(t+1)=&wv_{mk}(t)+(1-\eta)c_1r_1[p_{mk}(t)-x_{mk}(t)]\\&+[\eta(1-c_2r_2)+c_2r_2][p_{gk}(t)-x_{mk}(t)]+\eta[\rho(t)(1-2r_3)+\lambda_{mk}(t)]\end{aligned} \tag{2-92}$$

$$x_{jk}(t+1)=x_{jk}(t)+v_{jk}(t+1) \tag{2-93}$$

$$x_{mk}(t+1)=x_{mk}(t)+v_{mk}(t+1) \tag{2-94}$$

式中：$v_{jk}(t)$ 和 $x_{jk}(t)$ 分别为第 t 代第 j 个一般微粒的第 k 维速度、位置；$v_{jk}(t+1)$ 和 $x_{jk}(t+1)$ 分别为第 $t+1$ 代第 j 个一般微粒的第 k 维速度、位置；$v_{mk}(t)$ 和 $x_{mk}(t)$ 分别为第 t 代第 m 个当代最优微粒的第 k 维速度、位置；$v_{mk}(t+1)$ 和 $x_{mk}(t+1)$ 分别为第 $t+1$ 第 m 个当代最优微粒的第 k 维速度、位置；r_1、r_2、r_3 为区间 $(0,1)$ 内的 3 个互相独立的随机数；$p_{jk}(t)$ 为第 j 个微粒个体最优解的第 k 维位置；$p_{gk}(t)$ 为全局最优微粒的第 k 维位置；$\rho(t)$ 为第 t 代的缩放因子；$\lambda_{jk}(t)$、$\lambda_{mk}(t)$ 分别为第 t 代第 j 个一般微粒、当代最优微粒第 k 维的排斥项；η 为转换因子，转换因子 η 的转换过程表示为

$$\eta=\begin{cases}1, & t<t_\mu\\0, & t\geqslant t_\mu\end{cases} \tag{2-95}$$

式中：t_μ 为利用 μPSO 算法搜索时，全局最优解不变的最小迭代次数。

搜索后期斥力增强型混合引斥力微粒群（later-stage repulsion-enhanced PSO，LRPSO）算法的基本思想：搜索前期采用平衡的引斥力，使微粒在其他所有微粒的引斥力作用下进行最优搜索，以保持种群多样性；当全局最优解不发生变化时，减少引力作用、增强斥力作用，利用斥力项以避免微粒陷入较差的搜索位置，以提高算法的局部搜索能力。LRPSO 算法的速度和位置更新公式为

$$\begin{aligned}v_{jk}(t+1)=&wv_{jk}(t)+\xi\sum_{j\in B(i)}c_jr_{jk}[p_{jk}(t)-x_{ik}(t)]-\xi\sum_{z\in W(i)}c_zr_{zk}[p_{zk}(t)-x_{ik}(t)]\\&+(1-\xi)c_1r_1[p_{jk}(t)-x_{jk}(t)]+(1-\xi)c_2r_2[p_{gk}(t)-x_{jk}(t)]+\lambda_{jk}(t)\end{aligned} \tag{2-96}$$

$$v_{mk}(t+1)=(1-\xi)[wv_{mk}(t)+p_{gk}(t)-x_{mk}(t)]+(1-\xi)[\rho(t)(1-2r_3)+\lambda_{mk}(t)] \tag{2-97}$$

$$x_{jk}(t+1)=x_{jk}(t)+v_{jk}(t+1) \tag{2-98}$$

$$x_{mk}(t+1)=(1-\xi)[x_{mk}(t)+v_{mk}(t+1)] \tag{2-99}$$

式中：$v_{jk}(t)$ 和 $x_{jk}(t)$，$v_{jk}(t+1)$ 和 $x_{jk}(t+1)$ 分别为第 t 代、第 $t+1$ 代第 j 个一般微粒第 k 维的速度和位置；$v_{mk}(t)$ 和 $x_{mk}(t)$，$v_{mk}(t+1)$ 和 $x_{mk}(t+1)$ 分别为第 t 代、第 $t+1$ 代第

m 个微粒(当代最优微粒)第 k 维的速度和位置;w 为惯性权重;c_j、c_z、c_1、c_2 是加速因子;r_{jk}、r_{zk}、r_1、r_2、r_3 为区间(0,1)内的随机数;$p_{jk}(t)$ 和 $p_{zk}(t)$ 分别为微粒 j 和微粒 z 第 k 维的位置;$B(i)$ 为存放比微粒 i 适应度好的微粒集合;$W(i)$ 为存放比微粒 i 适应度差的微粒集合;$p_{gk}(t)$ 为全局最优微粒的第 k 维位置;$\lambda_{jk}(t)$ 和 $\lambda_{mk}(t)$ 分别为第 t 代第 j 个一般微粒和当代最优微粒第 k 维的斥力项;$\rho(t)$ 为第 t 代的缩放因子;ξ 为转换因子,转换因子 ξ 的转换过程为

$$\xi=\begin{cases}1, & t<t_g\\ 0, & t\geqslant t_g\end{cases} \tag{2-100}$$

式中:t_g 为全局最优解不变时的最小迭代次数。

搜索后期引力增强型混合引斥力微粒群(later-stage attraction-enhanced PSO,LAPSO)算法的基本思想:在搜索前期利用拟态物理学中的引斥力规则以保持种群的多样性,使算法具有较好的全局搜索能力;当算法进入到包含全局最优解的区域时,增强引力作用、减少斥力作用,考虑比自身适应度好的微粒和全局最优微粒的引力作用,以提高局部搜索能力。LAPSO 算法的速度和位置更新公式为

$$\begin{aligned}v_{ik}(t+1)=wv_{ik}(t)&+\sum_{j\in B(i)}c_jr_{jk}[p_{jk}(t)-x_{ik}(t)]\\ &-(1-\varepsilon)\sum_{z\in W(i)}c_zr_{zk}[p_{zk}(t)-x_{ik}(t)]+\varepsilon r_{gk}[p_{gk}(t)-x_{ik}(t)]\end{aligned} \tag{2-101}$$

$$x_{ik}(t+1)=x_{ik}(t)+v_{ik}(t+1) \tag{2-102}$$

式(2-101)和式(2-102)中:$v_{ik}(t+1)$ 和 $v_{ik}(t)$,$x_{ik}(t+1)$ 和 $x_{ik}(t)$ 分别为第 $t+1$ 代、第 t 代第 i 个微粒第 k 维的速度和位置;w 为惯性权重;c_j 和 c_z 为学习因子;r_{jk}、r_{zk}、r_{gk} 为随机因子,介于 0~1;$p_{jk}(t)$ 和 $p_{zk}(t)$ 分别为微粒 j 和微粒 z 第 k 维的位置;$p_{gk}(t)$ 为全局最优微粒的第 k 维的位置;$B(i)$ 为存放比微粒 i 适应度好的微粒集合;$W(i)$ 为存放比微粒 i 适应度差的微粒集合;ε 为介入因子,用于全局最优解影响因子的介入,介入过程表示为

$$\varepsilon=\begin{cases}0, & t<t_g^1\\ 1, & t\geqslant t_g^1\end{cases} \tag{2-103}$$

式中:t_g^1 为 LAPSO 算法进入到全局最优解区域时的最小迭代次数。

4) 算法优化性能测试

为了验证提出的混合 μPSO、LRPSO、LAPSO 算法的优化性能,选择表 2-22 所示的 6 个 Benchmark 函数(这些 Benchmark 函数广泛应用于评价算法的寻优精度、收敛率以及群智能算法的种群多样性等优化性能)对其进行测试,并与现有的 μPSO、EPSO 算法进行对比,这 5 种算法的参数设置见表 2-23。

表 2-22 6 个 Benchmark 函数

Benchmark 函数	维数	极值	测试性能
$f_1(x)=\sum_{i=1}^{N}x_i^2$	10	0	寻优精度
$f_2(x)=\sum_{i=1}^{N-1}[100(x_i^2-x_{i+1})^2+(x_i-1)^2]$	10	0	收敛率
$f_3(x)=\sum_{i=1}^{N}[x_i^2-10\cos(2\pi x_i)+10]$	10	0	种群多样性
$f_4(x)=\sum_{i=1}^{N}\frac{x_i^2}{4000}-\prod_{i=1}^{N}\cos\left(\frac{x_i}{\sqrt{i}}\right)+1$	10	0	寻优精度
$f_5(x)=-20\exp\left(-0.2\sqrt{\frac{1}{N}\sum_{i=1}^{N}x_i^2}\right)-\exp\left(\frac{1}{N}\sum_{i=1}^{N}\cos 2\pi x_i\right)+20+\mathrm{e}$	10	0	收敛率
$f_6(x)=-\sum_{i=1}^{N}(x_i\sin\sqrt{x_i})$	10	-4189.8	种群多样性

表 2-23 5 种算法的参数设置

参数	μPSO 算法	EPSO 算法	混合 μPSO 算法	LRPSO 算法	LAPSO 算法
加速常数 c_j、c_z	1.49	1.49	1.49	1.49	1.49
最大惯性权重 $w_{\max}$	0.9	0.9	0.9	0.9	0.9
最小惯性权重 $w_{\min}$	0.4	0.4	0.4	0.4	0.4
最大迭代次数 $t_{\max}$	500	500	500	500	500
种群规模 ps	10	10	10	10	10
初始缩放因子 $\rho(0)$	1	-	1	1	-
成功计数器上限值 s_c	3	-	3	3	-
失败计数器上限值 f_c	3	-	3	3	-
排斥系数 δ	0.2	-	0.2	0.2	-
排斥力强度参数 σ	21	-	21	21	-

μPSO、EPSO、混合 μPSO、LRPSO、LAPSO 这 5 种算法对表 2-22 中的 6 个 Benchmark 函数运行 10 次所得到的平均优化结果见表 2-24。

表 2-24 平均优化结果

函数	μPSO 算法		EPSO 算法		混合 μPSO 算法		LRPSO 算法		LAPSO 算法	
	平均值	标准差	平均值	标准差	平均值	标准差	平均值	标准差	平均值	标准差
$f_1(x)$	0.409	0.015*	2.809	0.550	0.003*	0.017	0.123	0.172	1.140	0.280
$f_2(x)$	33.510	12.640	13.730	2.120	17.351	2.012	18.187	10.330	9.053*	0.180*
$f_3(x)$	39.762	13.025	26.881	13.117	24.189	15.073	9.437*	6.574*	11.195	14.538
$f_4(x)$	3.720	2.510	8.734	9.360	13.038	2.016	4.009	2.184	3.074*	1.880*

（续）

函数	μPSO 算法		EPSO 算法		混合 μPSO 算法		LRPSO 算法		LAPSO 算法	
	平均值	标准差	平均值	标准差	平均值	标准差	平均值	标准差	平均值	标准差
$f_5(x)$	6.288	1.987	11.132	1.335	8.927	1.814	5.763	2.786	1.425*	0.394*
$f_6(x)$	-4068.307	15.757	-3581.850	22.229	-4179.932	12.039	-4186.5*	4.028*	-4226.593	9.730

注：标有“*”的数值为最优值

可见，LAPSO、LRPSO 算法具有较好的种群多样性、寻优精度和收敛率；由于考虑了多种引斥力规则对算法性能的影响，因此与 μPSO、EPSO 算法相比，采用两种引斥力规则的 LAPSO 算法和 LRPSO 算法更好地平衡了算法的全局探索和局部开采的能力，较好地保证了算法的种群多样性，其最优解搜索能力更好。

5）可靠性优化算例

用混合 μPSO、LRPSO、LAPSO 算法求解如图 2-20 所示的桥式系统可靠性优化问题，并与 μPSO、EPSO 算法进行对比。

在桥式系统中分别用 0、0.5、1 表示事件正常、半故障、失效三种状态，基于桥式系统工作原理建造 T-S 故障树如图 2-21 所示，G_1 门的描述规则见表 2-25。

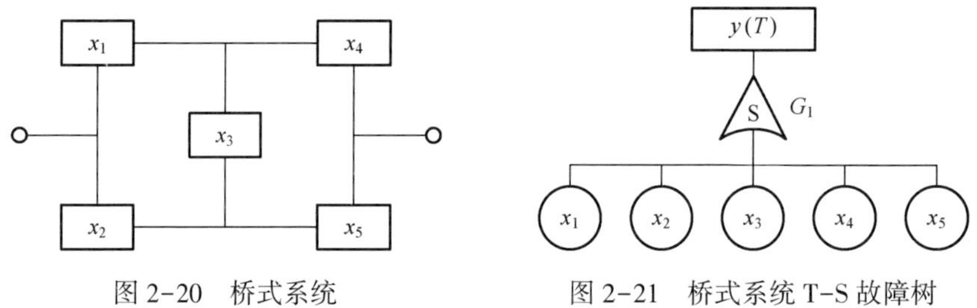

图 2-20　桥式系统　　　图 2-21　桥式系统 T-S 故障树

表 2-25　G_1 门的描述规则

规则	x_1	x_2	x_3	x_4	x_5	y		
						0	0.5	1
1	0	0	0	0	0	1	0	0
2	0	0	0	0	0.5	0.8	0.2	0
3	0	0	0	0	1	0.6	0.4	0
4	0	0	0	0.5	0	0.8	0.2	0
5	0	0	0	0.5	0.5	0.5	0.5	0
6	0	0	0	0.5	1	0.3	0.5	0.2
⋮	⋮	⋮	⋮	⋮	⋮	⋮	⋮	⋮
243	1	1	1	1	1	0	0	1

利用式(2-61)构造桥式系统的可靠性优化模型为

$$\min \sum_{q=2}^{3} P(T=T_q) = \sum_{l=1}^{243} P_{(l)}^{*} P_{(l)}(T=0.5) + \sum_{l=1}^{243} P_{(l)}^{*} P_{(l)}(T=1)$$

$$\text{s.t.} \sum_{i=1}^{5} \alpha_i \left[-\mu_i \Big/ \ln\left(1 - \sum_{a_i=2}^{3} P(x_i = S_i^{(a_i)})\right)\right]^{\beta_i} \left[n_i + \exp\left(\frac{n_i}{4}\right)\right] \leqslant C_0$$

$$\sum_{i=1}^{5} W_i n_i \exp\left(\frac{n_i}{4}\right) \leqslant W_0 \quad (2-104)$$

$$\sum_{i=1}^{5} V_i n_i^2 \leqslant V_0$$

μPSO、EPSO、混合 μPSO、LRPSO、LAPSO 算法对桥式系统可靠性的优化结果见表 2-26。

表 2-26　桥式系统可靠性优化结果

故障概率	μPSO 算法	EPSO 算法	混合 μPSO 算法	LRPSO 算法	LAPSO 算法
$P(T)$	0.0146	0.0162	0.0133	0.0132	0.0084

由结果可知,LAPSO 算法能比 μPSO、EPSO、混合 μPSO、LRPSO 算法搜索到更优的结果,具有最好的全局最优解搜索能力,具有较快的收敛速度;LRPSO 算法次优。

2. 种群拓扑结构

微粒群算法的种群拓扑结构是指整个群体中微粒间的连接关系。种群拓扑结构中的微粒称为节点,微粒间的连接称为对应节点间的边。微粒间的连接关系决定了信息在整个种群中的传播方式,这种传播方式包括信息的传递方向、传播速度和共享程度等。这里的信息指的是每个微粒的解信息,信息的传播方式是指每个微粒的解信息传递给哪些微粒、该信息在种群中的传播速度以及共享程度等。解信息在种群中传播的强度过大,则种群中的微粒易快速聚集,而出现早熟收敛;反之,解信息在种群中传播受阻,微粒获得其他微粒的解信息困难,搜索的随机性增大,算法的收敛速度减慢。

全连接型拓扑结构、环形拓扑结构、星形拓扑结构是较为典型拓扑结构,如图 2-22 所示。

将全连接型拓扑和环形拓扑混合,提出混合全连接型-环形拓扑:在搜索前期,将种群拓扑结构初始化为全连接型拓扑结构,弱化全局最优微粒的作用,以保持种群多样性;当进入具有全局最优解的区域时,将当前种群拓扑结构切换为环形拓扑结构,进行局部搜索,以加快收敛速度。为了进一步提高混合 μPSO、LRPSO、LAPSO 算法的寻优能力,将混合全连接型-环形拓扑与算法结合,提出混合拓扑

μPSO、混合拓扑 LRPSO、混合拓扑 LAPSO 算法。

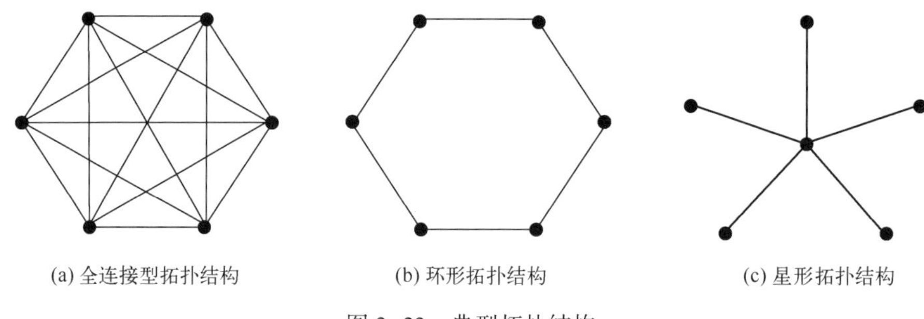

(a) 全连接型拓扑结构　(b) 环形拓扑结构　(c) 星形拓扑结构

图 2-22　典型拓扑结构

混合拓扑 μPSO 算法:在搜索前期,将种群拓扑结构初始化为全连接型拓扑结构,利用 μPSO 算法进行全局解搜索,避免微粒陷入局部最优位置;当进入具有全局最优解的区域时,将当前种群拓扑结构切换为环形拓扑结构,再利用标准 PSO 算法进行快速局部搜索,以提高收敛速度。

混合拓扑 LRPSO 算法:在搜索前期,将种群拓扑结构初始化为全连接型拓扑结构,利用 LRPSO 算法进行最优解搜索,以保持种群多样性;当进入具有全局最优解的区域时,将当前种群拓扑结构切换为环形拓扑结构,再利用 LRPSO 算法进行最优解搜索,以提高算法的局部搜索能力。

混合拓扑 LAPSO 算法:在搜索前期,将种群拓扑结构初始化为全连接型拓扑结构,利用 LAPSO 算法进行最优解搜索;当进入具有全局最优解的区域时,将当前种群拓扑结构切换为环形拓扑结构,再利用 LAPSO 算法进行最优解搜索。

为了验证混合拓扑 μPSO、混合拓扑 LRPSO、混合拓扑 LAPSO 算法的优化性能,选择表 2-22 所示的 6 个 Benchmark 函数对其进行测试,并与混合 μPSO、LRPSO、LAPSO 算法进行对比。这 6 种算法运行 10 次所得到的平均优化结果,见表 2-27。

表 2-27　平均优化结果

函数	混合 μPSO 算法		LRPSO 算法		LAPSO 算法		混合拓扑 μPSO 算法		混合拓扑 LRPSO 算法		混合拓扑 LAPSO 算法	
	平均值	标准差	平均值	标准差	平均值	标准差	平均值	标准差	平均值	标准差	平均值	标准差
$f_1(x)$	0.003*	0.017	0.123	0.172	1.140	0.280	0.043	0.870	0.123	0.172	0.140	0.006*
$f_2(x)$	17.351	2.012	18.187	10.330	9.053	0.180	7.351	2.012	8.430	6.330	3.053*	0.095*
$f_3(x)$	24.189	15.073	9.437	6.574	11.195	14.538	14.182	15.057	8.052*	6.573	11.139	5.583*
$f_4(x)$	13.038	2.016	4.009	2.184	3.074	1.880	1.038*	1.716	3.339	0.014*	2.524	0.381
$f_5(x)$	8.927	1.814	5.763	2.786	1.425	0.394	9.427	0.784	0.576	0.186*	0.425*	0.394
$f_6(x)$	−4179	12.039	−4146	4.028*	−4226	9.730	−4086	6.039	−4191	8.028	−4186*	6.697

注:标有"*"的数值为最优值

可见,与拓扑结合的混合拓扑 μPSO、混合拓扑 LRPSO、混合拓扑 LAPSO 这三种算法具有较好的种群多样性、寻优精度和收敛率。由于考虑了拓扑结构对算法性能的影响,因此与未结合拓扑的 μPSO、LRPSO、LAPSO 算法相比,结合拓扑的混合拓扑 μPSO、混合拓扑 LRPSO、混合拓扑 LAPSO 算法更好地平衡了算法的全局探索和局部开采的能力,较好地保证了算法的种群多样性,其寻优精度、收敛率、最优解搜索能力更好。

以图 2-20 所示的桥式系统为例,根据式(2-62),建立以系统故障概率最低、费用最少为目标,重量、体积为约束的多目标可靠性优化模型

$$
\begin{aligned}
&\min \sum_{q=2}^{3} P(T=T_q) = \sum_{l=1}^{5} P_{(l)}^{*} P_{(l)}(T=0.5) + \sum_{l=1}^{5} P_{(l)}^{*} P_{(l)}(T=1) \\
&\min C = \sum_{i=1}^{5} \alpha_i \left[-\mu_i \Big/ \ln\left(1 - \sum_{a_i=2}^{3} P(x_i = S_i^{(a_i)})\right)\right]^{\beta_i} \left[n_i + \exp\left(\frac{n_i}{4}\right)\right] \\
&\text{s. t.} \sum_{i=1}^{5} W_i n_i \exp\left(\frac{n_i}{4}\right) \leqslant W_0 \\
&\qquad \sum_{i=1}^{5} V_i n_i^2 \leqslant V_0
\end{aligned}
\tag{2-105}
$$

式中:$W_0=350$;$V_0=200$;其他参数的设置与表 2-25 相同。

该多目标可靠性优化模型与单目标可靠性优化模型的本质区别在于,多目标可靠性优化的结果并不唯一,而是一个集合,即 Pareto 最优解集:多目标优化问题的所有 Pareto 最优解的集合。利用混合拓扑 μPSO、混合拓扑 LRPSO、混合拓扑 LAPSO 算法进行优化求解,分别得到 33、26、33 个 Pareto 最优解,见表 2-28~表 2-30。

表 2-28　混合拓扑 μPSO 算法的 Pareto 最优解集

解集	故障概率 $P(T)$	费用 C	重量 W	体积 V
1	0. 013436109	286. 6211198	222. 2850017	131
2	0. 012762006	315. 7239922	244. 8956381	169
3	0. 033776631	204. 7878096	253. 9398926	132
⋮	⋮	⋮	⋮	⋮
32	0. 000142662	918. 8971761	272. 0284016	184
33	0. 137202353	149. 0032781	167. 4546939	104

表 2-29　混合拓扑 LRPSO 算法的 Pareto 最优解集

解集	故障概率 $P(T)$	费用 C	重量 W	体积 V
1	0. 001754542	802. 4534534	279. 2424004	155
2	0. 136152857	145. 1748809	196. 9501286	195
3	0. 031404176	186. 9952526	244. 8956381	190

（续）

解集	故障概率 $P(T)$	费用 C	重量 W	体积 V
⋮	⋮	⋮	⋮	⋮
25	0.254845764	198.4524245	101.5171600	163
26	0.448488564	154.4758456	178.46465456	136

表 2-30　混合拓扑 LAPSO 算法的 Pareto 最优解集

解集编号	故障概率 $P(T)$	费用 C	重量 W	体积 V
1	0.006563598	386.6687591	222.2850017	195
2	0.078109452	157.0651499	182.5887541	163
3	0.001323421	616.0559022	262.4545647	135
⋮	⋮	⋮	⋮	⋮
32	0.311400520	166.6945344	136.7853915	106
33	0.454845764	143.3909856	101.5171600	136

由表 2-28～表 2-30 可知，3 种算法迭代结束后，Pareto 最优解数量分布均匀，而且每组解都满足系统重量、体积等约束条件的限制；混合拓扑 LAPSO 算法所得到的 Pareto 最优解分布更接近于故障概率横轴以及费用纵轴，因此，混合拓扑 LAPSO 算法具有最好的多目标优化求解能力。

3. 算法延伸及应用

围绕 PSO 算法和优化问题，进行了作用力规则、动态拓扑以及算法混合的延伸及应用研究[360-369]。

1）*有向动态拓扑混合作用力微粒群算法*

针对微粒群算法易陷入局部最优、出现早熟等不足，从作用力规则和种群拓扑结构两方面进行研究。将算法的搜索过程划分为前期和后期两个阶段，分别构造引斥力规则和双引力规则，提出混合作用力微粒群（HFPSO，hybrid force PSO）算法，使算法搜索前期具有良好的种群多样性、搜索后期有较高的寻优精度。将生物趋利避害的行为选择机制融入 HFPSO 算法，赋予微粒主观能动性使其靠近适应值较好微粒、远离适应值较差微粒，提出适应值驱动边变化的有向动态拓扑结构，并将其与 HFPSO 算法以结构演化和算法进化同步进行的方式结合，提出有向动态拓扑混合作用力微粒群（unidirectional dynamic topology HFPSO，UDTHFPSO）算法，进一步提升算法的优化性能。利用 Benchmark 函数对所提算法与标准 PSO、LRPSO 算法进行性能对比测试，结果表明，所提算法具有较好的寻优能力和较快的收敛速度。

文献[370]针对供应商参与下的汽车产品子系统可靠性设计的优化问题，建立了以最大化系统可靠度和供应商可信度为优化目标的多目标可靠性设计优化模型,并以某中级轿车传动系统部件可靠性设计的优化问题为算例,采用自适应微粒群(adaptive PSO,APSO)算法进行求解,最终搜索结果已逼近上界值。在文献研究成果的基础上,将所提的 HFPSO、UDTHFPSO 算法应用于文献中的可靠性优化算例,并将优化结果与文献中 APSO 算法的优化结果进行比较,以验证所提算法解决实际优化问题能力。

通过优化部件的可靠度 R、质量 m、设计时间 t 和价格 C 等参数,使系统可靠度和供应商可信度最佳。采用与文献同样的方法生成试验数据,即在表 2-31 所示的各部件参数设计范围内随机生成 20 组试验数据。

表 2-31　各部件的参数设计范围

传动系统	可靠度 R	质量 m/kg	时间 t/d	价格 C/千元
盘式离合器	(0.98,0.999)	[4.5,8.5]	[55,70]	[1.00,1.80]
手动变速器	(0.98,0.999)	[45,55]	[70,80]	[3.00,4.50]
同步器	(0.98,0.999)	[1.0,1.5]	[30,35]	[0.50,0.60]
主减速器	(0.98,0.999)	[40,45]	[80,85]	[5.00,6.00]
差速器	(0.98,0.999)	[20.0,22.5]	[60,70]	[2.00,2.50]
半轴	(0.98,0.999)	[4.5,5.0]	[35,40]	[0.50,1.00]
驱动桥壳	(0.98,0.999)	[10.0,12.0]	[30,35]	[1.50,1.80]

每组数据运行 30 次,求得 30 次优化结果的平均值,并利用 Lingo 软件计算 20 组数据对应的优化问题的上界值,把 HFPSO、UDTHFPSO 算法对 20 组试验数据的优化结果与所优化问题的上界值进行比较,如图 2-23 所示,优化结果及误差见表 2-32。

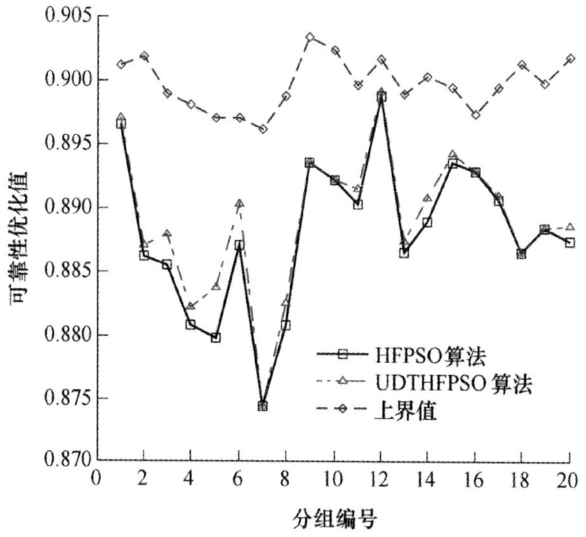

图 2-23　算法优化结果与上界值的比较

表 2-32　优化结果及误差

分组编号	优化值 F_p		上界值 F_p	误差 ΔF_p	
	HFPSO 算法	UDTHFPSO 算法		HFPSO 算法	UDTHFPSO 算法
1	0.89657	0.89709	0.90132	0.00475	0.00423
2	0.88626	0.88708	0.90197	0.01572	0.01489
3	0.88552	0.88800	0.89895	0.01343	0.01095
4	0.88076	0.88218	0.89818	0.01742	0.01601
5	0.87983	0.88384	0.89720	0.01736	0.01335
6	0.88708	0.89040	0.89708	0.01000	0.00668
7	0.87433	0.87433	0.89620	0.02186	0.02186
8	0.88090	0.88252	0.89882	0.01791	0.01630
9	0.89363	0.89363	0.90347	0.00984	0.00984
10	0.89226	0.89226	0.90255	0.01029	0.01029
11	0.89027	0.89149	0.89965	0.00937	0.00815
12	0.89882	0.88925	0.90183	0.00301	0.00258
13	0.88658	0.88749	0.89896	0.01237	0.01147
14	0.88899	0.89087	0.90040	0.01141	0.00953
15	0.89372	0.89432	0.89953	0.00581	0.00521
16	0.89304	0.89304	0.89739	0.00435	0.00434
17	0.89074	0.89098	0.89956	0.00882	0.00858
18	0.88649	0.88649	0.90147	0.01498	0.01498
19	0.88841	0.88841	0.89993	0.01152	0.01152
20	0.88734	0.88856	0.90198	0.01465	0.01342

在表 2-32 中，HFPSO、UDTHFPSO 算法的优化结果与所优化问题的上界值的误差分别在 2.43%、2.44% 以内，误差均值分别为 1.31%、1.20%，而文献中的 APSO 算法的优化结果与所优化问题上界值的误差在 3.60% 以内、误差均值为 1.53%。由此可见，与文献相比，所提的 HFPSO、UDTHFPSO 算法的寻优误差减小、寻优精度提高，且 UDTHFPSO 算法的寻优精度高于 HFPSO 算法。

2）动态拓扑多作用力微粒群

首先，提出了多作用力微粒群算法，在不同搜索阶段采用不同的作用力规则，兼顾算法的种群多样性、平衡算法全局和局部搜索能力、提高算法的寻优精度；其次，通过模拟生物趋利避害的行为，提出了一种适应度驱动边变化的拓扑结构，设计基于赌轮法的概率选择机制进行减边和加边操作，使微粒选择适应度较好的微粒作为邻居，采用算法进化与结构演化同步进行的方式将其与多作用力微粒群算法结合，提出了动态拓扑多作用力微粒群算法，进一步提升算法的优化性能。

3）基于节点删除-重构自组织种群拓扑结构的两阶段微粒群算法

首先，将算法的搜索过程划分为前期和后期两个阶段，对应两个阶段分别构造基于多源信息交互的平衡引斥力规则和基于个体和全局最优解、中间适应度微粒的双引力规则，提出两阶段微粒群算法，提高算法的种群多样性、平衡全局与局部搜索能力，提高算法寻优能力；其次，将生物群体趋利避害、优胜劣汰的行为选择机制融入两阶段微粒群算法，构造基于节点删除-重构（node deleting-reconstructing，DR）的自组织种群拓扑结构，以微粒适应度驱动 DR 拓扑结构的加边操作和节点删除-重构操作，并将 DR 拓扑结构与两阶段微粒群算法以结构演化和算法进化同步进行的方式结合，提出 DR 拓扑结构的两阶段微粒群算法，进一步提升算法的优化性能；再次，利用 Benchmark 函数对所提算法与中值导向 PSO、动态拓扑多作用力 PSO 算法进行性能对比测试，结果表明，所提算法具有较好的寻优能力；最后，针对异质冗余分配策略的多性能参数多态系统可靠性优化问题，利用通用生成函数对串-并联多态系统、具有桥式结构的多态系统进行可靠性分析建模，并用所提算法进行优化求解，得到了费用更低、可靠度更高的系统结构，同时验证了所提算法的有效性。

4）膜计算多微粒群算法

针对微粒群算法易陷入局部极值点、进化后期收敛速度较慢等不足，提出膜计算多微粒群算法。在该算法中，将原始 PSO、标准 PSO、中值导向微粒群（MPSO）、EPSO、多作用力微粒群（MFPSO）、两阶段作用力微粒群（TFPSO）6 种具有不同优点的微粒群算法分别放入 6 个基本膜内（图 2-24），提出膜计算多微粒群算法的膜间交流与微粒更新机制，进化前期每种微粒群算法按照自身的寻优机制进行搜索，充分发挥每个膜内算法的优点；进化后期 6 个基本膜内算法与比自己好的表层膜内的最优解微粒进行交流，表层膜逐渐吞并搜索能力差的基本膜，而最适合这类问题优化求解的基本膜长大并按照表层膜输出，使得膜计算多微粒群算法集成了基本膜内 6 种微粒群算法的优势，并具有适应不同类型优化求解问题的寻优能力。通过与基本膜内 6 种微粒群算法的测试对比，与遗传算法、鱼群算法及其他基于膜计算的微粒群算法的比较，证明了膜计算多微粒群算法具有更好的寻优能力和适用性。最后，将膜计算多微粒群算法应用于串联和桥式系统可靠性优化问题，验证了所提算法的有效性。

5）Lévy 飞行微粒群算法

提出了基于 T-S 故障树和 Lévy 飞行微粒群算法的系统可靠性优化方法。针对微粒群算法易于陷入局部最优解、早熟的缺点，将 Lévy 飞行引入微粒速度迭代公式中：并动态改变微粒群速度迭代公式中 Lévy 飞行的权重值，提出动态 Lévy 飞行微粒群算法。根据 T-S 故障树建立系统可靠性模型，进而得出可靠性费用目标函数。将提出的动态 Lévy 飞行微粒群算法应用于系统的可靠性优化，并通过标准微粒群算法、布谷鸟搜索算法和基于 Lévy 飞行微粒群算法比较，验证所提出算法的优越性。

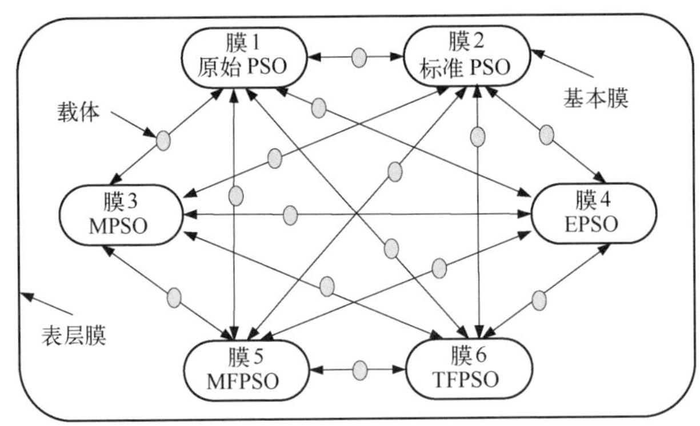

图 2-24　膜计算多微粒群算法的膜组成示意图

6）微粒群-拟牛顿法混合算法

为解决拟牛顿法和微粒群算法两种算法存在的不足，提出一种微粒群-拟牛顿法混合算法：首先由微粒群算法进行粗搜索，通过多次迭代运算，使决策变量搜索到最小值点附近；之后采用拟牛顿法进行细搜索，通过在最小值点附近搜索，最终搜索到最小值点。

7）细菌群觅食优化算法

针对细菌觅食算法收敛速度慢和微粒群算法早熟的缺点，提出了一种细菌群觅食优化算法。将微粒群算法中微粒速度的更新公式替代细菌觅食算法位置公式中的方向向量，使细菌在优化过程中具备感应周围细菌位置并向细菌群体历史最优位置游动的能力。

8）混合微粒群-蚁群算法

针对微粒群算法易陷入局部最优、蚁群算法搜索速度较慢的不足，将标准 PSO 算法和蚁群算法结合，以标准 PSO 算法的优化结果为蚁群算法的初始解，然后利用蚁群算法进一步搜索，寻求最优解，提出混合微粒群-蚁群算法。混合微粒群-蚁群算法在搜索初期利用标准 PSO 算法进行全局搜索，并将优化结果作为蚁群算法初始解，产生系统网络图模型，以克服蚁群算法在搜索初期搜索速度慢的不足；在搜索后期利用蚁群算法强大的发现最优解的能力，进行局部搜索，从而解决微粒群算法局部收敛存在的不足。

9）多阶段自适应混合蝙蝠-蚁群算法

首先，针对蝙蝠算法在优化过程中没有充分利用蝙蝠间搜索信息交互影响的不足，借鉴拟态物理学中的作用力规则，基于阶段性搜索策略将搜索过程分为两个阶段，分别构造符合算法阶段性搜索特点的作用力规则，提出多形态作用力蝙蝠算法，并利用 Benchmark 函数对所提算法与标准蝙蝠算法、变异蝙蝠算法、标准微粒群算法、两阶段微粒群算法进行性能对比测试,结果表明,所提算法具有较好的寻优能力。其次,针对传统蚁群算法在离散空间优化时信息素更新机制单一、容易早熟收敛的不足,结合蚁群的实际社会活动提出多阶段自适应信息素机制蚁群优化算法,并在算法出现长时间停滞时,引入混沌算子,帮助算法跳出早熟收敛,更好地发挥蚁群算法的优势,相对于混合微粒群算法、传统蚁群算法、基于动态局部搜索蚁群算法,所提算法在旅行商问题中具有更高的寻优精度、更好的稳定性。为综合不同群智能算法的优势,针对多形态作用力蝙蝠算法全局搜索能力强、收敛速度快,多阶段自适应信息素机制蚁群优化算法局部精细化能力强的特点,将两种算法串行混合,提出了多阶段自适应混合蝙蝠-蚁群算法。最后,通过可靠性优化算例,验证了混合蝙蝠-蚁群算法的有效性。

10) 有向自组织混合微粒群-蝙蝠算法

针对单一群智能算法存在早熟收敛、易陷入局部最优解的问题,将微粒群与蝙蝠算法混合,提出有向自组织混合微粒群-蝙蝠算法。有向边重新连接、增边、删边如图 2-25 所示。

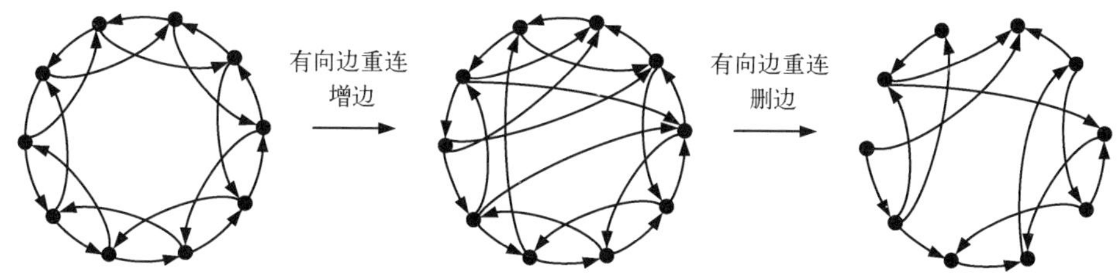

图 2-25　有向边重新连接、增边、删边

在微粒群与蝙蝠群中均构造 3 个子种群,分别构造平衡引斥力和双加速度引力规则、平衡引斥力和自适应引斥力规则、单一引力规则,形成混合微粒群-蝙蝠算法;进而将有向自组织动态拓扑结构在混合微粒群-蝙蝠算法的不同种群中建立个体交互关系,形成有向自组织混合微粒群-蝙蝠算法。速度、位置更新公式为

$$\begin{aligned} v_{id}(t+1) = wv_{id}(t) + s_1 \Bigg(\alpha \Bigg(\sum_{j \in B(i)} c_j r(p_{jd}(t) - x_{id}(t)) + \sum_{j \in W(i)} c_j r(x_{id}(t) - p_{jd}(t)) \Bigg) \\ + \beta(\lambda_1 m_{id}(t) + \lambda_2(\gamma(t) c_j r[p_{jd}^{(2)}(t) - x_{id}^{(2)}(t)] + \gamma(t) c_j r[p_{gd}^{(2)}(t) - x_{id}^{(2)}(t)])) \\ + \lambda_3 c_j r[p_{gd}^{(3)}(t) - x_{id}^{(3)}(t)] \Bigg) + s_2 \Bigg(\alpha f_i \Bigg(\sum_{j \in B(i)} c_j r(p_{jd}(t) - x_{id}(t)) \\ + \sum_{j \in W(i)} c_j r(x_{id}(t) - p_{jd}(t)) \Bigg) + \beta f_i(\lambda_1 m_{id}(t) + \lambda_2(\gamma(t) c_j r[p_{jd}^{(2)}(t) - x_{id}^{(2)}(t)] \\ + \gamma(t) c_j r[p_{gd}^{(2)}(t) - x_{id}^{(2)}(t)] + \lambda_3 c_j r f_i[p_{gd}^{(3)}(t) - x_{id}^{(3)}(t)] \Bigg) \end{aligned} \tag{2-106}$$

$$x_{id}(t+1)=x_{id}(t)+v_{id}(t+1)+\beta\lambda_1\frac{1}{2}a_{id}(t) \tag{2-107}$$

式中：$v_{id}(t+1)$ 和 $v_{id}(t)$ 分别为第 $t+1$、t 代个体 i 的第 d 维速度；$x_{id}(t+1)$ 为第 $t+1$ 个体 i 的第 d 维位置；w 为惯性权重；s_1、s_2 为微粒群与蝙蝠群的切换因子；α 和 β 分别为子种群 1、2 的前、后期切换系数；λ_1、λ_2、λ_3 分别为子种群 1～3 的使能因子；f_i 为个体 i 的频率；$x_{id}^{(2)}(t)$ 为子种群 2 中 t 代个体 i 的第 d 维位置；$p_{jd}^{(2)}(t)$ 为种群 2 中第 t 代个体 j 个体最优解的第 d 维位置；$p_{gd}^{(2)}(t)$ 和 $p_{gd}^{(3)}(t)$ 分别为子种群 2、3 中第 t 代个体 g 全局最优解的第 d 维位置；$x_{id}^{(3)}(t)$ 为子种群 3 中 t 代个体 i 的第 d 维位置。

第3章

离散时间 T-S 动态故障树分析方法

前两章建立了静态的 T-S 故障树理论方法。本章及第 4 章针对 Dugan 动态故障树和 T-S 故障树的局限,建立动态的 T-S 故障树理论方法。装备系统往往是多变量强耦合变结构系统,通常具有多动力组、多执行器、大功率或高压大流量等外在特征,有复杂的构成及耦合形式,力位操控能力要求高,服役行为和故障关系复杂多样,其可靠性表现出多态性、组合性、时序性、相关性等糅杂的静、动态失效行为特征。事实上,实际系统尤其是复杂系统通常同时存在静、动态失效行为。动态失效行为在时间上或功能上具有相关性。糅杂的静、动态失效行为是现代系统的典型特征,系统负载、应力水平、冗余程度、工作环境、系统参数都可能随时间发生变化,刻画这些失效行为关系到准确建造故障树并分析可靠性指标乃至进一步的改进、优化和维护工作。Bell 故障树、T-S 故障树是静态故障树,不能刻画动态失效行为。从 Bell 故障树延伸而来的 Dugan 动态故障树也有不足。为此,我们提出并创立了一种原创性的新型动态故障树分析法——T-S 动态故障树(T-S dynamic fault tree)分析法,包括离散时间(discrete-time)T-S 动态故障树分析方法和连续时间(continuous-time)T-S 动态故障树分析方法,分别在本章和第 4 章介绍。

3.1 动态故障树概述

3.1.1 Dugan 动态故障树分析法

1976 年,Fussell 等提出了优先与门[371]。1990—1992 年,Dugan 等基于 Bell 故障树进行延伸,定义了功能相关门、顺序强制门、冷备件门等一组动态门来刻画动态失效行为,创立了动态故障树(本书中称为 Dugan 动态故障树)分析法[372-374]。在本书中,Dugan 动态故障树的动态门,统称为 Dugan 动态门,见表 3-1。

表 3-1　Dugan 动态门

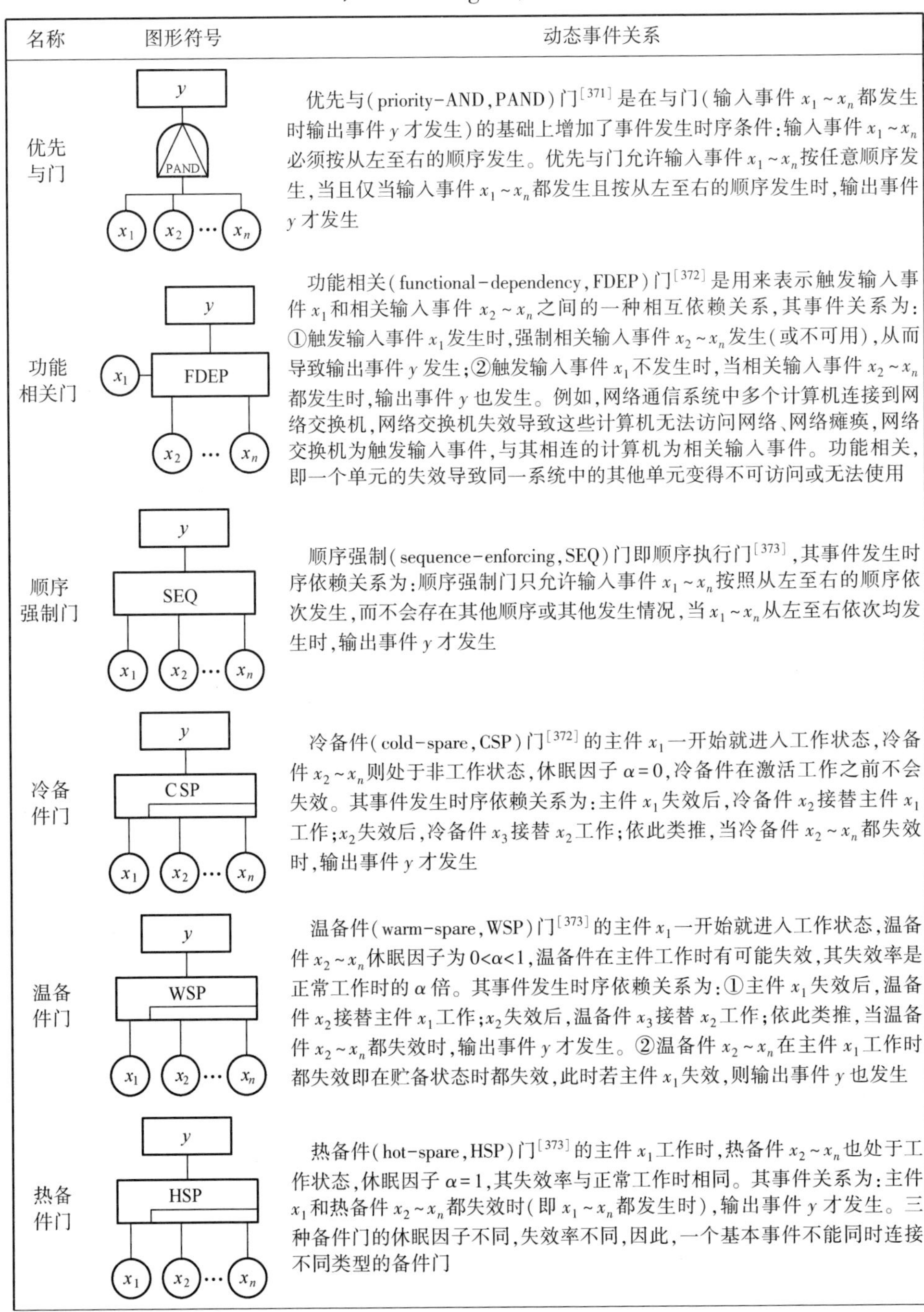

名称	图形符号	动态事件关系
优先与门		优先与(priority-AND,PAND)门[371]是在与门(输入事件 $x_1 \sim x_n$ 都发生时输出事件 y 才发生)的基础上增加了事件发生时序条件:输入事件 $x_1 \sim x_n$ 必须按从左至右的顺序发生。优先与门允许输入事件 $x_1 \sim x_n$ 按任意顺序发生,当且仅当输入事件 $x_1 \sim x_n$ 都发生且按从左至右的顺序发生时,输出事件 y 才发生
功能相关门		功能相关(functional-dependency,FDEP)门[372]是用来表示触发输入事件 x_1 和相关输入事件 $x_2 \sim x_n$ 之间的一种相互依赖关系,其事件关系为:①触发输入事件 x_1 发生时,强制相关输入事件 $x_2 \sim x_n$ 发生(或不可用),从而导致输出事件 y 发生;②触发输入事件 x_1 不发生时,当相关输入事件 $x_2 \sim x_n$ 都发生时,输出事件 y 也发生。例如,网络通信系统中多个计算机连接到网络交换机,网络交换机失效导致这些计算机无法访问网络、网络瘫痪,网络交换机为触发输入事件,与其相连的计算机为相关输入事件。功能相关,即一个单元的失效导致同一系统中的其他单元变得不可访问或无法使用
顺序强制门		顺序强制(sequence-enforcing,SEQ)门即顺序执行门[373],其事件发生时序依赖关系为:顺序强制门只允许输入事件 $x_1 \sim x_n$ 按照从左至右的顺序依次发生,而不会存在其他顺序或其他发生情况,当 $x_1 \sim x_n$ 从左至右依次均发生时,输出事件 y 才发生
冷备件门		冷备件(cold-spare,CSP)门[372]的主件 x_1 一开始就进入工作状态,冷备件 $x_2 \sim x_n$ 则处于非工作状态,休眠因子 $\alpha=0$,冷备件在激活工作之前不会失效。其事件发生时序依赖关系为:主件 x_1 失效后,冷备件 x_2 接替主件 x_1 工作;x_2 失效后,冷备件 x_3 接替 x_2 工作;依此类推,当冷备件 $x_2 \sim x_n$ 都失效时,输出事件 y 才发生
温备件门		温备件(warm-spare,WSP)门[373]的主件 x_1 一开始就进入工作状态,温备件 $x_2 \sim x_n$ 休眠因子为 $0<\alpha<1$,温备件在主件工作时有可能失效,其失效率是正常工作时的 α 倍。其事件发生时序依赖关系为:①主件 x_1 失效后,温备件 x_2 接替主件 x_1 工作;x_2 失效后,温备件 x_3 接替 x_2 工作;依此类推,当温备件 $x_2 \sim x_n$ 都失效时,输出事件 y 才发生。②温备件 $x_2 \sim x_n$ 在主件 x_1 工作时都失效即在贮备状态时都失效,此时若主件 x_1 失效,则输出事件 y 也发生
热备件门		热备件(hot-spare,HSP)门[373]的主件 x_1 工作时,热备件 $x_2 \sim x_n$ 也处于工作状态,休眠因子 $\alpha=1$,其失效率与正常工作时相同。其事件关系为:主件 x_1 和热备件 $x_2 \sim x_n$ 都失效时(即 $x_1 \sim x_n$ 都发生时),输出事件 y 才发生。三种备件门的休眠因子不同,失效率不同,因此,一个基本事件不能同时连接不同类型的备件门

（续）

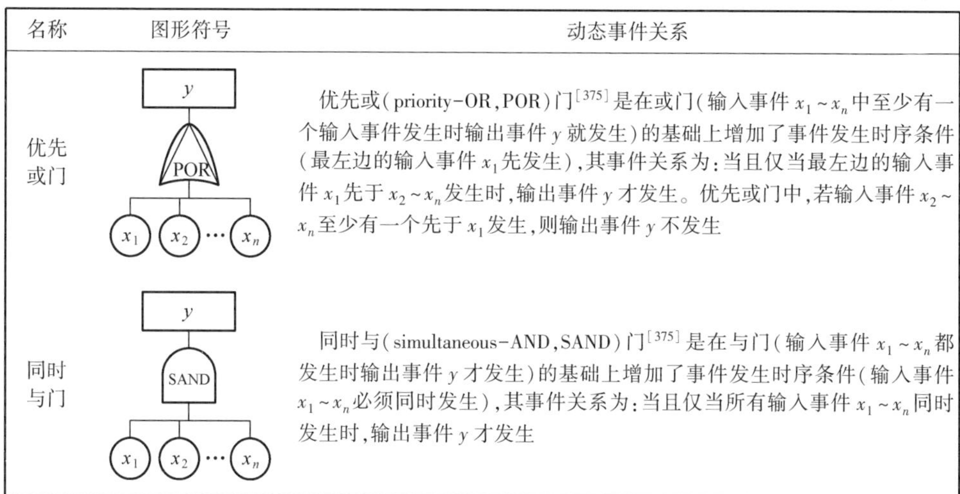

名称	图形符号	动态事件关系
优先或门	POR	优先或（priority-OR，POR）门[375]是在或门（输入事件 $x_1 \sim x_n$ 中至少有一个输入事件发生时输出事件 y 就发生）的基础上增加了事件发生时序条件（最左边的输入事件 x_1 先发生），其事件关系为：当且仅当最左边的输入事件 x_1 先于 $x_2 \sim x_n$ 发生时，输出事件 y 才发生。优先或门中，若输入事件 $x_2 \sim x_n$ 至少有一个先于 x_1 发生，则输出事件 y 不发生
同时与门	SAND	同时与（simultaneous-AND，SAND）门[375]是在与门（输入事件 $x_1 \sim x_n$ 都发生时输出事件 y 才发生）的基础上增加了事件发生时序条件（输入事件 $x_1 \sim x_n$ 必须同时发生），其事件关系为：当且仅当所有输入事件 $x_1 \sim x_n$ 同时发生时，输出事件 y 才发生

系统的可靠性很大程度上取决于单元可靠性。在单元可靠性有限的情况下，增加某些单元的备份余度可以提升系统性能裕量，这就是冗余（余度）设计。由于冗余的存在，同一功能可由多个单元实现，一个单元失效仍能完成规定功能，多个单元同时失效的概率远小于一个单元，因此可以提高系统可靠性。冗余设计可分为工作冗余（active redundancy）与备份（standby）冗余。工作冗余是并联结构即单元间是与门关系，是静态冗余技术，例如，一对刹车片能完成车轮制动任务的情况下，用多对刹车片提高可靠性和制动性能。备份冗余与工作冗余相比，存在检测、切换和恢复的重新配置机制，是动态冗余技术，例如，备胎、备用笔等。备份冗余可分为冷备份、温备份和热备份。以双机服务器为例：冷备份是指备份服务器关机或休眠；温备份是指备份服务器仅定期从主服务器复制备份数据；热备份是指备份服务器同步工作，工作状态相似，但并不向客户端提供服务。尽管有足够的冗余和容错机制，但是假如某个单元的故障没有被成功检测和隔离，就会在系统内传播导致系统失效，即不完全故障覆盖。Fussell 的优先与门案例就是“一主一备”双电源系统，主电源、备份电源是与门关系，其上级事件为顶事件下或门的一个输入；切换控制和主电源是优先与门关系，其上级事件为顶事件下或门的另一个输入[376-380]。

Dugan 动态门只描述动态事件关系（即包含事件发生时序依赖的事件逻辑因果关系）。Dugan 动态故障树是在 Bell 故障树的基础上加入了 Dugan 动态门，因而 Dugan 动态故障树是至少包含一个 Dugan 动态门的故障树。通常，一棵 Dugan 动态故障树既含有动态子树又含有静态子树（静态子树为 Bell 故障树），既有基于时序逻辑的 Dugan 动态门又有基于组合逻辑的静态门（为 Bell 故障树逻辑门）。动态故障树的失效模式不但与基本事件的逻辑组合相关，而且与基本事件的失效顺序相关。由于 Dugan 动态故障树中包含了 Bell 故障树，因此其分析过程也将用到 Bell 故障树的基本方法。Dugan 动态故障树用 Dugan 动态门刻画动态失效行为，用 Bell 故障树逻辑门（与门、或门等）刻画静态失效行为，因而，Dugan 动态故障树具有对静、动态失效行为的刻画能力，可视为故障树发展的里程碑。

Dugan 动态故障树正处于不断研究与发展中。自 Dugan 动态故障树分析法创立以来，国内外学者对 Dugan 动态故障树分析法从分析计算、算法结合、Dugan 动态门拓展等角度进行延伸研究，取得了丰硕的成果[381-460]：①在分析计算和算法结合方面，出现了基于 Markov（马尔可夫）链、贝叶斯网络、模块化方法、动态不确定因果图、顺序（序贯）二元决策图、多值决策图、Monte Carlo（蒙特卡罗）仿真、近似计算方法、动态故障树割序法、扩展割序集等分析求解方法，出现了模糊 Dugan 动态故障树分析方法、事件树与 Dugan 动态故障树分层模型的分析方法；②在 Dugan 动态门拓展方面，学者构建了一些新的 Dugan 动态门，如延时门、AND-THEN 门（TAND 门，如汽车安全气囊中，事故被探测即 x_1 发生后气囊瞬间释放即 x_2 发生）、概率共因失效门、不完全共因失效门等，以刻画更多的动态失效行为。

故障树是一种从系统失败到确定引发失败原因的演绎模型，如果系统失败发生，则一定是由某个事件序列所引发。动态故障树中，顶事件的发生不仅依赖多个基本事件的积之和（即割集），而且还依赖基本事件的顺序失效关系，称为割序（cut sequence）或顺序割集。最小割序是导致动态故障树顶事件发生的由基本事件组成的最小失效序列。这种顺序失效的存在造成了分析求解动态故障树的困难。系统的动态失效行为及其定量分析方法是可靠性分析研究领域的一个热点[461]。

可靠性发源七十年，故障树创立一甲子，无数研究学者在故障树的发展历程中留下了印记，为推动其理论发展和工程应用作出了贡献。有关故障树的发展综述，见文献[462-463]。

3.1.2　T-S 动态故障树分析法

1. T-S 动态故障树分析法的发源

由 Bell 故障树到 T-S 故障树走过了 40 年岁月，由 Bell 故障树到 Dugan 动态故障树历经了 30 年光阴。随着需求牵引和认识加深，故障树刻画系统失效行为的能力，由简单向复杂发展、由静态向动态延伸，故障树刻画系统失效行为的发展历程及相互关系可由图 3-1 概括。

透过图 3-1 所示的故障树发展历程，我们发现需要进一步解决的关键科学问题：

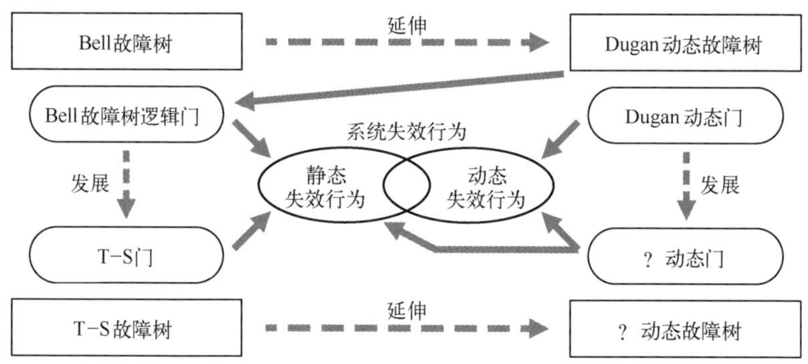

图 3-1　故障树刻画系统失效行为的发展历程及相互关系

(1) 尽管 Dugan 动态故障树能够刻画系统的一些动态失效行为,但是局限于 Dugan 动态门所描述的动态失效行为,对于失效行为更为复杂多样的系统,难以对系统全部的动态失效行为进行刻画,也不能描述时序依赖等动态事件关系的不确定性(不确定性模型与 Dugan 动态故障树结合是描述单元失效即基本事件发生的不确定性),因而 Dugan 动态故障树对动态失效行为的刻画存在不足。

(2) 实际系统通常同时存在静、动态失效行为,Dugan 动态故障树的静态子树为 Bell 故障树,仍局限于 Bell 故障树逻辑门(与门、或门等)所能刻画的静态失效行为,因而 Dugan 动态故障树对静态失效行为的刻画也存在不足,也不能描述静态事件关系的不确定性。

综上可见,Dugan 动态故障树对静、动态失效行为的刻画均存在不足。针对静、动态失效行为刻画这一科学问题,为了准确、有效地刻画系统的全部静、动态失效行为,保证模型的正确性和量化分析的准确性,我们开始了新型动态故障树的原创性探索。

Dugan 动态故障树是在 Bell 故障树的基础上延伸创立的。相对于 Bell 故障树,T-S 故障树在刻画描述和求解计算方面更具优势,为此,我们借鉴 Dugan 动态故障树发展自 Bell 故障树的思路,基于 T-S 故障树进行延伸和突破,构建新型动态门——T-S 动态门,提出并创立了一种原创性的新型动态故障树——T-S 动态故障树。这就是图 3-1 问号之处有待研究的问题[464-481]。

T-S 动态故障树如图 3-2 所示。T-S 动态门源于 Takagi-Sugeno 模型,因而在图形符号内用了既是 Takagi 首字母又是 Transition(<状态>转移)首字母的 T。T-S 动态故障树即基于 T-S 模型的动态故障树。前期研究时,T-S 动态故障树曾称为动态 T-S 故障树、新型动态故障树,动态 T-S 故障树含义不具有自明性且不利于学术检索交流。

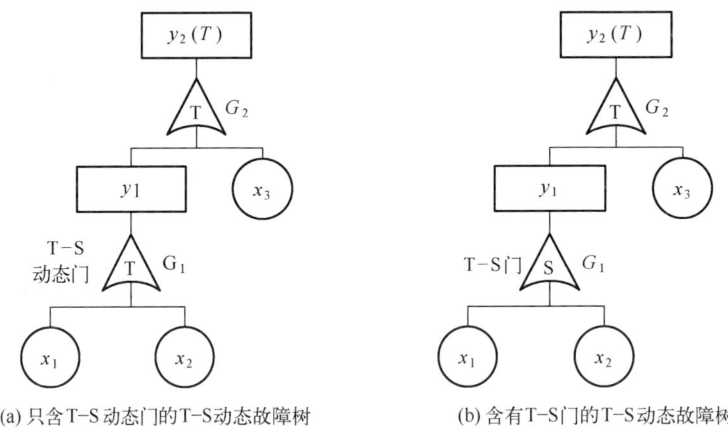

(a) 只含T-S动态门的T-S动态故障树　　(b) 含有T-S门的T-S动态故障树

图 3-2　T-S 动态故障树的两种形式

2. T-S 动态故障树分析法的优势

从门的角度讲,T-S 动态故障树是与 Dugan 动态故障树并列的一种故障树,是一种全新的故障树,由此,动态故障树可分为 Dugan 动态故障树、T-S 动态故障树两种。

相对于 Dugan 动态故障树,T-S 动态故障树的优势体现在刻画描述能力和求解计算能力两个方面。

(1) 刻画描述能力。相对于 Dugan 动态故障树用 Bell 故障树逻辑门(与门、或门等)刻画静态失效行为、用 Dugan 动态门刻画动态失效行为,T-S 动态故障树用 T-S 动态门刻画静、动态失效行为,T-S 动态门及其描述规则(图 3-3)能够无限逼近现实系统的失效行为,能够刻画任意形式的静、动态失效行为:①对于静态失效行为的刻画,T-S 动态门等效于 T-S 门,既能刻画 Bell 故障树逻辑门描述的静态事件关系,也能刻画 Bell 故障树逻辑门不能描述的静态事件关系,如非 Bell 故障树逻辑门(及其组合)的静态事件关系、含有不确定性的静态事件关系等;②对于动态失效行为的刻画,T-S 动态门既能刻画 Dugan 动态门描述的动态事件关系,也能刻画 Dugan 动态门不能描述的动态事件关系,如非 Dugan 动态门(及其组合)的动态事件关系、含有不确定性的动态事件关系等。Dugan 动态故障树是 T-S 动态故障树的某种特例,T-S 动态故障树更具一般性和通用性,具有更强的失效行为刻画能力。

(2) 求解计算能力。Dugan 动态故障树分析常借助于贝叶斯网络、Monte Carlo 法、Markov 链和顺序二元决策图等方法,T-S 动态故障树可以直接求解计算。用 T-S 动态故障树可以解算 Dugan 动态故障树,即基于 T-S 动态故障树求解的 Dugan 动态故障树定量分析方法。对于 Dugan 动态故障树不能刻画的失效行为,T-S 动态故障树也能刻画并求解计算。

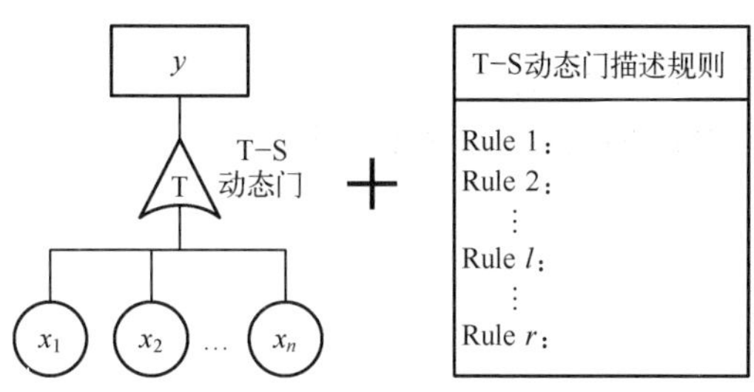

图 3-3　T-S 动态门及其描述规则

T-S 动态故障树是对故障树的重大变革与跨越，突破了 Bell 故障树、T-S 故障树和 Dugan 动态故障树的模型描述与计算能力局限，是刻画任意静、动态失效行为的通用量化故障树新模型与新方法，将有力支持具有故障逻辑相关、故障时序相关、动态重构特性的复杂系统的可靠性建模与分析。

3. T-S 动态故障树分析法的两种处理方法

可靠性是在规定时间、规定条件下完成规定功能的能力，脱离"规定时间"谈可靠性无意义。T-S 动态故障树包含了时序依赖逻辑，要关注事件发生先后问题即事件发生时刻之间的先后顺序。T-S 动态故障树分析法有离散时间和连续时间两种处理方法。在连续时间中，任意两个时间点之间总存在其他时间点，而离散时间则不一定存在，这类似于实数与自然数的区别，也类似于控制理论中的连续控制系统与采样控制系统的区别。

（1）离散时间 T-S 动态故障树分析方法，将任务时间离散化等分为多个时段，研究每个时段及各时段间的事件发生时序依赖关系。离散时间 T-S 动态故障树分析方法由于人为把任务时间离散化等分为多个时段以及描述规则近似化（见表 3-29），因而存在分析计算误差，任务时段数越多，误差越小，当任务时间离散化等分趋近于无穷多个时段时，分析计算误差趋近于零。

（2）连续时间 T-S 动态故障树分析方法，不把任务时间离散化，而是将整个任务时间视为连续的时间，研究整个任务时间内的事件发生时序依赖关系。连续时间 T-S 动态故障树分析方法不存在分析计算误差，分析计算结果相同于离散时间 T-S 动态故障树分析方法把任务时间离散化等分为无穷多个时段的计算结果。

相对于描述静态事件关系的 T-S 门，T-S 动态门描述的事件关系既有静态事件关系又有包含事件发生时序依赖关系的动态事件关系。在 T-S 动态故障树中，时间既影响事件的可靠性数据如故障概率又影响事件发生时序依赖关系，而在 T-S 故障树中时间只影响事件的可靠性数据如故障概率。如果把任务时间划分为一个时段且不考虑任务时间内的事件发生时序依赖关系，则 T-S 动态故障树就退化为 T-S 故障树。

4. 故障树分析法的分类

故障树按静、动态事件关系,可分为静态故障树和动态故障树。静态故障树是指由静态门构成的故障树,可分为 Bell 故障树和 T-S 故障树两种。动态故障树按门有 Dugan 动态故障树和 T-S 动态故障树两种,并有离散时间和连续时间两种处理方法。基于此,对故障树分析法的分类如图 3-4 所示。

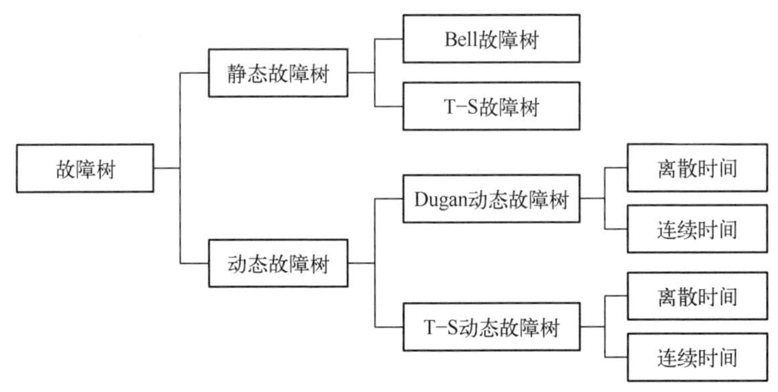

图 3-4　故障树分析法的分类

3.2　离散时间 T-S 动态故障树分析

离散时间 T-S 动态故障树分析方法,即基于 T-S 动态门离散时间描述规则的 T-S 动态故障树分析方法,首先提出了描述静、动态事件关系的 T-S 动态门的时段状态描述规则和事件时段描述规则及生成与构建方法,进而提出了基于 T-S 动态门输入、输出规则算法的离散时间 T-S 动态故障树分析求解计算方法。T-S 动态故障树的 T-S 动态门及其离散时间描述规则可无限逼近现实系统的失效行为,不仅可以描述 Dugan 动态故障树的 Bell 故障树逻辑门及 Dugan 动态门所能刻画的静、动态失效行为,还可以描述 Bell 故障树逻辑门及 Dugan 动态门不能刻画的静、动态失效行为。

3.2.1　分析流程

参照 GB 7829《故障树分析程序》等文献,并结合离散时间 T-S 动态故障树特点给出其分析流程如图 3-5 所示,具体如下。

(1) 资料调研,系统分析与故障分析,选择系统的顶事件,由上向下按层次逐级分解,建造 T-S 动态故障树。

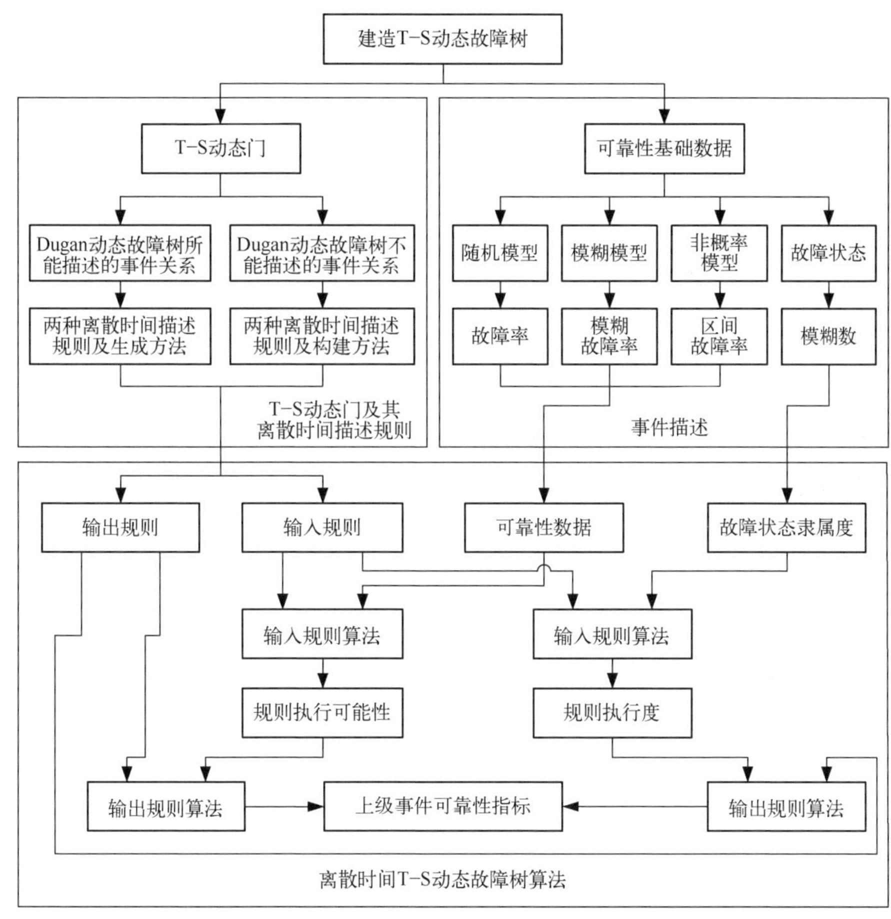

图 3-5 离散时间 T-S 动态故障树分析流程

(2) 构建 T-S 动态门及其离散时间描述规则。对于 Dugan 故障树(Dugan 动态门、Bell 故障树逻辑门)能够描述的静、动态事件关系,分别从下级事件各时段的故障状态和下级事件故障状态发生的时段两个角度并由描述规则生成方法直接生成 T-S 动态门的两种离散时间描述规则——时段状态描述规则和事件时段描述规则,每种描述规则、每条描述规则均包括下级事件组成的输入规则和上级事件组成的输出规则;对于 Dugan 故障树(Dugan 动态门、Bell 故障树逻辑门)不能描述的静、动态事件关系,则根据静、动态事件关系,分别从下级事件各时段的故障状态和下级事件故障状态发生的时段两个角度并由描述规则构建方法构建相应的 T-S 动态门时段状态描述规则和事件时段描述规则,从而得到能更全面、准确描述系统静、动态事件关系的 T-S 动态门离散时间描述规则。

(3) 构建事件描述方法。事件描述包括随机模型、模糊模型、非概率模型、故障状态等可靠性基础数据，分别为故障率、模糊故障率、区间故障率、模糊数描述的当前故障状态值。

（4）利用离散时间 T-S 动态故障树算法求取顶事件可靠性指标。由随机或模糊或非概率或确信可靠性数据、故障状态隶属度，分别利用输入规则算法求得规则执行可能性、规则执行度；再由规则执行可能性、规则执行度结合输出规则，分别利用输出规则算法求得上级事件可靠性指标。依次逐级向上求解，最终求得顶事件可靠性指标。

3.2.2 T-S 动态门的两种离散时间描述规则

T-S 动态门及其离散时间描述规则（图 3-6）能够无限逼近现实系统的失效行为，能够刻画任意形式的静、动态失效行为。

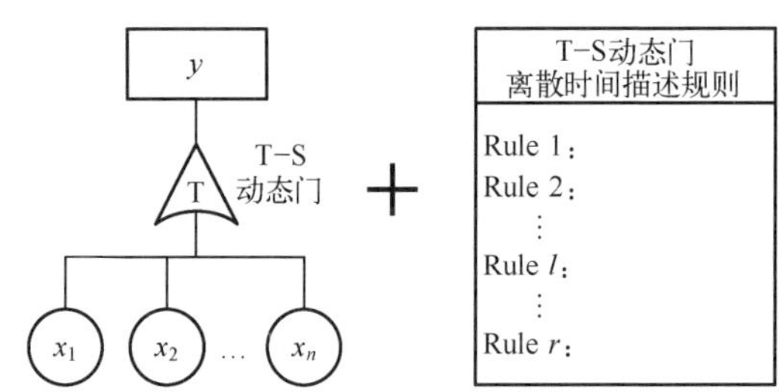

图 3-6　T-S 动态门及其离散时间描述规则

（1）离散时间（时间分段）。任务时间 t_M 等分为 m 段，每段区间长度 $\Delta=t_M/m$，由于存在任务时间内 $[0,t_M)$ 失效、任务时间外 $[t_M,\infty)$ 失效的情况，故将任务时间外也考虑其中，因而将工作时间 $[0,\infty)$ 即整个时间轴分为 $m+1$ 段：$[0,\Delta)$，$[\Delta,2\Delta)$，…，$[(m-1)\Delta,m\Delta)$，$[m\Delta,+\infty)$，分别记为时段 $1,2,\cdots,m,m+1$。

（2）事件故障状态。下级事件 $x_i(i=1,2,\cdots,n)$ 在时段 $j_i(j_i=1,2,\cdots,m,m+1)$ 的故障状态 $x_i^{[j_i]}$ 为 $S_i^{(a_i)}(a_i=1,2,\cdots,k_i)$，且 $0\leqslant S_i^{(1)}<S_i^{(2)}<\cdots<S_i^{(k_i)}\leqslant 1$。上级事件 y 在时段 $j_y(j_y=1,2,\cdots,m,m+1)$ 的故障状态 $y^{[j_y]}$ 为 $S_y^{(b_y)}(b_y=1,2,\cdots,k_y)$，且 $0\leqslant S_y^{(1)}<S_y^{(2)}<\cdots<S_y^{(k_y)}\leqslant 1$。

本节提出 T-S 动态门的两种离散时间描述规则：时段状态描述规则和事件时段描述规则。

1. 时段状态描述规则

T-S 动态门的时段状态描述规则是基于 T-S 动态门的事件关系，通过列写下级事件 x_i 在各时段的故障状态 $x_i^{[j_i]}$ 和对应这些故障状态时上级事件 y 故障状态 $S_y^{(b_y)}$ 在各时段的发生可能性构建的。

时段状态描述规则中的规则 $l(l=1,2,\cdots,r)$ 可表述如下。

规则 l:如果下级事件 x_1 在时段 $1,2,\cdots,m,m+1$ 的故障状态为 $x_1^{[1]},x_1^{[2]},\cdots,x_1^{[m]},x_1^{[m+1]}$,$x_2$ 在时段 $1,2,\cdots,m,m+1$ 的故障状态为 $x_2^{[1]},x_2^{[2]},\cdots,x_2^{[m]},x_2^{[m+1]},\cdots\cdots$,$x_n$ 在时段 $1,2,\cdots,m,m+1$ 的故障状态为 $x_n^{[1]},x_n^{[2]},\cdots,x_n^{[m]},x_n^{[m+1]}$,则上级事件 y 为 $S_y^{(b_y)}$ 的发生可能性,即上级事件 y 在时段 $1,2,\cdots,m,m+1$ 的故障状态 $y^{[1]},y^{[2]},\cdots,y^{[m]},y^{[m+1]}$ 为 $S_y^{(b_y)}$ 的发生可能性分别为 $P_{(l)}(y^{[1]}),P_{(l)}(y^{[2]}),\cdots,P_{(l)}(y^{[m]}),P_{(l)}(y^{[m+1]})$。T-S 动态门的时段状态描述规则,见表 3-2。

表 3-2　T-S 动态门的时段状态描述规则

规则	x_1					x_2					…	x_n					$y=S_y^{(b_y)}$				
	1	2	…	m	$m+1$	1	2	…	m	$m+1$		1	2	…	m	$m+1$	1	2	…	m	$m+1$
l	$x_1^{[1]}$	$x_1^{[2]}$	…	$x_1^{[m]}$	$x_1^{[m+1]}$	$x_2^{[1]}$	$x_2^{[2]}$	…	$x_2^{[m]}$	$x_2^{[m+1]}$	…	$x_n^{[1]}$	$x_n^{[2]}$	…	$x_n^{[m]}$	$x_n^{[m+1]}$	$P_{(l)}(y^{[1]})$	$P_{(l)}(y^{[2]})$	…	$P_{(l)}(y^{[m]})$	$P_{(l)}(y^{[m+1]})$

规则 l 中,下级事件 $x_i(i=1,2,\cdots,n)$ 对应的规则为输入规则,上级事件 $y=S_y^{(b_y)}$ 对应的规则为输出规则:

(1) 规则 l 的输入规则中,若下级事件在任务时间内的某一时段失效(即故障状态为1),则其在后续各时段的故障状态仍为1(不考虑故障修复)。例如,表 3-3 和表 3-4 的最后一行,输入规则在第 1 个时段为 1,则后续各时段仍为 1。

(2) 规则 l 的输入规则中,若下级事件在任务时间内没有失效(即故障状态不为1),则其在任务时间外的故障状态为 1。这是因为下级事件要么在任务时间内失效,要么在任务时间外失效。例如,表 3-3 和表 3-4 的输入规则的最后一个时段为 1。

(3) 规则 l 的输出规则中,上级事件 y 的故障状态为 $S_y^{(b_y)}$ 在整个时间轴上(时间无穷大)必然发生,因而在整个时间轴上,上级事件 y 的故障状态为 $S_y^{(b_y)}$ 的发生可能性之和为 1,即

$$P_{(l)}(y^{[1]})+P_{(l)}(y^{[2]})+\cdots+P_{(l)}(y^{[m]})+P_{(l)}(y^{[m+1]})=1 \tag{3-1}$$

(4) 规则 l 的输出规则中,当上级事件 y 只有 0、1 两种故障状态时,有 $P(y=0)+P(y=1)=1$,由上级事件 y 故障状态为 0 或为 1 的输出规则都可求得上级事件 y 可靠性数据 $P(y=0)$、$P(y=1)$,为简便,只列写上级事件 y 故障状态为 1 的输出规则。

用 $S_i^{(a_i)}(a_i=1,2,\cdots,k_i)$ 表示下级事件 x_i 的故障状态值,系统为二态时即 $k_i=k_y=2$,$S_i^{(a_i)}=0$、$1(a_i=1,2)$ 分别表示下级事件 x_i 为正常状态、失效状态,$S_y^{(b_y)}=0$、$1(b_y=1,2)$ 分别表示上级事件 y 为正常状态、失效状态。二态系统当下级事件个数 $n=2$、任务时间分段数 $m=2$ 时,规则总数 $r=(m+1)^n=9$,二态系统 T-S 动态门的时段状态描述规则见表 3-3。

表 3-3 二态系统 T-S 动态门的时段状态描述规则

规则	x_1			x_2			$y=S_y^{(b_y)}$		
	1	2	3	1	2	3	1	2	3
1	0	0	1	0	0	1	$P_{(1)}(y^{[1]})$	$P_{(1)}(y^{[2]})$	$P_{(1)}(y^{[3]})$
2	0	0	1	0	1	1	$P_{(2)}(y^{[1]})$	$P_{(2)}(y^{[2]})$	$P_{(2)}(y^{[3]})$
3	0	0	1	1	1	1	$P_{(3)}(y^{[1]})$	$P_{(3)}(y^{[2]})$	$P_{(3)}(y^{[3]})$
4	0	1	1	0	0	1	$P_{(4)}(y^{[1]})$	$P_{(4)}(y^{[2]})$	$P_{(4)}(y^{[3]})$
⋮	⋮	⋮	⋮	⋮	⋮	⋮	⋮	⋮	⋮
l	$x_1^{[1]}$	$x_1^{[2]}$	$x_1^{[3]}$	$x_2^{[1]}$	$x_2^{[2]}$	$x_2^{[3]}$	$P_{(l)}(y^{[1]})$	$P_{(l)}(y^{[2]})$	$P_{(l)}(y^{[3]})$
⋮	⋮	⋮	⋮	⋮	⋮	⋮	⋮	⋮	⋮
9	1	1	1	1	1	1	$P_{(9)}(y^{[1]})$	$P_{(9)}(y^{[2]})$	$P_{(9)}(y^{[3]})$

表 3-3 中的每一行均代表一条规则。例如,第 1 行和第 2 行代表的规则分别为:①规则 1,下级事件 x_1 在时段 1、2、3 的故障状态分别为 0、0、1,x_2 在时段 1、2、3 的故障状态分别为 0、0、1,则上级事件 y 在时段 1、2、3 的故障状态 $y^{[1]}$、$y^{[2]}$、$y^{[3]}$ 为 $S_y^{(b_y)}$ 的发生可能性分别为 $P_{(1)}(y^{[1]})$、$P_{(1)}(y^{[2]})$、$P_{(1)}(y^{[3]})$;②规则 2,下级事件 x_1 在时段 1、2、3 的故障状态分别为 0、0、1,x_2 在时段 1、2、3 的故障状态分别为 0、1、1,则上级事件 y 在时段 1、2、3 的故障状态 $y^{[1]}$、$y^{[2]}$、$y^{[3]}$ 为 $S_y^{(b_y)}$ 的发生可能性分别为 $P_{(2)}(y^{[1]})$、$P_{(2)}(y^{[2]})$、$P_{(2)}(y^{[3]})$。

系统为多态时即 $k_i=k_y\geqslant 3$,$S_i^{(a_i)}=0\sim 1(a_i=1,2,\cdots,k_i)$ 分别表示下级事件 x_i 为正常状态、正常与失效之间的中间状态、失效状态,$S_y^{(b_y)}=0\sim 1(b_y=1,2,\cdots,k_y)$ 分别表示上级事件 y 为正常状态、正常与失效之间的中间状态、失效状态。多态系统当下级事件个数 $n=2$、任务时间分段数 $m=2$ 时,规则总数 $r=(mk_i)^n$,多态系统 T-S 动态门的时段状态描述规则,见表 3-4。

表 3-4 多态系统 T-S 动态门的时段状态描述规则

规则	x_1			x_2			$y=S_y^{(b_y)}$		
	1	2	3	1	2	3	1	2	3
1	0.1	0.4	1	0	0.4	1	$P_{(1)}(y^{[1]})$	$P_{(1)}(y^{[2]})$	$P_{(1)}(y^{[3]})$
2	0.2	0.5	1	0	0.6	1	$P_{(2)}(y^{[1]})$	$P_{(2)}(y^{[2]})$	$P_{(2)}(y^{[3]})$
3	0.3	0.6	1	0.1	0.7	1	$P_{(3)}(y^{[1]})$	$P_{(3)}(y^{[2]})$	$P_{(3)}(y^{[3]})$
4	0.3	0.7	1	0.2	0.4	1	$P_{(4)}(y^{[1]})$	$P_{(4)}(y^{[2]})$	$P_{(4)}(y^{[3]})$
⋮	⋮	⋮	⋮	⋮	⋮	⋮	⋮	⋮	⋮

（续）

规则	x_1			x_2			$y=S_y^{(b_y)}$		
	1	2	3	1	2	3	1	2	3
l	$x_1^{[1]}$	$x_1^{[2]}$	$x_1^{[3]}$	$x_2^{[1]}$	$x_2^{[2]}$	$x_2^{[3]}$	$P_{(l)}(y^{[1]})$	$P_{(l)}(y^{[2]})$	$P_{(l)}(y^{[3]})$
⋮	⋮	⋮	⋮	⋮	⋮	⋮	⋮	⋮	⋮
r	1	1	1	1	1	1	$P_{(r)}(y^{[1]})$	$P_{(r)}(y^{[2]})$	$P_{(r)}(y^{[3]})$

表3-4中的每一行均代表一条规则。例如：①规则1表示下级事件x_1在时段1、2、3的故障状态分别为0.1、0.4、1，x_2在时段1、2、3的故障状态分别为0、0.4、1，则上级事件y在时段1、2、3的故障状态$y^{[1]}$、$y^{[2]}$、$y^{[3]}$为$S_y^{(b_y)}$的发生可能性分别为$P_{(1)}(y^{[1]})$、$P_{(1)}(y^{[2]})$、$P_{(1)}(y^{[3]})$；②规则2表示下级事件x_1在时段1、2、3的故障状态分别为0.2、0.5、1，x_2在时段1、2、3的故障状态分别为0、0.6、1，则上级事件y在时段1、2、3的故障状态$y^{[1]}$、$y^{[2]}$、$y^{[3]}$为$S_y^{(b_y)}$的发生可能性分别为$P_{(2)}(y^{[1]})$、$P_{(2)}(y^{[2]})$、$P_{(2)}(y^{[3]})$。

以三态系统为例，即$k_i=k_y=3$，$S_i^{(a_i)}=0$、0.5、1（$a_i=1,2,3$）分别表示下级事件x_i为正常状态、半故障状态、失效状态，$S_y^{(b_y)}=0$、0.5、1（$b_y=1,2,3$）分别表示上级事件y为正常状态、半故障状态、失效状态。当$n=2$，$m=2$时，规则总数$r=(mk_i)^n=36$，三态系统T-S动态门的时段状态描述规则见表3-5。

表3-5　三态系统T-S动态门的时段状态描述规则

规则	x_1			x_2			$y=S_y^{(b_y)}$		
	1	2	3	1	2	3	1	2	3
1	0	0	1	0	0	1	$P_{(1)}(y^{[1]})$	$P_{(1)}(y^{[2]})$	$P_{(1)}(y^{[3]})$
2	0	0	1	0	0.5	1	$P_{(2)}(y^{[1]})$	$P_{(2)}(y^{[2]})$	$P_{(2)}(y^{[3]})$
3	0	0	1	0	1	1	$P_{(3)}(y^{[1]})$	$P_{(3)}(y^{[2]})$	$P_{(3)}(y^{[3]})$
4	0	0	1	0.5	0.5	1	$P_{(4)}(y^{[1]})$	$P_{(4)}(y^{[2]})$	$P_{(4)}(y^{[3]})$
⋮	⋮	⋮	⋮	⋮	⋮	⋮	⋮	⋮	⋮
l	$x_1^{[1]}$	$x_1^{[2]}$	$x_1^{[3]}$	$x_2^{[1]}$	$x_2^{[2]}$	$x_2^{[3]}$	$P_{(l)}(y^{[1]})$	$P_{(l)}(y^{[2]})$	$P_{(l)}(y^{[3]})$
⋮	⋮	⋮	⋮	⋮	⋮	⋮	⋮	⋮	⋮
36	1	1	1	1	1	1	$P_{(36)}(y^{[1]})$	$P_{(36)}(y^{[2]})$	$P_{(36)}(y^{[3]})$

表3-5中的每一行均代表一条规则。例如：①规则1表示下级事件x_1在时段1、2、3的故障状态分别为0、0、1，x_2在时段1、2、3的故障状态分别为0、0、1，则上级事件y在时段1、2、3的故障状态$y^{[1]}$、$y^{[2]}$、$y^{[3]}$为$S_y^{(b_y)}$的发生可能性分别为

$P_{(1)}(y^{[1]})$、$P_{(1)}(y^{[2]})$、$P_{(1)}(y^{[3]})$；②规则 2 表示下级事件 x_1 在时段 1、2、3 故障状态分别为 0、0、1，x_2 在时段 1、2、3 的故障状态分别为 0、0.5、1，则上级事件 y 在时段 1、2、3 的故障状态 $y^{[1]}$、$y^{[2]}$、$y^{[3]}$ 为 $S_y^{(b_y)}$ 的发生可能性分别为 $P_{(2)}(y^{[1]})$、$P_{(2)}(y^{[2]})$、$P_{(2)}(y^{[3]})$。

2. 事件时段描述规则

事件时段描述规则是基于 T-S 动态门的事件关系，通过列写下级事件 x_i 故障状态发生时段 j_i 和对应这些故障状态发生时段时上级事件 y 故障状态 $S_y^{(b_y)}$ 在各时段的发生可能性构建的。

事件时段描述规则中的规则 $l(l=1,2,\cdots,r)$ 可表述如下。

规则 l：如果下级事件 x_i 发生时段为 $j_i(j_i=1,2,\cdots,m,m+1)$ 即 x_1 发生时段为 j_1，x_2 发生时段为 j_2，…，x_{n-1} 发生时段为 j_{n-1}，x_n 发生时段为 j_n，则上级事件 y 在时段 $1,2,\cdots,m,m+1$ 的故障状态 $y^{[1]},y^{[2]},\cdots,y^{[m]},y^{[m+1]}$ 为 $S_y^{(b_y)}(b_y=1,2,\cdots,k_y)$ 的发生可能性分别为 $P_{(l)}(y^{[1]}),P_{(l)}(y^{[2]}),\cdots,P_{(l)}(y^{[m]}),P_{(l)}(y^{[m+1]})$。T-S 动态门的事件时段描述规则见表 3-6。规则 l 的输出规则中，同样满足式(3-1)。

表 3-6　T-S 动态门的事件时段描述规则

规则	x_1	x_2	…	x_n	$y=S_y^{(b_y)}$				
					1	2	…	m	$m+1$
l	j_1	j_2	…	j_n	$P_{(l)}(y^{[1]})$	$P_{(l)}(y^{[2]})$	…	$P_{(l)}(y^{[m]})$	$P_{(l)}(y^{[m+1]})$

当下级事件个数 $n=2$、任务时间分段数 $m=2$ 时，规则总数 $r=(m+1)^n=9$，T-S 动态门的事件时段描述规则见表 3-7。

表 3-7　T-S 动态门的事件时段描述规则

规则	x_1	x_2	$y=S_y^{(b_y)}$		
			1	2	3
1	1	1	$P_{(1)}(y^{[1]})$	$P_{(1)}(y^{[2]})$	$P_{(1)}(y^{[3]})$
2	1	2	$P_{(2)}(y^{[1]})$	$P_{(2)}(y^{[2]})$	$P_{(2)}(y^{[3]})$
3	1	3	$P_{(3)}(y^{[1]})$	$P_{(3)}(y^{[2]})$	$P_{(3)}(y^{[3]})$
4	2	1	$P_{(4)}(y^{[1]})$	$P_{(4)}(y^{[2]})$	$P_{(4)}(y^{[3]})$
⋮	⋮	⋮	⋮	⋮	⋮
l	j_1	j_2	$P_{(l)}(y^{[1]})$	$P_{(l)}(y^{[2]})$	$P_{(l)}(y^{[3]})$
⋮	⋮	⋮	⋮	⋮	⋮
9	3	3	$P_{(9)}(y^{[1]})$	$P_{(9)}(y^{[2]})$	$P_{(9)}(y^{[3]})$

表 3-7 中的每一行均代表一条规则。例如：①规则 1 表示下级事件 x_1、x_2 发生时段均为 1 时，则上级事件 y 在时段 1、2、3 的故障状态 $y^{[1]}$、$y^{[2]}$、$y^{[3]}$ 为 $S_y^{(b_y)}$ 的发生可能性分别为 $P_{(1)}(y^{[1]})$、$P_{(1)}(y^{[2]})$、$P_{(1)}(y^{[3]})$；②规则 2 表示下级事件 x_1 发生时段为 1 且下级事件 x_2 发生时段为 2 时（或者说，x_1 在时段 1 发生、x_2 在时段 2 发生），则上级事件 y 在时段 1、2、3 的故障状态 $y^{[1]}$、$y^{[2]}$、$y^{[3]}$ 为 $S_y^{(b_y)}$ 的发生可能性分别为 $P_{(2)}(y^{[1]})$、$P_{(2)}(y^{[2]})$、$P_{(2)}(y^{[3]})$；③规则 3 表示下级事件 x_1 发生时段为 1、下级事件 x_2 发生时段为 3（任务时间内不发生、在任务时间外发生）时，则上级事件 y 在时段 1、2、3 的故障状态 $y^{[1]}$、$y^{[2]}$、$y^{[3]}$ 为 $S_y^{(b_y)}$ 的发生可能性分别为 $P_{(3)}(y^{[1]})$、$P_{(3)}(y^{[2]})$、$P_{(3)}(y^{[3]})$。

T-S 动态门的两种离散时间描述规则的对比：①事件时段描述规则列数少，但只能描述下级事件 x_i 的发生时段 j_i，不能描述下级事件 x_i 在时段 j_i 的故障状态，因而只适用于二态系统；②时段状态描述规则可以对二态和多态系统中的事件关系进行描述，具有更强的事件关系描述能力。

3.2.3　T-S 动态门离散时间描述规则产生方法及生成程序

T-S 动态门离散时间描述规则有两种产生方法。

（1）离散时间描述规则生成方法。对于 Bell 故障树逻辑门和 Dugan 动态门描述的静、动态事件关系，是明确且有规律的，可以基于事件关系进行手工列写或利用计算程序直接生成 T-S 动态门离散时间描述规则，得到等价的 T-S 动态门离散时间描述规则。可见，用离散时间 T-S 动态故障树可以求解离散时间 Dugan 动态故障树。

（2）离散时间描述规则构建方法。对于 Bell 故障树逻辑门和 Dugan 动态门不能描述的静、动态事件关系，如非 Bell 故障树逻辑门和 Dugan 动态门（及其组合）的静动态事件关系，含有不确定性的静、动态事件关系等，将知识和数据总结为一组 IF-THEN 语句描述即 T-S 动态门离散时间描述规则。

Bell 故障树逻辑门、T-S 门、Dugan 动态门可以转化为 T-S 动态门及其离散时间描述规则，如图 3-7 所示，即用 T-S 动态门可以替代 Bell 故障树逻辑门、T-S 门、Dugan 动态门。也就是说，T-S 动态故障树可以替代 Bell 故障树、T-S 故障树、Dugan 动态故障树，T-S 动态故障树更具一般性和通用性。

1. Bell 故障树逻辑门的 T-S 动态门离散时间描述规则

Bell 故障树逻辑门能描述的静态事件关系可以用 T-S 动态门的时段状态描述规则和事件时段描述规则描述，T-S 动态门可以替代 Bell 故障树逻辑门，即 T-S 动态故障树可以替代 Bell 故障树。

令任务时间分为两段。

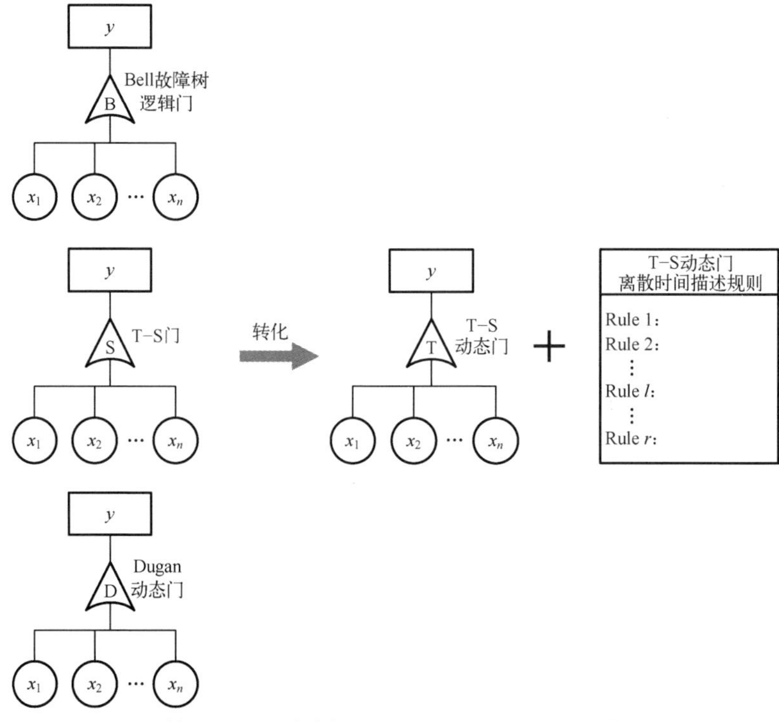

图 3-7　等价于 Bell 故障树逻辑门、T-S 门、Dugan 动态门的 T-S 动态门及其离散时间描述规则

1）或门

当 T-S 动态门表示或门事件关系时，上级事件 y 的发生时段在下级事件 x_1 和 x_2 先发生的时段或 x_1 和 x_2 同时发生的时段。因此，上级事件 y 的故障状态为 1 时，或门的 T-S 动态门时段状态描述规则，见表 3-8。

表 3-8　或门的 T-S 动态门时段状态描述规则

规则	x_1			x_2			$y=1$		
	1	2	3	1	2	3	1	2	3
1	0	0	1	0	0	1	0	0	1
2	0	0	1	0	1	1	0	1	0
3	0	0	1	1	1	1	1	0	0
4	0	1	1	0	0	1	0	1	0
5	0	1	1	0	1	1	0	1	0
6	0	1	1	1	1	1	1	0	0
7	1	1	1	0	0	1	1	0	0
8	1	1	1	0	1	1	1	0	0
9	1	1	1	1	1	1	1	0	0

表 3-8 中的每一行均代表一条规则。例如，规则 1 表示下级事件 x_1 在时段 1、2、3 的故障状态分别为 0、0、1，x_2 在时段 1、2、3 的故障状态分别为 0、0、1 时，上级事件 y 在时段 1、2、3 的故障状态 $y^{[1]}$、$y^{[2]}$、$y^{[3]}$ 为 1 的发生可能性分别为 0、0、1。

上级事件 y 的故障状态为 1 时，或门的 T-S 动态门事件时段描述规则，见表 3-9。

表 3-9　或门的 T-S 动态门事件时段描述规则

规则	x_1	x_2	$y=1$		
			1	2	3
1	1	1	1	0	0
2	1	2	1	0	0
3	1	3	1	0	0
4	2	1	1	0	0
5	2	2	0	1	0
6	2	3	0	1	0
7	3	1	1	0	0
8	3	2	0	1	0
9	3	3	0	0	1

表 3-9 中的每一行均代表一条规则。例如，规则 1 表示下级事件 x_1、x_2 发生时段均为 1 时，上级事件 y 在时段 1、2、3 的故障状态 $y^{[1]}$、$y^{[2]}$、$y^{[3]}$ 为 1 的发生可能性分别为 1、0、0。

前期研究时，表 3-9 曾写成表 3-10 的形式。

表 3-10　早期的 T-S 动态门离散时间描述规则

规则	x_1	x_2	y		
			$[0,t_M/2)$	$[t_M/2,t_M)$	$[t_M,+\infty)$
1	$[0,t_M/2)$	$[0,t_M/2)$	1	0	0
2	$[0,t_M/2)$	$[t_M/2,t_M)$	1	0	0
3	$[0,t_M/2)$	$[t_M,+\infty)$	1	0	0
4	$[t_M/2,t_M)$	$[0,t_M/2)$	1	0	0
5	$[t_M/2,t_M)$	$[t_M/2,t_M)$	0	1	0
6	$[t_M/2,t_M)$	$[t_M,+\infty)$	0	1	0
7	$[t_M,+\infty)$	$[0,t_M/2)$	1	0	0
8	$[t_M,+\infty)$	$[t_M/2,t_M)$	0	1	0
9	$[t_M,+\infty)$	$[t_M,+\infty)$	0	0	1

表 3-10 中的每一行均代表一条规则。例如，规则 1 表示下级事件 x_1、x_2 均在时段 $[0,t_M/2)$ 发生时，上级事件 y 在时段 $[0,t_M/2)$、$[t_M/2,t_M)$、$[t_M,+\infty)$ 的发生可

能性分别为 1、0、0。

2）与门

当 T-S 动态门表示与门事件关系时，上级事件 y 的发生时段为下级事件 x_1 和 x_2 后发生的时段或 x_1 和 x_2 同时发生的时段。因此，上级事件 y 的故障状态为 1 时，与门的 T-S 动态门时段状态描述规则和事件时序描述规则，分别见表 3-11 和表 3-12。

表 3-11　与门的 T-S 动态门时段状态描述规则

规则	x_1			x_2			$y=1$		
	1	2	3	1	2	3	1	2	3
1	0	0	1	0	0	1	0	0	1
2	0	0	1	0	1	1	0	0	1
3	0	0	1	1	1	1	0	0	1
4	0	1	1	0	0	1	0	0	1
5	0	1	1	0	1	1	0	1	0
6	0	1	1	1	1	1	0	1	0
7	1	1	1	0	0	1	0	0	1
8	1	1	1	0	1	1	0	1	0
9	1	1	1	1	1	1	1	0	0

表 3-12　与门的 T-S 动态门事件时段描述规则

规则	x_1	x_2	$y=1$		
			1	2	3
1	1	1	1	0	0
2	1	2	0	1	0
3	1	3	0	0	1
4	2	1	0	1	0
5	2	2	0	1	0
6	2	3	0	0	1
7	3	1	0	0	1
8	3	2	0	0	1
9	3	3	0	0	1

3）非门

当 T-S 动态门表示非门事件关系时，在下级事件 x_1 的发生时段为 1 的条件下上级事件 y 的发生时段为 $m+1$，其他条件下 y 的发生时段为 1。因此，上级事件 y 的故障状态为 1 时，非门的 T-S 动态门时段状态描述规则和事件时序描述规则，分别见表 3-13 和表 3-14。

表 3-13 非门的 T-S 动态门时段状态描述规则

规则	x_1			$y=1$		
	1	2	3	1	2	3
1	0	0	1	1	0	0
2	0	1	1	1	0	0
3	1	1	1	0	0	1

表 3-14 非门的 T-S 动态门事件时段描述规则

规则	x_1	$y=1$		
		1	2	3
1	1	0	0	1
2	2	1	0	0
3	3	1	0	0

4) 表决门

当 T-S 动态门表示表决门(k out of n Gate)事件关系时,上级事件 y 的发生时段为下级事件中有 k 个或 k 个以上事件发生的时段。当 $n=3$、$k=2$、上级事件 y 的故障状态为 1 时,表决门的 T-S 动态门时段状态描述规则和事件时序描述规则,分别见表 3-15 和表 3-16。

表 3-15 表决门的 T-S 动态门时段状态描述规则

规则	x_1			x_2			x_3			$y=1$		
	1	2	3	1	2	3	1	2	3	1	2	3
1	0	0	1	0	0	1	0	0	1	0	0	1
2	0	0	1	0	0	1	0	1	1	0	0	1
3	0	0	1	0	0	1	1	1	1	0	0	1
4	0	0	1	0	1	1	0	0	1	0	0	1
5	0	0	1	0	1	1	0	1	1	0	1	0
6	0	0	1	0	1	1	1	1	1	0	1	0
7	0	0	1	1	1	1	0	0	1	0	0	1
8	0	0	1	1	1	1	0	1	1	0	1	0
9	0	0	1	1	1	1	1	1	1	1	0	0
10	0	1	1	0	0	1	0	0	1	0	0	1
11	0	1	1	0	0	1	0	1	1	0	1	0
12	0	1	1	0	0	1	1	1	1	0	1	0
13	0	1	1	0	1	1	0	0	1	0	1	0
14	0	1	1	0	1	1	0	1	1	0	1	0
15	0	1	1	0	1	1	1	1	1	0	1	0

（续）

规则	x_1			x_2			x_3			$y=1$		
	1	2	3	1	2	3	1	2	3	1	2	3
16	0	1	1	1	1	1	0	0	1	0	1	0
17	0	1	1	1	1	1	0	1	1	0	1	0
18	0	1	1	1	1	1	1	1	1	1	0	0
19	1	1	1	0	0	1	0	0	1	0	0	1
20	1	1	1	0	0	1	0	1	1	0	1	0
21	1	1	1	0	0	1	1	1	1	1	0	0
22	1	1	1	0	1	1	0	0	1	0	1	0
23	1	1	1	0	1	1	0	1	1	0	1	0
24	1	1	1	0	1	1	1	1	1	1	0	0
25	1	1	1	1	1	1	0	0	1	1	0	0
26	1	1	1	1	1	1	0	1	1	1	0	0
27	1	1	1	1	1	1	1	1	1	1	0	0

表 3-16　表决门的 T-S 动态门事件时段描述规则

规则	x_1	x_2	x_3	$y=1$		
				1	2	3
1	1	1	1	1	0	0
2	1	1	2	1	0	0
3	1	1	3	1	0	0
4	1	2	1	1	0	0
5	1	2	2	0	1	0
6	1	2	3	0	1	0
7	1	3	1	1	0	0
8	1	3	2	0	1	0
9	1	3	3	0	0	1
10	2	1	1	1	0	0
11	2	1	2	0	1	0
12	2	1	3	0	1	0
13	2	2	1	0	1	0
14	2	2	2	0	1	0
15	2	2	3	0	1	0
16	2	3	1	0	1	0
17	2	3	2	0	1	0
18	2	3	3	0	0	1
19	3	1	1	1	0	0

（续）

规则	x_1	x_2	x_3	$y=1$		
				1	2	3
20	3	1	2	0	1	0
21	3	1	3	0	0	1
22	3	2	1	0	1	0
23	3	2	2	0	1	0
24	3	2	3	0	0	1
25	3	3	1	0	0	1
26	3	3	2	0	0	1
27	3	3	3	0	0	1

5）异或门

当 T-S 动态门表示如图 1-14 所示的异或门事件关系时，上级事件 y 的发生时段为下级事件 x_1 和 x_2 先发生的时段，在 x_1 和 x_2 发生的时段相同的条件下 y 的发生时段为 $m+1$。因此，上级事件 y 的故障状态为 1 时，异或门的 T-S 动态门时段状态描述规则和事件时序描述规则，分别见表 3-17 和表 3-18。

表 3-17　异或门的 T-S 动态门时段状态描述规则

规则	x_1			x_2			$y=1$		
	1	2	3	1	2	3	1	2	3
1	0	0	1	0	0	1	0	0	1
2	0	0	1	0	1	1	0	1	0
3	0	0	1	1	1	1	1	0	0
4	0	1	1	0	0	1	0	1	0
5	0	1	1	0	1	1	0	0	1
6	0	1	1	1	1	1	1	0	0
7	1	1	1	0	0	1	1	0	0
8	1	1	1	0	1	1	1	0	0
9	1	1	1	1	1	1	0	0	1

表 3-18　异或门的 T-S 动态门事件时段描述规则

规则	x_1	x_2	$y=1$		
			1	2	3
1	1	1	0	0	1
2	1	2	1	0	0
3	1	3	1	0	0
4	2	1	1	0	0
5	2	2	0	0	1

（续）

规则	x_1	x_2	$y=1$		
			1	2	3
6	2	3	0	1	0
7	3	1	1	0	0
8	3	2	0	1	0
9	3	3	0	0	1

6）禁门

当 T-S 动态门表示如图 1-16 所示的禁门事件关系时，上级事件 y 的发生时段为下级事件 x_1 和 x_2 后发生的时段或 x_1 和 x_2 同时发生的时段。因此，上级事件 y 的故障状态为 1 时，禁门的 T-S 动态门时段状态描述规则和事件时序描述规则，分别见表 3-19 和表 3-20。

表 3-19　禁门的 T-S 动态门时段状态描述规则

规则	x_1			x_2			$y=1$		
	1	2	3	1	2	3	1	2	3
1	0	0	1	0	0	1	0	0	1
2	0	0	1	0	1	1	0	0	1
3	0	0	1	1	1	1	0	0	1
4	0	1	1	0	0	1	0	0	1
5	0	1	1	0	1	1	0	1	0
6	0	1	1	1	1	1	0	1	0
7	1	1	1	0	0	1	0	0	1
8	1	1	1	0	1	1	0	1	0
9	1	1	1	1	1	1	1	0	0

表 3-20　禁门的 T-S 动态门事件时段描述规则

规则	x_1	x_2	$y=1$		
			1	2	3
1	1	1	1	0	0
2	1	2	0	1	0
3	1	3	0	0	1
4	2	1	0	1	0
5	2	2	0	1	0
6	2	3	0	0	1
7	3	1	0	0	1
8	3	2	0	0	1
9	3	3	0	0	1

7）与非门

当 T-S 动态门表示与非门事件关系时，在下级事件 x_1 和 x_2 的发生时段均为 1 的条件下上级事件 y 的发生时段为 $m+1$，其他条件下 y 的发生时段为 1。因此，上级事件 y 的故障状态为 1 时，与非门的 T-S 动态门时段状态描述规则和事件时序描述规则，分别见表 3-21 和表 3-22。

表 3-21　与非门的 T-S 动态门时段状态描述规则

规则	x_1			x_2			$y=1$		
	1	2	3	1	2	3	1	2	3
1	0	0	1	0	0	1	1	0	0
2	0	0	1	0	1	1	1	0	0
3	0	0	1	1	1	1	1	0	0
4	0	1	1	0	0	1	1	0	0
5	0	1	1	0	1	1	1	0	0
6	0	1	1	1	1	1	1	0	0
7	1	1	1	0	0	1	1	0	0
8	1	1	1	0	1	1	1	0	0
9	1	1	1	1	1	1	0	0	1

表 3-22　与非门的 T-S 动态门事件时段描述规则

规则	x_1	x_2	$y=1$		
			1	2	3
1	1	1	0	0	1
2	1	2	1	0	0
3	1	3	1	0	0
4	2	1	1	0	0
5	2	2	1	0	0
6	2	3	1	0	0
7	3	1	1	0	0
8	3	2	1	0	0
9	3	3	1	0	0

8）或非门

当 T-S 动态门表示或非门事件关系时，在下级事件 x_1 和 x_2 至少一个发生的时段为 1 的条件下上级事件 y 的发生时段为 $m+1$，其他条件下 y 的发生时段为 1。因此，上级事件 y 的故障状态为 1 时，或非门的 T-S 动态门时段状态描述规则和事件时序描述规则，分别见表 3-23 和表 3-24。

表 3-23　或非门的 T-S 动态门时段状态描述规则

规则	x_1			x_2			$y=1$		
	1	2	3	1	2	3	1	2	3
1	0	0	1	0	0	1	1	0	0
2	0	0	1	0	1	1	1	0	0
3	0	0	1	1	1	1	0	0	1
4	0	1	1	0	0	1	1	0	0
5	0	1	1	0	1	1	1	0	0
6	0	1	1	1	1	1	0	0	1
7	1	1	1	0	0	1	0	0	1
8	1	1	1	0	1	1	0	0	1
9	1	1	1	1	1	1	0	0	1

表 3-24　或非门的 T-S 动态门事件时段描述规则

规则	x_1	x_2	$y=1$		
			1	2	3
1	1	1	0	0	1
2	1	2	0	0	1
3	1	3	0	0	1
4	2	1	0	0	1
5	2	2	1	0	0
6	2	3	1	0	0
7	3	1	0	0	1
8	3	2	1	0	0
9	3	3	1	0	0

2. T-S 门的 T-S 动态门离散时间描述规则

T-S 门能描述的静态事件关系可以用 T-S 动态门的时段状态描述规则和事件时段描述规则表示，T-S 动态门可以替代 T-S 门，即 T-S 动态故障树可以替代 T-S 故障树。

表 1-17 所示的 T-S 门描述规则，可以用表 3-2 所示 T-S 动态门的时段状态描述规则或表 3-6 所示 T-S 动态门的事件时段描述规则表示。

T-S 动态门既可以描述 T-S 门可以描述的 Bell 故障树逻辑门的事件关系，例如，表 1-5 所示的 T-S 门描述规则所描述的与门事件关系，可以用 T-S 动态门时段状态描述规则和事件时段描述规则来描述，当 $m=1$ 时，规则总数 $r=(m+1)^n=4$，分别见表 3-25、表 3-26；T-S 动态门又可以描述 T-S 门可以描述而 Bell 故障树逻辑门不能描述的事件关系，例如，表 1-15 所示的 T-S 门描述规则，可以用 T-S 动态门时段状态描述规则来描述，当 $m=1$、2 时，分别见表 3-27 和表 3-28。

表3-25 等价于表1-5的T-S动态门时段状态描述规则

规则	x_1		x_2		$y=1$	
	1	2	1	2	1	2
1	0	1	0	1	0	1
2	0	1	1	1	0	1
3	1	1	0	1	0	1
4	1	1	1	1	1	0

表3-25中,规则1表示下级事件x_1时段1、2的故障状态分别为0、1,x_2在时段1、2的故障状态分别为0、1时,上级事件y在时段1、2的发生可能性分别为0、1,即在时段1(任务时间内)下级事件x_1、x_2不发生,上级事件y不发生,对应表1-5中的规则1。依此类推,表3-25中的规则2、3、4分别对应表1-5中的规则2、3、4。

表3-26 等价于表1-5的T-S动态门事件时段描述规则

规则	x_1	x_2	$y=1$	
			1	2
1	1	1	1	0
2	1	2	0	1
3	2	1	0	1
4	2	2	0	1

表3-26中,规则1表示下级事件x_1、x_2发生时段均为1时,上级事件y在时段1、2的发生可能性分别为1、0,即在时段1(任务时间内)下级事件x_1、x_2都发生,上级事件y发生,对应表1-5中的规则4。依此类推,表3-26中的规则2、3、4分别对应表1-5中的规则3、2、1。

表3-27 等价于表1-15的T-S动态门时段状态描述规则

规则	x_2		x_3		$y_1=0$		$y_1=0.5$		$y_1=1$	
	1	2	1	2	1	2	1	2	1	2
1	0	1	0	1	1	0	0	1	0	1
2	0	1	0.5	1	0.2	0.8	0.3	0.7	0.5	0.5
3	0	1	1	1	0	1	0	1	1	0
4	0.5	1	0	1	0.2	0.8	0.4	0.6	0.4	0.6
5	0.5	1	0.5	1	0.1	0.9	0.3	0.7	0.6	0.4
6	0.5	1	1	1	0	1	0	1	1	0
7	1	1	0	1	0	1	0	1	1	0
8	1	1	0.5	1	0	1	0	1	1	0
9	1	1	1	1	0	1	0	1	1	0

表 3-27 中的每一行均代表一条规则。例如，规则 2 表示下级事件 x_2 在时段 1、2 的故障状态分别为 0、1，x_3 在时段 1、2 的故障状态分别为 0.5、1 时，上级事件 y_1 在时段 1、2 的故障状态为 0 的发生可能性分别为 0.2、0.8，y_1 在时段 1、2 的故障状态为 0.5 的发生可能性分别为 0.3、0.7，y_1 在时段 1、2 的故障状态为 1 的发生可能性分别为 0.5、0.5。

表 3-28　等价于表 1-15 的 T-S 动态门时段状态描述规则

规则	x_2			x_3			$y_1=0$			$y_1=0.5$			$y_1=1$		
	1	2	3	1	2	3	1	2	3	1	2	3	1	2	3
1	0	0	1	0	0	1	1	0	0	0	0	1	0	0	1
2	0	0	1	0	0.5	1	0	0.2	0.8	0	0.3	0.7	0	0.5	0.5
3	0	0	1	0	1	1	0	0	1	0	0	1	0	1	0
4	0	0	1	0.5	0.5	1	0.1	0.1	0.8	0.3	0.3	0.4	0.25	0.25	0.5
5	0	0	1	0.5	1	1	0	0	1	0.2	0	0.8	0	1	0
6	0	0	1	1	1	1	0	0	1	0	0	1	1	0	0
7	0	0.5	1	0	0	1	0	0.2	0.8	0	0.4	0.6	0	0.4	0.6
8	0	0.5	1	0	0.5	1	0.1	0	0.9	0	0.3	0.7	0	0.6	0.4
9	0	0.5	1	0	1	1	0	0	1	0	0	1	0	1	0
10	0	0.5	1	0.5	0.5	1	0.02	0.08	0.9	0.3	0.3	0.4	0.3	0.3	0.4
11	0	0.5	1	0.5	1	1	0	0	1	0	0	1	0	1	0
12	0	0.5	1	1	1	1	0	0	1	0	0	1	0	1	0
13	0	1	1	0	0	1	0	0	1	0	0	1	0	1	0
14	0	1	1	0	0.5	1	0	0	1	0	0	1	0	1	0
15	0	1	1	0	1	1	0	0	1	0	0	1	0	1	0
16	0	1	1	0.5	0.5	1	0	0	1	0	0	1	0	1	0
17	0	1	1	0.5	1	1	0	0	1	0	0	1	0	1	0
18	0	1	1	1	1	1	0	0	1	0	0	1	0	1	0
19	0.5	0.5	1	0	0	1	0.1	0.1	0.8	0.4	0.4	0.2	0.2	0.2	0.6
20	0.5	0.5	1	0	0.5	1	0.02	0.08	0.9	0.4	0.3	0.3	0.3	0.3	0.4
21	0.5	0.5	1	0	1	1	0	0	1	0	0	1	0	1	0
22	0.5	0.5	1	0.5	0.5	1	0.05	0.05	0.9	0.3	0.3	0.4	0.3	0.3	0.4
23	0.5	0.5	1	0.5	1	1	0	0	1	0	0	1	0	1	0
24	0.5	0.5	1	1	1	1	0	0	1	0	0	1	0	1	0
25	0.5	1	1	0	0	1	0	0	1	0	0	1	0	1	0
26	0.5	1	1	0	0.5	1	0	0	1	0	0	1	0	1	0
27	0.5	1	1	0	1	1	0	0	1	0	0	1	0	1	0
28	0.5	1	1	0.5	0.5	1	0	0	1	0	0	1	0	1	0
29	0.5	1	1	0.5	1	1	0	0	1	0	0	1	0	1	0
30	0.5	1	1	1	1	1	0	0	1	0	0	1	1	0	0
31	1	1	1	0	0	1	0	0	1	0	0	1	1	0	0

（续）

规则	x_2			x_3			$y_1=0$			$y_1=0.5$			$y_1=1$		
	1	2	3	1	2	3	1	2	3	1	2	3	1	2	3
32	1	1	1	0	0.5	1	0	0	1	0	0	1	1	0	0
33	1	1	1	0	1	1	0	0	1	0	0	1	1	0	0
34	1	1	1	0.5	0.5	1	0	0	1	0	0	1	1	0	0
35	1	1	1	0.5	1	1	0	0	1	0	0	1	1	0	0
36	1	1	1	1	1	1	0	0	1	0	0	1	1	0	0

3. Dugan 动态门的 T-S 动态门离散时间描述规则

Dugan 动态门能描述的动态事件关系，可以用 T-S 动态门的时段状态描述规则和事件时段描述规则表示，T-S 动态门可以替代 Dugan 动态门，即 T-S 动态故障树可以替代 Dugan 动态故障树。

令任务时间分段数 $m=2$。

1）优先与门

（1）近似方法下优先与门的 T-S 动态门离散时间描述规则。

Boudali、Dugan 在论文 *A discrete-time Bayesian network reliability modeling and analysis framework* 中，通过离散时间贝叶斯网络求解 Dugan 动态故障树，将 Dugan 动态故障树转化为离散时间贝叶斯网络[482]。当优先与门的下级事件为 x_1、x_2，上级事件为 y 时，文献[482]处理的方法是：优先与门下级事件 x_1 先发生 x_2 后发生或者 x_1 和 x_2 同时发生时，上级事件 y 就发生。这是一种处理优先与门的近似方法。基于此，提出近似方法下优先与门的 T-S 动态门时段状态描述规则，见表 3-29。

表 3-29　近似方法下优先与门的 T-S 动态门时段状态描述规则

规则	x_1			x_2			$y=1$		
	1	2	3	1	2	3	1	2	3
1	0	0	1	0	0	1	0	0	1
2	0	0	1	0	1	1	0	0	1
3	0	0	1	1	1	1	0	0	1
4	0	1	1	0	0	1	0	0	1
5	0	1	1	0	1	1	0	1	0
6	0	1	1	1	1	1	0	0	1
7	1	1	1	0	0	1	0	0	1
8	1	1	1	0	1	1	0	1	0
9	1	1	1	1	1	1	1	0	0

表 3-29 中的每一行均代表一条规则。例如，规则 8 表示下级事件 x_1 在时段 1、2、3 的故障状态分别为 1、1、1，x_2 在时段 1、2、3 的故障状态分别为 0、1、1 时，上级

事件 y 在时段 1、2、3 的故障状态 $y^{[1]}$、$y^{[2]}$、$y^{[3]}$ 为 1 的发生可能性分别为 0、1、0，即下级事件 x_1 先发生、x_2 后发生，上级事件 y 在 x_2 发生的时段发生；规则 9 表示 x_1 在时段 1、2、3 的故障状态分别为 1、1、1，x_2 在时段 1、2、3 的故障状态分别为 1、1、1 时，y 在时段 1、2、3 的故障状态 $y^{[1]}$、$y^{[2]}$、$y^{[3]}$ 为 1 的发生可能性分别为 1、0、0，即 x_1、x_2 同时发生时，y 在 x_1、x_2 同时发生的时段发生。

（2）准确方法下优先与门的 T-S 动态门离散时间描述规则。

事实上，下级事件 x_1、x_2 在同一时段内发生时，上级事件 y 有可能发生也有可能不发生，近似方法没有考虑下级事件 x_1、x_2 在同一时段内发生的时序关系（即在该时段内 x_1、x_2 谁先发生的问题），而是假设当下级事件 x_1、x_2 在同一时段内发生时，上级事件 y 就发生，这不符合优先与门的事件关系。因而，表 3-29 的时段状态描述规则存在误差，进而导致分析计算误差。

在同一时段内，当且仅当 x_1 先于 x_2 发生时，上级事件 y 才发生。针对这一问题，兰杰、袁宏杰、夏静在论文《基于离散时间贝叶斯网络的动态故障树分析的改良方法》中提出了准确描述优先与门事件关系的方法，通过离散时间贝叶斯网络求解 Dugan 动态故障树，并通过复合梯形积分方法分析传统方法的计算误差，提出动态门转化条件概率表的改良方法，补偿其计算误差[483]。文献[483]列写优先与门的离散时间贝叶斯网络条件概率表时，考虑了下级事件 x_1、x_2 在同一个时段内发生的时序关系。这是处理优先与门的准确方法。

优先与门的下级事件在同一个时段内发生的可能及对应的时序关系，如图 3-8 所示。下级事件 x_1、x_2 发生时段分别为 j_1、j_2，下级事件 x_1、x_2 在同一时段 d（即 $j_1=j_2=d$）发生时，假设下级事件 x_1、x_2 发生的时刻分别为 t_1、t_2。下级事件 x_1、x_2 在同一个时段内发生时，存在两种可能：一种可能是 $t_1<t_2$，此时上级事件 y 发生，上级事件 y 在时段 d 发生可能性设为 P_{dd}；另外的可能是 $t_1\geq t_2$，此时上级事件 y 不发生，由式（3-1）可知，上级事件 y 在任务时间外发生可能性则为 $1-P_{dd}$。

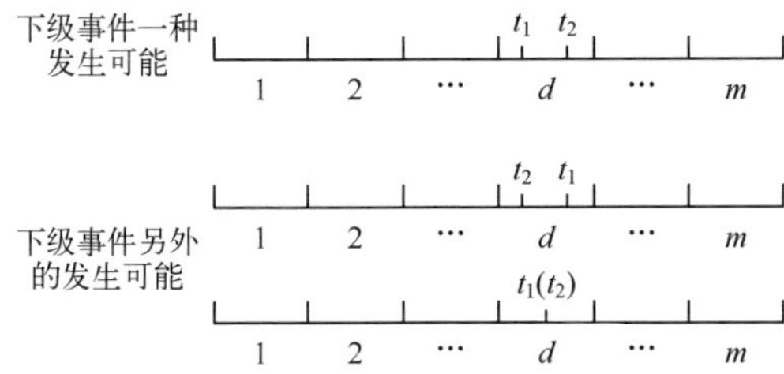

图 3-8　优先与门的下级事件在同一个时段内发生的可能及对应的时序关系

基于此，提出准确方法下优先与门的 T-S 动态门时段状态描述规则和 T-S 动态门事件时段描述规则，分别见表 3-30、表 3-31。

表 3-30　准确方法下优先与门的 T-S 动态门时段状态描述规则

规则	x_1			x_2			$y=1$		
	1	2	3	1	2	3	1	2	3
1	0	0	1	0	0	1	0	0	1
2	0	0	1	0	1	1	0	0	1
3	0	0	1	1	1	1	0	0	1
4	0	1	1	0	0	1	0	0	1
5	0	1	1	0	1	1	0	P_{22}	$1-P_{22}$
6	0	1	1	1	1	1	0	0	1
7	1	1	1	0	0	1	0	0	1
8	1	1	1	0	1	1	0	1	0
9	1	1	1	1	1	1	P_{11}	0	$1-P_{11}$

表 3-30 中的每一行均代表一条规则。例如,规则 8 表示下级事件 x_1在时段 1、2、3 的故障状态分别为 1、1、1,x_2在时段 1、2、3 的故障状态分别为 0、1、1 时,上级事件 y 在时段 1、2、3 的故障状态 $y^{[1]}$、$y^{[2]}$、$y^{[3]}$为 1 的发生可能性分别为 0、1、0,即下级事件 x_1先发生、x_2后发生,上级事件 y 在 x_2发生的时段发生;规则 9 表示 x_1在时段 1、2、3 的故障状态分别为 1、1、1,x_2在时段 1、2、3 的故障状态分别为 1、1、1 时,y 在时段 1、2、3 的故障状态 $y^{[1]}$、$y^{[2]}$、$y^{[3]}$为 1 的发生可能性分别为 P_{11}、0、$1-P_{11}$,即 x_1、x_2同时发生时,y 在 x_1、x_2同时发生的时段发生可能性为 P_{11}。

表 3-31　准确方法下优先与门的 T-S 动态门事件时段描述规则

规则	x_1	x_2	$y=1$		
			1	2	3
1	1	1	P_{11}	0	$1-P_{11}$
2	1	2	0	1	0
3	1	3	0	0	1
4	2	1	0	0	1
5	2	2	0	P_{22}	$1-P_{22}$
6	2	3	0	0	1
7	3	1	0	0	1
8	3	2	0	0	1
9	3	3	0	0	1

表 3-31 中的每一行均代表一条规则。例如,规则 1 表示下级事件 x_1、x_2发生时段均为 1 时,上级事件 y 在时段 1、2、3 的故障状态 $y^{[1]}$、$y^{[2]}$、$y^{[3]}$为 1 的发生可能性分别为 P_{11}、0、$1-P_{11}$。

若下级事件 x_1、x_2 寿命服从指数分布，其故障率分别为 λ_1、λ_2，则 P_{dd} 可由式(3-2)求得，即

$$P_{dd}=\frac{\int_{(d-1)\Delta}^{d\Delta}\int_{t_1}^{d\Delta}\lambda_1\lambda_2\exp[-\lambda_2 t_2-\lambda_1 t_1]dt_1\mathrm{d}t_2}{\int_{(d-1)\Delta}^{d\Delta}\lambda_1\exp(-\lambda_1 t_1)dt_1\int_{(d-1)\Delta}^{d\Delta}\lambda_2\exp(-\lambda_2 t_2)\mathrm{d}t_2} \tag{3-2}$$

2）冷备件门

（1）近似方法下冷备件门的 T-S 动态门离散时间描述规则。

Boudali、Dugan 在文献[482]中，通过离散时间贝叶斯网络求解 Dugan 动态故障树，将 Dugan 动态故障树转化为离散时间贝叶斯网络和条件概率表。在列写冷备件门的离散时间贝叶斯网络条件概率表时，文献[482]处理的方法是：当冷备件门的下级事件为 x_1（主件失效）、x_2（冷备件失效），上级事件为 y 时，下级事件 x_1 先发生、x_2 后发生，上级事件 y 就发生，因而上级事件 y 发生的时段分别为后发生的 x_2 的时段。这是一种处理冷备件门的近似方法。基于此，提出近似方法下冷备件门的 T-S 动态门时段状态描述规则，见表 3-32。

表 3-32　近似方法下冷备件门的 T-S 动态门时段状态描述规则

规则	x_1			x_2			$y=1$		
	1	2	3	1	2	3	1	2	3
1	0	0	1	0	0	1	0	0	1
2	0	1	1	0	0	1	0	0	1
3	1	1	1	0	0	1	0	0	1
4	1	1	1	0	1	1	0	1	0

表 3-32 中的每一行均代表一条规则。例如，规则 4 表示下级事件 x_1 在时段 1、2、3 的故障状态分别为 1、1、1，x_2 在时段 1、2、3 的故障状态分别为 0、1、1 时，上级事件 y 在时段 1、2、3 的故障状态 $y^{[1]}$、$y^{[2]}$、$y^{[3]}$ 为 1 的发生可能性分别为 0、1、0，即下级事件 x_1 先发生、x_2 后发生，上级事件 y 在 x_2 发生的时段发生。

（2）准确方法下冷备件门的 T-S 动态门离散时间描述规则。

事实上，下级事件 x_1（主件失效）、x_2（冷备件失效）在同一时段发生时，上级事件 y 有可能发生，当且仅当 x_1 先于 x_2 发生时，上级事件 y 发生，Boudali、Dugan 忽略了这种情况，这不符合冷备件门的事件关系。因而，表 3-32 的时段状态描述规则是近似的，将导致分析计算误差。

针对这一问题，文献[483]提出了准确描述冷备件门事件关系的方法，在列写冷备件门的离散时间贝叶斯网络条件概率表时，考虑了下级事件 x_1、x_2 在同一时段发生的这种情况。这是处理冷备件门的准确方法。

冷备件门的下级事件在同一时段发生可能及时序关系如图 3-9 所示。下级事件 x_1、x_2 发生时段分别为 j_1、j_2，下级事件 x_1、x_2 在同一时段 d（即 $j_1=j_2=d$）发生时，假设下级事件 x_1、x_2 发生的时刻分别为 t_1、t_2。下级事件 x_1、x_2 在同一时段发生时，当且仅当 x_1 先于 x_2 发生时，上级事件 y 发生，上级事件 y 在时段 d 发生可能性为 1；由式（3-1）可知，上级事件 y 在任务时间外发生可能性则为 0。

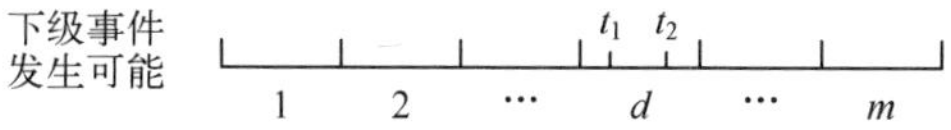

下级事件发生可能　1　2　…　t_1 t_2 d　…　m

图 3-9　冷备件门的下级事件在同一时段发生可能及时序关系

当下级事件 x_1、x_2 在同一时段 d 发生时，若寿命服从指数分布，故障率分别为 λ_1、λ_2，下级事件 x_2 的故障概率 $P(x_2^{[d]}=1)$ 可由下式求得

$$P(x_2^{[d]}=1)=\frac{\int_{(d-1)\Delta}^{d\Delta}\int_{t_1}^{d\Delta}\lambda_1\lambda_2\exp[\lambda_2 t_1-\lambda_2 t_2-\lambda_1 t_1]\mathrm{d}t_1\mathrm{d}t_2}{\int_{(d-1)\Delta}^{d\Delta}\lambda_1\exp(-\lambda_1 t_1)\mathrm{d}t_1} \tag{3-3}$$

基于此，提出准确方法下冷备件门的 T-S 动态门时段状态描述规则和 T-S 动态门事件时段描述规则，分别见表 3-33、表 3-34。

表 3-33　准确方法下冷备件门的 T-S 动态门时段状态描述规则

规则	x_1			x_2			$y=1$		
	1	2	3	1	2	3	1	2	3
1	0	0	1	0	0	1	0	0	1
2	0	1	1	0	0	1	0	0	1
3	0	1	1	0	1	1	0	1	0
4	1	1	1	0	0	1	0	0	1
5	1	1	1	0	1	1	0	1	0
6	1	1	1	1	1	1	1	0	0

表 3-33 中的每一行均代表一条规则。规则 5 表示下级事件 x_1 在时段 1、2、3 的故障状态分别为 1、1、1，x_2 在时段 1、2、3 的故障状态分别为 0、1、1 时，上级事件 y 在时段 1、2、3 的故障状态 $y^{[1]}$、$y^{[2]}$、$y^{[3]}$ 为 1 的发生可能性分别为 0、1、0，即下级事件 x_1 先发生、x_2 后发生，上级事件 y 在 x_2 发生的时段发生；规则 6 表示 x_1 在时段 1、2、3 的故障状态分别为 1、1、1，x_2 在时段 1、2、3 的故障状态分别为 1、1、1 时，y 在时段 1、2、3 的故障状态 $y^{[1]}$、$y^{[2]}$、$y^{[3]}$ 为 1 的发生可能性分别为 1、0、0，即 x_1、x_2 同时发生时，y 在 x_1、x_2 同时发生的时段发生可能性为 1。

表 3-34 准确方法下冷备件门的 T-S 动态门事件时段描述规则

规则	x_1	x_2	$y=1$		
			1	2	3
1	1	1	1	0	0
2	1	2	0	1	0
3	1	3	0	0	1
4	2	2	0	1	0
5	2	3	0	0	1
6	3	3	0	0	1

表 3-34 中的每一行均代表一条规则。例如，规则 1 表示下级事件 x_1、x_2发生时段均为 1 时，上级事件 y 在时段 1、2、3 的故障状态 $y^{[1]}$、$y^{[2]}$、$y^{[3]}$为 1 的发生可能性分别为 1、0、0。

3）温备件门

当 T-S 动态门表示主件为 x_1、温备件为 x_2的温备件门事件关系时，上级事件 y 的发生时段在下级事件 x_1和 x_2后发生的时段或 x_1和 x_2同时发生的时段。因此，上级事件 y 的故障状态为 1 时，温备件门的 T-S 动态门时段状态描述规则和事件时序描述规则，分别见表 3-35 和表 3-36。

表 3-35 温备件门的 T-S 动态门时段状态描述规则

规则	x_1			x_2			$y=1$		
	1	2	3	1	2	3	1	2	3
1	0	0	1	0	0	1	0	0	1
2	0	0	1	0	1	1	0	0	1
3	0	0	1	1	1	1	0	0	1
4	0	1	1	0	0	1	0	0	1
5	0	1	1	0	1	1	0	1	0
6	0	1	1	1	1	1	0	1	0
7	1	1	1	0	0	1	0	0	1
8	1	1	1	0	1	1	0	1	0
9	1	1	1	1	1	1	1	0	0

表 3-36 温备件门的 T-S 动态门事件时段描述规则

规则	x_1	x_2	$y=1$		
			1	2	3
1	1	1	1	0	0
2	1	2	0	1	0
3	1	3	0	0	1

（续）

规则	x_1	x_2	$y=1$		
			1	2	3
4	2	1	0	1	0
5	2	2	0	1	0
6	2	3	0	0	1
7	3	1	0	0	1
8	3	2	0	0	1
9	3	3	0	0	1

4）热备件门

当 T-S 动态门表示主件为 x_1、热备件为 x_2 的热备件门事件关系时，上级事件 y 的发生时段在下级事件 x_1 和 x_2 后发生的时段或 x_1 和 x_2 同时发生的时段。因此，上级事件 y 的故障状态为 1 时，热备件门的 T-S 动态门时段状态描述规则和事件时序描述规则，分别见表 3-37 和表 3-38。

表 3-37　热备件门的 T-S 动态门时段状态描述规则

规则	x_1			x_2			$y=1$		
	1	2	3	1	2	3	1	2	3
1	0	0	1	0	0	1	0	0	1
2	0	0	1	0	1	1	0	0	1
3	0	0	1	1	1	1	0	0	1
4	0	1	1	0	0	1	0	0	1
5	0	1	1	0	1	1	0	1	0
6	0	1	1	1	1	1	0	1	0
7	1	1	1	0	0	1	0	0	1
8	1	1	1	0	1	1	0	1	0
9	1	1	1	1	1	1	1	0	0

表 3-38　热备件门的 T-S 动态门事件时段描述规则

规则	x_1	x_2	$y=1$		
			1	2	3
1	1	1	1	0	0
2	1	2	0	1	0
3	1	3	0	0	1
4	2	1	0	1	0
5	2	2	0	1	0
6	2	3	0	0	1

（续）

规则	x_1	x_2	$y=1$		
			1	2	3
7	3	1	0	0	1
8	3	2	0	0	1
9	3	3	0	0	1

5）功能相关门

当 T-S 动态门表示触发事件为 x_1、相关事件为 x_2 和 x_3 的功能相关门事件关系时，若触发事件 x_1 先于相关事件 x_2、x_3 发生或同时发生，则上级事件 y 的发生时段为 x_1 发生的时段；若下级事件 x_1 后于 x_2、x_3 发生，则上级事件 y 的发生时段为下级事件 x_2 和 x_3 后发生的时段或 x_2 和 x_3 同时发生的时段。因此，上级事件 y 的故障状态为 1 时，功能相关门的 T-S 动态门时段状态描述规则和事件时序描述规则，分别见表 3-39 和表 3-40。

表 3-39　功能相关门的 T-S 动态门时段状态描述规则

规则	x_1			x_2			x_3			$y=1$		
	1	2	3	1	2	3	1	2	3	1	2	3
1	0	0	1	0	0	1	0	0	1	0	0	1
2	0	0	1	0	0	1	0	1	1	0	0	1
3	0	0	1	0	0	1	1	1	1	0	0	1
4	0	0	1	0	1	1	0	0	1	0	0	1
5	0	0	1	0	1	1	0	1	1	0	1	0
6	0	0	1	0	1	1	1	1	1	0	1	0
7	0	0	1	1	1	1	0	0	1	0	0	1
8	0	0	1	1	1	1	0	1	1	0	1	0
9	0	0	1	1	1	1	1	1	1	1	0	0
10	0	1	1	0	0	1	0	0	1	0	1	0
11	0	1	1	0	0	1	0	1	1	0	1	0
12	0	1	1	0	0	1	1	1	1	0	1	0
13	0	1	1	0	1	1	0	0	1	0	1	0
14	0	1	1	0	1	1	0	1	1	0	1	0
15	0	1	1	0	1	1	1	1	1	0	1	0
16	0	1	1	1	1	1	0	0	1	0	1	0
17	0	1	1	1	1	1	0	1	1	0	1	0
18	0	1	1	1	1	1	1	1	1	1	0	0
19	1	1	1	0	0	1	0	0	1	1	0	0
20	1	1	1	0	0	1	0	1	1	1	0	0
21	1	1	1	0	0	1	1	1	1	1	0	0

（续）

规则	x_1			x_2			x_3			$y=1$		
	1	2	3	1	2	3	1	2	3	1	2	3
22	1	1	1	0	1	1	0	0	1	1	0	0
23	1	1	1	0	1	1	0	1	1	1	0	0
24	1	1	1	0	1	1	1	1	1	1	0	0
25	1	1	1	1	1	1	0	0	1	1	0	0
26	1	1	1	1	1	1	0	1	1	1	0	0
27	1	1	1	1	1	1	1	1	1	1	0	0

表 3-40　功能相关门的 T-S 动态门事件时段描述规则

规则	x_1	x_2	x_3	$y=1$		
				1	2	3
1	1	1	1	1	0	0
2	1	1	2	1	0	0
3	1	1	3	1	0	0
4	1	2	1	1	0	0
5	1	2	2	1	0	0
6	1	2	3	1	0	0
7	1	3	1	1	0	0
8	1	3	2	1	0	0
9	1	3	3	1	0	0
10	2	1	1	1	0	0
11	2	1	2	0	1	0
12	2	1	3	0	1	0
13	2	2	1	0	1	0
14	2	2	2	0	1	0
15	2	2	3	0	1	0
16	2	3	1	0	1	0
17	2	3	2	0	1	0
18	2	3	3	0	1	0
19	3	1	1	1	0	0
20	3	1	2	0	1	0
21	3	1	3	0	0	1
22	3	2	1	0	1	0
23	3	2	2	0	1	0
24	3	2	3	0	0	1
25	3	3	1	0	0	1
26	3	3	2	0	0	1
27	3	3	3	0	0	1

6）顺序强制门

当 T-S 动态门表示顺序强制门事件关系时，上级事件 y 的发生时段为下级事件 x_1 先于 x_2 发生时 x_2 发生的时段。因此，上级事件 y 的故障状态为 1 时，顺序强制门的 T-S 动态门时段状态描述规则和事件时序描述规则，分别见表 3-41 和表 3-42。

表 3-41　顺序强制门的 T-S 动态门时段状态描述规则

规则	x_1			x_2			$y=1$		
	1	2	3	1	2	3	1	2	3
1	1	1	1	0	1	1	0	1	0
2	1	1	1	0	0	1	0	0	1
3	0	1	1	0	0	1	0	0	1
4	0	0	1	0	0	1	0	0	1

表 3-42　顺序强制门的 T-S 动态门事件时段描述规则

规则	x_1	x_2	$y=1$		
			1	2	3
1	1	2	0	1	0
2	1	3	0	0	1
3	2	3	0	0	1
4	3	3	0	0	1

7）优先或门

当 T-S 动态门表示优先或门事件关系时，上级事件 y 的发生时段为下级事件 x_1 先于 x_2 发生时 x_1 发生的时段。因此，上级事件 y 的故障状态为 1 时，优先或门的 T-S 动态门时段状态描述规则和事件时序描述规则，分别见表 3-43 和表 3-44。

表 3-43　优先或门的 T-S 动态门时段状态描述规则

规则	x_1			x_2			$y=1$		
	1	2	3	1	2	3	1	2	3
1	0	0	1	0	0	1	0	0	1
2	0	0	1	0	1	1	0	0	1
3	0	0	1	1	1	1	0	0	1
4	0	1	1	0	0	1	0	1	0
5	0	1	1	0	1	1	0	1	0
6	0	1	1	1	1	1	0	0	1
7	1	1	1	0	0	1	1	0	0
8	1	1	1	0	1	1	1	0	0
9	1	1	1	1	1	1	1	0	0

表 3-44　优先或门的 T-S 动态门事件时段描述规则

规则	x_1	x_2	$y=1$		
			1	2	3
1	1	1	1	0	0
2	1	2	1	0	0
3	1	3	1	0	0
4	2	1	0	0	1
5	2	2	0	1	0
6	2	3	0	1	0
7	3	1	0	0	1
8	3	2	0	0	1
9	3	3	0	0	1

8) 同时与门

当 T-S 动态门表示同时与门事件关系时，上级事件 y 的发生时段为下级事件 x_1 和 x_2 同时发生的时段。因此，上级事件 y 的故障状态为 1 时，同时与门的 T-S 动态门时段状态描述规则和事件时序描述规则，分别见表 3-45 和表 3-46。

表 3-45　同时与门的 T-S 动态门时段状态描述规则

规则	x_1			x_2			$y=1$		
	1	2	3	1	2	3	1	2	3
1	0	0	1	0	0	1	0	0	1
2	0	0	1	0	1	1	0	0	1
3	0	0	1	1	1	1	0	0	1
4	0	1	1	0	0	1	0	0	1
5	0	1	1	0	1	1	0	1	0
6	0	1	1	1	1	1	0	0	1
7	1	1	1	0	0	1	0	0	1
8	1	1	1	0	1	1	0	0	1
9	1	1	1	1	1	1	1	0	0

表 3-46　同时与门的 T-S 动态门事件时段描述规则

规则	x_1	x_2	$y=1$		
			1	2	3
1	1	1	1	0	0
2	1	2	0	0	1
3	1	3	0	0	1
4	2	1	0	0	1

（续）

规则	x_1	x_2	$y=1$		
			1	2	3
5	2	2	0	1	0
6	2	3	0	0	1
7	3	1	0	0	1
8	3	2	0	0	1
9	3	3	0	0	1

由表 3-8～表 3-46 可知，Bell 故障树逻辑门、T-S 门、Dugan 动态门均可由 T-S 动态门描述。由表 3-27、表 3-4 可知，对于其他门不能描述的静、动态事件关系，T-S 动态门可以描述。可见，Bell 故障树、T-S 故障树、Dugan 动态故障树是 T-S 动态故障树的某种特例，T-S 动态故障树更具一般性和通用性。

4. T-S 动态门离散时间描述规则的生成程序

1）输入规则生成程序

（1）与门、或门、非门、表决门、异或门、禁门、与非门、或非门、优先与门、功能相关门、温备件门、热备件门、优先或门、同时与门的输入规则生成程序。

程序代码及说明如下。

```
%%  输入规则生成函数 TS_InputRules. m  %%
%该 MATLAB 函数文件计算：已知输入事件个数和任务时间分段数，生成 T-S 动态门事件时段描述规则的输入规则。
function TS_InputRules = TS_InputRules ( NumsInputEvents , m_All ) % 函数 TS_InputRules 的输入变量 NumsInputEvents 表示 T-S 门对应下级事件（输入事件）的个数，m_All 表示整个时间轴（时间无穷大）划分为 m+1 段；输出变量 TS_InputRules 表示 T-S 动态门事件时段描述规则的输入规则。
TS_InputRules = [ ] ;
StartNum= 0 ;
%%起始数值。
for  i = 1 : NumsInputEvents
    StartNum = StartNum + ( m_All + 1 ) ^ ( i - 1) ;
end
%%后续数值。
for  i = StartNum : ( m_All + 1 ) ^ NumsInputEvents - 1
    TS_InputRules_L = [ ] ;
%% 将十进制数值转换为每条输入规则。
while ( i > 0 )
    remainder = mod ( i, m_All + 1 ) ;
```

```
    TS_InputRules_L = [ remainder , TS_InputRules_L ] ;
    i = ( i - remainder ) / ( m_All + 1 ) ;
end
%% 跳过输入规则中出现 0 的情况。
    if  length ( find ( TS_InputRules_L ) ) < NumsInputEvents
        i = i + 1 ;
        continue ;
    end
    TS_InputRules = [ TS_InputRules ; TS_InputRules_L ] ;   % 输入规则生成。
end
end
```

(2) 顺序强制门、近似方法下冷备件门的输入规则生成程序。

程序代码及说明如下。

```
%%  输入规则生成函数 SEQ_InputRules. m  %%
% 该 MATLAB 函数文件计算:已知输入事件个数和任务时间分段数,生成顺序强制门的输入规则。
function TS_InputRules = SEQ_InputRules ( NumsInputEvents , m_All )  % 函数 SEQ_InputRules 的输入变量 NumsInputEvents 表示 T-S 门对应下级事件(输入事件)的个数,m_All 表示整个时间轴(时间无穷大)划分为 m+1 段;输出变量 TS_InputRules 表示 T-S 动态门事件时段描述规则的输入规则。
TS_InputRules = [ ] ;
StartNum = 0 ;
%% 起始数值。
for  i = 1 : NumsInputEvents
    StartNum = StartNum + ( m_All + 1 ) ^ ( i - 1) ;
end
%% 后续数值。
for  i = StartNum : ( m_All + 1 ) ^ NumsInputEvents - 1
    TS_InputRules_L = [ ] ;
%% 将十进制数值转换为每条输入规则。
while ( i > 0 )
    remainder = mod ( i, m_All + 1 ) ;
    TS_InputRules_L = [ remainder , TS_InputRules_L ] ;
    i = ( i - remainder ) / ( m_All + 1 ) ;
end
%% 跳过输入规则中出现 0 的情况。
    if  length ( find ( TS_InputRules_L ) ) < NumsInputEvents
        i = i + 1 ;
```

```
            continue ;
        end
%% 留下的输入规则满足其元素按从小到大顺序排列(不包括相等)的条件。
        if  isequal ( TS_InputRules_L , sort ( TS_InputRules_L ) ) = = 1
            if  length ( unique ( TS_InputRules_L ) ) = = NumsInputEvents
            TS_InputRules = [ TS_InputRules ; TS_InputRules_L ] ;
            end
        end
end
%% 补充最后一条规则。
TS_InputRules_L = ones ( 1 , NumsInputEvents ) * m_All ;
TS_InputRules = [ TS_InputRules ; TS_InputRules_L ] ;
end
```

(3) 准确方法下冷备件门的输入规则生成程序。

程序代码及说明如下。

```
%%  输入规则生成函数 CSP_InputRules. m  %%
% 该 MATLAB 函数文件计算:已知输入事件个数和任务时间分段数,生成冷备件门的输入规则。
function TS_InputRules = CSP_InputRules ( NumsInputEvents , m_All )  % 函数 CSP_InputRules 的输入变量 NumsInputEvents 表示 T-S 门对应下级事件(输入事件)的个数,m_All 表示整个时间轴(时间无穷大)划分为 m+1 段;输出变量 TS_InputRules 表示 T-S 动态门事件时段描述规则的输入规则。
TS_InputRules = [ ] ;
StartNum = 0 ;
%% 起始数值。
for  i = 1 : NumsInputEvents
    StartNum = StartNum + ( m_All + 1 ) ^ ( i - 1) ;
end
%% 后续数值。
for  i = StartNum : ( m_All + 1 ) ^ NumsInputEvents - 1
    TS_InputRules_L = [ ] ;
%% 将十进制数值转换为每条输入规则。
while ( i > 0 )
    remainder = mod ( i, m_All + 1 ) ;
    TS_InputRules_L = [ remainder , TS_InputRules_L ] ;
    i = ( i - remainder ) / ( m_All + 1 ) ;
end
%% 跳过输入规则中出现 0 的情况。
```

```
    if length ( find ( TS_InputRules_L ) ) < NumsInputEvents
        i = i + 1 ;
        continue ;
    end
%% 留下的输入规则满足其元素按从小到大顺序排列(包括相等)的条件。
    if isequal ( TS_InputRules_L , sort ( TS_InputRules_L ) ) = = 1
        TS_InputRules = [ TS_InputRules ; TS_InputRules_L ] ;
    end
end
end
```

2) 输出规则生成程序

(1) 与门、禁门、冷备件门、温备件门、热备件门、顺序强制门的输出规则生成程序。

程序代码及说明如下。

```
%%  与门的输出规则生成函数 Out_AND. m  %%
% 该 MATLAB 函数文件计算:已知输入规则和任务时间分段数,生成与门的输出规则。
function TS_OutputRules = Out_AND ( TS_InputRules , m_All )  % 函数 Out_AND 的输入变量 TS_InputRules 表示 T-S 动态门事件时段描述规则的输入规则,m_All 表示整个时间轴(时间无穷大)划分为 m+1 段;输出变量 TS_OutputRules 表示 T-S 动态门事件时段描述规则的输出规则。
r = size ( TS_InputRules , 1 ) ;
TS_OutputRules = zeros ( r , m_All ) ;
for  i = 1 : r
    j_y = max ( TS_InputRules( i , : ) ) ;  % j_y 记录 TS_InputRules 的第 i 行的元素最大值。
    TS_OutputRules ( i , j_y ) = 1 ;
end
end
```

(2) 或门的输出规则生成程序。

程序代码及说明如下。

```
%%  或门的输出规则生成函数 Out_OR. m  %%
% 该 MATLAB 函数文件计算:已知输入规则和任务时间分段数,生成或门的输出规则。
function TS_OutputRules = Out_OR ( TS_InputRules , m_All )  %函数 Out_OR 的输入变量 TS_InputRules 表示 T-S 动态门事件时段描述规则的输入规则,m_All 表示整个时间轴(时间无穷大)划分为 m+1 段;输出变量 TS_OutputRules 表示 T-S 动态门事件时段描述规则的输出规则。
r = size ( TS_InputRules , 1) ;
```

```
TS_OutputRules = zeros ( r , m_All ) ;
for  i = 1 : r
    j_y = min ( TS_InputRules( i , : ) ) ;   % j_y 记录 TS_InputRules 的第 i 行的元素最小值。
    TS_OutputRules ( i , j_y ) = 1 ;
end
end
```

(3) 非门的输出规则生成程序。

程序代码及说明如下。

```
%%  非门的输出规则生成函数 Out_NOT. m  %%
% 该 MATLAB 函数文件计算:已知输入规则和任务时间分段数,生成非门的输出规则。
function TS_OutputRules = Out_NOT ( TS_InputRules , m_All )  % 函数 Out_NOT 的输入变量 TS_InputRules 表示 T-S 动态门事件时段描述规则的输入规则,m_All 表示整个时间轴(时间无穷大)划分为 m+1 段;输出变量 TS_OutputRules 表示 T-S 动态门事件时段描述规则的输出规则。
r = size ( TS_InputRules , 1) ;
TS_OutputRules = zeros ( r , m_All ) ;
for  i = 1 : r
    if  TS_InputRules ( i ) = = 1
      TS_OutputRules ( i , m_All ) = 1 ;
    else
      TS_OutputRules ( i , 1 ) = 1 ;
    end
end
end
```

(4) 表决门的输出规则生成程序。

程序代码及说明如下。

```
%%  表决门的输出规则生成函数 Out_VOTE. m  %%
% 该 MATLAB 函数文件计算:已知输入规则、任务时间分段数和表决门的 k 值,生成表决门的输出规则。
function TS_OutputRules = Out_VOTE ( TS_InputRules , m_All , k )  % 函数 Out_VOTE 的输入变量 TS_InputRules 表示 T-S 动态门事件时段描述规则的输入规则,m_All 表示整个时间轴(时间无穷大)划分为 m+1 段,k 表示表示仅当输入事件中有 k 个或 k 个以上的事件发生时,输出事件才发生;输出变量 TS_OutputRules 表示 T-S 动态门事件时段描述规则的输出规则。
r = size ( TS_InputRules , 1 ) ;
TS_OutputRules = zeros ( r , m_All ) ;
```

```
for  i = 1 : r
    j_x = sort ( TS_InputRules ( i , : ) ) ;  % 将 TS_InputRules 的第 i 行的元素从小到大排序后记录在 j_x。
    TS_OutputRules ( i , j_x ( k ) ) = 1 ;
end
end
```

(5) 异或门的输出规则生成程序。

程序代码及说明如下。

```
%%  异或门的输出规则生成函数 Out_XOR. m  %%
% 该 MATLAB 函数文件计算:已知输入规则和任务时间分段数,生成异或门的输出规则。
function TS_OutputRules = Out_XOR ( TS_InputRules , m_All )  % 函数 Out_XOR 的输入变量 TS_InputRules 表示 T-S 动态门事件时段描述规则的输入规则,m_All 表示整个时间轴(时间无穷大)划分为 m+1 段;输出变量 TS_OutputRules 表示 T-S 动态门事件时段描述规则的输出规则。
r = size ( TS_InputRules , 1) ;
TS_OutputRules = zeros ( r , m_All ) ;
for  i = 1 : r
    if  size ( unique ( TS_InputRules ( i , : ) ) , 2 ) = = 1  %判断 TS_InputRules 第 i 行的元素是否相同。
        j_y = m_All ;
    else
        j_y = min ( TS_InputRules ( i , : ) ) ;
    end
    TS_OutputRules ( i , j_y ) = 1 ;
end
end
```

(6) 与非门的输出规则生成程序。

程序代码及说明如下。

```
%%  与非门的输出规则生成函数 Out_NAND. m  %%
% 该 MATLAB 函数文件计算:已知输入规则和任务时间分段数,生成与非门的输出规则。
function TS_OutputRules = Out_NAND ( TS_InputRules , m_All )  % 函数 Out_NAND 的输入变量 TS_InputRules 表示 T-S 动态门事件时段描述规则的输入规则,m_All 表示整个时间轴(时间无穷大)划分为 m+1 段;输出变量 TS_OutputRules 表示 T-S 动态门事件时段描述规则的输出规则。
r = size ( TS_InputRules , 1 ) ;
TS_OutputRules = zeros ( r , m_All ) ;
for  i = 1 : r
```

```
    if  unique ( TS_InputRules ( i , : ) ) == 1  % 判断 TS_InputRules 的第 i 行的元素是否全部为 1。
        j_y = m_All ;
    else
        j_y = 1 ;
    end
    TS_OutputRules ( i , j_y ) = 1 ;
end
end
```

(7) 或非门的输出规则生成程序。

程序代码及说明如下。

```
%%  或非门的输出规则生成函数 Out_NOR. m  %%
% 该 MATLAB 函数文件计算:已知输入规则和任务时间分段数,生成或非门的输出规则。
function TS_OutputRules = Out_NOR ( TS_InputRules , m_All )  % 函数 Out_NOR 的输入变量 TS_InputRules 表示 T-S 动态门事件时段描述规则的输入规则,m_All 表示整个时间轴(时间无穷大)划分为 m+1 段;输出变量 TS_OutputRules 表示 T-S 动态门事件时段描述规则的输出规则。
r = size ( TS_InputRules , 1) ;
TS_OutputRules = zeros ( r , m_All ) ;
for  i = 1 : r
    if  find ( TS_InputRules ( i , : ) == 1 ) > 0  %判断 TS_InputRules 第 i 行元素中 1 的数目是否大于 0。
        j_y = m_All ;
    else
        j_y = 1 ;
    end
    TS_OutputRules ( i , j_y ) = 1 ;
end
end
```

(8) 优先与门的输出规则生成程序。

近似方法和准确方法下优先与门的输出规则生成程序如下。

```
%%  近似方法下优先与门的输出规则生成函数 Out_PAND. m  %%
% 该 MATLAB 函数文件已知输入规则和任务时间分段数,生成近似方法下优先与门的输出规则。
function TS_OutputRules = Out_PAND ( TS_InputRules , m_All )  % 函数 Out_PAND 的输入变量 TS_InputRules 表示 T-S 动态门事件时段描述规则的输入规则,m_All 表示整个时间轴(时间无穷大)划分为 m+1 段;输出变量 TS_OutputRules 表示 T-S 动态门事件时段描述
```

```
规则的输出规则。
[ r , NumsInputEvents ] = size ( TS_InputRules ) ;
TS_OutputRules = zeros ( r , m_All ) ;
for  i = 1: r
%% 生成辅助矩阵判断事件是否按照特定时序发生
Judge = zeros ( 1, NumsInputEvents - 1 ) ;
    for  j = 1 : NumsInputEvents - 1
        if  TS_InputRules ( i , j ) <= TS_InputRules ( i , j + 1 )
            Judge ( 1 , j ) = 1 ;
        end
end
%% 根据优先与门的特性生成输出规则
if  length ( find ( Judge ) ) = = NumsInputEvents - 1
        TS_OutputRules ( i , max ( TS_InputRules ( i , : ) ) ) = 1 ;
    else
        TS_OutputRules ( i , m_All ) = 1 ;
end
end
end
```

```
%%  准确方法下优先与门的输出规则生成函数 Out_Accu_PAND. m  %%
% 该 MATLAB 函数文件计算:已知输入规则、任务时间分段数、时段的时长及下级事件的故障率,生成准确方法下优先与门的输出规则。
function TS_OutputRules = Out_Accu_PAND ( TS_InputRules , m_All , Delta , Lam1 , Lam2 )
% 函数 Out_PAND 的输入变量 TS_InputRules 表示 T-S 动态门事件时段描述规则的输入规则,m_All 表示整个时间轴(时间无穷大)划分为 m+1 段,Delta 表示时段的时长,Lam1 和 Lam2 分别为下级事件的故障率;输出变量 TS_OutputRules 表示 T-S 动态门事件时段描述规则的输出规则。
[ r , NumsInputEvents ] = size ( TS_InputRules ) ;
TS_OutputRules = zeros ( r , m_All ) ;
% 生成辅助矩阵来判断下级事件发生的时序
for  i = 1 : r
    Judge = zeros ( 1 , NumsInputEvents - 1 ) ;
    for  j = 1 : NumsInputEvents - 1
        if  TS_InputRules ( i , j ) < TS_InputRules ( i , j + 1 )
            Judge ( 1 , j ) = 2 ;
        else
        if  TS_InputRules ( i , j ) = = TS_InputRules ( i , j + 1 )
```

```
          Judge ( 1 , j ) = 1 ;
         else   Judge ( 1 , j ) = 0 ;
         end
    end
    end
    if   Judge ( 1 , j ) = = 2
         TS_OutputRules ( i , max ( TS_InputRules ( i , : ) ) ) = 1;
    else
         if   Judge ( 1 , j ) = = 1&&TS_InputRules ( i , j ) < m_All   % 当下级事件在任务时间内的同一时段内发生时,生成准确方法下特殊的输出规则。
                  p1 = ( ( Lam1 * exp ( ( Lam1 + Lam2 ) * Delta ) + Lam2 ) / ( Lam1 + Lam2 ) - exp ( Lam1 * Delta ) / ( exp ( Lam1 * Delta ) - 1 ) * ( exp ( Lam2 * Delta ) - 1) ) ;
          TS_OutputRules ( i , TS_InputRules ( i , : ) ) =   p1 ;
          TS_OutputRules ( i , m_All ) = 1 - p1 ;
         else
         TS_OutputRules ( i , m_All ) = 1 ;
    end
end
end
```

(9) 功能相关门的输出规则生成程序。

程序代码及说明如下。

```
%%   功能相关门的输出规则生成函数 Out_FDEP. m   %%
% 该 MATLAB 函数文件计算:已知输入规则和任务时间分段数,生成功能相关门的输出规则。
function TS_OutputRules = Out_FDEP ( TS_InputRules , m_All )   % 函数 Out_FDEP 的输入变量 TS_InputRules 表示 T-S 动态门事件时段描述规则的输入规则,m_All 表示整个时间轴(时间无穷大)划分为 m+1 段;输出变量 TS_OutputRules 表示 T-S 动态门事件时段描述规则的输出规则。
[ r , NumsInputEvents ] = size ( TS_InputRules ) ;
TS_OutputRules = zeros ( r , m_All ) ;
for   i = 1 : r
    j_y = min ( TS_InputRules ( i , 1 ) , max ( TS_InputRules , 2 : NumsInputEvents ) ) ;
    TS_OutputRules ( i , j_y ) = 1 ;
end
end
```

(10) 优先或门的输出规则生成程序。

程序代码及说明如下。

```
%%  优先或门输出生成规则函数 Out_POR. m  %%
% 该 MATLAB 函数文件计算:已知输入规则和任务时间分段数,生成优先或门的输出规则。
function TS_OutputRules = Out_POR ( TS_InputRules , m_All )  % 函数 Out_POR 的输入变量 TS_InputRules 表示 T-S 动态门事件时段描述规则的输入规则,m_All 表示整个时间轴(时间无穷大)划分为 m+1 段;输出变量 TS_OutputRules 表示 T-S 动态门事件时段描述规则的输出规则。
r = size ( TS_InputRules , 1 ) ;
TS_OutputRules = zeros ( r , m_All ) ;
for  i = 1 : r
[ j_y , index ] = min ( TS_InputRules ( i , : ) ) ;  % j_y 记录 TS_InputRules 的第 i 行的最小值,index 记录最小值的列。
    if  index == 1
        TS_OutputRules ( i , j_y ) = 1 ;
    else
        TS_OutputRules ( i , m_All ) = 1 ;
    end
end
end
```

(11) 同时与门的输出规则生成程序。

程序代码及说明如下。

```
%%  同时与门输出规则生成函数 Out_SAND. m  %%
% 该 MATLAB 函数文件计算:已知输入规则和任务时间分段数,生成同时与门的输出规则。
function TS_OutputRules = Out_SAND ( TS_InputRules , m_All )  % 函数 Out_SAND 的输入变量 TS_InputRules 表示 T-S 动态门事件时段描述规则的输入规则,m_All 表示整个时间轴(时间无穷大)划分为 m+1 段;输出变量 TS_OutputRules 表示 T-S 动态门事件时段描述规则的输出规则。
r = size ( TS_InputRules , 1 ) ;
TS_OutputRules = zeros ( r , m_All ) ;
for  i = 1 : r
    if  length ( unique ( TS_InputRules ( i , : ) ) ) == 1  %判断 TS_InputRules 的第 i 行的元素是否相同。
        TS_OutputRules ( i , unique ( TS_InputRules ( i , : ) ) ) = 1 ;
    else
        TS_OutputRules ( i , m_All ) = 1 ;
```

```
        end
    end
end
```

3）主程序

程序代码及说明如下。

```
%%  主程序 TS_Rules. m  %%
% 该主程序 MATLAB 脚本文件计算：已知输入事件个数和任务时间分段数，生成 T-S 动态门事件时段描述规则。
clear
clc
NumsInputEvents = 2 ; % 令下级事件个数为 2。对于非门 NumsInputEvents = 1，对于表决门 NumsInputEvents ≥ 3。
m = 2 ;  % 任务时间分为 2 段。
m_All = m + 1 ;
TS_InputRulesG1 = TS_InputRules ( NumsInputEvents , m_All ) ;  % 生成 T-S 动态门事件时段描述规则的输入规则。
% 顺序强制门、近似方法下冷备件门调用 SEQ_InputRules. m 函数，准确方法下冷备件门调用 CSP_InputRules. m 函数，其他 T-S 动态门均调用 InputRules. m 函数。
TS_OutputRulesG1 = Out_AND ( TS_InputRulesG1 , m_All ) ;  % 生成 T-S 动态门事件时段描述规则的输出规则。
% 与门调用 Out_AND. m 函数，其他门则调用 Out_OR. m 等其他函数。
```

3.2.4　离散时间 T-S 动态故障树算法

在构建 T-S 动态门及其离散时间描述规则的基础上，提出 T-S 动态门输入规则算法、输出规则算法，即基于 T-S 动态门输入、输出规则算法的离散时间 T-S 动态故障树分析求解计算方法。

1. 基于下级事件各故障状态的可靠性数据计算上级事件不同故障状态的可靠性数据

若已知下级事件的故障率，则有两种方法求解下级事件的可靠性数据：

（1）已知下级事件 $x_i(i=1,2,\cdots,n)$ 在时段 $j_i(j_i=1,2,\cdots,m,m+1)$ 的故障状态 $x_i^{[j_i]}$ 为 $S_i^{(a_i)}$ 的故障率为 $\lambda(x_i^{[j_i]}=S_i^{(a_i)})$，则 $\lambda(x_i^{[j_i]}=S_i^{(a_i)})$ 即为下级事件 x_i 在时段 j_i 的故障状态 $x_i^{[j_i]}$ 为 $S_i^{(a_i)}(a_i=1,2,\cdots,k_i)$ 的可靠性数据，即

$$P(x_i^{[j_i]}=S_i^{(a_i)})=\lambda(x_i^{[j_i]}=S_i^{(a_i)}) \tag{3-4}$$

（2）已知下级事件 $x_i(i=1,2,\cdots,n)$ 各故障状态 $S_i^{(a_i)}$ 的故障率为 $\lambda(x_i=S_i^{(a_i)})$，下级事件 x_i 在时段 j_i 的故障状态 $x_i^{[j_i]}$ 为 $S_i^{(a_i)}$ 的可靠性数据 $P(x_i^{[j_i]}=S_i^{(a_i)})$ 即为下级事件 x_i 在时段 j_i 的故障状态 $x_i^{[j_i]}$ 为 $S_i^{(a_i)}$ 的故障概率，即

$$P(x_i^{[j_i]}=S_i^{(a_i)})=\int_{(j_i-1)\Delta}^{j_i\Delta}f_i(t)\,\mathrm{d}t \tag{3-5}$$

式中：$f_i(t)$为下级事件 x_i的故障概率密度函数，当寿命分布函数为指数分布时，$f_i(t)=\lambda(x_i=S_i^{(a_i)})\exp[-\lambda(x_i=S_i^{(a_i)})t]$。若下级事件故障状态为二态，则下级事件的故障率可简写为 λ_i。当寿命分布函数为指数分布时，$f_i(t)=\lambda_i\exp(-\lambda_i t)$。

1）输入规则算法

已知下级事件各故障状态的可靠性数据（故障率、模糊故障率、区间故障率等），通过输入规则算法可求得输入规则的执行可能性。

（1）基于时段状态描述规则的输入规则算法。

T-S 动态门时段状态描述规则的输入规则，见表 3-2。

在规则 l 中，已知下级事件 $x_i(i=1,2,\cdots,n)$在时段 $j_i(j_i=1,2,\cdots,m,\ m+1)$的故障状态 $x_1^{[j_1]}$ 为 $S_1^{(a_1)}(a_1=1,2,\cdots,k_1)$，$x_2^{[j_2]}$ 为 $S_2^{(a_2)}(a_2=1,2,\cdots,k_2)$，$\cdots$，$x_n^{[j_n]}$ 为 $S_n^{(a_n)}(a_n=1,2,\cdots,k_n)$的可靠性数据分别为 $P_{(l)}(x_1^{[j_1]}=S_1^{(a_1)})$，$P_{(l)}(x_2^{[j_2]}=S_2^{(a_2)})$，$\cdots$，$P_{(l)}(x_n^{[j_n]}=S_n^{(a_n)})$，即下级事件 $x_i(i=1,2,\cdots,n)$在时段 j_i的故障状态 $x_i^{[j_i]}$ 为 $S_i^{(a_i)}$ 的可靠性数据为 $P_{(l)}(x_i=x_i^{[j_i]})$，通过输入规则算法可求得输入规则的执行可能性。

T-S 动态门时段状态描述规则的输入规则 $l(l=1,2,\cdots,r)$的执行可能性为

$$P_{(l)}^{*}=\prod_{j_i=1}^{m+1}\prod_{i=1}^{n}P_{(l)}(x_i^{[j_i]}=S_i^{(a_i)}) \tag{3-6}$$

（2）基于事件时段描述规则的输入规则算法。

T-S 动态门事件时段描述规则的输入规则，见表 3-6。

在规则 l 中，已知下级事件 $x_i(i=1,2,\cdots,n)$在时段 j_i的可靠性数据分别为 $P_{(l)}(x_1=x_1^{[j_1]})$，$P_{(l)}(x_2=x_2^{[j_2]})$，$\cdots$，$P_{(l)}(x_n=x_n^{[j_n]})$，即下级事件 x_i 在时段 j_i的可靠性数据为 $P_{(l)}(x_i=x_i^{[j_i]})$，通过输入规则算法可求得输入规则的执行可能性。

T-S 动态门事件时段描述规则的输入规则 $l(l=1,2,\cdots,r)$的执行可能性为

$$P_{(l)}^{*}=\prod_{i=1}^{n}P_{(l)}(x_i=x_i^{[j_i]}) \tag{3-7}$$

式中：$P_{(l)}(x_i=x_i^{[j_i]})$可由式（3-5）求得。

2）输出规则算法

基于输入规则算法所求得的规则执行可能性结合输出规则，再利用输出规则算法可求得上级事件可靠性数据。时段状态描述规则和事件时段描述规则的输出规则，分别见表 3-2、表 3-6。

基于输入规则算法所求得的输入规则的执行可能性，并结合式（3-8）所示的输出规则算法，可计算得到上级事件在时段 j_y的故障状态 $y^{[j_y]}$ 为 $S_y^{(b_y)}$ 的可靠性数据为

$$P(y^{[j_y]}=S_y^{(b_y)})=\sum_{l=1}^{r}P_{(l)}^{*}P_{(l)}(y^{[j_y]}) \tag{3-8}$$

y 在时段 j_y 的故障状态 $y^{[j_y]}$ 为 $S_y^{(1)},S_y^{(2)},\cdots,S_y^{(k_y)}$ 的可靠性数据分别为

$$\begin{cases}P(y^{[j_y]}=S_y^{(1)})=\sum_{l=1}^{r}P_{(l)}^{*}P_{(l)}(y^{[j_y]})\\P(y^{[j_y]}=S_y^{(2)})=\sum_{l=1}^{r}P_{(l)}^{*}P_{(l)}(y^{[j_y]})\\\vdots\\P(y^{[j_y]}=S_y^{(k_y)})=\sum_{l=1}^{r}P_{(l)}^{*}P_{(l)}(y^{[j_y]})\end{cases} \tag{3-9}$$

基于式(3-8)或式(3-9),可由下级事件在时段 j_i 的故障状态 $x_i^{[j_i]}$ 为 $S_i^{(a_i)}$ 的可靠性数据求得上级事件在时段 j_y 的故障状态 $y^{[j_y]}$ 为 $S_y^{(b_y)}$ 的可靠性数据,且满足上级事件 y 在时段 j_y 的故障状态 $y^{[j_y]}$ 为 $S_y^{(b_y)}$ 的可靠性数据 $P(y^{[j_y]}=S_y^{(b_y)})$ 之和为1,即

$$\sum_{b_y=1}^{k_y}P(y^{[j_y]}=S_y^{(b_y)})=P(y^{[j_y]}=S_y^{(1)})+P(y^{[j_y]}=S_y^{(2)})+\cdots+P(y^{[j_y]}=S_y^{(k_y)})=1 \tag{3-10}$$

由下级事件在时段 j_i 的故障状态 $x_i^{[j_i]}$ 为 $S_i^{(a_i)}$ 的可靠性数据,用式(3-8)或式(3-9)可得出上级事件在时段 j_y 的故障状态 $y^{[j_y]}$ 为 $S_y^{(b_y)}$ 的可靠性数据。依次逐级向上求解,最终可求得顶事件 T 在时段 $j_T(j_T=1,2,\cdots,m,\ m+1)$ 的故障状态 $T^{[j_T]}$ 为 $T_q(q=1,2,\cdots,k_q)$ 的可靠性数据,即 T 在时段 j_T 的故障状态 $T^{[j_T]}$ 为 T_1 的可靠性数据为 $P(T^{[j_T]}=T_1)$,T 在时段 j_T 的故障状态 $T^{[j_T]}$ 为 T_2 的可靠性数据为 $P(T^{[j_T]}=T_2)$,……,T 在时段 j_T 的故障状态 $T^{[j_T]}$ 为 T_q 的可靠性数据为 $P(T^{[j_T]}=T_q)$。

2. 基于下级事件的当前故障状态值计算上级事件出现不同故障状态的可能性

1) 输入规则算法

已知下级事件各故障状态当前故障状态值,通过输入规则算法可求得规则执行度。

(1)时段状态描述规则输入规则算法。

时段状态描述规则输入规则见表3-2。当前故障状态值描述下的下级事件可用区间[0,1]的数描述。已知下级事件 x_i 在时段 j_i 故障状态 $x_i^{[j_i]}$ 的当前故障状态值为 $\hat{x}_i^{[j_i]}$,通过输入规则算法可求得输入规则的执行度。

T-S 动态门时段状态描述规则的输入规则 $l(l=1,2,\cdots,r)$ 的执行度为

$$\beta_{(l)}(\hat{x}_i^{[j_i]})=\prod_{j_i=1}^{m+1}\prod_{i=1}^{n}\mu_{(l)}(\hat{x}_i^{[j_i]}) \tag{3-11}$$

式中：$\mu_{(l)}(\hat{x}_i^{[j_i]})$为输入规则 l 中$\hat{x}_i^{[j_i]}$的隶属度，即下级事件 x_i 在时段 j_i 的故障状态 $x_i^{[j_i]}$ 对应当前故障状态值$\hat{x}_i^{[j_i]}$的隶属度。

所有输入规则执行度的权重之和应为1，因而，需将 $\beta_{(l)}(\hat{x}_i^{[j_i]})$ 归一化，归一化的执行度为

$$\beta_{(l)}^{*}(\hat{x}_i^{[j_i]})=\frac{\beta_{(l)}(\hat{x}_i^{[j_i]})}{\sum_{l=1}^{r}\beta_{(l)}(\hat{x}_i^{[j_i]})} \tag{3-12}$$

式中：$0\leqslant\beta_{(l)}^{*}(\hat{x}_i^{[j_i]})\leqslant1$，且满足

$$\sum_{l=1}^{r}\beta_{(l)}^{*}(\hat{x}_i^{[j_i]})=\beta_{(1)}^{*}(\hat{x}_i^{[j_i]})+\beta_{(2)}^{*}(\hat{x}_i^{[j_i]})+\cdots+\beta_{(r)}^{*}(\hat{x}_i^{[j_i]})=1 \tag{3-13}$$

（2）事件时段描述规则输入规则算法。

事件时段描述规则见表3-6。已知下级事件 x_i 在时段 j_i 故障状态 $x_i^{[j_i]}$ 的当前故障状态值为$\hat{x}_i^{[j_i]}$，通过输入规则算法可求得输入规则的执行度。

T-S动态门事件时段描述规则的输入规则 $l(l=1,2,\cdots,r)$ 的执行度为

$$\beta_{(l)}(\hat{x}_i^{[j_i]})=\prod_{i=1}^{n}\mu_{(l)}(\hat{x}_i^{[j_i]}) \tag{3-14}$$

归一化的执行度 $\beta_{(l)}^{*}(\hat{x}_i^{[j_i]})$ 如式(3-12)所示。

2）输出规则算法

基于输入规则算法所求得的输入规则的执行度，并结合式(3-15)所示的输出规则算法，可计算得到上级事件 y 在时段 j_y 的故障状态 $y^{[j_y]}$ 为 $S_y^{(b_y)}$ 的可能性为

$$P(y^{[j_y]}=S_y^{(b_y)})=\sum_{l=1}^{r}\beta_{(l)}^{*}P_{(l)}(y^{[j_y]}) \tag{3-15}$$

y 在时段 j_y 的故障状态 $y^{[j_y]}$ 为 $S_y^{(1)},S_y^{(2)},\cdots,S_y^{(k_y)}$ 的可能性分别为

$$\begin{cases}P(y^{[j_y]}=S_y^{(1)})=\sum_{l=1}^{r}\beta_{(l)}^{*}P_{(l)}(y^{[j_y]})\\ P(y^{[j_y]}=S_y^{(2)})=\sum_{l=1}^{r}\beta_{(l)}^{*}P_{(l)}(y^{[j_y]})\\ \qquad\vdots\\ P(y^{[j_y]}=S_y^{(k_y)})=\sum_{l=1}^{r}\beta_{(l)}^{*}P_{(l)}(y^{[j_y]})\end{cases} \tag{3-16}$$

基于式(3-15)或式(3-16)，可由下级事件在时段 j_i 的故障状态 $x_i^{[j_i]}$ 的当前故障状态值$\hat{x}_i^{[j_i]}$求得上级事件在时段 j_y 的故障状态 $y^{[j_y]}$ 为 $S_y^{(b_y)}$ 的可能性，且满足上

级事件 y 在时段 j_y 的故障状态 $y^{[j_y]}$ 为 $S_y^{(b_y)}$ 的可能性 $P(y^{[j_y]}=S_y^{(b_y)})$ 之和为 1,即

$$\sum_{b_y=1}^{k_y} P(y^{[j_y]}=S_y^{(b_y)}) = P(y^{[j_y]}=S_y^{(1)}) + P(y^{[j_y]}=S_y^{(2)}) + \cdots + P(y^{[j_y]}=S_y^{(k_y)}) = 1 \tag{3-17}$$

由下级事件在时段 j_i 的故障状态 $x_i^{[j_i]}$ 的当前故障状态值 $\hat{x}_i^{[j_i]}$,用式(3-15)或式(3-16)可得出上级事件在时段 j_y 的故障状态 $y^{[j_y]}$ 为 $S_y^{(b_y)}$ 的可能性。依次逐级向上求解,最终可求得顶事件 T 在时段 $j_T(j_T=1,2,\cdots,m,\ m+1)$ 的故障状态 $T^{[j_T]}$ 为 $T_q(q=1,2,\cdots,k_q)$ 的可能性,即顶事件 T 在时段 j_T 的故障状态 $T^{[j_T]}$ 为 T_1 的可能性为 $P(T^{[j_T]}=T_1)$,T 在时段 j_T 的故障状态 $T^{[j_T]}$ 为 T_2 的可能性为 $P(T^{[j_T]}=T_2)$,…,T 在时段 j_T 的故障状态 $T^{[j_T]}$ 为 T_q 的可能性为 $P(T^{[j_T]}=T_q)$。

3.3 离散时间 T-S 动态故障树分析方法的可行性验证

为验证离散时间 T-S 动态故障树分析方法的可行性,将其与 Dugan 动态故障树分析方法进行对比。离散时间贝叶斯网络、Monte Carlo 法、Markov 链和顺序二元决策图是 Dugan 动态故障树定量分析、求解 Dugan 动态故障树的代表性方法,下面与这四种求解方法进行对比。

3.3.1 与基于离散时间贝叶斯网络求解的 Dugan 动态故障树分析方法对比

离散时间贝叶斯网络是求解 Dugan 动态故障树的代表性方法之一。Boudali、Dugan 在文献[482]中提出了用离散时间贝叶斯网络分析求解 Dugan 动态故障树的方法,并应用于心脏辅助系统,得出系统在任务时间内的故障概率。针对文献[482]算例,用离散时间 T-S 动态故障树分析方法与 Dugan 等提出的基于离散时间贝叶斯网络求解的 Dugan 动态故障树分析方法进行对比。

1. 基于离散时间贝叶斯网络求解的 Dugan 动态故障树分析方法

离散时间贝叶斯网络在贝叶斯网络的基础上将任务时间划分为若干个子任务时段,可用来求解 Dugan 动态故障树。文献[482]针对心脏辅助系统,建造 Dugan 动态故障树并用离散时间贝叶斯网络求解系统在任务时间内的故障概率。心脏辅助系统的 Dugan 动态故障树如图 3-10 所示。

在图 3-10 中,$G_1 \sim G_8$ 分别为或门、温备件门、冷备件门、冷备件门、功能相关门、与门、优先与门、或门;y_8 即顶事件 T,表示心脏辅助系统;中间事件 $y_1 \sim y_7$ 分别为交叉开关模块、CPU 单元、血泵模块的子系统 1、血泵模块的子系统 2、系统控制、马达模块、血泵模块;基本事件 $x_i(i=1,2,\cdots,9)$ 代表的事件名称及其故障率 λ_i,见

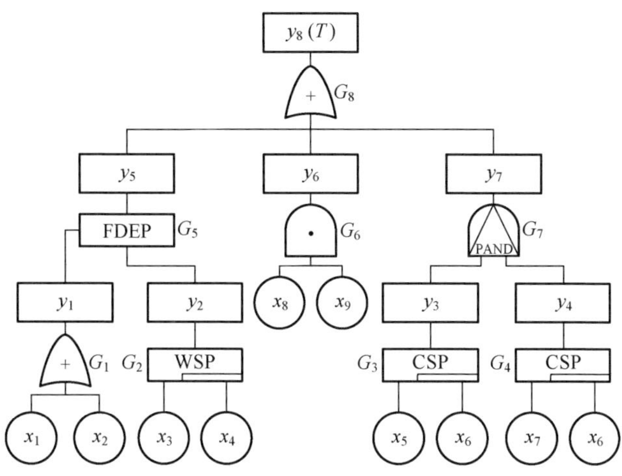

图 3-10　心脏辅助系统 Dugan 动态故障树

表 3-47。基本事件 x_i 的可靠度函数为 $R_i(t)=\exp(-\lambda_i t)$，不可靠度函数为 $F_i(t)=1-R_i(t)=1-\exp(-\lambda_i t)$。

表 3-47　基本事件对应事件名称及其故障率

基本事件 x_i	事件名称	故障率 $\lambda_i/(\times10^{-6}/\mathrm{h})$	基本事件 x_i	事件名称	故障率 $\lambda_i/(\times10^{-6}/\mathrm{h})$
x_1	交叉开关	1	x_6	备用血泵	5
x_2	监控系统	2	x_7	血泵 2	5
x_3	CPU	4	x_8	马达 1	5
x_4	备用 CPU	4	x_9	马达 2	1
x_5	血泵 1	5			

将图 3-10 的 Dugan 动态故障树转化为如图 3-11 所示的贝叶斯网络，Dugan 动态故障树中的基本事件、中间事件和顶事件分别对应贝叶斯网络的根节点、中间节点和叶节点。

基本事件 x_i 不为冷备件（x_6）和温备件（x_4）时，在时段 j_i 即区间 $[(j_i-1)\Delta, j_i\Delta)$ 的故障概率为

$$P(x_i^{[j_i]}=1)=\int_{(j_i-1)\Delta}^{j_i\Delta} f_i(t)\,\mathrm{d}t=\int_{(j_i-1)\Delta}^{j_i\Delta}\frac{\mathrm{d}F_i(t)}{\mathrm{d}t}\mathrm{d}t=[\exp(\lambda_i\Delta)-1]\exp(-\lambda_i j_i\Delta) \tag{3-18}$$

基本事件 x_5 为主件，x_6 为冷备件。假设 x_5 和 x_6 发生时段分别为 j_5 和 j_6，则冷备件 x_6 的故障概率为

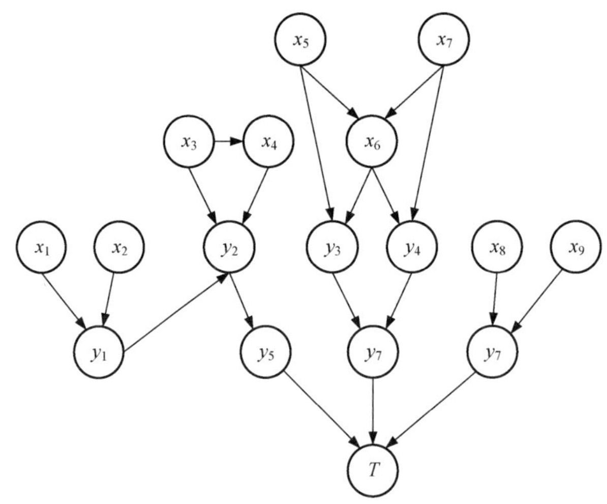

图 3-11　心脏辅助系统贝叶斯网络

$$P(x_6^{[j_6]}=1)=\frac{\int_{(j_5-1)\Delta}^{j_5\Delta}\int_{(j_6-1)\Delta}^{j_6\Delta}\lambda_5\lambda_6\exp[\lambda_6(t_1-t_2)-\lambda_5t_1]\mathrm{d}t_1\mathrm{d}t_2}{\int_{(j_5-1)\Delta}^{j_5\Delta}\lambda_5\exp(-\lambda_5t_1)\mathrm{d}t_1} \tag{3-19}$$

基本事件 x_3为主件,x_4为温备件,x_4在贮备期间的故障率为工作状态时的 α 倍,α 取值为 0.5。若 x_3在时段 j_3失效,x_4在时段 j_4失效,且 x_4先于 x_3失效或 x_3和 x_4同时失效,即 $j_4\leqslant j_3$,则温备件 x_4的故障概率为

$$P(x_4^{[j_4]}=1)=\int_{(j_4-1)\Delta}^{j_4\Delta}\alpha\lambda_4\exp(-\alpha\lambda_4t)\mathrm{d}t \tag{3-20}$$

若 x_3先于 x_4失效,即 $j_3<j_4$,则温备件 x_4的故障概率为

$$P(x_4^{[j_4]}=1)=\int_{(j_4-1)\Delta}^{j_4\Delta}R_4(j_3)\lambda_4\exp[-\lambda_4(t-j_3\Delta)]\mathrm{d}t \tag{3-21}$$

式中:$R_4(j_3)$为基本事件 x_4在时段 j_3前为正常状态的概率;$j_3\Delta$ 为时段 j_3的时间下限。

通过上述故障概率计算公式求得基本事件在各时段的故障概率,通过基本事件的事件关系利用贝叶斯网络推理求解中间事件各时段的故障概率,再通过中间事件之间的事件关系利用贝叶斯网络推理求解顶事件在任务时间内的故障概率。

当任务时间 $t_M=100000$h,任务时间分段数 $m=1$、5 时,求得心脏辅助系统的故障概率分别为 0.329535、0.363672。

2. 离散时间 T-S 动态故障树分析方法

将图 3-10 的 Dugan 动态故障树转化为如图 3-12 所示的 T-S 动态故障树,其中,$G_1\sim G_8$为 T-S 动态门,表示的事件关系分别为或门、温备件门、冷备件门、冷备件门、功能相关门、与门、优先与门、或门。

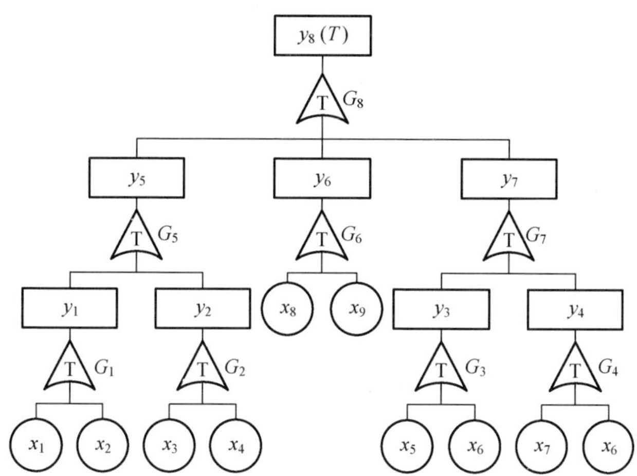

图 3-12　心脏辅助系统 T-S 动态故障树

G_1门表示的事件关系为或门，当任务时间分段数 $m=1$、5 时的事件时段描述规则分别见表 3-48 和表 3-49。

表 3-48　G_1门的事件时段描述规则($m=1$)

规　则	x_1	x_2	$y_1=1$	
			1	2
1	1	1	1	0
2	1	2	1	0
3	2	1	1	0
4	2	2	0	1

表 3-49　G_1门的事件时段描述规则($m=5$)

规则	x_1	x_2	$y_1=1$					
			1	2	3	4	5	6
1	1	1	1	0	0	0	0	0
2	1	2	1	0	0	0	0	0
3	1	3	1	0	0	0	0	0
4	1	4	1	0	0	0	0	0
⋮	⋮	⋮	⋮	⋮	⋮	⋮	⋮	⋮
35	6	5	0	0	0	0	1	0
36	6	6	0	0	0	0	0	1

表 3-48 中的每一行均代表一条规则。例如，规则 1 表示下级事件 x_1、x_2 发生时段均为时段 1 时，上级事件 y_1 在时段 1、2 的故障状态 $y_1^{[1]}$、$y_1^{[2]}$ 为 1 的发生可能性分别为 1、0；规则 2 表示下级事件 x_1、x_2 发生时段分别为 1、2 时，上级事件 y_1 在时段 1、2 的故障状态 $y_1^{[1]}$、$y_1^{[2]}$ 为 1 的发生可能性分别为 1、0。

G_2 门表示的事件关系为温备件门。任务时间分段数 $m=1$、5 时，G_2 门的事件时段描述规则分别见表 3-50 和表 3-51。

表 3-50　G_2 门的事件时段描述规则（$m=1$）

规　则	x_3	x_4	$y_2=1$	
			1	2
1	1	1	1	0
2	1	2	0	1
3	2	1	0	1
4	2	2	0	1

表 3-51　G_2 门的事件时段描述规则（$m=5$）

规　则	x_3	x_4	$y_2=1$					
			1	2	3	4	5	6
1	1	1	1	0	0	0	0	0
2	1	2	0	1	0	0	0	0
3	1	3	0	0	1	0	0	0
4	1	4	0	0	0	1	0	0
⋮	⋮	⋮	⋮	⋮	⋮	⋮	⋮	⋮
35	6	5	0	0	0	0	0	1
36	6	6	0	0	0	0	0	1

G_3、G_4 门表示的事件关系为冷备件门，且下级事件个数和上级事件个数相同，T-S动态门离散时间描述规则相同。任务时间分段数 $m=1$、5 时，G_3、G_4 门的近似方法下事件时段描述规则分别见表 3-52 和表 3-53。

表 3-52　$G_3(G_4)$ 门的事件时段描述规则（$m=1$）

规　则	$x_5(x_7)$	x_6	$y_3(y_4)=1$	
			1	2
1	1	2	0	1
2	2	2	0	1

表 3-53　$G_3(G_4)$门的事件时段描述规则($m=5$)

规　则	$x_5(x_7)$	x_6	$y_3(y_4)=1$					
			1	2	3	4	5	6
1	1	2	0	1	0	0	0	0
2	1	3	0	0	1	0	0	0
3	1	4	0	0	0	1	0	0
⋮	⋮	⋮	⋮	⋮	⋮	⋮	⋮	⋮
15	5	6	0	0	0	0	0	1
16	6	6	0	0	0	0	0	1

G_5门表示的事件关系为功能相关门。任务时间分段数 $m=1$、5 时,G_5门的事件时段描述规则分别见表 3-54 和表 3-55。

表 3-54　G_5门的事件时段描述规则($m=1$)

规　则	y_1	y_2	$y_5=1$	
			1	2
1	1	1	1	0
2	1	2	1	0
3	2	1	1	0
4	2	2	0	1

表 3-55　G_5门的事件时段描述规则($m=5$)

规　则	y_1	y_2	$y_5=1$					
			1	2	3	4	5	6
1	1	1	1	0	0	0	0	0
2	1	2	1	0	0	0	0	0
3	1	3	1	0	0	0	0	0
4	1	4	1	0	0	0	0	0
⋮	⋮	⋮	⋮	⋮	⋮	⋮	⋮	⋮
35	6	5	0	0	0	0	1	0
36	6	6	0	0	0	0	0	1

G_6门表示的事件关系为与门。任务时间分段数 $m=1$、5 时,G_6门的事件时段描述规则分别见表 3-56 和表 3-57。

表 3-56　G_6门的事件时段描述规则($m=1$)

规　则	x_8	x_9	$y_6=1$	
			1	2
1	1	1	1	0
2	1	2	0	1
3	2	1	0	1
4	2	2	0	1

表 3-57　G_6门的事件时段描述规则($m=5$)

规　则	x_8	x_9	$y_6=1$					
			1	2	3	4	5	6
1	1	1	1	0	0	0	0	0
2	1	2	0	1	0	0	0	0
3	1	3	0	0	1	0	0	0
4	1	4	0	0	0	1	0	0
⋮	⋮	⋮	⋮	⋮	⋮	⋮	⋮	⋮
35	6	5	0	0	0	0	0	1
36	6	6	0	0	0	0	0	1

G_7门表示的事件关系为优先与门。任务时间分段数 $m=1$、5 时,G_7门的近似方法下事件时段描述规则分别见表 3-58 和表 3-59。

表 3-58　G_7门的事件时段描述规则($m=1$)

规　则	y_3	y_4	$y_7=1$	
			1	2
1	1	1	1	0
2	1	2	0	1
3	2	1	0	1
4	2	2	0	1

表 3-59　G_7门的事件时段描述规则($m=5$)

规　则	y_3	y_4	$y_7=1$					
			1	2	3	4	5	6
1	1	1	1	0	0	0	0	0
2	1	2	0	1	0	0	0	0

（续）

规　则	y_3	y_4	$y_7=1$					
			1	2	3	4	5	6
3	1	3	0	0	1	0	0	0
4	1	4	0	0	0	1	0	0
⋮	⋮	⋮	⋮	⋮	⋮	⋮	⋮	⋮
35	6	5	0	0	0	0	0	1
36	6	6	0	0	0	0	0	1

G_8门表示的事件关系为或门。任务时间分段数 $m=1$、5 时，G_8门的事件时段描述规则分别见表 3-60 和表 3-61。

表 3-60　G_8门的事件时段描述规则（$m=1$）

规　则	y_5	y_6	y_7	$y_8=1$	
				1	2
1	1	1	1	1	0
2	1	1	2	1	0
3	1	2	1	1	0
4	1	2	2	1	0
5	2	1	1	1	0
6	2	1	2	1	0
7	2	2	1	1	0
8	2	2	2	0	1

表 3-61　G_8门的事件时段描述规则（$m=5$）

规　则	y_5	y_6	y_7	$y_8=1$					
				1	2	3	4	5	6
1	1	1	1	1	0	0	0	0	0
2	1	1	2	1	0	0	0	0	0
3	1	1	3	1	0	0	0	0	0
4	1	1	4	1	0	0	0	0	0
⋮	⋮	⋮	⋮	⋮	⋮	⋮	⋮	⋮	⋮
215	6	6	5	0	0	0	0	1	0
216	6	6	6	0	0	0	0	0	1

表 3-48~表 3-61 分别为任务时间分段数 $m=1$、5 时 $G_1 \sim G_8$门的事件时段描述规则，若按照离散时间描述规则生成方法生成 T-S 动态门离散时间描述规则，任务时间分段数 $m=1$、5 时，G_1门的时段状态描述规则分别见表 3-62、表 3-63。$G_2 \sim G_8$门的时段状态描述规则生成与此类似。

表 3-62　G_1门的时段状态描述规则（$m=1$）

规则	x_1		x_2		$y_1=1$	
	1	2	1	2	1	2
1	0	1	0	1	0	1
2	0	1	1	1	1	0
3	1	1	0	1	1	0
4	1	1	1	1	1	0

表 3-63　G_1门的时段状态描述规则（$m=5$）

规则	x_1						x_2						$y_1=1$					
	1	2	3	4	5	6	1	2	3	4	5	6	1	2	3	4	5	6
1	0	0	0	0	0	1	0	0	0	0	0	1	0	0	0	0	0	1
2	0	0	0	0	0	1	0	0	0	0	1	1	0	0	0	0	1	0
3	0	0	0	0	0	1	0	0	0	1	1	1	0	0	0	1	0	0
4	0	0	0	0	0	1	0	0	1	1	1	1	0	0	1	0	0	0
5	0	0	0	0	0	1	0	1	1	1	1	1	0	1	0	0	0	0
⋮	⋮	⋮	⋮	⋮	⋮	⋮	⋮	⋮	⋮	⋮	⋮	⋮	⋮	⋮	⋮	⋮	⋮	⋮
35	0	1	1	1	1	1	1	1	1	1	1	1	1	0	0	0	0	0
36	1	1	1	1	1	1	1	1	1	1	1	1	1	0	0	0	0	0

表 3-62、表 3-63 中的每一行均代表一条规则。例如，表 3-63 规则 1 表示下级事件 x_1在时段 1、2、3、4、5、6 的故障状态分别为 0、0、0、0、0、1，x_2在时段 1、2、3、4、5、6 的故障状态分别为 0、0、0、0、0、1 时，上级事件 y_1在时段 1、2、3、4、5、6 的故障状态 $y_1^{[1]}$、$y_1^{[2]}$、$y_1^{[3]}$、$y_1^{[4]}$、$y_1^{[5]}$、$y_1^{[6]}$ 为 1 的发生可能性分别为 0、0、0、0、0、1。

用两种离散时间规则生成方法分别得到事件时段描述规则和时段状态描述规则后，运用所提出的基于 T-S 动态门输入、输出规则算法的离散时间 T-S 动态故障树分析求解计算方法，由式（3-6）和式（3-7）计算时段状态描述规则和事件时段描述规则下的规则执行可能性，由式（3-9）计算上级事件的故障概率。任务时间 $t_M=100000\mathrm{h}$，任务时间分段数 $m=1$、5 时，两种规则算法下求解得到心脏辅助系统的故障概率结果相同，说明事件时段描述规则和时段状态描述规则是等效的。

任务时间 $t_M=100000\text{h}$，任务时间分段数 $m=1$、5 时，基于离散时间贝叶斯网络求解的 Dugan 动态故障树分析方法、离散时间 T-S 动态故障树分析方法求得心脏辅助系统的故障概率，结果相同，见表 3-64。

表 3-64　心脏辅助系统的故障概率

任务时间分段数 m	基于离散时间贝叶斯网络求解的 Dugan 动态故障树分析方法	离散时间 T-S 动态故障树分析方法
1	0.329535	0.329535
5	0.363672	0.363672

3.3.2　与基于 Monte Carlo 求解的离散时间 Dugan 动态故障树分析方法对比

Monte Carlo 法是求解 Dugan 动态故障树的代表性方法之一。为进一步验证离散时间 T-S 动态故障树分析方法的可行性，将其与基于 Monte Carlo 求解的离散时间 Dugan 动态故障树分析方法进行对比。

1. 基于 Monte Carlo 求解的离散时间 Dugan 动态故障树分析方法

某液压系统的 Dugan 动态故障树如图 3-13 所示，$G_1 \sim G_4$ 分别为或门、优先与门、或门、与门，y_4 即顶事件 T，$y_1 \sim y_3$ 为中间事件，基本事件 $x_i(i=1,2,\cdots,7)$ 的故障率 $\lambda_i(10^{-3}/\text{h})$ 分别 3、8、9、6、1、4、2，并且寿命均服从指数分布，任务时间 $t_M=500\text{h}$。

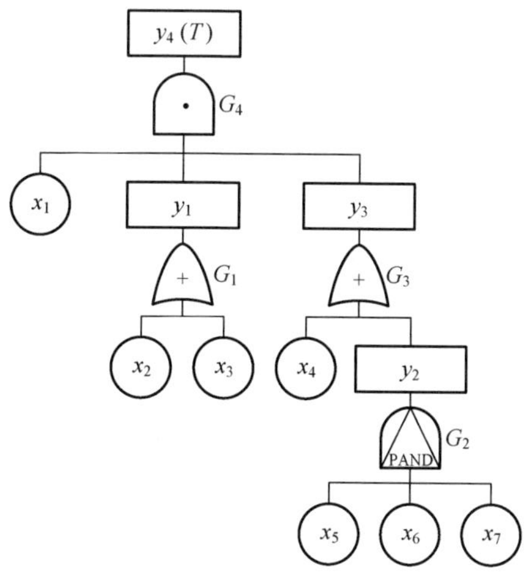

图 3-13　液压系统 Dugan 动态故障树

根据图 3-13 的 Dugan 动态故障树，用 Monte Carlo 法完成一次仿真步骤主要如下。

步骤 1:生成 1 个服从(0, 1)均匀分布的随机数 ξ_1,则基本事件 x_1 的寿命 $t_1=-\frac{1}{\lambda_1}\ln(1-\xi_1)$。

步骤 2:生成 2 个服从(0, 1)均匀分布的随机数 ξ_2、ξ_3,根据 $t_i=-\frac{1}{\lambda_i}\ln(1-\xi_i)$ 解出 x_2 和 x_3 的寿命 t_2、t_3,进而得到 y_1 的寿命 $t_{y_1}=\min(t_2, t_3)$。

步骤 3:生成 3 个服从(0, 1)均匀分布的随机数 ξ_5、ξ_6、ξ_7,根据 $t_i=-\frac{1}{\lambda_i}\ln(1-\xi_i)$ 解出 x_5、x_6、x_7 的寿命 t_5、t_6、t_7,如果 $t_5<t_6<t_7$,则 y_2 的寿命 $t_{y_2}=t_7$,否则 y_2 的寿命在任务时间外,即 $t_{y_2}=t_M$。

步骤 4:生成 1 个服从(0, 1)均匀分布的随机数 ξ_4,根据 $t_i=-\frac{1}{\lambda_i}\ln(1-\xi_i)$,得到 x_4 的寿命为 t_4,进而得到 y_3 的寿命 $t_{y_3}=\min(t_4, t_{y_2})$。

步骤 5:y_4 即顶事件 T 的寿命 $t=\max(t_1, t_{y_1}, t_{y_3})$。

将上述仿真步骤重复 N 次,可得到系统 N 个寿命数据样本。令任务时间分段数为 m,则每段区间长度 $\Delta=t_M/m$,仿真得到系统寿命满足 $0<t<j\Delta(j=,1,2,\cdots,m)$ 的次数为 N_j,进而求得系统的故障概率为 $R(T_j)=N_j/N$。

2. 离散时间 T-S 动态故障树分析方法

将图 3-13 的 Dugan 动态故障树转化为如图 3-14 所示的 T-S 动态故障树。其中,$G_1 \sim G_4$ 为 T-S 动态门,表示的事件关系分别为或门、优先与门、或门、与门。$G_1 \sim G_4$ 门的时段状态描述规则,分别见表 3-65～表 3-68,其中,G_3 门的描述规则是近似方法下的 T-S 动态门离散时间描述规则。

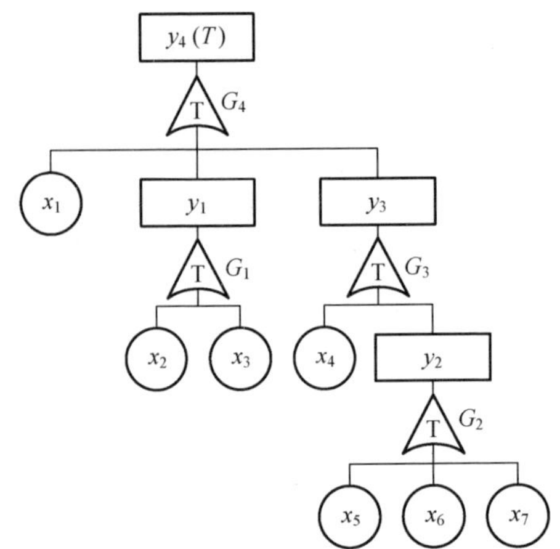

图 3-14　液压系统 T-S 动态故障树

表 3-65　G_1门的时段状态描述规则

规　则	x_2			x_3			$y_1=1$		
	1	2	3	1	2	3	1	2	3
1	0	0	1	0	0	1	0	0	1
2	0	0	1	0	1	1	0	1	0
3	0	0	1	1	1	1	1	0	0
4	0	1	1	0	0	1	0	1	0
5	0	1	1	0	1	1	0	1	0
6	0	1	1	1	1	1	1	0	0
7	1	1	1	0	0	1	1	0	0
8	1	1	1	0	1	1	1	0	0
9	1	1	1	1	1	1	1	0	0

表 3-66　G_2门的时段状态描述规则

规　则	x_5			x_6			x_7			$y_2=1$		
	1	2	3	1	2	3	1	2	3	1	2	3
1	0	0	1	0	0	1	0	0	1	0	0	1
2	0	0	1	0	0	1	0	1	1	0	0	1
3	0	0	1	0	0	1	1	1	1	0	0	1
4	0	0	1	0	1	1	0	0	1	0	0	1
5	0	0	1	0	1	1	0	1	1	0	0	1
6	0	0	1	0	1	1	1	1	1	0	0	1
⋮	⋮	⋮	⋮	⋮	⋮	⋮	⋮	⋮	⋮	⋮	⋮	⋮
26	1	1	1	1	1	1	0	1	1	0	1	0
27	1	1	1	1	1	1	1	1	1	1	0	0

表 3-67　G_3门的时段状态描述规则

规　则	x_4			y_2			$y_3=1$		
	1	2	3	1	2	3	1	2	3
1	0	0	1	0	0	1	0	0	1
2	0	0	1	0	1	1	0	1	0
3	0	0	1	1	1	1	1	0	0
4	0	1	1	0	0	1	0	1	0
5	0	1	1	0	1	1	0	1	0
6	0	1	1	1	1	1	1	0	0
7	1	1	1	0	0	1	1	0	0
8	1	1	1	0	1	1	1	0	0
9	1	1	1	1	1	1	1	0	0

表 3-68　G_4门的时段状态描述规则

规　则	x_1			y_1			y_3			$y_4=1$		
	1	2	3	1	2	3	1	2	3	1	2	3
1	0	0	1	0	0	1	0	0	1	0	0	1
2	0	0	1	0	0	1	0	1	1	0	0	1
3	0	0	1	0	0	1	1	1	1	0	0	1
4	0	0	1	0	1	1	0	0	1	0	0	1
5	0	0	1	0	1	1	0	1	1	0	0	1
6	0	0	1	0	1	1	1	1	1	0	0	1
⋮	⋮	⋮	⋮	⋮	⋮	⋮	⋮	⋮	⋮	⋮	⋮	⋮
26	1	1	1	1	1	1	0	1	1	0	1	0
27	1	1	1	1	1	1	1	1	1	1	0	0

根据各基本事件的故障率和 T-S 动态门的时段状态描述规则，由式(3-6)、式(3-8)、式(3-9)，即可以求得 y_4即顶事件 T 在任务时间内的故障概率。

任务时间 $t_M=500$h，任务时间分段数 $m=2$、5、10、15、20、25、25、30 时，基于 Monte Carlo 求解的离散时间 Dugan 动态故障树分析方法和离散时间 T-S 动态故障树分析方法求得 y_4即顶事件 T 的故障概率，见表 3-69。可见，两种方法所得结果误差非常小，时间分段越多误差越小。

表 3-69　两种分析方法对比

任务时间分段数 m	基于 Monte Carlo 求解的离散时间 Dugan 动态故障树分析方法	离散时间 T-S 动态故障树分析方法	相对误差/%
2	0.738706	0.741106	0.003249
5	0.738769	0.738556	0.000288
10	0.738977	0.738866	0.000150
15	0.739041	0.738986	0.000074
20	0.739098	0.739050	0.000065
25	0.739115	0.739089	0.000035
30	0.739133	0.739116	0.000023

3.3.3　与基于 Markov 链求解的 Dugan 动态故障树分析方法对比

1. 基于 Markov 链求解的 Dugan 动态故障树分析方法

图 3-15 所示的 Dugan 动态故障树，$G_1 \sim G_3$分别为或门、优先与门、或门，y_3即

顶事件 T,y_1、y_2为中间事件,基本事件 $x_i(i=1,2,\cdots,5)$的故障率 $\lambda_i(10^{-6}/\mathrm{h})$分别为 2、2、3、3、1,任务时间 $t_{\mathrm{M}}=10000\mathrm{h}$。

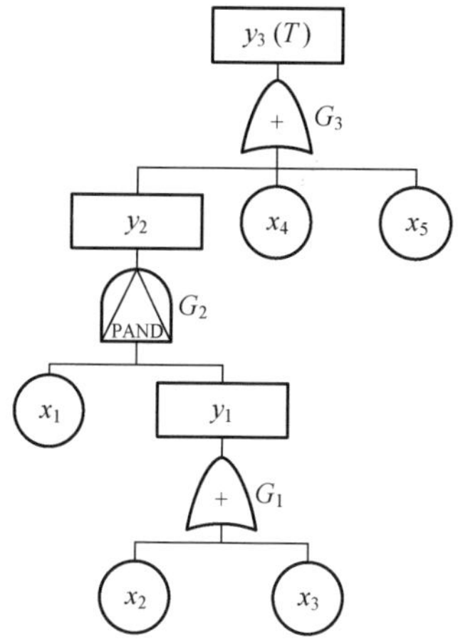

图 3-15　一棵 Dugan 动态故障树

(1) 系统分析与故障分析,列出导致系统失效的不重复的所有情况,从而得到系统失效路径。该系统的事件关系:y_2、x_4或 x_5失效时,y_3失效,而 y_2失效由 x_1先失效 y_1后失效导致,y_1的失效由 x_2或 x_3失效导致。导致系统失效的不重复的所有情况:①x_1先失效,x_2、x_3、x_4或 x_5后失效,y_3失效;②x_2或 x_3先失效,x_1后失效,x_4或 x_5再失效,y_3失效;③x_2或 x_3先失效,x_4或 x_5后失效,y_3失效;④x_4或 x_5失效,y_3失效。因而,有 4 条失效路径:

$$\begin{cases} x_1 \rightarrow x_2+x_3+x_4+x_5 \\ x_2+x_3 \rightarrow x_1 \rightarrow x_4+x_5 \\ x_2+x_3 \rightarrow x_4+x_5 \\ x_4+x_5 \end{cases} \tag{3-22}$$

式中:“+”表示“或”逻辑关系,例如 x_4+x_5 表示 x_4或 x_5失效;右箭头“→”表示失效发生顺序,例如 $x_1\rightarrow x_2+x_3+x_4+x_5$ 表示 x_1先失效,x_2或 x_3或 x_4或 x_5后失效。

(2) 根据上述 4 条失效路径,建立如图 3-16 所示的 Markov 状态转移图。

图 3-16 描述了系统从正常到失效的变化过程。状态 1~4 表示 y_3的 4 种正常状态:①状态 1 表示 $x_1\sim x_5$正常;②状态 2 表示 x_1失效,$x_2\sim x_5$正常;③状态 3 表示 x_2或 x_3失效,x_1、x_4和 x_5正常;④状态 4 表示 x_1失效、且 x_2或 x_3失效,x_4、x_5正常。状态 Fa 表示 y_3失效状态。以状态 1 转移到状态 3 为例,当 y_3处于状态 1 时,x_2或 x_3失效会使 y_3转移为状态 3。

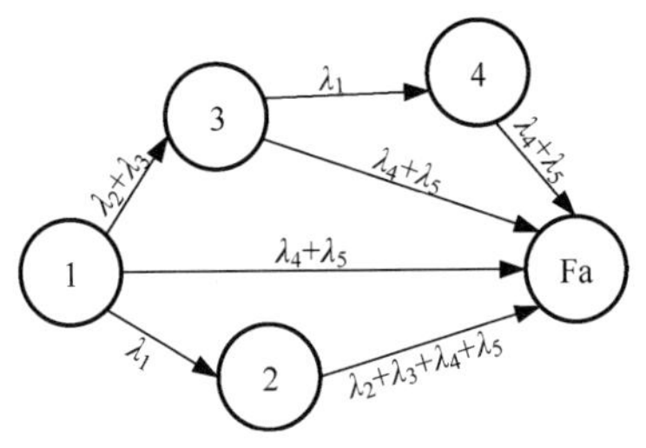

图 3-16　Markov 状态转移图

(3) 对 Markov 状态转移图定量分析,可得 s 行 s 列的状态转移速率矩阵 $\boldsymbol{T}$,其中 s 为Markov 状态转移图中状态个数。由图 3-16 可知,Markov 状态转移图中状态个数为 5,故 s 为 5,进而可得到 5 行 5 列的状态转移速率矩阵 $\boldsymbol{T}$:

$$\boldsymbol{T}=\begin{bmatrix} -\sum_{i=1}^{5}\lambda_i & \lambda_1 & \lambda_2+\lambda_3 & 0 & \lambda_4+\lambda_5 \\ 0 & -\sum_{i=2}^{5}\lambda_i & 0 & 0 & \sum_{i=2}^{5}\lambda_i \\ 0 & 0 & -\lambda_1-\lambda_4-\lambda_5 & \lambda_1 & \lambda_4+\lambda_5 \\ 0 & 0 & 0 & -\lambda_4-\lambda_5 & \lambda_4+\lambda_5 \\ 0 & 0 & 0 & 0 & 0 \end{bmatrix}$$

状态转移速率矩阵 $\boldsymbol{T}$ 中的第 1 行第 1 列元素表示状态 1 转出的转移速率,由图 3-16 可知即$-\lambda_1-\lambda_2-\lambda_3-\lambda_4-\lambda_5$;第 1 行第 2 列元素表示状态 1 向状态 2 的转移速率,由图 3-16 可知即 λ_1。

(4) 列出 Markov 状态转移图对应的微分方程,即

$$\frac{\mathrm{d}\boldsymbol{P}(t)}{\mathrm{d}t}=\boldsymbol{T}^{\mathrm{T}}\boldsymbol{P}(t) \tag{3-23}$$

式中:$\boldsymbol{P}(t)=[P_1(t)\quad P_2(t)\quad \cdots\quad P_{s-1}(t)\quad P_s(t)]^{\mathrm{T}}$,$P_1(t)$、$P_2(t)$、…、$P_{s-1}(t)$、$P_s(t)$分别为系统在时刻 t 处于状态 1~(s-1)和 Fa 的概率。

图 3-16 所示 Markov 状态转移图对应的微分方程中,$\boldsymbol{P}(t)=[P_1(t)\quad P_2(t)\quad P_3(t)\quad P_4(t)\quad P_5(t)]^{\mathrm{T}}$,$P_1(t)$、$P_2(t)$、$P_3(t)$、$P_4(t)$、$P_5(t)$分别为系统在时刻 t 处于状态 1~4 和 Fa 的概率。

以 $\boldsymbol{P}(0)=[1,0,0,0,0]^{\mathrm{T}}$为初始值并求解微分方程,得到 $P_1(t)$、$P_2(t)$、$P_3(t)$、$P_4(t)$、$P_5(t)$的解析解如下:

$$P_1(t)=\exp\left(-\sum_{i=1}^{5}\lambda_i t\right)$$

$$P_2(t) = \exp\left(-\sum_{i=2}^{5}\lambda_i t\right) - \exp\left(-\sum_{i=1}^{5}\lambda_i t\right)$$

$$P_3(t) = \exp[-(\lambda_1 + \lambda_4 + \lambda_5)t] - \exp\left(-\sum_{i=1}^{5}\lambda_i t\right)$$

$$P_4(t) = \exp[-(\lambda_4 + \lambda_5)t] - \exp[-(\lambda_1 + \lambda_4 + \lambda_5)t] - \frac{\lambda_1}{\sum_{i=1}^{3}\lambda_i}\exp[-(\lambda_4 + \lambda_5)t] + \frac{\lambda_1}{\sum_{i=1}^{3}\lambda_i}\exp\left(-\sum_{i=1}^{5}\lambda_i t\right)$$

$$P_5(t) = \frac{\lambda_2}{\sum_{i=1}^{3}\lambda_i}\exp\left(-\sum_{i=1}^{5}\lambda_i t\right) - \exp\left(-\sum_{i=2}^{5}\lambda_i t\right) - \frac{\lambda_2 + \lambda_3}{\sum_{i=1}^{3}\lambda_i}\exp[-(\lambda_4 + \lambda_5)t] + \frac{\lambda_3}{\sum_{i=1}^{3}\lambda_i}\exp\left(-\sum_{i=1}^{5}\lambda_i t\right) + 1$$

(5) 将基本事件 x_i 的故障率 λ_i 和任务时间 $t_M = 10000\text{h}$ 代入 $P_5(t)$，求得 y_3 即顶事件 T 的故障概率 $P_5(t_M) = 0.039672$。

2. 离散时间 T-S 动态故障树分析方法

将图 3-15 的 Dugan 动态故障树转化为如图 3-17 所示的 T-S 动态故障树。$G_1 \sim G_3$ 门为 T-S 动态门，表示的事件关系分别为或门、优先与门、或门。基本事件 x_i 在各时段的故障概率可由式(3-18)得到。

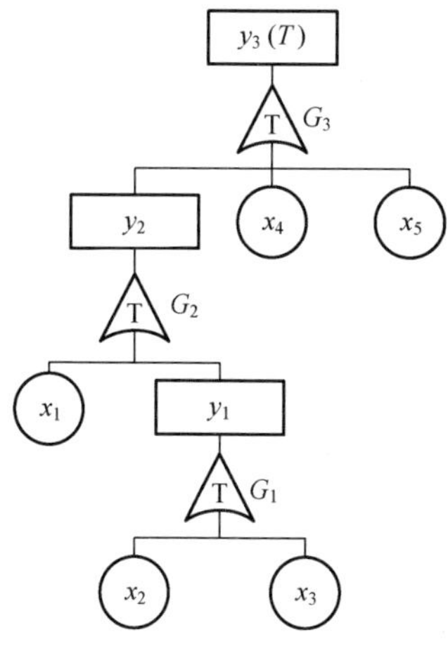

图 3-17　T-S 动态故障树

任务时间分段数 $m=5$ 时，$G_1\sim G_3$ 门的事件时段描述规则分别见表 3-70～表 3-72，其中，G_2 门的描述规则是近似方法下事件时段描述规则，任务时间分段数 $m=10$、15、20、25、30 时，规则生成与此类似。

表 3-70　G_1 门的事件时段描述规则

规　则	x_2	x_3	$y_1=1$					
			1	2	3	4	5	6
1	1	1	1	0	0	0	0	0
2	1	2	1	0	0	0	0	0
3	1	3	1	0	0	0	0	0
4	1	4	1	0	0	0	0	0
⋮	⋮	⋮	⋮	⋮	⋮	⋮	⋮	⋮
35	6	5	0	0	0	0	1	0
36	6	6	0	0	0	0	0	1

表 3-71　G_2 门的事件时段描述规则

规　则	x_1	y_1	$y_2=1$					
			1	2	3	4	5	6
1	1	1	1	0	0	0	0	0
2	1	2	0	1	0	0	0	0
3	1	3	0	0	1	0	0	0
4	1	4	0	0	0	1	0	0
⋮	⋮	⋮	⋮	⋮	⋮	⋮	⋮	⋮
35	6	5	0	0	0	0	0	1
36	6	6	0	0	0	0	0	1

表 3-72　G_3 门的事件时段描述规则

规　则	x_4	y_2	x_5	$y_3=1$					
				1	2	3	4	5	6
1	1	1	1	1	0	0	0	0	0
2	1	1	2	1	0	0	0	0	0
3	1	1	3	1	0	0	0	0	0
4	1	1	4	1	0	0	0	0	0
⋮	⋮	⋮	⋮	⋮	⋮	⋮	⋮	⋮	⋮
215	6	6	5	0	0	0	0	1	0
216	6	6	6	0	0	0	0	0	1

任务时间 $t_M = 10000h$ 时，基于 Markov 链求解的 Dugan 动态故障树分析方法、离散时间 T-S 动态故障树分析方法（任务时间分段数 $m=5$、10、15、20、25、30）求得系统的故障概率，见表 3-73。可见，两种方法所得结果误差很小，时间分段越多误差越小。

表 3-73　系统的故障概率

基于 Markov 链求解的 Dugan 动态故障树分析方法	离散时间 T-S 动态故障树分析方法		相对误差/%
	任务时间分段数 m	离散时间 T-S 动态故障树分析方法	
0.039672	5	0.039579	0.2337
	10	0.039626	0.1169
	15	0.039641	0.0779
	20	0.039649	0.0585
	25	0.039654	0.0468
	30	0.039657	0.0390

3.3.4　与基于顺序二元决策图求解的 Dugan 动态故障树分析方法对比

1. 基于顺序二元决策图求解的 Dugan 动态故障树分析方法

顺序二元决策图方法首先将 Dugan 动态故障树转化为含有顺序事件而不含有动态门的故障树，根据转化后的故障树建立顺序二元决策图及含有顺序事件的布尔运算规则，然后根据顺序二元决策图获取失效路径并对其进行分析，得到多单元顺序的故障概率。

文献[484]用顺序二元决策图求解硬盘系统 Dugan 动态故障树。硬盘系统 Dugan 动态故障树如图 3-18 所示。$G_1 \sim G_3$ 分别为温备件门、温备件门、或门，y_3 即

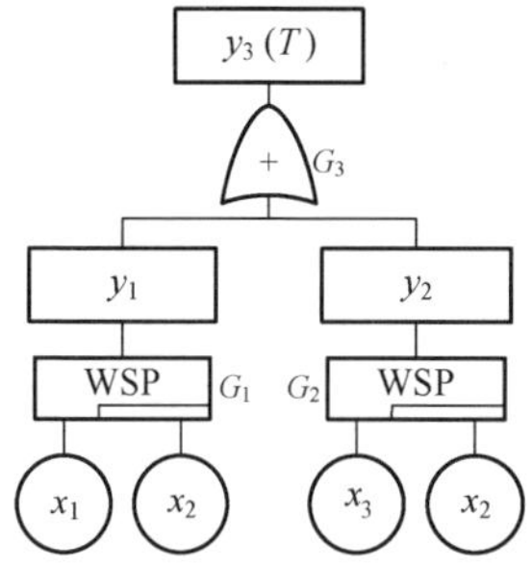

图 3-18　硬盘系统 Dugan 动态故障树

顶事件 T,中间事件 y_1、y_2代表主硬盘 x_1单元和主硬盘 x_3单元,基本事件由主硬盘 x_1、x_3和一个公用的温备件硬盘 x_2组成。主硬盘 x_1的故障率 $\lambda_1=0.001/\text{h}$,主硬盘 x_3的故障率 $\lambda_3=0.003/\text{h}$,温备件硬盘 x_2在工作期间的故障率 $\lambda_2=0.0025/\text{h}$,在贮备期间的故障率为工作状态时的 α 倍,取 $\alpha=0.6$。

将图 3-18 的 Dugan 动态故障树转化为包含顺序事件且没有动态门的故障树,如图 3-19 所示。

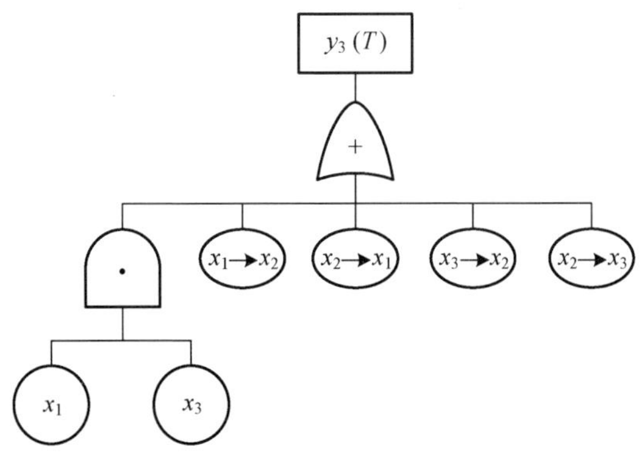

图 3-19　硬盘系统转化后的故障树

根据图 3-19 的故障树,基本事件按照 x_1、x_3、$(x_1\to x_2)$、$(x_2\to x_1)$、$(x_3\to x_2)$、$(x_2\to x_3)$的顺序排列,得到如图 3-20 所示的顺序二元决策图。

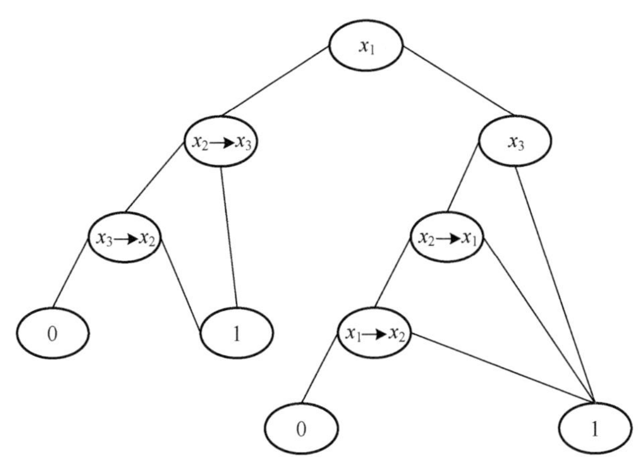

图 3-20　硬盘系统顺序二元决策图

由图 3-20 中的顺序二元决策图,得到系统不交化的失效路径有 5 条,即

$$\begin{cases} x_1 \cdot x_3 \\ x_1 \cdot \overline{x_3} \cdot (x_2 \rightarrow x_1) \\ x_1 \cdot \overline{x_3} \cdot (\overline{x_2 \rightarrow x_1}) \cdot (x_1 \rightarrow x_2) \\ \overline{x_1} \cdot (x_2 \rightarrow x_3) \\ \overline{x_1} \cdot (\overline{x_2 \rightarrow x_3}) \cdot (x_3 \rightarrow x_2) \end{cases} \tag{3-24}$$

式中:“ · ”表示“与”逻辑关系,如 $x_1 \cdot x_3$ 表示 x_1 与 x_3 均失效;右箭头“→”表示失效发生顺序,如($x_2 \rightarrow x_1$)表示 x_2 先失效 x_1 后失效;“¯”表示不失效,如 $\overline{x_3}$ 表示 x_3 不失效。例如,第 2 条失效路径表示 x_3 不失效且 x_2 先于 x_1 失效时,系统失效;第 3 条失效路径表示 x_3 不失效且 x_1 先于 x_2 失效时,系统失效。

根据系统不交化的失效路径,可得系统不可靠度为

$$F(t) = P(x_1 \cdot x_3) + P(\overline{x_3} \cdot (x_2 \rightarrow x_1)) + P(\overline{x_3} \cdot (x_1 \rightarrow x_2)) + P(\overline{x_1} \cdot (x_2 \rightarrow x_3)) + P(\overline{x_1} \cdot (x_3 \rightarrow x_2))$$

求得系统在任务时间 $t_M = 1000\text{h}$ 的故障概率为 0.938432。

图 3-18 的 Dugan 动态故障树,可转化为如图 3-21 所示的 Markov 状态转移图。

状态 1、2、3、4 为系统的 4 种正常状态,分别表示 $x_1 \sim x_3$ 正常、x_1 失效且 x_2 和 x_3 正常、x_2 失效且 x_1 和 x_3 正常、x_3 失效且 x_1 和 x_2 正常;Fa 表示系统失效状态。根据图 3-21的 Markov 状态转移图,用 Markov 链求解方法,求得系统在任务时间 $t_M = 1000\text{h}$ 的故障概率为 0.938432。可见,顺序二元决策图与 Markov 链求得的结果相同。

2. 离散时间 T-S 动态故障树分析方法

将图 3-18 的 Dugan 动态故障树转化为如图 3-22 所示的 T-S 动态故障树。$G_1 \sim G_3$ 门表示的事件关系分别为温备件门、温备件门、或门。

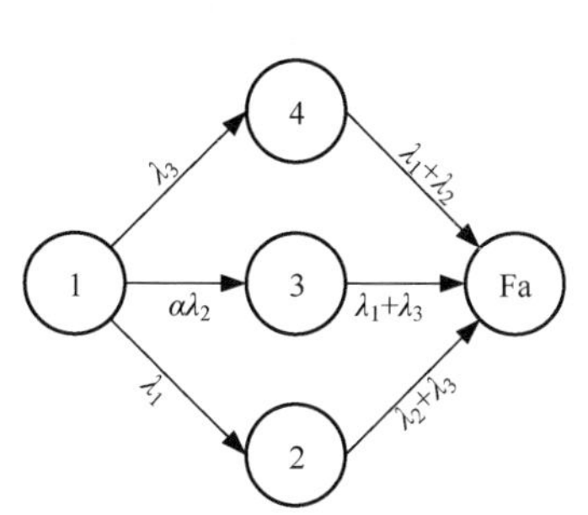

图 3-21　硬盘系统 Markov 状态转移图

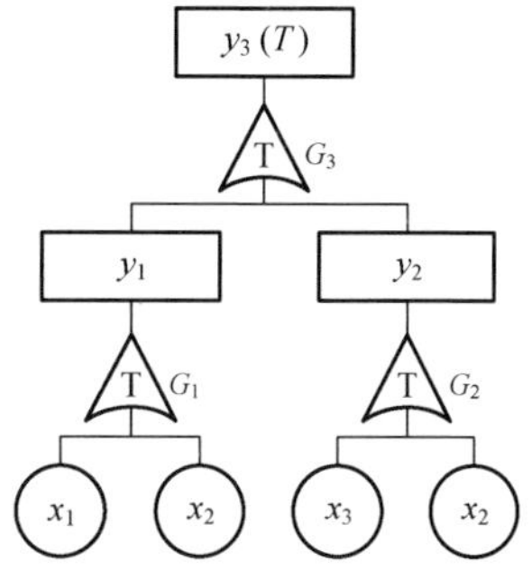

图 3-22　硬盘系统 T-S 动态故障树

在任务时间分段数 $m=5$ 时,G_1、G_2门的事件时段描述规则见表 3-74,G_3的事件时段描述规则见表 3-75。任务时间分段数 $m=5$、10、15、20、25、30 时,规则生成与此类似。

表 3-74 $G_1(G_2)$门的事件时段描述规则

规　　则	$x_1(x_3)$	x_2	$y_1(y_2)=1$					
			1	2	3	4	5	6
1	1	1	1	0	0	0	0	0
2	1	2	0	1	0	0	0	0
3	1	3	0	0	1	0	0	0
4	1	4	0	0	0	1	0	0
⋮	⋮	⋮	⋮	⋮	⋮	⋮	⋮	⋮
35	6	5	0	0	0	0	0	1
36	6	6	0	0	0	0	0	1

表 3-75 G_3门的事件时段描述规则

规　　则	y_1	y_2	$y_3=1$					
			1	2	3	4	5	6
1	1	1	1	0	0	0	0	0
2	1	2	1	0	0	0	0	0
3	1	3	1	0	0	0	0	0
4	1	4	1	0	0	0	0	0
⋮	⋮	⋮	⋮	⋮	⋮	⋮	⋮	⋮
35	6	5	0	0	0	0	1	0
36	6	6	0	0	0	0	0	1

根据 T-S 动态门离散时间描述规则,运用所提出的基于 T-S 动态门输入、输出规则算法的离散时间 T-S 动态故障树分析求解计算方法,由式(3-7)、式(3-8)计算 T-S 动态门的规则执行可能性,由式(3-9)计算上级事件的故障概率。

任务时间 $t_M=1000$h 时,基于顺序二元决策图求解的 Dugan 动态故障树分析方法、离散时间 T-S 动态故障树分析方法(任务时间分段数 $m=5$、10、15、20、25、30)求得硬盘系统的故障概率,见表 3-76。可见,两种方法所得结果误差很小,时间分段越多误差越小。

表3-76 硬盘系统的故障概率

基于顺序二元决策图求解的Dugan动态故障树分析方法	离散时间T-S动态故障树分析方法		相对误差/%
	任务时间分段数 m	离散时间T-S动态故障树分析方法	
0.938432	5	0.933515	0.5240
	10	0.936126	0.2457
	15	0.936927	0.1603
	20	0.937315	0.1190
	25	0.937544	0.0946
	30	0.937695	0.0785

3.3.5 离散时间多态T-S动态故障树分析方法的验证

为了验证离散时间多态T-S动态故障树分析方法的可行性,将其分别与Bell故障树、T-S故障树分析方法进行对比。

图3-23所示Bell故障树的基本事件x_1、x_2和x_3的故障状态为三态,即(0, 0.5, 1),其中,0表示正常状态,0.5表示半故障状态,1表示失效状态。基本事件$x_i(i=1, 2, 3)$故障状态为1时的故障率$\lambda_i(10^{-6}/\mathrm{h})$分别为1.5、1.2、1,且故障状态为0.5的故障率与为1的相同,任务时间$t_M=10000\mathrm{h}$。

1. Bell故障树分析方法

求得y_2即顶事件T故障状态为0、0.5、1时的故障概率分别为

$$P(T=0)=0.9850,\quad P(T=0.5)=0.0075,\quad P(T=1)=0.0075$$

2. T-S故障树分析方法

将图3-23所示的Bell故障树转化为T-S故障树。其中,G_1、G_2门为T-S门,生成G_1、G_2门的描述规则,利用T-S故障树算法求得y_2即顶事件T故障状态为0、0.5、1时的故障概率分别为

$$P(T=0)=0.9850,\quad P(T=0.5)=0.0075,\quad P(T=1)=0.0075$$

3. 离散时间多态T-S动态故障树分析方法

将图3-23所示的Bell故障树转化为如图3-24所示的T-S动态故障树。其中,G_1、G_2门为T-S动态门。

任务时间分段数$m=2$,G_1、G_2门的时段状态描述规则分别见表3-77和表3-78。

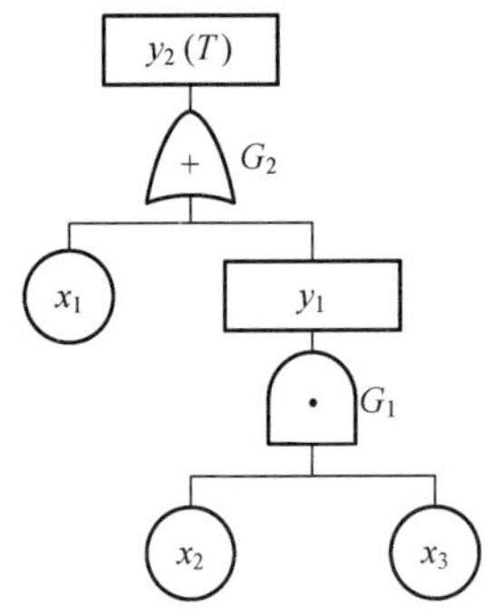

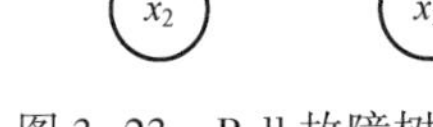

图 3-23　Bell 故障树

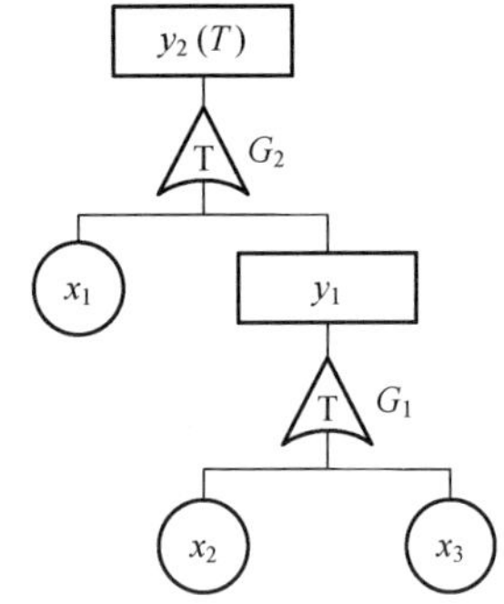

图 3-24　T-S 动态故障树

表 3-77　G_1门的时段状态描述规则

规　　则	x_2			x_3			$y_1=0$			$y_1=0.5$			$y_1=1$		
	1	2	3	1	2	3	1	2	3	1	2	3	1	2	3
1	0	0	1	0	0	1	1	0	0	0	0	1	0	0	1
2	0	0	1	0	0.5	1	1	0	0	0	0	1	0	0	1
3	0	0	1	0	1	1	1	0	0	0	0	1	0	0	1
4	0	0	1	0.5	0.5	1	1	0	0	0	0	1	0	0	1
5	0	0	1	0.5	1	1	1	0	0	0	0	1	0	0	1
6	0	0	1	1	1	1	1	0	0	0	0	1	0	0	1
⋮	⋮	⋮	⋮	⋮	⋮	⋮	⋮	⋮	⋮	⋮	⋮	⋮	⋮	⋮	⋮
35	1	1	1	0.5	1	1	0	0	1	0.5	0.5	0	0	0	1
36	1	1	1	1	1	1	0	0	1	0	0	1	0.5	0.5	0

表 3-78　G_2门的时段状态描述规则

规　　则	x_1			y_1			$y_2=0$			$y_2=0.5$			$y_2=1$		
	1	2	3	1	2	3	1	2	3	1	2	3	1	2	3
1	0	0	1	0	0	1	1	0	0	0	0	1	0	0	1
2	0	0	1	0	0.5	1	0.5	0.5	0	0	0	1	0	0	1
3	0	0	1	0	1	1	0.5	0.5	0	0	0	1	0	0	1
4	0	0	1	0.5	0.5	1	0	0	1	0.5	0.5	0	0	0	1
5	0	0	1	0.5	1	1	0	0	1	0.5	0.5	0	0	0	1
6	0	0	1	1	1	1	0	0	1	0	0	1	0.5	0.5	0
⋮	⋮	⋮	⋮	⋮	⋮	⋮	⋮	⋮	⋮	⋮	⋮	⋮	⋮	⋮	⋮
35	1	1	1	0.5	1	1	0	0	1	0	0	1	0.5	0.5	0
36	1	1	1	1	1	1	0	0	1	0	0	1	0.5	0.5	0

由式(3-6)和式(3-9),求得任务时间 $t_M = 10000$ h 时,y_2 即顶事件 T 在时段 $j_T(j_T = 1, 2, 3)$ 的故障状态 $T^{[j_T]}$ 为 $T_q(T_q = 0、0.5、1)$ 的故障概率 $P(T^{[j_T]} = T_q)$,见表 3-79。

表 3-79　y_2 即顶事件 T 在各时段的故障状态为 0、0.5、1 的故障概率

时段 j_T	$P(T^{[j_T]}=0)$	$P(T^{[j_T]}=0.5)$	$P(T^{[j_T]}=1)$
1	0.9777	0.0037	0.0037
2	0.0073	0.0038	0.0038
3	0.0150	0.9925	0.9925

由表 3-79 可知,在整个任务时间内,y_2 即顶事件 T 故障状态为 0.5 的故障概率为 0.0075(时段 1 和时段 2 的故障概率之和),故障状态为 1 的故障概率为 0.0075,与 Bell 故障树、T-S 故障树分析方法计算的结果相同。离散时间多态 T-S 动态故障树分析方法可以根据任务时间分段数,求出顶事件在各时段的各故障状态的故障概率。

3.4　离散时间 T-S 动态故障树重要度

3.4.1　重要度算法

为从故障状态变化、故障概率变化率、对系统可靠度改善等不同工程角度衡量基本事件对系统可靠性的影响程度[485-490],提出了离散时间 T-S 动态故障树重要度,包括各时段与任务时间内的概率重要度、关键重要度、风险业绩值、风险降低值、F-V 重要度、微分重要度、改善函数、综合重要度,如图 3-25 所示。

1. 概率重要度

离散时间 T-S 动态故障树概率重要度表示基本事件 x_i 在任务时间内故障状态为 $S_i^{(a_i)}$ 的可靠性数据(如故障率、模糊故障率、区间故障率等)$P(x_i = S_i^{(a_i)})$ 为 1 时引起顶事件 T 在时段 j_T 的故障状态为 T_q 的概率与可靠性数据 $P(x_i = S_i^{(a_i)})$ 为 0 时引起顶事件 T 在时段 j_T 的故障状态为 T_q 的概率的差值。顶事件 T 在时段 j_T 故障状态为 T_q 时,基本事件 x_i 故障状态为 $S_i^{(a_i)}$ 的 T-S 动态故障树概率重要度为

$$I_{\mathrm{Pr}}(x_i = S_i^{(a_i)}, T^{[j_T]} = T_q) = P(T^{[j_T]} = T_q \mid x_i = S_i^{(a_i)}) - P(T^{[j_T]} = T_q \mid x_i = 0) \quad (3-25)$$

式中:$P(T^{[j_T]} = T_q \mid x_i = S_i^{(a_i)})$ 为基本事件 x_i 在任务时间内故障状态为 $S_i^{(a_i)}$ 的条件下,顶事件 T 在时段 j_T 的故障状态为 T_q 的概率;$P(T^{[j_T]} = T_q \mid x_i = 0)$ 为基本事件 x_i 任务时间内正常的条件下,顶事件 T 在时段 j_T 的故障状态为 T_q 的概率。

在任务时间内,基本事件 x_i 故障状态为 $S_i^{(a_i)}$ 的 T-S 动态故障树概率重要度为

$$I_{\mathrm{Pr}}(x_i = S_i^{(a_i)}) = \sum_{j_T=1}^{m} I_{\mathrm{Pr}}(x_i = S_i^{(a_i)}, T^{[j_T]} = T_q) \quad (3-26)$$

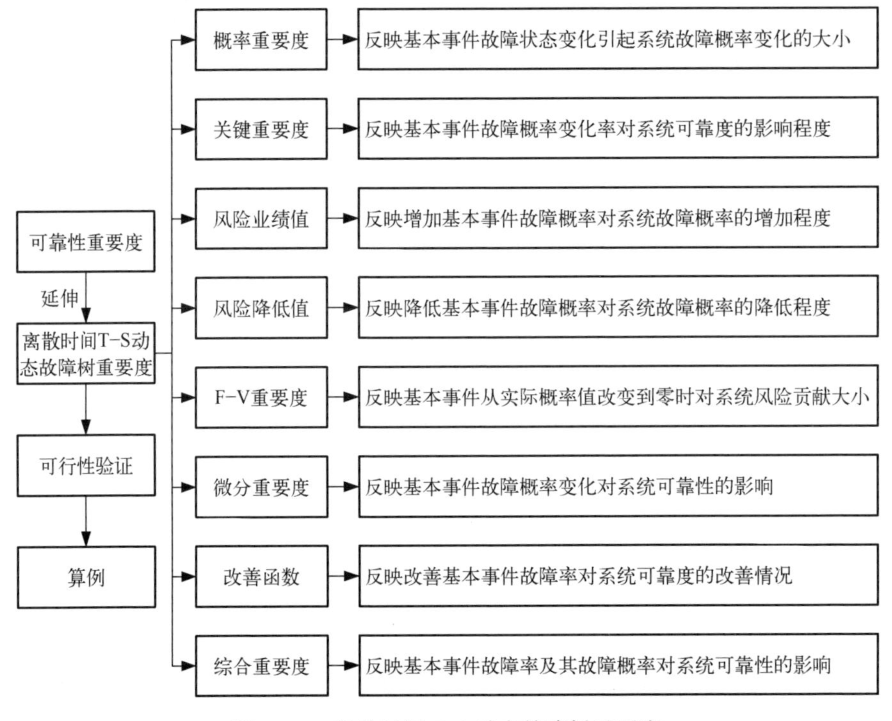

图 3-25　离散时间 T-S 动态故障树重要度

2. 关键重要度

离散时间 T-S 动态故障树关键重要度表示基本事件 x_i 在任务时间内故障状态为 $S_i^{(a_i)}$ 的可靠性数据 $P(x_i=S_i^{(a_i)})$ 变化率与引起顶事件 T 在时段 j_T 故障状态为 T_q 发生概率变化的比值。顶事件 T 在时段 j_T 故障状态为 T_q 时，基本事件 x_i 故障状态为 $S_i^{(a_i)}$ 的 T-S 动态故障树关键重要度为

$$I_{\mathrm{Cr}}(x_i=S_i^{(a_i)},T^{[j_T]}=T_q)=\frac{P(x_i=S_i^{(a_i)})I_{\mathrm{Pr}}(x_i=S_i^{(a_i)},T^{[j_T]}=T_q)}{\sum\limits_{j_T=1}^{m}P(T^{[j_T]}=T_q)} \tag{3-27}$$

式中：$P(x_i=S_i^{(a_i)})$ 为任务时间内的基本事件 x_i 故障状态为 $S_i^{(a_i)}$ 的可靠性数据；$P(T^{[j_T]}=T_q)$ 为顶事件 T 在时段 j_T 故障状态为 T_q 的概率。

在任务时间内，基本事件 x_i 故障状态为 $S_i^{(a_i)}$ 的 T-S 动态故障树关键重要度为

$$I_{\mathrm{Cr}}(x_i=S_i^{(a_i)})=\sum_{j_T=1}^{m}I_{\mathrm{Cr}}(x_i=S_i^{(a_i)},T^{[j_T]}=T_q) \tag{3-28}$$

关键重要度的第二种定义见文献[491]。关键重要度第一种定义表示当顶事件发生时，基本事件发生并对顶事件发生起决定性作用的概率；第二种定义表示当

顶事件不发生时,基本事件不发生并对顶事件不发生起决定性作用的概率。基于此,给出离散时间 T-S 动态故障树关键重要度。

顶事件 T 在时段 j_T 故障状态为 T_q 时,基本事件 x_i 故障状态为 $S_i^{(a_i)}$ 的 T-S 动态故障树关键重要度为

$$I_{\mathrm{Cr}}^{\mathrm{s}}(x_i = S_i^{(a_i)}, T^{[j_T]} = T_q) = \frac{R(x_i = S_i^{(a_i)}) I_{\mathrm{Pr}}(x_i = S_i^{(a_i)}, T^{[j_T]} = T_q)}{\sum_{j_T=1}^{m} R(T^{[j_T]} = T_q)} \tag{3-29}$$

式中:$R(x_i = S_i^{(a_i)})$ 为任务时间内的基本事件 x_i 故障状态为 $S_i^{(a_i)}$ 的可靠度;$R(T^{[j_T]} = T_q)$ 为顶事件 T 在时段 j_T 故障状态为 T_q 的可靠度。

在任务时间内,基本事件 x_i 故障状态为 $S_i^{(a_i)}$ 的 T-S 动态故障树关键重要度为

$$I_{\mathrm{Cr}}^{\mathrm{s}}(x_i = S_i^{(a_i)}) = \sum_{j_T=1}^{m} I_{\mathrm{Cr}}^{\mathrm{s}}(x_i = S_i^{(a_i)}, T^{[j_T]} = T_q) \tag{3-30}$$

3. 风险业绩值

离散时间 T-S 动态故障树风险业绩值表示基本事件 x_i 在任务时间内故障状态为 $S_i^{(a_i)}$ 的可靠性数据 $P(x_i = S_i^{(a_i)})$ 为 1 时,顶事件 T 在时段 j_T 故障状态为 T_q 的概率与顶事件 T 在任务时间内故障状态为 T_q 的概率的比值。顶事件 T 在时段 j_T 故障状态为 T_q 时,基本事件 x_i 故障状态为 $S_i^{(a_i)}$ 的 T-S 动态故障树风险业绩值为

$$I_{\mathrm{RAW}}(x_i = S_i^{(a_i)}, T^{[j_T]} = T_q) = \frac{P(T^{[j_T]} = T_q \mid x_i = S_i^{(a_i)})}{\sum_{j_T=1}^{m} P(T^{[j_T]} = T_q)} \tag{3-31}$$

在任务时间内,基本事件 x_i 故障状态为 $S_i^{(a_i)}$ 的 T-S 动态故障树风险业绩值为

$$I_{\mathrm{RAW}}(x_i = S_i^{(a_i)}) = \sum_{j_T=1}^{m} I_{\mathrm{RAW}}(x_i = S_i^{(a_i)}, T^{[j_T]} = T_q) \tag{3-32}$$

4. 风险降低值

离散时间 T-S 动态故障树风险降低值表示顶事件 T 在时段 j_T 故障状态为 T_q 的概率,与基本事件 x_i 在任务时间内故障状态为 $S_i^{(a_i)}$ 的可靠性数据 $P(x_i = S_i^{(a_i)})$ 为 0 时顶事件 T 在时段 j_T 的故障状态为 T_q 的概率的比值。顶事件 T 在时段 j_T 的故障状态为 T_q 时,基本事件 x_i 故障状态为 $S_i^{(a_i)}$ 的 T-S 动态故障树风险降低值为

$$I_{\mathrm{RRW}}(x_i = S_i^{(a_i)}, T^{[j_T]} = T_q) = \frac{P(T^{[j_T]} = T_q)}{\sum_{j_T=1}^{m} P(T^{[j_T]} = T_q \mid x_i = 0)} \tag{3-33}$$

在任务时间内,基本事件 x_i 故障状态为 $S_i^{(a_i)}$ 的 T-S 动态故障树风险降低值为

$$I_{\mathrm{RRW}}(x_i = S_i^{(a_i)}) = \sum_{j_T=1}^{m} I_{\mathrm{RRW}}(x_i = S_i^{(a_i)}, T^{[j_T]} = T_q) \tag{3-34}$$

5. F-V 重要度

顶事件 T 在时段 j_T 的故障状态为 T_q 时，基本事件 x_i 故障状态为 $S_i^{(a_i)}$ 的 T-S 动态故障树 F-V 重要度为

$$I_{\mathrm{FV}}(x_i = S_i^{(a_i)}, T^{[j_T]} = T_q) = \frac{P(T^{[j_T]} = T_q) - P(T^{[j_T]} = T_q \mid x_i = S_i^{(a_i)})}{\sum_{j_T=1}^{m} P(T^{[j_T]} = T_q)} \tag{3-35}$$

在任务时间内，基本事件 x_i 故障状态为 $S_i^{(a_i)}$ 的 T-S 动态故障树 F-V 重要度为

$$I_{\mathrm{FV}}(x_i = S_i^{(a_i)}) = \sum_{j_T=1}^{m} I_{\mathrm{FV}}(x_i = S_i^{(a_i)}, T^{[j_T]} = T_q) \tag{3-36}$$

6. 微分重要度

离散时间 T-S 动态故障树微分重要度表示基本事件 x_i 可靠性变化引起系统可靠性变化与各基本事件在时段 j_i 内可靠性变化引起系统可靠性变化总和的比值。顶事件 T 在时段 j_T 故障状态为 T_q 时，基本事件 x_i 故障状态为 $S_i^{(a_i)}$ 的 T-S 动态故障树微分重要度为

$$I_{\mathrm{DIM}}(x_i = S_i^{(a_i)}, T^{[j_T]} = T_q) = \frac{\dfrac{\partial P(T^{[j_T]} = T_q)}{\partial P(x_i = S_i^{(a_i)})} P(x_i = S_i^{(a_i)})}{\sum_{j=1}^{n} \dfrac{\partial P(T^{[j_T]} = T_q)}{\partial P(x_j = S_j^{(a_i)})} P(x_j = S_j^{(a_i)})} \tag{3-37}$$

在任务时间内，基本事件 x_i 故障状态为 $S_i^{(a_i)}$ 的 T-S 动态故障树微分重要度为

$$I_{\mathrm{DIM}}(x_i = S_i^{(a_i)}) = \sum_{j_T=1}^{m} I_{\mathrm{DIM}}(x_i = S_i^{(a_i)}, T^{[j_T]} = T_q) \tag{3-38}$$

7. 改善函数

离散时间 T-S 动态故障树改善函数表示顶事件 T 在时段 j_T 故障状态为 T_q 的故障概率变化率与基本事件 x_i 故障率的变化率之比。顶事件 T 在时段 j_T 故障状态为 T_q 时，基本事件 x_i 的故障状态为 $S_i^{(a_i)}$ 的 T-S 动态故障树改善函数为

$$I_{\mathrm{UF}}(x_i = S_i^{(a_i)}, T^{[j_T]} = T_q) = \frac{\dfrac{\partial P(T^{[j_T]} = T_q)}{P(T^{[j_T]} = T_q)}}{\dfrac{\partial \lambda(x_i = S_i^{(a_i)})}{\lambda(x_i = S_i^{(a_i)})}} = \frac{\lambda(x_i = S_i^{(a_i)})\,\partial P(T^{[j_T]} = T_q)}{P(T^{[j_T]} = T_q)\,\partial \lambda(x_i = S_i^{(a_i)})} \tag{3-39}$$

在任务时间内，基本事件 x_i 故障状态为 $S_i^{(a_i)}$ 的 T-S 动态故障树改善函数为

$$I_{\mathrm{UF}}(x_i = S_i^{(a_i)}) = \sum_{j_T=1}^{m} I_{\mathrm{UF}}(x_i = S_i^{(a_i)}, T^{[j_T]} = T_q) \tag{3-40}$$

式中：$\lambda(x_i=S_i^{(a_i)})$ 为基本事件 x_i 故障状态为 $S_i^{(a_i)}$ 时的故障率。

8. 综合重要度

顶事件 T 在时段 j_T 故障状态为 T_q 时，基本事件 x_i 故障状态为 $S_i^{(a_i)}$ 的 T-S 动态故障树综合重要度为

$$I_{\text{IM}}(x_i=S_i^{(a_i)},T^{[j_T]}=T_q)=\lambda(x_i=S_i^{(a_i)})[P(T^{[j_T]}=T_q \mid x_i=S_i^{(a_i)})-P(T^{[j_T]}=T_q \mid x_i=0)]P(x_i=S_i^{(a_i)}) \tag{3-41}$$

在任务时间内，基本事件 x_i 故障状态为 $S_i^{(a_i)}$ 的 T-S 动态故障树综合重要度为

$$I_{\text{IM}}(x_i=S_i^{(a_i)})=\sum_{j_T=1}^{m} I_{\text{IM}}(x_i=S_i^{(a_i)},T^{[j_T]}=T_q) \tag{3-42}$$

3.4.2 可行性验证

为了验证离散时间 T-S 动态故障树重要度算法的可行性，将其与文献方法进行对比。

1. 概率重要度

为了开发大型通用故障树分析 MATLAB 软件程序、优化程序算法、降低 NP 难题，文献[492]将矩阵引入故障树分析过程中，基于矩阵对故障树进行结构编码和参数转化，以一棵规范化的 Bell 故障树为例，给出了应用矩阵求解故障树最小割集、最小路集、不交化最小割集、顶事件发生概率、底事件概率重要度和关键重要度的方法和步骤，最后通过风机齿轮箱故障树分析算例验证了基于矩阵的故障树分析方法有效可行。基于文献[492]中的 Bell 故障树，建造 T-S 动态故障树如图 3-26 所示，基本事件 $x_1 \sim x_6$ 的故障率（10^{-5}/h）分别为 1.0536、1.0536、2.2314、

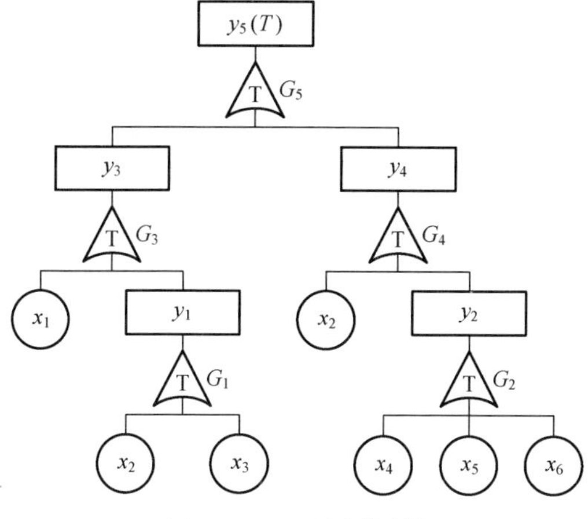

图 3-26　T-S 动态故障树

2.2314、3.5567、3.5567，任务时间 $t_M = 10000h$。

求得基本事件在各时段及任务时间内的概率重要度，见表 3-80。

表 3-80　基本事件的概率重要度

基本事件	文献[492]	本书方法		
		时段 1	时段 2	任务时间内
x_1	0.0962	0.0486	0.0476	0.0962
x_2	0.2782	0.1513	0.1269	0.2782
x_3	0.0900	0.0487	0.0413	0.0900
x_4	0.0081	0.0013	0.0069	0.0081
x_5	0.0054	0.0008	0.0046	0.0054
x_6	0.0054	0.0008	0.0046	0.0054

2. 关键重要度

文献[492]求得第一种定义的关键重要度，用离散时间 T-S 动态故障树概率重要度分析方法求解基本事件在各时段及任务时间内的关键重要度，见表 3-81。

表 3-81　基本事件的关键重要度

基本事件	文献[492]	本书方法		
		时段 1	时段 2	任务时间内
x_1	0.3248	0.1640	0.1608	0.3248
x_2	0.9392	0.5109	0.4283	0.9392
x_3	0.6077	0.3287	0.2790	0.6077
x_4	0.0547	0.0088	0.0459	0.0547
x_5	0.0547	0.0085	0.0462	0.0547
x_6	0.0547	0.0085	0.0462	0.0547

文献[491]针对混联系统求得第二种定义的关键重要度。建造混联系统的 T-S 动态故障树如图 3-2(a)所示，基本事件 $x_1 \sim x_3$ 的故障率(10^{-5}/h)分别为 8.5489、27.0860、17.5600，任务时间 $t_M = 6000h$。求得基本事件在各时段及任务时间内的关键重要度，见表 3-82。

表 3-82　基本事件的关键重要度

基本事件	文献[491]	本书方法		
		时段 1	时段 2	任务时间内
x_1	0.144	0.040	0.104	0.144
x_2	0.043	0.012	0.031	0.043
x_3	1.000	0.516	0.484	1.000

3. 风险业绩值

文献[236]对串-并联系统进行重要度分析,求得风险业绩值。建造串-并联系统的 T-S 动态故障树如图 3-2(a)所示,基本事件 $x_1 \sim x_3$ 的故障率(10^{-6}/h)分别为 5.129、10.536、1.005,任务时间 $t_M = 10000$h。求得基本事件在各时段及任务时间内的风险业绩值,见表 3-83。

表 3-83　基本事件的风险业绩值

基本事件	文献[236]	本书方法		
		时段 1	时段 2	任务时间内
x_1	66.9	33.57	33.32	66.89
x_2	7.29	2.06	5.23	7.29
x_3	3.98	1.20	2.78	3.98

4. 风险降低值

文献[193]对串-并联系统进行重要度分析,求得风险降低值。串-并联系统 T-S 动态故障树如图 3-2(a)所示,基本事件 $x_1 \sim x_3$ 的故障率(10^{-6}/h)分别为 1.511、1.005、9.982,任务时间 $t_M = 10000$h。求得基本事件在各时段及任务时间内的风险降低值,见表 3-84。

表 3-84　基本事件的风险降低值

基本事件	文献[193]	本书方法		
		时段 1	时段 2	任务时间内
x_1	1.001	0.513	0.488	1.001
x_2	1.001	0.513	0.488	1.001
x_3	634	325	309	634

5. F-V 重要度

文献[493]对数控机床模具子系统进行重要度分析,求得 F-V 重要度。建造数控机床模具子系统的 T-S 动态故障树如图 3-27 所示,基本事件 $x_1 \sim x_7$ 的故障率(10^{-4}/h)分别为 0.513、1.625、1.054、2.229、2.880、1.505、0.830,任务时间 $t_M = 1000$h。

求得基本事件在各时段及任务时间内的 F-V 重要度,见表 3-85。

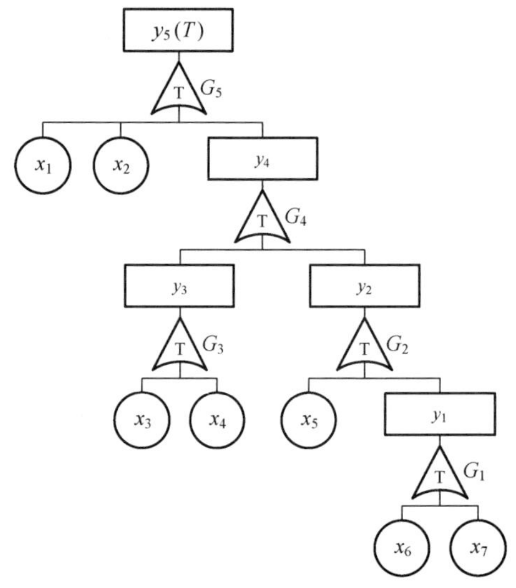

图 3-27 数控机床模具子系统 T-S 动态故障树

表 3-85 基本事件的 F-V 重要度

基本事件	文献[493]	本书方法		
		时段 1	时段 2	任务时间内
x_1	0.157	0.091	0.066	0.157
x_2	0.527	0.297	0.230	0.527
x_3	0.067	0.022	0.045	0.067
x_4	0.150	0.050	0.100	0.150
x_5	0.223	0.073	0.150	0.223
x_6	0.008	0.002	0.006	0.008
x_7	0.008	0.002	0.006	0.008

6. 微分重要度

文献[240]对桥式系统进行重要度分析,求得微分重要度。建造桥式系统 T-S 动态故障树如图 3-28 所示,基本事件 $x_1 \sim x_5$ 的故障率(10^{-5}/h)分别为 1.2840、1.2840、1.2840、1.2840、0.2740,任务时间 $t_M = 4000$h。

求得基本事件在各时段及任务时间内的微分重要度,见表 3-86。

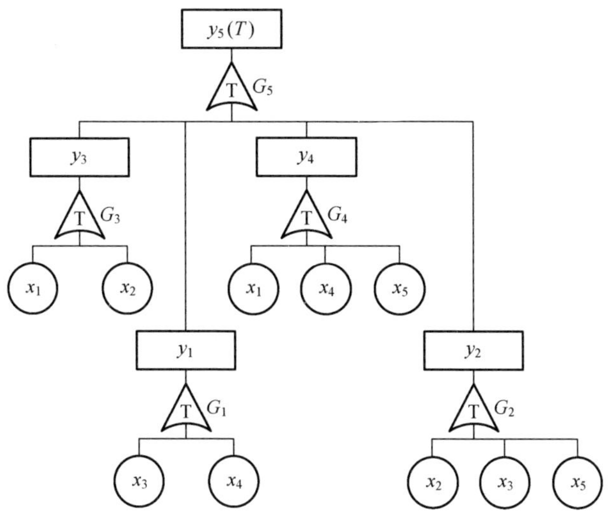

图 3-28 桥式系统 T-S 动态故障树

表 3-86 基本事件的微分重要度

基本事件	文献[240]	本书方法		
		时段 1	时段 2	任务时间内
x_1	0.2488	0.1257	0.1231	0.2488
x_2	0.2488	0.1257	0.1231	0.2488
x_3	0.2488	0.1257	0.1231	0.2488
x_4	0.2488	0.1257	0.1231	0.2488
x_5	0.0049	0.0013	0.0036	0.0049

7. 改善函数

文献[241]对三模冗余系统进行重要度分析，求得改善函数。建造三模冗余系统的 T-S 动态故障树如图 3-29 所示，基本事件 $x_1 \sim x_3$的故障率(10^{-3}/h)分别为 1、2、3，其寿命均服从指数分布，任务时间 $t_M=20$h。

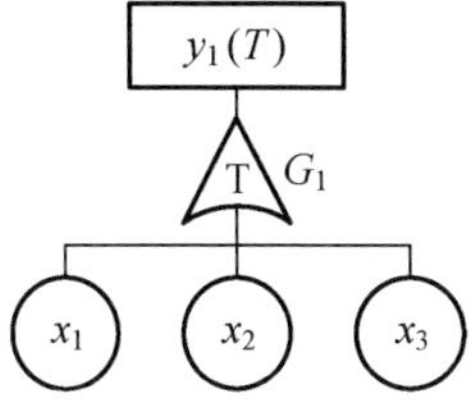

图 3-29 三模冗余系统 T-S 动态故障树

求得基本事件在各时段及任务时间内的改善函数,见表 3-87。

表 3-87 基本事件的改善函数

基本事件	文献[241]	本书方法		
		时段 1	时段 2	任务时间内
x_1	0.4417	0.1157	0.3260	0.4417
x_2	0.7058	0.1851	0.5207	0.7058
x_3	0.7876	0.2073	0.5803	0.7876

8. 综合重要度

文献[243]对混联系统进行重要度分析,求得综合重要度。混联系统包含 10 个单元,可靠度分别为 0.99、0.93、0.87、0.80、0.90、0.85、0.75、0.88、0.86、0.80。建造混联系统 T-S 动态故障树如图 3-30 所示,基本事件 $x_1 \sim x_{10}$ 的故障概率分别为 0.01、0.07、0.13、0.20、0.10、0.15、0.25、0.12、0.14、0.20,故障率(1/h)分别为 0.0017、0.0098、0.0254、0.0200、0.0211、0.0441、0.0150、0.0256、0.0042、0.0700,任务时间 $t_M = 1000\text{h}$。

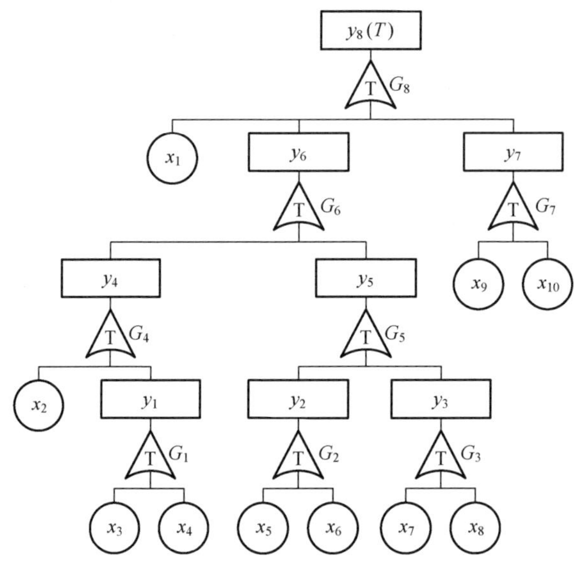

图 3-30 混联系统 T-S 动态故障树

当任务时间分段数 $m = 1$ 时,$G_1 \sim G_8$ 门的时段状态描述规则,见表 3-88～表 3-90。

表 3-88　$G_1(G_5、G_6、G_7)$门的时段状态描述规则

规　　则	$x_3(y_2、y_4、x_9)$		$x_4(y_3、y_5、x_{10})$		$y_1(y_5、y_6、y_7)=1$	
	1	2	1	2	1	2
1	0	1	0	1	0	1
2	0	1	1	1	0	1
3	1	1	0	1	0	1
4	1	1	1	1	1	0

表 3-89　$G_2(G_3、G_4)$门的时段状态描述规则

规　　则	$x_5(x_7、x_2)$		$x_6(x_8、y_4)$		$y_2(y_3、y_4)=1$	
	1	2	1	2	1	2
1	0	1	0	1	0	1
2	0	1	1	1	1	0
3	1	1	0	1	1	0
4	1	1	1	1	1	0

表 3-90　G_8门的时段状态描述规则

规　　则	x_1		y_6		y_7		$y_8=1$	
	1	2	1	2	1	2	1	2
1	0	1	0	1	0	1	0	1
2	0	1	0	1	1	1	1	0
3	0	1	1	1	0	1	1	0
4	0	1	1	1	1	1	1	0
5	1	1	0	1	0	1	1	0
6	1	1	0	1	1	1	1	0
7	1	1	1	1	0	1	1	0
8	1	1	1	1	1	1	1	0

求得基本事件的综合重要度,见表 3-91。

表 3-91　基本事件的综合重要度

基 本 事 件	文献[243]	本 书 方 法	基 本 事 件	文献[243]	本 书 方 法
x_1	0. 000945	0. 000945	x_6	0. 001039	0. 001039
x_2	0. 000682	0. 000682	x_7	0. 000350	0. 000350
x_3	0. 000316	0. 000316	x_8	0. 000361	0. 000361
x_4	0. 000149	0. 000149	x_9	0. 000715	0. 000715
x_5	0. 000498	0. 000498	x_{10}	0. 007706	0. 007706

综上可知,离散时间 T-S 动态故障树重要度分析方法求得的结果,与文献结果相同,验证了可行性。

3.4.3 算例

1. 液压系统重要度分析

以图 3-14 液压系统 T-S 动态故障树为例,利用离散时间 T-S 动态故障树重要度算法,可求得基本事件在任务时间内的概率重要度、关键重要度、风险业绩值、风险降低值、F-V 重要度、微分重要度、改善函数和综合重要度,见表 3-92。

表 3-92 基本事件的重要度

基本事件	概率重要度	关键重要度	风险业绩值	风险降低值	F-V 重要度	微分重要度	改善函数	综合重要度
x_1	0.955506	1	1.287217	∞	1	0.469904	0.430825	0.000639
x_2	0.069062	0.091333	1.000203	1.011028	0.091333	0.042918	0.031190	0.000010
x_3	0.088357	0.117709	1.000204	1.018450	0.117709	0.055312	0.035090	0.000009
x_4	0.691101	0.884669	1.046353	8.670662	0.884669	0.415710	0.304157	0.000206
x_5	0.021621	0.011461	1.008851	1.005775	0.011461	0.005386	0.010212	0.000013
x_6	0.009839	0.011461	1.000899	1.005775	0.011461	0.005386	0.007808	0.000005
x_7	0.013458	0.011461	1.003342	1.005775	0.011461	0.005386	0.010271	0.000010

2. 测量系统重要度分析

某测量系统的 Dugan 动态故障树如图 3-31 所示[483],$G_1 \sim G_6$分别为优先与门、

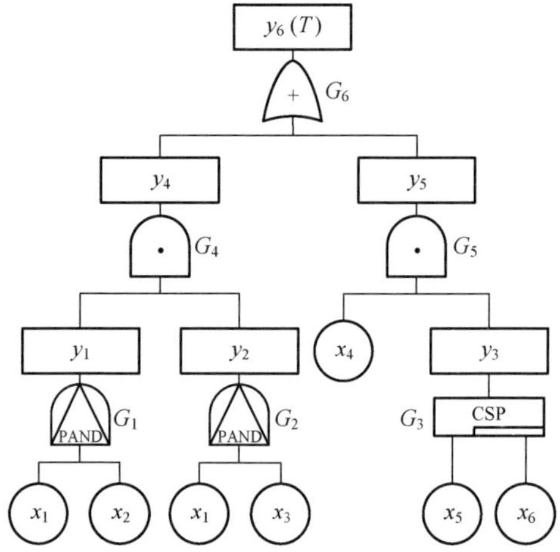

图 3-31 测量系统 Dugan 动态故障树

优先与门、冷备件门、与门、与门、或门，y_6 即顶事件 T，$y_1 \sim y_5$ 为中间事件，基本事件 $x_i(i=1,2,\cdots,6)$ 分别为系统的密封胶、两个关键电子元器件、红外传感器、主用接口、备用接口，其故障率 $\lambda_i(10^{-3}/\mathrm{h})$ 分别为 2、5、8、3、1、4，系统的任务时间 $t_M = 1000\mathrm{h}$。

将图 3-31 的 Dugan 动态故障树转化为如图 3-32 所示的 T-S 动态故障树。

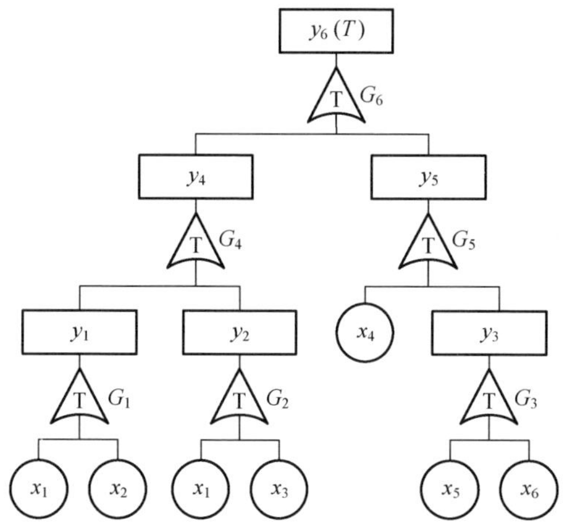

图 3-32　测量系统 T-S 动态故障树

当任务时间分段数 $m=2$ 时，$G_1 \sim G_6$ 门的时段状态描述规则见表 3-93～表 3-96，其中，$G_1(G_2)$ 门的描述规则是近似方法下优先与门的离散时间描述规则，G_3 门的描述规则是近似方法下冷备件门的离散时间描述规则。

表 3-93　$G_1(G_2)$ 门的时段状态描述规则

规　则	x_1			$x_2(x_3)$			$y_1(y_2)=1$		
	1	2	3	1	2	3	1	2	3
1	0	0	1	0	0	1	0	0	1
2	0	0	1	0	1	1	0	0	1
3	0	0	1	1	1	1	0	0	1
4	0	1	1	0	0	1	0	1	0
5	0	1	1	0	1	1	0	0	1
6	0	1	1	1	1	1	0	0	1
7	1	1	1	0	0	1	0	0	0
8	1	1	1	0	1	1	0	1	0
9	1	1	1	1	1	1	0	0	1

表 3-94 G_3门的时段状态描述规则

规　则	x_5			x_6			$y_3=1$		
	1	2	3	1	2	3	1	2	3
1	0	0	1	0	0	1	0	0	1
2	0	1	1	0	0	1	0	0	1
3	1	1	1	0	0	1	0	0	1
4	1	1	1	0	1	1	0	1	0

表 3-95 $G_4(G_5)$门的时段状态描述规则

规　则	$y_1(x_4)$			$y_2(y_3)$			$y_4(y_5)=1$		
	1	2	3	1	2	3	1	2	3
1	0	0	1	0	0	1	0	0	1
2	0	0	1	0	1	1	0	0	1
3	0	0	1	1	1	1	0	0	1
4	0	1	1	0	0	1	0	0	1
5	0	1	1	0	1	1	0	1	0
6	0	1	1	1	1	1	0	1	0
7	1	1	1	0	0	1	0	0	1
8	1	1	1	0	1	1	0	1	0
9	1	1	1	1	1	1	1	0	0

表 3-96 G_6门的时段状态描述规则

规　则	y_4			y_5			$y_6=1$		
	1	2	3	1	2	3	1	2	3
1	0	0	1	0	0	1	0	0	1
2	0	0	1	0	1	1	0	1	0
3	0	0	1	1	1	1	1	0	0
4	0	1	1	0	0	1	0	1	0
5	0	1	1	0	1	1	0	1	0
6	0	1	1	1	1	1	1	0	0
7	1	1	1	0	0	1	1	0	0
8	1	1	1	0	1	1	1	0	0
9	1	1	1	1	1	1	1	0	0

利用离散时间 T-S 动态故障树重要度算法,求得基本事件在任务时间内的概率重要度、关键重要度、风险业绩值、风险降低值、F-V 重要度、微分重要度、改善函数和综合重要度,见表 3-97。

表 3-97　基本事件的重要度

基本事件	概率重要度	关键重要度	风险业绩值	风险降低值	F-V 重要度	微分重要度	改善函数	综合重要度
x_1	0.684985	0.876189	1.126637	5.238206	0.876189	0.371044	0.510328	0.000185
x_2	0.596301	0.876189	1.005488	5.238206	0.876189	0.376890	0.350263	0.000020
x_3	0.592481	0.876189	1.000272	5.238206	0.876189	0.378643	0.125194	0.000002
x_4	0.050525	0.071023	1.003721	1.076453	0.071023	0.134752	0.011164	0.000008
x_5	0.075951	0.071023	1.041334	1.076453	0.071023	0.278878	0.048987	0.000003
x_6	0.353512	0.071023	1.451942	1.076453	0.071023	0.738670	0.031667	0.001222

3.5　基于离散时间贝叶斯网络的 T-S 动态故障树分析方法

为丰富可靠性分析方法,2005 年,Boudali、Dugan 在文献[482]中基于 Dugan 动态故障树提出了离散时间贝叶斯网络方法,即基于离散时间贝叶斯网络的 Dugan 动态故障树分析方法;李彦锋在博士学位论文《复杂系统动态故障树分析的新方法及其应用研究》中研究了基于离散时间贝叶斯网络的动态故障树可靠性评估模型,建立了 Bell 故障树逻辑门和 Dugan 动态门的条件概率分布公式[494]。借鉴 Dugan 动态故障树的研究路线和研究内容,我们研究了基于离散时间贝叶斯网络的 T-S 动态故障树分析方法。

3.5.1　基于 T-S 动态故障树构造离散时间贝叶斯网络

基于 T-S 动态故障树构造离散时间贝叶斯网络分为两个步骤(图 3-33)。

(1) T-S 动态故障树转化为离散时间贝叶斯网络有向无环图。首先,将 T-S 动态故障树的事件和 T-S 动态门分别转化为贝叶斯网络有向无环图的节点和有向边,即基本事件转化为贝叶斯网络根节点,中间事件转化为贝叶斯网络中间节点,顶事件转化为贝叶斯网络叶节点,T-S 动态门转化为贝叶斯网络有向边。然后,根据 T-S 动态门表示的静、动态事件关系连接相应的节点,即根据下级事件(父节点)与上级事件(子节点)间的静、动态事件关系,用有向边连接贝叶斯网络中的父节点和子节点。

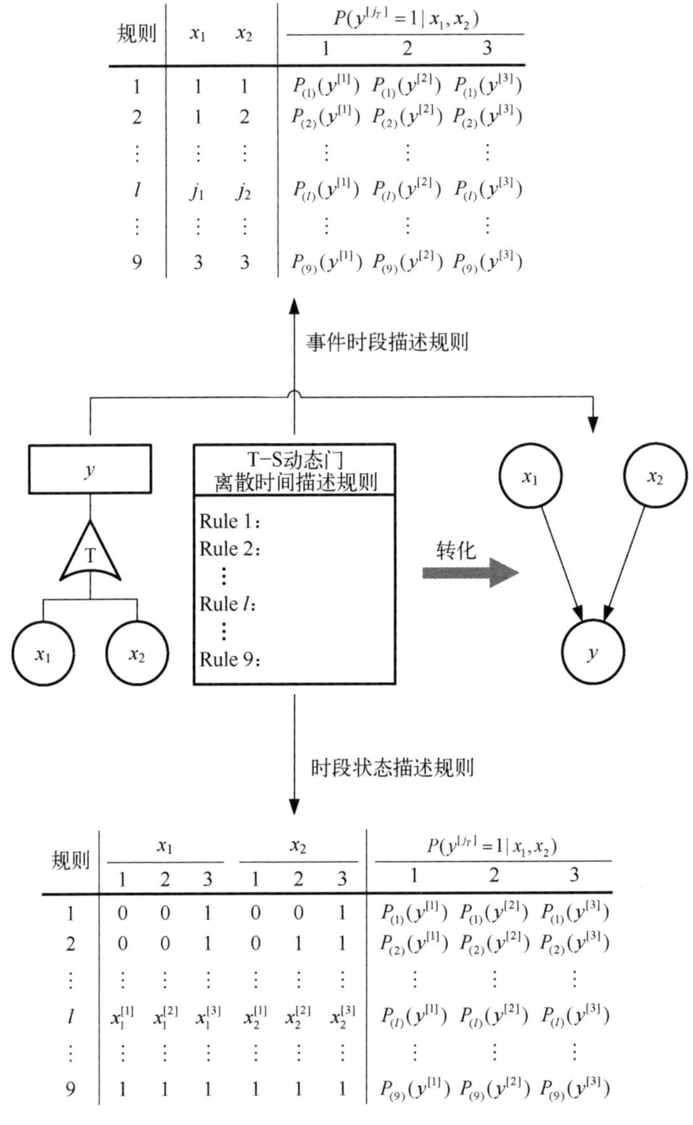

规则	x_1	x_2	$P(y^{[j_T]}=1\mid x_1,x_2)$		
			1	2	3
1	1	1	$P_{(1)}(y^{[1]})$	$P_{(1)}(y^{[2]})$	$P_{(1)}(y^{[3]})$
2	1	2	$P_{(2)}(y^{[1]})$	$P_{(2)}(y^{[2]})$	$P_{(2)}(y^{[3]})$
⋮	⋮	⋮	⋮	⋮	⋮
l	j_1	j_2	$P_{(l)}(y^{[1]})$	$P_{(l)}(y^{[2]})$	$P_{(l)}(y^{[3]})$
⋮	⋮	⋮	⋮	⋮	⋮
9	3	3	$P_{(9)}(y^{[1]})$	$P_{(9)}(y^{[2]})$	$P_{(9)}(y^{[3]})$

规则	x_1			x_2			$P(y^{[j_T]}=1\mid x_1,x_2)$		
	1	2	3	1	2	3	1	2	3
1	0	0	1	0	0	1	$P_{(1)}(y^{[1]})$	$P_{(1)}(y^{[2]})$	$P_{(1)}(y^{[3]})$
2	0	0	1	0	1	1	$P_{(2)}(y^{[1]})$	$P_{(2)}(y^{[2]})$	$P_{(2)}(y^{[3]})$
⋮	⋮	⋮	⋮	⋮	⋮	⋮	⋮	⋮	⋮
l	$x_1^{[1]}$	$x_1^{[2]}$	$x_1^{[3]}$	$x_2^{[1]}$	$x_2^{[2]}$	$x_2^{[3]}$	$P_{(l)}(y^{[1]})$	$P_{(l)}(y^{[2]})$	$P_{(l)}(y^{[3]})$
⋮	⋮	⋮	⋮	⋮	⋮	⋮	⋮	⋮	⋮
9	1	1	1	1	1	1	$P_{(9)}(y^{[1]})$	$P_{(9)}(y^{[2]})$	$P_{(9)}(y^{[3]})$

图 3-33　T-S 动态故障树向离散时间贝叶斯网络的转化

(2) T-S 动态门离散时间描述规则转化为离散时间贝叶斯网络条件概率表。由时段状态描述规则转化的离散时间贝叶斯网络条件概率表，由事件时段描述规则转化的离散时间贝叶斯网络条件概率表。

二态与门、或门、冷备件门的 T-S 动态门事件时段描述规则转化的条件概率表，见表 3-98～表 3-100。其中，x_1 和 x_2 为下级事件，y 为上级事件，任务时间分段数 $m=2$。

表 3-98　与门的条件概率表

规　　则	x_1	x_2	$P(y^{[j_y]}=1\mid x_1,x_2)$		
			1	2	3
1	1	1	1	0	0
2	1	2	0	1	0
3	1	3	0	0	1
4	2	1	0	1	0
5	2	2	0	1	0
6	2	3	0	0	1
7	3	1	0	0	1
8	3	2	0	0	1
9	3	3	0	0	1

表 3-99　或门的条件概率表

规　　则	x_1	x_2	$P(y^{[j_y]}=1\mid x_1,x_2)$		
			1	2	3
1	1	1	1	0	0
2	1	2	1	0	0
3	1	3	1	0	0
4	2	1	1	0	0
5	2	2	0	1	0
6	2	3	0	1	0
7	3	1	1	0	0
8	3	2	0	1	0
9	3	3	0	0	1

表 3-100　冷备件门的条件概率表

规　　则	x_1	x_2	$P(y^{[j_y]}=1\mid x_1,x_2)$		
			1	2	3
1	1	2	0	1	0
2	1	3	0	0	1
3	2	3	0	0	1
4	3	3	0	0	1

离散时间多态 T-S 动态故障树同样可以转化为离散时间多态贝叶斯网络：首先将 T-S 动态故障树转化为有向无环图，其次将多态 T-S 动态门离散时间描述规则转化为离散时间多态贝叶斯网络条件概率表。系统为多态时，假设下级事件有 2 个，任务时间分为 2 段，整个时间轴被划分为 3 段时的离散时间多态条件概率表，见表 3-101。

表 3-101　离散时间多态条件概率表

规　则	x_1			x_2			$P(y^{[j_y]}=S_y^{(b_y)}\mid x_1,x_2)$		
	1	2	3	1	2	3	1	2	3
1	0.1	0.4	1	0	0.4	1	$P_{(1)}(y^{[1]})$	$P_{(1)}(y^{[2]})$	$P_{(1)}(y^{[3]})$
2	0.2	0.5	1	0	0.6	1	$P_{(2)}(y^{[1]})$	$P_{(2)}(y^{[2]})$	$P_{(2)}(y^{[3]})$
3	0.3	0.6	1	0.1	0.7	1	$P_{(3)}(y^{[1]})$	$P_{(3)}(y^{[2]})$	$P_{(3)}(y^{[3]})$
4	0.3	0.4	1	0.2	0.4	1	$P_{(4)}(y^{[1]})$	$P_{(4)}(y^{[2]})$	$P_{(4)}(y^{[3]})$
⋮	⋮	⋮	⋮	⋮	⋮	⋮	⋮	⋮	⋮
l	$x_1^{[1]}$	$x_1^{[2]}$	$x_1^{[3]}$	$x_2^{[1]}$	$x_2^{[2]}$	$x_2^{[3]}$	$P_{(l)}(y^{[1]})$	$P_{(l)}(y^{[2]})$	$P_{(l)}(y^{[3]})$
⋮	⋮	⋮	⋮	⋮	⋮	⋮	⋮	⋮	⋮
r	1	1	1	1	1	1	$P_{(r)}(y^{[1]})$	$P_{(r)}(y^{[2]})$	$P_{(r)}(y^{[3]})$

3.5.2　基于离散时间贝叶斯网络的 T-S 动态故障树分析计算方法

1. 顶事件求解

当任务时间 t_{M} 划分为 m 段时，每段区间长度 $\Delta=t_{\mathrm{M}}/m$，整个时间轴被划分为 $[0,\Delta)$，$[\Delta,2\Delta)$，…，$[(m-1)\Delta,\ m\Delta)$，$[m\Delta,+\infty)$，记为时段 $1,2,\cdots,m,\ m+1$。基本事件 $x_i(i=1,2,\cdots,n)$ 在时段 $j_i(j_i=1,2,\cdots,m,\ m+1)$ 的故障状态 $x_i^{[j_i]}$ 为 $S_i^{(a_i)}$，中间事件 y_1 在时段 $j_{y_1}(j_{y_1}=1,2,\cdots m,\ m+1)$ 的故障状态 $y_1^{[j_{y_1}]}$ 为 $S_{y_j}^{(b_j)}(b_j=1,2,\cdots,e_j)$，中间事件 y_2、y_3 等依此类推，顶事件 T 在时段 $j_T(j_T=1,2,\cdots,m,\ m+1)$ 的故障状态为 T_q。基本事件 $x_i(i=1,2,\cdots,n)$ 在时段 $j_i(j_i=1,2,\cdots,m,\ m+1)$ 的故障状态 $x_i^{[j_i]}$ 为 $S_i^{(a_i)}$ 的可靠性数据 $P(x_i^{[j_i]}=S_i^{(a_i)})$ 分为两种：①可靠性数据 $P(x_i^{[j_i]}=S_i^{(a_i)})$ 即为基本事件 x_i 在时段 j_i 故障状态 $x_i^{[j_i]}$ 为 $S_i^{(a_i)}$ 的故障率 $\lambda(x_i^{[j_i]}=S_i^{(a_i)})$，见式(3-4)；②可靠性数据 $P(x_i^{[j_i]}=S_i^{(a_i)})$ 即为基本事件 x_i 在时段 j_i 故障状态 $x_i^{[j_i]}$ 为 $S_i^{(a_i)}$ 的故障概率，见式(3-5)。

假设离散时间贝叶斯网络的所有基本事件为 $X=\{x_1^{[j_1]},x_2^{[j_2]},\cdots,x_n^{[j_n]}\}$，所有中间事件为 $Y=\{y_1^{[j_{y_1}]},\ y_2^{[j_{y_2}]},\ \cdots,\ y_k^{[j_{y_k}]}\}$，顶事件为 T，则顶事件 T 在时段 j_T 的故障概率为

$$P(T^{[j_T]}=1)=\sum_{\substack{x_1^{[j_1]},\cdots,x_n^{[n]}\\ y_1^{[j_{y_1}]},\cdots,y_n^{[j_{y_n}]}}} P(x_1^{[j_1]},\cdots,x_n^{[n]},y_1^{[j_{y_1}]},\cdots,y_k^{[j_{y_k}]},T^{[j_T]}=1) \quad (3-43)$$

2. 基本事件的重要度

给出基于离散时间贝叶斯网络的 T-S 动态故障树的概率重要度、关键重要度、风险业绩值、风险降低值、微分重要度、改善函数的求解算法。

1）T-S 动态故障树概率重要度

当顶事件 T 在时段 j_T 故障时，基本事件 x_i 的 T-S 动态故障树概率重要度为

$$I_{\text{Pr}}(x_i=S_i^{(a_i)},T^{[j_T]}=T_q)=P(T^{[j_T]}=T_q \mid x_i=S_i^{(a_i)})-P(T^{[j_T]}=T_q \mid x_i=0) \quad (3-44)$$

式中：$P(T^{[j_T]}=T_q \mid x_i=S_i^{(a_i)})$ 表示基本事件 x_i 在任务时间内故障状态为 $S_i^{(a_i)}$ 时顶事件 T 在时段 j_T 故障状态为 T_q 的条件概率；$P(T^{[j_T]}=T_q \mid x_i=0)$ 表示基本事件 x_i 在任务时间内正常时顶事件 T 在时段 j_T 故障状态为 T_q 的条件概率。

基本事件 x_i 在任务时间内的 T-S 动态故障树概率重要度为

$$I_{\text{Pr}}(x_i=S_i^{(a_i)})=\sum_{j_T=1}^{m} I_{\text{Pr}}(x_i=S_i^{(a_i)},T^{[j_T]}=T_q) \quad (3-45)$$

2）T-S 动态故障树关键重要度

当顶事件 T 在时段 j_T 故障时，基本事件 x_i 的 T-S 动态故障树关键重要度为

$$I_{\text{Cr}}(x_i=S_i^{(a_i)},T^{[j_T]}=T_q)=\frac{P(x_i=S_i^{(a_i)})}{\sum_{j_T=1}^{m} P(T^{[j_T]}=T_q)} I_{\text{Pr}}(x_i=S_i^{(a_i)},T^{[j_T]}=T_q) \quad (3-46)$$

式中：$P(x_i=S_i^{(a_i)})$ 表示任务时间内的基本事件 x_i 故障状态为 $S_i^{(a_i)}$ 的可靠性数据。

基本事件 x_i 在任务时间内的 T-S 动态故障树关键重要度为

$$I_{\text{Cr}}(x_i=S_i^{(a_i)})=\sum_{j_T=1}^{m} I_{\text{Cr}}(x_i=S_i^{(a_i)},T^{[j_T]}=T_q) \quad (3-47)$$

3）T-S 动态故障树风险业绩值

当顶事件 T 在时段 j_T 发生故障时，基本事件 x_i 的 T-S 动态故障树风险业绩值为

$$I_{\text{RAW}}(x_i=S_i^{(a_i)},T^{[j_T]}=T_q)=\frac{P(T^{[j_T]}=T_q \mid x_i=S_i^{(a_i)})}{\sum_{j_T=1}^{m} P(T^{[j_T]}=T_q)} \quad (3-48)$$

基本事件 x_i 在任务时间内的 T-S 动态故障树风险业绩值为

$$I_{\text{RAW}}(x_i=S_i^{(a_i)})=\sum_{j_T=1}^{m} I_{\text{RAW}}(x_i=S_i^{(a_i)},T^{[j_T]}=\text{T}_q) \quad (3-49)$$

4) T-S 动态故障树风险降低值

当顶事件 T 在时段 j_T 发生故障时,基本事件 x_i 的 T-S 动态故障树风险降低值为

$$I_{\mathrm{RRW}}(x_i = S_i^{(a_i)}, T^{[j_T]} = T_q) = \frac{P(T^{[j_T]} = T_q)}{\sum_{j_T=1}^{m} P(T^{[j_T]} = T_q \mid x_i = 0)} \tag{3-50}$$

基本事件 x_i 在任务时间内的 T-S 动态故障树风险降低值为

$$I_{\mathrm{RRW}}(x_i = S_i^{(a_i)}) = \sum_{j_T=1}^{m} I_{\mathrm{RRW}}(x_i = S_i^{(a_i)}, T^{[j_T]} = T_q) \tag{3-51}$$

5) T-S 动态故障树微分重要度

当顶事件 T 在时段 j_T 故障时,基本事件 x_i 的 T-S 动态故障树微分重要度为

$$I_{\mathrm{DIM}}(x_i = S_i^{(a_i)}, T^{[j_T]} = T_q) = \frac{\dfrac{\partial P(T^{[j_T]} = T_q)}{\partial P(x_i = S_i^{(a_i)})} P(x_i = S_i^{(a_i)})}{\sum_{j=1}^{n} \dfrac{\partial P(T^{[j_T]} = T_q)}{\partial P(x_j = S_j^{(a_j)})} P(x_j = S_i^{(a_i)})} \tag{3-52}$$

基本事件 x_i 在任务时间内的 T-S 动态故障树微分重要度为

$$I_{\mathrm{DIM}}(x_i = S_i^{(a_i)}) = \sum_{j_T=1}^{m} I_{\mathrm{DIM}}(x_i = S_i^{(a_i)}, T^{[j_T]} = T_q) \tag{3-53}$$

6) T-S 动态故障树改善函数

当顶事件 T 在时段 j_T 故障时,基本事件 x_i 的 T-S 动态故障树改善函数为

$$I_{\mathrm{UF}}(x_i = S_i^{(a_i)}, y^{[j_T]} = T_q) = \frac{\lambda(x_i = S_i^{(a_i)}) \partial P(y^{[j_T]} = T_q)}{P(y^{[j_T]} = T_q) \partial \lambda(x_i = S_i^{(a_i)})} \tag{3-54}$$

基本事件 x_i 在任务时间内的 T-S 动态故障树改善函数为

$$I_{\mathrm{UF}}(x_i = S_i^{(a_i)}) = \sum_{j_T=1}^{m} I_{\mathrm{UF}}(x_i = S_i^{(a_i)}, y^{[j_T]} = T_q) \tag{3-55}$$

7) T-S 动态故障树综合重要度

当顶事件 T 在时段 j_T 故障时,基本事件 x_i 的 T-S 动态故障树综合重要度为

$$\begin{aligned} & I_{\mathrm{IM}}(x_i = S_i^{(a_i)}, y^{[j_T]} = T_q) \\ & = \lambda(x_i = S_i^{(a_i)}) [P(y^{[j_T]} = T_q \mid x_i = S_i^{(a_i)}) - P(y^{[j_T]} = T_q \mid x_i = 0)] P(x_i = S_i^{(a_i)}) \end{aligned} \tag{3-56}$$

基本事件 x_i 在任务时间内的 T-S 动态故障树综合重要度为

$$I_{\mathrm{IM}}(x_i, y^{[j_T]} = T_q) = \sum_{j_T=1}^{m} I_{\mathrm{IM}}(x_i = S_i^{(a_i)}, y^{[j_T]} = T_q) \tag{3-57}$$

3. 基本事件的后验概率

离散时间贝叶斯网络具有反向推理的特点，已知顶事件在某一时段的故障概率，可反向推理求得对应基本事件的后验概率，离散时间贝叶斯网络的基本事件后验概率为

$$P(x_i = S_i^{(a_i)} \mid T^{[j_T]} = T_q) = \frac{P(x_i = S_i^{(a_i)}, T^{[j_T]} = T_q)}{\sum_{j_T=1}^{m} P(T^{[j_T]} = T_q)} \tag{3-58}$$

式中：$P(T^{[j_T]}=1)$表示顶事件 T 在时段 j_T 的故障概率；$P(x_i = S_i^{(a_i)}, T^{[j_T]} = T_q)$表示基本事件 x_i 在任务时间内故障状态为 $S_i^{(a_i)}$ 和顶事件 T 在时段 j_T 故障状态为 T_q 时的联合概率。

基本事件 x_i 在任务时间内故障时的后验概率为

$$P(x_i = S_i^{(a_i)} \mid T = T_q) = \sum_{j_T=1}^{m} P(x_i = S_i^{(a_i)} \mid T^{[j_T]} = T_q) \tag{3-59}$$

4. 基本事件的灵敏度

当顶事件 T 在时段 j_T 故障时，基本事件 x_i 的灵敏度为

$$I_{\mathrm{Se}}(x_i = S_i^{(a_i)}, T^{[j_T]} = T_q) = \frac{I_{\mathrm{Pr}}(x_i = S_i^{(a_i)}, T^{[j_T]} = T_q)}{\sum_{j_T=1}^{m} P(T^{[j_T]} = T_q \mid x_i = 0)} \tag{3-60}$$

基本事件 x_i 在任务时间内的灵敏度为

$$I_{\mathrm{Se}}(x_i) = \sum_{j_T=1}^{m} I_{\mathrm{Se}}(x_i = S_i^{(a_i)}, T^{[j_T]} = T_q) \tag{3-61}$$

3.5.3 基于离散时间贝叶斯网络的 T-S 动态故障树分析方法的验证

为验证基于离散时间贝叶斯网络的 T-S 动态故障树分析计算方法的可行性，将其与基于贝叶斯网络的 T-S 故障树分析计算方法进行对比。

1. 基于贝叶斯网络的 T-S 故障树分析计算方法

图 2-1 所示的贝叶斯网络，中间事件 y_1 的条件概率表见图 2-5，顶事件 T 的条件概率表见图 2-4。假设任务时间 $t_{\mathrm{M}} = 5000\mathrm{h}$，各基本事件寿命均服从指数分布，基本事件 x_1、x_2、x_3 的故障率(10^{-6}/h)分别为 8、2、5。

由式(2-1)可以求得顶事件 T 在任务时间内的故障概率为

$$P(T=1) = 0.00135$$

由式(2-5)、式(2-7)求得各基本事件的概率重要度，由式(2-8)、式(2-9)求得各基本事件的关键重要度，由式(2-13)、式(2-14)求得各基本事件的风险业绩

值,由式(2-15)、式(2-16)求得各基本事件的风险降低值,由式(2-19)、式(2-20)求得各基本事件的微分重要度,由式(2-24)、式(2-25)求得各基本事件的灵敏度,由式(2-26)求得基本事件的后验概率,见表 3-102。

表 3-102 基本事件的重要度与灵敏度及后验概率

基本事件	概率重要度 $I_{\mathrm{Pr}}(x_i)$	关键重要度 $I_{\mathrm{Cr}}(x_i)$	风险业绩值 $I_{\mathrm{RAW}}(x_i)$	风险降低值 $I_{\mathrm{RRW}}(x_i)$	微分重要度 $I_{\mathrm{DIM}}(x_i)$	灵敏度 $I_{\mathrm{Se}}(x_i)$	后验概率 $P(x_i=1 \mid T=1)$
x_1	0. 03439	1	25. 50333	∞	0. 50179	∞	1
x_2	0. 03824	0. 28215	29. 07435	1. 39305	0. 14158	39. 50208	0. 28929
x_3	0. 03882	0. 71071	29. 07435	3. 45668	0. 35663	99. 50083	0. 71785

2. 基于离散时间贝叶斯网络的 T-S 动态故障树分析计算方法

图 2-1 所示的贝叶斯网络,将任务时间分为 2 段,中间事件 y_1 的条件概率表见表 3-98,顶事件 T 的条件概率表见表 3-99。

由式(3-43),得到顶事件 T 在时段 1 的故障概率为

$$
\begin{aligned}
P(T^{[1]}=1) &= \sum_{x_1^{[j_1]},\, y_1^{[j_{y_1}]}} P(x_1^{[j_1]}, y_1^{[j_{y_1}]}, T^{[1]}=1) = P(x_1^{[1]})P(y_1^{[1]}) \\
&= P(x_1^{[1]}) \sum_{x_2^{[j_2]},\, x_3^{[j_3]}} P(x_2^{[j_2]}, x_3^{[j_3]}, y_1^{[1]}=1) \\
&= P(x_1^{[1]})[P(x_2^{[1]})P(x_3^{[1]}) + P(x_2^{[1]})P(x_3^{[2]}) \\
&\quad + P(x_2^{[1]})P(x_3^{[3]}) + P(x_2^{[2]})P(x_3^{[1]}) + P(x_2^{[3]})P(x_3^{[1]})] \\
&= 0.00034
\end{aligned}
$$

同理,可以求得顶事件 T 在时段 2 和任务时间内的故障概率分别为 0. 00101、0. 00135。

根据式(3-58)求得当顶事件 T 在不同时段故障时基本事件 x_1、x_2、x_3 的后验概率,再利用式(3-59)求得基本事件在任务时间内的后验概率,见表 3-103。

表 3-103 基本事件的后验概率

基本事件	时段 1	时段 2	任务时间内
x_1	0. 25471	0. 74529	1
x_2	0. 07413	0. 21516	0. 28929
x_3	0. 18329	0. 53456	0. 71785

由式(3-44)~式(3-53)求得基本事件各时段和任务时间内的重要度,由式(3-60)和式(3-61)求得基本事件各时段和任务时间内的灵敏度,见表 3-104。

表 3-104　基本事件的重要度与灵敏度

基本事件	概率重要度 $I_{Pr}(x_i)$			关键重要度 $I_{Cr}(x_i)$		
	时段 1	时段 2	任务时间内	时段 1	时段 2	任务时间内
x_1	0.00876	0.02563	0.03440	0.50500	0.49500	1.00000
x_2	0.00980	0.02844	0.03824	0.14143	0.14072	0.28215
x_3	0.00991	0.02891	0.03882	0.35757	0.35313	0.71071
基本事件	风险业绩值 $I_{RAW}(x_i)$			风险降低值 $I_{RRW}(x_i)$		
	时段 1	时段 2	任务时间内	时段 1	时段 2	任务时间内
x_1	6.49593	19.00740	25.50333	∞	∞	∞
x_2	7.45059	21.62376	29.07435	0.35482	1.03823	1.39305
x_3	7.42354	21.65081	29.07435	0.88045	2.57623	3.45668
基本事件	微分重要度 $I_{DIM}(x_i)$			灵敏度 $I_{Se}(x_i)$		
	时段 1	时段 2	任务时间内	时段 1	时段 2	任务时间内
x_1	0.12781	0.37398	0.50179	∞	∞	∞
x_2	0.03629	0.10529	0.14158	10.12498	29.37710	39.50208
x_3	0.09107	0.26556	0.35663	25.40770	74.09314	99.50083

第 4 章

连续时间 T-S 动态故障树分析方法

离散时间 T-S 动态故障树分析方法增强了故障树描述静、动态失效行为的能力,可以直接定量分析,但存在分析计算误差且不能反映系统可靠度变化趋势,为此,本章提出连续时间 T-S 动态故障树分析方法。通过与基于 Markov 链、连续时间贝叶斯网络、离散时间贝叶斯网络求解的 Dugan 动态故障树分析方法及离散时间 T-S 动态故障树分析方法进行对比,验证连续时间 T-S 动态故障树分析方法的可行性。在此基础上,考虑到复杂系统的可靠性往往受工作时间、应力冲击、工作温度等多种因素的影响,仅考虑工作时间单一因素的故障树分析方法存在局限性,提出考虑多因素影响的连续时间多维 T-S 动态故障树分析方法。进一步,提出基于连续时间贝叶斯网络的 T-S 动态故障树分析方法,丰富 T-S 动态故障树的分析计算方法。

4.1 连续时间 T-S 动态故障树分析

针对离散时间 T-S 动态故障树分析方法存在分析计算误差、不能反映系统可靠度变化趋势的问题,提出连续时间(continuous-time)T-S 动态故障树分析方法[466]。提出基于下级事件时序关系及事件发生冲激函数描述与上级事件发生可能性的 T-S 动态门连续时间描述规则构建方法,利用冲激函数冲激点的积分特性,提出基于描述规则执行可能性与上级事件发生可能性及冲激函数积分的上级事件故障概率密度函数和故障概率分布函数的分析计算方法。

4.1.1 分析流程

参照 GB 7829《故障树分析程序》等文献,并结合连续时间 T-S 动态故障树特点给出其分析流程如图 4-1 所示,具体如下。

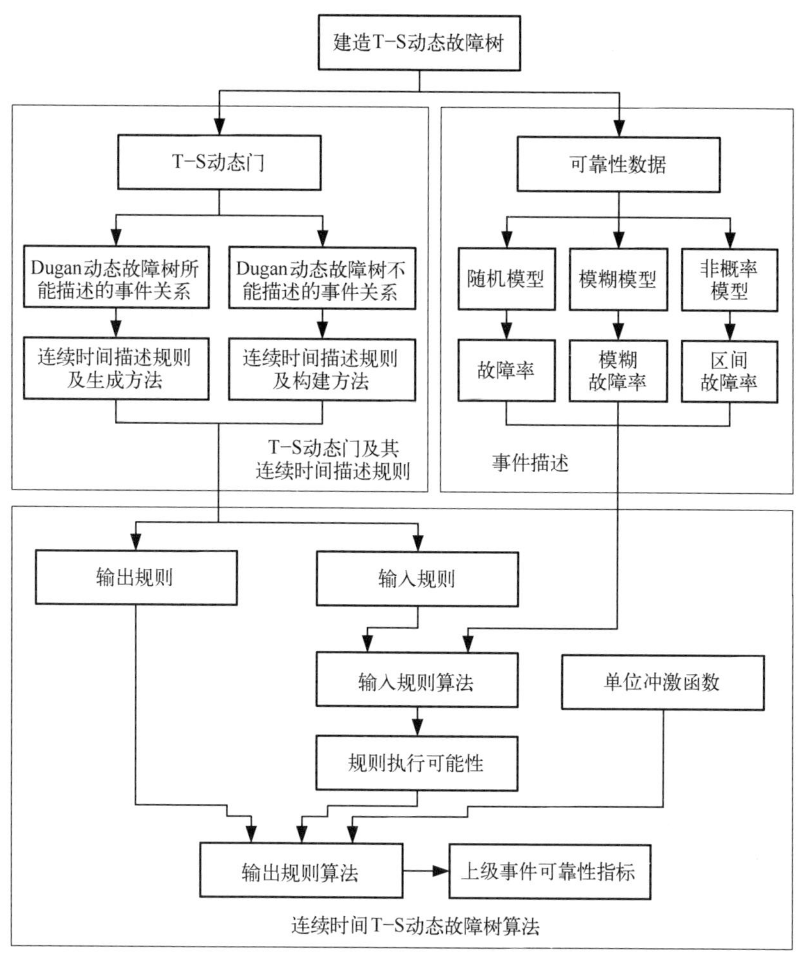

图 4-1　连续时间 T-S 动态故障树分析流程

(1) 资料调研,系统分析与故障分析,选择系统的顶事件,由上向下按层次逐级分解,建造 T-S 动态故障树。

(2) 构建 T-S 动态门及其连续时间描述规则。对于 Dugan 故障树(Dugan 动态门、Bell 故障树逻辑门)能够描述的静、动态事件关系,从下级事件故障状态发生的时刻这一角度并由描述规则生成方法直接生成 T-S 动态门连续时间描述规则——事件时序描述规则,每一条描述规则包括下级事件组成的输入规则和上级事件组成的输出规则;对于 Dugan 故障树(Dugan 动态门、Bell 故障树逻辑门)不能描述的静、动态事件关系,则根据静、动态事件关系,从下级事件故障状态发生的时刻这一角度并由描述规则构建方法构建相应的 T-S 动态门事件时序描述规则,从而得到能更全面、准确描述系统静、动态事件关系的 T-S 动态门连续时间描述规则。

(3) 构建事件描述方法。事件描述包括随机模型、模糊模型、非概率模型等可靠性数据,分别为故障率、模糊故障率、区间故障率等。

(4) 利用连续时间 T-S 动态故障树算法求取顶事件可靠性指标。由随机或模糊或非概率可靠性数据,利用输入规则算法求得规则执行可能性;再由规则执行可能性、单位冲激函数结合输出规则,利用输出规则算法求得上级事件可靠性指标。依次逐级向上求解,最终求得顶事件可靠性指标。

4.1.2 T-S 动态门连续时间描述规则及其产生方法与生成程序

描述静、动态事件关系的 T-S 动态门连续时间描述规则有两种产生方法。

(1) 连续时间描述规则生成方法。对于 Bell 故障树逻辑门和 Dugan 动态门描述的静、动态事件关系,可手工列写或利用计算程序直接生成 T-S 动态门连续时间描述规则,得到等价的 T-S 动态门连续时间描述规则。可见,用连续时间 T-S 动态故障树可以求解连续时间 Dugan 动态故障树。

(2) 连续时间描述规则构建方法。对于 Bell 故障树逻辑门和 Dugan 动态门不能描述的静、动态事件关系,如非 Bell 故障树逻辑门和 Dugan 动态门(及其组合)的静动态事件关系,含有不确定性的静、动态事件关系等,将知识和数据总结为一组 IF-THEN 语句描述即 T-S 动态门连续时间描述规则。

T-S 动态门及其连续时间描述规则(图 4-2)能够无限逼近现实系统的失效行为,能够刻画任意形式的静、动态失效行为。

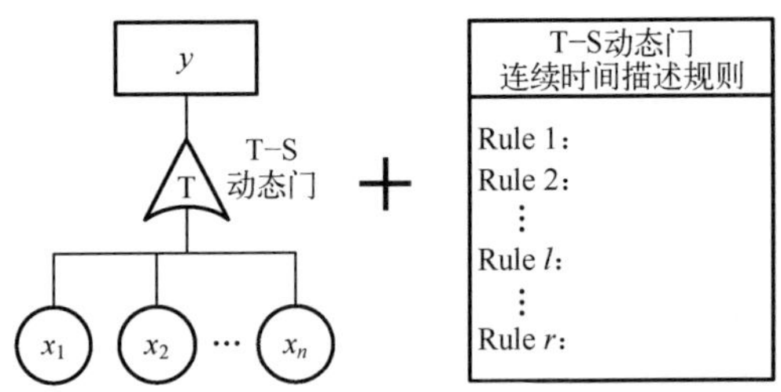

图 4-2 T-S 动态门及其连续时间描述规则

设下级事件 $x_i(i=1, 2, \cdots, n)$ 及上级事件 y 的失效(或故障)时刻分别用 $t_i(i=1, 2, \cdots, n)$ 及 t_y 表示,用冲激函数描述上级事件 y 与下级事件 x_i 的失效时刻的关系,即

$$\delta(t_y-t_i)=\begin{cases}0, & t_y\neq t_i\\ \infty, & t_y=t_i\end{cases} \tag{4-1}$$

式中:$\delta(t_y-t_i)=\infty$,即 $t_y=t_i$ 时,表示 x_i 失效后 y 立即失效。若下级事件不是 x_i 而是

中间事件 $y_1, y_2, \cdots$，则式(4-1)用 $\delta(t_y-t_{y_1}), \delta(t_y-t_{y_2}), \cdots$ 替代 $\delta(t_y-t_i)$，用 $t_{y_1}, t_{y_2}, \cdots$ 替代 t_i。

1. T-S 动态门连续时间描述规则

连续时间 T-S 动态故障树分析方法，是将整个任务时间视为连续的而不是把任务时间离散化等分为多个时段，没有划分时段就无法表示事件在各时段的故障状态或发生可能性，因而，T-S 动态门连续时间描述规则只有事件时序描述规则，而没有时段状态描述规则。

T-S 动态门的事件时序描述规则是基于 T-S 动态门的事件关系(包含事件发生时序依赖关系)进行构建的，其每一条描述规则 $l(l=1, 2, \cdots, r)$ 表示下级事件 x_i 的一个事件发生时序依赖关系及对应这个事件发生时序依赖关系时上级事件 y 在时刻 $t_1 \sim t_n$ 的发生可能性，规则总数 r 可由式(4-2)得到，则事件时序描述规则 l 可表述如下。

规则 l：若下级事件 x_1 在时刻 t_1 失效，x_2 在时刻 t_2 失效，x_3 在时刻 t_3 失效，$\cdots$，x_n 在时刻 t_n 失效，则上级事件 y 在时刻 $t_1, t_2, t_3, \cdots, t_n$ 的发生可能性分别为 $P_{(l)}(y^{[t_1]}), P_{(l)}(y^{[t_2]}), P_{(l)}(y^{[t_3]}), \cdots, P_{(l)}(y^{[t_n]})$。规则 l 界定了下级事件的事件发生时序依赖关系，即时刻 $t_1, t_2, t_3, \cdots, t_n$ 的大小关系，规则总数 r 为

$$r=n! \tag{4-2}$$

用自然数 $o(t_i)(i=1, 2, 3, \cdots, n)$ 表示下级事件 $x_i(i=1, 2, 3, \cdots, n)$ 的发生时序即发生顺序，数值小的先于数值大的发生。例如，当 $t_1<t_2<t_3<\cdots<t_n$ 时，则用 $o(t_1)=1$、$o(t_2)=2$、$o(t_3)=3$、$\cdots$、$o(t_n)=n$ 表示；当 $t_1<t_3<t_2<\cdots<t_n$ 时，则用 $o(t_1)=1$、$o(t_2)=3$、$o(t_3)=2$、$\cdots$、$o(t_n)=n$ 表示；依此类推。

综上，图 4-2 中 T-S 动态门的事件时序描述规则，见表 4-1。

表 4-1　T-S 动态门的事件时序描述规则

规则	x_1	x_2	x_3	$\cdots$	x_n	y				
						$\delta(t_y-t_1)$	$\delta(t_y-t_2)$	$\delta(t_y-t_3)$	$\cdots$	$\delta(t_y-t_n)$
1	1	2	3	$\cdots$	n	$P_{(1)}(y^{[t_1]})$	$P_{(1)}(y^{[t_2]})$	$P_{(1)}(y^{[t_3]})$	$\cdots$	$P_{(1)}(y^{[t_n]})$
2	1	3	2	$\cdots$	n	$P_{(2)}(y^{[t_1]})$	$P_{(2)}(y^{[t_2]})$	$P_{(2)}(y^{[t_3]})$	$\cdots$	$P_{(2)}(y^{[t_n]})$
3	1	2	4	$\cdots$	n	$P_{(3)}(y^{[t_1]})$	$P_{(3)}(y^{[t_2]})$	$P_{(3)}(y^{[t_3]})$	$\cdots$	$P_{(3)}(y^{[t_n]})$
4	1	3	4	$\cdots$	n	$P_{(4)}(y^{[t_1]})$	$P_{(4)}(y^{[t_2]})$	$P_{(4)}(y^{[t_3]})$	$\cdots$	$P_{(4)}(y^{[t_n]})$
⋮	⋮	⋮	⋮	$\cdots$	⋮	⋮	⋮	⋮	$\cdots$	⋮
l	$o(t_1)$	$o(t_2)$	$o(t_3)$	$\cdots$	$o(t_n)$	$P_{(l)}(y^{[t_1]})$	$P_{(l)}(y^{[t_2]})$	$P_{(l)}(y^{[t_3]})$	$\cdots$	$P_{(l)}(y^{[t_n]})$
⋮	⋮	⋮	⋮		⋮	⋮	⋮	⋮		⋮
r	n	$n-1$	$n-2$	$\cdots$	1	$P_{(r)}(y^{[t_1]})$	$P_{(r)}(y^{[t_2]})$	$P_{(r)}(y^{[t_3]})$	$\cdots$	$P_{(r)}(y^{[t_n]})$

表 4-1 中的每一行均代表一条规则。例如，第 1 行、第 2 行、第 l 行和第 r 行即规则 1、规则 2、规则 l 和规则 r 代表的规则分别为：①规则 1，下级事件 $x_1 \sim x_n$ 按 t_1、t_2、t_3、…、t_n 的时序失效，即 $t_1<t_2<t_3<\cdots<t_n$，则上级事件 y 在时刻 t_1、t_2、t_3、…、t_n 的发生可能性分别为 $P_{(1)}(y^{[t_1]})$、$P_{(1)}(y^{[t_2]})$、$P_{(1)}(y^{[t_3]})$、…、$P_{(1)}(y^{[t_n]})$；②规则 2，下级事件 $x_1 \sim x_n$ 按 t_1、t_3、t_2、…、t_n 的时序失效，即 $t_1<t_3<t_2<\cdots<t_n$，则上级事件 y 在时刻 t_1、t_2、t_3、…、t_n 的发生可能性分别为 $P_{(2)}(y^{[t_1]})$、$P_{(2)}(y^{[t_2]})$、$P_{(2)}(y^{[t_3]})$、…、$P_{(2)}(y^{[t_n]})$；③规则 l，下级事件 $x_1 \sim x_n$ 按 $o(t_1)$、$o(t_2)$、$o(t_3)$、…、$o(t_n)$ 的时序失效，则上级事件 y 在时刻 t_1、t_2、t_3、…、t_n 的发生可能性分别为 $P_{(l)}(y^{[t_1]})$、$P_{(l)}(y^{[t_2]})$、$P_{(l)}(y^{[t_3]})$、…、$P_{(l)}(y^{[t_n]})$；④规则 r，下级事件 $x_1 \sim x_n$ 按 t_n、…、t_3、t_2、t_1 的时序失效，即 $t_1>t_2>t_3>\cdots>t_n$，则上级事件 y 在时刻 t_1、t_2、t_3、…、t_n 的发生可能性分别为 $P_{(r)}(y^{[t_1]})$、$P_{(r)}(y^{[t_2]})$、$P_{(r)}(y^{[t_3]})$、…、$P_{(r)}(y^{[t_n]})$。

Bell 故障树逻辑门、T-S 门、Dugan 动态门可以转化为 T-S 动态门及其连续时间描述规则，如图 4-3 所示，即用 T-S 动态门可以替代 Bell 故障树逻辑门、T-S 门、Dugan 动态门，也就是说，Bell 故障树、T-S 故障树、Dugan 动态故障树都可以转

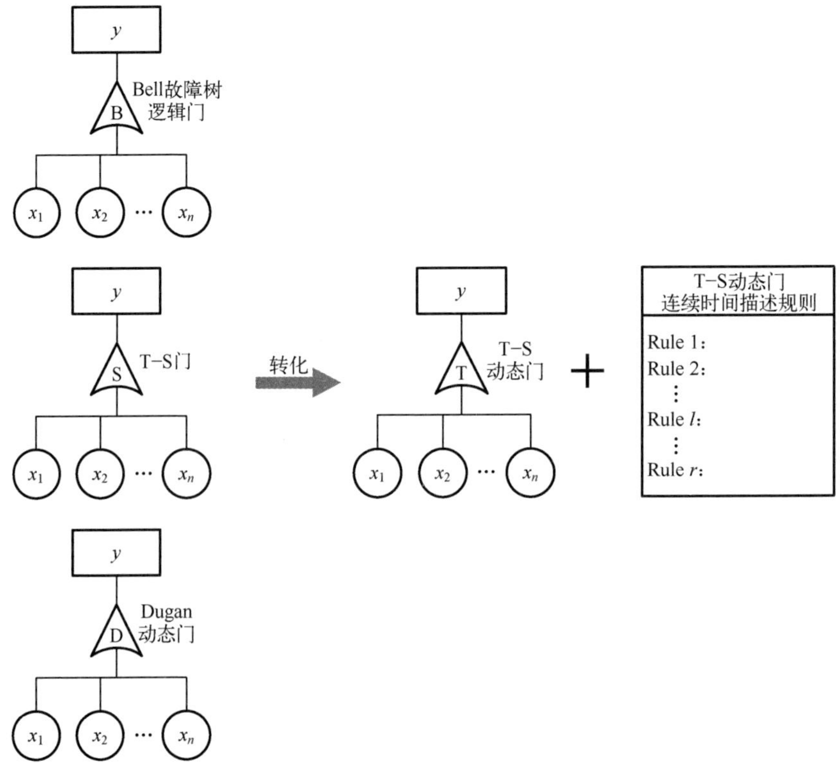

图 4-3 等价于 Bell 故障树逻辑门、T-S 门、Dugan 动态门的 T-S 动态门及其连续时间描述规则

化为 T-S 动态故障树，即 T-S 动态故障树可以替代 Bell 故障树、T-S 故障树、Dugan 动态故障树，T-S 动态故障树更具一般性和通用性。

1) Bell 故障树逻辑门的 T-S 动态门事件时序描述规则

(1) 与门。

当 T-S 动态门表示下级事件 x_1、x_2的与门事件关系时，上级事件 y 的失效时刻 t_y为下级事件 x_1、x_2两者中后失效的时刻，因此，与门的 T-S 动态门事件时序描述规则见表 4-2。

表 4-2　与门的 T-S 动态门事件时序描述规则

规　则	x_1	x_2	y	
			$\delta(t_y-t_1)$	$\delta(t_y-t_2)$
1	1	2	0	1
2	2	1	1	0

表 4-2 中的每一行均代表一条规则。规则 1 表示下级事件 x_1先于 x_2失效，即 $t_1<t_2$，则上级事件 y 在时刻 t_1、t_2的发生可能性分别为 0、1；规则 2 表示 x_2先于 x_1失效，即 $t_1>t_2$，则 y 在时刻 t_1、t_2的发生可能性分别为 1、0。

(2) 或门。

当 T-S 动态门表示下级事件 x_1、x_2、x_3的或门事件关系时，上级事件 y 的失效时刻 t_y为 x_1、x_2、x_3三者中最先失效的时刻，因此，或门的 T-S 动态门事件时序描述规则见表 4-3。

表 4-3　或门的 T-S 动态门事件时序描述规则

规　则	x_1	x_2	x_3	y		
				$\delta(t_y-t_1)$	$\delta(t_y-t_2)$	$\delta(t_y-t_3)$
1	1	2	3	1	0	0
2	1	3	2	1	0	0
3	2	1	3	0	1	0
4	2	3	1	0	0	1
5	3	1	2	0	1	0
6	3	2	1	0	0	1

表 4-3 中的每一行均代表一条规则。以规则 1、规则 6 为例说明，规则 1 表示下级事件 x_1、x_2、x_3按 t_1、t_2、t_3的时序失效，即 $t_3>t_2>t_1$，则 y 在时刻 t_1、t_2、t_3的发生可能性分别为 1、0、0；规则 6 表示 $x_1\sim x_3$按 t_3、t_2、t_1的时序失效，即 $t_1>t_2>t_3$，则 y 在时刻 t_1、t_2、t_3的发生可能性分别为 0、0、1。

(3) 非门。

当 T-S 动态门表示非门事件关系时，上级事件 y 的失效时刻 t_y 为任务时间初始时刻。因此，非门的 T-S 动态门事件时序描述规则见表 4-4。

表 4-4　非门的 T-S 动态门事件时序描述规则

规　　则	x_1	y	
		$\delta(t_y-0)$	$\delta(t_y-t_1)$
1	1	1	0

(4) 表决门。

当 T-S 动态门表示表决门(3 中取 2)事件关系时，上级事件 y 的失效时刻 t_y 为下级事件 x_1、x_2、x_3 三者中第二个失效的时刻。因此，表决门的 T-S 动态门事件时序描述规则见表 4-5。

表 4-5　表决门的 T-S 动态门事件时序描述规则

规　　则	x_1	x_2	x_3	y		
				$\delta(t_y-t_1)$	$\delta(t_y-t_2)$	$\delta(t_y-t_3)$
1	1	2	3	0	1	0
2	1	3	2	0	0	1
3	2	1	3	1	0	0
4	2	3	1	1	0	0
5	3	1	2	0	0	1
6	3	2	1	0	1	0

(5) 异或门。

当 T-S 动态门表示异或门事件关系时，上级事件 y 的失效时刻 t_y 为下级事件 x_1、x_2 两者中先失效的时刻。因此，异或门的 T-S 动态门事件时序描述规则见表 4-6。

表 4-6　异或门的 T-S 动态门事件时序描述规则

规　　则	x_1	x_2	y	
			$\delta(t_y-t_1)$	$\delta(t_y-t_2)$
1	1	2	1	0
2	2	1	0	1

(6) 禁门。

当 T-S 动态门表示如图 1-16 所示的禁门事件关系时，上级事件 y 的失效时刻 t_y 为下级事件 x_1、x_2 两者中后失效的时刻。因此，禁门的 T-S 动态门事件时序描述规则见表 4-7。

表 4-7　禁门的 T-S 动态门事件时序描述规则

规　　则	x_1	x_2	y	
			$\delta(t_y-t_1)$	$\delta(t_y-t_2)$
1	1	2	0	1
2	2	1	1	0

（7）与非门。

当 T-S 动态门表示与非门事件关系时，上级事件 y 的失效时刻 t_y 为任务时间初始时刻。因此，与非门的 T-S 动态门事件时序描述规则见表 4-8。

表 4-8　与非门的 T-S 动态门事件时序描述规则

规　　则	x_1	x_2	y		
			$\delta(t_y-0)$	$\delta(t_y-t_1)$	$\delta(t_y-t_2)$
1	1	2	1	0	0
2	2	1	1	0	0

（8）或非门。

当 T-S 动态门表示或非门事件关系时，上级事件 y 的失效时刻 t_y 为任务时间初始时刻。因此，或非门的 T-S 动态门事件时序描述规则见表 4-9。

表 4-9　或非门的 T-S 动态门事件时序描述规则

规　　则	x_1	x_2	y		
			$\delta(t_y-0)$	$\delta(t_y-t_1)$	$\delta(t_y-t_2)$
1	1	2	1	0	0
2	2	1	1	0	0

2）T-S 门的 T-S 动态门事件时序描述规则。

T-S 动态门可以描述 T-S 门能描述的事件关系。T-S 门可以转化为 T-S 动态门及其事件时序描述规则，如表 1-5 可用 T-S 动态门事件时序描述规则描述，见表 4-10。

表 4-10　等价于表 1-5 的 T-S 动态门事件时序描述规则

规　　则	x_1	x_2	y	
			$\delta(t_y-t_1)$	$\delta(t_y-t_2)$
1	1	2	0	1
2	2	1	1	0

表 4-10 中，规则 1 表示下级事件 x_1 先于 x_2 失效，即 $t_1<t_2$，则 y 在时刻 t_1、t_2 的发生可能性分别为 0、1；规则 2 表示 x_2 先于 x_1 失效，即 $t_1>t_2$，则 y 在时刻 t_1、t_2 的发生可能性分别为 1、0。

3) Dugan 动态门的 T-S 动态门事件时序描述规则

(1) 优先与门。

当 T-S 动态门表示下级事件 x_1、x_2 的优先与门事件关系时，即仅当下级事件按 x_1 先于 x_2 的顺序失效时，上级事件 y 才失效，则上级事件 y 的失效时刻 t_y 与下级事件 x_2 失效时刻相同。因此，优先与门的 T-S 动态门事件时序描述规则见表 4-11。

表 4-11　优先与门的 T-S 动态门事件时序描述规则

规　则	x_1	x_2	y	
			$\delta(t_y-t_1)$	$\delta(t_y-t_2)$
1	1	2	0	1
2	2	1	0	0

表 4-11 中的每一行均代表一条规则。规则 1 表示下级事件 x_1 先于 x_2 失效，即 $t_1<t_2$，则 y 在时刻 t_1、t_2 的发生可能性分别为 0、1；规则 2 表示 x_2 先于 x_1 失效，即 $t_1>t_2$，则 y 在时刻 t_1、t_2 的发生可能性分别为 0、0。

(2) 冷备件门。

当 T-S 动态门表示主件为 x_1、冷备件为 x_2 的冷备件门事件关系时，即主件 x_1 先失效、冷备件 x_2 再失效后，则上级事件 y 失效，因此，冷备件门的 T-S 动态门事件时序描述规则见表 4-12。

表 4-12　冷备件门的 T-S 动态门事件时序描述规则

规　则	x_1	x_2	y	
			$\delta(t_y-t_1)$	$\delta(t_y-t_2)$
1	1	2	0	1

(3) 温备件门。

当 T-S 动态门表示主件为 x_1、温备件为 x_2 和 x_3 的温备件门事件关系时，即当主件 x_1 失效且温备件 x_2 和 x_3 也失效时，则上级事件 y 失效。因此，温备件门的 T-S 动态门事件时序描述规则见表 4-13。

表 4-13　温备件门的 T-S 动态门事件时序描述规则

规　则	x_1	x_2	x_3	y		
				$\delta(t_y-t_1)$	$\delta(t_y-t_2)$	$\delta(t_y-t_3)$
1	1	2	3	0	0	1
2	1	3	2	0	1	0
3	2	1	3	0	0	1
4	2	3	1	0	1	0
5	3	1	2	1	0	0
6	3	2	1	1	0	0

表 4-13 中的每一行均代表一条规则。以规则 1、规则 6 为例说明,规则 1 表示下级事件 x_1、x_2、x_3按 t_1、t_2、t_3的时序失效,即 $t_3>t_2>t_1$,则 y 在时刻 t_1、t_2、t_3的发生可能性分别为 0、0、1;规则 6 表示 $x_1\sim x_3$按 t_3、t_2、t_1的时序失效,即 $t_1>t_2>t_3$,则 y 在时刻 t_1、t_2、t_3的发生可能性分别为 1、0、0。

(4) 热备件门。

当 T-S 动态门表示主件为 x_1、热备件为 x_2的热备件门事件关系时,即当主件 x_1失效且热备件 x_2也失效时,则上级事件 y 失效。因此,热备件门的 T-S 动态门事件时序描述规则见表 4-14。

表 4-14　热备件门的 T-S 动态门事件时序描述规则

规　则	x_1	x_2	y	
			$\delta(t_y-t_1)$	$\delta(t_y-t_2)$
1	1	2	0	1
2	2	1	1	0

(5) 功能相关门。

当 T-S 动态门表示触发事件为 x_1、相关事件为 x_2和 x_3的功能相关门事件关系时,若 x_1先于 x_2、x_3失效,则上级事件 y 的失效时刻 t_y为 x_1失效的时刻;若 x_1后于 x_2、x_3失效,则上级事件 y 的失效时刻 t_y为 x_2、x_3两者中后失效的时刻。因此,功能相关门的 T-S 动态门事件时序描述规则见表 4-15。

表 4-15　功能相关门的 T-S 动态门事件时序描述规则

规　则	x_1	x_2	x_3	y		
				$\delta(t_y-t_1)$	$\delta(t_y-t_2)$	$\delta(t_y-t_3)$
1	1	2	3	1	0	0
2	1	3	2	1	0	0

（续）

规　　则	x_1	x_2	x_3	y		
				$\delta(t_y-t_1)$	$\delta(t_y-t_2)$	$\delta(t_y-t_3)$
3	2	1	3	1	0	0
4	2	3	1	1	0	0
5	3	1	2	0	0	1
6	3	2	1	0	1	0

（6）顺序强制门。

当 T-S 动态门表示顺序强制门事件关系时，即下级事件 x_1 先失效、x_2 后失效，则上级事件 y 失效。因此，顺序强制门的 T-S 动态门事件时序描述规则见表 4-16。

表 4-16　顺序强制门的 T-S 动态门事件时序描述规则

规　　则	x_1	x_2	y	
			$\delta(t_y-t_1)$	$\delta(t_y-t_2)$
1	1	2	0	1

（7）优先或门。

当 T-S 动态门表示优先或门事件关系时，即仅当下级事件 x_1 先于 x_2 失效时，上级事件 y 才失效，y 的失效时刻 t_y 为 x_1 的失效时刻。因此，优先或门的 T-S 动态门事件时序描述规则见表 4-17。

表 4-17　优先或门的 T-S 动态门事件时序描述规则

规　　则	x_1	x_2	y	
			$\delta(t_y-t_1)$	$\delta(t_y-t_2)$
1	1	2	1	0
2	2	1	0	0

（8）同时与门。

当 T-S 动态门表示同时与门事件关系时，上级事件 y 的失效时刻 t_y 为下级事件 x_1、x_2 同时失效的时刻。因此，同时与门的 T-S 动态门事件时序描述规则见表 4-18。

表 4-18　同时与门的 T-S 动态门事件时序描述规则

规　　则	x_1	x_2	y	
			$\delta(t_y-t_1)$	$\delta(t_y-t_2)$
1	1	1	1	1
2	1	2	0	0
3	2	1	0	0

由于同时与门的特性,其规则比其他 T-S 动态门多出一条,即规则 1。规则 1 表示下级事件 x_1、x_2同时失效,y 在时刻 $t_1 = t_2$的发生可能性为 1。

由上述事件时序描述规则表可知,Bell 故障树逻辑门、T-S 门、Dugan 动态门可以由 T-S 动态门描述;其他门不能描述的静、动态事件关系,T-S 动态门可以描述。可见,Bell 故障树、T-S 故障树、Dugan 动态故障树是 T-S 动态故障树的某种特例,T-S 动态故障树更具一般性和通用性。

2. T-S 动态门连续时间描述规则生成程序

1) 输入规则生成程序

(1) 与门、或门、非门、表决门、异或门、禁门、与非门、或非门、优先与门、功能相关门、温备件门、热备件门、优先或门的输入规则生成程序。

程序代码及说明如下。

```
%%  输入规则生成函数 TS_InputRules. m  %%
% 该 MATLAB 函数文件计算:已知输入事件个数,生成输入规则。
function TS_InputRules = TS_InputRules ( NumsInputEvents )  % 函数 TS_InputRules 的输入变量 NumsInputEvents 表示 T-S 门对应下级事件(输入事件)的个数;输出变量 TS_InputRules 表示 T-S 动态门事件时序描述规则的输入规则。
TS_InputRules = [ ] ;
StartNum = 0 ;
%% 起始数值。
for i = 1 : NumsInputEvents
    StartNum = StartNum + ( NumsInputEvents + 1 ) ^ ( i - 1 ) ;
end
%% 后续数值。
for i = StartNum : ( NumsInputEvents + 1 ) ^ NumsInputEvents - 1
    TS_InputRules_L = [ ] ;
%% 将十进制数值转换为每条输入规则。
while ( i > 0)
    remainder = mod ( i, NumsInputEvents + 1 ) ;
    TS_InputRules_L = [ remainder , TS_InputRules_L ] ;
    i = ( i - remainder ) / ( NumsInputEvents + 1 ) ;
end
%% 跳过输入规则中出现 0 的情况。
if length( find ( TS_InputRules_L ) ) < NumsInputEvents
    i = i + 1 ;
    continue ;
```

```
end
%% 保留合理的输入规则。
    if size ( unique ( TS_InputRules_L ) , 2 ) = = NumsInputEvents
        TS_InputRules = [ TS_InputRules ; TS_InputRules_L ] ;   % 输入规则生成。
    end
end
end
```

(2) 冷备件门、顺序强制门的输入规则生成程序。

程序代码及说明如下。

```
%%   输入生成规则函数 CSP_InputRules. m   %%
% 该 MATLAB 函数文件计算:已知输入事件个数,生成冷备件门的输入规则。
function TS_InputRules = CSP_InputRules ( NumsInputEvents )   % 函数 CSP_InputRules 的输入变量 NumsInputEvents 表示 T-S 门对应下级事件(输入事件)的个数;输出变量 TS_InputRules 表示 T-S 动态门事件时序描述规则的输入规则。
TS_InputRules = [ 1 : NumsInputEvents ] ;
end
```

(3) 同时与门的输入规则生成程序。

程序代码及说明如下。

```
%%   输入规则生成函数 SAND_InputRules. m   %%
% 该 MATLAB 函数文件计算:已知输入事件个数,生成同时与门的输入规则。
function TS_InputRules = SAND_InputRules ( NumsInputEvents )   % 函数 SAND_InputRules 的输入变量 NumsInputEvents 表示 T-S 门对应下级事件(输入事件)的个数;输出变量 TS_InputRules 表示 T-S 动态门事件时序描述规则的输入规则。
TS_InputRules = [ ] ;
StartNum = 0 ;
%% 起始数值。
for  i = 1 : NumsInputEvents
    StartNum = StartNum + ( NumsInputEvents + 1 ) ^ ( i - 1 ) ;
end
%% 后续数值。
for  i = StartNum : ( NumsInputEvents + 1 ) ^ NumsInputEvents - 1
    TS_InputRules_L = [ ] ;
%% 将十进制数值转换为每条输入规则。
while ( i > 0)
    remainder = mod ( i, NumsInputEvents + 1) ;
    TS_InputRules_L = [ remainder , TS_InputRules_L ] ;
```

```
        i = ( i - remainder ) / ( NumsInputEvents + 1 ) ;
    end
    %% 跳过输入规则中出现 0 的情况。
    if   length( find ( TS_InputRules_L ) ) < NumsInputEvents
        i = i + 1 ;
        continue ;
    end
    %% 保留合理的输入规则。
        if   size ( unique ( TS_InputRules_L ) , 2 ) = = NumsInputEvents || TS_InputRules_L
    = = ones ( 1 , NumsInputEvents )
            TS_InputRules = [ TS_InputRules ; TS_InputRules_L ] ;   % 输入规则生成。
        end
    end
    end
```

2）输出规则生成程序

（1）与门、禁门、冷备件门、温备件门、热备件门、顺序强制门的输出规则生成程序。

程序代码及说明如下。

```
%%   与门的输出规则生成函数 Out_AND. m   %%
% 该 MATLAB 函数文件计算：由输入规则直接生成与门的输出规则。
function TS_OutputRules = Out_AND ( TS_InputRules )   % 函数 Out_AND 的输入变量 TS_InputRules 表示 T-S 动态门事件时序描述规则的输入规则；输出变量 TS_OutputRules 表示 T-S 动态门事件时序描述规则的输出规则。
[ r , NumsInputEvents ] = size ( TS_InputRules ) ;
TS_OutputRules = zeros ( r , NumsInputEvents ) ;
for   i = 1 : r
    TS_OutputRules ( i , find ( TS_InputRules ( i , : ) = = max ( TS_InputRules ( i , : )
) ) ) = 1 ;
end
end
```

（2）或门、异或门的输出规则生成程序。

程序代码及说明如下。

```
%%   或门的输出规则生成函数 Out_OR. m   %%
% 该 MATLAB 函数文件计算：由输入规则直接生成或门的输出规则。
function TS_OutputRules = Out_OR ( TS_InputRules )   % 函数 Out_OR 的输入变量 TS_InputRules 表示 T-S 动态门事件时序描述规则的输入规则；输出变量 TS_OutputRules 表示
```

T-S动态门事件时序描述规则的输出规则。

```
[ r ,NumsInputEvents ] = size ( TS_InputRules ) ;
TS_OutputRules = zeros ( r , NumsInputEvents ) ;
for   i = 1 : r
    TS_OutputRules ( i , find ( TS_InputRules ( i , : ) = = min ( TS_InputRules ( i , : )
) ) ) = 1 ;
end
end
```

(3) 非门的输出规则生成程序。

程序代码及说明如下。

```
%%   非门的输出规则生成函数 Out_NOT. m   %%
% 该 MATLAB 函数文件计算:直接生成非门的输出规则。
function TS_OutputRules = Out_NOT ( )   % 函数 Out_NOT 的输出变量 TS_OutputRules 表示 T-S 动态门事件时序描述规则的输出规则。
TS_OutputRules = [ 1 , 0 ] ;
end
```

(4) 表决门的输出规则生成程序。

程序代码及说明如下。

```
%%   表决门的输出规则生成函数 Out_VOTE. m   %%
% 该 MATLAB 函数文件计算:已知输入规则和表决门的 k 值,生成表决门的输出规则。
function TS_OutputRules = Out_VOTE ( TS_InputRules , k )   % 函数 Out_VOTE 的输入变量 TS_InputRules 表示 T-S 动态门事件时序描述规则的输入规则,k 表示表示仅当输入事件中有 k 个或 k 个以上的事件发生时,输出事件才发生;输出变量 TS_OutputRules 表示 T-S 动态门事件时序描述规则的输出规则。
[ r ,NumsInputEvents ] = size ( TS_InputRules ) ;
TS_OutputRules = zeros ( r , NumsInputEvents ) ;
for   i = 1 : r
    t_x = sort ( TS_InputRules ( i , : ) ) ;   % 将 TS_InputRules 的第 i 行的元素排序后记录在 t_x。
    TS_OutputRules ( i , find ( TS_InputRules ( i , : ) = = t_x ( k ) ) ) = 1 ;
end
end
```

(5) 与非门、或非门的输出规则生成程序。

程序代码及说明如下。

```
%%   与非门的输出规则生成函数 Out_NAND. m   %%
% 该 MATLAB 函数文件计算:由输入规则直接生成与非门的输出规则。
```

```
function TS_OutputRules = Out_NAND ( TS_InputRules )  %函数 Out_NAND 的输入变量 TS_InputRules 表示 T-S 动态门事件时序描述规则的输入规则,输出变量 TS_OutputRules 表示 T-S 动态门事件时序描述规则的输出规则。
[ r , NumsInputEvents ] = size ( TS_InputRules ) ;
TS_OutputRules = zeros ( r , NumsInputEvents + 1 ) ;
for  i = 1 : r
    TS_OutputRules ( i , 1 ) = 1 ;
end
end
```

(6) 优先与门的输出规则生成程序。

程序代码及说明如下。

```
%%  优先与门的输出规则生成函数 Out_PAND. m  %%
% 该 MATLAB 函数文件计算:由输入规则直接生成优先与门的输出规则。
function TS_OutputRules = Out_PAND ( TS_InputRules )  % 函数 Out_PAND 的输入变量 TS_InputRules 表示 T-S 动态门事件时序描述规则的输入规则;输出变量 TS_OutputRules 表示 T-S 动态门事件时序描述规则的输出规则。
[ r , NumsInputEvents ] = size ( TS_InputRules ) ;
TS_OutputRules = zeros ( r , NumsInputEvents ) ;
%% 生成辅助矩阵判断事件是否按照特定时序发生。
for  i = 1: r
Judge = zeros ( 1, NumsInputEvents -1 ) ;
    for  j = 1 : NumsInputEvents - 1
        if  TS_InputRules ( i , j ) < TS_InputRules ( i , j+1 )
            Judge ( 1 , j ) = 1 ;
        end
end
%% 根据优先与门的特性生成输出规则。
if  length ( find ( Judge ) ) = = NumsInputEvents - 1
        TS_OutputRules ( i , find ( TS_InputRules ( i , : ) = = max ( TS_InputRules ( i , : ) ) ) ) = 1 ;
end
end
end
```

(7) 功能相关门的输出规则生成程序。

程序代码及说明如下。

```
%%  功能相关门的输出规则生成函数 Out_FDEP. m  %%
```

```
% 该 MATLAB 函数文件计算:由输入规则直接生成功能相关门的输出规则。
function TS_OutputRules = Out_FDEP ( TS_InputRules )  % 函数 Out_FDEP 的输入变量 TS_InputRules 表示 T-S 动态门事件时序描述规则的输入规则;输出变量 TS_OutputRules 表示 T-S 动态门事件时序描述规则的输出规则。
[ r ,NumsInputEvents ] = size ( TS_InputRules ) ;
TS_OutputRules = zeros ( r , NumsInputEvents ) ;
for  i = 1 : r
    j_y = min ( TS_InputRules ( i , 1 ) , max ( TS_InputRules , 2 : NumsInputEvents ) ) ;,
    TS_OutputRules ( i , find ( TS_InputRules ( i , : ) = = j_y ) ) = 1 ;
end
end
```

(8) 优先或门的输出规则生成程序。

程序代码及说明如下。

```
%%  优先或门的输出规则生成函数 Out_POR. m  %%
% 该 MATLAB 函数文件计算:由输入规则直接生成优先或门的输出规则。
function TS_OutputRules = Out_POR ( TS_InputRules )  % 函数 Out_POR 的输入变量 TS_InputRules 表示 T-S 动态门事件时序描述规则的输入规则;输出变量 TS_OutputRules 表示 T-S 动态门事件时序描述规则的输出规则。
[ r , NumsInputEvents ] = size ( TS_InputRules ) ;
TS_OutputRules = zeros ( r , NumsInputEvents ) ;
for  i = 1 : r
    if  TS_InputRules ( i , 1 ) = = 1  % 判断 TS_InputRules 的第 i 行第一列的元素是否为 1。
    TS_OutputRules ( i , 1 ) = 1 ;
    end
end
end
```

(9) 同时与门的输出规则生成程序。

程序代码及说明如下。

```
%%  同时与门的输出规则生成函数 Out_SAND. m  %%
% 该 MATLAB 函数文件计算:由输入规则直接生成同时与门的输出规则。
function TS_OutputRules = Out_SAND ( TS_InputRules )  % 函数 Out_SAND 的输入变量 TS_InputRules 表示 T-S 动态门事件时序描述规则的输入规则;输出变量 TS_OutputRules 表示 T-S 动态门事件时序描述规则的输出规则。
[ r , NumsInputEvents ] = size ( TS_InputRules ) ;
TS_OutputRules = zeros ( r , NumsInputEvents ) ;
```

```
TS_OutputRules ( 1 , : ) = 1 ;
end
```

3）主程序

程序代码及说明如下。

```
%%  主程序 TS_Rules. m  %%
% 该主程序 MATLAB 脚本文件计算:已知输入事件个数,生成 T-S 动态门事件时序描述规则。
clear
clc
NumsInputEvents = 2 ;  % 令下级事件个数为 2。对于非门 NumsInputEvents = 1,对于表决门 NumsInputEvents ≥ 3。
TS_InputRulesG1 = TS_InputRules ( NumsInputEvents ) ;  % 生成 T-S 动态门事件时序描述规则的输入规则。
% 顺序强制门、冷备件门调用 CSP_InputRules. m 函数,同时与门调用 SAND_InputRules. m 函数,其他 T-S 动态门均调用 InputRules. m 函数。
TS_OutputRulesG1 = Out_AND ( TS_InputRulesG1 ) ;  % 生成 T-S 动态门事件时序描述规则的输出规则。
% 与门调用 Out_AND. m 函数,其他门则调用 Out_OR. m 等其他函数。
```

4.1.3 连续时间T-S动态故障树算法

在构建T-S动态门及其事件时序描述规则的基础上，提出T-S动态门输入规则算法、输出规则算法，即基于T-S动态门输入、输出规则算法的连续时间T-S动态故障树分析求解计算方法。

1. 输入规则算法

通过输入规则算法可求得规则执行可能性。基于下级事件各故障状态的可靠性数据（如故障率、模糊故障率、区间故障率等），提出事件时序描述规则下的输入规则算法。

下级事件 $x_i(i=1, 2, \cdots,n)$ 的故障时刻分别为 $t_i(i=1, 2, \cdots,n)$，用 $f_{(l)}(x_i^{[t_i]})$ 表示规则 l 中下级事件 x_i 在时刻 t_i 的故障概率密度函数，则T-S动态门事件时序描述规则的输入规则 $l(l=1,2,\cdots,r)$ 的规则执行可能性为

$$P_{(l)}^* = \prod_{i=1}^{n} f_{(l)}(x_i^{[t_i]}) \tag{4-3}$$

（1）若下级事件 x_i 之间没有故障相关性，即下级事件 x_i 中任意一个失效不会影响其他下级事件故障率变化，则规则 l 中 x_i 在时刻 t_i 的故障概率密度函数 $f_{(l)}(x_i^{[t_i]})=f(x_i^{[t_i]})$。

当下级事件 x_i 的寿命分布函数为指数分布时，其在时刻 t_i 的故障率用 $\lambda(x_i^{[t_i]})$ 表示，$f(x_i^{[t_i]})$ 可由式(4-4)得到，即

$$f(x_i^{[t_i]}) = \lambda(x_i^{[t_i]})\exp(\int_0^{t_i} - \lambda(x_i^{[t]})\mathrm{d}t) \tag{4-4}$$

式中：t 为下级事件 x_i 的工作时间。

当下级事件 x_i 在工作时间 t 内的故障率不变时，其故障率可简写为 λ_i，则式(4-4)可表示为

$$f(x_i^{[t_i]}) = \lambda_i\exp(\int_0^{t_i} - \lambda_i\mathrm{d}t) \tag{4-5}$$

(2) 若 T-S 动态门中的下级事件间会因事件发生时序依赖关系而引起故障率变化时，则规则 l 中下级事件 x_i 在时刻 t_i 的故障概率密度函数为

$$f_{(l)}(x_i^{[t_i]}) = \lambda_{(l)}(x_i^{[t_i]})\exp(\int_0^{t_i} - \lambda_{(l)}(x_i^{[t]})\mathrm{d}t) \tag{4-6}$$

式中：$\lambda_{(l)}(x_i^{[t_i]})$ 为规则 l 中下级事件 x_i 在时刻 t_i 的瞬时故障率。

2. 输出规则算法

由故障率(或模糊故障率或区间故障率)，利用输入规则算法求得规则执行可能性；再由规则执行可能性、单位冲激函数结合输出规则，利用输出规则算法求得上级事件故障概率分布函数。

上级事件 y 的故障概率密度函数为

$$f_y(t_y) = \sum_{l=1}^{r} \overbrace{\iint\cdots\int_{\Omega_l}}^{n} \sum_{i=1}^{n} \delta(t_y - t_i)P_{(l)}^{*}P_{(l)}(y^{[t_i]})\mathrm{d}t_1\mathrm{d}t_2\cdots\mathrm{d}t_n \tag{4-7}$$

式中：r 为规则总数；Ω_l 为规则 l 下的积分区间，积分区间 $\Omega_l(l=1, 2, \cdots, r)$ 分别为 $\Omega_1\{(t_1,t_2,t_3,\cdots,t_n) \mid 0<t_1<t_2<t_3<\cdots<t_n\}$、$\Omega_2\{(t_1,t_2,t_3,\cdots,t_n) \mid 0<t_1<t_3<t_2<\cdots<t_n\}$、$\cdots$、$\Omega_r\{(t_1,t_2,t_3,\cdots,t_n) \mid t_1>t_2>t_3>\cdots>t_n>0\}$；$P_{(l)}(y^{[t_i]})$ 为规则 l 中上级事件 y 在时刻 t_i 的发生可能性。

对上级事件 y 的故障概率密度函数 $f_y(t_y)$ 在工作时间 t 内求积分，得到上级事件 y 的故障概率分布函数为

$$F_y(t) = \int_0^t f_y(t_y)\mathrm{d}t_y \tag{4-8}$$

由下级事件各故障状态的可靠性数据(如故障率、模糊故障率、区间故障率等)，用式(4-7)可得出上级事件的故障概率密度函数。依次逐级向上求解至顶事件，得到顶事件 T 的故障概率密度函数并对其在工作时间 t 内求积分进而求得顶事件 T 的故障概率分布函数，代入任务时间 t_{M} 可求得顶事件 T 失效状态的可靠性数据。

4.2　连续时间 T-S 动态故障树分析方法的可行性验证

为验证连续时间 T-S 动态故障树分析方法的可行性，将其与三种常用的解算 Dugan 动态故障树分析方法（基于 Markov 链求解的、基于连续时间贝叶斯网络求解的、基于离散时间贝叶斯网络求解的 Dugan 动态故障树分析方法）和离散时间 T-S 动态故障树分析方法进行对比分析。连续时间 T-S 动态故障树分析方法具有更强的失效行为描述能力，不存在离散时间 T-S 动态故障树分析方法的分析计算误差问题，且能反映系统故障概率变化趋势。

4.2.1　与基于 Markov 链求解的 Dugan 动态故障树分析方法对比

1. 液压系统

图 4-4 为液压系统的 Dugan 动态故障树，$G_1 \sim G_3$分别是优先与门、与门、或门，y_3即顶事件 T，y_1、y_2是中间事件，基本事件 $x_i(i=1, 2, 3,4)$的故障率 $\lambda_i(10^{-6}/\mathrm{h})$分别为 12、2、6、8，任务时间 $t_M = 5000\mathrm{h}$。

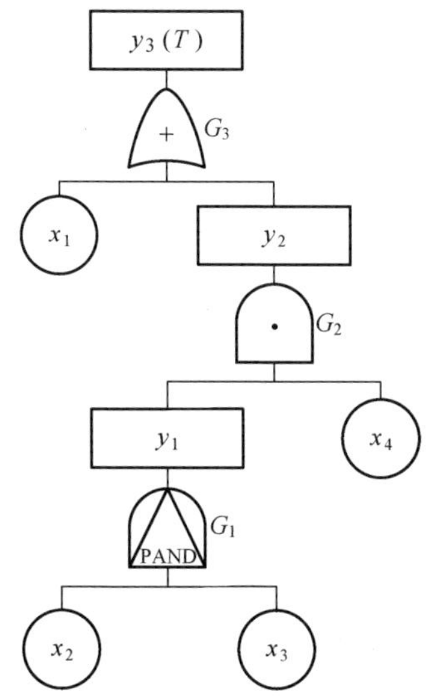

图 4-4　液压系统 Dugan 动态故障树

1）基于 Markov 链求解的 Dugan 动态故障树分析方法

液压系统分析与故障分析：x_1或 y_2失效时，y_3失效，而 y_2的失效是由 y_1和 x_4同时失效导致的，y_1的失效由 x_2先失效 x_3后失效导致。根据事件关系可得 10 条失效路径：

$$\begin{cases} x_2 \to x_3 \to x_1 + x_4 \\ x_2 \to x_1 \\ x_2 \to x_4 \to x_1 + x_3 \\ x_1 \\ x_3 \to x_1 \\ x_3 \to x_2 + x_4 \to x_1 \\ x_4 \to x_1 \\ x_4 \to x_2 \to x_1 + x_3 \\ x_4 \to x_3 \to x_1 \\ x_4 \to x_3 \to x_2 \to x_1 \end{cases}$$

根据上述失效路径,进而建立 Markov 状态转移图,如图 4-5 所示。

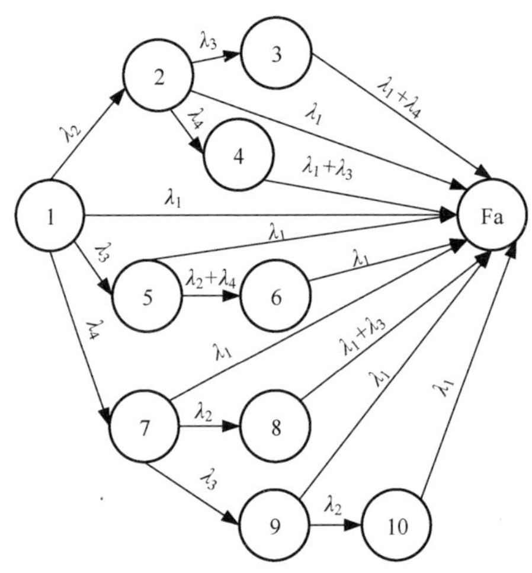

图 4-5 Markov 状态转移图

图 4-5 所示的 Markov 状态转移图描述了系统从正常到失效的变化过程。状态 1~10 表示 y_3的 10 种正常状态:①状态 1 表示 $x_1 \sim x_4$正常;②状态 2 表示 x_2失效,x_1、x_3、x_4正常;③状态 3 表示 x_2、x_3失效,x_1、x_4正常;④状态 4 表示 x_2、x_4失效,x_1、x_3正常;⑤状态 5 表示 x_3失效,x_1、x_2、x_4正常;⑥状态 6 表示 x_3失效、且 x_2或 x_4失效,x_1正常;⑦状态 7 表示 x_4失效,x_1、x_2、x_3正常;⑧状态 8 表示 x_4、x_2失效,x_1、x_3正常;⑨状态 9 表示 x_4、x_3失效,x_1、x_2正常;⑩状态 10 表示 $x_2 \sim x_4$失效,x_1正常。状态 Fa 表示 y_3失效状态。若 y_3由状态 1 转移到状态 2 时,即 x_2失效;若 y_3由状态 2 转移到状态 3 时,即 x_3失效,此时 x_2、x_3失效;同理其他状态转移情况与此类似。

由图 4-5 可得 11 行 11 列的状态转移速率矩阵为

$$
\boldsymbol{T}=\begin{bmatrix}
-\sum_{i=1}^{4}\lambda_i & \lambda_2 & 0 & 0 & \lambda_3 & 0 & \lambda_4 & 0 & 0 & 0 & \lambda_1\\
0 & -\lambda_1-\lambda_3-\lambda_4 & \lambda_3 & \lambda_4 & 0 & 0 & 0 & 0 & 0 & 0 & \lambda_1\\
0 & 0 & -\lambda_1-\lambda_4 & 0 & 0 & 0 & 0 & 0 & 0 & 0 & \lambda_1+\lambda_4\\
0 & 0 & 0 & -\lambda_1-\lambda_3 & 0 & 0 & 0 & 0 & 0 & 0 & \lambda_1+\lambda_3\\
0 & 0 & 0 & 0 & -\lambda_1-\lambda_2-\lambda_4 & \lambda_2+\lambda_4 & 0 & 0 & 0 & 0 & \lambda_1\\
0 & 0 & 0 & 0 & 0 & -\lambda_1 & 0 & 0 & 0 & 0 & \lambda_1\\
0 & 0 & 0 & 0 & 0 & 0 & -\sum_{i=1}^{3}\lambda_i & \lambda_2 & \lambda_3 & 0 & \lambda_1\\
0 & 0 & 0 & 0 & 0 & 0 & 0 & -\lambda_1-\lambda_3 & 0 & 0 & \lambda_1+\lambda_3\\
0 & 0 & 0 & 0 & 0 & 0 & 0 & 0 & -\lambda_1-\lambda_2 & \lambda_2 & \lambda_1\\
0 & 0 & 0 & 0 & 0 & 0 & 0 & 0 & 0 & -\lambda_1 & \lambda_1\\
0 & 0 & 0 & 0 & 0 & 0 & 0 & 0 & 0 & 0 & 0
\end{bmatrix}
$$

将状态转移矩阵 $\boldsymbol{T}$ 及初始值 $\boldsymbol{P}(0)=[1,0,0,0,0,0,0,0,0,0,0]^{\mathrm{T}}$代入式(3-23)得到 $P_1(t)\sim P_{11}(t)$的解析解,即系统处在状态 1~11 的可能性,再将基本事件的故障率 λ_i数值和任务时间 $t_{\mathrm{M}}=5000$ h 代入 $P_{11}(t)$,求得 y_3即顶事件 T 的故障概率 $P_{11}(t_{\mathrm{M}})=0.058241$。

2) 连续时间 T-S 动态故障树分析方法

将图 4-4 所示的 Dugan 动态故障树转化为如图 4-6 所示的 T-S 动态故障树,其中 $G_1\sim G_3$为 T-S 动态门,表示的事件关系分别为优先与门、与门、或门。

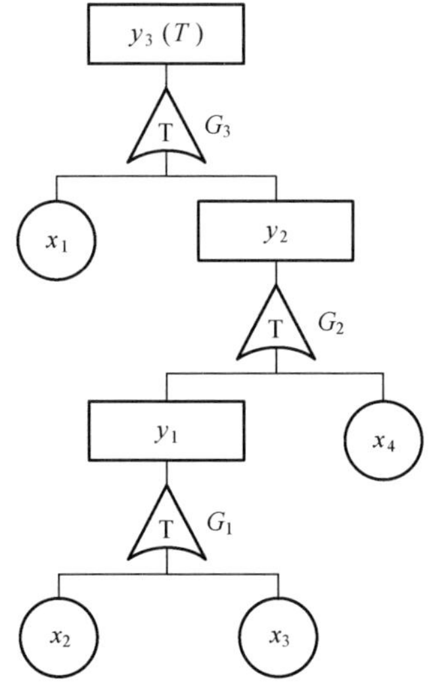

图 4-6　T-S 动态故障树

$G_1 \sim G_3$门的事件时序描述规则，分别见表 4-19～表 4-21。

表 4-19　G_1门的事件时序描述规则

规　　则	x_2	x_3	y_1	
			$\delta(t_y-t_2)$	$\delta(t_y-t_3)$
1	1	2	0	1
2	2	1	0	0

表 4-20　G_2门的事件时序描述规则

规　　则	y_1	x_4	y_2	
			$\delta(t_y-t_{y_1})$	$\delta(t_y-t_4)$
1	1	2	0	1
2	2	1	1	0

表 4-21　G_3门的事件时序描述规则

规　　则	x_1	y_2	y_3	
			$\delta(t_y-t_1)$	$\delta(t_y-t_{y_2})$
1	1	2	1	0
2	2	1	0	1

表 4-19～表 4-21 中的每一行均代表一条规则。例如，表 4-21 规则 1 表示下级事件 x_1先于 y_2失效，即 $t_1<t_{y_2}$，则上级事件 y_3在时间 t_1、t_{y_2}的发生可能性分别为 1、0。

由连续时间 T-S 动态故障树分析方法可求得液压系统在任务时间 $t_M=5000$h 的故障概率为 0.05824，与基于 Markov 链求解的 Dugan 动态故障树分析方法所得的结果相同。

2. 处理器系统

处理器系统的 Dugan 动态故障树如图 4-7 所示[495]，其中，$G_1 \sim G_3$分别是冷备件门、冷备件门、优先与门，y_3即顶事件 T，y_1、y_2为中间事件，基本事件 $x_i(i=1,2,3,4)$的故障率 $\lambda_i(10^{-4}/\mathrm{h})$分别为 2.3、1.1、2.5、1.2，任务时间 $t_M=1000$h。

1) 基于 Markov 链求解的 Dugan 动态故障树分析方法

处理器系统分析与故障分析：y_1 先失效 y_2 后失效时导致 y_3 失效，而 y_1 的失效是由基本事件 x_1 先 x_2 后失效导致，y_2 的失效由基本事件 x_3 先失效 x_4 后失效导致。根据事件关系可得到 3 条失效路径，即

$$\begin{cases}x_1 \to x_2 \to x_3 \to x_4 \\ x_1 \to x_3 \to x_2 \to x_4 \\ x_3 \to x_1 \to x_2 \to x_4\end{cases}$$

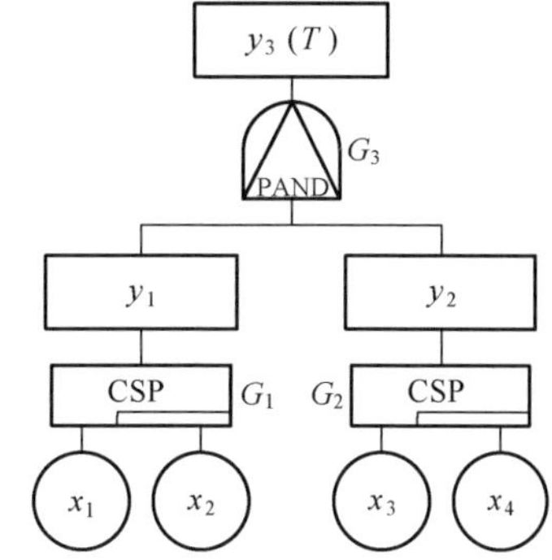

图 4-7　处理器系统 Dugan 动态故障树

根据上述失效路径,进而建立 Markov 状态转移图,如图 4-8 所示。

图 4-8 所示的 Markov 状态转移图描述了系统从正常到失效的变化过程。状态 1~6 表示 y_3 的 6 种正常状态:①状态 1 表示 $x_1 \sim x_4$ 正常;②状态 2 表示 x_1 失效,$x_2 \sim x_4$ 正常;③状态 3 表示 x_3 失效,x_1、x_2、x_4 正常;④状态 4 表示 x_1、x_2 失效,x_3、x_4 正常;⑤状态 5 表示 x_1、x_3 失效,x_2、x_4 正常;⑥状态 6 表示 $x_1 \sim x_3$ 失效,x_4 正常。状态 Fa 表示 y_3 失效状态。若 y_3 由状态 1 转移到状态 2 时,即 x_1 失效;若 y_3 由状态 2 转移到状态 4 时,即 x_2 失效;同理其他状态转移情况与此类似。

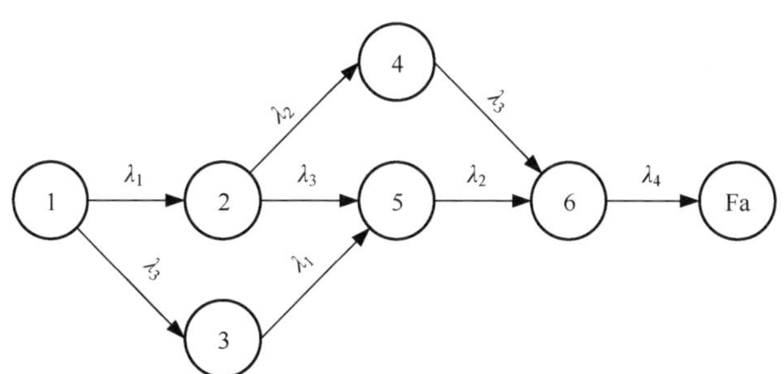

图 4-8　Markov 状态转移图

由图 4-8 可得 7 行 7 列的状态转移速率矩阵为

$$\boldsymbol{T}=\begin{bmatrix}-\lambda_1-\lambda_3 & \lambda_1 & \lambda_3 & 0 & 0 & 0 & 0 \\ 0 & -\lambda_2-\lambda_3 & 0 & \lambda_3 & \lambda_2 & 0 & 0 \\ 0 & 0 & -\lambda_1 & \lambda_1 & 0 & 0 & 0 \\ 0 & 0 & 0 & -\lambda_2 & 0 & \lambda_2 & 0 \\ 0 & 0 & 0 & 0 & -\lambda_3 & \lambda_3 & 0 \\ 0 & 0 & 0 & 0 & 0 & -\lambda_4 & \lambda_4 \\ 0 & 0 & 0 & 0 & 0 & 0 & 0\end{bmatrix}$$

将状态转移矩阵 $\boldsymbol{T}$ 及初始值 $\boldsymbol{P}(0)=[1,0,0,0,0,0,0]^{\mathrm{T}}$ 代入式(3-23)得到 $P_1(t) \sim P_7(t)$ 的解析解,即系统处在状态 1~7 的可能性,再将基本事件的故障

率 λ_i 数值和任务时间 $t_M=1000\text{h}$ 代入 $P_7(t)$，求得 y_3 即顶事件 T 的故障概率 $P_7(t_M)=7.4910\times10^{-5}$。

2）连续时间 T-S 动态故障树分析方法

将图 4-7 的 Dugan 动态故障树转化为如图 4-9 所示的 T-S 动态故障树，其中 $G_1\sim G_3$ 为 T-S 动态门，表示的事件关系分别为冷备件门、冷备件门、优先与门。

$G_1\sim G_3$ 门的事件时序描述规则分别见表 4-22～表 4-24。

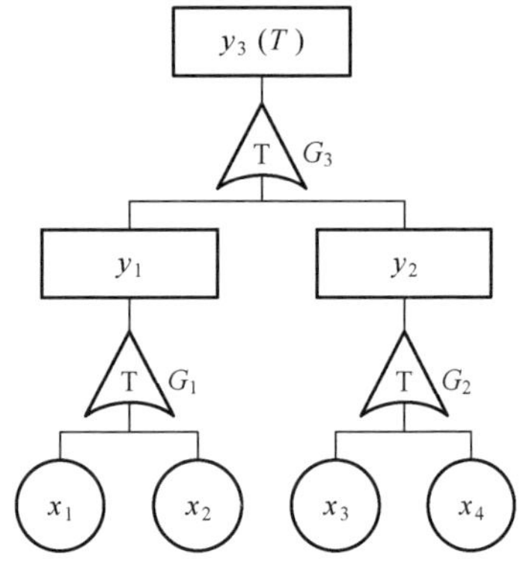

图 4-9　T-S 动态故障树

表 4-22　G_1 门的事件时序描述规则

规　则	x_1	x_2	y_1	
			$\delta(t_y-t_1)$	$\delta(t_y-t_2)$
1	1	2	0	1
2	2	1	0	0

表 4-23　G_2 门的事件时序描述规则

规　则	x_3	x_4	y_2	
			$\delta(t_y-t_3)$	$\delta(t_y-t_4)$
1	1	2	0	1
2	2	1	0	0

表 4-24　G_3 门的事件时序描述规则

规　则	y_1	y_2	y_3	
			$\delta(t_y-t_{y_1})$	$\delta(t_y-t_{y_2})$
1	1	2	0	1
2	2	1	0	0

下级事件 x_1、x_2 分别为主件、冷备件，则可由式（4-5）求得下级事件 x_1 在规则 l 中概率密度函数 $f(x_1^{[t_1]})$；由式（4-6）求得下级事件 x_2 在规则 l 中概率密度函数：

$$f_{(l)}(x_2^{[t_2]})=f(x_2^{[t_2-t_1]}) \tag{4-9}$$

同理，可由式（4-5）求得下级事件 x_3 在规则 l 中概率密度函数 $f(x_3^{[t_3]})$；由式（4-6）求得下级事件 x_4 在规则 l 中的概率密度函数 $f_{(l)}(x_4^{[t_4]})=f(x_4^{[t_4-t_3]})$。

G_3 门为优先与门,则下级事件 y_1、y_2 在规则 l 中概率密度函数可由式(4-5)求得。

由连续时间 T-S 动态故障树分析方法,可得处理器系统故障概率随时间的变化曲线,如图 4-10 所示。

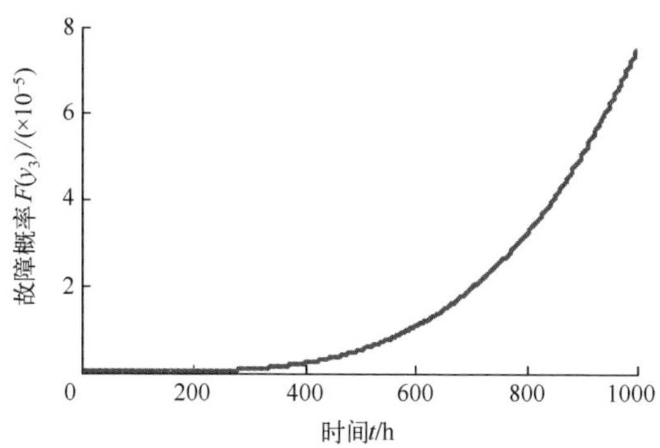

图 4-10　处理器系统故障概率随时间的变化曲线

任务时间 $t_M = 1000$h 时求得处理器系统的故障概率为 7.4910×10^{-5},与基于 Markov 链求解的 Dugan 动态故障树分析方法求得的结果相同。

4.2.2　与基于连续时间贝叶斯网络求解的 Dugan 动态故障树分析方法对比

1. 基于连续时间贝叶斯网络求解的 Dugan 动态故障树分析方法

Boudali、Dugan 在论文 *A continuous-time Bayesian network reliability modeling, and analysis framework* 中提出了基于连续时间贝叶斯网络求解的 Dugan 动态故障树分析方法,引入单位阶跃函数和冲激函数构造条件概率密度函数,求解上级事件故障概率密度函数,进而得到系统故障概率[496]。

心脏辅助系统 CPU 模块主要由交叉开关、监控系统、主用 CPU 以及备用 CPU 组成,其中交叉开关和监控系统中的任意一个故障都会触发主用 CPU 及备用 CPU 的失效,且主用 CPU 处于工作状态时备用 CPU 处于温替补状态。建造的心脏辅助系统 CPU 模块的 Dugan 动态故障树如图 4-11 所示,其中 $G_1 \sim G_3$ 分别为或门、温备件门、功能相关门,y_3 即顶事件 T,y_1、y_2 为中间事件,基本事件 $x_i(i=1,2,3,4)$ 分别表示交叉开关、监控系统、主用 CPU、备用 CPU,其故障率 $\lambda_i(10^{-6}/\text{h})$ 分别为 1、1、2、2,休眠因子 $\alpha=0.5$,任务时间 $t_M=100000$h。

将图 4-11 所示的 Dugan 动态故障树转化为贝叶斯网络,如图 4-12 所示。Dugan 动态故障树中的顶事件、中间事件、基本事件、上级事件和下级事件,分别对应贝叶斯网络的叶节点、中间节点、根节点、子节点、父节点。

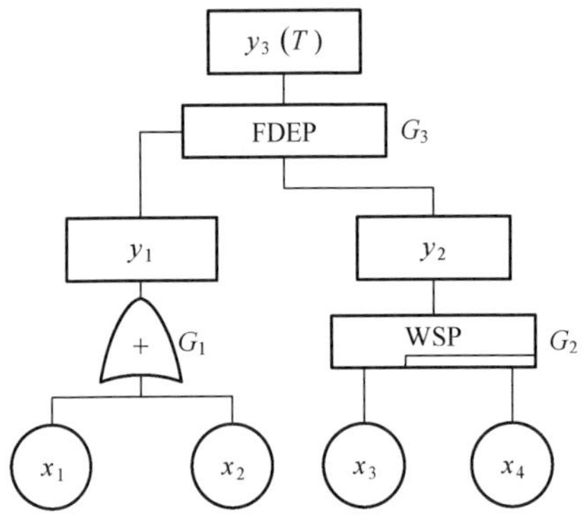

图 4-11　CPU 模块 Dugan 动态故障树

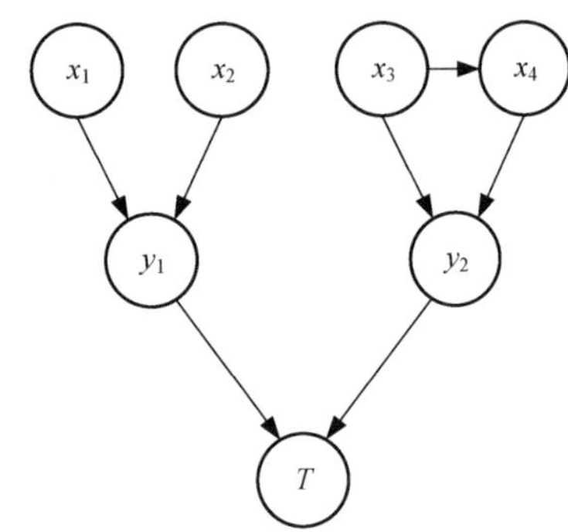

图 4-12　CPU 模块贝叶斯网络

根据或门的事件关系,由单位阶跃函数和冲激函数构造出中间事件 y_1 的条件概率密度函数为

$$f_{y_1|x_1,x_2}(t|t_1,t_2)=u(t_2-t_1)\delta(t-t_1)+u(t_1-t_2)\delta(t-t_2) \tag{4-10}$$

式中:$u(t_2-t_1)$为单位阶跃函数,表示基本事件 x_1、x_2 故障时间关系;$\delta(t-t_1)$为冲激函数,表示中间事件 y_1 的故障时间与基本事件 x_1 故障时间关系;时间 t_1、t_2、t 分别为基本事件 x_1、x_2,中间事件 y_1 的故障时间。

进一步得到 y_1、x_1、x_2 的联合概率密度函数为

$$f_{y_1,x_1,x_2}(t,t_1,t_2)=f_{y_1|x_1,x_2}(t|t_1,t_2)f_{x_1}(t_1)f_{x_2}(t_2) \tag{4-11}$$

式中:$f_{x_1}(t_1)$和$f_{x_2}(t_2)$分别为基本事件 x_1、x_2 的故障概率密度函数。

将式(4-11)积分可得到中间事件 y_1 的边缘概率密度函数为

$$\begin{aligned}f_{y_1}(t)&=\int_0^{\infty}\int_0^{\infty}f_{y_1|x_1,x_2}(t|t_1,t_2)f_{x_1}(t_1)f_{x_2}(t_2)\,\mathrm{d}t_1\mathrm{d}t_2\\&=(\boldsymbol{\lambda}_1+\boldsymbol{\lambda}_2)\exp(-(\boldsymbol{\lambda}_1+\boldsymbol{\lambda}_2)t)\end{aligned} \tag{4-12}$$

式中:$\boldsymbol{\lambda}_1$ 和 $\boldsymbol{\lambda}_2$ 分别为基本事件 x_1、x_2 的故障率。

根据温备件门的事件关系,由单位阶跃函数和冲激函数构造出中间事件 y_2 的条件概率密度函数为

$$f_{y_2|x_3,x_4}(t|t_3,t_4)=u(t_4-t_3)\delta(t-t_4)+u(t_3-t_4)\delta(t-t_3) \tag{4-13}$$

进一步得到 y_2、x_3、x_4 的联合概率密度函数为

$$f_{y_2,x_3,x_4}(t,t_3,t_4)=f_{y_2|x_3,x_4}(t|t_3,t_4)f_{x_3}(t_3)f_{x_4|x_3}(t_4|t_3) \tag{4-14}$$

式中:$f_{x_4|x_3}(t_4|t_3)$为基本事件 x_4 的条件故障概率密度函数,可由下式得到,即

$$f_{x_4|x_3}(t_4|t_3)=u(t_3-t_4)\alpha f_{x_4}(t_4)(1-F_{x_4}(t_4))^{\alpha-1}+u(t_4-t_3)f_{x_4}(t_4-t_3)(1-F_{x_4}(t_3))^{\alpha} \tag{4-15}$$

将式(4-14)积分可得到中间事件 y_2 的边缘概率密度函数为

$$f_{y_2}(t)=\int_0^{\infty}\int_0^{\infty}f_{y_2|x_3,x_4}(t|t_3,t_4)f_{x_3}(t_3)f_{x_4|x_3}(t_4|t_3)\mathrm{d}t_3\mathrm{d}t_4$$
$$=3\lambda_3\exp\left(-\frac{3}{2}\lambda_3 t\right)\left(\exp\left(-\frac{3}{2}\lambda_3 t\right)-1\right) \tag{4-16}$$

最后可得顶事件 T 的故障概率密度函数为

$$f_T(t)=2\exp\left(-\frac{4\lambda_1+3\lambda_3}{2}\right)-3\exp(-(2\lambda_1+\lambda_3)t)+1 \tag{4-17}$$

由式(4-17)积分可得顶事件 T 的故障概率分布函数。将任务时间 t_M = 100000h 及各基本事件故障率 λ_i 代入顶事件 T 的故障概率分布函数,从而得到系统故障概率为 0.202101。

2. 连续时间 T-S 动态故障树分析方法

将图 4-11 的 Dugan 动态故障树转化为如图 4-9 所示的 T-S 动态故障树,G_1~G_3 为 T-S 动态门,表示的事件关系分别为或门、温备件门、功能相关门。

G_1~G_3 门的事件时序描述规则,分别见表 4-25~表 4-27。

表 4-25　G_1 门的事件时序描述规则

规　则	x_1	x_2	y_1	
			$\delta(t_y-t_1)$	$\delta(t_y-t_2)$
1	1	2	1	0
2	2	1	0	1

表 4-26　G_2 门的事件时序描述规则

规　则	x_3	x_4	y_2	
			$\delta(t_y-t_3)$	$\delta(t_y-t_4)$
1	1	2	0	1
2	2	1	1	0

表 4-27　G_3 门的事件时序描述规则

规　则	y_1	y_2	y_3	
			$\delta(t_y-t_{y_1})$	$\delta(t_y-t_{y_2})$
1	1	2	1	0
2	2	1	0	1

下级事件 x_3、x_4 分别为主件、温备件,则可由式(4-5)求得下级事件 x_3 在规则 l 中概率密度函数 $f(x_3^{[t_3]})$,由式(4-6)求得下级事件 x_4 在规则 l 中概率密度函

数为

$$f_{(l)}(x_4^{[t_4]})=\begin{cases}f(x_4^{[t_4-t_3]})(1-F(x_4^{[t_3]}))^{\alpha}, & \text{规则 1}\\ \alpha f(x_4^{[t_4]})(1-F(x_4^{[t_4]}))^{\alpha-1}, & \text{规则 2}\end{cases} \tag{4-18}$$

由连续时间 T-S 动态故障树分析方法可得 CPU 模块在任务时间 $t_M=100000\text{h}$ 的故障概率为 0.202101，与基于连续时间贝叶斯网络求解的 Dugan 动态故障树分析方法求得结果相同。

4.2.3 与基于离散时间贝叶斯网络求解的 Dugan 动态故障树分析方法对比

1. 基于离散时间贝叶斯网络求解的 Dugan 动态故障树分析方法

Boudali、Dugan 在文献[482]中提出了基于离散时间贝叶斯网络求解的 Dugan 动态故障树分析方法。在此基础上，文献[483]利用复合梯形积分方法分析传统方法的计算误差，提出了修正优先与门、备件门等 Dugan 动态门转化条件概率表的改良方法，补偿了分析计算误差。以文献[483]中的测量系统为例，测量系统 Dugan 动态故障树如图 3-31 所示。

将图 3-31 所示的 Dugan 动态故障树转化为贝叶斯网络，如图 4-13 所示。Dugan 动态故障树中的顶事件、中间事件、基本事件、上级事件和下级事件，分别对应贝叶斯网络的叶节点、中间节点、根节点、子节点、父节点。

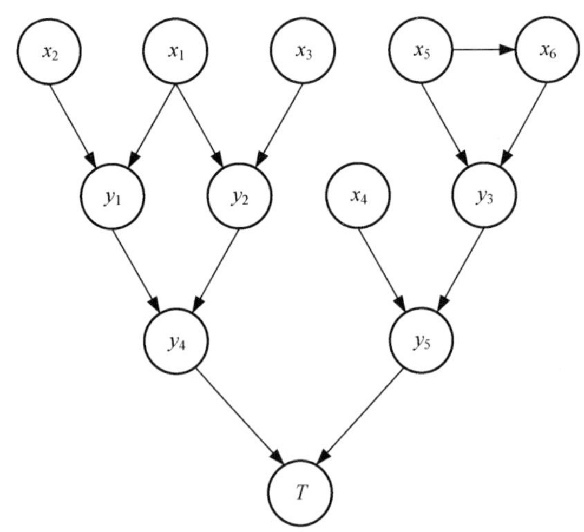

图 4-13 测量系统贝叶斯网络

图 4-13 所示的贝叶斯网络中基本事件 x_5 为主件，x_6 为冷备件。假设 x_5、x_6 发生时段分别为 j_1、j_2，当 $j_1=j_2$ 时，冷备件 x_6 在时段 j_2 的故障概率为

$$P(x_6^{[j_2]}=1)=\frac{\int_{(j_1-1)\Delta}^{j_1\Delta}\int_{t_5}^{j_2\Delta}\lambda_5\lambda_6\exp[\lambda_6(t_5-t_6)-\lambda_5t_5]\mathrm{d}t_5\mathrm{d}t_6}{\int_{(j_1-1)\Delta}^{j_1\Delta}\lambda_5\exp(-\lambda_5t_5)\mathrm{d}t_5} \tag{4-19}$$

当 $j_1\neq j_2$ 时，冷备件 x_6 在时段 j_2 的故障概率为

$$P(x_6^{[j_2]}=1)=\frac{\int_{(j_1-1)\Delta}^{j_1\Delta}\int_{(j_2-1)\Delta}^{j_2\Delta}\lambda_5\lambda_6\exp[\lambda_6(t_5-t_6)-\lambda_5t_5]\mathrm{d}t_5\mathrm{d}t_6}{\int_{(j_1-1)\Delta}^{j_1\Delta}\lambda_5\exp(-\lambda_5t_5)\mathrm{d}t_5} \tag{4-20}$$

基本事件不是备件时，则其在时段 j_i 即区间 $[(j_i-1)\Delta,j_i\Delta)$ 的故障概率为

$$P(x_i^{[j_i]}=1)=\int_{(j_i-1)\Delta}^{j_i\Delta}f_i(t)\mathrm{d}t=\int_{(j_i-1)\Delta}^{j_i\Delta}\frac{F_i(t)}{\mathrm{d}t}\mathrm{d}t=[\exp(\lambda_i\Delta)-1]\exp(-\lambda_ij_i\Delta) \tag{4-21}$$

基本事件 x_1 和 x_2、x_1 和 x_3 均为优先与的事件关系，假设 x_1、x_2 故障时段分别为 j_1、j_2，当 $j_1=j_2$ 时，中间事件 y_1 的故障概率为

$$P(y_1^{[j_2]}=1)=\frac{\int_{(j_1-1)\Delta}^{j_1\Delta}\int_{t_1}^{j_2\Delta}\lambda_1\lambda_2\exp[-\lambda_2t_2-\lambda_1t_1]\mathrm{d}t_1\mathrm{d}t_2}{\int_{(j_1-1)\Delta}^{j_1\Delta}\lambda_1\exp(-\lambda_1t_1)\mathrm{d}t_1\int_{(j_2-1)\Delta}^{j_2\Delta}\lambda_2\exp(-\lambda_2t_2)\mathrm{d}t_2} \tag{4-22}$$

同理可得中间事件 y_2 的故障概率。

通过式(4-21)可得基本事件 $x_1\sim x_5$ 在各时段的故障概率，通过式(4-19)、式(4-20)可得基本事件 x_6 在各时段的故障概率，根据图 4-13 中贝叶斯网络描述的基本事件之间的事件关系，利用离散时间贝叶斯网络分析方法和式(4-22)得到中间事件 y_1、y_2 和 y_3 在各时段的故障概率，再通过图 4-13 中描述的中间事件之间的事件关系，进而得到顶事件 T 的故障概率。

任务时间 $t_M=1000$h，且任务时间分段数 $m=5$、10、50、100、500、1000 时，求得测量系统的故障概率，见表 4-32。

2. 连续时间 T-S 动态故障树分析方法

将图 3-31 的 Dugan 动态故障树转化为如图 3-32 所示的 T-S 动态故障树，$G_1\sim G_6$ 为 T-S 动态门，表示的事件关系分别为优先与门、优先与门、冷备件门、与门、与门、或门。

因 G_1、G_2 门中同时有下级事件 x_1，且 G_1、G_2 门中的上级事件 y_1、y_2 又作为 G_4 门中的下级事件，则可将 G_1、G_2、G_4 门事件时序描述规则组合，见表 4-28，G_3、G_5、G_6 门的事件时序描述规则，分别见表 4-29～表 4-31。

表 4-28　G_1、G_2、G_4 门组合的事件时序描述规则

规　则	x_1	x_2	x_3	y_4		
				$\delta(t_y-t_1)$	$\delta(t_y-t_2)$	$\delta(t_y-t_3)$
1	1	2	3	0	0	1
2	1	3	2	0	1	0
3	2	1	3	0	0	0
4	2	3	1	0	0	0
5	3	1	2	0	0	0
6	3	2	1	0	0	0

表 4-29　G_3 门的事件时序描述规则

规　则	x_5	x_6	y_3	
			$\delta(t_y-t_5)$	$\delta(t_y-t_6)$
1	1	2	0	1
2	2	1	1	0

表 4-30　G_5 门的事件时序描述规则

规　则	x_4	y_3	y_5	
			$\delta(t_y-t_4)$	$\delta(t_y-t_{y_3})$
1	1	2	0	1
2	2	1	1	0

表 4-31　G_6 门的事件时序描述规则

规　则	y_4	y_5	y_6	
			$\delta(t_y-t_{y_4})$	$\delta(t_y-t_{y_5})$
1	1	2	1	0
2	2	1	0	1

由连续时间 T-S 动态故障树分析方法可得测量系统的故障概率随时间的变化曲线,如图 4-14 所示。

任务时间 $t_M=1000$h 时,利用离散时间贝叶斯网络(任务时间分段数 $m=5$、10、50、100、500、1000)传统方法、改良方法及连续时间 T-S 动态故障树分析方法所求得测量系统的故障概率,见表 4-32。可见,连续时间 T-S 动态故障树分析方法是准确的,能够得到更多的可靠性信息,例如,可以从图 4-14 中得到系统故障概率随时间的变化趋势。

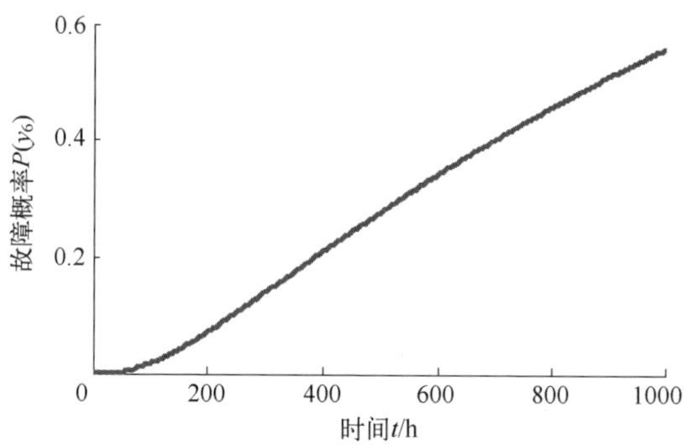

图 4-14　测量系统故障概率随时间的变化曲线

表 4-32　测量系统的故障概率

基于 Markov 链求解的 Dugan 动态故障树分析方法	基于离散时间贝叶斯网络求解的 Dugan 动态故障树分析方法			连续时间 T-S 动态故障树分析方法
	任务时间分段数 m	传统方法	改良方法	
0.557203	5	0.31501	0.54981	0.557203
	10	0.42137	0.55506	
	50	0.52798	0.55711	
	100	0.54248	0.55718	
	500	0.55421	0.557202	
	1000	0.55572	0.557203	

4.2.4　与离散时间 T-S 动态故障树分析方法对比

针对图 3-17 离散时间 T-S 动态故障树分析方法分析求解算例，用连续时间 T-S 动态故障树分析方法进行分析求解。图 3-17 中的 $G_1 \sim G_3$ 门的事件时序描述规则分别见表 4-33～表 4-35。

表 4-33　G_1 门的事件时序描述规则

规　则	x_2	x_3	y_1	
			$\delta(t_y-t_2)$	$\delta(t_y-t_3)$
1	1	2	1	1
2	2	1	0	1

表 4-34　G_2 门的事件时序描述规则

规　则	x_1	y_1	y_2	
			$\delta(t_y-t_1)$	$\delta(t_y-t_{y_1})$
1	1	2	0	1
2	2	1	0	0

表 4-35　G_3 门的事件时序描述规则

规　则	y_2	x_4	x_5	y_3		
				$\delta(t_y-t_{y_2})$	$\delta(t_y-t_4)$	$\delta(t_y-t_5)$
1	1	2	3	1	0	0
2	1	3	2	1	0	0
3	2	1	3	0	1	0
4	2	3	1	0	0	1
5	3	1	2	0	1	0
6	3	2	1	0	0	1

任务时间 $t_M=10000h$ 时,基于 Markov 链求解的 Dugan 动态故障树分析方法、离散时间 T-S 动态故障树分析方法(任务时间分段数 $m=5$、10、15、20、25、30)、连续时间 T-S 动态故障树分析方法求得液压系统的故障概率,见表 4-36。可见,连续时间 T-S 动态故障树分析方法是准确的,不存在离散时间 T-S 动态故障树分析方法的分析计算误差问题。

表 4-36　液压系统的故障概率

基于 Markov 链求解的 Dugan 动态故障树分析方法	离散时间 T-S 动态故障树分析方法		连续时间 T-S 动态故障树分析方法
	任务时间分段数 m	离散时间 T-S 动态故障树分析方法	
0. 039672	5	0. 039579	0. 039672
	10	0. 039626	
	15	0. 039641	
	20	0. 039649	
	25	0. 039654	
	30	0. 039657	

4.3　连续时间 T-S 动态故障树重要度

4.3.1　重要度算法

这里,给出连续时间 T-S 动态故障树的概率重要度、关键重要度、风险业绩值、风险降低值、F-V 重要度、微分重要度、改善函数和综合重要度[467]。

1. 概率重要度

从数学上讲,概率重要度是指顶事件 T 故障概率对基本事件 $x_i(i=1,2,\cdots,n)$

故障概率的偏导数。由前面提出的连续时间 T-S 动态故障树分析方法可求得顶事件 T 故障概率密度函数,则连续时间 T-S 动态故障树概率重要度为

$$I_{\mathrm{Pr}}(x_i)=\frac{\partial\left[\int_0^t f_T(t)\,\mathrm{d}t\right]}{\partial F_{x_i}(t)} \tag{4-23}$$

式中:$f_T(t)$ 为顶事件 T 的故障概率密度函数;$F_{x_i}(t)$ 为基本事件 x_i 的故障概率分布函数。

由式(4-23)可以看出基本事件故障概率 x_i 变化引起顶事件 T 故障概率的变化率,即可以反映出各基本事件概率重要度随时间的变化趋势。

从概率重要度物理意义上可解释为:基本事件 x_i 在任务时间内从正常状态变为故障状态时顶事件 T 故障概率的变化值,即基本事件故障率 λ_i 任务时间内从 0 到无穷大变化时顶事件 T 故障概率的变化值,则连续时间 T-S 动态故障树概率重要度也可以用下式求解,即

$$I_{\mathrm{Pr}}(x_i)=|P(T=1|\lambda_i\to\infty)-P(T=1|\lambda_i=0)| \tag{4-24}$$

式中:$P(T=1|\lambda_i\to\infty)$ 为基本事件 x_i 故障率 λ_i 趋向无穷大时顶事件 T 发生故障的概率;$P(T=1|\lambda_i=0)$ 为基本事件 x_i 故障率 λ_i 为 0 时顶事件 T 发生故障的概率。

2. 关键重要度

关键重要度是指基本事件 x_i 故障概率的变化率与引起顶事件 T 故障概率的变化率的比值,由概率重要度和关键重要度之间的关系,可得连续时间 T-S 动态故障树关键重要度为

$$I_{\mathrm{Cr}}(x_i)=\frac{F_{x_i}(t)}{\int_0^t f_T(t)\,\mathrm{d}t}I_{\mathrm{Pr}}(x_i) \tag{4-25}$$

式中:$I_{\mathrm{Pr}}(x_i)$ 为基本事件 x_i 的概率重要度。

3. 风险业绩值

风险业绩值是指在基本事件 x_i 发生的情况下顶事件 T 不可靠度与基本事件 x_i 故障状态为初始值下顶事件 T 不可靠度的比值,连续时间 T-S 动态故障树风险业绩值为

$$I_{\mathrm{RAW}}(x_i)=\frac{P(T=1|x_i=1)}{\int_0^t f_T(t)\,\mathrm{d}t} \tag{4-26}$$

式中:$P(T=1|x_i=1)$ 为基本事件 x_i 故障概率为 1 时顶事件 T 发生的概率。

4. 风险降低值

风险降低值是指顶事件 T 的不可靠度与基本事件 x_i 处于正常状态时系统不可靠度的比值,连续时间 T-S 动态故障树风险降低值为

$$I_{\mathrm{RRW}}(x_i)=\frac{\int_0^t f_T(t)\,\mathrm{d}t}{P(T=1\mid x_i=0)} \tag{4-27}$$

式中：$P(T=1|x_i=0)$ 为基本事件 x_i 的故障概率为 0 时顶事件 T 发生的概率。

5. F-V 重要度

F-V 重要度指基本事件 x_i 故障而引起的顶事件 T 可靠度下降的最大值，连续时间 T-S 动态故障树 F-V 重要度为

$$I_{\mathrm{FV}}(x_i)=\frac{\int_0^t f_T(t)\,\mathrm{d}t-P(T=1|x_i=0)}{\int_0^t f_T(t)\,\mathrm{d}t} \tag{4-28}$$

6. 微分重要度

微分重要度是指基本事件 x_i 可靠性变化引起顶事件 T 可靠性变化与所有基本事件可靠性变化引起顶事件 T 可靠性变化总和的比值，反映基本事件故障率和顶事件故障概率之间的关系，连续时间 T-S 动态故障树微分重要度为

$$I_{\mathrm{DIM}}(x_i)=\frac{\dfrac{\partial\left[\int_0^t f_T(t)\,\mathrm{d}t\right]}{\partial F_{x_i}(t)}F_{x_i}(t)}{\sum\limits_{j=1}^{n}\dfrac{\partial\left[\int_0^t f_T(t)\,\mathrm{d}t\right]}{\partial F_{x_j}(t)}F_{x_j}(t)} \tag{4-29}$$

式中：$F_{x_j}(t)$ 为基本事件 $x_j(j=1,2,\cdots,n)$ 的故障概率分布函数。

7. 改善函数

改善函数表示顶事件 T 故障概率的变化率与基本事件 x_i 故障率的变化率之比，连续时间 T-S 动态故障树改善函数为

$$I_{\mathrm{UF}}(x_i)=\frac{\lambda_i}{\int_0^t f_T(t)\,\mathrm{d}t}\frac{\partial\int_0^t f_T(t)\,\mathrm{d}t}{\partial\lambda_i} \tag{4-30}$$

式中：$f_T(t)$ 为顶事件 T 的故障概率密度函数。

8. 综合重要度

综合重要度是指基于基本事件的故障率及其正常工作的概率，基本事件可靠性变化导致顶事件 T 可靠性变化的数学期望，连续时间 T-S 动态故障树综合重要度为

$$I_{\mathrm{IM}}(x_i)=\lambda_i\frac{\partial\int_0^t f_T(t)\,\mathrm{d}t}{\partial F_{x_i}(t)}(1-F_{x_i}(t)) \tag{4-31}$$

4.3.2　可行性验证

为验证连续时间 T-S 动态故障树重要度算法的可行性，将其与文献方法进行对比。

1. 概率重要度

文献[241]对三模冗余系统进行重要度分析，求得概率重要度。三模冗余系统 T-S 动态故障树如图 3-29 所示。求得基本事件的概率重要度随时间的变化曲线如图 4-15 所示。

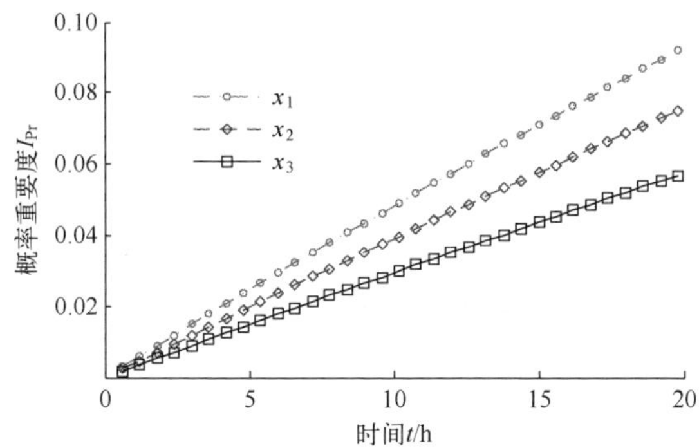

图 4-15　概率重要度随时间的变化曲线

当任务时间 $t_M = 20$h 时，基本事件的概率重要度见表 4-37。

表 4-37　基本事件的概率重要度

基本事件	文献[241]	本书方法
x_1	0.0929	0.0929
x_2	0.0757	0.0757
x_3	0.0575	0.0575

2. 关键重要度

文献[241]对三模冗余系统进行重要度分析，求得关键重要度。三模冗余系统 T-S 动态故障树如图 3-29 所示。求得基本事件的关键重要度随时间的变化曲线如图 4-16 所示。

当任务时间 $t_M = 20$h 时，基本事件的关键重要度见表 4-38。

表 4-38　基本事件的关键重要度

基本事件	文献[241]	本书方法
x_1	0.4461	0.4461
x_2	0.7203	0.7203
x_3	0.8117	0.8117

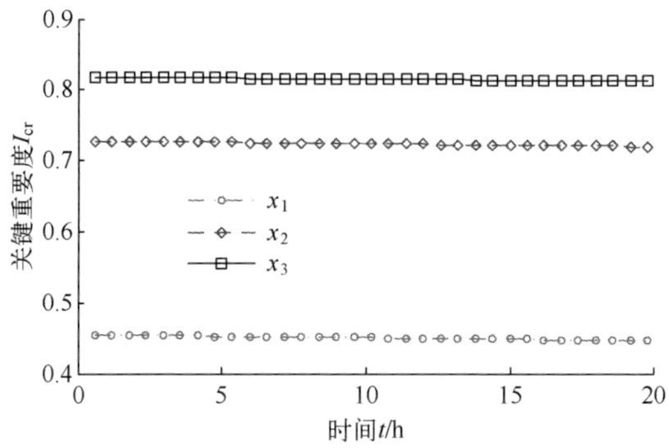

图 4-16　关键重要度随时间的变化曲线

3. 风险业绩值

文献[240]对安全系统进行重要度分析,求得风险业绩值。安全系统 T-S 动态故障树如图 4-17 所示,基本事件 $x_1 \sim x_7$ 的故障概率分别为 0.012、0.01、0.036、0.012、0.01、0.036、0.0036,任务时间 $t_M = 1000$h。

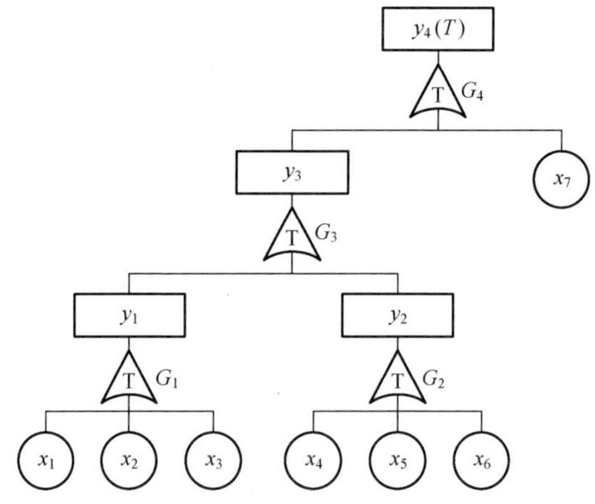

图 4-17　安全系统 T-S 动态故障树

求得基本事件的风险业绩值见表 4-39。

表 4-39　基本事件的风险业绩值

基本事件	文献[240]	本书方法
x_1	9	9
x_2	9	9
x_3	9	9
x_4	9	9

（续）

基本事件	文献[240]	本书方法
x_5	9	9
x_6	9	9
x_7	149	149

4. 风险降低值

文献[193]对串-并联系统进行重要度分析，求得风险降低值。串-并联系统 T-S 动态故障树如图 3-2(a)所示，求得基本事件的风险降低值见表 4-40。

表 4-40　基本事件的风险降低值

基本事件	文献[193]	本书方法
x_1	1.001	1.001
x_2	1.001	1.001
x_3	634	634

5. F-V 重要度

文献[240]对安全系统进行重要度分析，求得 F-V 重要度。安全系统 T-S 动态故障树如图 4-17 所示，基本事件 $x_1 \sim x_7$的故障概率分别为 0.012、0.01、0.036、0.012、0.01、0.036、0.0036，任务时间 $t_M = 1000\text{h}$。求得基本事件的 F-V 重要度见表 4-41。

表 4-41　基本事件的 F-V 重要度

基本事件	文献[240]	本书方法
x_1	0.10	0.10
x_2	0.08	0.08
x_3	0.30	0.30
x_4	0.10	0.10
x_5	0.08	0.08
x_6	0.30	0.30
x_7	0.52	0.52

6. 微分重要度

文献[240]对安全系统进行重要度分析，求得微分重要度。安全系统 T-S 动态故障树如图 4-17 所示，基本事件 $x_1 \sim x_7$的故障概率分别为 0.012、0.01、0.036、0.012、0.01、0.036、0.0036，任务时间 $t_M = 1000\text{h}$。求得基本事件的微分重要度见表 4-42。

表 4-42　基本事件的微分重要度

基本事件	文献[240]	本书方法
x_1	0.07	0.07
x_2	0.06	0.06
x_3	0.20	0.20
x_4	0.07	0.07
x_5	0.06	0.06
x_6	0.20	0.20
x_7	0.35	0.35

7. 改善函数

文献[241]对三模冗余系统进行重要度分析,求得概率重要度、关键重要度和改善函数。三模冗余系统 T-S 动态故障树如图 3-29 所示。当任务时间 $t_M = 20\text{h}$ 时,基本事件的改善函数见表 4-43。

表 4-43　基本事件的改善函数

基本事件	文献[241]	本书方法
x_1	0.4417	0.4417
x_2	0.7058	0.7058
x_3	0.7876	0.7876

8. 综合重要度

文献[243]对混联系统进行了重要度分析,求得综合重要度。建造混联系统 T-S 动态故障树如图 3-30 所示,求得基本事件的综合重要度见表 4-44。

表 4-44　基本事件的综合重要度

基本事件	文献[243]	本书方法	基本事件	文献[243]	本书方法
x_1	0.000945	0.000945	x_6	0.001039	0.001039
x_2	0.000682	0.000682	x_7	0.000350	0.000350
x_3	0.000316	0.000316	x_8	0.000361	0.000361
x_4	0.000149	0.000149	x_9	0.000715	0.000715
x_5	0.000498	0.000498	x_{10}	0.007706	0.007706

综上可知,连续时间 T-S 动态故障树重要度分析方法求得的结果,与文献结果相同,验证了可行性。连续时间 T-S 动态故障树重要度的特点体现在两个方面:一是可以对静、动态失效行为的系统进行重要度分析;二是可求得重要度随时间的连续变化曲线,从中可获得更多的重要度信息。

4.3.3　算例

整流回馈系统是大型矿用挖掘机电气控制中变频调速系统的核心部分，其原理如图 4-18 所示。整流回馈系统中，不仅存在基于组合逻辑事件关系的静态失效行为（如通信发生失效、风机发生失效使过热跳闸或保护电路发生失效均会导致整流柜失效），还存在基于时序逻辑事件关系的动态失效行为（如主、从整流柜存在热备件关系，整流控制器与主从整流柜之间存在功能相关关系）[497]。

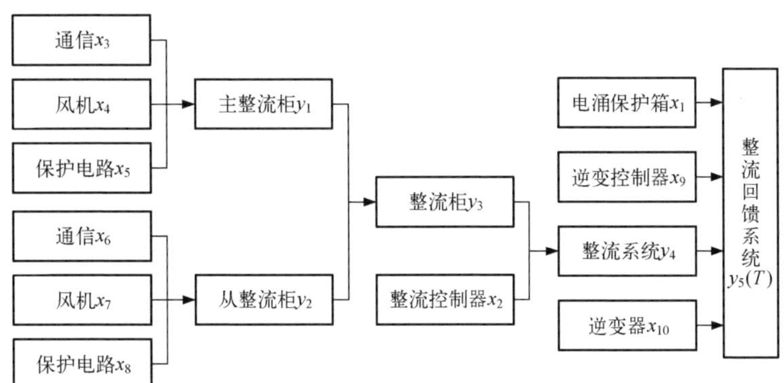

图 4-18　整流回馈系统原理

建造整流回馈系统的 T-S 动态故障树如图 4-19 所示，基本事件 x_i（$i=1, 2, \cdots, 10$）对应事件名称及其故障率 λ_i 见表 4-45，且寿命都服从指数分布，任务时间 $t_M=1000\text{h}$。

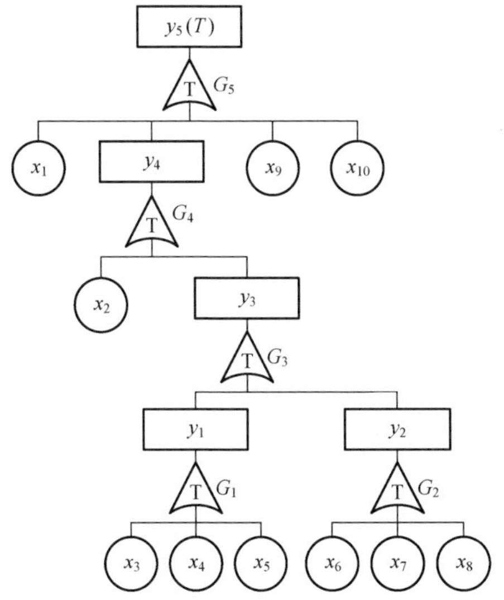

图 4-19　整流回馈系统 T-S 动态故障树

表 4-45　基本事件对应事件名称及其故障率

基本事件 x_i	事件名称	故障率 λ_i /(×10^{-6}/h)	基本事件 x_i	事件名称	故障率 λ_i /(×10^{-6}/h)
x_1	电涌保护箱故障	50	x_6	通信故障	235
x_2	整流控制器故障	35	x_7	风机故障使其过热跳闸	180
x_3	通信故障	235	x_8	保护电路故障	266
x_4	风机故障使其过热跳闸	180	x_9	逆变控制器故障	75
x_5	保护电路故障	266	x_{10}	逆变器故障	190

$G_1 \sim G_5$门的事件时序描述规则，分别见表 4-46~表 4-50。

表 4-46　G_1 门的事件时序描述规则

规　　则	x_3	x_4	x_5	y_1		
				$\delta(t_y-t_3)$	$\delta(t_y-t_4)$	$\delta(t_y-t_5)$
1	1	2	3	1	0	0
2	1	3	2	1	0	0
3	2	1	3	0	1	0
4	2	3	1	0	0	1
5	3	1	2	0	1	0
6	3	2	1	0	0	1

表 4-47　G_2 门的事件时序描述规则

规　　则	x_6	x_7	x_8	y_2		
				$\delta(t_y-t_6)$	$\delta(t_y-t_7)$	$\delta(t_y-t_8)$
1	1	2	3	1	0	0
2	1	3	2	1	0	0
3	2	1	3	0	1	0
4	2	3	1	0	0	1
5	3	1	2	0	1	0
6	3	2	1	0	0	1

表 4-48　G_3 门的事件时序描述规则

规　　则	y_1	y_2	y_3	
			$\delta(t_y-t_{y_1})$	$\delta(t_y-t_{y_2})$
1	1	2	0	1
2	2	1	1	0

表 4-49　G_4 门的事件时序描述规则

规　则	x_2	y_3	y_4	
			$\delta(t_y-t_2)$	$\delta(t_y-t_{y_3})$
1	1	2	1	0
2	2	1	0	1

表 4-50　G_5 门的事件时序描述规则

规　则	x_1	y_4	x_9	x_{10}	T			
					$\delta(t_y-t_1)$	$\delta(t_y-t_{y_4})$	$\delta(t_y-t_9)$	$\delta(t_y-t_{10})$
1	1	2	3	4	1	0	0	0
2	1	3	2	4	1	0	0	0
3	1	2	4	3	1	0	0	0
4	1	3	4	2	1	0	0	0
⋮	⋮	⋮	⋮	⋮	⋮	⋮	⋮	⋮
24	4	3	2	1	0	0	0	1

求得顶事件在任务时间内的故障概率为 0. 8195，与文献结果一致。

求得基本事件的重要度见表 4-51。

表 4-51　基本事件的重要度

基本事件	概率重要度	关键重要度	风险业绩值	风险降低值	F-V 重要度	微分重要度	改善函数	综合重要度
x_1	0. 189760	0. 220263	1. 220263	1. 011422	0. 011293	0. 026875	0. 011013	0. 000004
x_2	0. 186934	0. 220263	1. 220263	1. 007908	0. 007846	0. 018671	0. 007709	0. 000002
x_3	0. 228322	0. 220262	1. 220262	1. 061965	0. 058349	0. 138859	0. 051762	0. 000112
x_4	0. 216103	0. 220262	1. 220262	1. 045412	0. 043439	0. 103377	0. 039647	0. 000064
x_5	0. 235510	0. 220262	1. 220262	1. 071951	0. 067122	0. 159736	0. 058589	0. 000146
x_6	0. 228322	0. 220262	1. 220262	1. 061965	0. 058349	0. 138859	0. 051762	0. 000112
x_7	0. 216103	0. 220262	1. 220262	1. 045412	0. 043439	0. 103377	0. 039647	0. 000064
x_8	0. 235510	0. 220262	1. 220262	1. 071951	0. 067122	0. 159736	0. 058589	0. 000146
x_9	0. 194563	0. 220263	1. 220263	1. 017454	0. 017155	0. 040825	0. 016519	0. 000011
x_{10}	0. 218275	0. 220263	1. 220263	1. 048317	0. 046090	0. 109486	0. 041849	0. 000072

4.4　连续时间多维 T-S 动态故障树分析方法

随着科技发展和跨学科融合，现代的工程系统越来越复杂，其可靠性往往受工作时间、应力冲击、工作温度等多种因素的影响，仅考虑工作时间单一因素的连续时间 T-S 动态故障树分析方法存在局限性,为此,提出考虑基本事件受多因素影响的连续时间多维 T-S 动态故障树分析方法[470]。首先,构建在多因素影响下的下级事件故障概率密度函数,给出 T-S 动态门的事件顺序描述规则,进而给出基于描述规则执行可能性、上级事件发生可能性的连续时间多维 T-S 动态故障树的上级事件故障概率密度函数与故障概率分布函数的分析计算方法。

4.4.1 分析流程

参照 GB 7829《故障树分析程序》等文献,并结合连续时间多维 T-S 动态故障树特点给出其分析流程如图 4-20 所示。

(1) 资料调研,系统分析与故障分析,建造 T-S 动态故障树。

(2) 构建 T-S 动态门及其连续时间描述规则。对于 Dugan 故障树(Dugan 动态门、Bell 故障树逻辑门)能够描述的静、动态事件关系,从下级事件故障状态发生的时刻这一角度并由描述规则生成方法直接生成 T-S 动态门连续时间描述规则——事件顺序描述规则,每一条描述规则包括下级事件组成的输入规则、由单位阶跃函数的表示的顺序规则和由单位冲激函数表示的上级事件的输出规则;对于 Dugan 故障树(Dugan 动态门、Bell 故障树逻辑门)不能描述的静、动态事件关系,则根据包含事件发生时序依赖的事件关系,从下级事件故障状态发生的时刻这一角度并由描述规则构建方法构建相应的 T-S 动态门事件顺序描述规则,从而得到能更全面、准确地描述系统静、动态事件关系的 T-S 动态门事件顺序描述规则。

(3) 构建事件描述方法。事件描述包括可靠性数据和事件影响因素,可靠性数据包括随机模型、模糊模型、非概率模型等,分别为故障率、模糊故障率、区间故障率等;影响因素包括工作时间 t,以及除工作时间 t 外的工作温度、冲击次数等影响因素 $h_1, h_2, \cdots, h_k$。

(4) 利用连续时间多维 T-S 动态故障树算法求取顶事件可靠性指标。由事件描述(可靠性数据和事件影响因素),构建在多因素影响下的基本事件故障概率模型实现输入规则的多维化处理,利用输入规则算法求得规则执行可能性;再由规则执行可能性结合输出规则,利用输出规则算法求得上级事件可靠性指标。依次逐级向上求解,最终求得顶事件可靠性指标。

4.4.2 T-S 动态门及其事件顺序描述规则

T-S 动态门及其事件顺序描述规则能够无限逼近现实系统的失效行为,能够刻画任意形式的静、动态失效行为。

设下级事件 $x_i(i=1,2,\cdots,n)$ 及上级事件 y 的故障时刻分别用 $t_i(i=1,2,\cdots,n)$

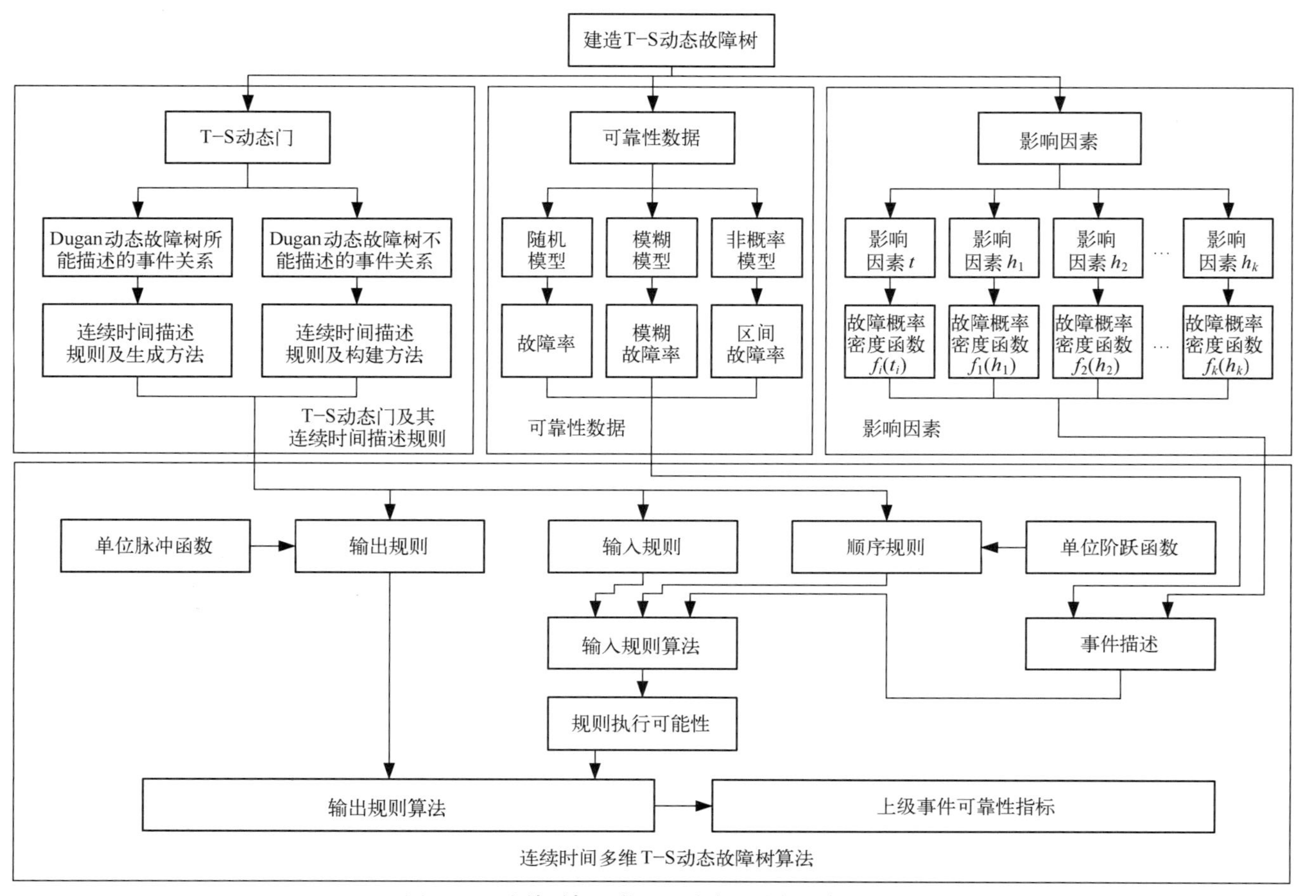

图4-20　连续时间多维T-S动态故障树分析流程

及 t_y 表示，t_a、t_b 分别为 n 个下级事件中任意两个不同的下级事件 x_a、x_b（$a=1,2,\cdots,n$；$b=1,2,\cdots,n$；且 $a\neq b$）的故障时刻。

用单位阶跃函数来描述下级事件发生顺序，当 $t_a<t_b$ 时，单位阶跃函数为 $u(t_b-t_a)$ 表示下级事件 x_a 先于下级事件 x_b 发生；当 $t_a>t_b$ 时，单位阶跃函数为 $u(t_a-t_b)$ 表示下级事件 x_b 先于下级事件 x_a 发生。此外，单位阶跃函数的幅值为 1，在进行上级事件 y 故障概率密度函数后续求解时不会改变其数值大小。因此，采用单位阶跃函数表达 T-S 动态门不同下级事件的事件发生时序依赖关系，即

$$\begin{cases}u(t_b-t_a)=1, & t_a<t_b\\ u(t_a-t_b)=1, & t_a>t_b\end{cases}\tag{4-32}$$

以图 4-2 中 T-S 动态门为例，下级事件数目为 n。设 $T_1,T_2,\cdots,T_{i-1},T_i,\cdots,T_{n-2},T_{n-1},T_n$ 分别为第 $1,2,\cdots,i-1,i,\cdots,n-2,n-1,n$ 个发生的下级事件的故障时刻。顺序规则 $O_{(l)}$ 由一组单位阶跃函数构成，表示 n 个下级事件的故障时刻先后顺序，即

$$O_{(l)}=\underbrace{u(T_n-T_{n-1})u(T_{n-1}-T_{n-2})\cdots u(T_i-T_{i-1})\cdots u(T_2-T_1)}_{n-1}\tag{4-33}$$

单位冲激函数又称单位脉冲函数，由单位脉冲函数的偶函数特性，可得 $\delta(t_y-t_i)=\delta(t_i-t_y)$。用单位脉冲函数 $\delta(t_i-t_y)$ 来描述上级事件 y 的故障时刻 t_y，当上级事件发生时，$t_y=t_i$，表示上级事件在下级事件 $x_i(i=1,2,\cdots,n)$ 的故障时刻 t_i 发生，此时单位脉冲函数 $\delta(t_i-t_y)=\infty$；当上级事件不发生时，$t_y\neq t_i$，此时单位脉冲函数 $\delta(t_i-t_y)=0$，如式(4-1)所示。

利用单位脉冲函数筛选性质，可构造上级事件 y 的故障概率密度函数

$$\int_0^{\infty}f_i(t_i)\delta(t_i-t_y)\mathrm{d}t_i=f_i(t_y)\tag{4-34}$$

式中：$f_i(t_i)$ 为下级事件 x_i 的故障概率密度函数。

1. T-S 动态门事件顺序描述规则

T-S 动态门事件顺序描述规则由下级事件、顺序规则 $O_{(l)}$ 所构成的输入规则和上级事件所构成的输出规则组成。每一条事件顺序描述规则 $l(l=1,2,\cdots,r)$ 均表示相应的下级事件 $x_1,x_2,\cdots,x_n$ 的事件发生时序依赖关系（即故障时刻 $t_1,t_2,\cdots,t_n$ 的先后关系）和上级事件 y 的故障时刻，具体为：

(1) 输入规则描述了下级事件的发生时序，即下级事件故障时刻 $t_1,t_2,\cdots,t_n$ 的大小关系，用自然数 $o(t_i)(i=1,2,\cdots,n)$ 表示下级事件 $x_i(i=1,2,\cdots,n)$ 的发生时序即发生顺序，数值小的先于数值大的发生。例如，当 $t_1<t_2<\cdots<t_{n-1}<t_n$ 时，用 $o(t_1)=1,o(t_2)=2,\cdots,o(t_{n-1})=n-1,o(t_n)=n$ 表示，此时顺序规则 $O_{(l)}=u(t_n-t_{n-1})u(t_{n-1}-t_{n-2})\cdots u(t_2-t_1)$；当 $t_2<t_1<\cdots<t_{n-1}<t_n$ 时，用 $o(t_1)=2,o(t_2)=1,\cdots,o(t_{n-1})=n-1,o(t_n)=n$ 表示，此时顺序规则 $O_{(l)}=u(t_n-t_{n-1})u(t_{n-1}-t_{n-2})\cdots u(t_1-t_2)$。

（2）输出规则中单位脉冲函数 $\delta(t_i-t_y)$ 可描述上级事件 y 的故障时刻。例如，当 T-S 动态门表示与门事件关系时 t_y 为 $\max(t_1,t_2,\cdots,t_n)$，当 T-S 动态门表示或门事件关系时 t_y 为 $\min(t_1,t_2,\cdots,t_n)$。为方便，将规则 l 下的单位脉冲函数 $\delta(t_i-t_y)$ 表示为 $\delta_{(l)}(t_y)$。

事件顺序描述规则的规则总数为 r：①如果 T-S 动态门表示基本事件 $x_i(i=1,2,\cdots,n)$ 所有的发生可能顺序，则规则总数 $r=n!$；②如果 T-S 动态门只允许基本事件 $x_i(i=1,2,\cdots,n)$ 按一种或几种顺序发生，需具体问题具体分析，例如，顺序强制门的基本事件 $x_i(i=1,2,\cdots,n)$ 只允许按一种顺序发生，则 T-S 动态门的事件顺序描述规则的规则总数 $r=1$。

综上所述，图 4-2 中 T-S 动态门的事件顺序描述规则见表 4-52。

表 4-52　T-S 动态门的事件顺序描述规则

规则	x_1	x_2	x_3	…	x_{n-1}	x_n	$O_{(l)}$	y
1	1	2	3	…	$n-1$	n	$O_{(1)}$	$\delta_{(1)}(t_y)$
2	1	3	2	…	$n-1$	n	$O_{(2)}$	$\delta_{(2)}(t_y)$
3	1	4	3	…	$n-1$	n	$O_{(3)}$	$\delta_{(3)}(t_y)$
⋮	⋮	⋮	⋮	…	⋮	⋮	⋮	⋮
l	$o(t_1)$	$o(t_2)$	$o(t_3)$	…	$o(t_{n-1})$	$o(t_n)$	$O_{(l)}$	$\delta_{(l)}(t_y)$
⋮	⋮	⋮	⋮		⋮	⋮	⋮	⋮
r	n	$n-1$	$n-2$	…	2	1	$O_{(r)}$	$\delta_{(r)}(t_y)$

表 4-52 中每一行代表一条规则，以第 1 行、第 2 行和第 r 行即规则 1、规则 2、第 l 行和规则 r 为例。①规则 1，输入规则中下级事件 $x_1\sim x_n$ 按 $1,2,3,\cdots,n-1,n$ 的时序失效，即 $t_1<t_2<t_3<\cdots<t_{n-1}<t_n$，此时顺序规则 $O_{(l)}=u(t_n-t_{n-1})u(t_{n-1}-t_{n-2})\cdots u(t_2-t_1)$，则上级事件 y 故障时刻的单位脉冲函数为 $\delta_{(1)}(y)$；②规则 2，输入规则中下级事件 $x_1\sim x_n$ 按 $1,3,2,\cdots,n-1,n$ 的时序失效，即 $t_2<t_1<t_3<\cdots<t_{n-1}<t_n$，此时顺序规则 $O_{(l)}=u(t_n-t_{n-1})u(t_{n-1}-t_{n-2})\cdots u(t_1-t_2)$，则上级事件 y 故障时刻的单位脉冲函数为 $\delta_{(2)}(y)$；③规则 l，下级事件 $x_1\sim x_n$ 按 $o(t_1)$、$o(t_2)$、…、$o(t_{n-1})$、$o(t_n)$ 的时序失效，则上级事件 y 故障时刻的单位脉冲函数为 $\delta_{(l)}(y)$；④规则 r，输入规则中下级事件 $x_1\sim x_n$ 按 $n,n-1,n-2,\cdots,2,1$ 的时序失效，即 $t_n<t_{n-1}<t_{n-2}<\cdots<t_2<t_1$，此时顺序规则 $O_{(l)}=u(t_1-t_2)u(t_2-t_3)\cdots u(t_{n-1}-t_n)$，则上级事件 y 故障时刻的单位脉冲函数为 $\delta_{(r)}(y)$。

Bell 故障树逻辑门、T-S 门、Dugan 动态门可以转化为 T-S 动态门及其事件顺序描述规则。

1) Bell 故障树逻辑门的 T-S 动态门事件顺序描述规则

(1) 与门的 T-S 动态门事件顺序描述规则。

当 T-S 动态门表示下级事件 x_1、x_2 的与门事件关系时，则上级事件 y 的故障时刻 t_y 为下级事件 x_1、x_2 两者中后失效的时刻，因此，与门的 T-S 动态门事件顺序描述规则见表 4-53。

表 4-53　与门的 T-S 动态门事件顺序描述规则

规　则	x_1	x_2	$O_{(l)}$	y
1	1	2	$u(t_2-t_1)$	$\delta(t_2-t_y)$
2	2	1	$u(t_1-t_2)$	$\delta(t_1-t_y)$

表 4-53 每一行代表一条规则。规则 1，输入规则中下级事件 x_1、x_2 按 1、2 的时序失效，即 $t_1<t_2$，顺序规则 $O_{(1)}$ 为 $u(t_2-t_1)$，则输出规则中 $\delta(t_2-t_y)$ 表示上级事件 y 在故障时刻 t_2 发生；规则 2，输入规则中下级事件 x_1、x_2 按 2、1 的时序失效，即 $t_2<t_1$，顺序规则 $O_{(2)}$ 为 $u(t_1-t_2)$，则输出规则中 $\delta(t_1-t_y)$ 表示上级事件 y 在故障时刻 t_1 发生。

(2) 或门的 T-S 动态门事件顺序描述规则。

当 T-S 动态门表示下级事件 x_1、x_2、x_3 的或门事件关系时，即上级事件 y 的故障时刻 t_y 为 x_1、x_2、x_3 三者中最先失效的时刻，因此，或门的 T-S 动态门事件顺序描述规则见表 4-54。

表 4-54　或门的 T-S 动态门事件顺序描述规则

规　则	x_1	x_2	x_3	$O_{(l)}$	y
1	1	2	3	$u(t_3-t_2)u(t_2-t_1)$	$\delta(t_1-t_y)$
2	1	3	2	$u(t_2-t_3)u(t_3-t_1)$	$\delta(t_1-t_y)$
3	2	1	3	$u(t_3-t_1)u(t_1-t_2)$	$\delta(t_2-t_y)$
4	2	3	1	$u(t_2-t_1)u(t_1-t_3)$	$\delta(t_3-t_y)$
5	3	1	2	$u(t_1-t_3)u(t_3-t_2)$	$\delta(t_2-t_y)$
6	3	2	1	$u(t_1-t_2)u(t_2-t_3)$	$\delta(t_3-t_y)$

表 4-54 每一行代表一条规则。以规则 1 和规则 6 为例说明。规则 1，输入规则中下级事件 $x_1\sim x_3$ 按 1、2、3 的时序失效，即 $t_1<t_2<t_3$，顺序规则 $O_{(1)}$ 为 $u(t_3-t_2)u(t_2-t_1)$，则输出规则中 $\delta(t_1-t_y)$ 表示上级事件 y 在故障时刻 t_1 发生；规则 6，输入规则中下级事件 $x_1\sim x_3$ 按 3、2、1 的时序失效，即 $t_3<t_2<t_1$，顺序规则 $O_{(6)}$ 为 $u(t_1-t_2)u(t_2-t_3)$，则输出规则中 $\delta(t_3-t_y)$ 表示上级事件 y 在故障时刻 t_3 发生。

2）T-S 门的 T-S 动态门事件顺序描述规则

T-S 动态门可以描述 T-S 门能描述的事件关系。T-S 门可以转化为 T-S 动态门及其事件顺序描述规则，如表 1-5 可用 T-S 动态门事件顺序描述规则描述，见表 4-55。

表 4-55　等价于表 1-5 的 T-S 动态门事件顺序描述规则

规　则	x_1	x_2	$O_{(l)}$	y
1	1	2	$u(t_2-t_1)$	$\delta(t_2-t_y)$
2	2	1	$u(t_1-t_2)$	$\delta(t_1-t_y)$

表 4-55 每一行代表一条规则。规则 1，输入规则中下级事件 x_1、x_2 按 1、2 的时序失效，即 $t_1<t_2$，顺序规则 $O_{(1)}$ 为 $u(t_2-t_1)$，则输出规则中 $\delta(t_2-t_y)$ 表示上级事件 y 在故障时刻 t_2 发生；规则 2，输入规则中下级事件 x_1、x_2 按 2、1 的时序失效，即 $t_2<t_1$，顺序规则 $O_{(2)}$ 为 $u(t_1-t_2)$，则输出规则中 $\delta(t_1-t_y)$ 表示上级事件 y 在故障时刻 t_1 发生。

3）Dugan 动态门的 T-S 动态门事件顺序描述规则

以优先与门为例。当 T-S 动态门表示下级事件 x_1、x_2 的优先与门事件关系时，即仅当下级事件按 x_1 先于 x_2 故障的优先顺序失效时，上级事件 y 才失效，则上级事件 y 的故障时刻 t_y 与下级事件 x_2 故障时刻相同，因此，优先与门的 T-S 动态门事件顺序描述规则，见表 4-56。

表 4-56　优先与门的 T-S 动态门事件顺序描述规则

规　则	x_1	x_2	$O_{(l)}$	y
1	1	2	$u(t_2-t_1)$	$\delta(t_2-t_y)$
2	2	1	$u(t_1-t_2)$	0

表 4-56 每一行代表一条规则。规则 1，输入规则中下级事件 x_1、x_2 按 1、2 的时序失效，即 $t_1<t_2$，顺序规则 $O_{(1)}$ 为 $u(t_2-t_1)$，则输出规则中 $\delta(t_2-t_y)$ 表示上级事件 y 在故障时刻 t_2 发生；规则 2，输入规则中下级事件 x_1、x_2 按 2、1 的时序失效，即 $t_2<t_1$，顺序规则 $O_{(2)}$ 为 $u(t_1-t_2)$，则输出规则中 $\delta(t_1-t_y)=0$ 表示上级事件 y 不发生。

2. 包含共因失效的 T-S 动态门事件顺序描述规则

系统可靠性的显式分析方法可用于下级事件分布不相同，承受多种共因失效冲击的情况。下面介绍考虑共因失效的 T-S 动态门及其事件顺序描述规则。

1）与门的 T-S 动态门事件顺序描述规则

考虑共因失效时，与门向 T-S 动态门转化如图 4-21 所示，其中 x_1、x_2 为下级事件,CCF 为共因事件,y 为上级事件,G_1、G_4 为与门,G_2、G_3 为或门,G_5为 T-S 动态门。当下级事件 x_1、x_2 都发生时上级事件 y 发生;当共因事件 CCF 发生时不论下级事件 x_1、x_2 是否发生上级事件 y 都故障。考虑共因失效时,T-S 动态门所描述的事件关系可以通过其事件顺序描述规则来实现,见表 4-57。

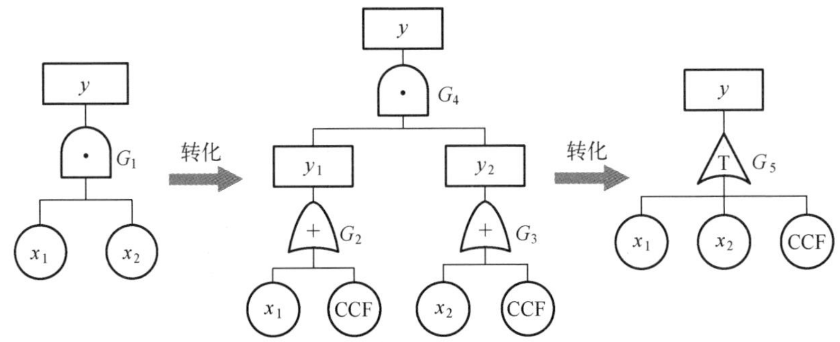

图 4-21 考虑共因失效与门向 T-S 动态门转化

表 4-57 考虑共因失效与门的事件顺序描述规则

规 则	x_1	x_2	CCF	$O_{(l)}$	y		
					$\delta(t_1-t_y)$	$\delta(t_2-t_y)$	$\delta(t_c-t_y)$
1	1	2	3	$u(t_c-t_2)u(t_2-t_1)$	0	1	0
2	2	1	3	$u(t_c-t_1)u(t_1-t_2)$	1	0	0
3	3	1	2	$u(t_1-t_c)u(t_c-t_2)$	0	0	1
4	3	2	1	$u(t_1-t_2)u(t_2-t_c)$	0	0	1

表 4-57 每一行代表一条规则。规则 1,输入规则中下级事件 x_1、x_2 和共因事件 CCF 按 1、2、3 的时序失效,即 $t_1<t_2<t_c$(共因事件的发生时刻),顺序规则 $O_{(1)}$ 为 $u(t_c-t_2)u(t_2-t_1)$,则输出规则中上级事件 y 的单位脉冲函数为 $\delta(t_2-t_y)$ 表示上级事件 y 在故障时刻 t_2 发生;规则 4,输入规则中下级事件 x_1、x_2 和共因事件 CCF 按 3、2、1 的时序失效,即 $t_c<t_2<t_1$,顺序规则 $O_{(4)}$ 为 $u(t_1-t_2)u(t_2-t_c)$,则输出规则中上级事件 y 的单位脉冲函数为 $\delta(t_c-t_y)$ 表示上级事件 y 在故障时刻 t_c 发生。

2) 优先与门的 T-S 动态门事件顺序描述规则

考虑共因失效时,优先与门向 T-S 动态门转化如图 4-22 所示,其中 x_1、x_2 为下级事件,CCF 为共因事件,y 为上级事件,G_1、G_4 为优先与门,G_2、G_3 为或门,G_5为 T-S 动态门。下级事件 x_1 先于下级事件 x_2 发生时上级事件 y 发生否则不发生;当共因事件 CCF 发生时不论下级事件 x_1、x_2 是否发生上级事件 y 都发生。考虑共因失效时,T-S 动态门所描述的事件关系可以通过其事件顺序描述规则实现,见

表 4-58。

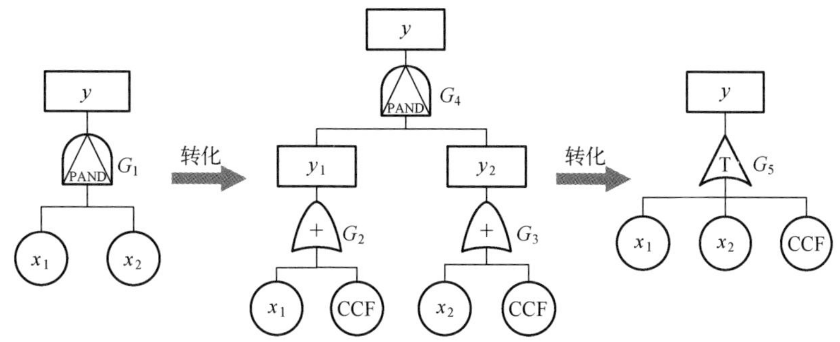

图 4-22　考虑共因失效优先与门向 T-S 动态门转化

表 4-58　考虑共因失效优先与门的事件顺序描述规则

规　则	x_1	x_2	CCF	$O_{(l)}$	y		
					$\delta(t_1-t_y)$	$\delta(t_2-t_y)$	$\delta(t_c-t_y)$
1	1	2	3	$u(t_c-t_2)u(t_2-t_1)$	0	1	0
2	2	1	3	$u(t_c-t_1)u(t_1-t_2)$	0	0	0
3	3	1	2	$u(t_1-t_c)u(t_c-t_2)$	0	0	1
4	3	2	1	$u(t_1-t_2)u(t_2-t_c)$	0	0	1

表 4-58 每一行代表一条规则。规则 2,输入规则中下级事件 x_1、x_2 和共因事件 CCF 按 2、1、3 的时序失效,即 $t_2<t_1<t_c$,顺序规则 $O_{(2)}$ 为 $u(t_c-t_1)u(t_1-t_2)$,则输出规则中上级事件 y 的单位脉冲函数为 0 表示上级事件 y 不发生;规则 4,输入规则中下级事件 x_1、x_2 和共因事件按 3、2、1 的时序失效,即 $t_c<t_2<t_1$,顺序规则 $O_{(4)}$ 为 $u(t_1-t_2)u(t_2-t_c)$,则输出规则中上级事件 y 在故障时刻 t_c 发生。

4.4.3　连续时间多维 T-S 动态故障树算法

本小节在构建 T-S 动态门及其事件顺序描述规则的基础上,构建在多因素影响下的下级事件故障概率密度函数,提出 T-S 动态门输入规则算法、输出规则算法,即基于 T-S 动态门输入、输出规则算法的连续时间多维 T-S 动态故障树分析求解计算方法。

1. 输入规则算法

当下级事件 $x_i(i=1,2,\cdots,n)$ 在工作时间和除工作时间外 k 个影响因素$(h_1,h_2,\cdots,h_k)$的影响下时,T-S 动态门事件顺序描述规则的输入规则 $l(l=1,2,\cdots,r)$ 的规则执行可能性为

$$P_{(l)}^{*} = \prod_{i=1}^{n} O_{(l)} f_i(t_i, h_1, h_2, \cdots, h_k) \tag{4-35}$$

式中：$f_i(t_i, h_1, h_2, \cdots, h_k)$为在多因素影响下输入规则 l 中下级事件 x_i 的故障概率密度函数；$O_{(l)}$为规则 l 中的顺序规则。

当各影响因素相互独立时，下级事件 x_i 故障概率分布函数为

$$F_i(t_i, h_1, h_2, \cdots, h_k) = 1 - (1 - F_i(t_i)) \prod_{\rho=1}^{k} (1 - F_i(h_\rho)) \tag{4-36}$$

式中：$F_i(t_i)$为在工作时间影响下的下级事件 x_i 的故障概率分布函数；$F_i(h_\rho)$为在 h_ρ 因素影响下的下级事件 x_i 的故障概率分布函数。

下级事件故障概率分布函数与其故障概率密度函数的关系为

$$f_i(t_i, h_1, h_2, \cdots, h_k) = \frac{\partial^{k+1} F_i(t_i, h_1, h_2, \cdots, h_k)}{\partial t_i \, \partial h_1 \, \partial h_2 \cdots \partial h_k} \tag{4-37}$$

2. 输出规则算法

由故障率（或模糊故障率或区间故障率）等可靠性数据和工作时间、工作温度等影响因素，利用输入规则算法求得规则执行可能性；再由规则执行可能性结合输出规则，利用输出规则算法求得上级事件故障概率分布函数。事件顺序描述规则的输出规则，见表 4-52。

基于输入规则算法，定义在多因素影响下 T-S 动态门的输出规则算法，并计算得到上级事件 y 的故障概率密度函数为

$$f_y(t_y, h_1, h_2, \cdots, h_k) = \sum_{l=1}^{r} \underbrace{\int_0^{+\infty} \cdots \int_0^{+\infty} \int_0^{+\infty}}_{n} P_{(l)}^{*} P_{(l)}(y) \, dt_1 dt_2 \cdots dt_n \tag{4-38}$$

式中：r 为规则总数；$P_{(l)}(y)$为规则 l 下描述上级事件 y 的单位脉冲函数。

在工作时间 t 内对上级事件 y 故障概率密度函数 $f_y(t_y, h_1, h_2, \cdots, h_k)$积分，得到上级事件 y 的故障概率分布函数为

$$F_y(t, h_1, h_2, \cdots, h_k) = \underbrace{\int_0^{+\infty} \cdots \int_0^{+\infty} \int_0^{+\infty}}_{k} \int_0^{t} f_y(t_y, h_1, h_2, \cdots, h_k) \, dt_y dh_1 dh_2 \cdots dh_k \tag{4-39}$$

由下级事件各故障状态的可靠性数据（如故障率、模糊故障率、区间故障率等）和事件影响因素（工作时间，以及除工作时间外的工作温度、冲击次数等影响因素），用式（4-38）可得出上级事件的故障概率密度函数。依次逐级向上求解至顶事件，得到顶事件 T 的故障概率密度函数，并对其在工作时间 t 内求积分，进而求得顶事件 T 的故障概率分布函数，代入任务时间 t_M 可求得顶事件 T 失效状态的可靠性数据。

在此基础上，考虑系统可靠性的相关失效问题，构建了包含共因失效的 T-S 动

态门,提出了一种考虑共因失效的多维 T-S 动态故障树分析方法。共因失效是指系统中由于某种共同原因导致两个以上单元同时失效的现象,单元的失效情况由共因联系在一起,呈现出非独立性。

4.4.4 连续时间多维 T-S 动态故障树重要度

1. 概率重要度

基本事件 x_i 的连续时间多维 T-S 动态故障树概率重要度为

$$I_{\mathrm{Pr}}(x_i)=\frac{\partial F_T(t_i,h_1,h_2,\cdots,h_k)}{\partial F_i(t_i,h_1,h_2,\cdots,h_k)} \tag{4-40}$$

式中:$F_T(t,h_1,h_2,\cdots,h_k)$为顶事件 T 在工作时间和 $h_\rho(h_1,h_2,\cdots,h_k)$因素影响下的故障概率分布函数;$F_i(t,h_1,h_2,\cdots,h_k)$为基本事件 x_i 在工作时间和 $h_\rho(h_1,h_2,\cdots,h_k)$因素影响下的故障概率分布函数。

2. 关键重要度

基本事件 x_i 的连续时间多维 T-S 动态故障树关键重要度为

$$I_{\mathrm{Cr}}(x_i)=\frac{F_i(t_i,h_1,h_2,\cdots,h_k)}{F_T(t_i,h_1,h_2,\cdots,h_k)}I_{\mathrm{Pr}}(x_i) \tag{4-41}$$

3. 改善函数

基本事件 x_i 的连续时间多维 T-S 动态故障树改善函数为

$$I_{\mathrm{UF}}(x_i)=\frac{\lambda_i}{F_T(t_i,h_1,h_2,\cdots,h_k)}\frac{\partial F_T(t_i,h_1,h_2,\cdots,h_k)}{\partial \lambda_i} \tag{4-42}$$

4. 综合重要度

基本事件 x_i 的连续时间多维 T-S 动态故障树综合重要度为

$$I_{\mathrm{IM}}(x_i)=\lambda_i\frac{\partial F_T(t_i,h_1,h_2,\cdots,h_k)}{\partial F_i(t_i,h_1,h_2,\cdots,h_k)}(1-F_i(t_i,h_1,h_2,\cdots,h_k)) \tag{4-43}$$

4.5 连续时间多维 T-S 动态故障树分析方法的验证与算例

本节为验证连续时间多维 T-S 动态故障树分析方法的可行性,将其与空间故障树、多维 T-S 故障树、Dugan 动态故障树、离散时间 T-S 动态故障树分析方法进行对比分析。

4.5.1 与空间故障树和多维 T-S 故障树分析方法对比

空间故障树和多维 T-S 故障树的计算过程及结果,见 1.8.3 节。

电气系统 T-S 动态故障树如图 4-23 所示,其中 $G_1 \sim G_6$门表示的事件关系分别为或门、与门、与门、或门、或门、与门。基本事件 $x_i(i = 1,2,\cdots,5)$ 在工作时间 $t(0\sim800\text{h})$ 影响下故障概率分布函数为 $F_i(t)=1-\exp(-\lambda_i t)$，故障率 $\lambda_i(1/\text{h})$ 分别为 0. 1842、0. 1316、0. 2632、0. 1535、0. 2047；基本事件 x_i 在工作温度 $w(0\sim40℃)$ 影响下的故障概率分布函数为 $F_i(w)=\dfrac{\cos(2\pi w/T)+1}{2}$。

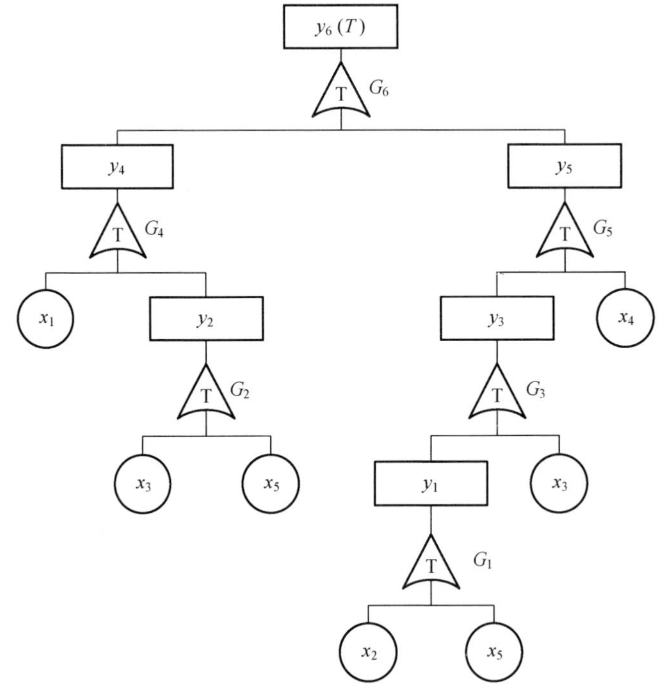

图 4-23　电气系统 T-S 动态故障树

$G_1\sim G_6$门的事件顺序描述规则分别见表 4-59～表 4-64。

表 4-59　G_1 门的事件顺序描述规则

规　　则	x_2	x_5	$O_{(l)}$	y_1
1	1	2	$u(t_5-t_2)$	$\delta(t_2-t_{y_1})$
2	2	1	$u(t_2-t_5)$	$\delta(t_5-t_{y_1})$

表 4-60　G_2 门的事件顺序描述规则

规　　则	x_3	x_5	$O_{(l)}$	y_2
1	1	2	$u(t_5-t_3)$	$\delta(t_5-t_{y_2})$
2	2	1	$u(t_3-t_5)$	$\delta(t_3-t_{y_2})$

表 4-61　G_3 门的事件顺序描述规则

规　　则	y_1	x_3	$O_{(l)}$	y_3
1	1	2	$u(t_3-t_{y_1})$	$\delta(t_3-t_{y_3})$
2	2	1	$u(t_{y_1}-t_3)$	$\delta(t_{y_1}-t_{y_3})$

表 4-62　G_4 门的事件顺序描述规则

规　　则	x_1	y_2	$O_{(l)}$	y_4
1	1	2	$u(t_{y_2}-t_1)$	$\delta(t_1-t_{y_4})$
2	2	1	$u(t_1-t_{y_2})$	$\delta(t_{y_2}-t_{y_4})$

表 4-63　G_5 门的事件顺序描述规则

规　　则	y_3	x_4	$O_{(l)}$	y_5
1	1	2	$u(t_4-t_{y_3})$	$\delta(t_{y_3}-t_{y_5})$
2	2	1	$u(t_{y_3}-t_4)$	$\delta(t_4-t_{y_5})$

表 4-64　G_6 门的事件顺序描述规则

规　　则	y_4	y_5	$O_{(l)}$	y_6
1	1	2	$u(t_{y_5}-t_{y_4})$	$\delta(t_{y_5}-t_{y_6})$
2	2	1	$u(t_{y_4}-t_{y_5})$	$\delta(t_{y_4}-t_{y_6})$

利用连续时间多维 T-S 动态故障树分析方法，求得顶事件 y_6 的故障概率分布如图 4-24 所示。

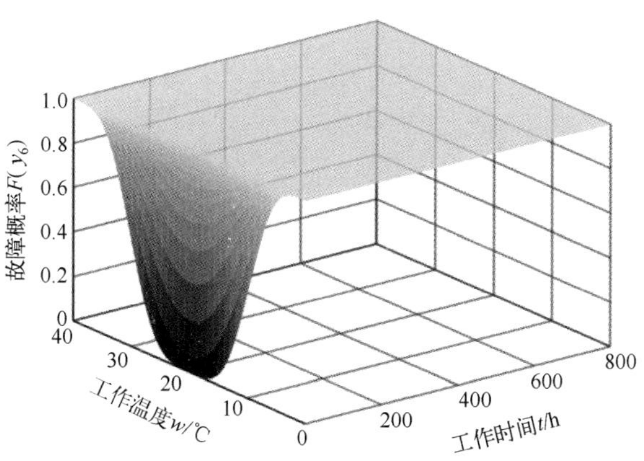

图 4-24　顶事件 y_6 的故障概率分布

由连续时间多维 T-S 动态故障树求解的顶事件故障概率分布,与空间故障树和多维 T-S 故障树完全相同。

4.5.2 与 Dugan 动态故障树分析方法对比

1. Dugan 动态故障树分析方法

图 3-15 所示的 Dugan 动态故障树,用 Dugan 动态故障树分析方法求得在任务时间 $t_M=10000$h 时顶事件的故障概率 0.039672,见 3.3.3 节。

2. 连续时间多维 T-S 动态故障树分析方法

将图 3-15 的 Dugan 动态故障树转化为如图 3-17 所示的 T-S 动态故障树。其中,$G_1 \sim G_3$ 门为 T-S 动态门,表示的事件关系分别为或门、优先与门、或门。$G_1 \sim G_3$ 门的事件顺序描述规则分别见表 4-65~表 4-67。

表 4-65 G_1 门的事件顺序描述规则

规 则	x_2	x_3	$O_{(l)}$	y_1
1	1	2	$u(t_3-t_2)$	$\delta(t_2-t_{y_1})$
2	2	1	$u(t_2-t_3)$	$\delta(t_3-t_{y_1})$

表 4-66 G_2 门的事件顺序描述规则

规 则	x_1	y_1	$O_{(l)}$	y_2
1	1	2	$u(t_{y_1}-t_1)$	$\delta(t_{y_1}-t_{y_2})$
2	2	1	$u(t_1-t_{y_1})$	0

表 4-67 G_3 门的事件顺序描述规则

规 则	y_2	x_4	x_5	$O_{(l)}$	y_3
1	1	2	3	$u(t_5-t_4)u(t_4-t_{y_2})$	$\delta(t_{y_2}-t_{y_3})$
2	1	3	2	$u(t_4-t_5)u(t_5-t_{y_2})$	$\delta(t_{y_2}-t_{y_3})$
3	2	1	3	$u(t_5-t_{y_2})u(t_{y_2}-t_4)$	$\delta(t_4-t_{y_3})$
4	2	3	1	$u(t_4-t_{y_2})u(t_{y_2}-t_5)$	$\delta(t_5-t_{y_3})$
5	3	1	2	$u(t_{y_2}-t_5)u(t_5-t_4)$	$\delta(t_4-t_{y_3})$
6	3	2	1	$u(t_{y_2}-t_4)u(t_4-t_5)$	$\delta(t_5-t_{y_3})$

由连续时间多维 T-S 动态故障树分析方法,求得顶事件 y_3 故障概率随时间的变化曲线,如图 4-25 所示。当任务时间 $t_M=10000$h 时,顶事件 y_3 的故障概率为 0.039762,与 Dugan 动态故障树分析方法所得的结果相同。

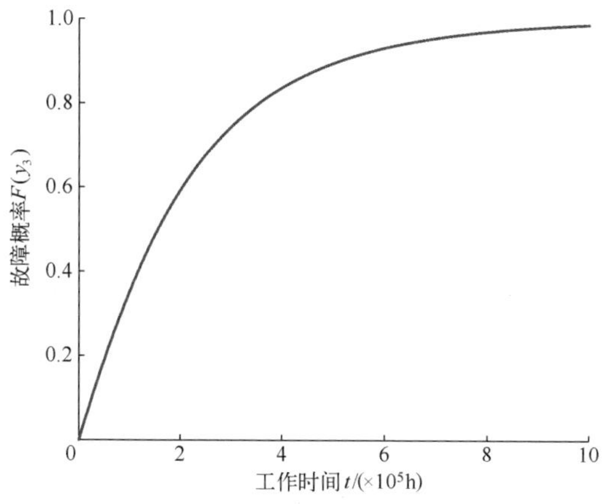

图 4-25　顶事件 y_3 故障概率随时间的变化曲线

4.5.3　与离散时间 T-S 动态故障树分析方法对比

为了验证连续时间多维 T-S 动态故障树分析方法的可行性，将其与离散时间 T-S 动态故障树分析方法进行对比。

图 4-26 所示液压供油系统的 T-S 动态故障树如图 4-27 所示，其中，$G_1 \sim G_4$ 门为 T-S 动态门，表示的事件关系分别为优先与门、或门、或门、或门，y_4 为顶事件，$y_1 \sim y_3$ 为中间事件，基本事件 $x_i(i=1,2,\cdots,5)$ 分别为液压油、过滤器、溢流阀、液压泵、液压软管，其故障率 $\lambda_i(10^{-6}/\text{h})$ 分别为 0.04、0.37、0.18、7.9、1.1，故障概率分布函数为 $F_i(t)=1-\exp(-\lambda_i t)$，任务时间 $t_M=20000\text{h}$。

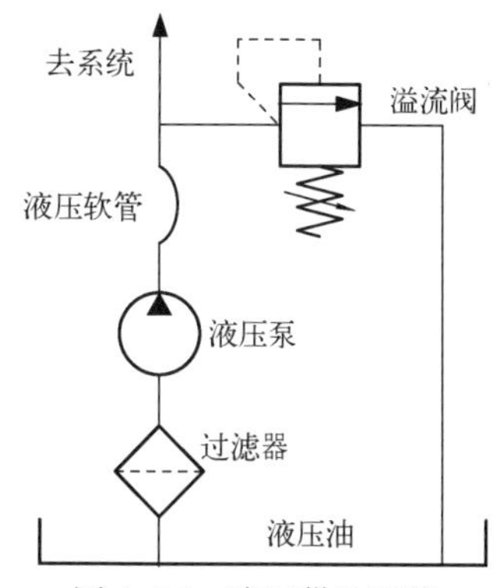

图 4-26　液压供油系统

1. 离散时间 T-S 动态故障树分析方法

用离散时间 T-S 动态故障树分析方法，求得顶事件 y_4 在任务时间 $t_M=20000\text{h}$，任务时间分段数 $m=2$、6、10 时顶事件 y_4 的故障概率，分别为 0.1677350、0.1677342、0.1677340。

2. 连续时间多维 T-S 动态故障树分析方法

图 4-27 所示的 T-S 动态故障树，$G_1 \sim G_4$ 门的事件顺序描述规则分别见表 4-68～表 4-71。

表 4-68　G_1 门的事件顺序描述规则

规　则	x_1	x_2	$O_{(l)}$	y_1
1	1	2	$u(t_2-t_1)$	$\delta(t_2-t_{y_1})$
2	2	1	$u(t_1-t_2)$	$\delta(t_1-t_{y_1})$

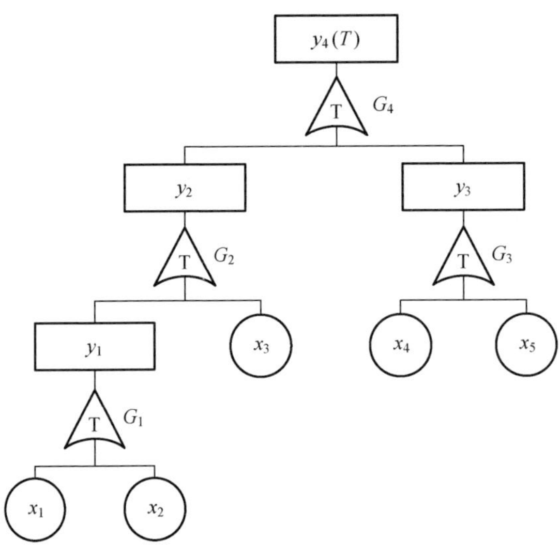

图 4-27　液压供油系统 T-S 动态故障树

表 4-69　G_2 门的事件顺序描述规则

规　　则	x_3	y_1	$O_{(l)}$	y_2
1	1	2	$u(t_3-t_{y_1})$	$\delta(t_{y_1}-t_{y_2})$
2	2	1	$u(t_{y_1}-t_3)$	$\delta(t_3-t_{y_2})$

表 4-70　G_3 门的事件顺序描述规则

规　　则	x_4	x_5	$O_{(l)}$	y_3
1	1	2	$u(t_5-t_4)$	$\delta(t_4-t_{y_3})$
2	2	1	$u(t_4-t_5)$	$\delta(t_5-t_{y_3})$

表 4-71　G_4 门的事件顺序描述规则

规　　则	y_2	y_3	$O_{(l)}$	y_4
1	1	2	$u(t_{y_3}-t_{y_2})$	$\delta(t_{y_2}-t_{y_4})$
2	2	1	$u(t_{y_2}-t_{y_3})$	$\delta(t_{y_3}-t_{y_4})$

由连续时间多维 T-S 动态故障树分析方法，求得顶事件 y_4 故障概率随时间的变化曲线，如图 4-28 所示。当任务时间 $t_M=20000\text{h}$ 时，顶事件 y_4 的故障概率为 0.1677338，与离散时间 T-S 动态故障树分析方法求得的结果一致。

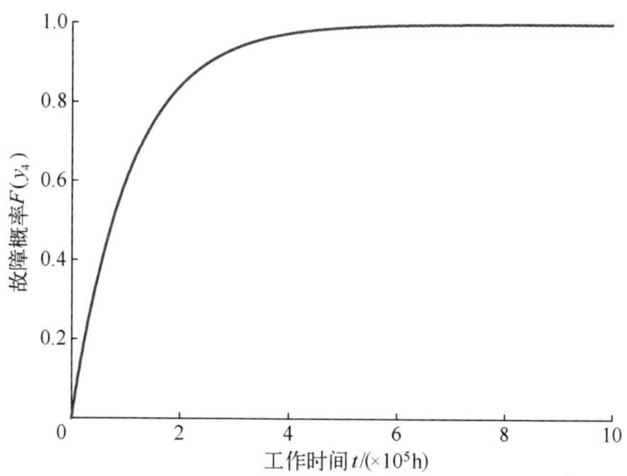

图 4-28　顶事件 y_4 故障概率随时间的变化曲线

4.5.4　算例

通过液压系统的工艺分析与故障分析,建造液压系统 T-S 动态故障树。其中,$G_1 \sim G_{18}$ 为 T-S 动态门,y_{18} 为顶事件,$y_1 \sim y_{17}$ 为中间事件,x_i $(i=1,2,\cdots,23)$ 为基本事件,对应的元件名称及故障率 λ_i 见表 4-72。

表 4-72　基本事件的元件名称及其故障率

基本事件 x_i	元件名称	故障率 λ_i /(×10^-6/h)	基本事件 x_i	元件名称	故障率 λ_i /(×10^-6/h)
x_1	变量泵和单向阀	13.5	x_{13}	蓄能器	1.15
x_2	变量泵和单向阀	13.5	x_{14}	液压马达	8.5
x_3	电磁换向阀	4.6	x_{15}	手动换向阀	4
x_4	电磁换向阀	4.6	x_{16}	溢流阀	5.7
x_5	液压缸	5.2	x_{17}	液压油	0.4
x_6	液压缸	5.2	x_{18}	回油过滤器	0.3
x_7	电磁溢流阀	5	x_{19}	液压缸	6.8
x_8	溢流阀	5.7	x_{20}	液压缸	6.8
x_9	变量泵和单向阀	10.5	x_{21}	电磁换向阀	4.6
x_{10}	截止阀	0.3	x_{22}	节流阀	3.5
x_{11}	减压阀	2.14	x_{23}	冷却器	0.2
x_{12}	顺序阀	6.2			

液压元件故障概率通常服从在工作时间 t 影响下的指数分布 $F_i(t)=1-\exp(-\lambda_i t)$,但液压系统中液压元件如变量泵、液压马达、溢流阀等的故障概率还受振动冲击的影响,这些液压元件的故障概率服从在冲击次数 c 影响下的威布尔分布 $F_i(c)=$

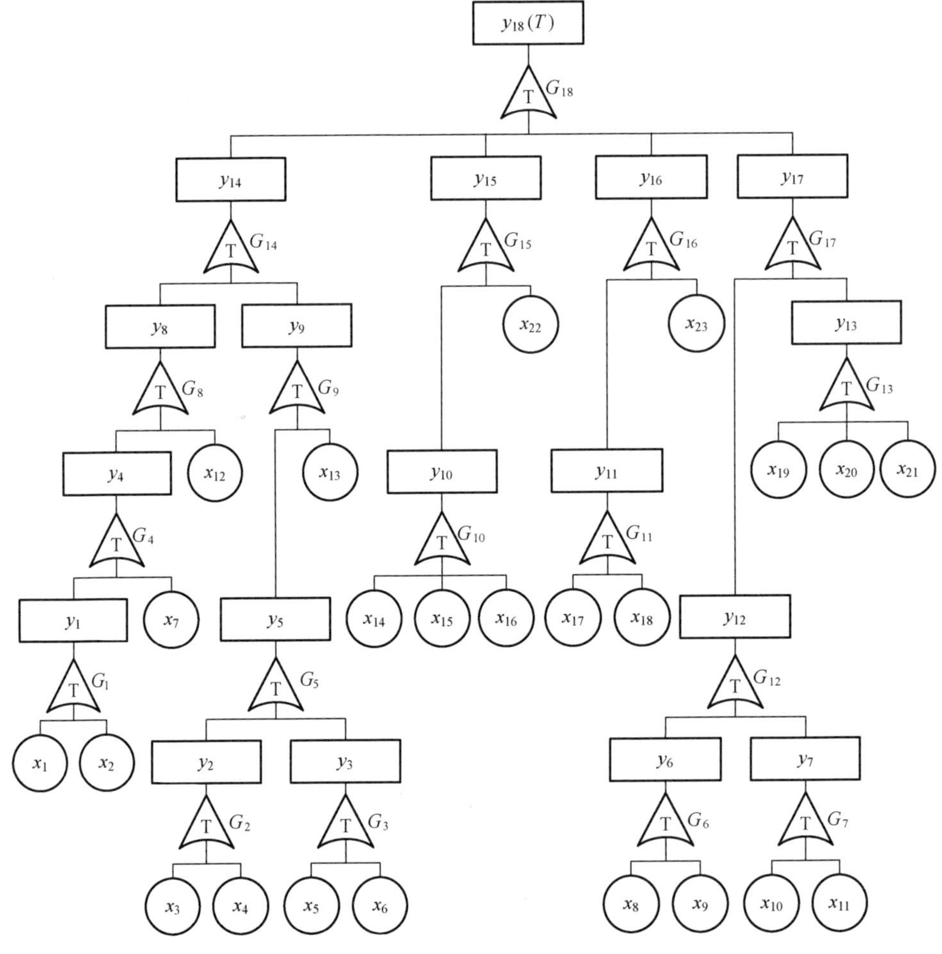

图 4-29 液压系统 T-S 动态故障树

$1-\exp[-(c/\eta)^m]$,其中,m 为形状参数,η 为特征寿命。工作时间 t、冲击次数 c 两种影响因素相互独立且都对元件的故障概率产生影响。只要在一因素作用下达到了失效阈值,液压元件即失效。

图 4-29 所示的 T-S 动态故障树中,T-S 动态门 G_3($G_3 \sim G_8$、G_{10}、$G_{13} \sim G_{15}$、$G_{17} \sim G_{18}$)表示的事件关系为或门。其中,G_3 门的事件顺序描述规则见表 4-73。

表 4-73 G_3 门的事件顺序描述规则

规　　则	x_5	x_6	$O_{(l)}$	y_3
1	1	2	$u(t_6-t_5)$	$\delta(t_6-t_{y_3})$
2	2	1	$u(t_5-t_6)$	$\delta(t_5-t_{y_3})$

G_9表示的事件关系为与门,其事件顺序描述规则见表 4-74。

表 4-74　G_9门的事件顺序描述规则

规　　则	y_5	x_{13}	$O_{(l)}$	y_9
1	1	2	$u(t_{13}-t_{y_5})$	$\delta(t_{13}-t_{y_9})$
2	2	1	$u(t_{y_5}-t_{13})$	$\delta(t_{y_5}-t_{y_9})$

G_1、G_{12} 表示的事件关系为冷备件门,以 G_1 为例,主泵 x_1 失效后备用泵 x_2 启动工作,G_1 门的事件顺序描述规则见表 4-75。

表 4-75　G_1 门的事件顺序描述规则

规　　则	x_1	x_2	$O_{(l)}$	y_1
1	1	2	$u(t_2-t_1)$	$\delta(t_2-t_{y_1})$
2	2	1	$u(t_1-t_2)$	$\delta(t_1-t_{y_1})$

G_2 表示的事件关系为热备件门,其事件顺序描述规则见表 4-76。

表 4-76　G_2 门的事件顺序描述规则

规　　则	x_3	x_4	$O_{(l)}$	y_2
1	1	2	$u(t_4-t_3)$	$\delta(t_4-t_{y_2})$
2	2	1	$u(t_3-t_4)$	$\delta(t_3-t_{y_2})$

G_{11}表示的事件关系为优先与门,当回油过滤器 x_{18}先于液压油 x_{17}失效时过滤系统 y_{11}才会失效,其事件顺序描述规则见表 4-77。

表 4-77　G_{11}门的事件顺序描述规则

规　　则	x_{17}	x_{18}	$O_{(l)}$	y_{11}
1	1	2	$u(t_{18}-t_{17})$	$\delta(t_{18}-t_{y_{11}})$
2	2	1	$u(t_{17}-t_{18})$	0

G_{16}为复合动态事件关系,具体为:若冷却器 x_{23} 先失效,油液无法冷却进而使得油温不断上升,经过一段时间(设这段时长 $k=2\text{h}$)后油温达到最高允许上限值,此时认为冷却过滤系统 y_{16}失效;若过滤系统 y_{11}先失效,则冷却过滤系统 y_{16}失效。G_{16}门的事件顺序描述规则见表 4-78。

由连续时间多维 T-S 动态故障树分析方法,求得液压系统故障概率 $F(y_{18})$分布如图 4-30 所示。

表 4-78　G_{16}门的事件顺序描述规则

规　则	y_{11}	x_{23}	$O_{(l)}$	y_{16}
1	1	2	$u(t_{23}-t_{y_{11}})$	$\delta(t_{y_{11}}-t_{y_{16}})$
2	2	1	$u(t_{y_{11}}-t_{23})$	$\delta(t_{23}-t_{y_{16}}+k)$

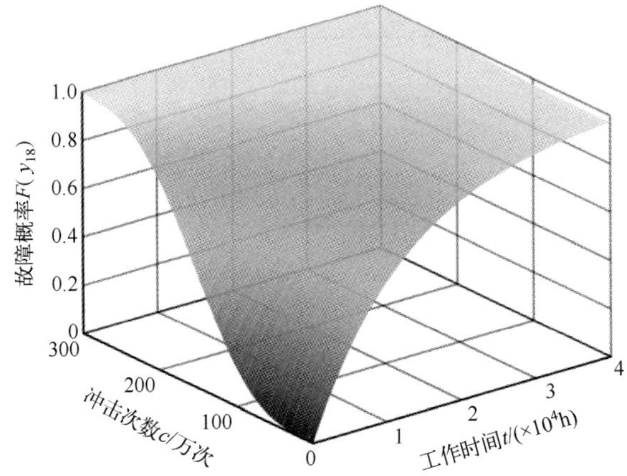

图 4-30　液压系统的故障概率分布

液压系统的故障概率随着工作时间 t 与冲击次数 c 的增加而随之增大。当液压系统故障概率 $F(y_{18})$ 分别为 0.10,0.30,…,0.98 时,工作时间 t 与冲击次数 c 的关系如图 4-31 所示。

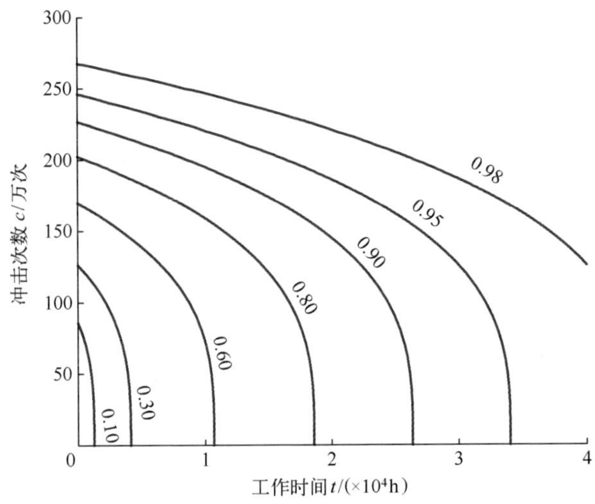

图 4-31　不同故障概率下工作时间 t 与冲击次数 c 的关系

液压系统故障概率 $F(y_{18})$ 分别对工作时间 t、冲击次数 c 求偏导，得到液压系统故障概率 $F(y_{18})$ 随工作时间 t、冲击次数 c 的变化趋势，如图 4-32 和图 4-33 所示。由此可知工作时间和冲击次数对液压系统故障概率的影响程度及影响趋势，并为系统运维与设计改进提供了量化趋势信息。

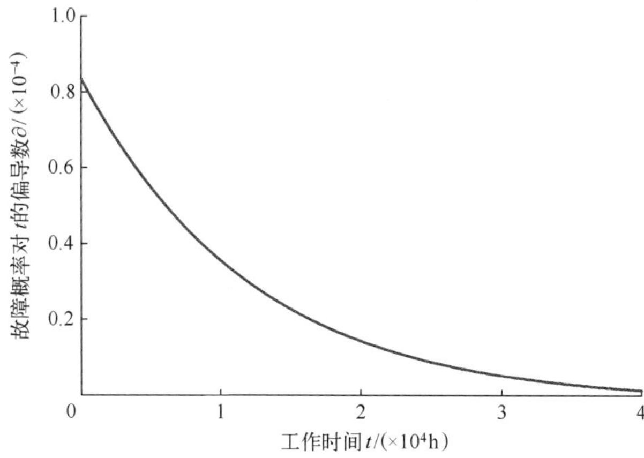

图 4-32　液压系统故障概率随工作时间 t 的变化趋势

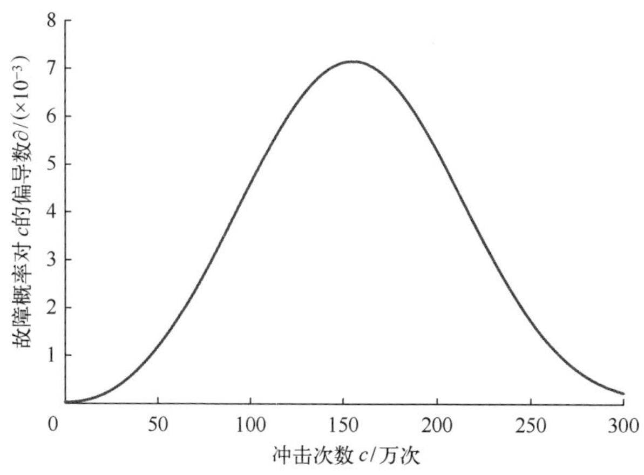

图 4-33　液压系统故障概率随冲击次数 c 的变化趋势

4.6　基于连续时间贝叶斯网络的 T-S 动态故障树分析方法

为了丰富可靠性分析方法，2006 年 Boudali、Dugan 在论文 *A continuous-time Bayesian network reliability modeling, and analysis framework* 中基于 Dugan 动态故障树提出了连续时间贝叶斯网络方法，即基于连续时间贝叶斯网络的 Dugan 动态故

障树分析方法[496-499]。借鉴 Dugan 动态故障树的研究路线和研究内容，我们研究了基于 T-S 动态故障树构造连续时间贝叶斯网络、基于连续时间贝叶斯网络的 T-S 动态故障树求解算法。

4.6.1 基于 T-S 动态故障树构造连续时间贝叶斯网络

T-S 动态故障树转化为连续时间贝叶斯网络有向无环图，T-S 动态门连续时间描述规则转化为连续时间贝叶斯网络条件概率表，如图 4-34 所示。

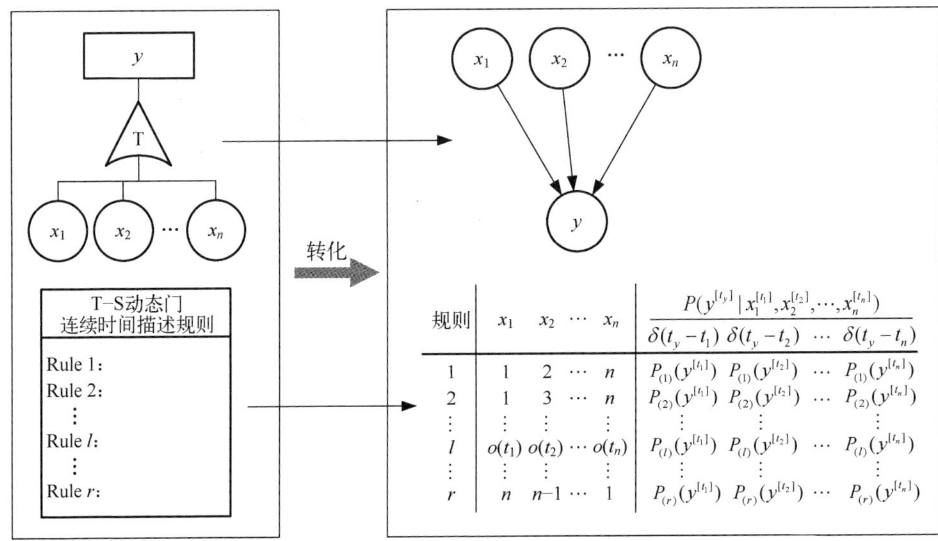

规则	x_1	x_2	$\cdots$	x_n	$\delta(t_y-t_1)$	$\delta(t_y-t_2)$	$\cdots$	$\delta(t_y-t_n)$
1	1	2	$\cdots$	n	$P_{(1)}(y^{[t_1]})$	$P_{(1)}(y^{[t_2]})$	$\cdots$	$P_{(1)}(y^{[t_n]})$
2	1	3	$\cdots$	n	$P_{(2)}(y^{[t_1]})$	$P_{(2)}(y^{[t_2]})$	$\cdots$	$P_{(2)}(y^{[t_n]})$
$\vdots$	$\vdots$	$\vdots$		$\vdots$	$\vdots$	$\vdots$		$\vdots$
l	$o(t_1)$	$o(t_2)$	$\cdots$	$o(t_n)$	$P_{(l)}(y^{[t_1]})$	$P_{(l)}(y^{[t_2]})$	$\cdots$	$P_{(l)}(y^{[t_n]})$
$\vdots$	$\vdots$	$\vdots$		$\vdots$	$\vdots$	$\vdots$		$\vdots$
r	n	$n-1$	$\cdots$	1	$P_{(r)}(y^{[t_1]})$	$P_{(r)}(y^{[t_2]})$	$\cdots$	$P_{(r)}(y^{[t_n]})$

图 4-34 T-S 动态故障树向连续时间贝叶斯网络的转化

4.6.2 基于连续时间贝叶斯网络的 T-S 动态故障树分析计算方法

1. 顶事件求解

设基本事件 $x_i(i=1,2,\cdots,n)$ 在时刻 t_i 的故障概率密度函数为 $f(x_i^{[t_i]})$，由式(4-4)得到。

假设连续时间贝叶斯网络的所有基本事件 $X=\{x_1,\cdots,x_i,\cdots,x_n\}$ 分别在时刻 $t_1,\cdots,t_i,\cdots,t_n$ 失效为 $\{x_1^{[t_1]},\cdots,x_i^{[t_i]},\cdots,x_n^{[t_n]}\}$，所有中间事件 $Y=\{y_1,\cdots,y_j,\cdots,y_N\}$ 分别在时刻 $t_{y_1},\cdots,t_{y_j},\cdots,t_{y_N}$ 失效为 $\{y_1^{[t_{y1}]},\cdots,y_j^{[t_{y_j}]},\cdots,y_N^{[t_{y_N}]}\}$，顶事件 T 在时刻 t 失效为 $T^{[t]}$，则顶事件 T 的故障概率密度函数为

$$f_T(t)=\int_{\Omega}\cdots\int f(x_1^{[t_1]},\cdots,x_i^{[t_i]},\cdots,x_n^{[t_n]},y_1^{[t_{y_1}]},\cdots,y_j^{[t_{y_j}]},\cdots,y_N^{[t_{y_N}]},T^{[t]})\\ \mathrm{d}t_1\cdots\mathrm{d}t_i\cdots\mathrm{d}t_n\mathrm{d}t_{y_1}\cdots\mathrm{d}t_{y_j}\cdots\mathrm{d}t_{y_N} \quad (4-44)$$

其中，积分区间 Ω 为 $\{(t_1,\cdots,t_i,\cdots,t_n,t_{y_1},\cdots,t_{y_j},\cdots,t_{y_N})\,|\,0<t_1,\cdots,t_i,\cdots,t_n,t_{y_1},\cdots,t_{y_j},\cdots,t_{y_N}\}$；$f(x_1^{[t_1]},\cdots,x_i^{[t_i]},\cdots,x_n^{[t_n]},y_1^{[t_{y_1}]},\cdots,y_j^{[t_{y_j}]},\cdots,y_N^{[t_{y_N}]},T^{[t]})$ 为所有基本事件 x_i、所有中间事件 y_j 和顶事件 T 的联合概率密度函数。

故顶事件的故障概率分布函数为

$$F_T(t)=\int_0^t f_T(t)\,\mathrm{d}t \tag{4-45}$$

由图 4-34 描述的事件关系，利用单位阶跃函数和单位脉冲函数，可得到上级事件 y 的条件概率密度函数，并结合式(4-44)、式(4-45)求得上级事件 y 的故障概率密度函数和故障概率分布函数。

1）与门

假设与门的下级事件为 x_1、x_2，上级事件为 y。其事件关系为仅当下级事件 x_1、x_2 都失效时，上级事件 y 才失效。与门的条件概率表见表 4-79。

表 4-79　与门的条件概率表

规　则	x_1	x_2	$P(y^{[t_y]}\|x_1^{[t_1]},x_2^{[t_2]})$	
			$\delta(t_y-t_1)$	$\delta(t_y-t_2)$
1	1	2	0	1
2	2	1	1	0

表 4-79 中，规则 1 表示下级事件 x_1 先于下级事件 x_2 失效，即 $t_1<t_2$，则上级事件 y 在时刻 t_1、t_2 的条件概率分别为 0、1；规则 2 表示 x_2 先于 x_1 失效，即 $t_1>t_2$，则 y 在时刻 t_1、t_2 的条件概率分别为 1、0。

由表 4-79 表示的事件关系可以得到上级事件 y 的条件概率密度函数为

$$f(y^{[t_y]}\,|\,x_1^{[t_1]},x_2^{[t_2]})=u(t_2-t_1)\delta(t-t_1)+u(t_1-t_2)\delta(t-t_2) \tag{4-46}$$

则上级事件 y 的故障概率密度函数为

$$\begin{aligned} f(y^{[t_y]})&=\int_0^{+\infty}\int_0^{+\infty}f(x_1^{[t_1]},x_2^{[t_2]},y^{[t_y]})\,\mathrm{d}t_1\mathrm{d}t_2\\ &=\int_0^{+\infty}\int_0^{+\infty}f(y^{[t_y]}\,|\,x_1^{[t_1]},x_2^{[t_2]})f(x_1^{[t_1]})f(x_2^{[t_2]})\,\mathrm{d}t_1\mathrm{d}t_2\\ &=[F_{x_1}(t_y)F_{x_2}(t_y)]' \end{aligned} \tag{4-47}$$

式中：$f(x_1^{[t_1]})$、$f(x_2^{[t_2]})$ 分别为下级事件 x_1、x_2 的故障概率密度函数。

上级事件 y 的故障概率分布函数为

$$F_y(t)=\int_0^t f(y^{[t_y]})\,\mathrm{d}t_y=F_{x_1}(t)F_{x_2}(t) \tag{4-48}$$

2）温备件门

假设温备件门的下级事件为 x_1、x_2，主件为 x_1，备件为 x_2，上级事件为 y。其事

件关系为若主件 x_1 失效,备件 x_2 也失效,则上级事件 y 失效。温备件门的条件概率表见表 4-80。

表 4-80 温备件门的条件概率表

规则	x_1	x_2	$P(y^{[t_y]} \mid x_1^{[t_1]}, x_2^{[t_2]})$	
			$\delta(t_y-t_1)$	$\delta(t_y-t_2)$
1	1	2	0	1
2	2	1	1	0

表 4-80 中,规则 1 表示下级事件 x_1 先于下级事件 x_2 失效,即 $t_1<t_2$,则上级事件 y 在时刻 t_1、t_2 的条件概率分别为 0、1;规则 2 表示 x_2 先于 x_1 失效,即 $t_1>t_2$,则 y 在时刻 t_1、t_2 的条件概率分别为 1、0。

由表 4-80 表示的事件关系可以得到上级事件 y 的条件概率密度函数为

$$f(y^{[t_y]} \mid x_1^{[t_1]}, x_2^{[t_2]}) = u(t_2-t_1)\delta(t-t_2)+u(t_1-t_2)\delta(t-t_1) \tag{4-49}$$

则上级事件 y 的故障概率密度函数为

$$\begin{aligned} f(y^{[t_y]}) &= \int_0^{+\infty}\int_0^{+\infty} f(x_1^{[t_1]}, x_2^{[t_2]}, y^{[t_y]})\,\mathrm{d}t_1\mathrm{d}t_2 \\ &= \int_0^{+\infty}\int_0^{+\infty} f(y^{[t_y]} \mid x_1^{[t_1]}, x_2^{[t_2]}) f(x_1^{[t_1]}) f^{\mathrm{WSP}}(x_2^{[t_2]})\,\mathrm{d}t_1\mathrm{d}t_2 \end{aligned} \tag{4-50}$$

式中:$f^{\mathrm{WSP}}(x_2^{[t_2]})$ 为下级事件 x_2 的时序故障概率密度函数。

假设休眠因子 $0<\alpha<1$,下级事件 x_2 的时序故障概率密度函数为

$$f^{\mathrm{WSP}}(x_2^{[t_2]}) = u(t_1-t_2)\alpha f(x_2^{[t_2]})[1-F_{x_2}(t_2)]^{\alpha-1}+u(t_2-t_1)f(x_2^{[t_2-t_1]})[1-F_{x_2}(t_1)]^{\alpha} \tag{4-51}$$

上级事件 y 的故障概率分布函数为

$$F_y(t) = \int_0^t f(y^{[t_y]})\,\mathrm{d}t_y \tag{4-52}$$

2. 基本事件的重要度

给出基于连续时间贝叶斯网络的 T-S 动态故障树的概率重要度、关键重要度、风险业绩值、风险降低值、微分重要度的求解算法。

1) 概率重要度

当顶事件 T 的故障状态为 1 时,基本事件 x_i 的 T-S 动态故障树概率重要度为

$$I_{\mathrm{Pr}}(x_i, T=1) = \frac{\partial\left[\int_0^t f_T(t)\,\mathrm{d}t\right]}{\partial F_{x_i}(t)} \tag{4-53}$$

式中:$f_T(t)$ 为顶事件 T 的故障概率密度函数;$F_{x_i}(t)$ 为基本事件 x_i 的故障概率分布函数。

2）关键重要度

当顶事件 T 的故障状态为 1 时，基本事件 x_i 的 T-S 动态故障树关键重要度为

$$I_{\mathrm{Cr}}(x_i, T=1)=\frac{F_{x_i}(t)}{F_T(t)} I_{\mathrm{Pr}}(x_i, T=1) \tag{4-54}$$

式中：$F_T(t)$ 为顶事件 T 的故障概率分布函数；$I_{\mathrm{Pr}}(x_i, T=1)$ 为基本事件 x_i 的 T-S 动态故障树概率重要度。

3）风险业绩值

当顶事件 T 的故障状态为 1 时，基本事件 x_i 的 T-S 动态故障树风险业绩值为

$$I_{\mathrm{RAW}}(x_i, T=1)=\frac{P(T=1 \mid x_i=1)}{\int_0^t f_T(t)\,\mathrm{d}t} \tag{4-55}$$

式中：$P(T=1 \mid x_i=1)$ 为在基本事件 x_i 在任务时间内故障下顶事件 T 在任务时间内发生故障的条件概率。

4）风险降低值

当顶事件 T 的故障状态为 1 时，基本事件 x_i 的 T-S 动态故障树风险降低值为

$$I_{\mathrm{RRW}}(x_i, T=1)=\frac{\int_0^t f_T(t)\,\mathrm{d}t}{P(T=1 \mid x_i=0)} \tag{4-56}$$

式中：$P(T=1 \mid x_i=0)$ 为在基本事件 x_i 在任务时间内正常下顶事件 T 在任务时间内发生故障的条件概率。

5）微分重要度

当顶事件 T 的故障状态为 1 时，基本事件 x_i 的 T-S 动态故障树微分重要度为

$$I_{\mathrm{DIM}}(x_i, T=1)=\frac{\dfrac{\partial\left[\int_0^t f_T(t)\,\mathrm{d}t\right]}{\partial F_{x_i}(t)} F_{x_i}(t)}{\sum_{j=1}^{n} \dfrac{\partial\left[\int_0^t f_T(t)\,\mathrm{d}t\right]}{\partial F_{x_j}(t)} F_{x_j}(t)} \tag{4-57}$$

3. 基本事件的后验概率

贝叶斯网络可以由单元的先验概率得到系统的故障概率，也可以由系统的故障概率得到单元的后验概率。已知顶事件在任务时间内的故障概率，可反向推理求得对应基本事件的后验概率，连续时间贝叶斯网络的基本事件 x_i 在任务时间内的后验概率为

$$P(x_i=1 \mid T=1)=\frac{P(x_i=1, T=1)}{F_T(T_{\mathrm{M}})} \tag{4-58}$$

式中：$F_T(T_M)$为顶事件 T 在任务时间内的故障概率；$P(x_i=1,y=1)$为基本事件 x_i 在任务时间内发生故障和顶事件 T 在任务时间内发生故障时的联合概率。

4. 基本事件的灵敏度

当顶事件 T 的故障状态为 1 时，基本事件 x_i 的灵敏度为

$$I_{\text{Se}}(x_i,T=1)=\frac{I_{\text{Pr}}(x_i,T=1)}{P(T=1\,|\,x_i=0)} \tag{4-59}$$

4.7 基于连续时间贝叶斯网络的 T-S 动态故障树分析方法的验证与算例

4.7.1 与基于贝叶斯网络的 T-S 故障树分析方法对比

1. 基于贝叶斯网络的 T-S 故障树分析方法

图 2-1 所示的贝叶斯网络，用基于贝叶斯网络的 T-S 故障树分析计算方法求得在任务时间 $t_M=5000\text{h}$ 时顶事件的故障概率和重要度及灵敏度，详见 3.5.3 节。

2. 基于连续时间贝叶斯网络的 T-S 动态故障树分析方法

图 2-1 所示的贝叶斯网络，中间事件 y_1 的条件概率表见表 4-81，顶事件 T 的条件概率表见表 4-79。

表 4-81　中间事件 y_1 的条件概率表

规　则	x_2	x_3	$P(y_1^{[t_{y1}]}\,\|\,x_2^{[t_2]},x_3^{[t_3]})$	
			$\delta(t_{y_1}-t_2)$	$\delta(t_{y_1}-t_3)$
1	1	2	0	1
2	2	1	1	0

由式(4-44)，得到顶事件 T 的故障概率密度函数为

$$\begin{aligned}
f_T(t)&=\int_0^{+\infty}\int_0^{+\infty}\int_0^{+\infty}\int_0^{+\infty}f(x_1^{[t_1]},x_2^{[t_2]},x_3^{[t_3]},y_1^{[t_{y_1}]},T^{[t]})\,\mathrm{d}t_1\mathrm{d}t_2\mathrm{d}t_3\mathrm{d}t_{y_1}\\
&=\int_0^{+\infty}\int_0^{+\infty}f(T^{[t]}\mid x_1^{[t_1]},y_1^{[t_{y_1}]})f(y_1^{[t_{y_1}]})f(x_1^{[t_1]})\,\mathrm{d}t_1\mathrm{d}t_{y_1}\\
&=\int_0^{+\infty}\int_0^{+\infty}f(T^{[t]}\mid x_1^{[t_3]},y_1^{[t_{y_1}]})f(x_1^{[t_1]})\times\\
&\quad\left[\int_0^{+\infty}\int_0^{+\infty}f(y_1^{[t_{y_1}]}\mid x_2^{[t_2]},x_3^{[t_3]})f(x_2^{[t_2]})f(x_3^{[t_3]})\,\mathrm{d}t_2\mathrm{d}t_3\right]\mathrm{d}t_1\mathrm{d}t_{y_1}
\end{aligned}$$

由式(4-45)，得到顶事件 T 的故障概率分布函数为

$$F_T(t)=\int_0^t f_T(t)\,\mathrm{d}t$$

代入任务时间 $t_M=5000\text{h}$，求得顶事件 T 任务时间内的故障概率为 0.00135。由式(4-53)~式(4-59)可求得基本事件任务时间 $t_M=5000\text{h}$ 的重要度、后验概率与灵敏度，见表 4-82。可见，两种方法结果相同。

表 4-82　基本事件的重要度、后验概率与灵敏度

基本事件 x_i	概率重要度	关键重要度	风险业绩值	风险降低值	微分重要度	后验概率	灵敏度
x_1	0.03440	1.00000	25.50333	∞	0.50179	1	∞
x_2	0.03824	0.28215	29.07435	1.39305	0.14158	0.28929	39.50208
x_3	0.03882	0.71071	29.07435	3.45668	0.35663	0.71785	99.50083

4.7.2　与基于离散时间贝叶斯网络求解的 Dugan 动态故障树分析方法对比

1. 数字飞控计算机系统

数字飞控计算机系统的 Dugan 动态故障树如图 4-35 所示[500]，其中，$G_1\sim G_8$分别为温备件门、温备件门、或门、或门、与门、与门、功能相关门、与门，T 为顶事件，表示数字飞控计算机系统，$y_1\sim y_7$为中间事件，分别表示软件系统 1、软件系统 2、主控制系统 1、主控制系统 2、旁路控制系统、主控制系统、主控制系统与旁路控制系统转换异常，$x_i(i=1,2,\cdots,9)$为基本事件，其事件名称及故障率 λ_i 见表 4-83。

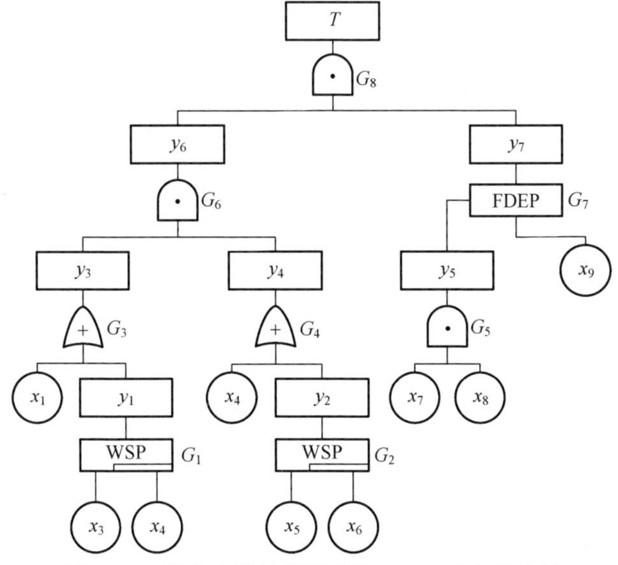

图 4-35　数字飞控计算机系统 Dugan 动态故障树

表 4-83　数字飞控计算机系统的基本事件故障率

基本事件 x_i	事件名称	故障率 λ_i /(×10^{-4}/h)	基本事件 x_i	事件名称	故障率 λ_i /(×10^{-4}/h)
x_1	硬件系统 1	10	x_6	备用软件系统 2	5
x_2	主软件系统 1	5	x_7	旁路控制系统 1	0.1
x_3	备用软件系统 1	5	x_8	旁路控制系统 2	0.1
x_4	硬件系统 2	10	x_9	接口单元	0.01
x_5	主软件系统 2	5			

1）基于离散时间贝叶斯网络求解的 Dugan 动态故障树分析方法

当任务时间 t_M = 5、10、15、20、25、30、35、40、45、50 h 时，求得的数字飞控计算机系统的故障概率见表 4-84。当任务时间 t_M = 50 h 时，求得的各基本事件任务时间内的后验概率见表 4-85。

2）基于连续时间贝叶斯网络求解的 T-S 动态故障树分析方法

将图 4-35 的 Dugan 动态故障树转化为如图 4-36 所示的 T-S 动态故障树。

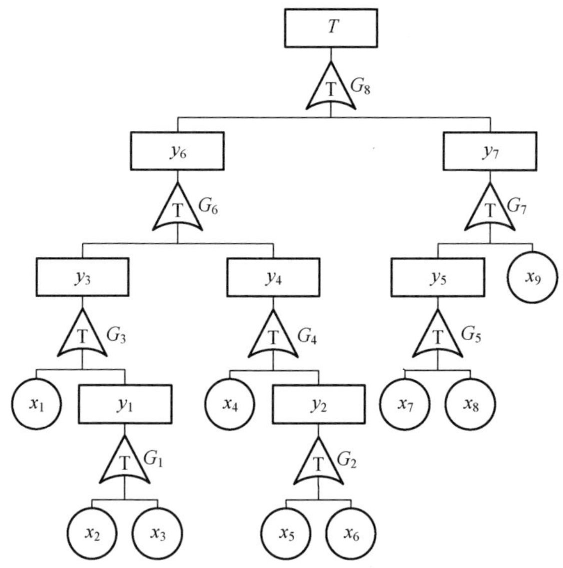

图 4-36　数字飞控计算机系统 T-S 动态故障树

将图 4-36 中的 T-S 动态故障树转换为如图 4-37 所示的贝叶斯网络有向无环图，G_1 ~ G_8门的连续时间描述规则转化为连续时间贝叶斯网络条件概率表。其中，中间事件 y_3 的条件概率表见表 4-80。

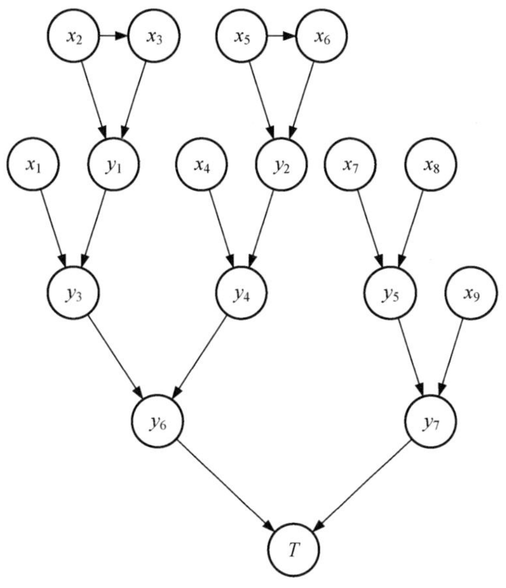

图 4-37　数字飞控计算机系统贝叶斯网络

由基于连续时间贝叶斯网络的 T-S 动态故障树分析方法，可得数字飞控计算机系统故障概率随时间的变化曲线，如图 4-38 所示。

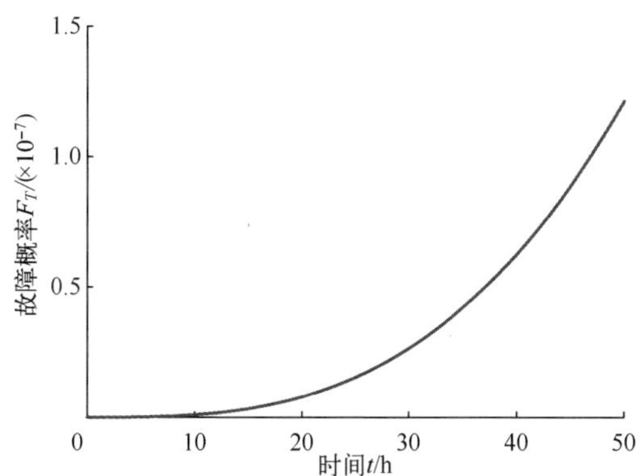

图 4-38　数字飞控计算机系统故障概率随时间的变化曲线

当任务时间 t_M = 5、10、15、20、25、30、35、40、45、50 h 时，基于 Markov 链、离散时间贝叶斯网络求解的 Dugan 动态故障树分析方法及基于连续时间贝叶斯网络的 T-S 动态故障树分析方法求得的数字飞控计算机系统的故障概率，结果相同或一致，见表 4-84。

根据式(4-58)，当任务时间 t_M = 50h 时，求得的各基本事件任务时间内的后验概率见表 4-85。

表 4-84 三种方法结果对比

任务时间 t_M/h	Markov 链	基于离散时间贝叶斯网络求解的 Dugan 动态故障树	基于连续时间贝叶斯网络的 T-S 动态故障树
5	1.24625×10^{-10}	1.24802×10^{-10}	1.24625×10^{-10}
10	9.93993×10^{-10}	9.94808×10^{-10}	9.93993×10^{-10}
15	3.34458×10^{-9}	3.34532×10^{-9}	3.34458×10^{-9}
20	7.90385×10^{-9}	7.90087×10^{-9}	7.90385×10^{-9}
25	1.53902×10^{-8}	1.53752×10^{-8}	1.53902×10^{-8}
30	2.65132×10^{-8}	2.64714×10^{-8}	2.65132×10^{-8}
35	4.19730×10^{-8}	4.18819×10^{-8}	4.19730×10^{-8}
40	6.24611×10^{-8}	6.22883×10^{-8}	6.24611×10^{-8}
45	8.86598×10^{-8}	8.83618×10^{-8}	8.86598×10^{-8}
50	1.21243×10^{-7}	1.20763×10^{-7}	1.21243×10^{-7}

表 4-85 基本事件的后验概率

基本事件 x_i	后验概率	基本事件 x_i	后验概率	基本事件 x_i	后验概率
x_1	0.99278	x_4	0.99278	x_7	0.00547
x_2	0.00100	x_5	0.00100	x_8	0.00547
x_3	0.00015	x_6	0.00015	x_9	0.99484

2. 气动制动系统

气动制动系统的 Dugan 动态故障树如图 4-39 所示[501]，其中，$G_1 \sim G_3$ 分别是热备件门、或门、或门，T 为顶事件，表示气动制动系统，y_1、y_2 为中间事件分别表示电动空气压缩机故障、风缸故障，基本事件 $x_i(i=1,2,\cdots,11)$ 的事件名称及故障率 λ_i 见表 4-86。

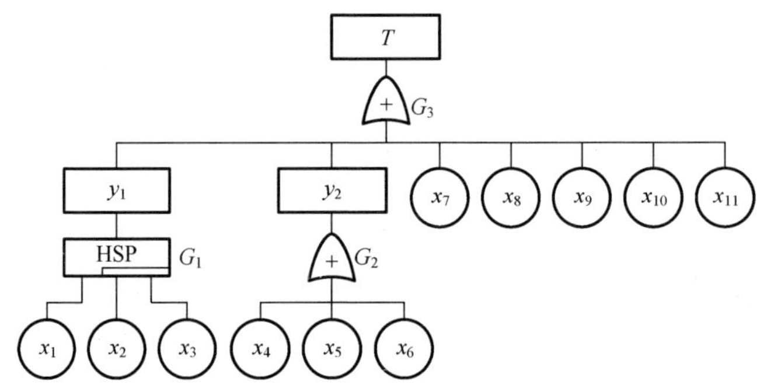

图 4-39 气动制动系统 Dugan 动态故障树

表 4-86　气动制动系统的基本事件故障率

基本事件 x_i	事件名称	故障率 λ_i /($\times 10^{-6}$/h)	基本事件 x_i	事件名称	故障率 λ_i /($\times 10^{-6}$/h)
x_1	主压缩机故障	1.513	x_7	总风管泄漏	0.921
x_2	第 2 压缩机故障	1.513	x_8	安全阀故障	3.670
x_3	第 3 压缩机故障	1.513	x_9	截断塞门故障	1.342
x_4	总风缸泄漏	0.921	x_{10}	单向阀故障	3.670
x_5	制动风缸泄漏	0.921	x_{11}	空气过滤器故障	1.753
x_6	控制风缸泄漏	0.921			

1）基于离散时间贝叶斯网络求解的 Dugan 动态故障树分析方法

当任务时间 $t_M = 15000$h 时，求得的气动制动系统的故障概率见表 4-88。

2）基于连续时间贝叶斯网络求解的 T-S 动态故障树分析方法

图 4-39 的 Dugan 动态故障树转化为如图 4-40 的 T-S 动态故障树。

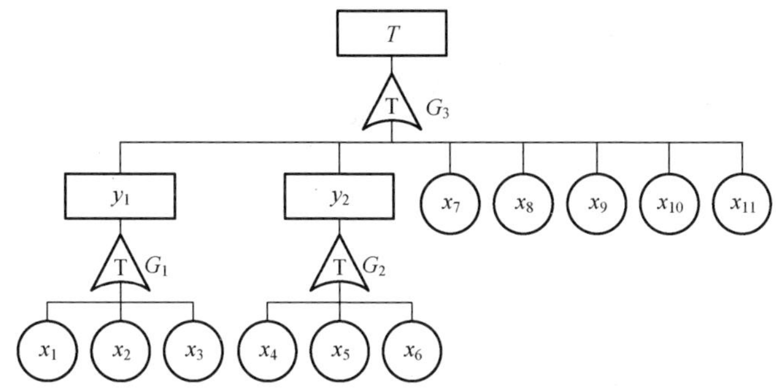

图 4-40　气动制动系统 T-S 动态故障树

将图 4-40 中的 T-S 动态故障树转换为如图 4-41 所示的贝叶斯网络有向无环图，$G_1 \sim G_3$ 门的连续时间描述规则转化为连续时间贝叶斯网络条件概率表。其中，中间事件 y_1 的条件概率表见表 4-87。

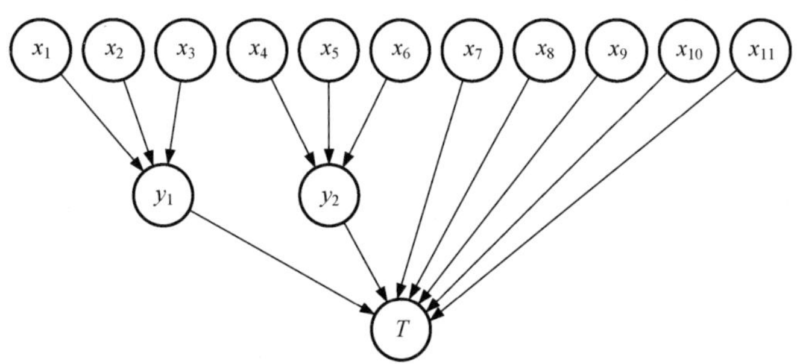

图 4-41　气动制动系统贝叶斯网络

表 4-87　中间事件 y_1 的条件概率表

规　则	x_1	x_2	x_3	$P(y_1^{[t_{y_1}]} \mid x_1^{[t_1]}, x_2^{[t_2]}, x_3^{[t_3]})$		
				$\delta(t_{y_1}-t_1)$	$\delta(t_{y_1}-t_2)$	$\delta(t_{y_1}-t_3)$
1	1	2	3	0	0	1
2	1	3	2	0	1	0
3	2	1	3	0	0	1
4	2	3	1	0	1	0
5	3	1	2	1	0	0
6	3	2	1	1	0	0

由基于连续时间贝叶斯网络的 T-S 动态故障树分析方法,可得气动制动系统故障概率在任务时间内的故障概率,将其与基于离散时间贝叶斯网络求解的 Dugan 动态故障树分析方法、基于离散时间贝叶斯网络的 T-S 动态故障树分析方法的结果对比,见表 4-88。

表 4-88　三种方法结果对比

基于离散时间贝叶斯网络求解的 Dugan 动态故障树	基于离散时间贝叶斯网络的 T-S 动态故障树	基于连续时间贝叶斯网络的 T-S 动态故障树
0. 1925	0. 1909	0. 1909

从表 4-88 可以看出,基于连续时间贝叶斯网络的 T-S 动态故障树分析方法求解的结果与其他两种方法的结果一致。

根据式(4-58)可求得各基本事件任务时间内的后验概率,见表 4-89。

表 4-89　基本事件的后验概率

基本事件 x_i	后 验 概 率	基本事件 x_i	后 验 概 率	基本事件 x_i	后 验 概 率
x_1	0. 0225	x_5	0. 0719	x_9	0. 1044
x_2	0. 0225	x_6	0. 0719	x_{10}	0. 2806
x_3	0. 0225	x_7	0. 0719	x_{11}	0. 1360
x_4	0. 0719	x_8	0. 2806		

4. 7. 3　与基于连续时间贝叶斯网络求解的 Dugan 动态故障树分析方法对比

1. 基于连续时间贝叶斯网络求解的 Dugan 动态故障树分析方法

心脏辅助系统 CPU 模块的 Dugan 动态故障树如图 4-11 所示,将其转化为

图 4-12 所示的连续时间贝叶斯网络求得在任务时间 $t_M = 100000$h 时顶事件的故障概率 0.202101。

2. 基于连续时间贝叶斯网络的 T-S 动态故障树分析方法

将如图 4-11 所示的 Dugan 动态故障树转化为如图 4-9 所示的 T-S 动态故障树，再将图 4-9 的 T-S 动态故障树转换为如图 4-12 所示的贝叶斯网络有向无环图，$G_1 \sim G_3$ 门的连续时间描述规则转化为连续时间贝叶斯网络条件概率表。其中，顶事件 T 的条件概率表见表 4-90。

表 4-90　顶事件 T 的条件概率表

规　　则	y_1	y_2	$P(T^{[t]} \mid y_1^{[t_{y_1}]}, y_2^{[t_{y_2}]})$	
			$\delta(t_y - t_{y_1})$	$\delta(t_y - t_{y_2})$
1	1	2	1	0
2	2	1	0	1

由基于连续时间贝叶斯网络的 T-S 动态故障树分析方法可得心脏辅助系统 CPU 模块在任务时间 $t_M = 100000$h 时的故障概率为 0.202101，与基于连续时间贝叶斯网络求解的 Dugan 动态故障树分析方法的结果相同。

4.7.4　与离散时间 T-S 动态故障树分析方法对比

1. 离散时间 T-S 动态故障树分析方法

Dugan 动态故障树如图 3-15 所示，将其转化为如图 3-17 所示的 T-S 动态故障树，用离散时间 T-S 动态故障树分析方法求得在任务时间 $t_M = 10000$h 时系统的故障概率，见表 3-73。

2. 基于连续时间贝叶斯网络的 T-S 动态故障树分析方法

将图 3-17 的 T-S 动态故障树转化为如图 4-42 所示的贝叶斯网络有向无环图，$G_1 \sim G_3$ 门的连续时间描述规则转化为连续时间贝叶斯网络条件概率表。其中，中间事件 y_2 的条件概率表见表 4-91。

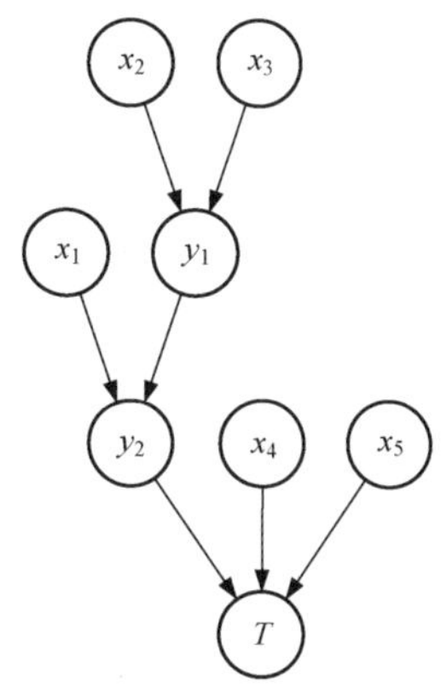

图 4-42　贝叶斯网络

任务时间 $t_M = 10000$h 时，基于 Markov 链求解的 Dugan 动态故障树分析方法、离散时间 T-S 动态故障树分析方法（任务时间分段数 $m = 5$、10、15、20、25、30）、基于连续时间贝叶斯网络的 T-S 动态故障树分析方法求得系统的故障概率，结果一致，见表 4-92。

根据式(4-58)，求得各基本事件任务时间内的后验概率，见表 4-93。

表 4-91　中间事件 y_2 的条件概率表

规　　则	x_1	y_1	$P(y_2^{[t_{y_2}]} \mid y_1^{[t_{y_1}]}, x_1^{[t_1]})$	
			$\delta(t_{y_2}-t_1)$	$\delta(t_{y_2}-t_{y_1})$
1	1	2	0	1
2	2	1	0	0

表 4-92　三种方法结果对比

基于 Markov 链求解的 Dugan 动态故障树分析方法	离散时间 T-S 动态故障树分析方法		基于连续时间贝叶斯网络的 T-S 动态故障树分析方法
	任务时间分段数 m	离散时间 T-S 动态故障树分析方法	
0.039672	5	0.039579	0.039672
	10	0.039626	
	15	0.039641	
	20	0.039649	
	25	0.039654	
	30	0.039657	

表 4-93　基本事件的后验概率

基本事件	后验概率	基本事件	后验概率
x_1	0.03160	x_4	0.74497
x_2	0.02443	x_5	0.25081
x_3	0.03647		

4.7.5　与连续时间 T-S 动态故障树分析方法对比

1. 连续时间 T-S 动态故障树分析方法

处理器系统的 Dugan 动态故障树如图 4-7 所示，将其转化为如图 4-9 所示的 T-S 动态故障树，用连续时间 T-S 动态故障树分析方法求得在任务时间 $t_M = 1000\text{h}$ 时顶事件故障概率为 7.4910×10^{-5}。

2. 基于连续时间贝叶斯网络的 T-S 动态故障树分析方法

将图 4-9 的 T-S 动态故障树转化为如图 4-43 所示的贝叶斯网络有向无环图，$G_1 \sim G_3$ 门的连续时间描述规则转化为连续时间贝叶斯网络条件概率表。其中，中间事件 y_1 的条件概率表见表 4-94。

由基于连续时间贝叶斯网络的 T-S 动态故障树分析方法，可得处理器系统故障概率随时间的变化曲线如图 4-44 所示。

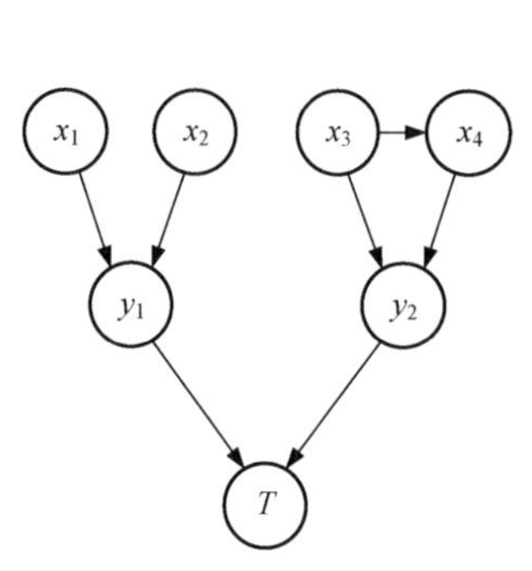

图 4-43　处理器系统贝叶斯网络

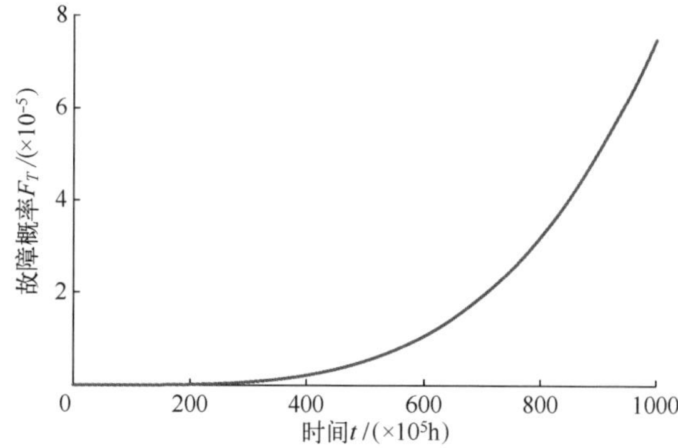

图 4-44　处理器系统故障概率随时间的变化曲线

表 4-94　中间事件 y_1 的条件概率表

规　则	x_1	x_2	$P(y_1^{[t_{y_1}]} \mid x_1^{[t_1]}, x_2^{[t_2]})$	
			$\delta(t_{y_1}-t_1)$	$\delta(t_{y_1}-t_2)$
1	1	2	0	1
2	2	1	0	0

任务时间 $t_M = 1000h$ 时,基于连续时间贝叶斯网络的 T-S 动态故障树分析方法求得处理器系统的故障概率为 7.4910×10^{-5},与连续时间 T-S 动态故障树分析方法求得的结果相同。

4.7.6　算例

通过液压系统的工艺分析与故障分析,建造如图 4-45 所示的液压系统 T-S 动态故障树。基本事件 $x_i(i=1,2,\cdots,16)$ 对应的元件名称及故障率 λ_i 见表 4-95,任务时间 $t_M = 17280h$[502]。

表 4-95　基本事件的元件名称及其故障率

基本事件 x_i	元 件 名 称	故障率 $\lambda_i/(\times10^{-6}/h)$	基本事件 x_i	元件名称	故障率 $\lambda_i/(\times10^{-6}/h)$
x_1	压力继电器	2.4214	x_9	溢流阀	5.7000
x_2	液压泵	0.0500	x_{10}	电磁换向阀	5.7077
x_3	主溢流阀	5.7000	x_{11}	液压缸	1.7296
x_4	单向阀	3.1133	x_{12}	截止阀	0.2283
x_5	溢流阀	0.0182	x_{13}	液压缸	0.1153
x_6	过滤器	0.6849	x_{14}	电磁换向阀	5.7078
x_7	蓄能器	1.1531	x_{15}	电磁换向阀	5.7078
x_8	电磁换向阀	5.7077	x_{16}	溢流阀	5.7000

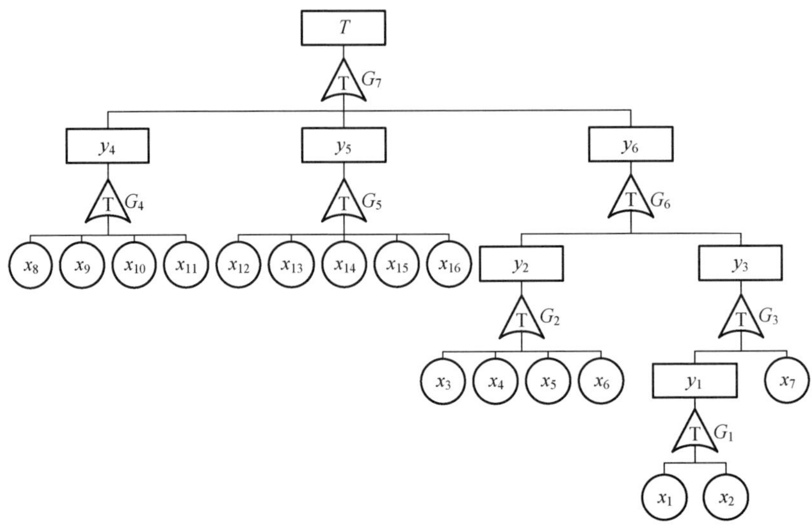

图 4-45　液压系统 T-S 动态故障树

将图 4-45 所示的 T-S 动态故障树转化为如图 4-46 所示的贝叶斯网络有向无环图。

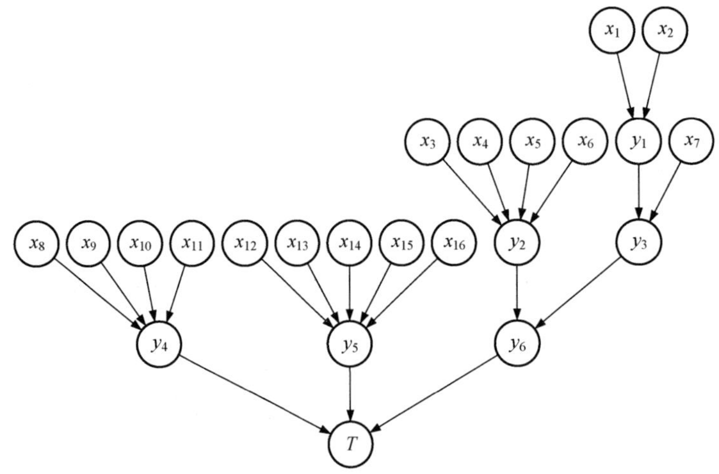

图 4-46　液压系统贝叶斯网络

然后，将 $G_1 \sim G_7$门的连续时间描述规则转化为条件概率表。其中，基本事件 x_1 代表的压力继电器与基本事件 x_2 代表的液压泵的事件关系为功能相关门，其中压力继电器为触发事件。压力继电器失效，会导致液压泵失效。中间事件 y_1 的连续时间贝叶斯网络条件概率表见表 4-96。

基本事件 x_7与中间事件 y_2 的事件关系为与门。中间事件 y_3 的连续时间贝叶斯网络条件概率表见表 4-97。其他中间事件和顶事件表示的事件关系都为或门。

表 4-96　中间事件 y_1 的条件概率表

规　　则	x_1	x_2	$P(y^{[t_{y_1}]} \mid x_1^{[t_1]}, x_2^{[t_2]})$	
			$\delta(t_{y_1}-t_1)$	$\delta(t_{y_1}-t_2)$
1	1	2	1	0
2	2	1	0	1

表 4-97　中间事件 y_3 的条件概率表

规　　则	x_7	y_1	$P(y_3^{[t_{y_3}]} \mid x_7^{[t_7]}, y_1^{[t_{y_1}]})$	
			$\delta(t_{y_3}-t_7)$	$\delta(t_{y_3}-t_{y_1})$
1	1	2	0	1
2	2	1	1	0

顶事件 T 的连续时间贝叶斯网络条件概率表见表 4-98。

表 4-98　顶事件 T 的条件概率表

规　　则	y_4	y_5	y_6	$P(T^{[t]} \mid y_4^{[t_{y_4}]}, y_5^{[t_{y_5}]}, y_6^{[t_{y_6}]})$		
				$\delta(t-t_{y_4})$	$\delta(t-t_{y_5})$	$\delta(t-t_{y_6})$
1	1	2	3	1	0	0
2	1	3	2	1	0	0
3	2	1	3	1	0	0
4	2	3	1	1	0	0
5	3	1	2	1	0	0
6	3	2	1	1	0	0

系统故障概率随时间的变化曲线如图 4-47 所示。

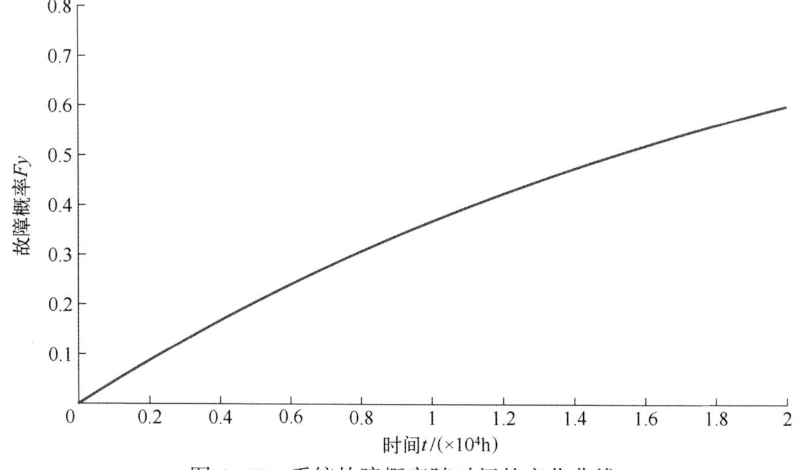

图 4-47　系统故障概率随时间的变化曲线

任务时间 $t_M = 17280h$ 时，系统故障概率为 0.5473360。根据式(4-53)~式(4-59)，分别求得基本事件 x_i 任务时间内的重要度、后验概率与灵敏度，见表 4-99。

表 4-99　基本事件的重要度、后验概率与灵敏度

基本事件 x_i	概率重要度	关键重要度	风险业绩值	风险降低值	微分重要度	后验概率	灵敏度
x_1	0.0089300	0.0006686	1.015647	1.000669	0.0009733	0.0416197	0.3759462
x_2	0.0085714	0.0000135	1.015647	1.000014	0.0000197	0.0008771	17.8383931
x_3	0.4995193	0.0856060	1.827031	1.093620	0.1246225	0.1713768	4.8258074
x_4	0.4776833	0.0457110	1.827031	1.047901	0.0665447	0.0956932	8.6425311
x_5	0.4528064	0.0002601	1.827031	1.000260	0.0003787	0.0005745	1439.5579371
x_6	0.4580532	0.0098461	1.827031	1.009944	0.0143337	0.0214956	38.4744569
x_7	0.0189400	0.0006827	1.033921	1.000683	0.0009938	0.0203976	1.6630086
x_8	0.4995857	0.0857275	1.827031	1.093766	0.1247993	0.1715971	4.8196125
x_9	0.4995193	0.0856060	1.827031	1.093620	0.1246225	0.1713768	4.8258074
x_{10}	0.4995857	0.0857275	1.827031	1.093766	0.1247992	0.1715971	4.8196125
x_{11}	0.4663972	0.0250910	1.827031	1.025737	0.0365266	0.0537974	15.3730624
x_{12}	0.4544533	0.0032691	1.827031	1.003280	0.0047591	0.0071935	114.9695163
x_{13}	0.4535668	0.0016494	1.827031	1.001652	0.0024012	0.0036365	227.4235884
x_{14}	0.4995866	0.0857290	1.827031	1.093768	0.1248016	0.1715999	4.8195321
x_{15}	0.4995866	0.0857290	1.827031	1.093768	0.1248016	0.1715999	4.8195321
x_{16}	0.4995193	0.0856060	1.827031	1.093620	0.1246225	0.1713768	4.8258074

结 束 语

我们从 1998 年开始关注故障树，2005 年以来一直对 T-S 故障树理论进行持续研究。这个研究过程如果是建造一棵故障树，这期间，既有迷茫弯路"望断天涯路"——选择顶事件，又有迭代研究"为伊消得人憔悴"——故障演绎，还有阶段任务完成"那人却在灯火阑珊处"——确定基本事件。国内故障树图书仅有几本已年代久远，2013 年方有专著出版——刘东、张红林、王波、邢维艳的《动态故障树分析方法》，故障树通常作为可靠性著作中的一个章节或一种方法，系统性难以满足研究需求。而且，T-S 故障树理论的文献远少于 Bell 故障树和 Dugan 动态故障树。为此，我们对 T-S 故障树理论进行系统总结整理，并在书中附上计算程序，希望有更多的理论研究与应用案例出现，唯有广泛的研究讨论和丰富的案例分析才能使 T-S 故障树理论进一步发展，才能为可靠性科学大树的建造贡献更大的枝叶。

由第 1 章 T-S 故障树及重要度分析方法和第 2 章 T-S 故障树的综合求解与应用扩展，就构成了 T-S 故障树分析法。T-S 故障树是基于 T-S 模型的静态故障树，通过 T-S 门及一系列 T-S 门描述规则能够描述任意形式的静态事件关系。动态故障树研究使我们回头审视 T-S 故障树，发现以下问题有待进一步研究。

(1) 结合相关论文和著作如 Kuo 和朱晓燕著并由苗强和王冬翻译的《系统重要性测度原理与应用》，进一步扩展 T-S 故障树重要度。

(2) 与 Bell 故障树分析方法及融合算法进行全面系统的对比，发现问题，借鉴思路，使 T-S 故障树分析方法更加丰富。

第 3 章离散时间 T-S 动态故障树分析方法和第 4 章连续时间 T-S 动态故障树分析方法构成了 T-S 动态故障树分析法。T-S 动态故障树分析法是我们借鉴"Bell 故障树→Dugan 动态故障树"由静态到动态的发展路线对 T-S 故障树进行延伸，提出并创立的一种原创性新型动态故障树分析法。T-S 动态故障树是基于T-S 模型的动态故障树，以能够无限逼近现实系统的 T-S 动态门及其描述规则为基础，能够刻画复杂的静、动态失效行为。T-S 动态故障树分析法已创立，接下来的后续研究主要有以下几项。

(1) 离散时间 T-S 动态故障树分析方法，因任务时间离散化和描述规则近似化而存在分析计算误差，误差补偿方法还有待进一步研究。

(2) 离散时间多态 T-S 动态故障树分析方法因多态而使描述规则增多、计算量增大,针对描述规则产生、误差补偿等问题有待进一步研究。

(3) 连续时间 T-S 动态故障树分析方法不存在分析计算误差,且能反映系统可靠度变化趋势,但系统行为往往具有多态性,考虑多故障状态和多性能等级的连续时间多态 T-S 动态故障树分析方法有待进一步研究。

(4) 产品故障机理不同寿命分布也多种多样如指数分布、威布尔分布、正态分布、对数正态分布等,除本书采用的指数分布、威布尔分布之外的其他分布情况下的 T-S 动态故障树分析方法有待进一步补充。

(5) 空间故障树与因素空间等智能理论结合后,具备了逻辑推理分析和故障大数据处理能力,这对于 T-S 动态故障树有很大启发,需进一步分析和研究。

(6) 故障树分析从单元到系统分析整个产品可靠性,不确定理论、机会理论、确信可靠性理论的发展,为工程实践中的事件描述提供了有效的新方案,需进一步加快研究。

(7) 结合故障树和可靠性的新成果和发展启示,面向可靠性新问题,引入可靠性新方法、降低计算复杂度、扩展重要性测度、与其他方法综合,丰富 T-S 动态故障树分析方法。

由 T-S 故障树分析法、T-S 动态故障树分析法,形成了成体系的 T-S 故障树理论——理论方法与基本体系。在这个体系中,Bell 故障树是静态故障树的一种简单范型,T-S 故障树则是更一般、更通用的范型;Dugan 动态故障树是动态故障树的一种简单范型,T-S 动态故障树则是更一般、更通用的范型。在 T-S 故障树理论框架下,建立了 T-S 故障树及其重要度算法以及求解方法、离散时间和连续时间 T-S 动态故障树及其重要度算法以及求解方法。T-S 故障树理论是对故障树理论方法的发展与完善,可视为故障树的重大变革与跨越,突破了 Bell 故障树、Dugan 动态故障树的模型描述与计算能力局限,是刻画复杂系统静动态失效行为的通用量化故障树新模型与新方法,为诞生于贝尔实验室的故障树分析法提供了新探索和新方案,丰富了故障树理论方法与技术体系,有助于推动可靠性理论研究与实际应用。——这是本书的主要学术贡献。

T-S 故障树理论为 Bell 故障树和 Dugan 动态故障树提供了一种新的解算方法,Bell 故障树可以用 T-S 故障树求解计算,Dugan 动态故障树可以用 T-S 动态故障树求解计算。——这是本书为故障树定量分析的贡献。

由于面临故障率不可用(不可得或不适用)、故障树建造不准确两个问题,故障树的分析结果在实际应用中有时难以令人满意。在 T-S 故障树和 T-S 动态故障树中,故障率不可用但故障状态却能观测(或估计),故障树建造基于规则和知识,进而可以构建面向观测信息、系统信息和经验信息的描述规则。这是 T-S 故障树理论面向实际应用的优点,将有力地指导系统的原理设计、详细设计、加工制造、安装调试、故障定位和运行维护。——这是本书为故障树实际应用的贡献。

随着需求牵引，故障树不断发展，由二态故障树到多态故障树、由静态故障树到动态故障树、由 Bell 故障树到 T-S 故障树、由 Dugan 动态故障树到 T-S 动态故障树，不断由简单向复杂延伸进化，同时又与故障模式影响（及致命度）分析、可靠性框图、事件树分析、Markov 链、二元决策图、多值决策图、GO-FLOW（成功流）法、Monte Carlo 法、贝叶斯网络等方法互补相融，产生了许多重要的故障树分析方法及重要度算法。历经一甲子，故障树枝繁叶茂，众多学科数以万计的研究者在其发展历程中结合学科优势研究了故障树建模、分析和解算以及在各学科领域的应用，并留下了自己的印记，撰写了报告、发布了标准、发表了论著、开发了软件、实施了应用，为推动故障树及相关学科的发展作出了贡献。

透过故障树的研究历程与新近进展，可以发现，新的方法应用、新的方法融合、新的方法改进、新的方法原创不断涌现。然而，可靠性是交叉学科，国内故障树等可靠性研究论文散落于各行业期刊中，不利于检索交流，宜设立一级学会主办的可靠性专刊；可靠性学会都作为不同学科一级学会下的二级分会，不利于交流、整合和贯通，成立可靠性一级学会将有助于促进国内可靠性理论技术的交流与发展；诸多可靠性科学方法散落在可靠性工程类图书中，在广度、深度和系统性上都有欠缺，组织出版可靠性科学方法丛书将为可靠性研究提供更好的参考与助力。在故障树的进一步发展中，有如下需要关注的研究问题：

（1）相对于 Bell 故障树、Dugan 动态故障树，T-S 故障树、T-S 动态故障树因创立时间较短，研究者相对较少，方法研究和实际应用不够广泛，丰富和发展 T-S 故障树理论是值得关注的方向。

（2）不同学科不同类型的系统，其失效行为复杂多样且不尽相同，针对学科领域内的科技系统构建更多的门或描述规则，使故障树更准确地逼近真实，是一个值得考虑的问题。

最后，摘录康锐、王自力的论文《可靠性系统工程的理论与技术框架》的结束语作为结尾："尽管科学技术已经取得了巨大进步，但产品的故障仍经常发生。客观地说，任何一种产品，只要投入使用，就有可能发生故障。迄今为止，即使是体现了人类最高科技成就的产品如航天飞机也不能保证绝对不发生故障。由于故障是人的主观认识与客观事物相互脱离的结果，人的认识是有限的，而客观事物是无限的，因此，故障的发生是绝对的，而安全可靠是相对的。与故障作斗争是人类科学技术发展过程中的一个永恒主题。没有最好，只有更好，我们将在与故障作斗争过程中，不断发展和丰富可靠性系统工程的理论与技术。"

参考文献

[1] FUSSELL J B,POWERS G J,BENNETTSR G. Fault trees—A state of the art discussion[J]. IEEE Transactions on Reliability,1974,23(1):51-55.

[2] 许文信,史定华,陈化成. 故障树分析的新方法[J]. 自动化学报,1983,9(1):8-16.

[3] 高金钟,许风璋,黄祥瑞. 抄纸机供浆系统故障树分析[J]. 北京轻工业学院学报,1983,1(1):10-15.

[4] 廖炯生,梅启智. 不交型布尔代数及不交故障树分析法[J]. 航天控制,1983(3):3-8.

[5] 廖炯生. 自旋卫星转速控制系统的多状态非单调关联故障树定性分析[J]. 中国空间科学技术,1986(1):18-24.

[6] 李君山,屠庆慈,陆廷孝. 计算机辅助 FMECA 与 FTA 综合分析[J]. 北京航空航天大学学报,1992,18(1):38-43.

[7] 简志敏,胡东成,童诗白. 控制系统故障树自动建造的一种方法[J]. 自动化学报,1997,23(3):28-32.

[8] 赵静一,上官倩芡,马保海. 10MN 水压机液压系统故障树分析[J]. 液压与气动,1999(3):3-5.

[9] 陶建峰,王少萍,姚一平. 计算机辅助 FMECA 与 FTA 正向综合分析方法研究[J]. 北京航空航天大学学报,2000,26(6):663-665.

[10] BROOKE P J,PAIGE R F. Fault trees for security system design and analysis[J]. Computers and Security,2003,22(3):256-264.

[11] 廖武,张净敏,陈云翔,等. 作战飞机可靠性与维修性仿真模型[J]. 火力与指挥控制,2005,30(7):52-55,60.

[12] 裴扬,宋笔锋. 故障树分析的等效失效概率计算方法[J]. 机械工程学报,2007,43(9):207-210.

[13] 许荣,车建国,杨作宾,等. 故障树分析法及其在系统可靠性分析中的应用[J]. 指挥控制与仿真,2010,32(1):112-115.

[14] 孟庆贺,孙秦. 基于改进的判定表的故障树建模方法[J]. 工业工程,2015,18(4):119-126.

[15] 姚建涛,蔡大军,朱佳龙,等. 容错并联式六维力传感器可靠性及冗余分析[J]. 仪器仪表学报,2015,36(8):1699-1705.

[16] 陈卫东,张昌卫,琚选择,等. 水下生产系统管汇的故障树分析[J]. 哈尔滨工程大学学报,2016,37(8):1022-1026.

[17] 王刚,马震岳,秦净净,等. 基于多态和模糊事件的土石坝溃决风险评估[J]. 水力发电

学报,2016,35(8):95-104.

[18] 刘敬辉. 基于 FTA-AHP 的铁路安全风险综合评估方法[J]. 中国铁道科学,2017,38(2):138-144.

[19] 董留群. 基于故障树分析法的建筑施工安全管理研究[J]. 工程管理学报,2017,31(2):131-135.

[20] 胡杰鑫,谢里阳,邢宇,等. 基于 FMECA 的自动绘制故障树方法[J]. 哈尔滨工程大学学报,2017,38(7):1162-1166,1178.

[21] 许海燕,王营康,杜跃进,等. 基于故障树的域名解析故障分析方法[J]. 清华大学学报,2017,57(7):680-686.

[22] 孟庆贺. 基于正向推理的航空工程系统故障树建模理论与方法[D]. 西安:西北工业大学,2017.

[23] 郝恒,杜一凡,曹海斌. 飞机阻力伞机构功能危险性分析与故障树分析[J]. 航空计算技术,2018,48(2):37-43.

[24] 黄卫清,徐平如,钱宇. 基于故障树方法的机动车燃油大气环境风险评价:以杭州市为例[J]. 化工学报,2019,70(2):661-669.

[25] 张力,陈帅,青涛,等. 基于认知模型与故障树的核电厂严重事故下人因失误分析[J]. 核动力工程,2020,41(3):137-142.

[26] CHOW D K. Reliability of systems with time-varying coverage[J]. IEEE Transactions on Reliability,1975,24(3):221-223.

[27] 黄祥瑞. 可靠性工程[M]. 北京:清华大学出版社,1990.

[28] 许耀铭. 液压可靠性工程基础[M]. 哈尔滨:哈尔滨工业大学出版社,1991.

[29] 李文杰,张光函. 风挡玻璃成型加工电液加载控制系统的可靠性[J]. 机床与液压,1997(6):43-45.

[30] 饶岚,王占林,李沛琼,等. 从计算机系统角度分析软件可靠性[J]. 宇航学报,1998,19(4):3-5.

[31] 杨为民,屠庆慈. 21 世纪初装备可靠性维修性保障性工程发展框架研究[J]. 中国机械工程,1998,9(12):3-5.

[32] 蒋仁言,左明健. 可靠性模型与应用[M]. 北京:机械工业出版社,1999.

[33] 王少萍,李沛琼. 液压泵综合应力寿命试验方法研究[J]. 北京航空航天大学学报,2000,26(1):38-40.

[34] 王少萍. 工程可靠性[M]. 北京:北京航空航天大学出版社,2000.

[35] 董玉革. 机械模糊可靠性设计[M]. 北京:机械工业出版社,2000.

[36] 康锐,王自力. 可靠性系统工程的理论与技术框架[J]. 航空学报,2005,26(5):633-636.

[37] YAO C Y,ZHAO J Y. Reliability-based design and analysis on hydraulic system for synthetic rubber press[J]. Chinese Journal of Mechanical Engineering,2005,18(2):159-162.

[38] 喻天翔,宋笔锋,万方义,等. 机械可靠性试验技术研究现状和展望[J]. 机械强度,

2007,29(2):256-263.

[39] 何益海,唐晓青. 基于关键质量特性的产品保质设计[J]. 航空学报,2007,28(6):1468-1481.

[40] 王正,谢里阳,李兵. 随机载荷作用下的零件动态可靠性模型[J]. 机械工程学报,2007,43(12):20-25.

[41] ANGADIA S V,JACKSONA R L,CHOEA S,et al. Reliability and life study of hydraulic solenoid valve. Part 2:Experimental study[J]. Engineering Failure Analysis,2009,16(3):944-963.

[42] 陶俊勇,王勇,陈循. 复杂大系统动态可靠性与动态概率风险评估技术发展现状[J]. 兵工学报,2009,30(11):1533-1539.

[43] 杨华勇,丁斐,欧阳小平,等. 大型客机液压能源系统[J]. 中国机械工程,2009,20(18):2152-2159.

[44] 王淑坤,孟繁忠,徐秀琴,等. 汽车发动机滚子链的疲劳可靠性试验研究[J]. 中国机械工程,2009,20(21):2642-2645.

[45] 丁锋,何正嘉,陈雪峰. 考虑损伤程度的设备运行可靠性研究[J]. 西安交通大学学报,2010,44(1):36-40.

[46] 赵静一,姚成玉. 液压系统可靠性工程[M]. 北京:机械工业出版社,2011.

[47] 潘骏,王小云,陈文华,等. 基于多元性能参数的加速退化试验方案优化设计研究[J]. 机械工程学报,2012,48(2):30-35.

[48] 崔致和,曹军,杨晓林,等. 载人航天器舱门快速检漏仪的可靠性试验与评估方法[J]. 中国空间科学技术,2012,32(3):57-63.

[49] ALTAMURA A,BERETTA S. Reliability assessment of hydraulic cylinders considering service loads and flaw distribution[J]. International Journal of Pressure Vessels and Piping,2012,98:76-88.

[50] 康锐. 可靠性维修性保障性工程基础[M]. 北京:国防工业出版社,2012.

[51] ZHANG T X,LIU X H. Reliability design for impact vibration of hydraulic pressure pipeline systems[J]. Chinese Journal of Mechanical Engineering,2013,26(5):1050-1055.

[52] 赵静一,姚成玉. 我国液压可靠性技术概述[J]. 液压与气动,2013(10):1-7.

[53] 苑惠娟,郭建英,苏子美,等. 国产钻井泥浆泵活塞缸套摩擦副可靠性研究[J]. 中国机械工程,2013,24(11):1425-1430.

[54] 潘骏,靳方建,陈文华,等. 多台同型产品同步纠正可靠性增长试验数据统计分析方法研究[J]. 中国机械工程,2013,24(11):1500-1504.

[55] 杨兆军,陈传海,陈菲,等. 数控机床可靠性技术的研究进展[J]. 机械工程学报,2013,49(20):130-139.

[56] 何正嘉,曹宏瑞,訾艳阳,等. 机械设备运行可靠性评估的发展与思考[J]. 机械工程学报,2014,50(2):171-186.

[57] 谢里阳. 机械可靠性理论、方法及模型中若干问题评述[J]. 机械工程学报,2014,50

(14):27-35.

[58] 张义民,孙志礼. 机械产品的可靠性大纲[J]. 机械工程学报,2014,50(14):14-20.

[59] 郭建英,孙永全,于春雨,等. 复杂机电系统可靠性预测的若干理论与方法[J]. 机械工程学报,2014,50(14):1-13.

[60] 肖坤,顾晓辉,彭琛. 基于恒定应力加速退化试验的某引信用O型橡胶密封圈可靠性评估[J]. 机械工程学报,2014,50(16):62-69.

[61] 陈东宁,姚成玉,赵静一,等. 液压气动系统可靠性与维修性工程[M]. 北京:化学工业出版社,2014.

[62] 李曰兵,金伟娅,高增梁,等. 核压力容器缺陷验收确定性准则的失效概率分析[J]. 机械工程学报,2015,51(6):27-35.

[63] 贾利民,林帅. 系统可靠性方法研究现状与展望[J]. 系统工程与电子技术,2015,37(12):2887-2893.

[64] 郭锐,石玉,赵静一,等. 液压泵可靠性短时试验方法研究[J]. 农业机械学报,2016,47(3):405-412.

[65] 洪杰,张姿,徐筱李,等. 航空发动机结构系统的可靠性模型[J]. 航空动力学报,2016,31(8):1897-1904.

[66] 李志强,徐廷学,顾钧元,等. 融合不确定信息的某型导弹控制系统可靠性分析方法[J]. 系统工程与电子技术,2017,39(12):2869-2876.

[67] 杨世平,谭博思,夏天宇,等. 基于少子样的核主泵电机滑动轴承可靠性研究[J]. 中国机械工程,2019,30(15):1804-1812.

[68] 朱耀东,徐帅,张建忠. 多电平变流器系统可靠性建模与分析[J]. 仪器仪表学报,2020,41(3):70-78.

[69] 李彦锋,黄洪钟,黄意贤. 太阳翼驱动机构的故障模式影响分析与时变可靠性研究[J]. 机械工程学报,2020,56(5):108-115.

[70] 魏发远,谢朝阳,孙昌璞,等. 长贮装备性能退化评估刍议[J]. 机械工程学报,2020,56(16):262-272.

[71] 黄宁. 网络可靠性及评估技术[M]. 北京:国防工业出版社,2020.

[72] 孙志礼,闫玉涛,杨强. 机械磨损可靠性设计与分析技术[M]. 北京:国防工业出版社,2020.

[73] 刘庆龙,曲秋影,赵东风,等. 基于多源异构数据融合的化工安全风险动态量化评估方法[J/OL]. 化工学报:1-11[2020-11-12]. http://kns.cnki.net/kcms/detail/11.1946.TQ.20200827.0944.006.html.

[74] 曾励,李万军,贾鹏光. 电液伺服阀的FMEA分析[J]. 液压与气动,1993(1):15-17.

[75] 陶春虎,杜楠,张卫方. 失效分析发展问题的思考[J]. 失效分析与预防,2006,1(1):1-5.

[76] 周汝胜,焦宗夏,王少萍. 液压系统故障诊断技术的研究现状与发展趋势[J]. 机械工程学报,2006,42(9):6-14.

[77] 陈颖,高蕾,康锐. 基于故障物理的电子产品可靠性仿真分析方法[J]. 中国电子科学研究院学报,2013,8(5):444-448.

[78] 赵旭峰,张文忠,刘银水,等. 海水液压电磁阀失效分析[J]. 液压与气动,2013(6):110-113.

[79] 陆建锋,姜周曙,黄国辉. 太阳能及空气源热泵复合供热系统故障诊断研究与应用[J]. 太阳能学报,2020,41(2):210-216.

[80] 陈磊,焦健,赵廷弟. 基于模型的复杂系统安全分析综述[J]. 系统工程与电子技术,2017,39(6):1287-1291.

[81] 康锐. 确信可靠性理论与方法[M]. 北京:国防工业出版社,2020.

[82] FUSSELL J B,VESELY W E. A new methodology for obtaining cut sets for fault trees[J]. Transactions of the American Nuclear Society,1972,15(1):262-263.

[83] ROSENTHAL A. Decomposition methods for fault tree analysis[J]. IEEE Transactions on Reliability,1980,29(2):136-138.

[84] NOMA K, TANAKA H,ASAI K. On fault tree analysis with fuzzy probability[J]. Japanese Journal of Ergonomics,1981,17:291-297.

[85] HUANG X Z. Fault tree analysis method of a system having components of multiple failure modes[J]. Microelectronics Reliability,1983,23(2):325-328.

[86] HUANG X Z. The generic method of the multistate fault tree analysis[J]. Microelectronics Reliability,1984,24(4):617-622.

[87] BOSSCHE A. The top-event's failure frequency for non-coherent multi-state fault trees[J]. Microelectronics Reliability,1984,24(4):707-715.

[88] RAUZY A. New algorithms for fault trees analysis[J]. Reliability Engineering and System Safety,1993,40(3):203-211.

[89] 蔡开元,文传源,张明廉. 模糊可靠性理论中的基本概念[J]. 航空学报,1993,14(7):388-398.

[90] 桑怀胜,郁文贤,王浩,等. 模糊数学在故障树分析中的应用[J]. 质量与可靠性,2000(2):26-29.

[91] 上官倩芡,赵静一,姚成玉. 研究生教育中人才失效的故障树分析[J]. 教学研究,2000,23(4):319-320.

[92] 李锡江,刘荣,张厚祥,等. 基于模糊故障树法的清洗机器人安全性研究[J]. 北京航空航天大学学报,2004,30(4):344-348.

[93] 王少萍,陶建峰,崔明山,等. 独立子树等效时变可用度分析[J]. 北京航空航天大学学报,2004,30(12):1137-1141.

[94] 何淑静,周伟国,严铭卿. 上海城市燃气输配管网失效模糊故障树分析法[J]. 同济大学学报,2005,33(4):507-511.

[95] 刘萍,吴宜灿,李亚洲,等. 一种基于 ZBDD 求解大型故障树的基本事件排序方法[J]. 核科学与工程,2007,27(3):282-288.

[96] 姚成玉,赵静一. 液压系统模糊故障树分析方法研究[J]. 中国机械工程,2007,18(14):1656-1659,1675.

[97] 马静,卢荣翠,李晓阳. 基于故障树分析的光纤陀螺用探测器组件可靠性分析[J]. 中国惯性技术学报,2008,16(4):497-501.

[98] VOLKANOVSKI A,ČEPIN M,MAVKO B. Application of the fault tree analysis for assessment of power system reliability[J]. Reliability Engineering and System Safety,2009,94(6):1116-1127.

[99] BARTLETT L M,HURDLE E E,KELLY E M. Integrated system fault diagnostics utilising digraph and fault tree-based approaches[J]. Reliability Engineering and System Safety,2009,94(6):1107-1115.

[100] 宋维,胡文军. 故障树求解中前处理技术的算法[J]. 原子能科学设计,2010,44(3):294-298.

[101] 姚成玉,张荧驿,王旭峰,等. 液压系统故障树分析技术的研究现状与发展趋势[J]. 液压气动与密封,2010,30(8):19-23.

[102] 李春洋,陈循,易晓山,等. 基于向量通用生成函数的多性能参数多态系统可靠性分析[J]. 兵工学报,2010,31(12):1604-1610.

[103] 王楠,杜素果. 一种多阶段任务系统的 BDD 排序新方法[J]. 科学技术与工程,2010,10(17):4217-4224.

[104] 李春洋. 基于多态系统理论的可靠性分析与优化设计方法研究[D]. 长沙:国防科技大学,2010.

[105] MENTES A,HELVACIOGLU I H. An application of fuzzy fault tree analysis for spread mooring systems[J]. Ocean Engineering,2011,38(2):285-294.

[106] 罗航. 故障树分析的若干关键问题研究[D]. 成都:电子科技大学,2011.

[107] MAGOTT J,SKROBANEK P. Timing analysis of safety properties using fault trees with time dependencies and timed state-charts[J]. Reliability Engineering and System Safety,2012,97(1):14-26.

[108] 胡明,邓国兵,陈文华,等. 空间索杆铰接式伸展臂故障树分析[J]. 空间科学学报,2012,32(4):598-604.

[109] WANG D Q,ZHANG P,CHEN L Q. Fuzzy fault Tree analysis for fire and explosion of crude oil tanks[J]. Journal of Loss Prevention in the Process Industries,2013,26(6):1390-1398.

[110] OHI F. Lattice set theoretic treatment of multi-state coherent systems[J]. Reliability Engineering and System Safety,2013,116(8):86-90.

[111] CHEN D N,YAO C Y,FENG Z K. Reliability prediction method of hydraulic system by fuzzy theory[C]// Proceeding of the 6th IFAC Symposium on Mechatronic Systems,Hangzhou,2013:457-462.

[112] 张根保,范秀君,张恒,等. 基于集对分析理论的复杂机电产品故障树分析[J]. 机械设计,2014,31(1):8-11.

[113] 李淑敏,孙树栋,司书宾,等. 基于模块分解的多态故障树可靠性分析方法[J]. 西北工业大学学报,2014,32(2):251-255.

[114] 侯金丽,金平,蔡国飙. 含故障统计相依组件的多态复杂系统故障树分析[J]. 航空动力学报,2014,29(2):427-433.

[115] 陈强,杨明. 基于多层流模型和故障树的可靠性分析方法研究[J]. 原子能科学技术,2014,48(S1):399-404.

[116] PURBA J H. A fuzzy-based reliability approach to evaluate basic events of fault tree analysis for nuclear power plant probabilistic safety assessment[J]. Annals of Nuclear Energy,2014,70:21-29.

[117] 李练兵,张秀云,王志华,等. 故障树和 BAM 神经网络在光伏并网故障诊断中的应用[J]. 电工技术学报,2015,30(2):248-254.

[118] 王宁,胡大伟. 基于多态多值决策图的多态故障树重要度计算方法[J]. 计算机集成制造系统,2015,21(5):1301-1308.

[119] 崔铁军,马云东. 基于空间故障树理论的系统故障定位方法研究[J]. 数学的实践与认识,2015,45(21):135-142.

[120] 赵海鸣,熊志宏,曾雷,等. 基于模糊集合理论的液压缸故障树分析方法研究[J]. 合肥工业大学学报,2016,39(2):150-155.

[121] ROGITH D,IYENGAR M S,SINGH H. Using fault trees to advance understanding of diagnostic errors[J]. Joint Commission Journal on Quality and Patient Safety,2017,43(11):598-605.

[122] 李志强,徐廷学,顾钧元,等. 视情维修条件下的多状态控制单元可用性建模与分析[J]. 兵工学报,2017,38(11):2240-2250.

[123] 郭济鸣,齐金平,李兴运. 故障树分析法的现状与发展[J]. 装备机械,2018(2):61-66.

[124] 胡启国,何金银. 基于累积损伤模型的多阶段系统可靠性分析路集组合方法[J]. 西北工业大学学报,2018,36(5):995-1003.

[125] 崔铁军,李莎莎. 空间故障树与空间故障网络理论综述[J]. 安全与环境学报,2019,19(2):399-405.

[126] 钱虹,古雅琦,刘鑫杰. 基于动态故障树的核反应堆稳压器数字压力控制装置可靠性研究[J]. 核动力工程,2019,40(3):103-108.

[127] 李孝鹏,黄洪钟,李福秋. 基于 PRA 的复杂航天多阶段任务系统可靠性分析[J]. 系统工程与电子技术,2019,41(9):2141-2147.

[128] 狄鹏,陈童,胡斌,等. 多状态系统可靠性分析方法[M]. 北京:国防工业出版社,2019.

[129] 宋华,张洪钺,王行仁. T-S 模糊故障树分析方法[J]. 控制与决策,2005,20(8):854-859.

[130] SONG H,ZHANG H Y,CHAN C W. Fuzzy fault tree analysis based on T-S model with application to INS/GPS navigation system[J]. Soft Computing,2009,13(1):31-40.

[131] 姚成玉,陈东宁,王斌. 基于 T-S 故障树和贝叶斯网络的模糊可靠性评估方法[J]. 机

械工程学报,2014,50(2):193-201.

[132] 姚成玉. 液压机液压系统模糊可靠性研究[D]. 秦皇岛:燕山大学,2006.

[133] 姚成玉,赵静一. 基于T-S模型的液压系统模糊故障树分析方法研究[J]. 中国机械工程,2009,20(16):1913-1917.

[134] YAO C Y, ZHANG Y Y. T-S model based fault tree analysis on the hoisting system of rubber-tyred girder hoister[C]// 2010 WASE International Conference on Information Engineering, Beidaihe, 2010:199-203.

[135] 王旭峰. 液压系统T-S模糊故障树分析及其故障搜索决策方法研究[D]. 秦皇岛:燕山大学,2010.

[136] 冯军. 基于FTF方法的无人机液压与冷气系统可靠性分析[D]. 成都:电子科技大学,2011.

[137] 罗彦斌,陈建勋,王梦恕. 基于T-S模糊故障树理论的公路隧道冻害分析方法[J]. 北京交通大学学报,2012,36(4):55-60,65.

[138] 张立茂,张青英,吴贤国,等. 地铁隧道施工盾构刀盘失效风险分析[J]. 中国安全科学学报,2014,24(7):81-87.

[139] 黄亮亮,姚安林,杨鲁明,等. 基于T-S模糊故障树的输气站场设备失效可能性研究[J]. 中国安全生产科学技术,2014,10(8):144-149.

[140] 宋龙龙,王太勇,宋晓文,等. 多源异构知识环境下受电弓模糊智能故障诊断[J]. 仪器仪表学报,2015,36(6):1283-1290.

[141] 刘亚欣,张子坚,钟鸣,等. 化疗药物配制机器人关键过程可靠性评估[J]. 机械设计与制造,2015(11):144-147,151.

[142] 严晓,王洪春. T-S模糊门在因果图中的应用[J]. 重庆工商大学学报,2015,32(11):38-42.

[143] 李子琛. 某重型数控机床液压系统可靠性分析研究[D]. 成都:电子科技大学,2015.

[144] 李鹏. 基于T-S模型的液压回转机构模糊故障树分析[J]. 机械工程与自动化,2016(3):118-120.

[145] 付大伟,高崇仁,殷玉枫,等. 基于模糊贝叶斯理论的汽车起重机起升系统可靠性分析[J]. 起重运输机械,2016(4):69-73.

[146] 孙利娜,黄宁,仵伟强,等. 基于T-S模糊故障树的多态系统性能可靠性[J]. 机械工程学报,2016,52(10):191-198.

[147] 姜梅. 数控机床电气控制与驱动系统故障树分析[D]. 成都:电子科技大学,2016.

[148] 梁芬,王振. 基于T-S模糊故障树的焊接机可靠性分析[J]. 机械强度,2017,39(3):592-597.

[149] 熊志宏,刘君,范彬,等. 基于T-S模型的液压缸模糊故障树分析方法研究[J]. 湖南城市学院学报,2017,26(4):47-51.

[150] 陆凤仪,赵科渊,徐格宁,等. 基于多源信息融合及模糊故障树的小子样可靠性评估[J]. 工程设计学报,2017,24(6):609-617.

[151] 刘健,朱元坤,秦浩智,等. 基于 T-S 模糊故障树油管挂安装作业风险分析[J]. 石油机械,2017,45(10):71-75.

[152] 李兴运,齐金平. 基于 T-S 模糊故障树的受电弓系统可靠性分析[J]. 安全与环境学报,2018,18(1):33-38.

[153] 李锋,苑志凯,何祯鑫,等. 基于 T-S 模糊故障树模型的汽车起重机支腿液压回路可靠性分析[J]. 机床与液压,2018,46(7):160-163.

[154] 王凯,晋民杰,邢浩宇,等. 基于 T-S 故障树的多态系统可靠性分析[J]. 矿山机械,2018,46(9):17-21.

[155] 陈乐,王贤琳,李卫飞,等. 基于 T-S 模糊故障树的刀架系统可靠性分析[J]. 组合机床与自动化加工技术,2019(2):143-146.

[156] 钟国强,王浩,孔利,等. 基于 T-S 模糊故障树的地连墙+支撑支护基坑坍塌可能性评价[J]. 岩土力学,2019,40(4):1569-1576.

[157] 陈舞,张国华,王浩,等. 基于 T-S 模糊故障树的钻爆法施工隧道坍塌可能性评价[J]. 岩土力学,2019,40(S1):319-328.

[158] 姚成玉,侯安农,陈东宁,等. 基于 T-S 故障树的液压轮边制动系统可靠性分析[J]. 液压与气动,2019(6):11-16.

[159] 吴越. 基于 MC 和 T-S 融合的数控刀架多态故障树可靠性分析研究[D]. 长春:吉林大学,2019.

[160] 张书轩. 某型导弹发射车用升降机设计及可靠性分析[D]. 廊坊:北华航天工业学院,2019.

[161] 王建楠. 继电保护设备可靠性与状态评估决策研究[D]. 南宁:广西大学,2019.

[162] 陈舞,王浩,张国华,等. 基于 T-S 模糊故障树和贝叶斯网络的隧道坍塌易发性评价[J]. 上海交通大学学报,2020,54(8):820-830.

[163] TAKAGI T,SUGENO M. Fuzzy identification of systems and its applications to modeling and control[J]. IEEE Transactions on Systems,Man,and Cybernetics,1985,15(1),116-132.

[164] CAO S G,REES N W,FENG G. Analysis and design of fuzzy control systems using dynamic fuzzy global models[J]. Fuzzy Sets and Systems,1995,75(1):317-324.

[165] 曾珂,张乃尧,徐文立. 典型 T-S 模糊系统是通用逼近器[J]. 控制理论与应用,2001,18(2):293-297.

[166] 胡国林. 连续 T-S 模糊系统的局部稳定性分析及控制器设计[D]. 大连:大连理工大学,2019.

[167] 王海朋,段富海. 复杂不确定系统可靠性分析的贝叶斯网络方法[J]. 兵工学报,2020,41(1):171-182.

[168] BARLOW R E,WU A S. Coherent systems with multi-state components[J]. Mathematics of Operations Research,1978,3(4):275-281.

[169] 曾亮,郭欣. 多状态系统故障树的一种生成方法[J]. 系统工程学报,1998,13(4):74-78.

[170] ZENG Z G,KANG R,WEN M L,et al. Uncertainty theory as a basis for belief reliability[J]. Information Sciences,2018,429:26-36.

[171] 范梦飞,曾志国,康锐. 基于确信可靠度的可靠性评价方法[J]. 系统工程与电子技术,2015,37(11):2648-2653.

[172] TANAKA H,FAN L T,LAI F S,et al. Fault-tree analysis by fuzzy probability[J]. IEEE Transactions on Reliability,1983,32(5):453-457.

[173] 谷峰,吴自然. 模糊故障树模型在潜标系统回收率评定中的应用[J]. 海洋技术,1988,7(3):25-44.

[174] HUANG H Z. Reliability evaluation of a hydraulic truck crane using field data with fuzziness [J]. Microelectronics Reliability,1996,36(10):1531-1536.

[175] LIN C T, WANG M J J. Hybrid fault tree analysis using fuzzy sets [J]. Reliability Engineering and System Safety,1997,58(3):205-213.

[176] 武庄,石柱,何新贵. 基于模糊集合论的故障树分析方法及其应用[J]. 系统工程与电子技术,2000,22(9):72-75.

[177] 董玉华,高惠临,周敬恩,等. 长输管线失效状况模糊故障树分析方法[J]. 石油学报,2002,23(4):85-89.

[178] 靳哲峰,陈文华,潘晓东,等. 船用齿轮箱的模糊可靠性故障树分析[J]. 农业机械学报,2003,34(1):145-147,153.

[179] HUANG H Z,TONG X,ZUO M J. Posbist fault tree analysis of coherent systems[J]. Reliability Engineering and System Safety,2004,84(2):141-148.

[180] DONG Y H,YU D T. Estimation of failure probability of oil and gas transmission pipelines by fuzzy fault tree analysis[J]. Journal of Loss Prevention in the Process Industries,2005,18(2):83-88.

[181] 陈慧星,任艳,俞少行. 运载火箭常规燃料调温系统模糊故障树研究[J]. 宇航学报,2017,38(1):104-108.

[182] 任玉刚,丁忠军,李德威,等. “蛟龙号”A 架液压系统模糊故障树分析理论研究[J]. 振动、测试与诊断,2018,38(6):1187-1192,1293.

[183] BARLOW R E,PROSCHAN F. Importance of system components and fault tree events[J]. Stochastic Processes and Their Applications,1975,3(2):153-173.

[184] 唐伟. 关联系统的元件重要度[J]. 四川大学学报,1985(4):123-131.

[185] 潘之杰,郐亚传. 系统可靠性分析中元件不确定性重要度[J]. 上海交通大学学报,1987(1):47-54,128.

[186] HONG J S,LIE C H. Joint reliability-importance of two edges in an undirected network. IEEE Transactions on Reliability,1993,42(1):17-23.

[187] HWANG F K. A new index of component importance[J]. Operations Research Letters,2001,28(2):75-79.

[188] LEVITIN G,PODOFILLINI L,ZIO E. Generalised importance measures for multi-state ele-

ments based on performance level restrictions[J]. Reliability Engineering and System Safety, 2003,82(3):287-298.

[189] WU S M. Joint importance of multistate systems[J]. Computers and Industrial Engineering, 2005,49(1):63-75.

[190] RAMIREZ-MARQUEZ J E,ROCCO C M,GEBRE B A,et al. New insights on multi-state component criticality and importance[J]. Reliability Engineering and System Safety,2006,91(8):894-904.

[191] 孙红梅,高齐圣,朴营国. 关于故障树分析中几种典型重要度的研究[J]. 电子产品可靠性与环境试验,2007,25(2):39-42.

[192] LU L X,JIANG J. Joint failure importance for noncoherent fault trees[J]. IEEE Transactions on Reliability,2007,56(3):435-443.

[193] BARALDI P,ZIO E,COMPARE M. A method for ranking components importance in presence of epistemic uncertainties[J]. Journal of Loss Prevention in the Process Industries,2009,22:582-592.

[194] CONTINI S,MATUZAS V. New methods to determine the importance measures of initiating and enabling events in fault tree analysis[J]. Reliability Engineering and System Safety, 2011,96(7):775-784.

[195] 张荧驿. 基于T-S重要度和贝叶斯网络的多态液压系统可靠性分析[D]. 秦皇岛:燕山大学,2011.

[196] 尹晓伟. 基于贝叶斯网络的元件重要度和灵敏度分析[J]. 沈阳工程学院学报,2012,8(3):262-265.

[197] KUO W,ZHU X Y. Importance measures in reliability,risk,and optimization:Principles and applications[M]. Chichester UK:Wiley,2012.

[198] 李志博,于磊,侯雪梅,等. 基于结构重要度的AGREE软件可靠性分配方法[J]. 计算机应用与软件,2014,31(12):45-47,79.

[199] KUO W,ZHU X Y. 系统重要性测度原理与应用[M]. 苗强,王冬,译. 北京:国防工业出版社,2014.

[200] 李生虎,华玉婷,陈鹏,等. UHVDC系统故障树分析误差及灵敏度分析[J]. 电网技术, 2015,39(5):1233-1239.

[201] 何海丹,贾燕冰,刘睿琼. 基于结构和概率重要度的系统关键线路辨识[J]. 电力建设, 2015,36(12):97-101.

[202] BORGONOVO E,ALIEE H,GLA M,et al. A new time-independent reliability importance measure[J] European Journal of Operational,2016,254(2):427-442.

[203] 兑红炎,陈立伟,陈刚. 基于重要度的改进型装备可靠性鉴定试验优化方法[J]. 西北工业大学学报,2016,34(4):571-577.

[204] 金伟新,宋凭,刘国柱. 基于关联分布函数的相互依赖网络脆弱性分析[J]. 复杂系统与复杂性科学,2016,13(4):8-17.

[205] 邱光琦,黄思,古莹奎．多状态系统的动态可靠性度量及重要度分析[J]．华南理工大学学报,2017,45(5):52-58.

[206] MARIO H. Component importance based on dependence measures[J]. Mathematical Methods of Operations Research,2018,87(2):229-250.

[207] 张惠玲．基于凝聚度和紧密度的网络节点重要度排序[J]．计算机与数字工程,2018,46(10):2053-2056.

[208] 郑丹,曹晴晴,崔铁军．系统可靠性影响因素重要性分析[J]．数学的实践与认识,2018,48(13):276-280.

[209] XIAHOU T F,LIU Y,JIANG T. Extended composite importance measures for multi-state systems with epistemic uncertainty of state assignment[J]. Reliability Engineering and System Safety,2018,109:305-329.

[210] DU Y J,SI S B,JIN T D. Reliability importance measures for network based on failure counting process[J]. IEEE Transactions on Reliability,2019,68(1):267-279.

[211] 郑玉彬,申桂香,张英芝,等．基于贝叶斯网络的链式刀库系统重要度分析[J]．吉林大学学报,2019,49(2):466-471.

[212] 曹颖赛,刘思峰,方志耕,等．考虑共因故障的系统组成单元故障严重性测度模型[J]．中国机械工程,2019,30(7):757-762.

[213] 邱文昊,连光耀,杨金鹏,等．基于多影响因子和重要度的故障样本优选[J]．兵工学报,2019,40(12):2551-2559.

[214] 卢震旦,陈云霞,金毅,等．基于矩独立重要度的电路系统容错设计方法[J]．北京航空航天大学学报,2020,46(2):324-330.

[215] 兑红炎,白光晗,张云安,等．装备结构演化规律及重要度分析[J]．国防科技大学学报,2020,42(4):107-114.

[216] 崔铁军,李莎莎．空间故障网络中边缘事件结构重要度研究[J]．安全与环境学报,2020,20(5):1705-1710.

[217] 兑红炎,白光晗．多态防护系统可靠性及重要度分析[J]．运筹与管理,2020,29(8):98-104.

[218] 汪洋,丁慧霞,李卓桐,等．基于节点重要度的电力通信网可靠性保障方法研究[J]．电力信息与通信技术,2020,18(10):1-6.

[219] 姚成玉,张荧驿,王旭峰,等．T-S 模糊故障树重要度分析方法[J]．中国机械工程,2011,22(11):1261-1268.

[220] 姚成玉,张荧驿,陈东宁,等．T-S 模糊重要度分析方法研究[J]．机械工程学报,2011,47(12):163-169.

[221] BIRNBAUM Z W. On the importance of different components in a multicomponent system [M]//Krishnaiahp R. Multivariate Analysis Ⅱ. New York,Academic Press,1969:581-592.

[222] 杜永军,侯沛勇,郭雅琪．基于饱和泊松分布的网络边的 Birnbaum 重要度计算方法[J]．西北工业大学学报,2017,35(5):870-875.

[223] 夏侯唐凡,刘宇,张皓冬,等. 考虑认知不确定性的多状态系统 Birnbaum 重要度分析方法[J]. 机械工程学报,2018,54(8):223-232.

[224] LAMBERT H E. Fault trees for decision making in systems analysis[D]. Livemore: University of California,1975.

[225] 张沛超,高翔. 全数字化保护系统的可靠性及元件重要度分析[J]. 中国电机工程学报,2008,28(1):77-82.

[226] ANDREWS J D. Birnbaum and criticality measures of component contribution to the failure of phased missions[J]. Reliability Engineering and System Safety,2008,93(12):1861-1866.

[227] ZHU X,KUO W. Importance measures in reliability and mathematical programming[J]. Annals of Operations Research,2014,212(1):241-267.

[228] 崔铁军,李莎莎,马云东. SFT 下的云化概率和关键重要度分布的实现与研究[J]. 计算机应用研究,2017,34(7):1971-1974.

[229] FURUTA H,SHIRAISHI N. Fuzzy importance in fault tree analysis[J]. Fuzzy Sets and Systems,1984,12(3):205-213.

[230] 李廷杰. 故障树分析中的模糊概率重要度[J]. 系统工程理论与实践,1990(1):9-12.

[231] 王永传,郁文贤,庄钊文. 一种故障树模糊重要度分析的新方法[J]. 国防科技大学学报,1999,21(3):63-66.

[232] 李青,陆廷金. 模糊重要度分析方法的研究[J]. 模糊系统与数学,2000,14(1):89-93.

[233] 古莹奎,朱繁泷,唐淑云. 基于模糊概率重要度的可靠性分析方法[J]. 江西理工大学学报,2012,33(5):51-55.

[234] VESELY W E,DAVIS T C. Two measures of risk importance and their application[J]. Nuclear Technology,1985,68(2):226-234.

[235] 古莹奎,李晶. 基于多值决策图的多状态系统重要度分析[J]. 中国安全科学学报,2014,24(6):44-50.

[236] MANDELLI D,MA Z,PARISI C,et al. Measuring risk-importance in a dynamic PRA framework[J]. Annual of Nuclear Energy,2019,128:160-170.

[237] FUSSELL J B. How to hand-calculate system reliability and safety characteristics[J]. IEEE Transactions on Reliability,1975,24(3):169-174.

[238] VESELY W E. A time-dependent methodology for fault tree evaluation[J]. Nuclear Engineering and Design,1970,13(2):337-360.

[239] ZIO E. 可靠性与风险分析算法[M]. 李梓,译. 北京:国防工业出版社,2016.

[240] BORGONOVO E,APOSTOLAKIS G E. A new importance measure for risk-informed decision making[J]. Reliability Engineering and System Safety,2001,72:193-212.

[241] FRICKS R M, TRIVEDI K S. Importance analysis with Markov chains[C]//Annual Reliability and Maintainability Symposium,2003:89-95.

[242] SI S B,CAI Z Q,SUN S D,et al. Integrated importance measures of multi-state systems under uncertainty[J]. Computers and Industrial Engineering,2010,59(4):921-928.

[243] 司书宾,杨柳,蔡志强,等. 二态系统组(部)件综合重要度计算方法研究[J]. 西北工业大学学报,2011,29(6):939-947.

[244] SI S B, DUI H Y, CAI Z Q, et al. Joint integrated importance measure for multi-state transition systems[J]. Communications in Statistics-Theory and Methods,2012,41(21):3846-3862.

[245] 兑红炎,司书宾,蔡志强,等. 综合重要度的梯度表示方法[J]. 西北工业大学学报,2013,31(2):259-265.

[246] SI S B,LEVITIN G,DUI H Y,et al. Component state-based integrated importance measure for multi-state systems[J]. Reliability Engineering and System Safety,2013,116:75-83.

[247] DUI H Y,SI S B,CUI L R,et al. Component importance for multi-state system lifetimes with renewal functions[J]. IEEE Transactions on Reliability,2014,63(1):105-117.

[248] 徐慧玲,张胜贵,司书宾,等. 面向维修过程的多态混联系统综合重要度计算方法[J]. 自动化学报,2014,40(1):126-134.

[249] DUI H Y,SI S B,RICHARD C M,et al. Importance measures for optimal structure in linear consecutive-k-out-of-n systems[J]. Reliability Engineering and System Safety,2018,169:339-350.

[250] 吕震宙,冯蕴雯. 结构可靠性问题研究的若干进展[J]. 力学进展,2000,30(1):21-28.

[251] 陶勇剑,董德存,任鹏. 基于故障树的系统可靠性估计不确定性分析[J]. 同济大学学报,2010,38(1):141-145.

[252] KANG Z,LUO Y J,LI A. On non-probabilistic reliability-based design optimization of structures with uncertain-but-bounded parameters[J]. Structural Safety,2011,33(3):196-205.

[253] 李玲玲,武猛,李志刚. 可靠性度量中的不确定信息处理[J]. 机械工程学报,2012,48(8):153-158.

[254] 李昆锋,杨自春,孙文彩. 结构凸集-概率混合可靠性分析的新方法[J]. 机械工程学报,2012,48(14):192-198.

[255] SUN C, HE Z J, CAO H R, et al. A non-probabilistic metric derived from condition information for operational reliability assessment of aero-engines[J]. IEEE Transactions on Reliability,2015,64(1):167-181.

[256] GUO S X,LU Z Z. A non-probabilistic robust reliability method for analysis and design optimization of structures with uncertain-but-bounded parameters[J]. Applied Mathematical Modelling,2015,39(7):1985-2002.

[257] ZIO E. Reliability engineering:Old problems and new challenges[J]. Reliability Engineering and System Safety,2009,94(2):125-141.

[258] 熊彦铭,李世玲,杨战平. 基于超椭球模型的故障树区间分析方法[J]. 系统工程与电子技术,2011,33(12):2788-2792.

[259] TOPPILA A,SALO A. A computational framework for prioritization of events in fault tree analysis under interval-valued probabilities[J]. IEEE Transactions on Reliability,2013,62

(3):583-595.

[260] 姚成玉,吕军,陈东宁,等. 凸模型 T-S 故障树及重要度分析方法[J]. 机械工程学报,2015,51(24):184-192.

[261] 陈东宁,许敬宇,姚成玉,等. 多维 T-S 故障树及重要度分析方法[J]. 仪器仪表学报,2020,41(10):54-64.

[262] 崔铁军. 空间故障树理论研究[D]. 阜新:辽宁工程技术大学,2015.

[263] 崔铁军,马云东. 基于 SFT 理论的系统可靠性评估方法改造研究[J]. 模糊系统与数学,2015,29(5):173-182.

[264] 李莎莎,崔铁军,马云东. 基于空间故障树理论的系统可靠性评估方法研究[J]. 中国安全生产科学技术,2015,11(6):68-74.

[265] 崔铁军,马云东. 多维空间故障树构建及应用研究[J]. 中国安全科学学报,2013,23(4):32-37,62.

[266] LANGSETH H,PORTINALE L. Beyesian networks in reliability[J]. Reliability Engineering and System Safety,2007,92(1):92-108.

[267] WILSON A G,HUZURBAZAR A V. Bayesian networks for multilevel system reliability[J]. Reliability Engineering and System Safety,2007,92(10):1413-1420.

[268] 何明,裘杭萍,姜志平,等. 基于贝叶斯网络的系统可靠性评估方法研究[J]. 系统仿真学报,2009,21(16):4934-4937.

[269] MARQUEZ D,NEIL M,FENTON N. Improved reliability modeling using Bayesian networks and dynamic discretization[J]. Reliability Engineering and System Safety,2010,95(4):412-425.

[270] WEBER P,MEDINA-OLIVA G,SIMON C,et al. Overview on Bayesian networks applications for dependability,risk analysis and maintenance areas[J]. Engineering Applications of Artificial Intelligence,2012,25(4):671-682.

[271] 黄影平. 贝叶斯网络发展及其应用综述[J]. 北京理工大学学报,2013,33(12):1211-1219.

[272] 张宏毅,王立威,陈瑜希. 概率图模型研究进展综述[J]. 软件学报,2013,24(11):2476-2497.

[273] 郭茜,蒲云,郑斌. 基于故障贝叶斯网的冷链物流系统可靠性分析[J]. 控制与决策,2015,30(5):911-916.

[274] WANG G,XU T H,TANG T,et al. A Bayesian network model for prediction of weather-related failures in railway turnout systems[J]. Expert Systems with Applications,2017,69:247-256.

[275] BOBBIO A,PORTINALE L,MINICHINO M,et al. Improving the analysis of dependable systems by mapping fault trees into Bayesian networks[J]. Reliability Engineering and System Safety,2001,71(3):249-260.

[276] 王广彦,马志军,胡起伟. 基于贝叶斯网络的故障树分析[J]. 系统工程理论与实践,

2004,24(6):78-83.

[277] 董豆豆,冯静,孙权,等. 模糊情形下基于贝叶斯网络的可靠性分析方法[J]. 系统工程学报,2006,21(6):668-672.

[278] 尹晓伟,钱文学,谢里阳. 基于贝叶斯网络的多状态系统可靠性建模与评估[J]. 机械工程学报,2009,45(2):206-212.

[279] 周忠宝,马超群,周经伦. 贝叶斯网络在多态系统可靠性分析中的应用[J]. 哈尔滨工业大学学报,2009,41(6):232-235.

[280] 陆莹,李启明,周志鹏. 基于模糊贝叶斯网络的地铁运营安全风险预测[J]. 东南大学学报,2010,40(5):1110-1114.

[281] 徐格宁,李银德,杨恒,等. 基于贝叶斯网络的汽车起重机液压系统的可靠性评估[J]. 中国安全科学学报,2011,21(5):90-96.

[282] KHAKZAD N,KHAN F,AMYOTTE P. Safety analysis in process facilities:Comparison of fault tree and Bayesian network approaches[J]. Reliability Engineering and System Safety,2011,96(8):925-932.

[283] WANG Y F,XIE M. Approach to integrate fuzzy fault tree with Bayesian network[J]. Procedia Engineering,2012,45:131-138.

[284] BLOCKLEY D. Analysing uncertainties: Towards comparing Bayesian and interval probabilities[J]. Mechanical Systems and Signal Processing,2013,37(1):30-42.

[285] 顾潮琪,张才坤,周德云,等. 基于直觉模糊贝叶斯网络多态系统可靠性分析[J]. 西北工业大学学报,2014,32(5):744-748.

[286] 许伟,程刚,陈于涛,等. 舰船柴油主机滑油系统贝叶斯网络推理故障诊断方法[J]. 四川兵工学报,2015,36(3):86-90.

[287] 方玉茹,阚树林,杨猛,等. 模糊多态贝叶斯网络在冗余液压系统可靠性分析中的应用[J]. 计算机集成制造系统,2015,21(7):1856-1864.

[288] 李乃鑫,陆中,周伽. 电液伺服作动器可靠性评估的贝叶斯网络方法[J]. 西北工业大学学报,2016,34(5):915-920.

[289] 董艳,阚树林. 基于模糊贝叶斯网络的汽车软关系统可靠性研究方法和优化[J]. 系统科学与数学,2017,37(6):1391-1403.

[290] ZHOU Z X,ZHANG Q. Model event/fault trees with dynamic uncertain causality graph for better probabilistic safety assessment[J]. IEEE Transactions on Reliability,2017,99:1-11.

[291] 王瑶,孙秦. 一种解决混联系统组合爆炸问题的贝叶斯网络[J]. 系统工程理论与实践,2019,39(2):520-530.

[292] 徐非骏,王贺. 基于贝叶斯网络雷达伺服系统故障树分析[J]. 雷达科学与技术,2019,17(5):564-568,574.

[293] 刘恬诗,赵昱,祝挺,等. 强电磁脉冲下柴油发动机系统薄弱环节识别[J]. 北京航空航天大学学报,2020,46(3):624-633.

[294] 韩凤霞,王红军,邱城. 基于模糊贝叶斯网络的生产线系统可靠性评价[J]. 制造技术

与机床,2020(9):45-49.

[295] 陈东宁,姚成玉. 基于模糊贝叶斯网络的多态系统可靠性分析及在液压系统中的应用[J]. 机械工程学报,2012,48(16):175-183.

[296] 陈东宁,姚成玉,王斌. 贝叶斯网络在液压系统可靠性分析中的应用[J]. 液压与气动,2012(7):58-61.

[297] 陈东宁,姚成玉,党振. 基于T-S模糊故障树与贝叶斯网络的多态液压系统可靠性分析[J]. 中国机械工程,2013,24(7):899-905.

[298] CHEN D N,ZHANG Y L,YAO C Y,et al. Hydraulic system reliability modelling and analysis based on convex model Bayesian network[C]//2015 International Conference on Fluid Power and Mechatronics,Harbin,2015:1297-1301.

[299] 陈东宁,姚成玉. 系统可靠性评估的超椭球贝叶斯网络及其灵敏度方法[J]. 中国机械工程,2015,26(4):529-535,552.

[300] 陈东宁,李怀水,姚成玉,等. 基于证据理论和贝叶斯网络的液压驱动系统可靠性分析[J]. 液压与气动,2017(4):8-14.

[301] 张瑞军,张路路,王晓伟,等. 区间三角模糊多态贝叶斯网络可靠性分析方法研究[J]. 中国机械工程,2015,26(8):1092-1097.

[302] 米金华,李彦锋,彭卫文,等. 复杂多态系统的区间值模糊贝叶斯网络建模与分析[J]. 中国科学,2018,48(1):54-66.

[303] 杨世凤,汪懋华,邝朴生,等. 机器故障诊断最优搜索策略的求解[J]. 农业机械学报,1997(S1):75-80.

[304] 丁彩红,黄文虎,姜兴渭. 基于最小割集排序的航天器故障定位方法[J]. 空间科学学报,2000,20(1):89-94.

[305] 李俭川,胡茑庆,秦国军,等. 贝叶斯网络理论及其在设备故障诊断中的应用[J]. 中国机械工程,2003,14(10):896-900.

[306] 姜万录,陈东宁,姚成玉. 关联维数分析方法及其在液压泵故障诊断中的应用[J]. 传感技术学报,2004,17(1):62-65.

[307] CHEN D N,JIANG W L. Application of wavelet analysis and fractal geometry for fault diagnosis of hydraulic pump[C]//Proceedings of the Sixth International Conference on Fluid Power Transmission and Control,Hangzhou,2005:628-631.

[308] 韩兆福,葛银茂,程江涛,等. 故障树分析法在某型飞机火控系统故障诊断中的应用[J]. 中国测试技术,2006,32(3):39-41.

[309] 姚成玉,赵静一. 两栖车液压系统及其故障诊断搜索策略研究[J]. 兵工学报,2006,27(4):604-607.

[310] 杨昌昊,竺长安,胡小建. 基于贝叶斯网的复杂系统故障诊断方法[J]. 中国机械工程,2009,20(22):2726-2732.

[311] 马剑,吕琛,刘红梅. 复杂系统故障诊断中的两类关键技术[J]. 测试技术学报,2010,24(4):372-376.

[312] 姚成玉,赵静一,杨成刚. 液压气动系统疑难故障分析与处理[M]. 北京:化学工业出版社,2010.

[313] 唐宏宾,吴运新. 基于T-S模糊故障树的混凝土泵车泵送液压系统故障诊断[J]. 计算机应用研究,2012,29(2):561-568.

[314] 范宝庆,王国华,魏选平,等. 基于T-S模糊故障树的某装备测控设备故障诊断研究[J]. 科学技术与工程,2012,12(28):7386-7390.

[315] 陈东宁,徐海涛,姚成玉. 基于液压伺服和虚拟仪器技术的脉冲试验机设计[J]. 液压与气动,2013(3):76-79.

[316] 辛江涛,王国华,范宝庆. 基于T-S模糊故障树的系统故障诊断研究[J]. 电子设计工程,2013,21(5):156-159.

[317] 秦大力,于德介. 基于本体的机械故障诊断贝叶斯网络[J]. 中国机械工程,2013,24(9):1195-1200.

[318] YANG C G,YAO C Y,ZHAO J Y,et al. On-line test method of hydraulic component based on leakage detection[C]// Proceeding of the 8th International Conference on Fluid Power Transmission and Control,Hangzhou,2013:420-424.

[319] 周真,周浩,马德仲,等. 风电机组故障诊断中不确定性信息处理的贝叶斯网络方法[J]. 哈尔滨理工大学学报,2014,19(1):64-68.

[320] 陈东宁,徐海涛,姚成玉. 大缸径长行程液压缸试验台设计及工程实践[J]. 机床与液压,2014,42(3):79-84.

[321] 葛玉敏. 基于T-S模糊故障树诊断专家系统的防爆电气设备智能管理系统研究[D]. 天津:河北工业大学,2014.

[322] 陈东宁,李硕,姚成玉,等. 液压软管总成可靠性试验及评估[J]. 中国机械工程,2015,26(14):1944-1952.

[323] 陈东宁,刘一丹,姚成玉,等. 基于修正黏性摩擦LuGre模型的比例多路阀摩擦补偿[J]. 中国机械工程,2017,28(1):62-68.

[324] 陈鹏飞,吴锋,何培垒,等. 基于T-S模糊FTA与仿真的舱盖机构故障诊断方法[J]. 航空发动机,2018,44(1):97-102.

[325] 李文锋,游庆和,廖强,等. 基于T-S模糊FTA的远程故障诊断方法研究[J]. 控制工程,2018,25(9):1703-1708.

[326] 褚景春,王飞,汪杨,等. 基于故障树和概率神经网络的风电机组故障诊断方法[J]. 太阳能学报,2018,39(10):2901-2907.

[327] 李志强. 数控机床早期故障消除技术研究[D]. 重庆:重庆大学,2018.

[328] 吴丽琴. 十二相同步整流发电系统故障诊断方法研究[D]. 哈尔滨:哈尔滨工程大学,2018.

[329] 姚成玉,王旭峰,陈东宁,等. 故障搜索的灰色关联度模糊多属性决策方法[J]. 煤矿机械,2010,31(5):238-241.

[330] 姚成玉,陈东宁. 基于最小割集综合排序的液压系统故障定位方法[J]. 中国机械工

程,2010,21(11):1357-1361.

[331] 姚成玉,党振,陈东宁,等. 基于T-S模糊故障树分析的液压系统故障搜索策略[J]. 燕山大学学报,2011,35(5):407-412.

[332] YAO C Y,DANG Z,CHEN D N,et al. Fault search based on grey fuzzy multi-attribute decision-making[C]//2011 International Conference on Fluid Power and Mechatronics,Beijing,2011:107-112.

[333] 陈东宁,姚成玉,王斌,等. 基于贝叶斯网络和灰关联法的多态液压系统故障诊断[J]. 润滑与密封,2013,38(1):78-83,99.

[334] 姚成玉,刘文静,赵静一,等. 基于贝叶斯网络和AMESim仿真的液压系统故障诊断方法[J]. 机床与液压,2013,41(13):172-177.

[335] 姚成玉,陈东宁,冯中魁,等. 基于贝叶斯网络和理想解动态群决策的故障诊断方法[J]. 中国机械工程,2013,24(16):2235-2241.

[336] 姚成玉,李男,冯中魁,等. 基于粗糙集属性约简和贝叶斯分类器的故障诊断[J]. 中国机械工程,2015,26(14):1969-1977.

[337] 陈东宁,张运东,姚成玉,等. 基于参数优化MPE与FCM的滚动轴承故障诊断[J]. 轴承,2017(5):33-38,44.

[338] 陈东宁,张运东,姚成玉,等. 基于变分模态分解和多尺度排列熵的故障诊断[J]. 计算机集成制造系统,2017,23(12):2604-2612.

[339] YAO C Y,LAI B W,CHEN D N,et al. A fault diagnosis approach based on variational modal decomposition and PSO-SVM[C]// Proceeding of the 9th International Conference on Fluid Power Transmission and Control,Hangzhou,2017:17-20.

[340] 姚成玉,来博文,陈东宁,等. 基于最小熵解卷积-变分模态分解和优化支持向量机的滚动轴承故障诊断方法[J]. 中国机械工程,2017,28(24):3001-3012.

[341] 陈东宁,张运东,姚成玉,等. 基于FVMD多尺度排列熵和GK模糊聚类的故障诊断[J]. 机械工程学报,2018,54(14):16-27.

[342] 张玉刚,孙杰,喻天翔. 考虑不同失效相关性的系统可靠性分配方法[J]. 机械工程学报,2018,54(24):206-215.

[343] KENNEDY J,MENDES R. Neighborhood topologies in fully informed and best-of-neighborhood particle swarms[J]. IEEE Transactions on Systems Man and Cybernetics Part C,2006,36(4):515-519.

[344] HUANG T,MOHAN A S. Micro-particle swarm optimizer for solving high dimensional optimization problems (μPSO for high dimensional optimization problems) [J]. Applied Mathematics and Computation,2006,181:1148-1154.

[345] HUANG T,MOHAN A S. A microparticle swarm optimizer for the reconstruction of microwave images[J]. IEEE Transactions on Antennas and Propagation,2007,55(3):568-576.

[346] NASIR M,DAS S,MAITY D,et al. A dynamic neighborhood learning based particle swarm optimizer for global numerical optimization[J]. Information Sciences,2012,209:16-36.

[347] CHEN W N,ZHANG J,LIN Y,et al. Particle swarm optimization with an aging leader and challengers[J]. IEEE Transactions on Evolutionary Computation,2013,17(2):241-258.

[348] 台亚丽,曾建潮,莫思敏. 基于静态有向种群结构的 EPSO 算法研究[J]. 太原科技大学学报,2014,35(1):38-43.

[349] WANG C,LIU Y,ZHAO Y,et al. A hybrid topology scale-free Gaussian-dynamic particle swarm optimization algorithm applied to real power loss minimization[J]. Engineering Applications of Artificial Intelligence,2014,32:63-75.

[350] 王亚辉,唐明奇. 多邻域链式结构的多目标粒子群优化算法[J]. 农业机械学报,2015,46(1):365-372.

[351] PANDIT M,CHAUDHARY V,DUBEY H M,et al. Multi-period wind integrated optimal dispatch using series PSO-DE with time-varying Gaussian membership function based fuzzy selection[J]. Electrical Power and Energy Systems,2015,73:259-272.

[352] 王小巧,刘明周,葛茂根,等. 基于混合粒子群算法的复杂机械产品装配质量控制阈优化方法[J]. 机械工程学报,2016,52(1):130-138.

[353] 莫思敏,曾建潮,谢丽萍. 扩展的微粒群算法[J]. 控制理论与应用,2012,29(6):811-816.

[354] 莫思敏. 基于群体交互自组织种群结构的扩展微粒群算法研究[D]. 兰州理工大学,2012.

[355] YAO C Y,WANG B,CHEN D N. Reliability optimization of multi-state hydraulic system based on T-S fault tree and extended PSO algorithm[C]// Proceeding of the 6th IFAC Symposium on Mechatronic Systems,Hangzhou,2013:463-468.

[356] 陈东宁,姚成玉. 基于 T-S 故障树与混合 μPSO 算法的可靠性优化方法[J]. 中国机械工程,2013,24(18):2415-2420.

[357] 陈东宁,姚成玉,王斌,等. 搜索后期斥力增强型混合引斥力微粒群算法及可靠性优化应用[J]. 中国机械工程,2014,25(21):2930-2936.

[358] 姚成玉,王斌,陈东宁,等. 混合粒子交互微粒群算法[J]. 机械工程学报,2015,51(6):198-207.

[359] YAO C Y,TAN X Y,CHEN D N,et al. Two-stage force particle swarm optimization algorithm and application in hydraulic system reliability optimization[C]//2015 International Conference on Fluid Power and Mechatronics,Harbin,2015:1291-1296.

[360] 姚成玉,赵哲谕,陈东宁,等. 有向动态拓扑混合作用力微粒群优化算法及可靠性应用[J]. 机械工程学报,2017,53(10):166-179.

[361] 陈东宁,张瑞星,姚成玉,等. 求解液压阀块加工车间调度的多作用力微粒群算法[J]. 中国机械工程,2015,26(3):369-378.

[362] CHEN D N,ZHANG R X,YAO C Y,et al. Dynamic topology multi force particle swarm optimization algorithm and its applications[J]. Chinese Journal of Mechanical Engineering,2016,29(1):124-135.

[363] 陈东宁,王跃颖,姚成玉,等. 膜计算多粒子群算法[J]. 机械工程学报,2019,55(12):222-232.

[364] 陈东宁,于传宇,姚成玉,等. 基于 Lévy 飞行微粒群算法的液压系统可靠性优化[J]. 液压与气动,2017(3):17-21.

[365] 陈东宁,姜万录,王益群. 基于粒子群算法的冷连轧机轧制负荷分配优化[J]. 中国机械工程,2007,18(11):1303-1306.

[366] 陈东宁,张国峰,姚成玉,等. 细菌群觅食优化算法及 PID 参数优化应用[J]. 中国机械工程,2014,25(1):59-64.

[367] 陈东宁,张瑞星,姚成玉. 基于混合 PSO-ACO 算法的液压系统可靠性优化[J]. 机床与液压,2013,41(23):157-161.

[368] CHEN D N YANG X R,YAO C Y,et al. A hybrid HFPSO-ACO algorithm for hydraulic system reliability optimization problem[C]// Proceeding of the 9th International Conference on Fluid Power Transmission and Control,Hangzhou,2017:87-90.

[369] 陈东宁,刘一丹,姚成玉,等. 多阶段自适应蝙蝠-蚁群混合群智能算法[J/OL]. 机械工程学报,http://kns. cnki. net/kcms/ detail/11. 2187. TH. 20191202. 1845. 016. html.

[370] 焦明海,唐加福,牟立峰,等. 基于改进粒子群算法的供应商参与可靠性设计优化[J]. 机械工程学报,2008,44(12):123-130.

[371] FUSSELL J B,ABER E F,RAHL R G. On the quantitative analysis of priority-AND failure logic[J]. IEEE Transactions on Reliability,1976,25(5):324-326.

[372] DUGAN J B, BAVUSO S J, BOYD M A. Fault trees and sequence dependencies[C]// Annual Proceedings on Reliability and Maintainability Symposium,1990:286-293.

[373] DUGAN J B, BAVUSO S J, BOYD M A. Dynamic fault-tree models for fault-tolerant computer systems[J]. IEEE Transactions on Reliability,1992,41(3):363-377.

[374] DUGAN J B,SULLIVAN K J,COPPIT D. Developing a low-cost high-quality software tool for dynamic fault-tree analysis[J]. IEEE Transactions on Reliability,2000,49(1):49-59.

[375] WALKER M,PAPADOPOULOS Y. Pandora 2:The time of priority-OR gates[J]. IFAC Proceedings Volumes,2007,40(6):25-30.

[376] 彭锐,翟庆庆,杨军. 温备份系统可靠性建模与优化[M]. 北京:国防工业出版社,2020.

[377] 陈光宇. 不完全覆盖多阶段任务系统的静态和动态故障树综合研究[D]. 成都:电子科技大学,2005.

[378] ZHAI Q,PENG R,XING L,et al. Reliability of demand-based warm standby systems subject to fault level coverage[J]. Applied Stochastic Models in Business and Industry,2015,31(3):380-393.

[379] 李志强,徐廷学,安进,等. 冗余系统共因失效动态贝叶斯网络建模[J]. 仪器仪表学报,2018,39(3):190-198.

[380] 陈光宇,黄锡滋,张小民,等. 不完全覆盖的多阶段任务系统可靠性综合分析[J]. 系统工程学报,2007,22(5):539-545.

[381] 周经伦,孙权. 一种故障树分析的新算法[J]. 模糊系统与数学,1997,11(3):76-80.
[382] 赵洪元,孙宇锋. 三种可靠性分析方法的比较研究[J]. 系统工程与电子技术,1999,21(7):3-5.
[383] 程明华,姚一平. 动态故障树分析方法在软、硬件容错计算机系统中的应用[J]. 航空学报,2000,21(1):35-38.
[384] WIJAYARATHNA P G,MAEKAWA M. Extending fault tree with an AND-THEN gate[C]// Proceedings of the 11th International Symposium on Software Reliability Engineering,2000:283-292.
[385] 王少萍,孔德良. 容错飞行控制系统的可用度分析[J]. 计算机工程与科学,2001,23(5):84-86.
[386] 季会媛,孟亚,孙权,等. 一种容错系统可靠性分析方法[J]. 计算机工程与科学,2001,23(5):36-38+50.
[387] ČEPIN M,MAVKO B. A dynamic fault tree[J]. Reliability Engineering and System Safety,2002,75(1):83-91.
[388] 季会媛. 动态故障树分析方法研究[D]. 长沙:国防科学技术大学,2002.
[389] 高顺川,冯静,孙权,等. 基于威布尔分布的动态故障树定量分析方法[J]. 质量与可靠性,2005(5):32-35.
[390] 张超. 基于 BDD 的动态故障树优化分析研究[D]. 西安:西北工业大学,2004.
[391] 高顺川. 动态故障树分析方法及其实现[D]. 长沙:国防科学技术大学,2005.
[392] 苏春,王圣金,许映秋. 基于蒙特卡洛仿真的液压系统动态可靠性[J]. 东南大学学报,2006,36(3):370-373.
[393] WALKER M,PAPADOPOULOS Y. Pandora:The time of priority-AND gates[J]. IFAC Proceedings Volumes,2006,39(3):237-242.
[394] 高顺川,周忠宝,郑龙,等. 一种动态故障树顶事件发生概率的近似算法[J]. 微计算机信息,2006,22(6):209-211.
[395] 周忠宝,马超群,周经伦,等. 基于动态贝叶斯网络的动态故障树分析[J]. 系统工程理论与实践,2008,28(2):35-42.
[396] 朱正福,李长福,何恩山,等. 基于马尔可夫链的动态故障树分析方法[J]. 兵工学报,2008,29(9):1104-1107.
[397] 刘东,张春元,邢维艳,等. 基于贝叶斯网络的多阶段系统可靠性分析模型[J]. 计算机学报,2008,31(10):1814-1825.
[398] MO Y C. Variable ordering to improve BDD analysis of phased-mission systems with multimode failures[J]. IEEE Transactions on Reliability,2009,58(1):53-57.
[399] 张晓洁,赵海涛,苗强,等. 基于动态故障树的卫星系统可靠性分析[J]. 宇航学报,2009,30(3):1249-1254.
[400] 刘文彬. 基于模块化思想的动态故障树分析方法研究[D]. 南京:南京理工大学,2009.
[401] 李堂经,王新阁,徐卓然. 基于蒙特卡罗仿真的动态故障树分析[J]. 兵工自动化,

2010,29(3):42-46.

[402] MERLE G,ROUSSEL J M,LESAGE J J. Algebraic determination of the structure functions of dynamic fault trees[J]. Reliability Engineering and System Safety,2011,96(2):267-277.

[403] 赵鑫,杨强,张磊,等. 故障树与蒙特卡罗法在起重机主梁可靠性分析中的应用[J]. 东北大学学报,2011,32(6):843-845.

[404] 郑显举,谢志萍,罗航. 用时序和逻辑规则形成动态故障树的紧缩 Markov 链[J]. 计算机应用研究,2011,28(8):3022-3025.

[405] 戴志辉,王增平,焦彦军. 基于动态故障树与蒙特卡罗仿真的保护系统动态可靠性评估[J]. 中国电机工程学报,2011,31(19):105-113.

[406] 张红林. 动态系统可靠性分析关键技术研究[D]. 长沙:国防科学技术大学,2011.

[407] 张红林,张春元,刘东. 一种适用于具有相互依赖基本事件和重复事件的动态故障树独立模块识别方法[J]. 计算机学报,2012,35(2):2229-2243.

[408] LI Y F,HUANG H Z,LIU Y,et al. A new fault tree analysis method:fuzzy dynamic fault tree analysis[J]. Eksploatacja i Niezawodnosc - Maintenance and Reliability,2012,14(3):208-214.

[409] 熊小萍,谭建成,林湘宁. 基于动态故障树的变电站通信系统可靠性分析[J]. 中国电机工程学报,2012,32(34):135-141.

[410] LINDHE A,NORBERG T,ROSÉN L. Approximate dynamic fault tree calculations for modeling water supply risks[J]. Reliability Engineering and System Safety,2012,106:61-71.

[411] 段凌昊,郭爱民,潘勇. 动态故障树分析算法研究综述[J]. 电子产品可靠性与环境试验,2013,31(4):59-63.

[412] 古莹奎,邱光琦. 基于 ET-DFT 分层模型的复杂系统动态概率安全评价方法研究[J]. 中国安全科学学报,2013,23(8):78-83.

[413] 黄洪钟,李彦锋,孙健,等. 太阳翼驱动机构的模糊动态故障树分析[J]. 机械工程学报,2013,49(19):70-76.

[414] 周东华,史建涛,何潇. 动态系统间歇故障诊断技术综述[J]. 自动化学报,2014,40(2):161-171.

[415] 杨佳婧,张勤,朱群雄. 动态不确定因果图在化工过程故障诊断中的应用[J]. 智能系统学报,2014,9(2):154-160.

[416] 古莹奎,邱光琦. DTBN 在复杂系统动态概率安全评价中的应用[J]. 中国安全科学学报,2014,24(4):74-79.

[417] 包勇,张德银,庄绪岩. 基于动态故障树技术的故障诊断专家系统[J]. 四川大学学报,2014,51(6):1211-1216.

[418] 胡明,黄丹敏,陈文华,等. 空间索杆铰接式伸展臂动态故障树建模及其可靠性评估[J]. 机械设计与制造,2014(8):268-271.

[419] 徐丙凤,黄志球,胡军,等. 一种状态事件故障树的时间特性分析方法[J]. 软件学报,

2015,26(2):427-446.

[420] ZHU P C,HAN J,LIU L B,et al. A stochastic approach for the analysis of dynamic fault trees with spare gates under probabilistic common cause failures[J]. IEEE Transactions on Reliability,2015,64(3):878-892.

[421] 苏宏升,文俊. 区域计算机联锁系统安全性分析的动态故障树模型与方法研究[J]. 铁道学报,2015,37(3):46-53.

[422] 丁明,肖遥,张晶晶,等. 基于事故链及动态故障树的电网连锁故障风险评估模型[J]. 中国电机工程学报,2015,35(4):821-829.

[423] 孟礼,武小悦. 基于BDD算法的航天测控系统任务可靠性建模与分析[J]. 装备学院学报,2015,26(5):113-119.

[424] 戈道川,杨燕华,张若兴,等. 考虑多失效行为的核电厂可修系统可靠性数值仿真[J]. 原子能科学技术,2015,49(8):1410-1416.

[425] 杨恒占,张可,钱富才. 动态故障树顶事件发生概率的蒙特卡洛近似算法[J]. 西安工业大学学报,2015,35(11):893-897.

[426] 樊冬明,任羿,刘林林,等. 基于动态贝叶斯网络的可修GO法模型算法[J]. 北京航空航天大学学报,2015,41(11):2166-2176.

[427] GE D C,LIN M,YANG Y H,et al. Quantitative analysis of dynamic fault trees using improved sequential binary decision diagrams[J]. Reliability Engineering and System Safety,2015,142:289-299.

[428] 翟庆庆,杨军,彭锐,等. 基于多值决策图的温储备系统可靠性建模方法[J]. 北京航空航天大学学报,2016,42(3):459-464.

[429] 程月华,田静,陆宁云,等. 基于DTBN的动量轮备份系统剩余寿命预测研究[J]. 航天控制,2016,34(3):89-94.

[430] 房丙午,黄志球,李勇,等. 基于贝叶斯网络的复杂系统动态故障树定量分析方法[J]. 电子学报,2016,44(5):1234-1239.

[431] 孟礼,武小悦. 基于OBDD的可修航天测控系统任务可靠性分析[J]. 航空动力学报,2016,31(5):1065-1072.

[432] 凌牧,袁海文,马钊,等. 改进的动态故障树转化为二元决策图的成分组合算法与应用[J]. 系统工程与电子技术,2016,38(7):1600-1605.

[433] 王华蓥,李仲学,赵怡晴,等. 基于动态故障树的煤矿突水风险概率评价[J]. 中国矿业,2016,25(7):102-108.

[434] 王斌,吴丹丹,莫毓昌,等. 基于多值决策图的动态故障树分析方法[J]. 计算机科学,2016,43(10):70-73,92.

[435] 孙利娜,黄宁,张朔,等. 基于动态故障树的AFDX网络性能可靠性分析[J]. 计算机科学,2016,43(10):53-56,62.

[436] 高迎平,李洋,田楷. 基于有序二元决策图的动态故障树定性分析方法[J]. 计算机与数字工程,2016,44(12):2342-2347.

[437] YEVKIN O. An efficient approximate Markov chain method in dynamic fault tree analysis [J]. Quality and Reliability Engineering International, 2016, 32: 1509-1520.

[438] FAN D M, WANG Z L, LIU L L, et al. A modified GO-FLOW methodology with common cause failure based on discrete time Bayesian network[J]. Nuclear Engineering and Design, 2016, 305: 476-488.

[439] 李佩昌,袁宏杰,兰杰,等. 基于顺序二元决策图的动态故障树分析[J]. 北京航空航天大学学报,2017,43(1):167-175.

[440] 朱晓荣,王羽凝,金绘民,等. 基于马尔科夫链蒙特卡洛方法的光伏电站可靠性评估[J]. 高电压技术,2017,43(3):1034-1042.

[441] 方敏,周书粤,陈永梅,等. 故障树结构调整的多值决策图变量排序方法[J]. 西安电子科技大学学报,2017,44(6):20-25,36.

[442] 吴奇烜,马建峰,孙聪,等. 针对扩展动态故障树的约束分析方法[J]. 通信学报,2017,38(9):159-166.

[443] 房丙午,黄志球,王勇,等. 基于混合贝叶斯网络的混合系统安全性分析方法[J]. 电子学报,2017,45(12):2896-2902.

[444] FAKHRAVAR D, KHAKZAD N, RENIERS G, et al. Security vulnerability assessment of gas pipelines using discrete-time Bayesian network[J]. Process Safety and Environmental Protection, 2017, 111: 714-725.

[445] 康济川. 考虑相关性和动态性的海洋工程设备风险评估方法研究[D]. 哈尔滨:哈尔滨工程大学,2017.

[446] VOLK M, JUNGES S, KATOEN J P. Fast dynamic fault tree analysis by model checking techniques[J]. IEEE Transactions on Industrial Informatics, 2018, 14(1): 370-379.

[447] WANG Y, XING L, WANG H, et al. System reliability modeling considering correlated probabilistic competing failures[J]. IEEE Transactions on Reliability, 2018, 67(2): 416-431.

[448] 李莉,刘翠杰,王政,等. 动态故障树的边值多值决策图分析[J]. 计算机系统应用,2018,27(12):123-128.

[449] ERIC G, ZINEBS A. Quantitative analysis of dynamic fault trees by means of Monte Carlo simulations: Event-driven simulation approach[J]. Reliability Engineering and System Safety, 2018, 180: 457-504.

[450] 余建星,任杰,杨政龙,等. 基于动态故障树法的深海采油树系统定量风险评估[J]. 中国海洋平台,2019,34(1):72-78.

[451] 周广林,张继通,刘训涛,等. 基于模糊动态故障树的提升机盘式制动系统可靠性研究[J]. 煤炭学报,2019,44(2):639-646.

[452] 徐丙凤,钟志成,何高峰. 基于动态故障树的信息物理融合系统风险分析[J]. 计算机应用,2019,39(6):1735-1741.

[453] 高立艾,霍利民,黄丽华,等. 基于贝叶斯网络时序模拟的含微网配电系统可靠性评估[J]. 中国电机工程学报,2019,39(7):2033-2040.

[454] 李佩昌,周海军,周国敬. 基于专家综合评估的模糊动态故障树分析[J]. 舰船科学技术,2019,41(19):192-197.

[455] GHADHAB M,JUNGES S,KATOEN J P,et al. Safety analysis for vehicle guidance systems with dynamic fault tree[J]. Reliability Engineering and System Safety,2019,186:37-50.

[456] 蒋威. 动态故障树的代数二元决策图分析方法研究[D]. 武汉:武汉理工大学,2019.

[457] 乔森,黄志球,王金永,等. 基于统计模型检测的 DFT 定量分析方法[J]. 系统工程与电子技术,2020,42(2):480-488.

[458] 胡晓义,王如平,王鑫,等. 基于模型的复杂系统安全性和可靠性分析技术发展综述[J]. 航空学报,2020,41(6):147-158.

[459] 杨占刚,郝雯超,隋政,等. 基于最小割序集的独立电力系统可靠性分析[J]. 系统工程与电子技术,2020,42(8):1865-1872.

[460] 邢留冬,汪超男,格雷戈里·列维廷(LEVITIN G),等. 动态系统可靠性理论[M]. 北京:国防工业出版社,2020.

[461] 刘东,张红林,王波,等. 动态故障树分析方法[M]. 北京:国防工业出版社,2013.

[462] RUIJTERS E,STOELINGA M. Fault tree analysis:A survey of the state-of-the-art in modeling analysis and tools[J]. Computer Science Review,2015,15-16:29-62.

[463] KABIR S. An overview of fault tree analysis and its application in model based dependability analysis[J]. Expert Systems with Applications,2017,77:114-135.

[464] 姚成玉,饶乐庆,陈东宁,等. T-S 动态故障树分析方法[J]. 机械工程学报,2019,55(16):17-32.

[465] 陈东宁,侯安农,姚成玉,等. 一种新型动态贝叶斯网络分析方法[J]. 中国机械工程,2020,31(12):1394-1406,1414.

[466] 姚成玉,王传路,陈东宁,等. 连续时间 T-S 动态故障树分析方法[J]. 机械工程学报,2020,56(10):244-256.

[467] 陈东宁,魏星,姚成玉,等. 连续时间 T-S 动态故障树重要度分析方法[J]. 仪器仪表学报:2020,41(9):232-241.

[468] 姚成玉,李新宠,陈东宁,等. 轴向柱塞泵可靠性的离散时间贝叶斯网络建模及分析[C]//第九届全国流体传动与控制学术会议,杭州,2016:62-66.

[469] CHEN D N,RAO L Q,YAO C Y,et al. Reliability analysis of hydraulic luffing system based on evidence theory and discrete-time Bayesian network[C]// Proceeding of the 9th International Conference on Fluid Power Transmission and Control,Hangzhou,2017:82-86.

[470] 陈东宁,许敬宇,姚成玉,等. 连续时间多维 T-S 动态故障树分析方法[J/OL]. 机械工业学报:1-13[2021-01-11]. http://kns. cnki. net/kcms/detail/11. 2187. TH. 20210107. 1724. 002. html.

[471] 张玉良. 一种新型动态故障树分析方法及在液压系统中的应用[D]. 秦皇岛:燕山大学,2016.

[472] 于传宇. 离散时间 T-S 动态故障树分析方法及在液压系统中的应用[D]. 秦皇岛:燕山

大学,2017.

[473] 饶乐庆. T-S 动态故障树分析方法及在液压系统中的应用[D]. 秦皇岛:燕山大学,2018.

[474] 潘昊洋. 连续时间 T-S 多维动态故障树分析方法及液压可靠性应用[D]. 秦皇岛:燕山大学,2019.

[475] 侯安农. 基于 T-S 动态故障树的离散时间贝叶斯网络分析方法[D]. 秦皇岛:燕山大学,2019.

[476] 王传路. 连续时间 T-S 动态故障树分析方法及应用[D]. 秦皇岛:燕山大学,2019.

[477] 许敬宇. 多维 T-S 静动态故障树及在堆料机液压系统的可靠性应用[D]. 秦皇岛:燕山大学,2020.

[478] 魏星. 连续时间 T-S 动态故障树重要度分析方法及应用[D]. 秦皇岛:燕山大学,2020.

[479] 张宏熙. 故障树重要度分析方法及应用[D]. 秦皇岛:燕山大学,2020.

[480] 邢然. 一种新型连续时间贝叶斯网络分析方法[D]. 秦皇岛:燕山大学,2020.

[481] 张金戈. 考虑相关失效的 DFTA 及其翻车机液压系统可靠性分析应用[D]. 秦皇岛:燕山大学,2020.

[482] BOUDALI H, DUGAN J B. A discrete-time Bayesian network reliability modeling and analysis framework[J]. Reliability Engineering and System Safety,2005,87(3):337-349.

[483] 兰杰,袁宏杰,夏静. 基于离散时间贝叶斯网络的动态故障树分析的改良方法[J]. 系统工程与电子技术,2018,40(4):948-953.

[484] TANNOUS O,XING L,DUGAN J B. Reliability analysis of warm standby systems using sequential BDD[C]//Reliability and Maintainability Symposium. January 24-27,Lake Buena Vista,USA,2011:1-7.

[485] JOSE E,DAVID W. Composite importance measures for multi-state systems with multi-state components[J]. IEEE Transactions on Reliability,2005,54(3):517-529.

[486] 古莹奎,邱光琦,承姿辛. 基于离散时间贝叶斯网络的复杂机械系统重要度计算方法[J]. 机械设计与研究,2015,31(1):5-13.

[487] ALIEE H,BORGONOVO E,GLAB M,et al. On the Boolean extension of the Birnbaum importance to non-coherent systems[J]. Reliability Engineering and System Safety,2017,160:191-200.

[488] 兑红炎,陈立伟,周毫,等. 基于系统可靠性的组件综合重要度变化机理分析[J]. 运筹与管理,2018,27(2):79-84.

[489] 齐金平,李兴运,蒋兆远,等. 动车组空气供给系统动态可靠性分析[J]. 兰州交通大学学报,2018,37(2):92-97.

[490] DO P,BÉRENGUERB C. Conditional reliability-based importance measures[J]. Reliability Engineering and System Safety,2020,193:1-10.

[491] SI S,ZHANG L,CAI Z,et al. Integrated importance measure of binary coherent systems[C]//IEEE 17th International Conference on Industrial Engineering and Engineering Manage-

ment,2010:932-936.

[492] 郭永晋,孙丽萍. 基于矩阵的故障树分析方法[J]. 哈尔滨工程大学学报,2016,37(7):896-900.

[493] 古莹奎,李晶,承姿辛. 基于BDD的数控机床模具子系统组件重要度分析[J]. 制造业自动化,2014,36(6):71-73,78.

[494] 李彦锋. 复杂系统动态故障树分析的新方法及其应用研究[D]. 成都:电子科技大学,2013.

[495] 王家序,周青华,肖科,等. 不完全共因失效系统动态故障树模型分析方法[J]. 系统工程与电子技术,2012,34(5):1062-1067.

[496] BOUDALI H, DUGAN J B. A continuous-time Bayesian network reliability modeling, and analysis framework[J]. IEEE Transactions on Reliability,2006,55(1):86-97.

[497] 王晓明,李彦锋,李爱峰,等. 模糊数据下基于连续时间贝叶斯网络的整流回馈系统可靠性建模与评估[J]. 机械工程学报,2015,51(14):167-174.

[498] LIU Z K, LIU Y H, CAI B P, et al. Dynamic Bayesian network modeling of reliability of subsea blowout preventer stack in presence of common cause failures[J]. Journal of Loss Prevention in the Process Industries,2015,38:58-663.

[499] LI Y F, MI J, LIU Y, et al. Dynamic fault tree analysis based on continuous-time Bayesian networks under fuzzy numbers[J]. Proceedings of the Institution of Mechanical Engineers, Part O: Journal of Risk and Reliability,2015,229(6):530-541.

[500] 周忠宝,周经伦,孙权,等. 基于离散时间贝叶斯网络的动态故障树分析方法[J]. 西安交通大学学报,2007,41(6):732-736.

[501] 郭济鸣,齐金平,段毅刚,等. 模糊动态贝叶斯可靠性分析方法及其在动车制动系统中的应用[J]. 重庆大学学报,2019,42(6):34-41.

[502] 李垚,朱才朝,宋朝省,等. 风电机组液压系统动态故障树的可靠性建模与评估[J]. 太阳能学报,2018,19(12):3584-3593.

内容简介

本书是基于新型故障树分析法的T-S故障树理论，是刻画复杂系统静动态失效行为的通用建模量化故障树新理论和新方法，包括静态故障树理论和动态故障树理论。

在静态故障树理论部分，介绍T-S故障树分析方法及其求解方法与应用扩展。内容包括：与或等静态事件关系和复杂不确定事件关系的描述规则生成与构建，T-S故障树定量分析及11种重要性测度，非概率凸模型T-S故障树和多维T-S故障树，T-S故障树与二态故障树、多态故障树、模糊故障树和空间故障树对比，T-S故障树的贝叶斯网络求解，以及基于T-S故障树的故障搜索与可靠性优化建模。

在动态故障树理论部分，介绍离散时间和连续时间T-S动态故障树分析方法。内容包括：时序依赖动态失效行为描述规则的生成与构建方法，顶事件求解和8种重要度算法，T-S动态故障树与基于Markov链、顺序二元决策图、Monte Carlo法、贝叶斯网络求解的Dugan动态故障树的对比，T-S动态故障树的贝叶斯网络求解，以及针对系统受时间、冲击等多种因素影响的多维T-S动态故障树分析方法。

本书理论与算例结合，注重系统性和学术性，附有T-S故障树算法及贝叶斯网络求解算法等计算程序。

本书可供从事可靠性、安全性及故障诊断工作的工程技术人员或研究者参考，也可作为本科生和研究生的教材或教学参考书。

The content of this book is the T-S fault tree theory based on novel fault tree analysis methodologies, the theory is general modeling and quantified fault tree novel theory and methodology for describing static and dynamic failure behaviors of complex systems, and the theory consists of static fault tree theory and dynamic fault tree theory.

In the part of static fault tree theory, T-S fault tree analysis method and its solution method and extended applications are introduced, the contents are as follows. First, the book proposes the generation method of static event relation description rules for AND, OR and other gates, and construction method of complex or uncertain static event relation description rules. Second, the book puts forward T-S fault tree quantitative analysis method and eleven kinds of importance measure algorithms. Third, the book proposes T-S fault tree based on non-probabilistic convex model and multi-dimensional T-S fault tree. Fourth, the book provides the comparisons between T-S fault tree and two-state fault tree, multi-state fault tree, fuzzy fault tree and space fault tree. Fifth, the book proposes T-S fault tree solution method based on Bayesian network, and T-S fault tree applications in fault search and reliability optimization modeling.

In the part of dynamic fault tree theory, discrete-time and continuous-time T-S dynamic fault tree analysis methodologies are introduced, the contents are as follows. First, the book provides the generation and construction methods of description rules for sequence dependency dynamic failure behaviors. Second, the book puts forward the top event solution and eight kinds of importance measure algorithms for T-S dynamic fault tree quantitative analysis. Third, the book provides comparisons between T-S dynamic fault tree and Dugan dynamic fault tree based on Markov chain, sequential binary decision diagram, Monte Carlo method and Bayesian network. Fourth, the book proposes T-S dynamic fault tree solution method based on Bayesian network. Fifth, the book proposes the multi-dimensional T-S dynamic fault tree analysis method suitable for the system affected by service time, stress impact and other factors.

This book combines theoretical method withcase study. This book is systematic and academic. This book offers calculation programs of T-S fault tree algorithms and solution algorithms based on Bayesian network.

This book is suitable for engineers and researchers working on reliability, safety and fault diagnosis as a reference, and also be suitable for senior undergraduate or graduate students studying as a textbook or a reference for reliability, safety and fault diagnosis.